Typenhandbuch
Klassische Militärflugzeuge

Typenhandbuch
Klassische Militärflugzeuge

Tony Holmes

HEEL

Impressum

HEEL Verlag GmbH
Gut Pottscheidt
53639 Königswinter
Tel.: 02223 9230-0
Fax: 02223 923026
E-Mail: info@heel-verlag.de
Internet: www.heel-verlag.de

Deutsche Ausgabe:
© 2006 Heel Verlag GmbH

Englische Originalausgabe:
© 2005 HarperCollins Publishers
77 - 85 Fulham Palace Road
Hammersmith
London W6 8JB
England
Englischer Originaltitel:
Jane's Vintage Aircraft Recognition Guide

Titelfoto: Patrick Hoeveler

Lektorat: Joachim Hack
Satz: Grafikbüro Schumacher, Königswinter
Druck: MKT Print, Slowenien

– Alle Rechte vorbehalten –

Printed in Slovenia

ISBN-13: 978-3-89880-561-2
ISBN-10: 3-89880-561-1

Inhalt

6	Flugzeuge von A bis Z
14	Einleitung
17	Flugzeuge des Ersten Weltkriegs
53	Flugzeuge zwischen den Kriegen
117	Flugzeuge des Zweiten Weltkriegs
233	Flugzeuge der Nachkriegszeit
453	Hubschrauber
491	Foto-Nachweis

Flugzeuge von A bis Z

Aermacchi MB-326	234	BAC Jet Provost	247
Aero L-29 Delfin	235	BAC Strikemaster	248
Aero L-39 Albatros	236	BAC TSR 2	250
Aeronca O-58 und L-3/-16 Grashopper	118	Beagle CC 1 Basset	252
		Beech Model 18	123
Aerospace Airtrainer CT-4	237	Beech T-34 Mentor	253
Aérospatiale Alouette II	454	Beech U-8 Seminole	254
Aérospatiale Alouette III	455	Beech UC-43/GB-2 Traveller	122
Aérospatiale SA 321 Super Frelon	456	Bell 206 JetRanger	459
Airco (de Havilland) DH 4	18	Bell AH-1 Huey Cobra	460
Airco (de Havilland) DH 9	19	Bell Model 47/H-13 Sioux	457
Airco (de Havilland) DH 9A	20	Bell P-39 Airacobra	124
Airspeed Oxford	119	Bell P-59 Airacomet	126
Albatros D Va	21	Bell P-63 Kingcobra	125
Antonow An-2	238	Bell UH-1 Iroquois	458
Antonow An-22 Antej	239	Beriew Be-12 Tschaika	255
Arado Ar 196	120	Blackburn Beverley	256
Armstrong-Whitworth Argosy	240	Boeing (Vertol) H-46 Sea Knight	461
Auster AOP 6/9/11	241	Boeing B-17 Flying Fortress	127
Aviatik D I	22	Boeing B-29 Superfortress	128
Avro 504	23	Boeing B-47 Stratojet	258
Avro 621 Tutor	54	Boeing B-50 Superfortress	259
Avro Anson	55	Boeing B-52 Stratofortress	260
Avro Canada CF-100 Canuck	246	Boeing C-97 Stratofreighter/ Stratotanker	257
Avro Lancaster	121		
Avro Lincoln	242	Boeing C-135	261
Avro Shackleton	243	Boeing Model 100 (F4B-1/P-12B)	56
Avro Vulcan	245	Boeing P-26	58
Avro York	244	Boeing/Stearman Model 75	57
BAC Buccaneer	249	Boulton Paul Defiant	129
BAC Harrier GR 1/3 (AV-8A)	251	Breguet 14	24

Breguet Alizé	262
Breguet XIX	59
Bristol Beaufighter	132
Bristol Beaufort	131
Bristol Belvedere	463
Bristol Blenheim IV/ Bolingbroke IVT	130
Bristol Bulldog IIA	60
Bristol F2B Fighter	25
Bristol Sycamore	462
British Taylorcraft Auster I-V	133
Bücker Bü 131 Jungmann/ CASA 1.131E	61
Bücker Bü 133 Jungmeister/ CASA ES-1	62
Bücker Bü 181 Bestmann/Zlin C.6/C.106	134
CAC CA-12 Boomerang	137
CAC CA-2 Wackett Trainer	135
CAC CA-25 Winjeel	263
CAC Wirraway	136
Canadair CT-114 Tutor	264
Caudron G 3	26
Cavalier F-51D Mustang Mk 2	265
Cessna Model 185/U-17 Skywagon	268
Cessna Model T-50	138
Cessna O-1 Bird Dog	266
Cessna O-2 Super Skymaster	267
Cessna T-37/A-37 Tweet/ Dragonfly	269
Consolidated B-24	141
Consolidated PB2Y Coronado	140
Consolidated PB4Y Privateer	142
Consolidated PBY Catalina	139
Convair B-36 Peacemaker	271
Convair B-58 Hustler	272
Convair F-102 Delta Dagger	273
Convair F-106 Delta Dart	274
Convair T-29/C-131	270
Culver PQ-14	143
Curtiss P-6E Hawk	165
Curtiss C-46 Commando	146
Curtiss F6C Hawk	64
Curtiss F9C Sparrowhawk	66
Curtiss Hawk III	67
Curtiss JN-4 Jenny	27
Curtiss NC-4	63
Curtiss O-52 Owl	68
Curtiss P-40 Tomahawk	144
Curtiss P-40 Warhawk/ Kittyhawk	145
Curtiss SB2C Helldiver	147
Curtiss SNC	69
Dassault Etendard IVM/P	283
Dassault MD 311/312 Flamant	275
Dassault MD 450 Ouragan	276
Dassault Mirage 5	280
Dassault Mirage F 1	282
Dassault Mirage III	279
Dassault Mirage IV	281
Dassault Mystère IVA	277
Dassault Super Mystère B 2	278
Dassault/Dornier Alpha Jet	284
De Havilland Canada DHC-1 Chipmunk	289
De Havilland Canada DHC-2 Beaver	290
De Havilland Canada DHC 4 Caribou	291
De Havilland Devon/ Sea Devon	288

De Havilland DH 82		Fairey Firefly AS 5/6	307
Tiger Moth	70	Fairey Fulmar	158
De Havilland DH 89 Dominie	71	Fairey Gannet	308
De Havilland Mosquito	148	Fairey IIID	76
De Havilland Sea Vixen	287	Fairey Swordfish	156
De Havilland Vampire	285	Farman HF 20	35
De Havilland Venom/		Fiat CR.42 Falco	159
Sea Venom	286	Fiat G 46	309
Dewoitine D 26	72	Fiat G 59	310
Dewoitine D 520	149	Fiat G 91R/T	311
Douglas A-1 Skyraider	292	Fiat G 91Y	312
Douglas A-20 Havoc	153	Fieseler Fi 156 Storch	160
Douglas A-26 Invader	154	Fleet Finch	78
Douglas A-3 Skywarrior	293	Fleet Fort	161
Douglas A-4 Skyhawk	295	FMA IA-58 Pucará	313
Douglas B-18 Bolo	73	Focke-Wulf Fw 190A/F/G	162
Douglas B-23 Dragon	74	Focke-Wulf Fw 190D	163
Douglas B-66 Destroyer	294	Focke-Wulf Fw 44 Stieglitz	79
Douglas C-118 Liftmaster	297	Fokker D VII	28
Douglas C-124 Globemaster	298	Fokker D XXI	80
Douglas C-133 Cargomaster	299	Fokker S-11 Instructor	314
Douglas C-47 Skytrain	151	Folland Gnat F1	315
Douglas C-54 Skymaster	152	Folland Gnat T1	316
Douglas F3D Skynight	300	Fouga CM 170 Magister	317
Douglas F4D Skyray	301	General Dynamics F-111	319
Douglas R4D-8/C-117	296	General Dynamics F-16A/B	
Douglas SBD Dauntless	150	Fighting Falcon	318
English Electric Canberra	302	Gloster Gauntlet	81
English Electric Lightning	303	Gloster Gladiator	82
Fairchild A-10 Thunderbolt II	304	Gloster Javelin	320
Fairchild C-119 Flying Boxcar	305	Gloster Meteor	321
Fairchild C-123 Provider	306	Grumman A-6 Intruder	329
Fairchild C-61 Argus	155	Grumman AF-2 Guardian	323
Fairchild PT-19/-23/-26 Cornell	75	Grumman T-2 Greyhound	334
Fairey Albacore	157	Grumman E-2 Hawkeye	333
Fairey Battle	77	Grumman EA-6B Prowler	330

Grumman F11F Tiger	328	Hawker Tempest V	172
Grumman F-14 Tomcat	331	Hawker Tomtit	86
Grumman F3F	84	Hawker Typhoon	171
Grumman F4F Wildcat	165	Heinkel He 111 (CASA 2.111)	173
Grumman F6F Hellcat	167	Heinkel He 162	174
Grumman F7F Tigercat	168	Helio AU-24 Stallion	343
Grumman F8F Bearcat	322	Hiller UH-12 Raven	464
Grumman F9F Panther	325	Hispano HA-1112 Buchón	344
Grumman F9F/F-9 Cougar	326	Hispano HA-200/-220 Saetta/	
Grumman G-44 Widgeon	164	Super Saetta	345
Grumman JF/J2F Duck	83	Hughes OH-6 Cayuse	465
Grumman JRF Goose	85	Hunting Percival Provost	346
Grumman OV-1 Mohawk	332	IAI Kfir	348
Grumman S-2 Tracker/		IAI Nesher	347
C-1 Trader	327	Iljuschin DB-3B (Il-4)	175
Grumman TBF/TBM		Iljuschin Il-14	349
Avenger	166	Iljuschin Il-2	176
Grumman UF-1/U-16		Iljuschin Il-28	350
Albatross	324	Jakowlew Jak-3U	177
HAL Ajeet	336	Jakowlew Jak-9U	178
HAL HF-24 Marut	335	Jakowlew Jak-11	351
Halberstadt C V	30	Jakowlew Jak-17	353
Halberstadt CL IV	29	Jakowlew Jak-18 /	
Handley Page Hastings	337	Nanchang CJ-5/6	352
Handley Page Victor	338	Jakowlew Jak-23	354
Hanriot HD 1	31	Jakowlew Jak-28	355
Hawker Demon	88	Jakowlew Jak-38	356
Hawker Fury/Sea Fury	340	Jakowlew Jak-50	357
Hawker Hart	87	Jakowlew Jak-52	358
Hawker Hind	90	Junkers J 9 (D I)	32
Hawker Hunter	342	Junkers Ju 52/3m / CASA 352L	91
Hawker Hurricane	169	Junkers Ju 86	92
Hawker Nimrod	89	Junkers Ju 87	179
Hawker Sea Hawk	341	Junkers Ju 88	180
Hawker Sea Hurricane	170	Kaman H-2 Seasprite	467
Hawker Tempest II	339	Kaman H-43 Huskie	466

Kamow Ka-25	468
Kawanishi H8K	181
Kawanishi N1K2-J Shiden-KAI	182
Kawasaki Ki-100	183
Kellett YG-1B Autogiro	469
Klemm Kl 35	93
LaGG-3	184
Lawotschkin La-5/7	185
Lawotschkin La-9	359
Lisunow Li-2	186
Lockheed B-34/PV Ventura/ Harpoon	190
Lockheed C-130 Hercules	366
Lockheed C-69/C-121	360
Lockheed F-104 Starfighter	367
Lockheed F-80 Shooting Star	362
Lockheed F-94 Starfire	365
Lockheed Hudson	188
Lockheed JetStar	369
Lockheed Modell 18 Lodestar	189
Lockheed P-2 Neptune	361
Lockheed P-3 Orion	370
Lockheed P-38 Lightning	187
Lockheed S-3 Viking	372
Lockheed SR-71	371
Lockheed T-33 und Canadair CL-30	363
Lockheed TV-1/-2 Sea Star	364
Lockheed U-2	368
Luft-Verkehrs Gesellschaft C VI	33
Macchi C.200 Saetta	191
Macchi C.202 Folgore	192
Martin B-10B	94
Martin B-26 Marauder	193
Martin B-57 Canberra	375
Martin JRM Mars	373
Martin P5M Marlin	374
Martin PMB Mariner	194
Martinsyde F 4 Buzzard	34
Max Holste M.H.1521M Broussard	376
McDonnell Douglas F/A-18A/ B Hornet	382
McDonnell Douglas F-15A/ B Eagle	381
McDonnell Douglas F-4 Phantom II	380
McDonnell F-101 Voodoo	379
McDonnell F2H Banshee	377
McDonnell F3H Demon	378
Messerschmitt Bf 108 Taifun/ Nord Pingouin	95
Messerschmitt Bf 109E	195
Messerschmitt Bf 109G	196
Messerschmitt Bf 110	197
Messerschmitt Me 163	200
Messerschmitt Me 262	199
Messerschmitt Me 410	198
Mikojan MiG-15	383
Mikojan MiG-17	384
Mikojan MiG-19	385
Mikojan MiG-21	386
Mikojan MiG-23	387
Mikojan MiG-25	388
Mikojan MiG-27	389
Mikojan MiG-29	390
Mikojan MiG-31	391
Mil Mi-1	470
Mil (PZL) Mi-2	471
Mil Mi-4	472
Mil Mi-6	473
Mil Mi-8	474

Mil Mi-14	475
Mil Mi-24	476
Miles Hawk Trainer III/ M 14 Magister	96
Miles M 38 Messenger	201
Mitsubishi A6M Zero-Sen	202
Mitsubishi Ki-46	203
Morane-Saulnier MS 230	97
Morane-Saulnier MS 406	204
Morane-Saulnier MS 760 Paris	392
Morane-Saulnier Typ AI	36
Mjasischtschew M-4/3M	393
Nakajima Ki 43 Hayabusa	205
Naval Aircraft Factory N3N	98
Nieuport 10.C1	37
Nieuport 11	38
Nieuport 28.C1	39
Noordyn UC-64 Norseman	206
North American (Rockwell) OV-10 Bronco	405
North American (Rockwell) T-2 Buckeye	404
North American A-5/RA-5 Vigilante	403
North American AJ Savage	394
North American AT-6 Texan/ SNJ/Harvard	207
North American B-25 Mitchell	208
North American B-45 Tornado	395
North American BT-9/-14/Yale 1	99
North American F-100 Super Sabre	399
North American F-82 Twin Mustang	396
North American F-86 Sabre	397
North American FJ Fury	398
North American L-17 Navion	402
North American NA-50/P-64	100
North American O-47	101
North American P-51A/ A-36 Mustang	209
North American P-51B/C/D/ K Mustang	210
North American Sabreliner	400
North American T-28 Trojan	401
Northrop A-17A	102
Northrop F-5E Tiger II	408
Northrop F-89 Scorpion	406
Northrop P-61 Black Widow	211
Northrop T-38 Talon und F-5A Freedom Fighter	407
Panavia Tornado GR 1	409
Percival Pembroke/ Sea Prince	411
Percival Prentice	410
Percival Proctor	212
Petljakow Pe-2	213
Pfalz D XII	40
Piaggio P.149D	412
Piasecki (Vertol) H-21 Shawnee	478
Piasecki HUP/H-25 Retriever	477
Pilatus P-2	413
Piper O-59/L-4/L-18 Grasshopper	214
Polikarpow I-152 (I-15bis)	104
Polikarpow I-153 (I-15ter)	105
Polikarpow I-16	103
Polikarpow Po-2	215
P.Z.L. P.11C	106
P.Z.L. 104 Wilga	414
P.Z.L. TS-11 Iskra	415

Republic (Seversky) AT-12 Guardsman	107
Republic F-105 Thunderchief	418
Republic F-84 Thunderjet	416
Republic F-84F Thunderstreak	417
Republic P-47 Thunderbolt	216
Royal Aircraft Factory BE 2	41
Royal Aircraft Factory RE 8	42
Royal Aircraft Factory SE 5A	43
Ryan PT-16/-20/-21/-22 und NR-1 Recruit	108
Saab 91 Safir	422
Saab A/J 32 Lansen	420
Saab B 17	217
Saab J 29	419
Saab J/F 35 Draken	421
Saro Skeeter	479
Savoia-Marchetti SM.79 Sparviero	218
Scottish Aviation Bulldog	425
Scottish Aviation Pioneer CC 1	423
Scottish Aviation Twin Pioneer CC 1/2	424
SEPECAT Jaguar	426
Seversky P-35A	109
Short Sunderland	219
Shorts Belfast C 1	427
Shorts Skyvan	428
SIAI Marchetti S.211	429
Sikorsky CH-37 Mojave	483
Sikorsky CF-54 Tarhe	488
Sikorsky HO5S	482
Sikorsky R-4 Hoverfly	480
Sikorsky S-51/Westland Dragonfly	481
Sikorsky S-55/Westland Whirlwind	484
Sikorsky S-58/Westland Wessex	485
Sikorsky S-61/Westland Sea King	487
Sikorsky S-62 Seaguard	486
Sikorsky S-65	489
Soko G-2A/J-1 Galeb	430
Soko J-20 Kraguj	431
Sopwith 1½ Strutter	45
Sopwith Baby	44
Sopwith Camel	48
Sopwith Pup	46
Sopwith Snipe	49
Sopwith Triplane	47
SPAD VII	50
SPAD XIII	51
Stampe SV 4	110
Stinson AT-19 Reliant	220
Stinson O-49/L-1 Vigilant	221
Stinson O-62/L-5 Sentinel	222
Suchoj Su-15	434
Suchoj Su-17/29/22	435
Suchoj Su-2	223
Suchoj Su-24	436
Suchoj Su-25	437
Suchoj Su-7	433
Sud-Ouest SO.4050 Vautour II	432
Supermarine Attacker	439
Supermarine Scimitar	441
Supermarine Spitfire (Griffon)	225
Supermarine Spitfire (Merlin)	224
Supermarine Spitfire Mk XVIII/XIX	438
Supermarine Stranraer	111

Supermarine Swift	440
Supermarine Walrus	112
Taylorcraft O-57/L-2 Grasshopper	226
Thomas-Morse S-4	52
Tupolew Tu-2	227
Tupolew Tu-4	442
Tupolew Tu-16	443
Tupolew Tu-22	445
Tupolew Tu-95/142	444
Vickers Valetta	446
Vickers Valiant	448
Vickers Varsity	447
Vickers Vimy	113
Vicker-Armstrongs Wellington	228
Vought A-7 Corsair II	451
Vought F4U/FG-1 Corsair	229
Voght F7U Cutlass	449
Vought F-8 Crusader	450
Vought OS2U Kingfisher	230
Vought SB2U Vindicator	114
Vultee BT-13/-15 und SNV-1/-2 Valiant	115
Westland AH 1 Scout/Wasp	452
Westland Lysander	231
Westland Wapiti	116
Westland Wyvern	444
Yokosuka D4Y Suisei	232

Einleitung

Das Buch, das Sie gerade in den Händen halten, stellt den neuesten Band in einer bekannten und erfolgreichen Reihe Erkennungs- und Bestimmungsbüchern dar. Es behandelt an die 500 Flugzeuge, die sich entweder in flugtüchtigem Zustand oder in Museen befinden.

Beim Zusammenstellen dieser Ausgabe war es meine Absicht, sowohl die eingefleischten Fans – also die Besucher von Flugveranstaltungen oder Luftfahrtmuseen – zu informieren, als auch diejenigen erfolgreich anzusprechen, die sich bislang nur am Rande und ganz allgemein für Flugzeuge interessieren. Aus diesem Grund sind ausgefallene Einzelstücke wie die Suchoj Su-2 direkt neben wohlbekannten Favoriten wie der Supermarine Spitfire zu finden.

Weit gespannt ist auch die Bandbreite der Flugleistungen der beschriebenen Maschinen. Während die im ersten Kapitel behandelten Flugzeuge des Ersten Weltkriegs Mühe hatten, 200 km/h zu erreichen – mit Rückenwind –, sind im vierten Kapitel Einzelheiten über den schnellsten Abfangjäger (MiG-25) und Fernaufklärer (SR-71) der Welt zu erfahren. Krasse Unterschiede gibt es auch in der Größe, wenn beispielsweise das kleine Schulflugzeug Aerospace CT-4 „Plastic Parrot" (Plastik-Papagei) nur durch Antonows anachronistische An-2 von der riesigen An-22 „Antej" des selben Konstrukteurs getrennt ist.

Eines haben aber alle diese Flugzeuge gemeinsam. Sie sind entweder in einem Museum oder in der Luft zu sehen, geflogen von Privatpiloten oder privaten Organisationen, oder sie werden noch von irgendwelchen Luftstreitkräften irgendwo auf der Welt eingesetzt.

Bei der Auswahl der auf den Seiten dieses Buches anzutreffenden mehr als 460 Flugzeuge habe ich den Begriff klassisch recht freizügig ausgelegt. Ich verstehe ihn im Sinne von Reife, Langzeitqualität, Exzellenz. Zweifelsohne erfüllen alle Flugzeuge in diesem Buch die Reife-Definition, denn selbst das jüngste unter ihnen – Mikojans MiG-29 – flog erstmals im Oktober 1977, also vor fast drei Jahrzehnten, und zahlreiche Exemplare davon befinden sich jetzt in Museen in Russland und anderen Staaten des ehemaligen Ostblocks. Jedes einzelne Flugzeug in diesem Buch besitzt auch Langzeitqualitäten dank der

Arbeit derjenigen, die sie schufen und derjenigen Piloten und Pilotinnen, die sie im Krieg und im Frieden flogen. Der Ausdruck Exzellenz – Vortrefflichkeit – schließlich lässt sich sowohl auf die Qualität der Flugzeuge selbst als auch auf die erfolgreiche Lösung der an sie gestellten Aufgaben anwenden. Einige unter ihnen, wie die Supermarine Swift, befanden sich zwar nur kurz im Einsatz und mögen ihre Aufgabe nur unzureichend erfüllt haben, verdienen aber dennoch einen Platz in den Luftfahrtmuseen dieser Welt.

Eine beachtliche Anzahl von Jägern, Bombern, Transportern und Hubschraubern der letzten beiden Kapitel dieses Buches stehen noch heute voll im militärischen Einsatz. Flugzeuge wie die C-130 Hercules, F-15 Eagle, F-16 Fighting Falcon und Tornado werden in der Tat noch bis weit in das 21. Jahrhundert hinein das Rückgrat von Luftstreitkräften wie der *US Air Force* oder der *Royal Air Force* bilden. Doch trotz ihrer hervorragenden Leistungen als Jagdbomber oder Kampfzonentransporter ist jede dieser Maschinen vom Entwurf her etliche Jahrzehnte alt, und frühe Exemplare davon lassen sich in Museen in Europa und Nordamerika finden. Aus diesem Grunde verdienen auch sie ihren Platz in diesem Buch, selbst wenn der Begriff Klassiker im Falle einer F/A-18 Hornet oder einer MiG-31 etwas seltsam klingen mag.

Auch dieses Buch wäre erheblich ärmer an fotografischem Inhalt, hätten nicht folgende Fachkollegen in hohem Maße dazu beigetragen:

Shlomo Aloni, Daniel Brackx, Rob Fox, Cory Graff, Mike Hooks, Phil Jarrett, Otger van der Kooij, Cliff Knox, Phil Makanna, Peter March, Wojtek Matusiak, George Mellinger, Paul Nann, Michael O´Leary, Juoko Ravantti, Ian Sayer, Paul Thompson, Mike Vines und Simon Watson. Sie haben die Welt durchstreift, um Flugzeuge am Boden und in der Luft zu fotografieren, und dieses Buch zeugt von der Qualität und Bandbreite ihrer Arbeit.

Tony Holmes

Für meine kleinen Söhne Thomas und William,
die schon ihre Spitfire von ihrer Hurricane unterscheiden können.

Flugzeuge des Ersten Weltkriegs

Airco (de Havilland) DH 4 GROSSBRITANNIEN

Einmotoriger zweisitziger Bomber

Airco's DH 4 war das erste britische Flugzeug, das speziell als Tag-Bomber konzipiert wurde. Seine Entstehung verdankte es einer Anfrage der britischen Luftfahrtbehörde, des *Air Ministry*, von Anfang 1916. Im Gegensatz zu den meisten der durch ihre Umlaufmotoren geprägten Konstruktionen jener Zeit wirkte die durch eine Zugluftschraube angetriebene DH 4 besonders sauber in ihrer Linienführung. Auffällig waren die weit auseinander liegenden Sitze für Pilot und Beobachter. Diese Anordnung war für die bestmögliche Sicht des einen und für ein großes Schussfeld des anderen gewählt worden. Ihr Nachteil: Schlechte Verständigungsmöglichkeit. Den Kraftstofftank, der sich zwischen den Sitzen befand, sahen besonders die Amerikaner – sie hatten die DH 4 als Standard-Ausrüstung gewählt – als Sicherheits-Risiko an. Die ersten in Großbritannien gebauten Exemplare erreichten im März 1917 die Westfront. Die verbesserte amerikanische Version mit dem überlegenen 400 PS-Liberty-Motor ging im Herbst des Jahres in die Massenproduktion. Nicht weniger als 4846 Stück davon wurden gebaut, und sie fanden weit verbreiteten Einsatz sowohl in der Kriegs- als auch in der Nachkriegszeit

BESCHREIBUNG:

BESATZUNG:
Pilot und Beobachter/MG-Schütze hintereinander

ABMESUNGEN:
Länge: 9,35 m
Spannweite: 12,95 m
Höhe: 3,35 m

MASSEN:
Leermasse: 1082 kg
Max. Startmasse: 1575 kg

LEISTUNGEN:
Höchstgeschwindigkeit: 219 km/h
Flugdauer: 3,75 Stunden
Antrieb: Liberty 12A
Motorleistung: 400 PS (298 kW)

DATUM DES ERSTFLUGS:
August 1916

BEWAFFNUNG:
Zwei starre 7,62 mm Marlin MG vor dem Führersitz und ein bewegliches 7,7 mm Lewis Zwillings-MG auf Scarff-Ring im Beobachterstand; Bombenzuladung 209 kg an Aufhängungen unter Rumpf und Flügel

BESONDERE MERKMALE:
Zweistieliger Doppeldecker; Pilot- und Beobachtersitze weit auseinander liegend; Reihenmotor mit rechteckigem Frontkühler; Auspuff-Sammler beidseitig

Airco (de Havilland) DH 9 GROSSBRITANNIEN

Einmotoriger zweisitziger Bomber

Als die britische Regierung infolge der dreisten deutschen Bombenangriffe gegen britisches Territorium 1917 dem *Royal Flying Corps* Wachstum befahl, um selbst einen schnellen strategischen Bombenkrieg führen zu können, war besonders ein Muster für die Massenherstellung ausgewählt worden: die Airco DH 9. Entwickelt als verbesserte DH 4, die seit Ende 1916 nach einer Anfrage des *Air Ministry* für einen Tag-Bomber produziert wurde, konnte sie allerdings an deren Erfolg wegen des ungeeigneten Triebwerks nicht anknüpfen. Der Siddeley Puma, nach deutscher Methode mit freiliegenden Zylindern eingebaut, erwies sich als unzuverlässig. Bei den Anstrengungen, die Gebrechen des Motors zu kurieren, kam es zu derartigen Leistungsverlusten, dass frühe Exemplare der DH 9 gefährlich untermotorisiert waren. Im Vergleich mit der DH 4 litt die Maschine an einer verringerten Gipfelhöhe und an geringerer Wendigkeit. Nichtsdestoweniger kam es zur Massenproduktion der DH 9. Bei den regulären Einheiten und bei denen der *Independent Air Force* waren die Ausfälle so groß, dass Anfang 1918 wieder die DH 4 in Fertigung ging.

BESCHREIBUNG

BESATZUNG:
Pilot und Beobachter/MG-Schütze hintereinander

ABMESSUNGEN:
Länge: 9,29 m
Spannweite: 12,80 m
Höhe: 3,45 m

MASSEN:
Leermasse: 1011 kg
Max. Startmasse: 1719 kg

LEISTUNGEN:
Höchstgeschwindigkeit: 181 km/h
Flugdauer: 4,5 Stunden
Antrieb: Siddeley Puma
Motorleistung: 230 PS (172 kW)

DATUM DES ERSTFLUGS:
Juli 1917

BEWAFFNUNG:
Ein starres 7,7 mm Vickers-MG vor dem Führersitz und ein einzelnes oder doppeltes bewegliches 7,7 mm Lewis-MG auf Scarff-Ring im Beobachterstand; Bombenzuladung 209 kg an Aufhängungen unter Rumpf und Flügel

BESONDERE MERKMALE:
Zweistieliger Doppeldecker; Pilot- und Beobachtersitze dicht zusammen; Reihenmotor; Zylinder teilweise aus dem Rumpfbug herausragend; freiliegender Auspuff-Sammler

Airco (de Havilland) DH 9A GROSSBRITANNIEN

Einmotoriger zweisitziger Bomber

Wie in der vorhergehenden Abhandlung beschrieben, krankte die ursprüngliche DH 9 an dem unzuverlässigen Siddeley Puma-Triebwerk. Ungeachtet aller Probleme waren 3200 Exemplare der DH 9 gebaut worden, bevor sie durch die von der Westland Aircraft umkonstruierten DH 9A ersetzt wurden. Mit einer komplett überarbeiteten Zelle, gepaart mit leistungsstärkeren und zuverlässigeren Rolls-Royce Eagle- oder in den USA gebauten Liberty 12-V-Motoren, entpuppte sich die DH 9A (mit dem Spitznamen „Ninak") als einer der besten Bomber, die sich 1918 im Einsatz befanden. Die von den DH 9A-Staffeln der *RAF Independent Air Force* (vorher mit DH 9 ausgestattet) gegen Ende des Krieges über Frankreich in geschlossenen Formationen und aus 5000 m Höhe am Tag durchgeführten Bombardierungen erwiesen sich als äußerst wirksam. Bis November 1918 baute Westland 885 DH 9A Bomber. Weitere 1600 Maschinen dieses Typs fertigten ein Dutzend Hersteller für Nachkriegseinsätze mit der *RAF*, die das Muster für den Übersee-Dienst auswählte. In dieser Rolle erlebte das Flugzeug bis Ende der zwanziger Jahre weitere Kampfeinsätze an Brennpunkten des Imperiums.

BESCHREIBUNG:

BESATZUNG:
Pilot und Beobachter/MG-Schütze hintereinander

ABMESSUNGEN:
Länge: 9,22 m
Spannweite: 14,0 m
Höhe: 3,32 m

MASSEN:
Leermasse: 1223 kg
Max. Startmasse: 2107 kg

LEISTUNGEN:
Höchstgeschwindigkeit: 197 km/h
Flugdauer: 5,75 Stunden
Antrieb: Rolls Royce Eagle oder Liberty 12
Motorleistung: 400 PS (298 kW)

DATUM DES ERSTFLUGS:
März 1918

BEWAFFNUNG:
Ein starres 7,7 mm Vickers-MG an der Rumpfseitenwand und ein bewegliches 7,7 mm Lewis-MG auf Scarff-Ring im Beobachtersitz; Bombenzuladung 204 kg an Aufhängungen unter Rumpf und Flügel

BESONDERE MERKMALE:
Zweistieliger Doppeldecker; Pilot- und Beobachtersitze dicht zusammen; Reihenmotor mit rechteckigem Frontkühler

Albatros D Va   Deutschland

Einmotoriger Jagdeinsitzer

Die Albatros D V wurde von der außerordentlich erfolgreichen D III abgeleitet, mit deren Hilfe nach ihrer Einführung im Sommer 1916 die deutschen Jagdstaffeln (Jastas) den Alliierten die Luftherrschaft über der Westfront entringen konnten. Die D V war wegen der Unzuverlässigkeit eines ursprünglich vorgesehenen Getriebe-Motors mit einer hoch verdichteten Version des Mercedes D IIIA ausgestattet worden und besaß dank einer weiter verfeinerten Stromlinienform, typisch für Albatros-Konstruktionen, verbesserte Flugleistungen. Ab Mai 1917 wurde sie den Frontverbänden zugeteilt und bis zum Waffenstillstand 18 Monate später in Serie gefertigt. Obwohl in Luftkämpfen sehr erfolgreich, besaß der kleine Unterflügel des Jagdeinsitzers die unangenehme Eigenschaft, bei hoher Kurvenbeanspruchung auseinander zu brechen. Deswegen wurde eilends im Spätsommer 1917 die strukturell verstärkte D Va eingeführt. Allerdings blieb der Unterflügel weiterhin die Schwachstelle der Konstruktion, und den Piloten wurden ab 1918 längere Sturzflüge untersagt. Trotz des Handicaps waren mehr als 1500 Exemplare an der Westfront im Einsatz.

BESCHREIBUNG:

BESATZUNG:
Pilot

ABMESSUNGEN:
Länge: 7,33 m
Spannweite: 9,04 m
Höhe: 2,85 m

MASSEN:
Leermasse: 687 kg
Max. Startmasse: 937 kg

LEISTUNGEN:
Höchstgeschwindigkeit: 187 km/h
Flugdauer: 2,0 Stunden
Antrieb: Mercedes D IIIa
Motorleistung: 185 PS (140 kW)

DATUM DES ERSTFLUGS:
Frühjahr 1917

BEWAFFNUNG:
Zwei starre 7,92 mm Spandau LMG 08/15 vor dem Führersitz

BESONDERE MERKMALE:
Einstieliger Doppeldecker; Zylinderköpfe freiliegend; Auspuffsammler seitlich rechts; Schleifsporn; stromlinienförmiger Sperrholz-Rumpf mit ovalem Querschnitt

Aviatik D I ÖSTERREICH-UNGARN

Einmotoriger Jagdeinsitzer

Der deutsche Ingenieur Dipl.-Ing. Julius von Berg schuf Anfang 1917 die D I für Aviatik. Sie wurde anschließend die erste einheimische Konstruktion, die in dem Wiener Werk in Serienproduktion ging. Hervorgegangen war sie aus verschiedenen, 1916 nur in Einzelexemplaren gefertigten Prototypen: Ihre besonderen Kennzeichen, der tiefe Rumpf und die dünnen Flügel, sollten ihr Vorteile in den Luftströmungen über den österreichischen Alpen verschaffen – Jagdgründe der österreichisch/ungarischen Luftfahrttruppe im Ringen mit den Alliierten. Die D I, die im Herbst 1917 die Einheiten an der Front erreichte, wurde zusätzlich zu Aviatik in nicht weniger als fünf weiteren Firmen gefertigt. Der Ausstoß betrug etwa 700 Exemplare. Sie unterschieden sich teilweise durch andere Triebwerke und veränderte Waffeneinbauten. Anfänglich von struktureller Schwäche geplagt, reifte die D I zu einem brauchbaren Jagdeinsitzer mit einer ausgezeichneten Wendigkeit und einer hohen Steiggeschwindigkeit. Aber dauernde Klagen über ihre Zerbrechlichkeit und ständige Probleme mit den zur Überhitzung neigenden Austro-Daimler-Triebwerken begleiteten die Maschinen während ihrer ganzen Einsatzzeit.

BESCHREIBUNG:

BESATZUNG:
Pilot

ABMESSUNGEN:
Länge: 6,86 m
Spannweite: 8,00 m
Höhe: 2,48 m

MASSEN:
Leermasse: 610 kg
Max. Startmasse: 852 kg

LEISTUNGEN:
Höchstgeschwindigkeit: 185 km/h
Flugdauer: 2,5 Stunden
Antrieb: Austro-Daimler
Motorleistung: 200 PS (149 kW)

DATUM DES ERSTFLUGS:
24.Januar 1917

BEWAFFNUNG:
Zwei starre 8,0 mm Schwarzlose-MG vor dem Führersitz

BESONDERE MERKMALE:
Einstieliger Doppeldecker; Rumpf mit Sperrholz beplankt; Rumpfseitenwände flach; markante Frontverkleidung vor den teilweise freiliegenden Zylindern; Schleifsporn

Avro 504 GROSSBRITANNIEN
Einmotoriger zweisitziger Trainer /Bomber und Jagdeinsitzer

Die Avro 504 war das Anfänger-Schulflugzeug vom *RFC* und der *RAF* während der ganzen Zeit des Krieges bis hin zum Jahr 1924. Sage und schreibe 8970 Zellen verließen zwischen 1913 und 1933 die Fertigung. Konstruiert wurde sie vom Luftfahrtpionier Alliot Verdon-Roe, der anfänglich dachte, glücklich sein zu können, würde er sechs Maschinen dieses neuen Typs verkaufen. Die Versionen A bis H wurden zwischen 1913 und 1917 herausgebracht, und obwohl sie besonders als Schulmaschinen in bester Erinnerung sind, machten sie zu Anfang des Krieges auch als Aufklärer und Bomber von sich reden. In der Tat war eine Avro 504A das erste alliierte Flugzeug, das in dem Konflikt (am 22.August 1914) verloren ging. Kurze Zeit später wurden durch eine Avro 504B die ersten Bomben auf deutsches Gebiet geworfen. Die endgültige Avro 504K trat 1918 ihren Dienst an. Sie war eine Version, deren Motorvorbau es erlaubte, die Zelle mit jedem Muster der seinerzeit gebräuchlichen Umlaufmotoren auszurüsten. Die abschließende Variante Avro 504N mit einem Armstrong Siddeley Lynx ging 1927 in Produktion und wurde bis weit in die dreißiger Jahre von der *Central Flying School* der *RAF* benutzt.

BESCHREIBUNG:

BESATZUNG:
Zwei Piloten hintereinander

ABMESSUNGEN:
Länge: 8,97 m
Spannweite: 10,97 m
Höhe: 3,17 m

MASSEN:
Leermasse: 558 kg
Max. Startmasse: 830 kg

LEISTUNGEN:
Höchstgeschwindigkeit: 153 km/h
Reichweite: 400 km
Antrieb: Clerget, Le Rhône, Warner Scarab, Gnome Monosoupape, Armstrong-Siddeley Lynx
Motorleistung: (Le Rhône) 110 PS (82,7 kW)

DATUM DES ERSTFLUGS:
18.September 1913

BEWAFFNUNG:
Je ein manuell betätigtes 7,7 mm Lewis-MG über dem Flügel und im vorderen Führersitz; vier 10 kg-Bomben unter dem Flügel

BESONDERE MERKMALE:
Zweistieliger Doppeldecker; Ober- und Unterflügel mit gleicher Spannweite; Kufe zwischen den Fahrgestellrädern (nicht bei 504N); Sternmotor; Schleifsporn

Breguet 14　FRANKREICH

Einmotoriger zweisitziger Bomber

Die Breguet 14 war das beste französische Flugzeug, das im Ersten Weltkrieg für Aufklärung und Bombenabwürfe bei Tageslicht zum Einsatz kam. Es wurde in beträchtlichem Maße während der letzten zwei Kriegsjahre von französischen, belgischen und amerikanischen Einheiten an der Westfront verwendet. Bei der Konstruktion war der leistungsstarke flüssigkeitsgekühlte Renault 12-Motor im Rumpfbug mit einem Zugpropeller angeordnet worden, obwohl die offiziellen Statuten vorschrieben, dass alle französischen Bomber Druckluftschrauben besitzen müssen, die es den MG-Schützen im Bug erlaubten, auf Flugzeuge mit Zugschrauben und damit dem Schützenstand hinten – und das waren die meisten deutschen – zu feuern. Weitestgehend aus Duraluminium aufgebaut, wurden die Versionen 14.A2 (Aufklärer), B.2 (Bomber), B.1 (einsitziger Bomber) und BN.2 (zweisitziger Nachtjäger) in nicht weniger als acht französischen Werken zwischen Ende 1916 und Mitte 1926 in Serie gebaut. 93 französische Staffeln setzten das Muster an fast allen Fronten ein. Als der Krieg endete, waren 5500 Stück gebaut worden. In den Nachkriegsjahren kamen noch 2700 für militärische und zivile Einsätze hinzu.

BESCHREIBUNG:

BESATZUNG:
Pilot und MG-Schütze hintereinander

ABMESSUNGEN:
Länge: 8,87 m
Spannweite: 14,91 m
Höhe: 3,30 m

MASSEN:
Leermasse: 1140 kg
Max. Startmasse: 1880 kg

LEISTUNGEN:
Höchstgeschwindigkeit: 180 km/h
Reichweite: 700 km
Antrieb: Renault 12
Motorleistung: 300 PS (224 kW)

DATUM DES ERSTFLUGS:
21. November 1916

BEWAFFNUNG:
Ein starres 7,7 mm Vickers-MG an der Rumpfseite und zwei 7,7 mm Vickers- oder Lewis-MG auf Drehring im hinteren Beobachterstand; 32 Aufhängungen unter dem Unterflügel für 8 kg oder 10 kg Bomben

BESONDERE MERKMALE:
Zweistieliger Doppeldecker (mit schwacher negativer Staffelung); jalousieartige Kühlerfront-Verkleidung; markanter hornförmiger Auspuff-Sammler nach oben; Schleifsporn

Bristol F2B Fighter GROSSBRITANNIEN

Einmotoriger Jagdzweisitzer

Entwickelt, um die veralteten zweisitzigen BE- und RE-Muster zu ersetzen, die an der Westfront mittlerweile zum „Fokker-Futter" geworden waren, tauchten sie ab Juni 1917 verstärkt bei den Einheiten auf. Bei ersten Einsätzen hatten sie noch unter den Angriffen der deutschen Albatros-Jäger gelitten, aber ihre Besatzungen lernten schnell, dass die F2B Geschwindigkeit und Wendigkeit eines Jagdeinsitzers besaß. Ihre Piloten flogen sie dann auch aggressiv, ihre starre Waffe nutzend, wie in einer Camel oder SE 5A sitzend, und ihre Beobachter beschossen dabei die Jäger, die sich der F2B an den Schwanz gehängt hatten. Mit dieser neuen Taktik wurde das Muster so erfolgreich, dass sich deren Asse mit denen der Jagdeinsitzer zu messen begannen. Erfolgreichster Repräsentant in einer F2B wurde der kanadische Lieutenant Andrew McKeever, der bei der 11. Staffel 30 Luftsiege errang. Das Muster blieb bis Dezember 1926 in der Fertigung. Zu diesem Zeitpunkt waren über 5100 Stück ausgeliefert. Nach dem Krieg wurde die F2B zur Armee-Unterstützung und für Schulungszwecke benutzt, aber ihre hohe Lebensdauer sicherte ihr Einsätze im Irak und an der Nordwestgrenze Indiens bis 1931.

BESCHREIBUNG:

BESATZUNG:
Pilot und MG-Schütze hintereinander

ABMESSUNGEN:
Länge: 7,87
Spannweite 11,96 m
Höhe: 2,97 m

MASSEN:
Leermasse: 875 kg
Max. Startmasse: 1280 kg

LEISTUNGEN:
Höchstgeschwindigkeit: 201 km/h
Flugdauer: 3 Stunden
Antrieb: Rolls-Royce Falcon III
Motorleistung: 275 PS (205 kW)

DATUM DES ERSTFLUGS:
25.Oktober 1916 (verbesserte F2A)

BEWAFFNUNG:
Ein starres 7,7 mm Vickers-MG vor dem Führersitz und ein einzelnes oder doppeltes bewegliches 7,7 mm-Lewis-MG auf Scarff-Ring im hinteren Schützenstand; 12 Aufhängungen unter dem Unterflügel für 10 kg Bomben

BESONDERE MERKMALE:
Zweistieliger Doppeldecker; Unterflügel unter dem Rumpf durchlaufend; Jalousieartige Frontverkleidung des ovalen Kühlers; Rumpfseitenwände flach; Schleifsporn

Caudron G 3 FRANKREICH

Einmotoriger zweisitziger Aufklärer

Die Brüder Gaston und René Caudron gehörten in den Anfangsjahren des Krieges zu den erfolgreichsten Flugzeugkonstrukteuren auf Seiten der Entente-Mächte. Die Nachfrage nach ihren Mustern war so groß, dass sie anderen Firmen deren Nachbau ohne Lizenz gestatteten. Das resultierte in einem enormen Ausstoß ihres Modells G 3, das seinerseits aus den erfolgreichen Vorkriegskonstruktionen Caudron C, D und E – kleine Doppeldecker mit dem Motor im Bug und einem Gitterschwanz – abgeleitet wurde. Die G 3 war aufgebaut wie die üblichen Gitterschwanz-Muster, deren zurückgesetzter Motor eine Druckschraube antrieb, hatte jedoch sein Triebwerk mit einer normalen Zugschraube ebenfalls im Bug einer Gondel. Sein Einsatz-Debut bei den französischen Luftstreitkräften hatte die G 3 1914 als Artilleriebeobachter. Das britische *RFC* und die Streitkräfte von Belgien, Italien und Russland erhielten frühzeitig das Muster als Beobachtungsplattform oder für die Schulung. Caudron selbst baute 1420 Exemplare – weitere wurden in Großbritannien und Italien gefertigt. Bis zu ihrer Ausmusterung im Herbst 1916 wurde die G 3 bei 38 französischen Front-Staffeln geflogen.

BESCHREIBUNG:

BESATZUNG:
Pilot und Beobachter hintereinander

ABMESSUNGEN:
Länge: 6,40 m
Spannweite: 13,40 m
Höhe: 2,50 m

MASSEN:
Leermasse: 420 kg
Max. Startmasse: 710 kg

LEISTUNGEN:
Höchstgeschwindigkeit: 112 km/h
Flugdauer: 4,0 Stunden
Antrieb: Gnome
Motorleistung: 80 PS (59,6 kW)

DATUM DES ERSTFLUGS:
Ende 1913

BESONDERE MERKMALE:
Zweistieliger Doppeldecker;
Rumpfhinterteil als Gitterschwanz;
halbverkleideter Umlaufmotor mit Zugschraube

Curtiss JN-4 Jenny USA

Einmotoriger zweisitziger Trainer

Amerikas erfolgreichstes Schulflugzeug während der Jahre des Ersten Weltkriegs war die Curtiss JN-4 Jenny, eine verbesserte Abwandlung aus der JN-3, die ihrerseits die besten Eigenschaften der Vorgängermodelle J und N vereinte. Die gute Eignung der Jenny für Ausbildungszwecke baute in höchstem Maße auf den Ruf ihres robusten Curtiss OX-5-Motors auf. Als die USA im April 1917 Kriegsteilnehmer wurden, gab es Aufträge für die Jenny, und als die Produktion kurz nach dem Waffenstillstand im November 1918 endete, waren über 6000 Exemplare ausgeliefert worden. Die Curtiss JN-4 Jenny war nicht nur das meist verwendete Schulflugzeug in den USA und Kanada während der Kriegszeit, sondern bestimmte nach dem Krieg nachhaltig die Entwicklung der Luftfahrt in Nordamerika. Hunderte Maschinen ließen sich als überschüssiges Kriegsmaterial leicht an Privatpersonen verkaufen. Sie halfen nicht nur der Verbreitung der zivilen Luftfahrt über den riesigen Kontinent, sondern waren Anfang der Zwanziger bevorzugtes Material für die populären „Vagabunden der Lüfte", die von Ort zu Ort zogen, um mit Flugvorführungen und Rundflügen für die Fliegerei zu werben.

BESCHREIBUNG:

BESATZUNG:
Zwei Piloten hintereinander

ABMESSUNGEN:
Länge: 8,34 m
Spannweite: 13,31 m
Höhe: 2,77 m

MASSEN:
Leermasse: 717 kg
Max. Startmasse: 966 kg

LEISTUNGEN:
Höchstgeschwindigkeit: 120 km/h
Reichweite: 400 km
Antrieb: Curtiss OX-5
Motorleistung: 90 PS (67 kW)

DATUM DES ERSTFLUGS:
Anfang 1916

BESONDERE MERKMALE:
Zweistieliger Doppeldecker; Oberflügel mit größerer Spannweite; Zylinderköpfe einschließlich Auspuff-Sammler jeweils seitlich oben aus der Rumpfkontur herausragend; Schleifsporn

Fokker D VII DEUTSCHLAND

Einmotoriger Jagdeinsitzer

Entwickelt von Fokkers talentierter Konstruktions-Mannschaft, wurde der Prototyp der D VII in aller Eile Ende 1917 fertig gestellt, um noch am D-Flugzeug-Wettbewerb, der im Januar/Februar 1918 in Adlershof stattfand, teilnehmen zu können. Die Konstruktion mit dem einfachen aber stabilen Rumpf als geschweißtes Gerüst aus Stahlrohren sowie mit den dickprofiligen freitragenden Flügeln wurde unangefochten Sieger. Sie ging sofort in die Massenproduktion, und zwar bei Fokker wie auch bei den Lizenznehmern Albatros und O.A.W. Nach der Einführung für den Fronteinsatz beim Jagdgeschwader 1 im Mai 1918 stellte sich die D VII als einer der besten Jäger heraus, der je von der einen oder anderen Seite in das Kriegsgeschehen eingebracht worden war. In der Tat war er geeignet, aus einem guten Piloten ein Ass zu machen, und seine konstruktive Auslegung beeinflusste das Flugzeug eine ganze Dekade lang. Die genauen Produktionsziffern der D VII sind nicht bekannt, aber es ist sicher, dass mehr als 3200 bestellt und über 1720 ausgeliefert wurden. Seine Bewertung fand ihren Höhepunkt in der Forderung der Alliierten nach Kriegsende, alle überlebenden D VII an sie auszuliefern.

BESCHREIBUNG:

BESATZUNG:
Pilot

ABMESSUNGEN:
Länge: 6,95 m
Spannweite: 8,90 m
Höhe: 2,75 m

MASSEN:
Leermasse: 684 kg
Max. Startmasse: 910 kg

LEISTUNGEN:
Höchstgeschwindigkeit: 189 km/h
Flugdauer: 1,5 Stunden
Antrieb: Mercedes D IIIaÜ
Motorleistung: 180 PS (134 kW)

DATUM DES ERSTFLUGS:
Dezember 1917

BEWAFFNUNG:
Zwei starre 7,92 mm Spandau LMG 08/15 vor dem Führersitz

BESONDERE MERKMALE:
Einstieliger Doppeldecker; verkleidete Fahrgestellachsen; Zylinderköpfe freiliegend; Auspuffsammler seitlich rechts; Schleifsporn

Halberstadt CL IV Deutschland
Einmotoriger Jagdzweisitzer

Die von den Halberstädter Flugzeugwerken als eine leistungsstärkere Abwandlung ihres erfolgreichen zweisitzigen Begleitschutz- und Jagdflugzeuges CL II entwickelte CL-IV begann im Februar 1918 mit Versuchsflügen. Beide Konstruktionen waren aus dem Jagdeinsitzer D IV entwickelt worden, der sich nicht bewährt hatte. Ein MG-Ring hinter dem Piloten für ein zweites Besatzungsmitglied wie bei den C-Mustern, aber eine leichtere Zelle waren das Konzept für eine neue Gattung mit der Bezeichnung CL, die in der Lage sein sollte, aktiv in ein Luftgefecht einzugreifen. Die CL II hatte sich durch gute Wendigkeit in Verbindung mit überragenden Steigleistungen ausgezeichnet. Und der Schütze besaß ein derartig freies Schussfeld, dass er jedem Angriff gegnerischer Jäger mit Vertrauen entgegen sehen konnte. Das gleiche Mercedes D III-Triebwerk, das in der CL II verwendet wurde, kam auch bei der CL IV zum Einbau. Da sie jedoch eine leichtere Zelle besaß, stiegen die Leistungen weiter an. Nach ihrem Einsatz-Debüt im Mai 1918 begeisterten ihre exzellenten Flugeigenschaften und die enorme Steiggeschwindigkeit besonders die Schlachtflieger. Nicht weniger als 700 CL IV waren bestellt, aber nicht alle konnten mehr ausgeliefert werden.

BESCHREIBUNG:

BESATZUNG:
Pilot und MG-Schütze hintereinander

ABMESSUNGEN:
Länge: 6,54 m
Spannweite: 10,74 m
Höhe: 2,67 m

MASSEN:
Leermasse: 728 kg
Max. Startmasse: 1068 kg

LEISTUNGEN:
Höchstgeschwindigkeit: 168 km/h
Flugdauer: 3,25 Stunden
Antrieb: Mercedes D IIIa
Motorleistung: 160 PS (119 kW)

DATUM DES ERSTFLUGS:
Februar 1918

BEWAFFNUNG:
Zwei starre 7,92 mm Spandau LMG 08/15 vor dem Führersitz und ein bewegliches Maxim LMG 14 auf Drehring im Beobachterstand; Aufhängungen für Splitterbomben an den Rumpfseitenwänden

BESONDERE MERKMALE:
Einstieliger Doppeldecker; Hinterer Sitz mit markantem MG-Drehring; Zylinderköpfe freiliegend; Auspuff-Sammler seitlich rechts; Rumpfseitenwände flach; Schleifsporn

Halberstadt C V DEUTSCHLAND
Einmotoriger zweisitziger Aufklärer

Der in erster Linie für Langstrecken-, Beobachtungs- und Luftbildoperationen in großer Höhe von den Halberstädter Flugzeugwerken ausgelegte Entwurf begann Anfang 1918 als Prototyp seine Flugerprobung, kam aber schon im Mittsommer des gleichen Jahres an der Westfront zum Einsatz. Eine enorme Spannweite und große Streckung waren Garanten für ansprechende Leistungen in den Höhen um 6000 m, in denen die C V normalerweise operierte. Zu den guten Höhenleistungen der Halberstadt trug allerdings auch das hoch verdichtete Benz IV-Triebwerk bei. Zusammen mit der Rumpler C VII wurde die Halberstadt C V in den letzten Kriegsmonaten intensiv für Luftbildeinsätze über den Frontlinien abgestellt, deren Auswertung den bedrängten deutschen Truppen helfen sollte. Der zunehmenden alliierten Überlegenheit in der Luft und dem ständigen Zurückverlegen der Einsatzbasen wegen hatten es die mit C V ausgestatteten Verbände nicht leicht, ihren Aufgaben bis Kriegsende nachzukommen.

BESCHREIBUNG:

BESATZUNG:
Pilot und Beobachter/MG-Schütze hintereinander

ABMESSUNGEN:
Länge: 6,90 m
Spannweite 13,90 m
Höhe: 3,35 m

MASSEN:
Leermasse: 938 kg
Max. Startmasse: 1368 kg

LEISTUNGEN:
Höchstgeschwindigkeit: 169 km/h
Reichweite: 500 km
Antrieb: Benz Bz IV
Motorleistung: 220 PS (164 kW)

DATUM DES ERSTFLUGS:
Anfang 1918

BEWAFFNUNG:
Ein starres 7,92 mm Spandau LMG 08/15 links vor dem Führersitz und ein bewegliches 7,92 mm Parabellum-MG auf Drehring im Beobachterstand

BESONDERE MERKMALE:
Zweistieliger Doppeldecker mit großer Spannweite; Zylinderköpfe freiliegend; markanter Auspuff-Sammler nach oben; Schleifsporn

Hanriot HD 1 Frankreich

Einmotoriger Jagdeinsitzer

Die Hanriot HD 1, das erste Jagdflugzeug der Société Anonyme des Appareils d'Aviation Hanriot, war als Gegenstück zu Sopwith Pup und Nieuport 17 gedacht. Emile Dupont hatte sie Anfang 1916 konstruiert, und sie erwies sich als sehr wendig und strukturell stark belastbar. Die französischen Streitkräfte lehnten sie trotzdem ab – sie hatten sich auf Nieuport-Konstruktionen festgelegt. Um so willkommener war sie bei den italienischen und belgischen Fliegerverbänden. Die Società Nieuport Macchi in Italien stellte zwischen 1917 und 1919 etwa 900 Exemplare in Lizenz her. Die HD 1 flog in größeren Stückzahlen als jeder andere Typ an der Italien-Front und war Wunschflugzeug der führenden Asse bei der *Aeronautica del Reggio Escercito*. Rund 125 Exemplare wurden ab August 1917 an die belgische *Aviation Militaire Belge* geliefert. Hier wurde der Ballon-Jäger Willy Coppens mit 37 Abschüssen erfolgreichster HD 1-Pilot. Das Muster blieb in Italien und Belgien bis Anfang der zwanziger Jahre im Einsatz. Noch 1921 wurden an die Schweizer Jagdflieger 16 Maschinen Hanriot HD 1 aus italienischen Beständen geliefert.

BESCHREIBUNG:

BESATZUNG:
Pilot

ABMESSUNGEN:
Länge: 5,85 m
Spannweite: 8,70 m
Höhe: 2,94 m

MASSEN:
Leermasse: 446 kg
Max. Startmasse: 652 kg

LEISTUNGEN:
Höchstgeschwindigkeit: 184 km/h
Reichweite: 360 km
Antrieb: Le Rhone 9jb
Motorleistung: 120 PS (89,5 kW)

DATUM DES ERSTFLUGS:
Sommer 1916

BEWAFFNUNG:
Ein starres 7,7 mm Vickers-MG vor dem Führersitz

BESONDERE MERKMALE:
Einstieliger Doppeldecker; Umlaufmotor in geschlossener Verkleidung; Rumpfseitenwände flach; Schleifsporn; Kopfabfluss hinter dem Pilotensitz

Junkers J 9 (D I) DEUTSCHLAND

Einmotoriger Jagdeinsitzer

Die Junkers J 9 (von den Militärs mit D I bezeichnet) war deswegen einmalig, weil sie als einziger Tiefdecker und dann noch in Ganzmetall-Bauweise an die Front kam, wenn auch nur in kleiner Stückzahl. Abgeleitet von verschiedenen vorhergehenden J-Konstruktionen, die zwischen 1915 und 1917 aus Metall gebaut worden waren, erhielt die J 9 eine komplette Leichtmetall-Wellblechbeplankung, für die sich Prof. Junkers schließlich entschieden hatte. Der Prototyp wurde zum zweiten D-Flugzeug-Wettbewerb fertig, der im Mai/Juni 1918 in Adlershof stattfand. Piloten, die ihn flogen, waren überzeugt, dass er als Einsatz-Jagdeinsitzer vollkommen ungeeignet sei. Da ihn die Ganzmetall-Bauweise jedoch weitestgehend unempfindlich gegen MG-Beschuss machte, wurde er von der Idflieg als spezieller Ballon-Jäger doch noch ausgewählt und zwischen Mai und Oktober in 60 Exemplaren bestellt. Davon konnten bis Februar 1919 noch 40 Stück ausgeliefert werden. Über Einsätze der J 9 an der Westfront wurde nichts bekannt, aber im Rahmen der Freikorps-Aktivitäten 1919 im Baltikum gegen die Bolschewisten fanden beim *Flugpark Sachsenberg* im Kurland eine Anzahl Kampfeinsätze statt.

BESCHREIBUNG:

BESATZUNG:
Pilot

ABMESSUNGEN:
Länge: 7,25 m
Spannweite: 9,00 m
Höhe: 2,60 m

MASSEN:
Leermasse: 654 kg
Max. Startmasse: 834 kg

LEISTUNGEN:
Höchstgeschwindigkeit: 225 km/h
Flugdauer: 1,5 Stunden
Antrieb: BMW III
Motorleistung: 185 PS (134 kW)

DATUM DES ERSTFLUGS:
Anfang 1918

BEWAFFNUNG:
Ein oder zwei starre 7,92 mm Spandau LMG 08/15 vor dem Führersitz

BESONDERE MERKMALE:
Freitragender Tiefdecker; die ganze Zelle ist mit Wellblech beplankt; freiliegende Zylinderköpfe; Auspuff-Sammler seitlich rechts; Schleifsporn

Luft-Verkers Gesellschaft C VI DEUTSCHLAND

Einmotoriger zweisitziger Aufklärer/Bomber

Die vielseitig einsetzbare LVG C VI aus dem Konstruktionsbüro eines des erfolgreichsten Kriegsflugzeug-Herstellers Deutschlands im Ersten Weltkrieg war wohl der fortschrittlichste aller deutschen Aufklärer – C-Muster genannt – die noch zum Fronteinsatz kamen. Sie gehörte bereits zur jüngsten C-Flugzeug-Generation, die sich von schwach motorisierten, unzureichend bewaffneten Nahaufklärern hin zu stark motorisierten, schwer bewaffneten Fernaufklärern gemausert hatte. Ihre Entwicklung ging vom Ursprungsmuster LVG C I aus dem Jahr 1915 aus, das in immer neuen Versionen stetig verbessert werden konnte. Der Leistungssprung bei der C VI war dem neuen, Anfang 1918 eingeführten Benz Bz IV-Triebwerk zu verdanken. Vom Aussehen glich sie sehr ihrer Vorgängerin C V, besaß jedoch weniger Masse und war insgesamt kompakter, was ihre Einsatzfähigkeit vergrößerte. Mit ihren zwei Aufhängungen für Bomben unter dem Rumpf war sie in den ausgehenden Kriegsmonaten verbreitet an der Westfront zu finden. Obwohl bis Waffenstillstand 1100 Stück C VI gebaut wurden, schaffte sie es nicht, die allgegenwärtige C V zu ersetzen.

BESCHREIBUNG:

BESATZUNG:
Pilot und Beobachter/MG-Schütze hintereinander

ABMESSUNGEN:
Länge: 7,47 m
Spannweite: 13,00 m
Höhe: 2,80 m

MASSEN:
Leermasse: 948 kg
Max. Startmasse: 1377 kg

LEISTUNGEN:
Höchstgeschwindigkeit: 170 km/h
Flugdauer: 3,5 Stunden
Antrieb: Benz Bz IV
Motorleistung: 200 PS (149 kW)

DATUM DES ERSTFLUGS:
Ende Januar 1918

BEWAFFNUNG:
Ein starres 7,92 mm Spandau LMG 08/15 vor dem Führersitz und ein bewegliches 7,92 mm Parabellum-MG auf Drehring im Beobachterstand; Bombenzuladung 120 kg an Aufhängungen unter dem Rumpf

BESONDERE MERKMALE:
Zweistieliger Doppeldecker mit Flügeln gleicher Spannweite; Freiliegende Zylinderköpfe; hornförmiger Auspuff-Sammler nach oben; Schleifsporn

Martinsyde F 4 Buzzard GROSSBRITANNIEN
Einmotoriger Jagdeinsitzer

Weil schnell, wendig und fantastisch steigend, wurde die Martinsyde Buzzard von vielen als bester britischer Jagdeinsitzer angesehen, der sich gegen Ende des Ersten Weltkriegs in der Fertigung befand. Konstruktiv über eine lange Reihe von Martinsyde F-Jägern auf den Elephant des Jahres 1913 zurückgehend, besaß die Buzzard einen 300 PS starken Hispano-Suiza 8Fb Achtzylinder-V-Motor. Er musste als Ersatz für das Rolls-Royce Falcon-Triebwerk herhalten, das den nahezu identischen Vorgänger F-3 angetrieben hatte. Da dem von Bristol entwickelten F2B Fighter Vorrang bei der Belieferung mit Falcon-Triebwerken eingeräumt worden war, wurde die Zelle der F-3 für den 8 Fb abgeändert und die Typenbezeichnung in F-4 geändert. Das britische *Air Ministry* gab 150 davon in Auftrag, mit denen die erste Einheit im April 1918 ausgestattet werden sollte. Durch verzögerte Motorenanlieferung konnte die *RAF* bis November 1918 erst 7 Stück übernehmen. Zu diesem Zeitpunkt waren 1450 Exemplare F-4 bestellt. Aber nur etwas über 370 wurden gebaut. Die *RAF*, die die Sopwith Snipe bevorzugte, setzte sie kaum ein.

BESCHREIBUNG:

BESATZUNG:
Pilot

ABMESSUNGEN:
Länge: 7,76 m
Spannweite: 9,99 m
Höhe: 2,69 m

MASSEN:
Leermasse: 821 kg
Max. Startmasse: 1088 kg

LEISTUNGEN:
Höchstgeschwindigkeit: 21 km/h
Flugdauer: 2,5 Stunden
Antrieb: Hispano-Suiza 8Fb
Motorleistung: 300 PS (224 kW)

DATUM DES ERSTFLUGS:
Oktober 1917

BEWAFFNUNG:
Zwei starre 7,7 mm Vickers-MG vor dem Führersitz

BESONDERE MERKMALE:
Einstieliger Doppeldecker; Reihenmotor voll verkleidet; Schleifsporn; Kopfabfluss hinter dem Pilotensitz

Farman HF 20 FRANKREICH

Einmotoriger zweisitziger Aufklärer/Leichtbomber

Eine ganze Reihe ähnlich aussehender Gitterschwanz-Doppeldecker mit Druckschrauben-Antrieb wurden von den französischen Brüdern Henri und Maurice Farman vor dem Krieg und auch noch zu Anfang des Krieges heraus gebracht. Diese Maschinen erfüllten bis ins Jahr 1916 hinein alle Forderungen für Aufklärung, Abwurf von leichten Bomben und Ausbildung. Obwohl sie ihre Konstruktionen mit eigenen Typenbezeichnungen versahen, arbeiteten sie eng zusammen und besaßen Anfang 1914 als einzige ein Flugzeugwerk (in Billancourt), in dem mit einem Ausstoß von 10 Maschinen je Tag Reihenbau betrieben werden konnte. Ihre Konstruktionen zeichneten sich alle durch Formen aus der Pionierzeit aus. Wenn auch das anfängliche zusätzliche Höhenruder vor dem Bug bald verschwand, so waren doch Besatzungsgondel mit hinten eingebautem Motor und Druckschraube sowie der Gitterrumpf geblieben. Obwohl träge und instabil, wurden Farman MF 7/11 und HF 20 außer in Frankreich auch in einigen Ländern unter Lizenz gebaut. Sie waren die wichtigsten Kriegsflugzeuge der Entente bei Kriegsbeginn und blieben als Schulflugzeuge sogar bis 1918 im Einsatz.

BESCHREIBUNG:

BESATZUNG:
Beobachter und Pilot hintereinander

ABMESSUNGEN:
Länge: 9,84 m
Spannweite: 16,30 m
Höhe: 3,20 m

MASSEN:
Leermasse: 625 kg
Max. Startmasse: 930 kg

LEISTUNGEN:
Höchstgeschwindigkeit: 110 km/h
Flugdauer: 5 Stunden
Antrieb: Renault R 80
Motorleistung: 79 PS (59 kW)

DATUM DES ERSTFLUGS:
1913

BESONDERE MERKMALE:
Dreistieliger Doppeldecker; Oberflügel mit wesentlich größerer Spannweite; Rumpfgondel und Gitterschwanz; Triebwerk freiliegend mit Druckschraube

Morane-Saulnier Typ AI FRANKREICH

Einmotoriger Jagdeinsitzer

Nach seinen ersten Flügen im August/September 1917 galt der als abgestrebter Hochdecker grundsätzlich anders ausgelegte Jagdeinsitzer Morane-Saulnier AI seinen Doppeldecker-Konkurrenten SPAD XIII und Nieuport 28 als überlegen. Ihm wurde eine glänzende Zukunft vorausgesagt. Als Anfang des nächsten Jahres erste Exemplare die Front erreichten und von den Piloten ihrer guten Flugeigenschaften wegen gern geflogen wurden, lösten sie Enttäuschung aus. Obwohl das Muster mittlerweile in über 1000 Exemplaren zur Verfügung stand und einige Staffeln speziell für eine Ausrüstung mit ihr neu geformt worden waren, wurde es im März 1918 plötzlich von der Front abgelöst und durch SPAD XIII ersetzt. Offizielle Gründe dafür sind bis heute unbekannt, aber es wurde über mangelhafte Festigkeit und die Launenhaftigkeit des ursprünglichen Umlaufmotors geredet. Ab Mai 1918 erhielten die Maschinen leistungsschwächere aber zuverlässigere Le Rhône 9-Umlaufmotoren und wurden der *Aviation Militaire* (unter der Bezeichnung MS 30E1) für die Fortgeschrittenen-Ausbildung abgestellt. Sie blieben bis in die zwanziger Jahre im Dienst.

BESCHREIBUNG:

BESATZUNG:
Pilot

ABMESSUNGEN:
Länge: 5,65 m
Spannweite: 8,51 m
Höhe: 2,40 m

MASSEN:
Leermasse: 414 kg
Max. Startmasse: 674 kg

LEISTUNGEN:
Höchstgeschwindigkeit: 221 km/h
Flugdauer: 1,75 Stunden
Antrieb: Gnome Monosoupape 9Nb
Motorleistung: 150 PS (112 kW)

DATUM DES ERSTFLUGS:
August 1917

BEWAFFNUNG:
Ein starres 7,7 mm Vickers-MG vor dem Führersitz

BESONDERE MERKMALE:
Abgestrebter Hochdecker; Umlaufmotor voll verkleidet; runder Rumpfquerschnitt; Schleifsporn

Nieuport 10.C1 FRANKREICH

Einmotoriger zweisitziger Jäger/Aufklärer/Bomber

In der langen Reihe der von Nieuport gebauten erfolgreichen Militärflugzeuge war die 10 das Modell, das Konstrukteur Gustave Delage angeblich aus einem Rennflugzeug-Entwurf für das ausgefallene Rennen um den Schneider-Pokal 1914 abgeleitet hatte. Die ersten Maschinen, die im Mai 1915 zum Einsatz kamen, waren Zweisitzer für Aufklärungszwecke, deren vorderer Sitz allerdings schnell abgedeckt wurde, um mit einem MG auf dem Oberflügel das Flugzeug zum Jagdeinsitzer werden zu lassen. Die Anordnung bewährte sich so, dass auch wieder zweisitzig geflogen wurde, wobei der Beobachter stehend durch eine Öffnung im oberen Flügel das darauf befestigte MG bedienen konnte. Obwohl es sich als leistungsschwach herausstellte, wurde es an der Westfront neben französischen Einheiten auch vom *Royal Naval Air Service* geflogen. Lizenzrechte erwarben Italien und Russland. Die russische Produktion der Nieuport 10 lief bis 1920 – als es bereits eine ganze Palette verbesserter Nieuport-Konstruktionen gab.

BESCHREIBUNG:

BESATZUNG:
Beobachter und Pilot hintereinander

ABMESSUNGEN:
Länge: 7,00 m
Spannweite: 7,90 m
Höhe: 2,70 m

MASSEN:
Leermasse: 410 kg
Max. Startmasse: 660 kg

LEISTUNGEN:
Höchstgeschwindigkeit: 146 km/h
Flugdauer: 3 Stunden
Antrieb: Gnome oder Le Rhône
Motorleistung: 80 PS (59,5 kW)

DATUM DES ERSTFLUGS:
Ende 1914

BEWAFFNUNG:
Ein starres 7,7 mm Lewis-MG auf dem Oberflügel

BESONDERE MERKMALE:
Einstieliger Doppeldecker mit Unterflügel kleiner Tiefe; Umlaufmotor weitestgehend verkleidet; Schleifsporn

Nieuport 11 FRANKREICH
Einmotoriger Jagdeinsitzer

Das als verkleinerte Nieuport 10 herausgebrachte Modell 11 wurde einer der bedeutendsten Jagdeinsitzer des Ersten Weltkriegs und war die erste französische Konstruktion, die zielgerichtet für diesen Zweck entwickelt an die Front kam. Die ersten Exemplare der von ihren Piloten liebevoll „Bébé" genannten kleinen Maschine gingen im Januar 1916 an die *Aviation Militaire*. Ungewöhnlich wendig und für ihre Zeit sehr schnell konnten sie in kurzer Zeit den Luftraum frei kämpfen, der seit Mitte 1915 von Fokker-Eindeckern beherrscht worden war. Wie bei der „10" vor ihr und den vielen Nachfolgemodellen verdankte sie ihre Wendigkeit der Anderthalbdecker-Bauart, die Chefkonstrukteur Gustave Delage diesen Konstruktionen verpasste. Sie hatte aber auch ihre Nachteile. Der einholmige Unterflügel, der nur die Hälfte der Fläche des Oberflügels besaß, neigte zu Schwingungen und brach unter extremer Belastung. Aber die guten Leistungen bewogen auch den *Royal Naval Air Service*, das Muster einzuführen. In Russland und Italien wurde es sogar unter Lizenz gebaut. 543 Exemplare entstanden alleine in Italien.

BESCHREIBUNG:

BESATZUNG:
Pilot

ABMESSUNGEN:
Länge: 5,64 m
Spannweite: 7,52 m
Höhe: 2,40 m

MASSEN:
Leermasse: 320 kg
Max. Startmasse: 480 kg

LEISTUNGEN:
Höchstgeschwindigkeit: 167 km/h
Flugdauer: 2 Stunden
Antrieb: Le Rhône
Motorleistung: 80 PS (59,5 kW)

DATUM DES ERSTFLUGS:
Ende 1915

BEWAFFNUNG:
Ein starres 7,7 mm Lewis-MG auf dem Oberflügel

BESONDERE MERKMALE:
Einstieliger Doppeldecker mit Unterflügel kleiner Tiefe; Umlaufmotor weitestgehend verkleidet; Schleifsporn; starres MG auf Oberflügel außerhalb des Luftschraubenkreises feuernd, zum Nachladen vor den Führersitz absenkbar

Nieuport 28.C1 FRANKREICH

Einmotoriger Jagdeinsitzer

Der letzte Nieuport-Jäger, der im Ersten Weltkrieg die Front erreichte, war das Modell 28.C1, das erste, welches einen zweiholmigen Unterflügel besaß, dessen Tiefe fast die des Oberflügels erreichte, und bei dem Parallel-Stiele anstelle der bisher üblichen V-Stiele verwendet wurden. Damit gab die Firma ihr Markenzeichen auf – die Anderthalbdecker-Bauart. Mit der 28.C1 sollten veraltete Nieuport- und SPAD-Modelle ersetzt werden, aber die französische Fliegertruppe nahm nur unbedeutende Stückzahlen ab. Den Hauptanteil der Produktion, nämlich 297 Exemplare, erhielten ab März 1918 die US-Fliegertruppen der *American Expeditionary Force (AEF)*, die damit vier Staffeln aufstellte. Doch auch dieser Jagdeinsitzer zeigte übliche Nieuport-Schwächen: Die Flügelbespannung riss im Sturzflug oder bei gerissenen Kurven. Damit zeigte sie sich bei ersten Gefechten mit der hervorragenden Fokker D VII unterlegen. Eine Reihe von Bränden in den Benzin-Zuleitungen rundeten die Missgeschicke mit der 28.C1 ab, und alle noch existierenden Exemplare wurden bis August 1918 aus dem Dienst gezogen.

BESCHREIBUNG:

BESATZUNG:
Pilot

ABMESSUNGEN:
Länge: 6,40 m
Spannweite: 8,16 m
Höhe: 2,50 m

MASSEN:
Leermasse: 436 kg
Max. Startmasse: 698 kg

LEISTUNGEN:
Höchstgeschwindigkeit: 198 km/h
Flugdauer: 1,5 Stunden
Antrieb: Gnome Monosoupape 9N
Motorleistung: 150 PS (112 kW)

DATUM DES ERSTFLUGS:
Juni 1917

BEWAFFNUNG:
Zwei starre 7,7 mm Lewis-MG, je eines vor dem Führersitz und an der linken Rumpfseite

BESONDERE MERKMALE:
Einstieliger Doppeldecker: Umlaufmotor voll verkleidet: runder Rumpfquerschnitt; Schleifsporn

Pfalz D XII Deutschland

Einmotoriger Jagdeinsitzer

Die deutschen Pfalz Flugzeugwerke in Speyer – die Pfalz war seinerzeit Bestandteil Bayerns – wurden 1913 gegründet, um speziell die Königlich Bayerische Fliegertruppe mit Flugzeugen auszurüsten. Auf Weisung der bayerischen Regierung wurden dann in den ersten Kriegsjahren ausschließlich Flugzeuge für bayerische Verbände gebaut. Pfalz fertigte auch eine Anzahl Prototypen von Jagdeinsitzer-Konstruktionen, aber nur zwei von ihnen kamen zum Einsatz. Die jüngste, die D XII, baute auf das andere Serienmodell D III aus dem Jahr 1917 auf, war aber sehr durch die Fokker D VII beeinflusst, auch wenn es sich von ihr durch Zweistieligkeit und ovalen Rumpfquerschnitt unterschied. Mit einem Daimler D IIIa ausgerüstet, gehörte sie zu den Gewinnern der zweiten D-Flugzeug-Ausschreibung im Mai 1918. Pfalz erhielt einen Auftrag über 500 Stück. Im August 1918 kamen sie in größeren Stückzahlen an die Front, waren aber wegen mangelnder Wendigkeit und komplizierten Aufbaus nicht so beliebt wie die Fokker D VII. Mit den bis Oktober 1918 gebauten 180 Pfalz D XII konnten noch 11 Staffeln ausgestattet werden, dann stoppte der Waffenstillstand abrupt die Fertigung.

BESCHREIBUNG:

BESATZUNG:
Pilot

ABMESSUNGEN:
Länge: 6,35 m
Spannweite: 9,00 m
Höhe: 2,70 m

MASSEN:
Leermasse: 716 kg
Max. Startmasse: 897 kg

LEISTUNGEN:
Höchstgeschwindigkeit: 170 km/h
Flugdauer: 1,5 Stunden
Antrieb: Daimler D IIIa
Motorleistung: 170 PS (127 kW)

DATUM DES ERSTFLUGS:
Frühjahr 1918

BEWAFFNUNG:
Zwei starre 7,92 mm Spandau LMG 08/15 vor dem Führersitz

BESONDERE MERKMALE:
Zweistieliger Doppeldecker; Zylinderköpfe freiliegend; Auspuff-Sammler seitlich rechts; Schleifsporn

Royal Aircraft Factory BE 2 GROSSBRITANNIEN

Einmotoriger ein- oder zweisitziger Jäger/Aufklärer/Bomber

Großbritanniens erster speziell auf seinen Verwendungszweck als Militärflugzeug hin entwickelter Typ, die BE (Bleriot Experimental), war eine Schöpfung der Konstrukteure Geoffrey de Havilland und F.M. Green bei der Royal Aircraft Factory (RAF) im August 1911. Die aus dem Prototyp verbesserte BE 2 erschien ein Jahr später. Maschinen aus der Serienfertigung statteten 1913 bereits drei Staffeln aus. Später kamen noch die Versionen BE 2a und b heraus, letztere als Bomber, der zwei 45-kg-Bomben tragen konnte. Ihr stabiler Flug prädestinierte die BE 2 als perfekte Plattform für ihre Rolle als Artillerie-Beobachter. Doch die langsame und kaum bewaffnete Maschine war, als sie 1915 an der Westfront erschien, ein beliebtes Ziel für Fokker-Jagd-Eindecker. Um sie als Abwehrschutz wendiger zu machen, sahen die Konstrukteure für die verbesserten Modelle BE 2c, BE 2d und BE 2e anstelle der bisherigen Verwindung Querruder vor und bauten stärkere Motoren ein. Doch das Muster war veraltet und blieb zeitlich über Gebühr in der Serienfertigung, die 1917 schließlich 3500 gebaute Exemplare aufweisen konnte.

BESCHREIBUNG:

BESATZUNG:
Pilot alleine hinten, oder Beobachter/Schütze und Pilot hintereinander

ABMESSUNGEN:
Länge: 9,00 m
Spannweite: 10,68 m
Höhe: 2,10 m

MASSEN:
Leermasse: 578 kg
Max. Startmasse: 726 kg

LEISTUNGEN:
Höchstgeschwindigkeit: 113 km/h
Flugdauer: 3 Stunden
Antrieb: RAF 1a
Motorleistung: 90 PS (67 kW)

DATUM DES ERSTFLUGS:
Februar 1912

BEWAFFNUNG:
Handfeuerwaffen; Befestigungsmöglichkeit für ein bewegliches 7,7 mm Lewis-MG im vorderen Beobachtersitz; Bombenzuladung 45 kg an Aufhängungen unter dem Rumpf

BESONDERE MERKMALE:
Zweistieliger Doppeldecker; Zylinder und Auspuff freiliegend; Kufe zwischen dem Fahrgestell

Royal Aircraft Factory RE 8 GROSSBRITANNIEN

Einmotoriger zweisitziger Aufklärer/Bomber

Die als längst überfälliger Ersatz für die veraltete BE 2 entwickelte RE 8 (Reconnaissance Experimental) wurde innerhalb eines kurzen Zeitraums in erheblichen Stückzahlen gefertigt. Entstanden war sie im Winter 1915/16 nach einer Ausschreibung des RFC, das einen Aufklärer forderte, der in der Lage war, sich selbst verteidigen zu können. Da aber bei der Maschine zu sehr an den Konstruktionsprinzipien der abzulösenden BE 2 festgehalten wurde – dazu gehörte auch der im vorderen Sitz untergebrachte Beobachter mit sehr eingeschränktem Schussfeld -, blieb auch sie zu langsam und schwerfällig. Erste Serienmaschinen erreichten die Front Anfang 1917, aber ihre Einführung verzögerte sich durch zahlreiche Brüche, weil unerfahrene Piloten die BE 8 ihrer nicht einwandfreien Flugeigenschaften wegen nur schlecht beherrschten. Ungeachtet dieser Mängel wurde das Muster der BE 2c gegenüber als großer Fortschritt empfunden und in nicht weniger als 4100 Exemplaren zwischen 1916 und 1919 gefertigt. 67 % davon flogen an der Westfront bei 21 Staffeln, und im November 1918 war sie meisteingesetzter britischer Aufklärer/Bomber. Doch bis November 1920 wurden alle ausgemustert.

BESCHREIBUNG:

BESATZUNG:
Pilot und Beobachter/MG-Schütze hintereinander

ABMESSUNGEN:
Länge: 9,98 m
Spannweite: 13,01 m
Höhe: 3,48 m

MASSEN:
Leermasse: 817 kg
Max. Startmasse: 1301 kg

LEISTUNGEN:
Höchstgeschwindigkeit: 174 km/h
Flugdauer: 2,75 Stunden
Antrieb: RAF 4a
Motorleistung: 150 PS (112 kW)

DATUM DES ERSTFLUGS:
17. Juni 1916

BEWAFFNUNG:
Ein starres 7,7 mm Vickers-MG an der linken Rumpfseite und ein bewegliches 7,7 mm Lewis-MG auf Scarff-Ring im Beobachterstand

BESONDERE MERKMALE:
Einstieliger Doppeldecker mit starker Staffelung und Unterflügel kleinerer Spannweite; V-Motor mit freiliegenden Zylindern und hochgezogenen Auspuffsammlern an beiden Zylinderreihen, die eine große Lufthutze verbindet

Royal Aircraft Factory SE 5a GROSSBRITANNIEN

Einmotoriger Jagdeinsitzer

Die SE 5a war mit Sicherheit das beste Kampfflugzeug, das die Royal Aircraft Factory in Farnborough herausgebracht hat. Obwohl weniger beweglich als ihr zeitgenössischer Mitstreiter an der Front, die Sopwith Camel, zeichnete die Konstruktion die den RAF-Mustern scheinbar angeborene enorme Flugstabilität aus, wodurch sie leicht zu fliegen war. Sie konnte die Camel im Sturzflug ausstechen, stieg besser, war weniger schussempfindlich und vertrug eine höhere Belastung bei extremen Flugmanövern. Trotzdem hatte sie einen Schwachpunkt. Es war der untersetzte Hispano-Suiza 8A-Motor, der zahlreiche Kinderkrankheiten hatte und sich als unzuverlässig erwies. Das Problem wurde durch Wolseley mit dem Einbau ihres die Luftschraube direkt antreibenden W 4a Viper gelöst. Die SE 5a war die strukturell verstärkte Version der Grundausführung SE 5, die im März 1917 an die Front gekommen war. Die ersten SE 5a erreichten das *RFC* im Juni 1917 und wurden bevorzugt von den britischen Assen geflogen. Innerhalb von 18 Monaten wurden 5125 SE 5a gebaut und 22 britischen und amerikanischen Staffeln an der Westfront zugeteilt.

BESCHREIBUNG:

BESATZUNG:
Pilot

ABMESSUNGEN:
Länge: 6,38 m
Spannweite: 8,11 m
Höhe: 2,89 m

MASSEN:
Leermasse: 694 kg
Max. Startmasse: 929 kg

LEISTUNGEN:
Höchstgeschwindigkeit: 193 km/h
Flugdauer: 2,25 Stunden
Antrieb: Hispano-Suiza 8B oder Wolseley W.4a Viper
Motorleistung: 200 PS (149 kW)

DATUM DES ERSTFLUGS:
12. Januar 1917

BEWAFFNUNG:
Ein starres 7,7 mm Vickers-MG an der linken Rumpfseite und ein 7,7 mm Lewis-MG an Foster-Schiene auf dem Oberflügel; Bombenzuladung 45 kg an Aufhängungen unter dem Rumpf

BESONDERE MERKMALE:
Einstieliger Doppeldecker mit Flügeln gleicher Spannweite; V-Motor mit nach hinten langgezogenen Auspuff-Sammelrohren an jeder Seite; stoffbespannter Kopfabfluss hinter dem Pilotensitz

Sopwith Baby GROSSBRITANNIEN
Einmotoriger Jagdeinsitzer

Die Sopwith Baby war eine leistungsfähigere Version des Sopwith Schneider Wasserflugzeug-Jagdeinsitzers, der wiederum aus dem Sieger des Rennens um den Schneider-Pokal 1914 hervorging, dem Sopwith Tabloid. Während die Schneider noch ein 100 PS Gnome Monosoupape antrieb, erhielt die Baby einen 110 PS Clerget Neunzylinder-Umlaufmotor. 110 Exemplare wurden für den *RNAS* bestellt und von Sopwith zwischen September 1915 und Juli 1916 ausgeliefert. Blackburn fertigte anschließend weitere 71 Stück. Die Baby unterschied sich von ihrem Vorgängermodell nicht nur durch das Triebwerk, sondern besaß anstelle der Flügelverwindung Querruder für das Steuern um die Längsachse. Der *RNAS* setzte die mit Schwimmern ausgestattete Maschine weitestgehend zur Unterstützung von Patrouillenschiffen für die Blockade der Nordseehäfen ein, verwendete sie aber auch, um schwerfällige Zweisitzer bei ihren Angriffen auf Küstenziele zu eskortieren. Sie wurden auf frühen Trägerschiffen für Wasserflugzeuge in der Nordsee und auf dem Mittelmeer zur Beobachtung von Luftschiffen mitgeführt und operierten in Dünkirchen – mit einem Fahrgestell ausgestattet – bis Juli 1917 auch von Land aus.

BESCHREIBUNG:

BESATZUNG:
Pilot

ABMESSUNGEN:
Länge: 7,01 m
Spannweite: 6,90 m
Höhe: 3,05 m

MASSEN:
Leermasse: 556 kg
Max. Startmasse: 778 kg

LEISTUNGEN:
Höchstgeschwindigkeit: 161 km/h
Flugdauer: 2,25 Stunden
Antrieb: Clerget
Motorleistung: 110 PS (82,7 kW)

DATUM DES ERSTFLUGS:
September 1915

BEWAFFNUNG:
Ein starres 7,7 mm Lewis-MG auf dem Oberflügel

BESONDERE MERKMALE:
Einstieliger Doppeldecker mit Flügeln gleicher Spannweite; zwei Haupt- und ein Heckschwimmer; Verkleidung für den Umlaufmotor unten offen

Sopwith 1½ Strutter GROSSBRITANNIEN

Einmotoriger zweisitziger Jäger/Bomber

Eigentlich war die Konstruktion einstielig, da jedoch der Oberflügel zusätzlich durch je ein paar Streben zum Rumpf hin abgefangen war, erhielt sie ihren merkwürdigen Namen. Die 1½ Strutter war das erste britische Flugzeug, das standardmäßig mit einem synchronisierten, durch den Propellerkreis schießenden MG ausgestattet wurde. Und sie war auch der erste zweisitzige Jäger des *RFC*, der in Serie ging. Sopwith hatte sie unter der Bezeichnung LCT (Land Clerget Tractor) für die Admiralität entwickelt. Die Auslieferung von Flugzeugen dieses Typs begann im Februar 1916. Der *RNAS*, der 150 Exemplare des 1½ Strutter erhielt und sowohl zum Begleitschutz als auch als Bomber einsetzte, gab schließlich 77 an das RFC ab, damit es an der Westfront seine Staffeln auf Sollstärke bringen konnte. Obwohl sich der 1½ Strutter nicht mit den deutschen Jagdflugzeugen messen konnte, lief die Fertigung bis 1917. Mehr als 1500 wurden alleine in Großbritannien gebaut, übertroffen von der französischen Lizenzproduktion mit 4500 Stück aus nicht weniger als sieben Betrieben. Von ihnen gingen Ende 1917 genau 514 an die US Regierung für die Neulinge im Fledgling Air Service. Belgien und Russland erhielten ebenfalls welche.

BESCHREIBUNG:

BESATZUNG:
Pilot und Beobachter/MG-Schütze hintereinander

ABMESSUNGEN:
Länge: 7,69 m
Spannweite: 10,21 m
Höhe: 3,12 m

MASSEN:
Leermasse: 592 kg
Max. Startmasse: 975 kg

LEISTUNGEN:
Höchstgeschwindigkeit: 161 km/h
Flugdauer: 3,75 Stunden
Antrieb: Clerget 9B
Motorleistung: 130 PS (96,6 kW)

DATUM DES ERSTFLUGS:
Dezember 1915

BEWAFFNUNG:
Ein starres 7,7 mm Vickers-MG vor dem Führersitz und ein bewegliches 7,7 mm Lewis-MG auf Scarff-Ring im Beobachterstand; Bombenzuladung 118 kg in einem Rumpf-Bombenschacht

BESONDERE MERKMALE:
Einstieliger Doppeldecker mit Flügeln gleicher Spannweite, aber mit zusätzlichen Streben zwischen Rumpf und Oberflügel (deshalb 1½-stielig genannt); geschlossene Verkleidung für den Umlaufmotor; Schleifsporn

Sopwith Pup GROSSBRITANNIEN
Einmotoriger Jagdeinsitzer

Die ursprünglich Scout getaufte verkleinerte einsitzige Ableitung aus dem Sopwith 1½ Strutter wurde von den Piloten ihrer Zierlichkeit und besonders des ähnlichen Aussehens wegen als Ableger angesehen und hatte deswegen schon bald den Namen Pup. Er blieb es anschließend auch offiziell. Gemeinsam von RFC und RNAS in Auftrag gegeben, kamen die ersten Pup im September 1916 an die Westfront und blieben dort bis zum Spätsommer des folgenden Jahres, als sie von SE 5a und Camel klassifiziert wurden. Durch ihre perfekte Ruderabstimmung erhielt sie den Titel, das am leichtesten zu fliegende britische Flugzeug der Kriegszeit zu sein, und die, die sie flogen, liebten sie. Insgesamt wurden etwa 1770 Pup gebaut. Obwohl an der Westfront schon 1917 ausgemustert, dauerte die Produktion bis 1918, um Anforderungen der Heimatfront zur Abwehr marodierender deutscher Flugzeuge und Luftschiffe gerecht zu werden. Der Typ wurde auch von Fluglehrern auf Schulen bevorzugt. Neben den landgestützten Pup des RNAS setzte die Royal Navy ab 1917 eine Anzahl von Pup zur Erprobung auf ihren drei Flugzeugträgern ein, bei der sie Pionierarbeit leisteten.

BESCHREIBUNG:

BESATZUNG:
Pilot

ABMESSUNGEN:
Länge: 5,89 m
Spannweite: 8,08 m
Höhe: 2,87 m

MASSEN:
Leermasse: 357 kg
Max. Startmasse: 556 kg

LEISTUNGEN:
Höchstgeschwindigkeit: 179 km/h
Flugdauer: 3 Stunden
Antrieb: Le Rhône 9C
Motorleistung: 80 PS (59,6 kW)

DATUM DES ERSTFLUGS:
Februar 1916

BEWAFFNUNG:
Ein starres 7,7 mm Vickers-MG vor dem Führersitz; zur Bekämpfung von Luftschiffen konnten vier Le Prieur-Raketen mitgeführt werden, je zwei an jedem Stielverbund

BESONDERE MERKMALE:
Einstieliger Doppeldecker mit Flügeln gleicher Spannweite; geschlossene Verkleidung für den Umlaufmotor; Schleifsporn

Sopwith Triplane GROSSBRITANNIEN

Einmotoriger Jagdeinsitzer

Sie wurde entworfen, um den Pup abzulösen. Die Idee, durch einen zusätzlichen Flügel geringere Spannweite und größere Flügelfläche zu erzielen, erbrachte – wie angestrebt – wesentlich verbesserte Wendigkeit mit überraschenden Steigleistungen. Als das Muster mit dem *RNAS* sein Einsatzdebüt hatte, zeigte es sich in der Tat steigfreudiger als die anderen Flugzeuge an der Westfront, egal auf welcher Seite sie auch flogen. Ursprünglich hatte auch das *RFC* Triplane bestellt, aber nach einem Zuteilungsstreik im Februar 1917 tauschte die *Navy* ihre SPAD VII gegen die Triplane. Diese Übereinkunft reduzierte allerdings die Gesamtzahl der zu bauenden Maschinen auf 150 Stück. Trotz ihrer geringen Zahl bestimmten Triplane das Kampfgeschehen an der nördlichen Westfront. Sie zeigten sich den deutschen Jägern als derartig überlegen, dass das Oberkommando sofort die Hersteller beauftragte, selbst Dreidecker zu deren erfolgreichen Bekämpfung zu entwickeln. Von ihnen wurde der Fokker Dr I der bekannteste. Triplane blieben nur kurz im Einsatz. Die Marine-Einheiten an der Westfront begannen sie im Juli 1917 durch Camel abzulösen. Triplane flogen dann bei Einheiten der Heimat-Verteidigung.

BESCHREIBUNG:

BESATZUNG:
Pilot

ABMESSUNGEN:
Länge: 5,74 m
Spannweite: 8,08 m
Höhe: 3,20 m

MASSEN:
Leermasse: 450 kg
Max. Startmasse: 642 kg

LEISTUNGEN:
Höchstgeschwindigkeit: 187 km/h
Flugdauer: 2,75 Stunden
Antrieb: Clerget 9B
Motorleistung: 130 PS (96,6 kW)

DATUM DES ERSTFLUGS:
28. Mai 1916

BEWAFFNUNG:
Ein (später auch zwei) starres 7,7 mm Vickers-MG vor dem Führersitz

BESONDERE MERKMALE:
Einsitziger Dreidecker mit gestaffelten Flügeln gleicher Spannweite; geschlossene Verkleidung für den Umlaufmotor; Schleifsporn

Sopwith Camel GROSSBRITANNIEN
Einmotoriger Jagdeinsitzer

Zweifellos das bekannteste britische Flugzeug des Ersten Weltkriegs war die Sopwith Camel. Gemessen an ihren Erfolgen war sie das erfolgreichste Kampfflugzeug überhaupt. 1294 abgeschossene gegnerische Flugzeuge und drei Luftschiffe gingen auf ihr Konto. Die Camel war die erste britische Konstruktion, die zwei starre, synchronisiert durch den Propellerkreis schießende MG besaß. Die höckerartigen Verkleidungen über den MG-Verschlussteilen gaben der Maschine ihren ungewöhnlichen Namen – wie bei der Pup zuerst inoffiziell, dann offiziell. Wenn die Camel auch als Jäger einen sehr guten Ruf genoss, so bereiteten ihre Flugeigenschaften Anfängern große Probleme, die sich in einer außergewöhnlich hohen Unfallrate niederschlugen. Nichtsdestoweniger wurden insgesamt weit über 5000 Stück gebaut. An der Westfront tauchten Camel ab Mai 1917 auf. Sie wurden auch bei Verbänden der Heimatverteidigung geflogen und kämpften in den Staffeln von *RFC/RAF* an der Front in Italien. Landgestützte Camel des *RNAS*, die an den Küsten der Nordsee patrouillierten, wurden in die am 1. April 1918 neu geformte *RAF* integriert.

BESCHREIBUNG:

BESATZUNG:
Pilot

ABMESSUNGEN:
Länge: 5,72 m
Spannweite: 8,53 m
Höhe: 2,59 m

MASSEN:
Leermasse: 421 kg
Max. Startmasse: 659 kg

LEISTUNGEN:
Höchstgeschwindigkeit: 182 km/h
Flugdauer: 2,5 Stunden
Antrieb: Clerget 9B, Bentley BR 1 oder Le Rhône
Motorleistung: 130 PS (96,6 kW)

DATUM DES ERSTFLUGS:
22. Dezember 1916

BEWAFFNUNG:
Zwei starre 7,7 mm Vickers-MG vor dem Führersitz; Unterflügelgehänge für vier 11,3 kg Bomben als Sonderausrüstung

BESONDERE MERKMALE:
Einstieliger Doppeldecker mit Flügeln gleicher Spannweite; geschlossene Verkleidung für den Umlaufmotor; höckerartige Verkleidung der MG-Verschlüsse auf dem Rumpfrücken; Schleifsporn

Sopwith Snipe GROSSBRITANNIEN
Einmotoriger Jagdeinsitzer

Die Snipe, als Nachfolger für die Camel gedacht und nach einer Sopwith vom *Air Board* übermittelten Ausschreibung entworfen, sah eher wie ein dicker Bruder des bekanntesten Jagdeinsitzers der Firma aus. Die Forderungen für den einsitzigen Jäger schlossen Geschwindigkeitsleistungen von über 217 km/h bis in Höhen von 4500 m, eine durchschnittliche Steigleistung von 300 m je Minute noch in Höhen über 3000 m sowie Operationen in über 7600 m Höhe ein. Ebenso sollte die Maschine drei Stunden in der Luft bleiben können. Im Verlauf der Flugerprobung zeigte sich, dass die meisten dieser Werte mit dem 230 PS starken Bentley nicht erreicht werden konnten, aber das gesamte Leistungsspektrum erwies sich als so positiv, dass die Snipe die Zustimmung der RAF erhielt und in Großserie ging. Von den 4500 bestellten Maschinen – die Fertigung lief bis in die zwanziger Jahre – konnten bis Ende Dezember 1918 noch 487 ausgeliefert werden. Die ersten Exemplare der Snipe erreichten Frankreich im August 1918, und die 43. Staffel war die erste, die ihre Camel gegen sie eintauschten. Die Snipe kam kaum noch zum Kriegseinsatz, aber die *RAF* hielt ihre 1100 Exemplare bis 1926 im Dienst.

BESCHREIBUNG:

BESATZUNG:
Pilot

ABMESSUNGEN:
Länge: 6,04 m
Spannweite: 9,47 m
Höhe: 2,51 m

MASSEN:
Leermasse: 595 kg
Max. Startmasse: 916 kg

LEISTUNGEN:
Höchstgeschwindigkeit: 195 km/h
Flugdauer: 3 Stunden
Antrieb: Bentley BR 2
Motorleistung: 234 PS (172 kW)

DATUM DES ERSTFLUGS:
September 1917

BEWAFFNUNG:
Zwei starre 7,7 mm Vickers-MG vor dem Führersitz

BESONDERE MERKMALE:
Zweistieliger Doppeldecker mit gestaffelten Flügeln gleicher Spannweite; geschlossene Verkleidung für den Umlaufmotor; höckerartige Verkleidung der MG-Verschlüsse auf dem Rumpfrücken; Schleifsporn

SPAD VII FRANKREICH
Einmotoriger Jagdeinsitzer

Es hatte den Anschein, als wenn der Trend für die Entwicklung der Jagdflugzeuge bei den sich bekriegenden Nationen in den Jahren 1915/16 eindeutig gewesen wäre: Schwerer, mit mehr Motorleistung, aber weniger agil. Diesem Muster schien auch die SPAD VII zu entsprechen, unzweifelhaft Frankreichs erfolgreichstes Flugzeug dieser Periode. Angetrieben wurde sie von dem ausgezeichneten Hispano-Suiza V8-Triebwerk, das sich allerdings auch oft launisch zeigte. Der Prototyp flog erstmals im Frühjahr 1916. Die Maschine überzeugte durch beeindruckende Geschwindigkeits-Leistungen sowohl im Waagerecht- als auch beim Sturzflug, ließ allerdings die Wendigkeit der zeitgenössischen Nieuports vermissen. Jedoch wurde durch Berichte von der Front bekannt, dass die Piloten eine höhere Geschwindigkeit der Wendigkeit vorzogen. Sie stellten sich eindeutig hinter die von SPAD verfolgte Linie schwererer Jäger. Maschinen aus der Produktion nahmen ab Sommer 1916 an Luftkämpfen teil, aber ihre Anzahl blieb infolge der Lieferschwierigkeiten mit dem Triebwerk zuerst klein. Als diese überwunden werden konnten, erzielten SPAD VII bei der französischen *Aviation Militaire* und dem britischen *RFC* große Erfolge an der Westfront.

BESCHREIBUNG:

BESATZUNG:
Pilot

ABMESSUNGEN:
Länge: 6,08 m
Spannweite: 7,82 m
Höhe: 2,20 m

MASSEN:
Leermasse: 500 kg
Max. Startmasse: 704 kg

LEISTUNGEN:
Höchstgeschwindigkeit: 212 km/h
Flugdauer: 1,85 Stunden
Antrieb: Hispano-Suiza HS 8Aa
Motorleistung: 150 PS (134 kW)

DATUM DES ERSTFLUGS:
April 1916

BEWAFFNUNG:
Ein starres 7,7 mm Vickers-MG vor dem Führersitz

BESONDERE MERKMALE:
Einstieliger Doppeldecker mit Flügeln gleicher Spannweite; geschlossene Verkleidung für den V-Motor mit rundem Frontkühler; lang noch hinten gezogene Auspuffsammler-Rohre an beiden Rumpfseiten; Oberflügel dicht über dem Führersitz; Schleifsporn

SPAD XIII Frankreich
Einmotoriger Jagdeinsitzer

Die SPAD XIII war aus der VII und der in nur kleiner Stückzahl gebauten SPAD XII hergeleitet, speziell um das leistungsstarke 200 PS Hispano-Suiza 8B-Triebwerk herum konstruiert worden. Als „untersetzte SPAD" bezeichnet, glich sie mit ihrer offensichtlichen Zweistieligkeit (in Wirklichkeit war sie einstielig, hatte aber je einen Hilfsstiel in den Knotenpunkten der Verspannung) und auch sonst der VII wie ein Ei dem anderen, war jedoch größer. Der 8B-Motor erlaubte zwei starre 7,7 mm Vickers-MG unterzubringen. Die *Aviation Militaire* bestellte 8470 Exemplare. Aber die Kombination aus Fertigungsproblemen und Triebwerks-Unzuverlässigkeit verzögerte immer wieder Auslieferungen, so dass im März 1918 erst 764 SPAD XIII die Fertigungsstätten verlassen hatten, von denen sich nur 300 im Einsatz befanden. Nach der Behebung der Motorenprobleme konnte ab Frühjahr 1918 die Produktion hochgefahren werden. SPAD lieferte schließlich 11 Maschinen pro Tag. 1919 lief die Fertigung aus. Außer bei den französischen *Escadrilles* wurde die SPAD XII in den Einheiten der Streitkräfte Großbritanniens, Italiens, Belgiens und der Vereinigten Staaten geflogen.

BESCHREIBUNG:

BESATZUNG:
Pilot

ABMESSUNGEN:
Länge: 6,25 m
Spannweite: 8,25 m
Höhe: 2,60 m

MASSEN:
Leermasse: 601 kg
Max. Startmasse: 856 kg

LEISTUNGEN:
Höchstgeschwindigkeit: 218 km/h
Flugdauer: 1,67 Stunden
Antrieb: Hispano-Suiza 8B
Motorleistung: 200 PS (149 kW)

DATUM DES ERSTFLUGS:
4. April 1917

BEWAFFNUNG:
Zwei starre 7,7 mm Vickers-MG vor dem Führersitz

BESONDERE MERKMALE:
Einstieliger Doppeldecker mit Flügeln gleicher Spannweite; geschlossene Verkleidung für den V-Motor mit rundem Frontkühler; lang noch hinten gezogene Auspuffsammler-Rohre an beiden Rumpfseiten; Oberflügel dicht über dem Führersitz; Schleifsporn

Thomas-Morse S-4 USA

Einmotoriger Jagdeinsitzer/Übungsflugzeug

Die Thomas-Morse Aircraft Corporation wurde im Januar 1917 gebildet, als die in England geborenen Gebrüder Thomas mit der in Amerika beheimateten Morse Chain Company eine Partnerschaft eingingen. Chefkonstrukteur des amerikanischen Teilhabers war B. D. Thomas (nicht verwandt mit den Gebrüdern Thomas), der vorher bei Curtiss an der JN-4 Jenny mitgearbeitet hatte. Für die neue Gesellschaft entwarf er wieder ein Übungsflugzeug – den einsitzigen Jagdtrainer S-4. Das *US Signal Corps* bestellte 100 Exemplare dieser kleinen Maschine für die Fortgeschrittenen-Ausbildung. Sie wurden als S-4B bezeichnet und durch Gnome Monosoupape angetrieben, obwohl die Unzuverlässigkeit dieser Triebwerke bekannt war und ihre Neigung zu Ölverlust sprichwörtlich. Wegen anhaltender Probleme erhielten die nachfolgenden S-4C, für die im Januar 1918 eine Bestellung über 400 Exemplare einging, den schwächeren aber zuverlässigern Le Rhône 4C. Alle „Tommy", wie die Maschine genannt wurde, flogen ausschließlich in Amerika. Die direkt nach dem Krieg ausgemusterten Flugzeuge fanden viele zivile Käufer, die sie bis in die zwanziger Jahre als Rennflugzeuge oder für andere Zwecke nutzten.

BESCHREIBUNG:

BESATZUNG:
Pilot

ABMESSUNGEN:
Länge: 5,82 m
Spannweite: 8,01 m
Höhe: 2,73 m

MASSEN:
Leermasse: 426 kg
Max. Startmasse: 603 kg

LEISTUNGEN:
Höchstgeschwindigkeit: 155 km/h
Flugdauer: 2 Stunden
Antrieb: Gnome Monosoupape oder Le Rhône 4C
Motorleistung: 100 PS (73,5 kW) bzw. 80 PS (59,5 kW)

DATUM DES ERSTFLUGS:
Juni 1917

BESONDERE MERKMALE:
Einstieliger Doppeldecker mit Flügeln gleicher Spannweite; geschlossene Verkleidung für den Umlaufmotor; Schleifsporn

Flugzeuge zwischen den Kriegen

Avro 621 Tutor GROSSBRITANNIEN
Einmotoriges zweisitziges Übungsflugzeug

Die Tutor wurde als Ablösemuster für einen Veteran der Firma gebaut – die Avro 504K/N, wovon Ende der zwanziger Jahre immer noch Exemplare in den Flugschulen der *RAF* zu finden waren. Nachdem die neue Maschine durch das *Aircraft and Armament Experimental Establishment* im Dezember 1929 einer eingehenden Prüfung unterzogen worden war, wählte sie die *RAF* als neues Schulflugzeug für die Grundausbildung aus. Anfänglich wurden für einen Einführungs-Versuch drei Maschinen bestellt. Nach dessen erfolgreichem Abschluss bei der *Central Flying School (CFS)* wurden weitere 373 Tutor zwischen 1934 und 1936 in Dienst genommen. Wegen ihrer ausgezeichneten Flugeigenschaften nahmen Tutor der *CFS* in den dreißiger Jahren mit Kunstflugdarbietungen an zahlreichen Flugveranstaltungen und *RAF* Vorführungen teil. Das Flugzeug war aber auch bei Luftstreitkräften anderer Staaten beliebt. Die Südafrikaner flogen sogar mit im eigenen Land hergestellten Maschinen. Mit der Einführung von freitragenden Tiefdeckern wie Spitfire- und Hurricane-Jagdeinsitzern hatten die Tutor-Doppeldecker ausgedient. 1939 wurden die meisten durch Miles Magister abgelöst.

BESCHREIBUNG:

BESATZUNG:
Zwei Piloten hintereinander

ABMESSUNGEN:
Länge: 8,08 m
Spannweite: 10,36 m
Höhe: 2,92 m

MASSEN:
Leermasse: 836 kg
Max. Startmasse: 1115 kg

LEISTUNGEN:
Höchstgeschwindigkeit: 197 km/h
Reichweite: 400 km
Antrieb: Armstrong-Siddeley Lynx IVC
Motorleistung: 240 PS (179 kW)

DATUM DES ERSTFLUGS:
Dezember 1929

BESONDERE MERKMALE:
Einstieliger Doppeldecker; Sternmotor; N-Stiele

Avro Anson GROSSBRITANNIEN

Zweimotoriges mehrsitziges Übungs-/Verbindungsflugzeug

Abgeleitet vom Avro 652-Verkehrsflugzeug – dessen Entwurfsstudien Ende 1933 den britischen Luftverkehrsgesellschaften vorgelegt wurden – konnte die Anson bei ihrer im März 1936 erfolgten Truppen-Einführung zwei Neuigkeiten in die britische Militärfliegerei einbringen: Zum einen war sie der erste Eindecker, und schließlich war sie das erste Muster mit Einziehfahrwerk. In der Vorkriegszeit waren es besonders die Staffeln des *Coastal Command*, in denen sie im weitesten Sinne als Aufklärer und für Such- und Rettungsaufgaben herangezogen wurden – und das bis 1942. Gleich nach Kriegsausbruch wurde sie als Standard-Übungsflugzeug für den *British Commonwealth Air Training*-Plan ausgewählt. In der Tat bewährte sich die Anson in dieser Rolle so ausgezeichnet, dass in Kanada eine zweite Fertigungsstraße eingerichtet werden musste, um die Nachfrage nach dem Muster befriedigen zu können. Mit Einführung der Versionen Mk XI/XII wurde die Rumpfform geändert. Besonders die harmlosen Flugeigenschaften waren es, die die Anson so universell erfolgreich machten. Sie wurde bis Mai 1952 gefertigt. Die letzte Variante, die T 21, blieb sogar bis Juni 1968 in den Verbänden der *RAF*.

BESCHREIBUNG:

BESATZUNG:
Bis zu 6 Mann beim Einsatz als Übungsflugzeug, bis zu 11 Mann in der Version als Verbindungsflugzeug

ABMESSUNGEN:
Länge: 12,88 m
Spannweite: 17,20 m
Höhe: 3,99 m

MASSEN:
Leermasse: 2438 kg
Max. Startmasse: 3629 kg

LEISTUNGEN:
Höchstgeschwindigkeit: 303 km/h
Reichweite: 1270 km
Antrieb: (Mk19/T 21) Zwei Armstrong-Siddeley Cheetah 15S
Motorleistung: 840 PS (626 kW)

DATUM DES ERSTFLUGS:
24. März 1935

BEWAFFNUNG:
Ein starres 7,7 mm Vickers-MG im Rumpf links vom Führersitz und ein 7,7 mm Vickers-MG in einem Drehturm auf dem Rumpfrücken; Bombenzuladung 163 kg an Unterflügel-Aufhängungen

BESONDERE MERKMALE:
Freitragender Tiefdecker; Einziehfahrwerk; zwei Sternmotoren; Flügel und Rumpf stoffbespannt

Boeing Modell 100 (F4B-1/P-12B) USA
Einmotoriger Jagdeinsitzer

Das Modell 100 wurde von Boeing auf eigenes Risiko als logisches Ablösemuster der Jahre zuvor von der Firma herausgebrachten Marinejäger F2B/F3B gebaut. Was die Neukonstruktion den Vorgängermodellen gegenüber so überlegen machte, war eine kleinere und leichtere Zelle, kombiniert mit der jüngsten Version des Pratt & Whitney Wasp-Sternmotors. Das Ergebnis: Die Neukonstruktion war 52 km/h schneller als jeder zu jener Zeit im Einsatz befindliche Boeing-Jäger. Nach der Erprobung von zwei Prototypen bestellte die *US Navy* 27 Exemplare als F4B-1. 1931 folgten 46 F4B-2, die sich durch eine Motorverkleidung, Frise-Querruder, Spornrad und ein aufgeladenes Triebwerk unterschieden, sowie 21 F4B-3 mit einem Leichtmetallrumpf und 92 F4B-4 mit vergrößerter Seitenflosse. In seltener Übereinstimmung mit der Marine bestellte auch das *US Army Air Corps* Exemplare der Boeing 100 und nannte sie P-12. Sie orderte 90 P-12B, 96 P-12C, 35 P-12D, 110 P-12E und 25 P-12F. Diese Maschinen unterschieden sich nur unwesentlich von den Marine-Ausführungen. Hauptsächlich in den dreißiger Jahren eingesetzt, wurden die letzten Boeing Modell 100 erst 1941 aus dem Dienst entlassen.

BESCHREIBUNG:

BESATZUNG:
Pilot

ABMESSUNGEN:
Länge: 6,12 m
Spannweite: 9,14 m
Höhe: 2,92 m

MASSEN:
Leermasse: 797 kg
Max. Startmasse: 1150 kg

LEISTUNGEN:
Höchstgeschwindigkeit: 275 km/h
Reichweite: 597 km
Antrieb: Pratt & Whitney R-1340-8 Wasp
Motorleistung: 500 PS (373 kW)

DATUM DES ERSTFLUGS:
9. Mai 1929 (F4B-1)

BEWAFFNUNG:
Zwei starre 7,62 mm MG vor dem Führersitz

BESONDERE MERKMALE:
Einstieliger Doppeldecker; unverkleideter Sternmotor; Fanghaken unter dem Heck (Marine-Versionen)

Boeing/Stearman Modell 75 USA

Einmotoriges zweisitziges Schulflugzeug

Vorgestellt von der Stearman Aircraft Company – Boeing erwarb das Werk erst 1934 – unter der Werksbezeichnung X70 als ein auf der Basis des Stearman Model C entwickelten Trainers. Es wurde als Bewerber dem *USAAC* unterbreitet, das 1934 eine Ausschreibung für ein Anfänger-Schulflugzeug herausgegeben hatte. Ironischerweise war es dann aber die Marine, die Interesse an der Konstruktion zeigte. Sie bestellte Anfang 1935 61 Stück unter der Bezeichnung NS-1. Nach langer, ausgiebiger Erprobung der X70 entschied sich auch das *USAAC* für das Muster, bestellte 1936 26 Exemplare und nannte sie PT-13. Diese geringe Anzahl reflektiert die knappen Mittel, die seinerzeit den Heeres-Luftstreitkräften zur Verfügung standen. Doch das änderte sich mit Ausbruch des Zweiten Weltkriegs. Alleine 1940 wurden 3519 Maschinen der Version PT-17 gebaut. Die vielseitige Verwendbarkeit der Konstruktion, die ab 1939 offiziell Modell 75 hieß, spiegelt sich in den zahlreichen militärischen Bezeichnungen wieder. Kanadische Maschinen wurden Kaydet genannt. Der Name setzte sich überall durch. Als die Fertigung Anfang 1945 endete, waren über 10.000 Stück gebaut worden.

BESCHREIBUNG:

BESATZUNG:
Zwei Piloten hintereinander

ABMESSUNGEN:
Länge: 7,63 m
Spannweite: 9,80 m
Höhe: 2,79 m

MASSEN:
Leermasse: 878 kg
Max. Startmasse: 1232 kg

LEISTUNGEN:
Höchstgeschwindigkeit: 200 km/h
Reichweite: 813 km
Antrieb: Continental R-670 oder Lycoming R-680
Motorleistung: 220 PS (164 kW)

DATUM DES ERSTFLUGS:
Dezember 1933 (Stearman X70)

BESONDERE MERKMALE:
Einstieliger Doppeldecker mit N-Stielen; unverkleideter Sternmotor

Boeing P-26 USA
Einmotoriger Jagdeinsitzer

Die Ikone P-26 begann ihr Leben als Modell 248 im September 1931. Mit fortschrittlicher Eindecker-Auslegung und komplett aus Metall gebaut flog der Prototyp erstmals am 20. März 1932 unter der Bezeichnung XP-936. Sie änderte sich in XP-26, als das USAAC ihre Kaufabsicht für die Maschine bekundete. Sie bestellte schließlich 111 Exemplare des verbesserten Modells 266, das die Dienstbezeichnung P-26A erhielt. Die Flugzeuge wurden bis zum 30. Juni 1934 ausgeliefert. Weitere 25 Stück wurden als P-26B/C gebaut. Sie besaßen verbesserte Triebwerke und Waffen. Weiterhin wurden 12 Exemplare als Modell 281 für den Export gebaut. 11 davon gingen nach China, eines zur Einsatzerprobung auf den spanischen Bürgerkriegs-Schauplatz. Unter dem Namen „Peashooter" kamen P-26 als Ausrüstung zu insgesamt 17 USAAC-Staffeln. 1940 wurden die Flugzeuge Einheiten auf den Philippinen und in Mittelamerika zugeteilt. Einzelne kamen noch 1941/42 in Manila und auf Batan zur Abwehr japanischer Luftangriffe zum Einsatz. Eine Handvoll noch flugtüchtiger P-26 flog bei den Luftstreitkräften von Panama und Guatemala noch bis in die 50er-Jahre.

BESCHREIBUNG:

BESATZUNG:
Pilot

ABMESSUNGEN:
Länge: 7,26 m
Spannweite: 8,52 m
Höhe: 3,17 m

MASSEN:
Leermasse: 996 kg
Max. Startmasse: 1368 kg

LEISTUNGEN:
Höchstgeschwindigkeit: 377 km/h
Reichweite: 900 km
Antrieb: Pratt & Whitney R-1340-27 Wasp
Motorleistung: 600 PS (447 kW)

DATUM DES ERSTFLUGS:
20. März 1932

BEWAFFNUNG:
Zwei starre 7,62 mm MG im oberen Rumpfvorderteil

BESONDERE MERKMALE:
Verspannter Tiefdecker; Sternmotor mit Townend-Ring, festes, voll verkleidetes Fahrgestell; großer Kopfabfluss hinter dem Pilotensitz

Breguet XIX FRANKREICH

Einmotoriger zweisitziger Aufklärer/Bomber

Die Breguet XIX, als Ersatz für ihren erfolgreichen Vorgänger Breguet 14 aus dem Ersten Weltkrieg entworfen, wurde nicht nur noch berühmter, sondern auch in mehr Varianten und in größerer Stückzahl gebaut. Trotz der starken, ausschließlich aus Aluminium bestehenden Struktur, entsprach die Leermasse jener der 14. Da die Breguet XIX jedoch mehr Festigkeit und eine höhere Motorleistung besaß, konnte die Nutzlast – also Kraftstoff- und Bombenzuladung – um 60 bis 80 % gesteigert werden. Durch die sich herausstellenden überragenden Leistungen konnten schon frühzeitig mit dem Prototyp eine Reihe von Weltrekorden aufgestellt werden. Bedeutende Flüge wurden mit der durch ein großes Fragezeichen gekennzeichneten Langstrecken-Breguet XIX durchgeführt, darunter die Atlantik-Überquerung in Ost-West-Richtung sowie mehrere Streckenflüge über 8000 km. Ende 1926 hatte Breguet 1100 Maschinen des Typs gebaut, darunter die Versionen A-2 als Aufklärer und B-2 als Bomber für die Armée de l'Air und neun weitere Luftstreitkräfte. Lizenzmodelle fertigten Jugoslawien, Spanien, Belgien, Griechenland, Japan und die Türkei. Französische Fronteinheiten flogen die XIX bis 1939, türkische bis Ende der 40er-Jahre.

BESCHREIBUNG:

BESATZUNG:
Pilot und Beobachter/MG-Schütze hintereinander

ABMESSUNGEN:
Länge: 9,52 m
Spannweite: 14,85 m
Höhe: 3,34 m

MASSEN:
Leermasse: 1200 kg
Max. Startmasse: 2200 kg

LEISTUNGEN:
Höchstgeschwindigkeit: 220 km/h
Reichweite: 800 km
Antrieb: Renault, Lorraine oder Hispano-Suiza 12
Motorleistung: 375 bis 600 PS (280 bis 447 kW)

DATUM DES ERSTFLUGS:
Mai 1922

BEWAFFNUNG:
Ein starres 7,7 mm Vickers-MG in der Rumpfseite und ein bewegliches 7,7 mm Vickers auf Halterung im Beobachterstand; Bombenzuladung 700 kg an Aufhängungen unter dem Unterflügel

BESONDERE MERKMALE:
Einstieliger Doppeldecker mit leichter negativer Staffelung; Motorverkleidung der Form des V-Triebwerkes angepasst; Schleifsporn; Ganzmetall-Rumpf aus Duraluminium

Bristol Bulldog IIA GROSSBRITANNIEN

Einmotoriger Jagdeinsitzer

Obwohl Bristol seinen Typ 105 Bulldog I nach einer offiziellen Ausschreibung der RAF für einen Tag- und Nacht-Jäger konstruierte, geschah dies auf eigenes Risiko. Auch der Prototyp, der am 17. Mai 1927 erstmals flog, wurde kein offizieller Wettbewerber beim Vergleichsfliegen der konkurrierenden Muster nach dieser F 9/26-Ausschreibung. Beim Nachfliegen jedoch wurde festgestellt, dass er sieben der Wettbewerbs-Flugzeuge überlegen war (tatsächlich konnte ihm nur der Hawker Hawfinch das Wasser reichen). Der Typ 105 wurde für den Serienbau ausgewählt und erhielt neben einem verlängerten Rumpf den Namen Bulldog II. Diese Mk II kam im Mai 1929 zu den Einheiten der RAF, für die die Produktion des Musters zwei Jahre später nach 293 Maschinen endete. Geliefert wurden hauptsächlich Mk IIA mit größerem Seitenleitwerk und breiterer Radspur. Neun Jagdstaffeln der RAF erhielten Bulldog – das waren 70 % ihres Jäger-Bestandes. Sie blieben als Erstklass-Maschinen bis 1936 im Einsatz. 125 weitere Bulldog waren als zweisitzige Trainer gebaut worden, und 131 mit Original-Gnome-Rhône Jupiter für den Export nach Ländern wie Estland, Dänemark, Schweden, Lettland und Siam.

BESCHREIBUNG:

BESATZUNG:
Pilot

ABMESSUNGEN:
Länge: 7,70 m
Spannweite: 10,30 m
Höhe: 2,70 m

MASSEN:
Leermasse: 1008 kg
Max. Startmasse: 1601 kg

LEISTUNGEN:
Höchstgeschwindigkeit: 280 km/h
Reichweite: 563 km
Antrieb: Bristol Jupiter VIIF
Motorleistung: 490 PS (365 kW)

DATUM DES ERSTFLUGS:
17. Mai 1927

BEWAFFNUNG:
Zwei starre 7,7 mm Vickers-MG in den Rumpfseitenwänden, Bombenzuladung 35 kg an Aufhängungen unter dem Unterflügel

BESONDERE MERKMALE:
Einstieliger Doppeldecker; unverkleideter Sternmotor; zwei lange Auspuffrohre unter dem Rumpfbug; Flügel und Rumpf stoffbespannt

Bücker Bü 131 Jungmann/CASA 1.131E Deutschland/Spanien
Einmotoriges zweisitziges Schulflugzeug

Die Jungmann wurde ab Ende 1934 bei zivilen und militärischen deutschen Flugschulen als Anfänger-Schulflugzeug verwendet. Das erste Serienmodell Bü 131A besaß noch einen 80 PS (60 kW) starken Hirth HM 60R-Reihenmotor, Spätere Versionen und alle Exportmodelle wurden mit dem leistungsstärkeren Hirth HM 504A-2 ausgestattet. Neben dem Erfolg im eigenen Land konnten bis Kriegsausbruch bedeutende Exporterfolge erzielt werden. Acht europäische Staaten erwarben eine beträchtliche Anzahl dieser Maschinen. Nach Japan konnten die Lizenzrechte verkauft werden. Dort wurden 1037 Stück als Ki-86 für die Armee- und über 200 als K9W1 für die Marine-Luftstreitkräfte gebaut. Im Zweiten Weltkrieg blieb die Jungmann Luftwaffen-Schulflugzeug, später durch Bü 181 Bestmann abgelöst. An der Ostfront übernahm sie noch die Rolle eines Störkampfflugzeuges, indem sie in Nachteinsätzen leichte Bomben auf sowjetische Truppen abwarf. Nach dem Krieg erweckten Werke in Spanien, der Tschechoslowakei und in Ungarn die Jungmann-Produktion wieder zum Leben. Viele von ihnen sind heute noch flugtüchtig.

BESCHREIBUNG:

Besatzung:
Zwei Piloten hintereinander

Abmessungen:
Länge: 6,60 m
Spannweite: 7,40 m
Höhe: 2,25 m

Massen:
Leermasse: 390 kg
Max. Startmasse: 680 kg

Leistungen:
Höchstgeschwindigkeit: 185 km/h
Reichweite: 650 km
Antrieb: Hirth HM 504A-2
Motorleistung: 105 PS (78 kW)

Datum des Erstflugs:
27. April 1934

Besondere Merkmale:
Einstieliger Doppeldecker; verkleideter Reihenmotor; festes Fahrgestell mit nach innen geneigten Radachsen; Spornrad

Bücker Bü 133 Jungmeister/CASA ES-1 DEUTSCHLAND/SPANIEN

Einmotoriges einsitziges Schulflugzeug

Die vom Aussehen und von der Auslegung der Jungmann gleichende Jungmeister wurde im neuen Bücker-Werk in Rangsdorf konstruiert und gebaut, das errichtet worden war, um der steigenden Nachfrage nach Jungmann gerecht werden zu können. Während die Jungmann für die Anfängerschulung entwickelt worden war, sollte die kleinere und höher motorisierte Jungmeister mit unbeschränkter Kunstflugtauglichkeit mehr für fortgeschrittenere Piloten-Anwärter bestimmt sein. Unmittelbar nach ihrer Erprobung 1935/36 bestellte die Luftwaffe eine größere Anzahl des Musters, speziell für die Schulung angehender Jäger-Piloten. Obwohl der Prototyp und erste Serienmuster der Bü 133A den 135 PS (101 kW) starken Hirth HM 6-Reihenmotor besaßen, erhielt die überwiegende Anzahl aller Muster als Haupt-Fertigungsvariante Bü 133C den leistungsstärkeren Siemens & Halske Sh 14A-4 Sternmotor – so auch die 47 bei den Schweizer Dornier-Werken als Bü 133B unter Lizenz gebauten Maschinen für die Schweizer Fliegertruppe. In Spanien wurde eine ähnliche Menge Bü 133 für die spanischen Luftstreitkräfte unter der Bezeichnung ES-1 gefertigt.

BESCHREIBUNG:

BESATZUNG:
Pilot

ABMESSUNGEN:
Länge: 6,00 m
Spannweite: 6,60 m
Höhe: 2,20 m

MASSEN:
Leermasse: 425 kg
Max. Startmasse: 585 kg

LEISTUNGEN:
Höchstgeschwindigkeit: 220 km/h
Reichweite: 500 km
Antrieb: Siemens Sh 14A-4 (Original) oder Franklin 6A-650CL (Bü 133F aus den 60er-Jahren)
Motorleistung: 160 PS (119 kW) bzw. 220 PS (164 kW)

DATUM DES ERSTFLUGS:
1935

BESONDERE MERKMALE:
Einstieliger Doppeldecker; Motorverkleidung mit Ausbuchtungen für die Zylinderköpfe; hochgezogener Rumpfrücken; Schutzbleche oberhalb der Haupträder; Spornrad

Curtiss NC-4 USA

Viermotoriges sechssitziges Langstrecken-Patrouillen-Flugboot

Bekannt wurde die NC-4, als sie – wenn auch in Etappen – als erstes Flugzeugmuster den Atlantik überquerte. Curtiss und die *Navy* zusammen hatten das Marine-Flugboot NC als Antwort auf die erfolgreiche Ausweitung des deutschen U-Boot-Kriegs 1917 entwickelt. Für diesen Zweck wurde eine Flugzeit von 15 bis 20 Stunden gefordert, und eine durch mehrere Motoren angetriebene Zelle, die so robust war, Notlandungen auch bei schwerer See zu überleben. Curtiss war zu dieser Zeit der einzige amerikanische Flugzeughersteller, der ein solches Flugzeug konzipieren und fertigen konnte. Aufbauend auf die von der Marine entwickelte Bootsform entstanden 12.700 kg schwere Doppeldecker mit frei zwischen den Flügeln angeordneten drei oder vier Triebwerken und einem Gitterschwanz. Die Bezeichnung NC stand für Navy und Curtiss. Das erste viermotorige NC-4-Boot hatte am 4. Oktober 1918 seinen Jungfernflug. Mit drei NC-Flugbooten wurde im Mai 1919 eine Überquerung des Atlantiks versucht, aber nur NC-4 erreichte Plymouth. Sechs weitere NC wurden nach dem Krieg gebaut. Sie blieben bis Ende der Zwanziger im Einsatz.

BESCHREIBUNG:

BESATZUNG:
Zwei Piloten, Navigator/Bugschütze, Funker und zwei Flugingenieure

ABMESSUNGEN:
Länge: 20,80 m
Spannweite: 38,40 m
Höhe: 7,49 m

MASSEN:
Leermasse: 7200 kg
Max. Startmasse: 11.968 kg

LEISTUNGEN:
Höchstgeschwindigkeit: 136 km/h
Reichweite: 2352 km
Antrieb: Drei Liberty 12S
Motorleistung: 800 PS (597 kW)

DATUM DES ERSTFLUGS:
4. Oktober 1918

BEWAFFNUNG:
Je ein bewegliches 7,62 mm MG in Ständen im Bug und auf dem Rumpfrücken hinter dem Flügel

BESONDERE MERKMALE:
Dreistieliger Doppeldecker; zentraler Bootsrumpf aus Sperrholz-Laminat; Triebwerke mit Zugschrauben frei zwischen den Flügeln aufgehängt; Stützschwimmer unter den unteren Flügelenden

Curtiss F6C Hawk USA

Einmotoriger Jagdeinsitzer

Zur gleichen Zeit, als es Boeing gelang seine Doppeldecker-Jagdeinsitzer an die Marine zu verkaufen, glückte es auch dem Rivalen Curtiss. Der Durchbruch fand im März 1925 statt, als die *US Navy* neun F6C-1 bestellte. Praktisch waren es für Marinezwecke abgewandelte Versionen der P-1 Hawk des *USAAC*. Die Hauptdifferenz zwischen beiden Varianten bestand darin, dass die F6C auch mit Macchi-Schwimmern für den Einsatz vom Wasser aus umgerüstet werden konnten. Zwei der F6C wurden für Landeversuche auf Flugzeugträgern mit einem verstärkten Fahrgestell und Fanghaken geliefert. Da diese Erprobung erfolgreich verlief, orderte die Marine Anfang 1927 35 Stück entsprechende F6C-3. Weitere 31 mit Pratt & Whitney R-1340 ausgestattete F6C-4 wurden bestellt, als sich die US Navy für die ausschließliche Verwendung von luftgekühlten Triebwerken entschied. Obwohl leichter und wendiger als die durch Curtiss-Motoren angetriebenen F6C-3, wurden sie als bereits veraltet betrachtet, als sie die Flotte erreichten. Nach ihrer Ablösung durch Boeing F4B wurden eine Anzahl der F6C als Jagdtrainer verwendet oder dem *Marine Corps* überstellt.

BESCHREIBUNG:

BESATZUNG:
Pilot

ABMESSUNGEN:
Länge: 6,86 m
Spannweite: 9,60 m
Höhe: 3,33 m

MASSEN:
Leermasse: 898 kg
Max. Startmasse: 1263 kg

LEISTUNGEN:
Höchstgeschwindigkeit: 249 km/h
Reichweite: 580 km
Antrieb: Curtiss V-1150-1 (F6C-1/3) oder Pratt & Whitney R-1340 (F6C-4)
Motorleistung: 435 PS (324 kW) bzw. 410 PS (306 kW)

DATUM DES ERSTFLUGS:
Herbst 1925

BEWAFFNUNG:
Zwei starre 7,62 mm Browning-MG im oberen Rumpfbug

BESONDERE MERKMALE:
Einstieliger Doppeldecker; V-Motor (F6C-1/3) voll verkleidet, Sternmotor (F6C-4) mit Ringverkleidung; Fanghaken unter dem Heck

Curtiss P-6E Hawk USA

Einmotoriger Jagdeinsitzer

Die P-6E war das Endglied in einer Entwicklung, deren Spur bis zur P-1 aus dem Jahr 1925 zurückverfolgt werden kann. Diese Hawk wurde geschaffen, als Curtiss im Herbst 1931 Motor, Motorverkleidung, den Dreiblatt-Propeller und das Fahrwerk seiner XP-22 mit der Zelle seiner YP-20 vermählte. Das Endresultat wurde mit XP-6E bezeichnet und vom USAAC bestellt. Doch ähnlich wie bei vorhergehenden Jagdflugzeug-Konstruktionen von Curtiss blieb die Stückzahl klein: 46 Exemplare wurden ab 2. Dezember 1931 geliefert. Das Flugzeug unterschied sich von den bisherigen Hawk-Modellen durch einen Bauchkühler unter dem Rumpf und einem Fahrgestell mit freitragenden Einbeinen. Die meisten der P-6E wurden der 1st Pursuit Group auf Selfridge Field, Michigan, überstellt, oder gingen an die 8th Pursuit Group auf Langley Field, Virginia. Die Curtiss P-6E war der Gegenspieler der Boeing P-12 im Inventar des US Army Air Corps und symptomatisch für Doppeldecker-Jagdeinsitzer in den USA zwischen den Kriegen. Sie veralteten schnell. Eine handvoll überlebender P-6E taten noch bis 1938 Dienst, verschwanden danach aber wegen fehlender Überholungsarbeiten. Die letzte ging 1942 aus dem Dienst.

BESCHREIBUNG:

BESATZUNG:
Pilot

ABMESSUNGEN:
Länge: 7,06 m
Spannweite: 9,60 m
Höhe: 2,69 m

MASSEN:
Leermasse: 1224 kg
Max. Startmasse: 1539 kg

LEISTUNGEN:
Höchstgeschwindigkeit: 317 km/h
Reichweite: 917 km
Antrieb: Curtiss V-1570-23
Motorleistung: 600 PS (447 kW)

DATUM DES ERSTFLUGS:
Herbst 1931

BEWAFFNUNG:
Zwei starre 7,62 mm Browning-MG im oberen Rumpfbug

BESONDERE MERKMALE:
Einstieliger Doppeldecker mit Trapezflügeln; verkleidetes Fahrgestell; Bauchkühler; V-Motor voll verkleidet

Curtiss F9C Sparrowhawk USA
Einmotoriger Jagdeinsitzer

Nur acht F9C Sparrowhawk wurden für die US Navy gebaut. Der Entwurf entstammte einer Forderung nach einem leichten bordgestützten Jäger mit sehr kleinen Abmessungen. Da die Länge unter 6,10 m liegen sollte und die Spannweite nur 6,25 m betragen durfte, war die sie zu groß für die Marine aber klein genug für das Hangartor der Marine-Starrluftschiffe USS „Akron" und „Macron". Beide waren mit einer Flugzeughalle ausgestattet, die Platz für vier Maschinen hatte, die mit Hilfe eines Trapezes bei der Landung eingefangen und auch wieder gestartet werden konnten. Dafür waren die Flugzeuge mit einem so genannten Skyhook, einem starren Fanghaken an einem Gestell oberhalb des Oberflügels ausgestattet. Sechs dieser Maschinen wurden als F9C-2 im Oktober 1931 bestellt. Curtiss stattete sie mit einer um etwa 10 cm vergrößerten Spannweite des Oberflügels aus und baute leistungsstärkere Wright-Sternmotoren ein. Die erste Landung an einem der Luftschiffe erfolgte am 29. Juni 1932. Beim Absturz der „Akron" 1933 ging kein Sparrowhawk verloren, bei der Zerstörung der „Macron" ein Jahr später waren es alle vier.

BESCHREIBUNG:

BESATZUNG:
Pilot

ABMESSUNGEN:
Länge: 6,27 m
Spannweite: 7,75 m
Höhe: 3,34 m

MASSEN:
Leermasse: 947 kg
Max. Startmasse: 1256 kg

LEISTUNGEN:
Höchstgeschwindigkeit: 284 km/h
Reichweite: 563 km
Antrieb: Wright R-975-E3
Motorleistung: 438 PS (327 kW)

DATUM DES ERSTFLUGS:
12. Februar 1931

BEWAFFNUNG:
Zwei starre 7,62 mm Browning-MG im oberen Rumpfbug

BESONDERE MERKMALE:
Einstieliger Doppeldecker mit V-förmig in den Rumpf übergehende Oberflügel; N-Stiele; Hauptträder mit Verkleidungen; Sternmotor mit ringförmiger Verkleidung; Gestell mit „Skyhook" zentral über dem Oberflügel

Curtiss Hawk III USA
Einmotoriger Jagdeinsitzer

Die Hawk III war die Exportversion der erfolglosen Curtiss F11C-3/BF2C-1. 27 Exemplare von ihr hatte die *US Navy* 1934/35 in Dienst gestellt, musste sie aber nach kurzer Zeit wegen nicht behebbarer Flügelschwingungen am Boden halten. Curtiss fand schließlich heraus, dass sie ihre Ursache in bestimmten Drehzahlen des Triebwerks hatten und nur behoben werden konnten, wenn die Metallstruktur des Flügels durch einen Aufbau aus Holz ersetzt wurde. Als erster Export einer Hawk III ging ein Einzelexemplar im April 1935 in die Türkei, gefolgt von 24 weiteren nach Thailand und 102 nach China – 90 der letzteren wurden bei der Central Aircraft Manufacturing Company in Hangchow montiert. Im Mai 1936 erwarb schließlich Argentinien 10 Stück. Das hervorstechende Merkmal dieses meist als Jagdbomber eingesetzten Musters war sein Einziehfahrwerk: Die Haupträder wurden manuell in seitliche Rumpfvertiefungen versenkt. Die Mehrzahl der chinesischen Hawk gingen bei Gefechten mit überlegenen japanischen Jägern 1937/38 verloren, und die wenigen, die davon kamen, wurden Opfer ebenfalls überlegener sowjetischer Jäger. Einige der nach Thailand gelieferten konnten sich über das Kriegsende retten.

BESCHREIBUNG:

BESATZUNG:
Pilot

ABMESSUNGEN:
Länge: 7,14 m
Spannweite: 9,60 m
Höhe: 2,98 m

MASSEN:
Leermasse: 1457 kg
Max. Startmasse: 1958 kg

LEISTUNGEN:
Höchstgeschwindigkeit: 386 km/h
Reichweite: 925 km
Antrieb: Wright SR-1820-F-53
Motorleistung: 785 PS (585 kW)

DATUM DES ERSTFLUGS:
Anfang 1933

BEWAFFNUNG:
Zwei starre 7,62 mm Browning-MG im oberen Rumpfbug; Bombenzuladung 181 kg an Aufhängungen unter dem Unterflügel

BESONDERE MERKMALE:
Einstieliger gestaffelter Doppeldecker mit N-Stielen; Haupträder in den Rumpf einziehbar; Sternmotor mit Ringverkleidung

Curtiss O-52 Owl USA

Einmotoriger zweisitziger Aufklärer

Die firmenintern Modell 85 genannte Konstruktion war die Antwort von Curtiss Wright auf die Forderung der US Army nach einem modernen zweisitzigen Aufklärer. Die Owl wurde eine sehr brauchbare Maschine mit guten Langsamflug- und Lande-Eigenschaften. Die Ganzmetall-Konstruktion besaß zum Erreichen eines stabilen Langsamflugs automatische Vorflügel in Verbindung mit weit spannenden Klappen an der Flügelhinterseite. 1939 wurde die O-52 Owl für die US Army in die Serienfertigung gegeben. Die Auslieferung der 203 Exemplare erfolgte ab 1940. Jedoch keine einzige dieser Maschinen kam zum Fronteinsatz. Nach dem Kriegseintritt der USA waren die Militärs der Ansicht, die Owl sei für die pazifische Front nicht geeignet. So wurden den Sowjets 19 Maschinen übereignet. Der größere Teil der anderen flog Verbindungsdienste quer über den amerikanischen Kontinent. Eine kleine Anzahl kam auf Stützpunkte im Golf von Mexiko oder an die Küsten des Atlantik und Pazifik. Sie flogen Kurzstrecken-U-Boot-Sucheinsätze.

BESCHREIBUNG:

BESATZUNG:
Pilot und Beobachter hintereinander

ABMESSUNGEN:
Länge: 8,03 m
Spannweite: 12,43 m
Höhe: 2,83 m

MASSEN:
Leermasse: 1919 kg
Max. Startmasse: 2433 kg

LEISTUNGEN:
Höchstgeschwindigkeit: 354 km/h
Reichweite: 1127 km
Antrieb: Pratt & Whitney R-1340-51 Wasp
Motorleistung: 600 PS (447 kW)

DATUM DES ERSTFLUGS:
1938

BEWAFFNUNG:
Je ein 7,62 mm Browning-MG starr im Rumpfbug sowie beweglich auf einer Halterung im hinteren Kabinenbereich

BESONDERE MERKMALE:
Abgestrebter Hochdecker; Haupträder in den Rumpf einziehbar; voll verkleideter Sternmotor; Spornrad

Curtiss SNC USA

Einmotoriges zweisitziges Fortgeschrittenen-Übungsflugzeug

Die mehr unbekannte Curtiss SNC wurde 1940 von der *US Navy* in Auftrag gegeben. Sie sollte die Rolle eines Übungsflugzeuges für die Jagdflieger-Ausbildung übernehmen. Deswegen lehnte sie sich äußerlich sehr an den Jagdeinsitzer Curtiss CW-21 aus dem Jahr 1938 an, besaß jedoch als Übungsflugzeug zwei abgedeckte Sitze hintereinander und ein wesentlich schwächeres Triebwerk – ein 420 PS (313 kW) Wright Whirlwind anstelle des 1000 PS (744 kW) Cyclone des gleichen Herstellers. Die inoffiziell „Falcon" genannte Maschine war voll ausgerüstet, um mit ihr Instrumentenflug, Höhenflug, Schießen (dafür besaß sie ein starres und ein bewegliches MG) und Bombenwurf zu üben. Einen Grundauftrag für 150 Maschinen erhielt Curtiss im November 1940, gefolgt von weiteren ein Jahr später. Nach der 305. gebauten Curtiss SNC wurde Ende 1941 die Fertigungsstraße geschlossen. Das Muster wurde nachfolgend durch für Marineeinsatz umgerüstete North American T-6 Texan ersetzt, die bei der *US Navy* die Bezeichnungen NJ/SNJ trugen. Die in der Firma CW-22 genannte Konstruktion ließ sich in Stückzahlen nach Niederländisch-Ostindien, in die Türkei und in fünf weitere kleine Länder exportieren.

BESCHREIBUNG:

BESATZUNG:
Zwei Piloten hintereinander

ABMESSUNGEN:
Länge: 8,08 m
Spannweite: 10,67 m
Höhe: 2,29 m

MASSEN:
Leermasse: 1184 kg
Max. Startmasse: 1645 kg

LEISTUNGEN:
Höchstgeschwindigkeit: 323 km/h
Reichweite: 829 km
Antrieb: Wright R-975-E3 Whirlwind 9
Motorleistung: 420 PS (313 kW)

DATUM DES ERSTFLUGS:
1939

BESONDERE MERKMALE:
Freitragender Eindecker; nach hinten unter die Flügel einziehbares Fahrwerk; voll verkleideter Sternmotor; Spornrad; eingeschnürtes Rumpfheck

De Havilland DH 82 Tiger Moth GROSSBRITANNIEN

Einmotoriges zweisitziges Schulflugzeug

Hergeleitet von dem höchst erfolgreichen zivilen Sportflugzeug DH 60G Gipsy Moth unterschied sich die Tiger Moth von diesem durch leicht gepfeilte und gestaffelte Flügel (die dem mit einem Fallschirm bestückten Insassen einen schnellen Ausstieg garantierten), einem Reihenmotor mit hängenden Zylindern zur Sichtverbesserung nach vorne sowie einer verstärken Flügel- und Rumpfstruktur, die eine höhere Flugmasse gestattete. In der Sequenz der Firmenkennung als DH 82 bezeichnet und als Prototyp am 26. Oktober 1931 erstmals geflogen, wurde die Tiger Moth schon im November 1931 von der RAF in Dienst gestellt. Die von de Havilland verbesserte Ausführung DH 82A kam drei Jahre später heraus. Sie hatte lediglich ein etwas leistungsstärkeres Gipsy Queen-Triebwerk erhalten und einen leicht verbesserten Rumpf, dessen Rücken jetzt nicht mehr durch Stoff, sondern durch Holz abgedeckt war. Als letzte Serienversion kam die DH 82C heraus, vom kanadischen Zweigwerk de Havilland Aircraft of Canada mit Wintereinrichtungen gebaut. Die de Havilland Tiger Moth war ein robustes Schulflugzeug und bei allen alliierten Luftstreitkräften überall in der Welt im Einsatz. Über 8500 Stück wurden gebaut.

BESCHREIBUNG:

BESATZUNG:
Zwei Piloten hintereinander

ABMESSUNGEN:
Länge: 7,29 m
Spannweite: 8,94 m
Höhe: 2,68 m

MASSEN:
Leermasse: 506 kg
Max. Startmasse: 803 kg

LEISTUNGEN:
Höchstgeschwindigkeit: 175 km/h
Reichweite: 486 km
Antrieb: De Havilland Gipsy III (DH 82) oder Gipsy Major (DH 82B/C)
Motorleistung: 120 PS (89 kW) bzw. 130/145 PS (97/108 kW)

DATUM DES ERSTFLUGS:
26. Oktober 1931

BESONDERE MERKMALE:
Einstieger Doppeldecker mit leichter Pfeilung; verkleideter Reihenmotor mit Auspuffstutzen an der unteren Seite rechts; Schleifsporn

De Havilland DH 89 Dominie GROSSBRITANNIEN

Zweimotoriges mehrsitziges Übungs-/Verbindungsflugzeug

Das Muster wurde als militärische Ableitung aus dem Doppeldecker-Verkehrsflugzeug Dragon Rapide für eine Ausschreibung des *Air Ministry* gebaut, für die auch der Eindecker Avro Anson entstanden war. Wie bereits berichtet, ging die Anson als Sieger aus diesem Wettbewerb hervor. De Havilland war zufrieden, einige Exemplare seiner DH 89M (so die militärische Bezeichnung der Rapide) für einen Einsatz in Marokko an die spanische Regierung absetzen zu können. Aber noch war nicht alles verloren, denn die Rapide wurde von der *RAF* ausgewählt, die Rolle des Verbindungs-Flugzeuges zu übernehmen. In den Jahren 1937/38 erwarb die *RAF* eine Anzahl DH 89M für diesen Zweck und 1939 17 weitere für die Funker-Ausbildung. Die Übungsflugzeuge erhielten den Namen Dominie Mk 1, während die Verbindungsflugzeuge Dominie Mk 2 getauft wurden. Ihre Fertigung lief bis Juli 1946. Ungefähr 475 Dominie wurden fabrikneu von der *RAF* und der *Fleet Air Arm* übernommen. Hinzu kam eine Anzahl ziviler Rapide, die die Militärs in den Anfangsjahren des Zweiten Weltkriegs beschlagnahmten.

BESCHREIBUNG:

BESATZUNG:
Bis zu 6 Mann beim Einsatz als Übungsflugzeug, bis zu 10 Mann als Verbindungsflugzeug

ABMESSUNGEN:
Länge: 10,52 m
Spannweite: 14,63 m
Höhe: 3,12 m

MASSEN:
Leermasse: 1465 kg
Max. Startmasse: 2945 kg

LEISTUNGEN:
Höchstgeschwindigkeit: 253 km/h
Reichweite: 917 km
Antrieb: Zwei De Havilland Gipsy Queen
Motorleistung: 400 PS (298 kW)

DATUM DES ERSTFLUGS:
17. April 1934 (Zivilausführung Dragon Rapid)

BESONDERE MERKMALE:
Zweistieliger Doppeldecker; zwei verkleidete Reihenmotoren im Unterflügel; festes, hosenbeinartig verkleidetes Fahrgestell; Spornrad

Dewoitine D 26 FRANKREICH/SCHWEIZ
Einmotoriger Jagd-Übungseinsitzer

Die Dewoitine D 26 war von der Dewoitine D 27 III, einem abgestrebten Hochdecker-Jagdeinsitzer, den 1931 die schweizerischen Luftstreitkräfte eingeführt hatten, als leistungsschwächere Übungsvariante abgeleitet. Sie besaß den gleichen Aufbau und wurde in nur 11 Exemplaren bei der schweizerischen EKW unter Lizenz hergestellt. Während der Jäger für den Fronteinsatz mit einem 500 PS (373 kW) Hispano-Suiza 12Mb V12-Motor ausgestattet war, erhielt die Übungsvariante einen Sternmotor des gleichen Herstellers, der aber nur die halbe Leistung aufbrachte. Die Maschine erwies sich als das perfekte Werkzeug, um für die Fliegertruppe zukünftige Jagdpiloten zu schmieden. Ungeachtet der Tatsache, dass die D 27 II 1940 aus dem Truppendienst gezogen (und schließlich 1944 verschrottet) und durch deutsche Messerschmitt Bf 109 Jagdeinsitzer ersetzt wurden, blieben die D 26 bis zum Ende des Jahrzehnts im Einsatz. Von den nur wenigen gebauten Flugzeugen dieses Typs überlebten sechs Exemplare die Militärzeit. Sie wurden zwischen 1949 und 1951 an Privatleute verkauft.

BESCHREIBUNG:

BESATZUNG:
Pilot

ABMESSUNGEN:
Länge: 6,40 m
Spannweite: 10,30 m
Höhe: 2,78 m

MASSEN:
Leermasse: 930 kg
Max. Startmasse: 1066 kg

LEISTUNGEN:
Höchstgeschwindigkeit: 192 km/h
Reichweite: 368 km
Antrieb: Hispano 9QA
Motorleistung: 250 PS (186 kW)

DATUM DES ERSTFLUGS:
1928

BESONDERE MERKMALE:
Abgestrebter Hochdecker; unverkleideter Sternmotor; Spornrad

Douglas B-18 Bolo USA

Zweimotoriger sechssitziger Bomber/Transporter/U-Boot-Jäger

Die aus dem erfolgreichen Douglas-Verkehrsflugzeug DC-2 hergeleitete B-18, die beim Hersteller DB-1 hieß, war Gewinner einer Ausschreibung des *US Army Air Corps* für den Ersatz des ins Alter kommenden Martin B-10-Bombers. Der neue Bomber sollte in der Lage sein, eine Tonne Abwurfwaffen über 3200 km mit einer Geschwindigkeit oberhalb der 320 km/h-Grenze zu transportieren. Douglas konnte sehr auf die Erfahrungen mit der DC-2 aufbauen, übernahm für die DB-1 den Flügel komplett, konstruierte aber einen neuen, geräumigeren Rumpf mit eingebautem Bombenschacht. Beim Vergleichsfliegen unterlag das Muster dem Wettbewerber Boeing Modell 299 (er erhielt später die militärische Bezeichnung B-17), obwohl es wesentlich billiger angeboten werden konnte. Nach dem Absturz des Modells 299 im Oktober 1935 wurden Aufträge für die Douglas-Konstruktion besiegelt. 132 B-18 kamen 1937/38 aus der Fertigung, gefolgt von 219 verbesserten B-18A zwischen April 1938 und Januar 1940. Viele der als Bomber dann bereits veralteten Bolo wurden bei Angriffen auf Pearl Harbor und die Philippinen zerstört.

BESCHREIBUNG:

BESATZUNG:
Zwei Piloten, ein Navigator/Bombenschütze und drei MG-Schützen

ABMESSUNGEN:
Länge: 17,31 m
Spannweite: 27,30 m
Höhe: 4,63 m

MASSEN:
Leermasse: 7130 kg
Max. Startmasse: 12.286 kg

LEISTUNGEN:
Höchstgeschwindigkeit: 347 km/h
Reichweite: 1840 km
Antrieb: Zwei Wright R-1820-45S
Motorleistung: 1860 PS (1387 kW)

DATUM DES ERSTFLUGS:
April 1935

BEWAFFNUNG:
Drei bewegliche 7,62 mm MG in oberen und unteren Rumpfständen sowie im Bug; maximale Bombenzuladung 1995 kg im Bombenschacht

BESONDERE MERKMALE:
Freitragender Tiefdecker; Einziehfahrwerk; zwei Sternmotoren; Drehturm im Bug

Douglas B-23 Dragon USA

Zweimotoriger sechssitziger Bomber/Transporter/U-Boot-Jäger

Die B-23 Dragon war eigentlich eine umgestaltete, verbesserte B-18. Sie entstand auf Grund der guten Fortschritte mit der viermotorigen B-17, die zeitgleich mit der B-18 entwickelt worden war. Die Dragon erhielt einen aerodynamisch verbesserten Rumpf, eine vergrößerte Spannweite und ein schmaleres, höheres Seitenleitwerk und – als erster Bomber der USA – einen Heckstand. Die durch diese Maßnahmen in Verbindung mit den zwei starken Wright R-2600-Motoren erwarteten Leistungsverbesserungen gaben Douglas das sichere Gefühl, ein Flugzeug geschaffen zu haben, das mit der B-17 konkurrieren konnte. Aber die schon bald stattfindende Flugerprobung offenbarte, dass die Begeisterung über die Leistungen zu hoch gegriffen war – aus der Sicht von mittlerweile bekannt gewordenen Kampferfahrungen in Europa, besonders was Bombenzuladung und Reichweite betraf. Neue mittelschwere Bomber, die sich in Entwicklung befanden, reduzierten den Bedarf an B-23 auf 38 Stück. Diese Maschinen sahen einen begrenzten Einsatz als Küstenüberwachungs-Maschinen im Pazifik. Zwölf wurden später unter der Bezeichnung UC-67 als Mehrzweck-Transporter umgerüstet.

BESCHREIBUNG:

BESATZUNG:
Pilot, Navigator, Bombenschütze, Funker, Luftbildner, Heckschütze

ABMESSUNGEN:
Länge: 17,78 m
Spannweite: 28,04 m
Höhe: 5,64 m

MASSEN:
Leermasse: 8645 kg
Max. Startmasse: 13.823 kg

LEISTUNGEN:
Höchstgeschwindigkeit: 454 km/h
Reichweite: 2342 km
Antrieb: Zwei Wright R-2600-3 Cyclone
Motorleistung: 3200 PS (2366 kW)

DATUM DES ERSTFLUGS:
27. Juli 1939

BEWAFFNUNG:
Drei bewegliche 7,62 mm Browning-MG in oberen und unteren Rumpfständen sowie im Bug; normale Bombenzuladung 1814 kg im Bombenschacht

BESONDERE MERKMALE:
Freitragender Tiefdecker; Einziehfahrwerk; zwei Sternmotoren; Bug- und Heckstände

Fairchild PT-19, PT-23 und PT 26 Cornell USA

Einmotoriges zweisitziges Schulflugzeug

Die Entwicklung der Maschine begann unter der Bezeichnung M-62 auf eigenes Risiko. Doch das *USAAC* benötigte sie, um besser Piloten schulen zu können, die an der Front Eindecker fliegen sollten. 1939 wurde sie beurteilt, was 1940 zu einem Serienauftrag führte. Ende des gleichen Jahres konnten die ersten Maschinen als PT-19 Cornell ihren Dienst aufnehmen. Etwa 270 Stück wurden gebaut, bevor sie die mit einem anderen Triebwerk ausgestattete PT-19A auf der Fertigungsstraße ablöste. Von ihr wurden über 3700 gebaut, als 1942 ein ernsthafter Störfall die Produktion lahm legte – es gab einen Engpass bei der Lieferung der Ranger-Triebwerke. Als sich auf drei Fertigungsstraßen motorlose Zellen häuften und keine Lösung in Sicht war, rüstete Fairchild eine der Zellen mit einem unverkleideten Continental R-670-Sternmotor aus und schuf damit die PT-23. Die Kombination erwies sich als so geglückt, dass weitere 6000 Stück geliefert werden konnten, bevor die Produktion 1944 endete. Die Kanadier befanden die Cornell als ideal für ihre Schulungsmethode: 93 Exemplare der PT-23 wurden als Cornell I und 1057 der PT-26A/B als Cornell II unter Lizenz gebaut.

BESCHREIBUNG:

BESATZUNG:
Zwei Piloten hintereinander

ABMESSUNGEN:
Länge: 8,45 m
Spannweite: 10,97 m
Höhe: 2,32 m

MASSEN:
Leermasse: 917 kg
Max. Startmasse: 1241 kg

LEISTUNGEN:
Höchstgeschwindigkeit: 196 km/h
Reichweite: 644 km
Antrieb: Ranger L-440 oder Continental R-670
Motorleistung: 200 PS (149 kW) bzw. 220 PS (164 kW)

DATUM DES ERSTFLUGS:
März 1939

BESONDERE MERKMALE:
Freitragender Tiefdecker; festes Fahrgestell; verkleideter Reihenmotor (PT-19) oder unverkleideter Sternmotor (PT-23); offene Führersitze hintereinander

Fairey IIID GROSSBRITANNIEN
Einmotoriger dreisitziger Land-/Wasser-Aufklärer

Eine der bedeutendsten Maschinen im Bestand der *Fleet Air Arm (FAA)* zwischen 1924 und 1930 war die Fairey IIID. Sie war die vorletzte Variante aus der bekannten III-Serie von Land-/Wasser-Flugzeugen, die Fairey über eine 20 Jahre dauernde Periode von 1916 an baute. Robust gebaut und sehr vielseitig verwendbar konnte die IIID entweder mit einem Rad-Fahrgestell von Stützpunkten oder Flugzeugträgern eingesetzt werden, oder mit Schwimmern als Wasserflugzeug von Katapulten der Kriegsschiffe. Die Hauptaufgabe des Flugzeugmusters waren Aufklärung und Artilleriebeobachtung. Ihre Besatzungen wurden besonders zum Aufspüren und Binden gegnerischer Flottenverbände ausgebildet. Der Bau des Prototyps erfolgte Anfang 1920 in der Ausführung als Wasserflugzeug. Die ersten Serienexemplare erreichten die *FAA* 1924. Insgesamt 207 Fairey IIID wurden bis 1926 ausgeliefert. Im Fernen Osten, im Mittelmeerraum und in Heimatgewässern bis in das Jahr 1928 eingesetzt, wurde sie anschließend durch die Fairey IIIF abgelöst. Sie war der letzte Sproß aus der Fairey III-Familie. Fairey IIID flogen längere Zeit auch bei den portugiesischen Marine-Luftstreitkräften.

BESCHREIBUNG:

BESATZUNG:
Pilot, Beobachter und MG-Schütze

ABMESSUNGEN:
Länge: 11,27 m
Spannweite: 14,05 m
Höhe: 3,47 m

MASSEN:
Leermasse: 1473 kg
Max. Startmasse: 2230 kg

LEISTUNGEN:
Höchstgeschwindigkeit: 170 km/h
Reichweite: 880 km
Antrieb: Rolls-Royce Eagle VIII oder Napier Lion
Motorleistung: 375 PS (279 kW) bzw. 450 PS (335 kW)

DATUM DES ERSTFLUGS:
August 1920

BEWAFFNUNG:
Ein starres 7,7 mm Vickers-MG im Bug und ein bewegliches 7,7 mm Vickers auf Drehkranz im Schützenstand

BESONDERE MERKMALE:
Zweistieliger Doppeldecker; Reihenmotor mit freiliegendem Zylinderblock; Marine-Ausführung mit Schwimmern

Fairey Battle GROSSBRITANNIEN
Einmotoriger dreisitziger leichter Bomber

Die Battle war eine der vom *Air Ministry* ausgewählten Schlüsseltypen für die Umrüstung der Ende der dreißiger Jahre schnell expandierenden *RAF*. Sie war nach den Bedingungen der Ausschreibung P 27/32 entstanden und galt als Ablösemuster für Hawker Hart und Hind, denen gegenüber sie eine verdoppelte Bombenzuladung und 80 km/h höhere Geschwindigkeit aufzuweisen hatte. Ein Auftrag für 655 Battle wurde erteilt, und die ersten Exemplare davon erreichten im März 1937 ihre Staffeln. Fünfzehn dieser Einheiten innerhalb des *Bomber Command* wurden bis 1938 ausgestattet. Als der Zweite Weltkrieg ausbrach, waren es Battle, die als erste britische Flugzeuge mit der 226. Staffel nach Frankreich gingen. Diese Einheit und neun weitere mit Battle ausgerüstete Staffeln bildeten 1939/40 die Vorhut der *Advanced Air Striking Force*. Nach ersten Luftgefechten musste die Royal Air Force feststellen, dass die Battle untermotorisiert, zu langsam und zu wenig bewaffnet war, um Tagesangriffe ohne Begleitschutz durchzuführen. Das bestätigten horrende Verluste durch deutsche Flak und Jäger im Mai 1940. Überlebende Battle wurden für Schiessübungen oder als Zielscheibenschlepper in Kanada und Australien benutzt.

BESCHREIBUNG:

BESATZUNG:
Pilot, Bombenschütze, MG-Schütze

ABMESSUNGEN:
Länge: 12,85 m
Spannweite: 16,46 m
Höhe: 4,72 m

MASSEN:
Leermasse: 3015 kg
Max. Startmasse: 4895 kg

LEISTUNGEN:
Höchstgeschwindigkeit: 388 km/h
Reichweite: 1450 km
Antrieb: Rolls-Royce Merlin I/II/III oder IV
Motorleistung: 1030 PS (768 kW)

DATUM DES ERSTFLUGS:
10. März 1936

BEWAFFNUNG:
Ein starres 7,7 mm Vickers-MG im rechten Flügel und eine bewegliche Vickers K auf Lagerung am hinteren Kabinenende; maximale Bombenzuladung 454 kg in Flügel-Bombenschächten

BESONDERE MERKMALE:
Freitragender Tiefdecker; Einziehfahrwerk; verkleideter Reihenmotor; festes Spornrad; langgezogene Kabinen-Abdeckung

Fleet Finch KANADA

Einmotoriges zweisitziges Schulflugzeug

Die Ursprünge des Finch gehen auf den seinerzeitigen Präsidenten der amerikanischen Firma Consolidated, Major Reuben H. Fleet, zurück, der an eine große Lücke auf dem nordamerikanischen Flugzeugmarkt glaubte – das Grundschulflugzeug. Als die Geschäftsführung von Consolidated sich nach dem Bau und der Erprobung des Finch-Prototyps entschied, doch nicht in den Markt der kleinen Zivilflugzeuge einzusteigen, gründete der Major für einen unabhängigen Bau der Maschine die Fleet Aircraft. Sechs Monate später änderte Consolidated ihre Meinung und kaufte Fleet auf. Rechtzeitig war in Kanada ein Werk für die Fertigung des Schulflugzeugs eingerichtet worden. Es belieferte in den Dreißigern beide Seiten der Grenze mit einer moderaten Anzahl dieses Musters, das schließlich in der Ausführung Fleet 10 im September 1938 von der *Royal Canadian Air Force (RCAF)* als geeignet für die Anfängerschulung getestet wurde. Der Erprobungsschluss brachte die Forderung nach einer stellenweisen Verstärkung für unbeschränkten Kunstflug mit militärischer Ausrüstung. So entstand das Modell Fleet 16, von dem *RCAF* zwischen 1939 und 1941 606 Stück als Finch 1 erwarb.

BESCHREIBUNG:

BESATZUNG:
Zwei Piloten hintereinander

ABMESSUNGEN:
Länge: 6,60 m
Spannweite: 8,53 m
Höhe: 2,36 m

MASSEN:
Leermasse: 509 kg
Max. Startmasse: 908 kg

LEISTUNGEN:
Höchstgeschwindigkeit: 167 km/h
Reichweite: 512 km
Antrieb: Kinner B-5
Motorleistung: 125 PS (93,25 kW)

DATUM DES ERSTFLUGS:
September 1938

BESONDERE MERKMALE:
Einstieliger Doppeldecker mit N-Stielen; unverkleideter Sternmotor; Spornrad

Focke-Wulf Fw 44 Stieglitz DEUTSCHLAND

Einmotoriges zweisitziges Schulflugzeug

Das anspruchslose Anfänger-Schulflugzeug Fw 44 Stieglitz stieg erstmals im Spätsommer 1932 in den Himmel. Trotz seines konventionellen Aussehens erwies sich der Prototyp als schwierig zu fliegen. Unter Leitung des neu in die Firma eingetretenen Chefkonstrukteurs Kurt Tank wurde der Fehler – ein zu kurzer Rumpf – behoben. Die verbesserte Maschine wurde anschließend unverzüglich in großen Serien hergestellt, und zwar nicht nur für die neu geformte Luftwaffe, sondern auch für scheinbar zivile deutsche Verkehrsfliegerschulen und für den Deutschen Luftsportverband. Nach den Ursprungsmustern mit Sternmotoren ließ Focke-Wulf mit den Ausführungen Fw 44B und E Modelle folgen, die den Argus As 8-Reihenmotor besaßen. Auch sie wurden in kleiner Anzahl den Übungsstellen der Luftwaffe zugeteilt. Das Werk kehrte jedoch für die restlichen Versionen Fw 44C, D, F und J zum Sternmotor Siemens Sh 14a zurück. Sie wurden in beträchtlicher Anzahl bis zum Ende des Zweiten Weltkriegs verwendet. Eine Reihe von Staaten, auch in Übersee, baute den Stieglitz unter Lizenz. Eine Anzahl weiterer Länder bezog das Muster direkt vom Hersteller.

BESCHREIBUNG:

BESATZUNG:
Zwei Piloten hintereinander

ABMESSUNGEN:
Länge: 7,30 m
Spannweite: 9,00 m
Höhe: 2,70 m

MASSEN:
Leermasse: 525 kg
Max. Startmasse: 900 kg

LEISTUNGEN:
Höchstgeschwindigkeit: 185 km/h
Reichweite: 675 km
Antrieb: Siemens Sh 14a
Motorleistung: 150 PS (112 kW)

DATUM DES ERSTFLUGS:
Spätsommer 1932

BESONDERE MERKMALE:
Einstieliger Doppeldecker mit N-Stielen; Unverkleideter Sternmotor; Spornrad

Fokker D.XXI NIEDERLANDE
Einmotoriger Jagdeinsitzer

Der letzte einmotorige Jagdeinsitzer, der den berühmten Namen Fokker trug, war die D.XXI. Der Tiefdecker mit seinem festen Fahrgestell war bei Ausbruch des Zweiten Weltkriegs zwar veraltet, konnte aber noch wirkungsvoll verwendet werden. Er wurde lediglich in kleinen Stückzahlen gebaut und von nur drei Nationen in Dienst gestellt. Die ersten D.XXI entstanden auf Grund einer Nachfrage von Mitte 1930, die eigentlich von den Streitkräften in Niederländisch-Ostindien kam. Dennoch wurden Anfang 1938 zuerst Einheiten im holländischen Mutterland mit den ersten Serienmustern ausgestattet. Finnland erwarb die Lizenzrechte. Von der finnischen VL wurden insgesamt 90 D.XXI geliefert. Ein weiterer Käufer waren die Dänen, die zwei Maschinen direkt beim Hersteller erwarben und 10 weitere selbst bauten. Die Niederländer, im Mai 1940 von den Deutschen überrannt, konnten ihre D.XXI gegen die erdrückende Übermacht nur glücklos verwenden. Auch dänische D.XXI wurden beim deutschen Einmarsch im Frühjahr 1940 kaum eingesetzt. Doch die finnischen Maschinen fügten den Sowjets während des Zweiten Weltkriegs erhebliche Verluste zu. Die letzte finnische D.XXI wurde erst 1951 aus dem Dienst genommen.

BESCHREIBUNG:

BESATZUNG:
Pilot

ABMESSUNGEN:
Länge: 8,20 m
Spannweite: 11,00 m
Höhe: 2,95 m

MASSEN:
Leermasse: 1450 kg
Max. Startmasse: 2050 kg

LEISTUNGEN:
Höchstgeschwindigkeit: 460 km/h
Reichweite: 930 km
Antrieb: Bristol Mercury VII/VIII
Motorleistung: 830 PS (619 kW)

DATUM DES ERSTFLUGS:
27. März 1936

BEWAFFNUNG:
Vier 7,7 mm oder 7,9 mm MG bzw. zwei 7,9 mm MG und zwei 20 mm MK im Flügel

BESONDERE MERKMALE:
Freitragender Tiefdecker; festes, verkleidetes Hauptfahrgestell und festes Spornrad; verkleideter Sternmotor

Gloster Gauntlet GROSSBRITANNIEN

Einmotoriger Jagdeinsitzer

Die Gloster Gauntlet, der letzte Jagdeinsitzer der *RAF* mit offenem Führersitz, startete seine Karriere 1929 als SS 18 (von Single-Seat = einsitzig). Nach der Ausschreibung F 9/26 wurde sie von einem Bristol Mercury IIA-Sternmotor angetrieben und war mit zwei Vickers-MG bewaffnet. Der Prototyp durchlief eine vierjährige Verbesserungsphase, bevor er vom *Air Ministry* unter der Bezeichnung SS 19B als Bristol Bulldog-Nachfolger akzeptiert wurde. Die ersten 24 Exemplare, Gauntlet I genannt, wurden mit Radverkleidungen geliefert, die bei den Folgeaufträgen – insgesamt 204 Gauntlet II – wieder wegfielen. Eine Anzahl der jüngeren Mk II erhielten anstelle der ursprünglich starren Zweiblatt-Holzpropeller von Watts dreiblättrige Metall-Luftschrauben von Fairey-Reed. Die 19. Staffel war die erste, die im Mai 1935 mit Gauntlet I ausgestattet werden konnte. Als Höchststärke waren 22 Staffeln auf der britischen Insel und im Nahen Osten mit Gauntlet ausgerüstet. Im Nahen Osten wurden sie erst im Juli 1940 abgelöst. Gauntlet befanden sich auch in Australien, Südafrika, Rhodesien, Dänemark und Finnland im Einsatz.

BESCHREIBUNG:

BESATZUNG:
Pilot

ABMESSUNGEN:
Länge: 7,97 m
Spannweite: 10,00 m
Höhe: 3,18 m

MASSEN:
Leermasse: 1260 kg
Max. Startmasse: 1801 kg

LEISTUNGEN:
Höchstgeschwindigkeit: 370 km/h
Reichweite: 740 km
Antrieb: Bristol Mercury VIS-2
Motorleistung: 645 PS (481 kW)

DATUM DES ERSTFLUGS:
August 1933 (SS 19B)

BEWAFFNUNG:
Zwei starre 7,7 mm Vickers-MG in den Rumpfseiten

BESONDERE MERKMALE:
Zweistieliger Doppeldecker; verkleideter Reihenmotor; Spornrad; offener Pilotensitz

Gloster Gladiator GROSSBRITANNIEN

Einmotoriger Jagdeinsitzer

Die Gladiator begann ihr Leben unter der Firmenbezeichnung SS 37 als privates Risiko nach der Ausschreibung F 7/30. Basierend auf der Gauntlet war sie noch nach der alten Formel in Gemischtbauweise mit Stoffbespannung konzipiert und hatte als einzige Konzession an kommende Entwicklungen einen abgedeckten Pilotensitz sowie hydraulisch betätigte Landeklappen. Sie startete im September 1934 zum Erstflug und machte im Januar 1937 ihr Einsatz-Debüt bei der RAF. Von der Gladiator I wurden 231 Stück gebaut, verteilt auf 26 Jagdstaffeln. Die anschließend gebaute Mk II erhielt den Bristol Mercury IIIA-Motor und eine Dreiblatt-Metall-Luftschraube von Fairey-Reed. Von ihr wurden 252 Exemplare geliefert. Die Royal Navy erhielt 60 mit Fanghaken versehene Sea Gladiators. Insgesamt 165 Gladiator I und II wurden an ausländische Abnehmer ausgeliefert. Eine beträchtliche Anzahl Gladiator befand sich noch im Inventar einiger Einheiten, als der Zweite Weltkrieg im September 1939 ausbrach. Zu diesem Zeitpunkt galten sie zwar schon als veraltet, aber die Achtungserfolge, die sie in Frankreich, dem Mittleren Osten, über Malta und in Ostafrika errangen, sprachen für sie.

BESCHREIBUNG:

BESATZUNG:
Pilot

ABMESSUNGEN:
Länge: 8,36 m
Spannweite: 9,83 m
Höhe: 3,15 m

MASSEN:
Leermasse: 1565 kg
Max. Startmasse: 2155 kg

LEISTUNGEN:
Höchstgeschwindigkeit: 407 km/h
Reichweite: 689 km
Antrieb: Bristol Mercury VIIIA/AS oder IX
Motorleistung: 840 PS (626 kW)

DATUM DES ERSTFLUGS:
12. September 1934 (SS 37)

BEWAFFNUNG:
Vier starre 7,7 mm MG auf dem Rumpfbug und unter dem Unterflügel

BESONDERE MERKMALE:
Einstieliger Doppeldecker; Verkleideter Sternmotor; Spornrad; Führersitz-Abdeckung

Grumman JF/J2F Duck USA

Einmotoriges dreisitziges Mehrzweck-Amphibienflugzeug

Die Konstruktion des ersten Amphibiums von Grumman, der Duck, wurde in erheblichem Maße durch die trägergestützten Jäger FF-1 und F2F der Firma aus den anfänglichen dreißiger Jahren beeinflusst. Aber es flossen auch Anregungen aus dem seinerzeit bei der *Navy* in Dienst stehenden Amphibium Loening OL-9 ein. Das Endergebnis war die XJF-1. Da die Flugerprobung mit dem Prototyp keine ernsthaften Probleme zeigte, orderte die *Navy* 27 Duck. Die erste von ihnen wurde Ende 1934 geliefert. Unter der Bezeichnung J2F zeigte sie sich der OL-9 erheblich überlegen, denn sie war schneller, stieg schneller und hatte eine größere Dienstgipfelhöhe. Da sie sowohl im gesamten Mehrzweck-Bereich als auch für Aufklärungs-Missionen verwendbar war, wurde sie in steigenden Stückzahlen fast ein Jahrzehnt lang gefertigt. Neben der *Navy* erhielten die *Coast Guard* und das *Marine Corps* diese Maschinen. Grumman fertigte die letzte Version J2F-5 1941. Weitere 330 J2F-6 wurden anschließend durch die Columbia Aircraft Corporation gebaut. Die Kriegsschauplätze in Europa und im Pazifik sahen die Duck in vielen Missionen von Patrouillenflügen über Verwundetentransporte bis zum Seenoteinsatz.

BESCHREIBUNG:

BESATZUNG:
Pilot, Beobachter/MG-Schütze und Funker

ABMESSUNGEN:
Länge: 10,36 m
Spannweite: 11,89 m
Höhe: 4,24 m

MASSEN:
Leermasse: 1996 kg
Max. Startmasse: 3493 kg

LEISTUNGEN:
Höchstgeschwindigkeit: 306 km
Reichweite: 1207 km
Antrieb: Wright R-1820-54 Cyclone 9
Motorleistung: 900 PS (671 kW)

DATUM DES ERSTFLUGS:
24. April 1933

BEWAFFNUNG:
Ein bewegliches 7,62 mm Browning-MG im Schützenstand; Zwei 45 kg-Bomben an Aufhängungen unter dem Unterflügel

BESONDERE MERKMALE:
Zweistieliger Doppeldecker; verkleideter Sternmotor; Zentralschwimmer, in den das Hauptfahrwerk eingezogen wird

Grumman F3F USA

Einmotoriger Jagdeinsitzer

Die behäbig aussehende F3F war der letzte Doppeldecker-Jagdeinsitzer, der von einem amerikanischen Flugzeugträger startete. Als verbesserte F2F besaß sie einen längeren Rumpf, Flügel vergrößerter Spannweite und leistungsstärkere Pratt & Whitney- (F3F-1) oder Wright Cyclone-Triebwerke (F3F-2/3). Etwa 54 F3F-1 und 108 F3F-2/3 kämpften bis 1941 in den Frontverbänden von *Navy* und dem *Marine Corps*. Die 27 F3F-3, die die Navy am 21. Juni 1938 bestellte, waren überhaupt die letzten Doppeldecker-Jagdeinsitzer, die für irgendeine der US-Teilluftstreitkräfte gebaut wurden. In der kurzen Einsatzzeit der F3F als Jäger der ersten Linie bestach sie durch ihre Robustheit, ganz gleich, ob die sehr wendige Maschine von Land aus operierte oder von den Flugzeugträgern Yorktown, Saratoga, Ranger und Enterprise. Viele der im Zweiten Weltkrieg einflussreichsten Führer von Jagdflieger-Einheiten (beispielsweise Butch O'Hare und Jimmy Thach, um nur zwei zu nennen), hatten in den Jahren bis 1941 ihre Erfahrungen auf F3F gesammelt. Zu der Zeit, als die Japaner Pearl Harbor angriffen, befand sich keine einzige der 117 gebauten F3F mehr im Inventar der Einsatzeinheiten.

BESCHREIBUNG:

BESATZUNG:
Pilot

ABMESSUNGEN:
Länge: 7,01 m
Spannweite: 9,75 m
Höhe: 2,84 m

MASSEN:
Leermasse: 1476 kg
Max. Startmasse: 2155 kg

LEISTUNGEN:
Höchstgeschwindigkeit: 376 km/h
Reichweite: 1818 km
Antrieb: Wright R-1820-22 Cyclone (F3F-2)
Motorleistung: 950 PS (708 kW)

DATUM DES ERSTFLUGS:
20. März 1935 (XF3F-1)
Bewaffnung: Zwei starre 7,62 mm Browning-MG vor dem Führersitz

BESONDERE MERKMALE:
Einstieliger Doppeldecker; verkleideter Sternmotor; Einziehfahrwerk; Führersitz-Abdeckung; Fanghaken unter dem Heck

Grumman JRF Goose USA

Zweimotoriges siebensitziges Mehrzweck-Amphibienflugzeug

Ursprünglich auf Firmenrisiko für den zivilen Markt Ende der dreißiger Jahre entworfen, erweckte die G-21 Goose schon bald das Interesse der US Militärs. Die *Navy* erwarb 1938 eine zur Bewertung. Nachdem mit diesem als XJ3F-1 bezeichneten Prototyp das Flugversuchsprogramm erfolgreich abgeschlossen werden konnte, folgten 1939 20 Exemplare mit der Bezeichnung JRF-1A. Sie wurden von *Navy* und *Marine Corps* als Mehrzweck-Transporter, Scheibenschlepper und Fotoaufklärer eingesetzt. Das nächste Fertigungslos von 10 Maschinen, JRF-4 genannt, hatte Aufhängungen für Bomben oder Wasserbomben. Es folgten weitere Varianten für die *Coast Guard* und die *USAAF* (bei der sie die Bezeichnung OA-9/13 erhielt). Um für den Kriegsfall gerüstet zu sein, führte Grumman die verbesserte JRF-5 ein, von der anschließend 184 Stück gebaut wurden. Mindestens 56 davon gingen als Goose I/IA an die britische *RAF*, die sie für Seeflug-Training, Luft/See-Rettungsaufgaben und Mehrzweck-Überführungsdienste benutzte. Nach dem Krieg wurden überlebende JRF zivil verkauft. Sie erhielten teilweise Propellerturbinen, um ihre Langlebigkeit zu vergrößern

BESCHREIBUNG:

BESATZUNG:
zwei Mann und bis zu 5 Passagiere

ABMESSUNGEN:
Länge: 11,73 m
Spannweite: 14,94 m
Höhe: 4,93 m

MASSEN:
Leermasse: 2461 kg
Max. Startmasse: 3629 kg

LEISTUNGEN:
Höchstgeschwindigkeit: 323 km/h
Reichweite: 1030 km
Antrieb: Zwei Pratt & Whitney R-985-AN-6 Wasp Junior
Motorleistung: 900 PS (670 kW)

DATUM DES ERSTFLUGS:
Juni 1937

BEWAFFNUNG:
113 kg Bomben oder Wasserbomben an Aufhängungen unter dem Flügel

BESONDERE MERKMALE:
Freitragender Schulterdecker; zwei verkleidete Sternmotoren; Bootsrumpf, in den die Haupträder eingezogen werden

Hawker Tomtit GROSSBRITANNIEN

Einmotoriges zweisitziges Übungsflugzeug

Die Tomtit wurde als Ablösemuster für die verschiedenen Varianten des Avro 504-Anfänger-Schulflugzeugs Ende 1928 bei der *RAF* eingeführt. Sie war eine der beiden Konstruktionen (die andere war der Avro Trainer, ein Vorgänger des Tutor), die vom *Air Ministry* für den Bau einer kleinen Serie ausgewählt worden war, um durch die Luftstreitkräfte ausgiebig erprobt zu werden. Zwischen November 1928 und 1931 wurden 25 Tomtit in drei Schüben für das Luftfahrtministerium gebaut. Als sie bei der Truppe eingeführt waren, glänzten sie mit ihren ausgezeichneten Flugeigenschaften, die nicht nur zu einem kleinen Teil den automatischen Handley-Page-Vorflügeln im oberen Flügel zuzuschreiben waren. Die ersten Tomtit kamen Anfang 1929 zur dritten Flugschule (*No 3 Flying Training School*) auf den *RAF*-Stützpunkt Grantham, andere zur *Central Flying School* auf dem *RAF*-Flugplatz Wittering. Da die Avro Tutor 1929 als Nachfolger für die Avro 504 herausgesucht worden war, brauchte die Tomtit nicht in größerer Anzahl gefertigt zu werden. Das freute sogar den Hersteller Hawker, denn er war mit Aufträgen für Leichtbomber- und Jäger-Versionen seiner Hart mehr als ausgelastet.

BESCHREIBUNG:

BESATZUNG:
Zwei Piloten hintereinander

ABMESSUNGEN:
Länge: 7,25 m
Spannweite: 8,71 m
Höhe: 2,68 m

MASSEN:
Leermasse: 499 kg
Max. Startmasse: 794 kg

LEISTUNGEN:
Höchstgeschwindigkeit: 198 km/h
Reichweite: 560 km
Antrieb: Armstrong-Siddeley Mongoose IIIC
Motorleistung: 150 PS (112 kW)

DATUM DES ERSTFLUGS:
Anfang 1928

BESONDERE MERKMALE:
Einstieliger Doppeldecker; offene Führersitze hintereinander; Sternmotor; N-Stiele; Schleifsporn

Hawker Hart GROSSBRITANNIEN
Einmotoriger zweisitziger leichter Bomber

Zu der Familie der Hawker-Flugzeuge in den dreißiger Jahren gehörten einige zu den formschönsten Maschinen, die die britische Konkorde getragen haben. Als erster von ihnen kam 1928 der Hawker Hart-Bomber heraus. Er zeigte sich so überlegen fortschrittlich, dass er den seinerzeitigen britischen Standardjäger Bristol Bulldog hinter sich ließ. Entstanden war die Hart als Antwort auf die Ausschreibung 12/26 für einen leichten Tag-Bomber, und sie wurde für diese Rolle ausgewählt, als sie nach Vergleichsflügen mit den rivalisierenden Konstruktionen von Avro (Antilope) und Fairey (Fox II) als Sieger hervorgegangen war. Hawker baute 15 Vorserienmaschinen, die im April 1930 an die 30. Staffel gingen, und zwar als Ersatz für die Hawker Horsley, mit der sie bisher ausgerüstet war. Diese Einsatzerprobung verlief so erfolgreich, dass die Hart unverzüglich in die Großserienfertigung ging. 500 Stück verließen schließlich die Fertigungsbänder. Sieben Einsatz-Heimatverbände wurden mit Flugzeugen dieses Typs zwischen 1930 und 1936 ausgestattet. Acht Staffeln der *Auxiliary Air Force* flogen Hart von 1933 bis ins Jahr 1938. Auch in Indien und im Mittleren Osten kamen Hart zum Einsatz.

BESCHREIBUNG:

BESATZUNG:
Pilot und Beobachter/MG-Schütze

ABMESSUNGEN
Länge: 8,93 m
Spannweite: 11,35 m
Höhe: 3,20 m

MASSEN:
Leermasse: 1148 kg
Max. Startmasse: 2066 kg

LEISTUNGEN:
Höchstgeschwindigkeit: 298 km/h
Reichweite: 756 km
Antrieb: Rolls-Royce Kestrel IB
Motorleistung: 525 PS (227 kW)

DATUM DES ERSTFLUGS:
Juni 1928

BEWAFFNUNG:
Ein starres 7,7 mm Vickers-MG in linker Rumpfseite und ein bewegliches 7,7 mm Lewis-MG auf Drehkranz im Beobachterstand; Bombenzuladung 227 kg an Unterflügel-Aufhängungen

BESONDERE MERKMALE:
Einstieliger Doppeldecker; verkleideter V-Motor; N-Stiele; Schleifsporn

Hawker Demon GROSSBRITANNIEN

Einmotoriger Jagdzweisitzer

Beeindruckt von der Geschwindigkeit des Hart-Leichtbombers wünschte sich die *RAF* eine Variante als Jäger. Das Flugzeug ließ damit die Tradition des Jagdzweisitzers in der Royal Air Force wieder aufleben, der mit der Ausmusterung der Bristol Fighter Mitte der zwanziger Jahre aus dem *RAF*-Inventar verschwunden war. Auf den Namen Demon getauft, erhielt das Flugzeug zwei starre MG und einen in einem Rumpfausschnitt gelegenen Stand für das bewegliche MG auf einer Dreh-/Kipp-Lafette zur Erweiterung des Schussfeldes. Die ersten Maschinen aus der Serie gingen im Mai 1931 in Dienst. Insgesamt 190 Demon wurden gebaut, bevor im Dezember 1937 die Produktion auslief. Ab Oktober 1936 erhielten alle bei Boulton Paul gebauten Demon anstelle des offenen Schützenstandes einen hydraulisch betätigten Waffenturm von Frazer-Nash. Diese Version wurde in der *RAF* Turret-Demon genannt. Sieben Einsatzverbände und fünf Einheiten der *Auxiliary Air Force* setzten Demon zwischen 1931 und 1939 ein. Ähnlich der Hart fanden die Demon auch im Mittleren Osten Verwendung. Im Zweiten Weltkrieg wurden die Demon durch Bristol Blenheim IF-Jagdmehrsitzer abgelöst.

BESCHREIBUNG:

BESATZUNG:
Pilot und Abwehrschütze

ABMESSUNGEN:
Länge: 9,05 m
Spannweite: 11,35 m
Höhe: 3,20 m

MASSEN:
Leermasse: 1505 kg
Max. Startmasse: 2117 kg

LEISTUNGEN:
Höchstgeschwindigkeit: 291 km/h
Reichweite: 756 km
Antrieb: Rolls-Royce Kestrel V
Motorleistung: 560 PS (417 kW)

DATUM DES ERSTFLUGS:
März 1931

BEWAFFNUNG:
Zwei starre 7,7 mm Vickers-MG in den Rumpfseiten und ein bewegliches 7,7 mm Lewis-MG auf Kipp-/Drehvorrichtung im Schützenstand; Aufhängungen für insgesamt 227 kg Bomben unter dem Unterflügel

BESONDERE MERKMALE:
Einstieliger Doppeldecker mit N-Stielen; verkleideter V-Motor; Schleifsporn; tief ausgeschnittener hinterer Schützenstand

Hawker Nimrod GROSSBRITANNIEN

Einmotoriger Jagdeinsitzer

Die Nimrod begann ihr Leben als HN 1 Norn. Nach Vorgaben der bereits fertigen Maschine entstand dann die im August 1930 herausgegebene Ausschreibung 16/30 für einen Marinejäger. Obwohl sie ein Gegenstück zur Fury I der *RAF* darstellte, war die Nimrod nicht einfach ein Abklatsch dieses Inbegriffs für den vollkommenen Jagddoppeldecker der Zwischenkriegszeit. Sie hatte Flügel größerer Spannweite um die Langsamflugeigenschaften für den Anflug auf das Trägerdeck zu verbessern, einen Fanghaken, Funkausrüstung und Schwimmtanks in den Flügeln und im Rumpf. Im November 1931 ersetzten die ersten sechs Serienmaschinen Fairey Flycatcher bei der *402 Fleet Fighter Flight*. Ein zweites Fertigungslos von 26 Maschinen wurde 1932 ausgeliefert. Einsatz-Erfahrungen erbrachten eine Anzahl von Verbesserungen, die in das Nachfolgemodell Nimrod II integriert wurden. Dazu zählte ein Kopfabschluss hinter dem Pilotensitz, ein verbessertes Leitwerk sowie leicht gepfeilte Flügel. Die erste Mk II wurde im März 1934 ausgeliefert. Die letzten Nimrod wurden im Mai 1939 durch Sea Gladiator ersetzt. Überlebende Maschinen beendeten ihre Tage als Trainer des *Fleet Air Arm*.

BESCHREIBUNG:

BESATZUNG:
Pilot

ABMESSUNGEN:
Länge: 8,09 m
Spannweite: 10,23 m
Höhe: 3,00 m

MASSEN:
Leermasse: 1413 kg
Max. Startmasse: 1841 kg

LEISTUNGEN:
Höchstgeschwindigkeit: 315 km/h
Reichweite: 488 km
Antrieb: Rolls-Royce Kestrel IIMS
Motorleistung: 525 PS (391 kW)

DATUM DES ERSTFLUGS:
14. Oktober 1931

BEWAFFNUNG:
Zwei starre 7,7 mm Vickers-MG in den Rumpfseiten

BESONDERE MERKMALE:
Einsitziger Doppeldecker mit N-Stielen; verkleideter V-Motor; Schleifsporn; Fanghaken; Bauchkühler

Hawker Hind GROSSBRITANNIEN

Einmotoriger zweisitziger leichter Bomber

Die 1934 von Hawker entwickelte Hind entstand auf Grund einer Anfrage der *Royal Air Force* nach einem Nachfolger für die Hart. Als Antrieb erhielt sie den Ladermotor Rolls-Royce Kestrel V. Von der Demon wurde der sich durch einen tiefen Rumpfausschnitt auszeichnende Schützenstand für die bewegliche Abwehrwaffe übernommen. Die Hind war ein Interimsflugzeug, das auf Ablösung durch eine neue Generation moderner Eindecker wartete, kam aber trotzdem noch in großen Stückzahlen bis zum Produktionsende 1937 heraus. Ende 1935 gab sie ihr Einsatzdebut bei den Staffeln 18, 21 und 34. Ein Jahr später lösten Hind die letzten Hart in den Einsatzverbänden des *Bomber Command* ab, und weitere Einheiten wurden gebildet, um mit den insgesamt 338 für das *Bomber Command* gebauten Hind ausgerüstet zu werden. In 11 Staffeln der *Auxiliary Air Force* flogen weitere 114 Stück. Doch dann wurden innerhalb von 12 Monaten alle Hind in allen Einsatzverbänden durch Battle und Blenheim ersetzt. Die Hind blieben, obwohl veraltet, brauchbare Übungsflugzeuge. Hind wurden auch exportiert. So gingen 20 Exemplare 1939 an die königlichen Afghanischen Luftstreitkräfte.

BESCHREIBUNG:

BESATZUNG:
Pilot und MG-Schütze hintereinander

ABMESSUNGEN:
Länge: 9,05 m
Spannweite: 11,35 m
Höhe: 3,26 m

MASSEN:
Leermasse: 1474 kg
Max. Startmasse: 2403 kg

LEISTUNGEN:
Höchstgeschwindigkeit: 297 km/h
Reichweite: 688 km
Antrieb: Rolls-Royce Kestrel V
Motorleistung: 640 PS (477 kW)

DATUM DES ERSTFLUGS:
12. September 1934

BEWAFFNUNG:
Eine starres 7,7 mm Vickers-MG in linker Rumpfseite und ein bewegliches 7,7 mm Lewis-MG auf Drehkranz im Schützenstand; Bombenzuladung 227 kg an Unterflügel-Aufhängungen

BESONDERE MERKMALE:
Einstieliger Doppeldecker mit N-Stielen; verkleideter V-Motor; tief ausgeschnittener hinterer Schützenstand; Schleifsporn

Junkers Ju 52/3m/CASA 352L Deutschland/Spanien
Dreimotoriger mehrsitziger Transporter/Bomber

Die Ju 52/3m war das deutsche Gegenstück zur amerikanischen Douglas DC-3/C-47. Ihre sprichwörtliche Robustheit verdankte sie in erster Linie der kompletten Beplankung mit Wellblech – dem Markenzeichen von Junkers bis dahin. Ihre Laufbahn begann sie 1930 in einmotoriger Form. Die Entscheidung, sie schließlich mit drei 550 PS Pratt & Whitney Hornet-Sternmotoren auszustatten, brachte so ausgezeichnete Ergebnisse, dass sie in Serie ging. Schon früh interessierte sich die Luftwaffe für das Muster und setzte es anfänglich als Behelfsbomber ein. Schließlich standen eine Anzahl verschiedener Varianten mit drei leistungsstärkeren BMW 132-Sternmotoren im Großreihenbau, und 1939 waren fast 1000 Stück als Verkehrsflugzeuge bei der Lufthansa oder als „Arbeitspferde" bei der Luftwaffe im Einsatz. Der Zweite Weltkrieg sah die Ju 52/3m in zahlreichen Rollen und an allen Fronten. Sie wurde vom Truppentransporter bis zum Sanitätsflugzeug und für die spezielle Ausbildung bis hin zum Minensuchen verwendet. Es wird geschätzt, dass zwischen 1932 und 1944 etwa 4845 Ju 52/3m aus der Fertigung kamen. Und nach dem Krieg bauten Franzosen und Spanier weitere Maschinen.

Beschreibung:

Besatzung:
Zwei Piloten und bis zu 17 Passagiere

Abmessungen:
Länge: 18,90 m
Spannweite: 29,25 m
Höhe: 5,55 m

Massen:
Leermasse: 5720 kg
Max. Startmasse: 10.500 kg

Leistungen:
Höchstgeschwindigkeit: 275 km/h
Reichweite: 1287 km
Antrieb: Drei BMW 132TS (Ju 52/3M) oder ENMA Betas (CASA 352L)
Motorleistung: 2490 PS (1857 kW) bzw. 2250 PS (1677 kW)

Datum des Erstflugs:
April 1931

Bewaffnung:
Je ein bewegliches 7,92 mm MG auf Drehkranz auf der Rumpfoberseite und in einer ausfahrbaren „Gondel" unter dem Rumpf; maximale Bombenzuladung 1500 kg in Bombenmagazinen

Besondere Merkmale:
Freitragender Tiefdecker; drei verkleidete Sternmotoren; Zelle komplett mit Wellblech beplankt

Junkers Ju 86 DEUTSCHLAND

Zweimotoriger viersitziger Bomber

Von der Ju 86 wurden Varianten sowohl in einer Verkehrsflugzeug-Ausführung als auch als Bomber entworfen. Als die mit Glattblech beplankte Ganzmetall-Maschine am 4. November 1934 ihren Erstflug ausführte, gehörte sie mit ihrem Junkers-Doppelflügel als Landehilfe und dem vollkommen einziehbaren Fahrgestell zu den fortschrittlichsten Konstruktionen in Europa. Die durch Dieselmotoren angetriebene Version Ju 86D-1 ging Ende 1936 in die Fertigung. Sie ersetzte bei der Luftwaffe die Ju 52/3m und Dornier Do 23 als Bomber der ersten Generation. Die Erfahrungen beim Einsatz bei der „Legion Condor" während des Bürgerkriegs in Spanien, zeigten, dass die Muster zu langsam und zu schwach bewaffnet waren, und die Dieseltriebwerke dem rauen Militärbetrieb nicht gewachsen. Junkers baute daraufhin die Version Ju 86E mit leistungsstärkeren BMW-Sternmotoren. Sowohl die D als auch die E befanden sich beim Polen-Feldzug 1939 noch im Einsatz. He 111, Do 17 und Ju 88 lösten sie aber in den folgenden Monaten ab. Von den etwa 500 gefertigten Ju 86 wurden einige als P/R-Varianten mit Druckkabine und größerer Spannweite als Höhenaufklärer/Bomber gebaut und bis 1943 eingesetzt.

BESCHREIBUNG:

BESATZUNG:
Pilot, Bombenschütze/Navigator und zwei MG-Schützen für die Stände auf und unter dem Rumpf

ABMESSUNGEN:
Länge: 17,87 m
Spannweite: 22,50 m
Höhe: 5,05 m

MASSEN:
Leermasse: 5150 kg
Max. Startmasse: 8060 kg

LEISTUNGEN:
Höchstgeschwindigkeit: 325 km/h
Reichweite: 1500 km
Antrieb: Zwei Junkers Jumo 205CS
Motorleistung: 1200 PS (894 kW)

DATUM DES ERSTFLUGS:
4. November 1934

BEWAFFNUNG:
Je ein bewegliches 7,92 mm MG 15 in Ständen im Bug, auf dem Rumpf und in einer ausfahrbaren Gondel unter dem Rumpf; maximale Bombenzuladung 1000 kg im Bombenschacht

BESONDERE MERKMALE:
Freitragender Tiefdecker; Einziehfahrwerk; verkleidete Reihen- (Ju 86 D) oder Sternmotoren (Ju 86 E/K); doppeltes Seitenleitwerk

Klemm Kl 35 DEUTSCHLAND

Einmotoriges zweisitziges Schulflugzeug

Das erste vom 1926 gegründeten Leichtflugzeugbau Klemm in großen Mengen hergestellte Flugzeug war die L 25, ein zweisitziger Tiefdecker für Schulung und Sportflug, die kurz nach Firmengründung herauskam. Sie war so erfolgreich, dass sie in einer Dekade in sage und schreibe 600 Exemplaren gefertigt wurde. Sie inspirierte Klemm in der ersten Hälfte der dreißiger Jahre zu einem Nachfolgemodell. Der Kl 35 getaufte Prototyp machte Anfang 1935 seinen Erstflug. Es war wieder ein zweisitziger Tiefdecker mit hintereinander liegenden offenen Sitzen und bis auf das Stahlrohrgerüst des Rumpfes ebenfalls in Holz gebaut. Die Tragfläche war als Knickflügel ausgebildet, um für die erste Serienversion Kl 35B, zwischen 1935 und 1938 gebaut, das verkleidete Einbein-Fahrgestell möglichst kurz halten zu können. Bei der Luftwaffe wurde jedoch hauptsächlich die Version Kl 35D verwendet, die ein robusteres Dreibein-Fahrgestell erhalten hatte. Das Muster blieb bei verschiedenen Schulen der Luftwaffe bis zum Ende des Zweiten Weltkriegs im Einsatz. Die Luftstreitkräfte von Schweden, Ungarn, Rumänien und der Tschechoslowakei setzten die Klemm Kl 35 ebenfalls zur Schulung ein.

BESCHREIBUNG:

BESATZUNG:
Zwei Piloten hintereinander

ABMESSUNGEN:
Länge: 7,50 m
Spannweite: 10,40 m
Höhe: 2,05 m

MASSEN:
Leermasse: 460 kg
Max. Startmasse: 750 kg

LEISTUNGEN:
Höchstgeschwindigkeit: 212 km/h
Reichweite: 665 km
Antrieb: Hirth HM 6oR
Motorleistung: 80 PS (60 kW)

DATUM DES ERSTFLUGS:
März 1935

BESONDERE MERKMALE:
Freitragender Tiefdecker mit Knickflügel; festes Fahrgestell; verkleideter Reihenmotor; offene Sitze hintereinander

Martin B-10B USA
Zweimotoriger mehrsitziger Bomber

Die B-10 als erstes Ganzmetallflugzeug, das für das *US Army Air Corps* in die Großserienfertigung ging, war die erfolgreichste Variante einer bedeutsamen Reihe von Bombern, die die in Baltimore beheimatete Glenn L. Martin Company während der dreißiger Jahre entwickelte. Sie wurde aus dem Modell 123 abgeleitet, das so fortschrittliche Attribute aufwies wie einen freitragenden Flügel in Tiefdecker-Anordnung mit Landeklappen, einen mit Glattblech beplankten Aufbau, fortschrittliche Motorenverkleidungen, ein Einziehfahrwerk, einen integrierten Bombenschacht mit kraftbetätigten Abdeckklappen sowie Verstell-Propeller. Damit wurde die B10 schneller als viele der Jäger des *USAAC*. Von den 103 gebauten B-10B gingen die ersten im Juli 1935 an das Wright Field, während die Lieferungen an das Langley Field im Dezember des gleichen Jahres begannen und bis August 1936 andauerten. B-10 blieben, abgelöst durch B-17 und B-18, bis Ende der Dreißiger in den Einsatzverbänden, übernahmen danach aber noch wichtige Zweitrollen wie z.B. Zielscheibenschleppen. Als Modell 139 wurden 189 weitere B-10B an Niederländisch-Ostindien, Argentinien, China und in die Türkei geliefert.

BESCHREIBUNG:

BESATZUNG:
Pilot, Bomben-/MG-Schütze, Funker und hinterer MG-Schütze

ABMESSUNGEN:
Länge: 13,68 m
Spannweite: 21,51 m
Höhe: 4,72 m

MASSEN:
Leermasse: 4391 kg
Max. Startmasse: 7439 kg

LEISTUNGEN:
Höchstgeschwindigkeit: 341 km/h
Reichweite: 1984 km
Antrieb: Zwei Wright R-1820-33S
Motorleistung: 1550 PS (1156 kW)

DATUM DES ERSTFLUGS:
Juni 1934 (YB-10)

BEWAFFNUNG:
Drei bewegliche 7,62 mm Browning-MG auf Lagerungen im Bug, auf und unter dem Rumpf; maximale Bombenzuladung 454 kg im Bombenschacht

BESONDERE MERKMALE:
Freitragender Mitteldecker; Einziehfahrwerk; zwei Sternmotoren; Bugstand; Bombenschacht

Messerschmitt Bf 108 Taifun / Nord 1002 Pingouin   DEUTSCHLAND/FRANKREICH

Einmotoriges viersitziges Reise-/Mehrzweck-Flugzeug

Die Bf 108 wurde für die *Fourth Challenge de Tourisme International*, also für den 1934 zum vierten Mal abgehaltenen Europa-Rundflug entwickelt und gebaut und war den zeitgenössischen Mitbewerbern infolge ihrer Ganzmetall-Schalenbauweise und des einziehbaren Fahrgestells um Jahre voraus. Doch bei dem Wettbewerb hatte die Messerschmitt keinen Erfolg. Sie beinflusste die gesamte Reiseflugzeugentwicklung, als sie in verbesserter Form 1935 in Serie ging. Wegen ihrer überragenden Leistungen war sie auch für Rekordflüge prädestiniert. Die deutsche Fliegerin Elly Beinhorn flog an einem Tag von Berlin nach Konstantinopel und zurück und nannte die Maschine daraufhin Taifun. Der Name wurde für die ganze Serie adaptiert. Auch die Luftwaffe interessierte sich für die 108 und setzte sie als Verbindungsflugzeug ein. 1942 wurde die gesamte Produktion der französischen SNCAN bei Paris übertragen. Hier blieb die Bf 108 auch nach dem deutschen Zusammenbruch als Pingouin in der Fertigung. So kamen zu den zwischen 1934 und 1945 insgesamt 885 gebauten Bf 108 noch weitere 285 mit einem Renault-Triebwerk ausgerüstete Maschinen als Nord 1001/1002 hinzu.

BESCHREIBUNG:

BESATZUNG:
Ein Pilot und drei Passagiere

ABMESSUNGEN:
Länge: 8,29 m
Spannweite: 10,62 m
Höhe: 2,30 m

MASSEN:
Leermasse: 880 kg
Max. Startmasse: 1355 kg

LEISTUNGEN:
Höchstgeschwindigkeit: 300 km/h
Reichweite: 1000 km
Antrieb: Argus AS 10C (Bf 108B) oder Renault 60-11 (Nord 1002)
Motorleistung: 480 PS (358 kW)

DATUM DES ERSTFLUGS:
Juni 1934

BESONDERE MERKMALE:
Freitragender Tiefdecker; Einziehfahrwerk; verkleideter hängender V-Motor; festes Spornrad

Miles Hawk Trainer III/M 14 Magister GROSSBRITANNIEN

Einmotoriges zweisitziges Schulflugzeug

Das militärische Miles Schulflugzeug war, ähnlich fast aller Schulflugzeuge der *RAF* der Jahre zwischen den Kriegen, aus einem zivilen Muster – dem Miles Hawk Major – abgeleitet worden. Auf Grund der *Air Ministry* Ausschreibung T 40/36 für ein als Eindecker ausgelegtes Anfänger-Schulflugzeug für die Royal Air Force, gestaltete Miles für die Mitnahme von Fallschirmen die hintereinander liegenden Sitze der Hawk geräumiger und schuf Platz für den Einbau einer Blindflug-Einrichtung. Die ersten Exemplare des ganz aus Holz gebauten Trainers wurden im Mai 1937 geliefert, aber innerhalb weniger Monate gingen einige verloren, weil Trudeln nicht rechtzeitig gestoppt werden konnte. Miles gestaltete daraufhin das Heck um und vergrößerte das Seitenruder. Diese Maschinen wurden M 14 genannt und bis 1941 in 1229 Exemplaren gebaut. Sie flogen an vielen *Elementary Flying Training Schools* und der *Central Flying School*. Bei der RAF wurden die M 14 Magister bis 1948 verwendet. Viele der ausgemusterten Maschinen gingen an zivile Flugschulen und blieben bis in die fünfziger Jahre im Dienst.

BESCHREIBUNG:

BESATZUNG:
Zwei Piloten hintereinander

ABMESSUNGEN:
Länge: 7,51 m
Spannweite: 10,31 m
Höhe: 2,03 m

MASSEN:
Leermasse: 583 kg
Max. Startmasse: 862 kg

LEISTUNGEN:
Höchstgeschwindigkeit: 212 km/h
Reichweite: 612 km
Antrieb: De Havilland Gipsy Major I
Motorleistung: 130 PS (97 kW)

DATUM DES ERSTFLUGS:
20. März 1937

BESONDERE MERKMALE:
Freitragender Tiefdecker; festes, verkleidetes Fahrgestell; verkleideter Reihenmotor; Spornrad

Morane-Saulnier MS 230 FRANKREICH

Einmotoriges zweisitziges Fortgeschrittenen-Übungsflugzeug

Das Muster mit den typisch französischen Wesenszügen wurde nach einer 1928 herausgegebenen Forderung des französischen Luftfahrtministeriums für ein Grundausbildungs-Schulflugzeug mit passablen Leistungen von Morane-Saulnier entwickelt. Die MS 230 weist die vom Hersteller zu jener Zeit bevorzugte Hochdecker-Bauweise auf, die in Frankreich sinnigerweise Parasol hieß, und die ein Markenzeichen für zeitgenössische Jagdflugzeug-Konstruktionen des Herstellers war. Die MS 230 besaß einen 250 PS (186 kW) Salmson-Sternmotor und wurde bei ihrem Erscheinen in Frankreich sehr begrüßt. Mehr als 1000 Exemplare baute Morane-Saulnier. Die Armée de l'Air benutzte das Muster nicht nur für die Fortgeschrittenen-Ausbildung der Piloten, sondern auch als Aufklärungs-Plattform, sowohl generell als auch speziell für die Artillerie. Abgesehen von den in Frankreich fliegenden Exemplaren fanden MS 230 auch in Rumänien, Griechenland, Belgien und Brasilien Verwendung. Nach der Besetzung Frankreichs verwendete die Luftwaffe Muster des Typs zur Schulung und zum Segelflugzeug-Schlepp. Als Ablösemuster für die MS 230 kam schon 1932 die größere aber leichtere MS 315 heraus.

BESCHREIBUNG:

BESATZUNG:
Zwei Piloten hintereinander

ABMESSUNGEN:
Länge: 6,93 m
Spannweite: 10,72 m
Höhe: 2,98 m

MASSEN:
Leermasse: 832 kg
Max. Startmasse: 1160 kg

LEISTUNGEN:
Höchstgeschwindigkeit: 204 km/h
Reichweite: 560 km
Antrieb: Salmson 9Ab
Motorleistung: 250 PS (186 kW)

DATUM DES ERSTFLUGS:
Februar 1929

BESONDERE MERKMALE:
Abgestrebter Hochdecker; festes Fahrgestell; unverkleideter Sternmotor; Spornrad

Naval Aircraft Factory N3N USA
Einmotoriges zweisitziges Übungsflugzeug

Die Naval Aircraft Factory (NAF) war 1918 gegründet worden, um speziell für die Bedürfnisse der Marineluftstreitkräfte zugeschnittene Flugzeuge konstruieren und bauen zu können. In der Zeit zwischen den Kriegen wurden eine Anzahl von Flugbooten und ein trägergestützter Marinejäger entwickelt. Die abschließende NAF-Konstruktion, die in die Serienfertigung ging, war das Anfangs-Schulflugzeug N3N. Es war bestimmt, die veralteten Consolidated NY-2 und -3 aus den Zwanzigern abzulösen. Der Prototyp XN3N-1 flog erstmals im August 1935 und wurde erfolgreich mit Rädern und mit einem Zentralschwimmer erprobt. Es folgte ein Auftrag über 179 Stück N3N-1, die anfänglich den veralteten Wright J-5-Sternmotor erhielten, später aber mit R-760 Whirlwind des gleichen Herstellers umgerüstet oder gebaut wurden. Mit diesem Triebwerk änderte sich die Bezeichnung in N3N-3. Ab 1938 wurden weitere 816 Exemplare gefertigt. N3N blieben bis 1945 als Trainer bei der Marine. Dann wurden fast alle Maschinen als überschüssiges Kriegsmaterial angesehen und an private Interessenten verkauft.

BESCHREIBUNG:

BESATZUNG:
Zwei Piloten hintereinander

ABMESSUNGEN:
Länge: 7,77 m
Spannweite: 10,36 m
Höhe: 3,30 m

MASSEN:
Leermasse: 948 kg
Max. Startmasse: 1266 kg

LEISTUNGEN:
Höchstgeschwindigkeit: 203 km/h
Reichweite: 756 km
Antrieb: Wright J-5 und Wright R-760-96 Whirlwind
Motorleistung: 220 PS (164 kW) bzw. 240 PS (179 kW)

DATUM DES ERSTFLUGS:
August 1935

BESONDERE MERKMALE:
Einstieliger Doppeldecker mit N-Stielen; unverkleideter Sternmotor; Marine-Version mit Zentralschwimmer und zwei Stützschwimmern

North American BT-9/BT-14/Yale I USA

Einmotoriges zweisitziges Übungsflugzeug

Mit der NA-16 hatte die North American Aviation (NAA) als privates Risiko ein Schulflugzeug für die Grundausbildung entwickelt, dessen Leistungen an die der Einsatzflugzeuge des *US Army Air Corps* heranreichten. Das USAAC gab eine Serie unter der Bezeichnung BT-9 in Auftrag. Die erste Maschine daraus erhielt sie im April 1936. Insgesamt 226 Stück wurden in den Varianten BT-9A, -B und -C abgeliefert. Die in 40 Exemplaren gebaute Marine-Version der NA-16 hieß NJ-1 und besaß einen 600 PS starken Pratt & Whitney R-1340 Wasp-Sternmotor anstelle des 400 PS leistenden der Firma Wright. Inzwischen hatte NAA die Produktion auf die BT-14 umgestellt, die dem Vorgängermodell weitgehend entsprach, aber anstelle des stoffbespannten Rumpfes einen mit Leichtmetall-Glattblech beplankten besaß. Sie wurde durch ein 450 PS Wright R-985-Triebwerk angetrieben. Das USAAF erhielt 251 BT-14. Weitere Aufträge gingen von Luftstreitkräften aus dem Ausland ein. So bestellten die Franzosen 230 Stück. Als das Land im Juni 1940 von den Deutschen besetzt wurde, erwarben die Briten 119 dieser noch nicht gelieferten Maschinen. Bei der Royal Canadian Air Force wurden sie unter dem Namen Yale 1 ebenfalls als Schulflugzeug für die Grundausbildung benutzt.

BESCHREIBUNG:

BESATZUNG:
Zwei Piloten hintereinander

ABMESSUNGEN:
Länge: 8,39 m
Spannweite: 12,80 m
Höhe: 4,13 m

MASSEN:
Leermasse: 1500 kg
Max. Startmasse: 2030 kg

LEISTUNGEN:
Höchstgeschwindigkeit: 274 km/h
Reichweite: 1420 km
Antrieb: Wright R-975-7 (BT-9) und Wright R-985-11 (BT-14)
Motorleistung: 400 PS (298 kW) bzw. 450 PS (336 kW)

DATUM DES ERSTFLUGS:
April 1935

BESONDERE MERKMALE:
Freitragender Tiefdecker; festes Fahrgestell; verkleideter Sternmotor; Spornrad

North American NA-50/NA-68 und P-64 USA

Einmotoriger Jagdeinsitzer

Der durch seinen einfachen Aufbau und unkomplizierte Handhabung wirtschaftliche Jäger NA-50 war eine Ableitung aus dem Schulflugzeug NA-16. Die North American Aviation hatte ihn speziell für kleinere Nationen entwickelt, die weder das Geld noch die Erfahrung besaßen, sich die jüngsten Jagdeinsitzer-Konstruktionen aus den USA und Europa zulegen zu können. Wenn der Trainer auch die Basis war, so reduzierten die Konstrukteure die Besatzung auf den Piloten, machten das Fahrgestell einziehbar, bauten einen leistungsstärkeren Wright R-1820 ein und fügten zwei 7,62 mm MG zu. Aber nur Peru bestellte im Januar 1938 sieben Stück. Sie waren 1941 im Krieg gegen Ecuador dabei und wurden erst zwanzig Jahre später ausgemustert. Die Weiterentwicklung NA-68 war der NA-50 sehr ähnlich, besaß jedoch eine tiefere Motorverkleidung, abgeänderte Flügelspitzen und ein neues Leitwerk. Darüber besaß sie zu den beiden MG zwei 20 mm MK unter dem Flügel. Die Königlich Siamesischen-Luftstreitkräfte orderten sechs für eine Lieferung 1941. Sie wurden, da die Japaner zu diesem Zeitpunkt Thailand besetzt hielten, vom USAAC übernommen und als Jagdtrainer eingesetzt.

BESCHREIBUNG:

BESATZUNG:
Pilot

ABMESSUNGEN:
Länge: 8,23 m
Spannweite: 11,35 m
Höhe: 2,74 m

MASSEN:
Leermasse: 2114 kg
Max. Startmasse: 2717 kg

LEISTUNGEN:
Höchstgeschwindigkeit: 435 km/h
Reichweite: 1014 km
Antrieb: Wright R-1820-77 Cyclone 9
Motorleistung: 870 PS (649 kW)

DATUM DES ERSTFLUGS:
Anfang 1939

BEWAFFNUNG:
Zwei starre 20 mm MK in Gondeln unter dem Flügel und zwei starre 7,62 mm Browning-MG im Flügel

BESONDERE MERKMALE:
Freitragender Tiefdecker; Einziehfahrwerk; verkleideter Sternmotor; Spornrad

North American O-47 USA

Einmotoriger dreisitziger Aufklärer

Die von der General Aviation als Antwort auf eine Ausschreibung der US Army für ein Aufklärungsflugzeug entwickelte O-47 brach mit den bisherigen formalen Vorstellungen für diese Flugzeuggattung. Im Gegensatz zu den bisher üblichen Hochdeckern mit offenen Sitzen wurde das Muster als Tiefdecker ausgelegt und erhielt geschlossene Besatzungsräume. Das *USAAC* war von der Konzeption und von den Sichtmöglichkeiten des Beobachters, der in einem verglasten Rumpfbauch unterhalb des Führersitzes saß, beeindruckt und bestellte im Februar 1937 bei NAA 109 Exemplare. Dieses Fertigungslos und die anschließend in Auftrag gegebenen 164 Flugzeuge wurden durch 975 PS Cyclone-Motoren angetrieben und als O-47A bezeichnet. Weitere 74 Stück erhielten ein 1060 PS starkes R-1820-57-Triebwerk. Sie wurden O-47B genannt. Große Manöver im Jahr 1941 zeigten jedoch Unzulänglichkeiten des Musters. Ableitungen aus privaten Leichtflugzeugen waren fähiger mit Bodentruppen zu operieren, und Fotoaufklärung erledigten Jäger und leichte Bomber besser. Deshalb wurden im Zweiten Weltkrieg die Aufgaben der O-47 auf Küsten-/Seeüberwachung und auf das Schleppen von Zielscheiben begrenzt.

BESCHREIBUNG:

BESATZUNG:
Pilot, Beobachter und MG-Schütze

ABMESSUNGEN:
Länge: 10,24 m
Spannweite: 14,12 m
Höhe: 3,71 m

MASSEN:
Leermasse: 2712 kg
Max. Startmasse: 3463 kg

LEISTUNGEN:
Höchstgeschwindigkeit: 355 km/h
Reichweite: 1207 km
Antrieb: Wright R-1820-49 Cyclone
Motorleistung: 975 PS (727 kW)

DATUM DES ERSTFLUGS:
Mitte 1935

BEWAFFNUNG:
Ein starres 7,62 mm Browning-MG im rechten Flügel und ein bewegliches 7,62 mm MG im hinteren Bereich des Besatzungsraums

BESONDERE MERKMALE:
Freitragender Mitteldecker; Einziehfahrwerk; verkleideter Sternmotor; tief heruntergezogenes Rumpfmittelteil; festes Spornrad

Northrop A-17A USA

Einmotoriges zweisitziges Tiefangriffsflugzeug

Das leichte Tiefangriffsflugzeug Gamma 2C entwickelte Northrop auf Firmenrisiko aus ihrem Gamma-Verkehrsflugzeug. Den Prototyp erwarb das *USAAC* als YA-13 im Juni 1934 für Eignungsversuche. Nach dem Einbau eines stärkeren Triebwerks wurde es XA-16 genannt. Das leicht verbesserte Serienmodell A-17 wurde 1935 mit einem Liefervertrag über 110 Exemplare bedacht. Die ersten dieser Maschinen gingen im Dezember 1935 an das *USAAC*. Northrop erhielt einen weiteren Auftrag für die A-17A. Dieses Modell besaß anstelle des festen ein einziehbares Fahrgestell und wurde durch einen 825 PS Pratt & Whitney R-1535-13-Sternmotor angetrieben. Insgesamt wurden 129 Exemplare dieser Version gebaut, aber nur 93 kamen zum USAAC. Sie gingen an Douglas (Die Firma Douglas hatte Anfang 1937 die restlichen 49 % ihrer Anteile an Northrop aufgekauft und im weiteren Verlauf des Jahres das Unternehmen ihrem eigenen eingegliedert) zurück, um für den Verkauf an Großbritannien und Frankreich umgerüstet zu werden. Bei der *RAF* hieß das Muster Nomad I. Alle 60 gelieferten Maschinen gingen an die SAAF. Kleinere Mengen A-17 nahmen Argentinien, Peru, Norwegen, die Niederlande und der Irak ab.

BESCHREIBUNG:

BESATZUNG:
Pilot und Schütze

ABMESSUNGEN:
Länge: 9,65 m
Spannweite: 14,55 m
Höhe: 3,66 m

MASSEN:
Leermasse: 2316 kg
Max. Startmasse: 3421 kg

LEISTUNGEN:
Höchstgeschwindigkeit: 354 km/h
Reichweite: 1175 km
Antrieb: Pratt & Whitney R-1535-13 Twin Wasp Junior
Motorleistung: 825 PS (615 kW)

DATUM DES ERSTFLUGS:
Herbst 1934

BEWAFFNUNG:
Vier starre 7,62 mm Browning-MG in den Flügeln und ein bewegliches 7,62 mm Browning-MG im hinteren Bereich des Besatzungsraums; Bombenzuladung 180 kg an Aufhängungen unter dem Flügel

BESONDERE MERKMALE:
Freitragender Tiefdecker; Einziehfahrwerk; verkleideter Sternmotor

Polikarpow I-16 SOWJETUNION

Einmotoriger Jagdeinsitzer

Der erste Jagdeinsitzer der Welt, der als freitragender Eindecker und sogar mit Einziehfahrwerk je auf einem Kriegsschauplatz auftauchte, war die Polikarpow I-16. Die für ihre Zeit sehr fortschrittliche Konstruktion entsprach bei Ausbruch des Zweiten Weltkriegs nicht mehr dem Stand moderner Jagdeinsitzer. Ungeachtet dessen waren im Juni 1941, als der deutsche Einmarsch begann, noch zwei Drittel aller sowjetischen Einheiten mit I-16 ausgerüstet. 1935 gingen die ersten I-16, angetrieben von einem aus dem Wright Cyclone entwickelten Schwetzow M-25-Sternmotor, an die Truppe. Während ihrer langen Produktionszeit war das Konstruktionsbüro von Polikarpow ständig bemüht, das Muster durch verbesserte Triebwerke und größere Bewaffnung auf einem höheren Einsatzstandard zu halten. Die ersten Kämpfe mit I-16 fanden im Spanischen Bürgerkrieg statt. Die UdSSR hatte den Republikanischen Streitkräften 278 Maschinen zur Verfügung gestellt. I-16 waren die vorherrschenden sowjetischen Jäger 1939 beim Nomonhan-Vorfall mit den Japanern, und im gleichen Jahr trugen sie die Hauptlast beim Winterkrieg 1939-40 mit den Finnen. Im Kampf gegen die Deutschen ab Juni 1941 verloren sie.

BESCHREIBUNG:

BESATZUNG:
Pilot

ABMESSUNGEN:
Länge: 6,07 m
Spannweite: 9,00 m
Höhe: 2,56 m

MASSEN:
Leermasse: 1350 kg
Max. Startmasse: 1715 kg

LEISTUNGEN:
Höchstgeschwindigkeit: 440 km/h
Reichweite: 800 km
Antrieb: Schwetzow M-25A
Motorleistung: 750 PS (578 kW)

DATUM DES ERSTFLUGS:
31. Dezember 1933

BEWAFFNUNG:
Vier starre 7,62 mm Tschkas-MG, zwei im Rumpf und zwei im Flügel; Unterflügel-Aufhängungen für zwei bis sechs 82 mm-Raketen oder 200 kg an Bombenzuladung

BESONDERE MERKMALE:
Freitragender Tiefdecker; Einziehfahrwerk; verkleideter Sternmotor; Schleifsporn; offener Pilotensitz

Polikarpow I-152 (I-15bis) SOWJETUNION
Einmotoriger Jagdeinsitzer

Obwohl Polikarpow der Verdienst zusteht, mit seinem Eindecker I-16 den ersten „modernen" Abfangjäger gebaut zu haben, muss als Unterschied dazu festgehalten werden, dass er auch als einer der größten Entwickler von Doppeldecker-Jagdflugzeugen gilt. Erst kurz vor der I-16 entwarf er die I-15, einen gedrungenen Jagdeinsitzer-Doppeldecker, dem möwenflügelartig am Rumpf angelenkte Oberflügel in Verbindung mit den I-Stielen das charakteristische Aussehen gaben. Mit ihrer großen Wendigkeit, einer überzeugenden Geschwindigkeit und starker Bewaffnung war die I-15 in der Sowjetunion beliebt. Aus den Einsatz-Erfahrungen mit den Republikanern im Spanischen Bürgerkrieg, bei denen der Möwenflügel als Sicht behindernd bei Start und Landung kritisiert wurde, baute Polikarpow Ende 1937 ein durchgehendes Flügel-Mittelstück für die I-15bis (die später I-152 genannt wurde) als Ablösung der I-15 in der Produktion. Das Muster war in den gleichen Konflikten wie die I-16 eingesetzt, oft in gemischten Verbänden. Obwohl die Produktion 1939 auslief, blieben erhebliche Mengen der I-152 bis 1942 im Einsatz.

BESCHREIBUNG:

BESATZUNG:
Pilot

ABMESSUNGEN:
Länge: 6,27 m
Spannweite: 10,20 m
Höhe: 2,80 m

MASSEN:
Leermasse: 1310 kg
Max. Startmasse: 1834 kg

LEISTUNGEN:
Höchstgeschwindigkeit: 368 km/h
Reichweite: 450 km
Antrieb: Schwetzow M-25B
Motorleistung: 750 PS (559 kW)

DATUM DES ERSTFLUGS:
Anfang 1937

BEWAFFNUNG:
Vier starre 7,62 mm Tschkas-MG, zwei im Rumpf und zwei im Flügel

BESONDERE MERKMALE:
Einstieliger Doppeldecker mit I-Stielen; festes Fahrgestell; verkleideter Sternmotor; Schleifsporn

Polikarpow I-153 (I-15ter) SOWJETUNION

Einmotoriger Jagdeinsitzer

Abschließender Spross aus der Jagdflugzeug-Doppeldecker-Familie von Polikarpow war die I-153, die mit dem gedrungenen Rumpf und der einem Möwenflügel ähnlichen Oberflügel-Wurzel ihre Abstammung nicht verleugnen konnte, jedoch ein Einziehfahrwerk und einen leistungsstärkeren Schwetzow-Motor besaß. Ungeachtet des sich in aller Welt durchsetzenden Trends für die Auslegung der Jagdflugzeuge als Eindecker und ungeachtet der Tatsache, dass er Anfang der Dreißiger selbst Pionier des Eindeckers war, lehnte Nikolai Polikarpow es ab, die Doppeldecker-Bauform ganz zu verwerfen. So kam die I-153 erst im Mai 1939 zu den Einsatz-Einheiten und wurde bis Ende 1940 ausgeliefert. Obwohl sie nur 18 Monate in der Fertigung war, betrug die Gesamtzahl der gebauten Maschinen nicht weniger als 3437 Stück. Einige wurden 1940 nach China für den Kampf gegen die Japaner geliefert. Die finnischen Luftstreitkräfte verwendeten 11 Exemplare, die sie im Winterkrieg 1939-40 erbeuteten. Während der ersten Zeit der Kämpfe an der Ostfront flogen I-153 noch massiv in den sowjetischen Jagdfliegerverbänden. Doch sie wurden schon bald zur weniger riskanten Erdkampfunterstützung abgestellt.

BESCHREIBUNG:

BESATZUNG:
Pilot

ABMESSUNGEN:
Länge: 6,17 m
Spannweite: 10,00 m
Höhe: 2,80 m

MASSEN:
Leermasse: 1452 kg
Max. Startmasse: 2110 kg

LEISTUNGEN:
Höchstgeschwindigkeit: 450 km/h
Reichweite: 470 km
Antrieb: Schwetzow M-62R
Motorleistung: 1000 PS (746 kW)

DATUM DES ERSTFLUGS:
Mitte 1938

BEWAFFNUNG:
Vier starre 7,62 mm Tschkas-MG im Rumpf; Unterflügel-Aufhängungen für eine Bombenzuladung von 200 kg oder sechs 82 mm-Raketen

BESONDERE MERKMALE:
Einstieliger Doppeldecker mit I-Stielen; Einziehfahrwerk; verkleideter Sternmotor; Spornrad

P.Z.L. P.11C POLEN
Einmotoriger Jagdeinsitzer

Die Staatlichen Luftfahrt-Werke in Polen, P.Z.L., hatten eine ganze Familie von Hochdecker-Jagdeinsitzern herausgebracht, deren Wurzeln bis zum Zweisitzer P.W.S.1 aus dem Jahr 1927 zurückführten. Das Endglied PZL P.11 bildete das Hauptmuster in den polnischen Jagdverbänden zur Zeit des deutschen Einmarschs am 1. September 1939. Als erfolgreiche Weiterentwicklung der P.7 besaß sie ein leistungsstärkeres Bristol Mercury-Triebwerk anstelle des Jupiter VIIF des gleichen Herstellers und war 1933 bei der Truppe eingeführt worden. Der schnelle, überaus wendige und schwer bewaffnete P.Z.L.-Jagdeinsitzer wurde in Rumänien mit einem Gnome-Rhône Mistral/Jupiter-Motor unter Lizenz gebaut. Die Bänder für den Reihenbau der jüngsten Version P.11g mit einem 840 PS Mercury sollten nach jahrelangem Stillstand wieder in Betrieb genommen werden, als ein Krieg mit Deutschland unvermeidbar erschien. Aber es war nur der Prototyp fertig geworden, als der Krieg begann. P.11 waren den deutschen Bf 109 hoffnungslos unterlegen, trotzdem konnten die Maschinen der 11 Einsatzstaffeln bei 114 eigenen Verlusten 125 Flugzeuge der Luftwaffe zerstören.

BESCHREIBUNG:

BESATZUNG:
Pilot

ABMESSUNGEN:
Länge: 7,55 m
Spannweite: 10,72 m
Höhe: 2,85 m

MASSEN:
Leermasse: 11,47 kg
Max. Startmasse: 1800 kg

LEISTUNGEN:
Höchstgeschwindigkeit: 389 km/h
Reichweite: 700 km
Antrieb: PZL Mercury VS2/VIS2
Motorleistung: 600-645 PS (447-481 kW)

DATUM DES ERSTFLUGS:
August 1931

BEWAFFNUNG:
Vier starre 7,7 mm Wzor 37-MG, zwei im Rumpf und zwei im Flügel; Aufhängungen unter dem Flügel für eine Bombenzuladung von 50 kg

BESONDERE MERKMALE:
Abgestrebter Hochdecker mit Möwenflügel; festes Fahrgestell; verkleideter Sternmotor; Schleifsporn; erhöhter Kopfabfluss

Republic (Seversky) AT-12 Guardsman USA

Einmotoriges zweisitziges Fortgeschrittenen-Schulflugzeug

Auf privater Basis wurde 1937 aus dem Jagdeinsitzer Seversky P-35 unter der Werksbezeichnung 2PA ein Zweisitzer entwickelt, der als „Begleit-Jäger" dienen sollte. Gleich dem Einsitzer besaß die Maschine zwei 7,7 mm oder 12,7 mm MG starr in den Flügeln, aber zusätzlich ein bewegliches 7,7 mm MG im hinteren Teil der Besatzungskabine. Zwei 2PA konnten 1938 einschließlich der Nachbaurechte in die Sowjetunion verkauft werden. 52 Exemplare erwarb Schweden ein Jahr später, während sich Japan heimlich 20 2PA beschaffte und der Kaiserlich Japanischen Marine für Einsätze über China zur Verfügung stellte. Aber die der 2PA fehlende Wendigkeit und das schlechte Steigvermögen verwies das Muster von der Rolle des Begleitjägers in die eines Aufklärers für Einsätze über Zentralchina. Doch das Flugzeug kam auch noch bei den amerikanischen Streitkräften zum Einsatz. Aus einem Auftrag für Schweden requirierte das *Army Air Corps* Ende 1941 nach den Ereignissen im Pazifik 50 Maschinen und bezeichnete sie als AT-12. Sie wurden allerdings in der ihr zugedachten Rolle als Fortgeschrittenen-Schulflugzeug oder für Verbindungszwecke nur wenig geflogen.

BESCHREIBUNG:

BESATZUNG:
Pilot

ABMESSUNGEN:
Länge: 8,20 m
Spannweite: 10,97 m
Höhe: 2,99 m

MASSEN:
Leermasse: 2078 kg
Max. Startmasse: 3474 kg

LEISTUNGEN:
Höchstgeschwindigkeit: 508 km/h
Reichweite: 1850 km
Antrieb: Pratt & Whitney R-1830-S3C Twin Wasp
Motorleistung: 1100 PS (821 kW)

DATUM DES ERSTFLUGS:
Ende 1937

BEWAFFNUNG:
Zwei starre 7,62 mm Browning-MG im Flügel und ein bewegliches 7,62 mm Browning-MG im hinteren Besatzungsraum; Aufhängungen für 158 kg Bombenzuladung unter Rumpf und Flügel

BESONDERE MERKMALE:
Freitragender Tiefdecker; Einziehfahrwerk; verkleideter Sternmotor

Ryan PT-16/-20/-21/-22 und NR-1 Recruit und S-T-3 USA

Einmotoriges zweisitziges Anfänger-Schulflugzeug

Das erste als Eindecker konzipierte Anfänger-Schulflugzeug des *USAAC* kann seine Abstammung vom Ryan S-T-Zweisitzer aus den Jahren 1933-34 nicht verleugnen. Das Flugzeug war in ziviler Form so erfolgreich, dass die Militärs es nicht übersahen, als sie sich 1939 für ein neues Anfänger-Schulflugzeug zu interessieren begannen. Ein einzelnes Exemplar der S-T-A wurde aufgekauft und (als XPT-16) ausgiebig getestet. Nach dem Erwerb von 15 Vorserien-Maschinen für eine umfassendere Eignungsprüfung wurden 1940 vierzig Stück als PT-20 mit geräumigeren Sitzen und verstärkter Zelle bestellt. Nach Lieferung dieser Maschinen entschied das USAAC, dass leistungsstärkere Kinner-Sternmotoren sich besser für den rauen Schulbetrieb eignen würden als die Menasco-Reihenmotoren. Also wurden 100 Exemplare mit dem Kinner als PT-21 bestellt. Sie waren so erfolgreich, dass ein Anschlussauftrag über 1023 Stück des leicht verbesserten Modells PT-22 Recruit bei Ryan einging. Die Marine betrieb 125 Exemplare PT-22 als NR-1. Die PT wurden hauptsächlich im Auftrag durch zivile Flugschulen betrieben und im Frühjahr 1945 ausgemustert. Sie gingen in großer Zahl zu privaten Abnehmern.

BESCHREIBUNG:

BESATZUNG:
Zwei Piloten hintereinander

ABMESSUNGEN:
Länge: 6,83 m
Spannweite: 9,17 m
Höhe: 2,08 m

MASSEN:
Leermasse: 596 kg
Max. Startmasse: 844 kg

LEISTUNGEN:
Höchstgeschwindigkeit: 211 km/h
Reichweite: 566 km
Antrieb: Menasco L-365-1(PT-16 und -20), Kinner R-440-3 (PT-21 und NR-1) und R-540-1 (PT-22 und S-T-3)
Motorleistung: 125 PS (93 kW) bzw. 132 PS (98 kW) bzw. 160 PS (119 kW)

DATUM DES ERSTFLUGS:
3. Februar 1939

BESONDERE MERKMALE:
Verspannter Tiefdecker; festes, verkleidetes Fahrwerk; verkleideter Reihen- (T-16/20) oder unverkleideter Sternmotor (PT-21/22); Spornrad

Seversky P-35A USA

Einmotoriger Jagdeinsitzer

Die P-35 war der erste Jäger, den Seversky aus Farmingdale, Long Island – die spätere Republic Aviation Corporation – herausbrachte. Als eine Schöpfung des Chefkonstrukteurs Alexander Kartveli wurde sie gleichzeitig der erste Ganzmetall-Jagdeinsitzer des *USAAC*, erster mit Einziehfahrwerk sowie erster mit einer geschlossenen Kabine. Sie begann ihr Leben unter der Firmenbezeichnung SEV-1XP und war eine von mehreren Seversky-Konstruktionen, die in Prototypform oder bei Rennen flogen. Als die US Army am 16. Juni 1936 einen Auftrag über 77 Jagdeinsitzer vergab, stach die P-35 das Modell 75 Hawk von Curtiss aus. Das erste Muster aus der Serie ging nach *Wright Field* zur Erprobung. Schweden erteilte einen Auftrag über 120 P-35, die unter der Werksbezeichnung EP-106 (und in Schweden als J9) liefen. Aber bis zum US-Embargo im Oktober 1940 konnten nur 60 von ihnen ausgeliefert werden. Die restlichen Flugzeuge wurden dem *USAAC*-Inventar als P-35A zugeschlagen. Ende 1941 befanden sich noch etwa 50 dieser Maschinen bei der *24th Pursuit Group* auf den Philippinen. Sie gingen in den Abwehrkämpfen bei der japanischen Invasion, die am 7. Dezember des Jahres begann, verloren.

BESCHREIBUNG:

BESATZUNG:
Pilot

ABMESSUNGEN:
Länge: 8,18 m
Spannweite: 10,97 m
Höhe: 2,97 m

MASSEN:
Leermasse: 2075 kg
Max. Startmasse: 3050 kg

LEISTUNGEN:
Höchstgeschwindigkeit: 499 km/h
Reichweite: 1529 km
Antrieb: Pratt & Whitney
R-1830-45 Twin Wasp
Motorleistung: 1050 PS (783 kW)

DATUM DES ERSTFLUGS:
Ende 1935

BEWAFFNUNG:
Vier starre 7,62 mm Browning-MG, zwei im Rumpf und zwei in den Flügeln; Bombenzuladung 158 kg an Aufhängungen unter Rumpf und Flügel

BESONDERE MERKMALE:
Freitragender Tiefdecker; Einziehfahrwerk; verkleideter Sternmotor

Stampe SV-4 BELGIEN/FRANKREICH
Einmotoriges zweisitziges Schulflugzeug

Die Stampe SV-4 wurde von Jean Stampe konstruiert – dem belgischen Importeur britischer de Havilland Flugzeuge. Deshalb ist es nicht verwunderlich, dass sein Muster mehr als eine zufällige Ähnlichkeit mit der de Havilland DH 82 Tiger Moth aufweist. Die im Mai 1933 erstmals geflogene SV-4 wies auch ein ähnliches Triebwerk wie sein britisches Gegenstück auf. Im Ausklang der dreißiger Jahre wurde sie sowohl von den belgischen als auch den französischen Luftstreitkräften geordert. Doch bevor bei Stampe die Serienproduktion beginnen konnte, besetzten im Mai 1940 die Deutschen das Werk. 1944 ließ die staatliche französische Nord die Fertigung wieder aufleben. Über die nächsten beiden Jahre wurden 70 Stück als SV-4C gebaut. Sie unterschieden sich von der Vorkriegs-Stampe durch den Einbau eines Renault 4 Pei-Triebwerks. Die Masse dieser Maschinen wurde zwischen der *Armée de l'Air* und französischen Fliegerclubs aufgeteilt. Nach dem Zweiten Weltkrieg gründete Stampe in Belgien die Firma Stampe et Renard. Sie baute für die belgischen Streitkräfte 65 Stück SV-4B. Sie unterschieden sich von der französischen Ausführung durch eine Abdeckung über beide Sitze.

BESCHREIBUNG:

BESATZUNG:
Zwei Piloten hintereinander

ABMESSUNGEN:
Länge: 6,96 m
Spannweite: 8,38 m
Höhe: 2,77 m

MASSEN:
Leermasse: 480 kg
Max. Startmasse: 780 kg

LEISTUNGEN:
Höchstgeschwindigkeit: 180 km/h
Reichweite: 480 km
Antrieb: De Havilland Gipsy Major 10 (SV4/SV4B) und Renault 4 Pei (SV4C)
Motorleistung: 130 PS (97 kW) bzw. 140 PS (105 kW)

DATUM DES ERSTFLUGS:
Mai 1933

BESONDERE MERKMALE:
Einstieliger Doppeldecker; leicht gepfeilte Flügel; verkleideter Reihenmotor; festes Fahrgestell; Schleifsporn; verkleidete Führersitze (belgische SV4)

Supermarine Stranraer GROSSBRITANNIEN

Einmotoriges mehrsitziges Aufklärungs-Flugboot

Die Stranraer war das letzte als Doppeldecker ausgelegte Flugboot des legendären Supermarine-Konstrukteurs R. J. Mitchell, der besonders durch seine Spitfire Ruhm errang. Sie wurde ursprünglich Southampton V genannt und enthüllte damit ihre direkte Abstammung von dem erfolgreichsten RAF-Flugboot der Zeit zwischen den Kriegen. Den Namen Stranraer erhielt sie im August 1935, und sie hatte nichts mehr gemein mit den Flugbooten, die Supermarine zehn Jahre vorher gebaut hatte. Die Ganzmetallkonstruktion wurde durch die vorhergehende Scapa beeinflusst, war jedoch größer. Im August 1935 orderte das *Air Ministry* 17 Stranraers, von denen die erste 1936 bei der 228. Staffel in Dienst ging. Drei weitere Staffeln erhielten das Muster. Bei der 201. und der 209. wurden sie erst im Sommer 1940 durch Short Sunderland respektive Saro Lerwick abgelöst. Die kanadische Firma Canadian Vickers baute Stranraer unter Lizenz. Etwa 40 Maschinen wurden zwischen 1938 und 1941 gefertigt. Sie übernahmen die U-Boot-Überwachung an Kanadas Ost- und Westküsten. Bei fünf Einheiten blieben die veralteten Flugboote bis April 1944 im Einsatz.

BESCHREIBUNG:

BESATZUNG:
Zwei Piloten, Navigator/Bugschütze, Funker und zwei Flugingenieure

ABMESSUNGEN:
Länge: 20,80 m
Spannweite: 38,40 m
Höhe: 7,49 m

MASSEN:
Leermasse: 7200 kg
Max. Startmasse: 11.968 kg

LEISTUNGEN:
Höchstgeschwindigkeit: 136 km/h
Reichweite: 2352 km
Antrieb: Drei Liberty 125
Motorleistung: 800 PS (597 kW)

DATUM DES ERSTFLUGS:
1935

BEWAFFNUNG:
Je ein bewegliches 7,7 mm MG in Ständen am Bug, auf dem Rumpf und im Heck; Bombenzuladung 454 kg an Unterflügel-Aufhängungen

BESONDERE MERKMALE:
Zweistieliger Doppeldecker; zwei verkleidete Sternmotoren im Oberflügel; feste Stützschwimmer

Supermarine Walrus GROSSBRITANNIEN

Einmotoriges mehrsitziges Rettungs- und Aufklärungs-Amphibium

Supermarine entwickelte das für den Katapultstart von Kriegsschiffen konzipierte Amphibium in Eigeninitiative als privates Risiko. Es wurde ursprünglich Seagull V genannt, unterschied sich jedoch erheblich von den früheren Seagull-Modellen, die noch aus Holz gebaut waren sowie offene Führersitze und Triebwerke mit Zugschrauben besaßen. Die Seagull V hatte eine Druckschraube, ein Rumpfboot aus Metall sowie einen geschlossenen Führersitz. Der Prototyp flog erstmals am 21. Juni 1933. Während er vom *Air Ministry* getestet wurde, gingen die ersten 24 Maschinen aus der Produktion an die *Royal Australian Navy*. Im Mai 1935 ging auch eine britische Bestellung über 12 Maschinen ein. Die beiden ersten Maschinen davon, nun Walrus genannt, gingen im März 1936 an die Katapulteinheiten der *Fleet Air Arm*. Während der nächsten acht Jahre wurden weitere 739 Walrus gebaut. Mit ihren Qualitäten als Aufklärungsplattform wurden sie zum „Auge der Marine". Sie waren auf jedem Kriegsschauplatz zu finden unter allen klimatischen Bedingungen einsatzbereit. Die *RAF* beschaffte genug Walrus, um mit ihnen 12 Staffeln ausrüsten zu können. Sie leisteten hervorragende Arbeit im Seenot-Flugrettungsdienst.

BESCHREIBUNG:

BESATZUNG:
Pilot, Navigator/Schütze und zwei Passagiere

ABMESSUNGEN:
Länge: 11,35 m
Spannweite: 13,97 m
Höhe: 4,65 m

MASSEN:
Leermasse: 2223 kg
Max. Startmasse: 3266 kg

LEISTUNGEN:
Höchstgeschwindigkeit: 217 km/h
Reichweite: 966 km
Antrieb: Bristol Pegasus VI
Motorleistung: 775 PS (578 kW)

DATUM DES ERSTFLUGS:
21. Juni 1933

BEWAFFNUNG:
Je ein bewegliches 7,7 mm Lewis- oder Vickers-MG in Ständen am Bug und auf dem Rumpfrücken; Unterflügel-Aufhängungen für eine Waffenzuladung von 345 kg (Spreng- oder Wasserbomben)

BESONDERE MERKMALE:
Einstieliger Doppeldecker; Flugboot mit (in die Unterflügel) einziehbarem Fahrwerk; unverkleideter Sternmotor mit Druckschraube zwischen den Flügeln; Stützschwimmer

Vickers Vimy GROSSBRITANNIEN

Zweimotoriger dreisitziger schwerer Bomber

Die Vimy war gebaut worden, um den Krieg in Deutschlands Herz zu tragen. Als der Waffenstillstand am 11. November 1918 in Kraft trat, waren erst drei Maschinen aus der Produktion bei den RAF-Einheiten eingetroffen. Doch die Vimy wurde noch für lange Zeit in die Nachkriegsentwicklung der RAF eingebunden. Als Prototyp war sie erstmals im November 1917 geflogen. Zu der Zeit wurde sie von zwei 207 PS Hispano-Suiza-Motoren angetrieben. Die nachfolgenden Mk II- und Mk III-Modelle besaßen Sunbeam Maori- respektive Fiat-Triebwerke. Aber erst mit den 360 PS Rolls-Royce Eagle konnte die Entwurfskapazität der Vimy voll ausgeschöpft werden. Die größere Zahl der bestellten Vimy musste bei Kriegsende annulliert werden, aber 99 Stück wurden für Nachkriegsaufgaben der RAF gebaut. Die 58. Staffel erhielt sie als erste. Weitere sieben wurden mit Vimy ausgestattet, davon drei in Ägypten. Aus alten militärischen Modellen wurden spezielle Langstrecken-Maschinen für Pionierflüge abgeleitet. So fand mit einer Vimy am 14.-15. Juni 1919 unter Alcock und Whitten-Brown die erste Nonstop-Überquerung des Atlantiks von Neufundland nach Irland statt.

BESCHREIBUNG:

BESATZUNG:
Pilot, Navigator/Bombenschütze, Schütze

ABMESSUNGEN:
Länge: 13,27 m
Spannweite: 20,73 m
Höhe: 4,57 m

MASSEN:
Leermasse: 3222 kg
Max. Startmasse: 5670 kg

LEISTUNGEN:
Höchstgeschwindigkeit: 166 km/h
Reichweite: 1448 km
Antrieb: Zwei Rolls-Royce Eagle VIIIS
Motorleistung: 720 PS (537 kW)

DATUM DES ERSTFLUGS:
30. November 1917

BEWAFFNUNG:
Bis zu vier bewegliche 7,7 mm Lewis-MG in Ständen am Bug sowie auf dem Rumpf und am Rumpfboden; Bombenzuladung 2179 kg im Rumpf und an Unterflügel-Aufhängungen

BESONDERE MERKMALE:
Dreistieliger Doppeldecker; verkleidete V-Motoren zwischen den Flügeln; Kufe zwischen den Fahrwerks-Rädern; Schleifsporn

Vought SB2U Vindicator USA

Einmotoriger zweisitziger Aufklärungsbomber

Die Vindicator war der erste Aufklärungsbomber, der US-Marine als freitragender Eindecker flog. Sie war Endglied einer Entwicklung, die Vought 1934 mit dem Auftrag für zwei Prototypen von Trägerflugzeugen begonnen hatte. Es handelte sich um den Doppeldecker XSB3U-1 und den Eindecker XSB2U-1, bei deren gemeinsamer Einsatzerprobung die bessere Maschine ermittelt werden sollte. Beide flogen Anfang 1936. Die XSB2U-1 zeigte sich als überlegen. Im Oktober des gleichen Jahres bestellte die Navy von ihr 54 Exemplare, die ab Dezember 1937 als SB2U-1 ausgeliefert wurden. Ein Jahr später ging ein Auftrag über 58 Stück SB2U-2 ein. Ende 1940 wurden abschließend 57 SB2U-3 bestellt, die verstärkte Panzerung, verbesserte Bewaffnung sowie einen größeren Kraftstoffvorrat aufwiesen. Sie hieß erstmals Vindicator, aber alle überlebenden SB2U wurden rückwirkend umgetauft. Als 1940 das Marine Corps SB2U-3 erhielt, hatten insgesamt sieben Flotten-Einheiten das Muster. Während landgestützte Vindicators noch in den ersten Monaten des Pazifik-Krieges bis Ende 1941 operierten, waren die trägergestützten größtenteils durch überlegene Douglas SBD Dauntless ersetzt.

BESCHREIBUNG:

BESATZUNG:
Pilot und MG-Schütze hintereinander

ABMESSUNGEN:
Länge: 10,36 m
Spannweite: 12,80 m
Höhe: 3,12 m

MASSEN:
Leermasse: 2555 kg
Max. Startmasse: 4273 kg

LEISTUNGEN:
Höchstgeschwindigkeit: 391 km/h
Reichweite: 1802 km
Antrieb: Pratt & Whitney R-1535-96 Twin Wasp Junior
Motorleistung: 825 PS (615 kW)

DATUM DES ERSTFLUGS:
4. Januar 1936

BEWAFFNUNG:
Ein starres 7,62 mm Browning-MG im Rumpf und ein bewegliches 7,62 mm Browning-MG im hinteren Besatzungsraum; maximale Bombenzuladung 454 kg an Aufhängungen unter Rumpf und Flügel

BESONDERE MERKMALE:
Freitragender Tiefdecker; Einziehfahrwerk; verkleideter Sternmotor; Spornrad; Antennenmast vor der Führerraumabdeckung

Vultee BT-13/-15 und SNV-1/-2 Valiant USA

Einmotoriges zweisitziges Schulflugzeug

Das in größter Anzahl in den USA während des Zweiten Weltkrieg gefertigte Schulflugzeug für die Grundausbildung stammt von dem Vultee BC-3 Kampftrainer ab. Dieser besaß ein 600 PS Pratt & Whitney Wasp-Triebwerk und ein Einziehfahrwerk und wurde 1938 vom *USAAC* erprobt. Dabei stellte sich heraus, dass die ausgezeichneten Flugeigenschaften der Maschine sich auch mit einem festen Fahrgestell und einem weniger starken Motor erhalten ließen. Schnell rüstete Vultee die Konstruktion mit einem festen Einbein-Fahrgestell aus und schraubte an den Motorträger ein Pratt & Whitney Wasp Junior-Triebwerk. Das Resultat war die BT-13 Valiant, von der das *USAAC* im September 1939 300 Maschinen bestellte. Von der Variante BT-13A mit einer anderen Version des Triebwerks wurden dann nicht weniger als 6407 Exemplare gefertigt. Da Motorenlieferungen mit dem Bau der Zellen nicht Schritt halten konnten, kamen auch Wright R-975-11 Whirlwind zum Einbau. Mit ihnen hieß die Valiant BT-15. Die US Navy verwendete über 1500 Valiant als SNV-1/-2. Als die Fertigung der Valiant 1944 endete, waren über 11.000 Maschinen des Musters ausgeliefert worden.

BESCHREIBUNG:

BESATZUNG:
Zwei Piloten hintereinander

ABMESSUNGEN:
Länge: 8,79 m
Spannweite: 12,80 m
Höhe: 3,51 m

MASSEN:
Leermasse: 1531 kg
Max. Startmasse: 2039 kg

LEISTUNGEN:
Höchstgeschwindigkeit: 290 km/h
Reichweite: 1167 km
Antrieb: Pratt & Whitney R-985-AN-1 Wasp Junior (BT-13 und SNV-1/-2) oder Wright R-975-11 Whirlwind 9 (BT-15)
Motorleistung: 450 PS (336 kW)

DATUM DES ERSTFLUGS:
24. März 1939 (BT-13)

BESONDERE MERKMALE:
Freitragender Tiefdecker; festes Fahrgestell; verkleideter Sternmotor; Spornrad

Westland Wapiti GROSSBRITANNIEN

Einmotoriges zweisitziges Mehrzweckflugzeug

Obwohl sie die altehrwürdige de Havilland DH 9A ablösen sollte, wurden in die Konstruktion der Wapiti so viel Bauelemente der DH 9 wie nur möglich integriert. Der in Yeovil beheimatete Flugzeughersteller Westland hatte allerdings zu der „Nine-Ack" eine besondere Beziehung, schließlich hatte er 390 Exemplare davon für die RAF gefertigt und eine Dekade damit verbracht, sie für einen Einsatz in Übersee instand zu halten. Damit war Westland prädestiniert, den Streitkräften ein Angebot für einen DH 9-Nachfolger zu machen, den das Air Ministry 1926 ausgeschrieben hatte. Für die neue Maschine wurde eine höhere Nutzlast in Verbindung mit größerer Wirtschaftlichkeit verlangt. Der Prototyp machte seinen Erstflug 1927. Er hatte einen Auftrag über 25 Wapitis für die Einsatzerprobung im Irak zur Folge. Während bei der Mk I noch Teile des Rumpfes und der Flügel aus Holz bestanden, wurde für die Struktur der Mk II Ganzmetall verwendet. Diese Version flog mit der Auxiliary Air Force. Version für den Überseeeinsatz wurde die Mk IIA mit einem 550 PS Jupiter VIII, eingesetzt in Indien und im Irak. Die Produktion lief 1932 nach 517 Exemplaren aus. Von den Hilfstruppen 1937 ausgemusterte Wapiti flogen in Indien bis 1939.

BESCHREIBUNG:

BESATZUNG:
Pilot und Beobachter/MG-Schütze hintereinander

ABMESSUNGEN:
Länge: 9,90 m
Spannweite: 14,14 m
Höhe: 3,60 m

MASSEN:
Leermasse: 1487 kg
Max. Startmasse: 2449 kg

LEISTUNGEN:
Höchstgeschwindigkeit: 225 km/h
Reichweite: 580 km
Antrieb: Bristol Jupiter VIII
Motorleistung: 480 PS (358 kW)

DATUM DES ERSTFLUGS:
Anfang 1927

BEWAFFNUNG:
Zwei starre 7,7 mm Vickers-MG in der linken Rumpfseite und ein bewegliches 7,7 mm Lewis-MG auf Drehring im Beobachterstand; Bombenzuladung 263 kg an Aufhängungen unter dem Unterflügel

BESONDERE MERKMALE:
Zweistieliger Doppeldecker; unverkleideter Sternmotor; festes Fahrwerk; Schleifsporn

Flugzeuge des Zweiten Weltkriegs

Aeronca O-58 und L-3/-16 Grasshopper USA

Einmotoriges zweisitziges Verbindungs-/Beobachtungsflugzeug

Im eiligen Bemühen um die Einführung eines Leichtflugzeuges für Beobachtungs- und Verbindungs-Aufgaben in unmittelbarer Frontnähe, das während der letzten Friedensmonate des Jahres 1941 durch die *US Army* ausgetragen wurde, kamen Produkte der führenden amerikanischen Hersteller Piper, Taylorcraft und Aeronca zum Vergleich. Aeronca hatte das Modell 65 angeboten, eine verbesserte Version ihres zweisitzigen zivilen Sportflugzeugs. Das USAAC nannte es in O-58 um und bestellte 1942 mehr als 400 Exemplare davon in drei sich wenig unterscheidenden Versionen. Noch im gleichen Jahr fand eine Umbenennung statt, als die Bezeichnung L (für Liaison = Verbindung) das O (für Observation = Aufklärung) ersetzte. Aus der O-58 wurde die L-3. Weitere 1030 Stück wurden gebaut bevor 1944 die Fertigung auslief. L-3 wurden mit der US Force weltweit eingesetzt. Nach dem Krieg entstand für den Zivilmarkt eine neue Variante, die auch das Militär als L-16 einsetzte. Erwähnenswert ist eine motorlose Version des Modells 65 als Schulflugzeug für Lastensegler-Piloten. Sie wurde 1942 als TG-5 entwickelt und in 250 Exemplaren für das erweiterte Ausbildungsprogramm gebaut.

BESCHREIBUNG:

BESATZUNG:
Pilot und Passagier hintereinander

ABMESSUNGEN:
Länge: 6,40 m
Spannweite: 10,67 m
Höhe: 2,34 m

MASSEN:
Leermasse: 379 kg
Max. Startmasse: 590 kg

LEISTUNGEN:
Höchstgeschwindigkeit: 140 km/h
Reichweite: 322 km
Antrieb: Continental O-170-3 (O-58/L-3) oder Continental O.205-1 (L-16)
Motorleistung: 65 PS (49 kW) bzw. 90 PS (67 kW)

DATUM DES ERSTFLUGS:
1941

BESONDERE MERKMALE:
Abgestrebter Hochdecker; festes Fahrwerk; stark verglaste Kabine

Airspeed Oxford GROSSBRITANNIEN

Zweimotoriges sechssitziges Übungs-/Transportflugzeug

Die Oxford war die militärische Ausführung des zivilen leichten Transportflugzeugs Envoy von Airspeed und entwickelte sich zu einem wichtigen Übungsflugzeug für die Schulung der Besatzungen von Kriegsflugzeugen. Als erster zweimotoriger Fortgeschrittenen-Trainer der RAF wurde er für die Zweimotoren-Einweisung sowie für die Funk-, Navigations-, Schützen- und Bombenschützen-Ausbildung herangezogen. Der Oxford-Prototyp absolvierte am 19. Juni 1937 seinen Erstflug und landete fünf Monate später bei der *RAF Central Flying School*. Bei Kriegsausbruch befanden sich etwa 2400 Oxford im Einsatz. Weitere Aufträge gingen an Percival, Standard Motors und de Havilland. Die Oxford war das wichtigste Werkzeug der Central Flying School, und als die Produktion im Juli 1945 endete, waren 8568 Stück gebaut worden. 391 davon erhielten die Luftstreitkräfte Australiens und 700 die Südafrikas. Die hauptsächlich gebauten Varianten der Oxford waren die Mk I als Bomben- und Schützen-Trainer mit einem Drehturm auf dem Rumpf, die Mk II als Piloten-, Navigator- und Funker-Trainer und die Mk V, die dem gleichen Zweck diente, jedoch Pratt & Whitney-Triebwerke besaß.

BESCHREIBUNG:

BESATZUNG:
Pilot und 5 Sitze für Schüler/Passagiere

ABMESSUNGEN:
Länge: 10,51 m
Spannweite: 16,25 m
Höhe: 3,38 m

MASSEN:
Leermasse: 2572 kg
Max. Startmasse: 3447 kg

LEISTUNGEN:
Höchstgeschwindigkeit: 302 km/h
Reichweite: 885 km
Antrieb: Zwei Armstrong Siddeley Cheetah XS
Motorleistung: 750 PS (560kW)

DATUM DES ERSTFLUGS:
19. Juni 1937

BEWAFFNUNG:
Mk I besaß einen Drehturm auf der Rumpfoberseite mit einem 7,7 mm Browning-MG

BESONDERE MERKMALE:
Freitragender Tiefdecker; Einziehfahrwerk; zwei verkleidete Sternmotoren; Spornrad

Arado Ar 196 DEUTSCHLAND
Einmotoriger zweisitziger Marine-Aufklärer

Die Ar 196 ersetzte auf den Katapulten der bedeutendsten deutschen Kriegsschiffe die veralteten Heinkel He 60-Doppeldecker. Im Zweiten Weltkrieg flogen Ar 196 die verschiedenartigsten Einsätze, denn sie waren befähigt Küstenkontrolle zu fliegen, U-Boote zu jagen, leichte Bomben zu werfen, Aufklärungsflüge durchzuführen und Geleitzüge zu eskortieren. Im August 1939 waren die ersten Maschinen bei den Einheiten aufgetaucht. Das erste deutsche Kriegsschiff, das Ar 196 an Bord nahm, war der „Westentaschenkreuzer" Graf Spee, der Ende 1939 zwei Stück erhielt. Schlachtschiffe wie „Bismarck" und „Tirpitz" konnten sechs Ar 196 an Bord nehmen, Schlachtkreuzer wie „Gneisenau" und „Scharnhorst" je vier und kleinere Einheiten je zwei. Die Ar 196 operierte aber auch von Stützpunkten am Kanal, im Baltikum, an der Nordsee, der Biscaya, auf dem Balkan und im Mittelmeer. Ar 196 von den Luftstreitkräften der Verbündeten Rumänien und Bulgarien kamen an der Adria und im Schwarzen Meer zum Einsatz. Insgesamt wurden 392 Exemplare der Ar 196 bei Arado gefertigt, weitere in dem aus Vichy regierten Frankreich bei der SNCA und nochmals 69 in den Niederlanden bei Fokker.

BESCHREIBUNG:

BESATZUNG:
Pilot und Schütze hintereinander

ABMESSUNGEN:
Länge: 11,00 m
Spannweite: 12,40 m
Höhe: 4,45 m

MASSEN:
Leermasse: 2990 kg
Max. Startmasse: 3730 kg

LEISTUNGEN:
Höchstgeschwindigkeit: 310 km/h
Reichweite: 1070 km
Antrieb: BMW 132K
Motorleistung: 960 PS (716 kW)

DATUM DES ERSTFLUGS:
Mai 1938

BEWAFFNUNG:
Zwei starre 20 mm FF-MK im Flügel und ein starres 7,92 mm MG in der linken Rumpfseite sowie eine bewegliche Waffe im hinteren Besatzungsraum; maximale Bombenzuladung 100 kg an Unterflügel-Aufhängungen

BESONDERE MERKMALE:
Freitragender Tiefdecker; zwei Schwimmer; verkleideter Sternmotor

Avro Lancaster GROSSBRITANNIEN
Viermotoriger mehrsitziger schwerer Bomber

Die Lancaster war wortgetreu der „Phönix aus der Asche" des Manchester-Programms der Jahre 1940/41. Die Avro Manchester mit einer Zelle, die der der späteren Lancaster bereits sehr ähnlich war, sollte durch zwei Rolls-Royce Vulture-Motoren angetrieben werden. Aber sie litt unter den gravierenden Mängeln dieser Triebwerke und war zudem untermotorisiert. Da Avro von der Konzeption der Zelle überzeugt war, entschloss sich das Unternehmen, sie nur leicht verändert mit vier der bewährten Merlin-Triebwerke des gleichen Motorenherstellers auszustatten. Der Prototyp der Lancaster mit vier Merlin X flog am 9. Januar 1941. Einige Monate später wurden erste 1070 Exemplare bestellt, von denen die ersten im Oktober des gleichen Jahres herauskamen. Neunundfünfzig Einheiten des *RAF Bomber Command* wurden mit Lancaster ausgestattet. Diese Maschinen flogen 156.000 Einsätze und warfen dabei 608.000 Tonnen Sprengbomben und 51 Millionen Brandsätze ab. Insgesamt wurden 7377 Exemplare der Lancaster in fünf verschiedenen Versionen gefertigt. Bis Ende der fünfziger Jahre blieben Lancaster für die Seeüberwachung, Transportaufgaben oder als Versuchsträger im Einsatz.

BESCHREIBUNG:

BESATZUNG:
Pilot, Flugingenieur, Navigator, Bomben-/Bugschütze, Funker, Rumpf- und Heckschütze

ABMESSUNGEN:
Länge: 21,18 m
Spannweite: 31,09 m
Höhe: 6,10 m

MASSEN:
Leermasse: 16.738 kg
Max. Startmasse: 31.751 kg

LEISTUNGEN:
Höchstgeschwindigkeit: 462 km/h
Reichweite: 4072 km
Antrieb: Vier Rolls-Royce Merlin 24
Motorleistung: 5120 PS (3850 kW)

DATUM DES ERSTFLUGS:
9. Januar 1941

BEWAFFNUNG:
Drehtürme im Bug und auf dem Rumpf mit je zwei, Heckturm mit vier 7,7 mm Browning-MG; maximale Bombenzuladung 6350 kg im Bombenschacht

BESONDERE MERKMALE:
Freitragender Mitteldecker; vier verkleidete Reihenmotoren; doppelte Seitenleitwerke

Beech UC-43/GB-2 Traveller USA

Einmotoriges viersitziges Verbindungsflugzeug

Die Beech Modell 17 Staggerwing war die erste Konstruktion, die bei der Firma Beechcraft in Serie ging. Als schnelles und bequemes Reiseflugzeug hatte es sich auf dem Zivilflugzeugmarkt der dreißiger Jahre einen Ruf geschaffen, den auch die Militärs nicht überhörten. Zuerst war es die US-Marine, die 1939 eine kleine Anzahl unter der Bezeichnung GB-1 einführte, um damit höhere Persönlichkeiten (VIPs) zu befördern. Mit Kriegseintritt zwei Jahre später wurden über 300 weitere Maschinen als GB-2 erworben. Von ihnen erhielt die britische Royal Navy 105 Exemplare. 1939 erwarb auch das *USAAC* drei D17. Sie erhielten die Bezeichnung YC-43 Traveller. Drei Jahre später wurde ein Auftrag für die Produktion von 27 UC-43 an Beech vergeben, dem anschließend Anforderungen für zuerst weitere 75 und dann nochmals 105 Traveller folgten, die den Gesamt-Auftragsbestand der Serienmodelle für das *USAAC* auf 207 Stück brachten. Von den insgesamt bis 7. Dezember 1941 bei Beech gefertigten 434 zivilen Staggerwings wurden viele in den Militärdienst gepresst. Die Fertigung ziviler Staggerwings lief im August 1945 wieder an. Das letzte Exemplar verließ die Fertigungsbänder bei Beech im Jahr 1948.

BESCHREIBUNG:

BESATZUNG:
Pilot und drei Sitze für Passagiere

ABMESSUNGEN:
Länge: 7,98 m
Spannweite: 9,75 m
Höhe: 3,12 m

MASSEN:
Leermasse: 1399 kg
Max. Startmasse: 2123 kg

LEISTUNGEN:
Höchstgeschwindigkeit: 319 km/h
Reichweite: 805 km
Antrieb: Pratt & Whitney
R-985-AN-1 Wasp Junior
Motorleistung: 450 PS (335 kW)

DATUM DES ERSTFLUGS:
4. November 1932 (Zivilausführung Beech 17 Staggerwing)

BESONDERE MERKMALE:
Einsitziger Doppeldecker mit I-Stielen und negativer Staffelung; Einziehfahrwerk; verkleideter Sternmotor

Beech Modell 18 USA

Zweimotoriges mehrsitziges Transport-/Übungsflugzeug

Ähnlich dem Modell 17 Staggerwing wurde auch die Beech Modell 18 als ziviles Transportflugzeug in den auslaufenden dreißiger Jahren entwickelt, und ähnlich dem Vorgängermodell fand es das Interesse der Militärs. Erste Exemplare des Modells 18 bestellte das USAAC 1940 als Stabstransporter. Die anschließend erworbenen und C-45 genannten Flugzeuge wurden für VIP-Flüge oder Mehrzweck-Transporte eingesetzt. Einige dieser Flugzeuge wurden unter *Lend-Lease*-Bestimmungen an britische Einheiten von *RAF* und *Fleet Air Arm* sowie an die kanadische *RCAF* weitergegeben. Letztes Transportmodell für die USAAF wurde die in nicht weniger als 1137 Stück gebaute C-45F – 1943 wie alle C-Modelle in UC-45 umgetauft. Zwei Jahre vorher hatte Beech aus seinem Modell 18 den Navigationstrainer AT-7 abgewandelt, von dem das USAAC 549 Stück erwarb. Als Entwicklung hieraus folgte das in 1582 Exemplaren gebaute Ausbildungsflugzeug für Bombenschützen AT-11 Kansan. Abschließend erwarben die US-Marineverbände (Navy/Marine Corps) über 1500 Modell 18 als JRB (der UC-18 entsprechend) oder SNB (ähnlich AT-7/-11). Amerikanische Militärs setzten Modell-18-Maschinen bis Ende der Sechziger ein.

BESCHREIBUNG:

BESATZUNG:
Pilot und 7 Sitze für Schüler/Passagiere

ABMESSUNGEN:
Länge: 10,40 m
Spannweite: 14,50 m
Höhe: 2,95 m

MASSEN:
Leermasse: 2801 kg
Max. Startmasse: 3959 kg

LEISTUNGEN:
Höchstgeschwindigkeit: 346 km/h
Reichweite: 1368 km
Antrieb: Zwei Pratt & Whitney R-985-AN-1 Wasp Junior
Motorleistung: 900 PS (671 kW)

DATUM DES ERSTFLUGS:
15. Januar 1937 (Zivilausführung Beech 18)

BESONDERE MERKMALE:
Freitragender Tiefdecker; Einziehfahrwerk; zwei verkleidete Sternmotoren; doppeltes Seitenleitwerk

Bell P-39 Airacobra USA
Einmotoriger Jagdeinsitzer

Mit der P-39 wurde das Konzept des im Schwerpunkt eingebauten Triebwerks für eine verbesserte Wendigkeit und des Bugrad-Fahrwerks für erleichterte Start- und Landeeigenschaften in den Jagdflugzeugbau eingeführt. Die Idee, das Triebwerk nach hinten zu legen, entstand aus der Forderung, für die eingeplante 37 mm T9-Maschinenkanone (MK) einen Platz im Bug zu finden. Damit wurde gleichzeitig Raum zum Einfahren des Bugrads geschaffen. Unvorteilhaft für die Konstruktion war, dass sie die erwarteten phänomenalen Leistungen vermissen ließ. Besonders in Höhen über 4200 m kämpften die unaufgeladenen Allison V-1710 mit Leistungsschwäche. Ironischerweise hatte das *USAAC* Bell bei der Erprobung der Vorserienmuster YP-39 ausdrücklich darauf hingewiesen, dass aufgeladene Versionen des Allison-Triebwerks nicht benötigt würden. Die Weisheit dieser Entscheidung wurde in Frage gestellt, als die P-39 zum Einsatz kam. Die Leistungsfähigkeit war so beeinträchtigt, dass das Muster zur Erdkampf-Unterstützung abkommandiert wurde. In die Sowjetunion gelieferte P-39, die ab 1942 an der Ostfront in niedrigen Höhen operierten, errangen große Erfolge.

BESCHREIBUNG:

BESATZUNG:
Pilot

ABMESSUNGEN:
Länge: 9,19 m
Spannweite: 10,36 m
Höhe: 3,61 m

MASSEN:
Leermasse: 2560 kg
Max. Startmasse: 3765 kg

LEISTUNGEN:
Höchstgeschwindigkeit: 621 km/h
Reichweite: 1046 km
Antrieb: Allison V-1710-85
Motorleistung: 1200 PS (895 kW)

DATUM DES ERSTFLUGS:
6. April 1938 (XP-39)

BEWAFFNUNG:
An starren Waffen: Eine 37 mm American Armament Company T19-Kanone und zwei 7,62 mm Browning-MG im Rumpfbug sowie zwei 7,62 mm Browning-MG im Flügel; eine 227 kg Bombe unter dem Rumpf

BESONDERE MERKMALE:
Freitragender Tiefdecker; Bugrad-Einziehfahrwerk; Reihenmotor im Schwerpunkt; Einsteigetür für den Piloten; Vergaserlufteintritt hinter der Führerraumabdeckung

Bell P-63 Kingcobra USA
Einmotoriger Jagdeinsitzer

Obwohl die P-63 wie eine vergrößerte P-39 aussah, war sie eine komplett neue Konstruktion, mit der dann auch zufrieden stellende Geschwindigkeitsleistungen in allen Flughöhen erzielt werden konnten. Unter dem Namen Kingcobra hatte sie von Entwicklungsarbeiten für die schließlich gestrichenen XP-39E profitiert, die der eigentliche Nachfolger der Airacobra werden sollte. Aber die P-63 war mehr als ein verbesserter P-39-Rumpf mit einem neuen Laminarprofil-Tragflügel. Sie hatte nennenswert größere Abmessungen und ein Allison V-1710-93-Triebwerk, das stolze 1325 PS leistete. Über 3300 Exemplare der P-63 wurden in verschiedenen Versionen gebaut. Als die ersten Serienexemplare im Oktober 1943 bei der *USAAF* eintrafen, waren deren Einsatzeinheiten bereits ausreichend mit jüngsten Varianten von P-51, P-38 und P-47 bestückt. Deshalb ging die überwiegende Mehrzahl der Kingcobra im Rahmen von Lend-Lease-Lieferungen an die Sowjetunion – letztendlich mehr als 2400 Exemplare. Weitere 300 Stück erhielt Frankreich für den Einsatz im Mittelmeerraum. Erstkunde *USAAF* jedoch verwendete die P-63 hauptsächlich bei Jagd-Übungsstaffeln.

BESCHREIBUNG:

BESATZUNG:
Pilot

ABMESSUNGEN:
Länge: 9,96 m
Spannweite: 11,68 m
Höhe: 3,84 m

MASSEN:
Leermasse: 2892 kg
Max. Startmasse: 4763 kg

LEISTUNGEN:
Höchstgeschwindigkeit: 660 km/h
Reichweite: 3540 km
Antrieb: Allison V-1710-93
Motorleistung: 1325 PS (988 kW)

DATUM DES ERSTFLUGS:
7. Dezember 1942

BEWAFFNUNG:
An starren Waffen: Eine 37 mm American Armament Company T19-Kanone und zwei 7,62 mm Browning-MG im Rumpfbug sowie zwei 7,62 mm Browning-MG im Flügel; Bombenzuladung bis 681 kg an Aufhängungen unter Rumpf und Flügel

BESONDERE MERKMALE:
Freitragender Tiefdecker; Bugrad-Einziehfahrwerk; Reihenmotor im Schwerpunkt; Einsteigetür für den Piloten; Vergaserlufteintritt hinter der Führerraumabdeckung

Bell P-59 Airacomet USA

Zweistrahliger Jagdeinsitzer

Die Bell P-59 als erstes amerikanisches Düsenflugzeug entstand mit zwei der revolutionären Whittle-Strahlturbinen von Power Jets, von denen die Briten die US-Regierung Anfang September 1941 unterrichtet hatten und deren Muster-Exemplar noch im gleichen Monat in den Staaten eintraf. Pläne und Ingenieure von Power Jets verhalfen General Electric zum Starten der Lizenzproduktion. Abgesehen von den zwei General Electric I-16 (umbenannt in J 31) Triebwerken war der Jagdeinsitzer konventionell aufgebaut. Dementsprechend problemlos verlief in der zweiten Hälfte von 1944 die Flugerprobung mit den drei Prototypen und den 13 Vorserienmustern. Aber bereits im frühen Stadium der Versuche wurde festgestellt, dass die Leistungen des Strahljägers nicht an die der jüngsten Jagdflugzeuge mit Kolbenmotor heranreichten. So entschied die *USAAF*, die ab August 1944 aus der Serie kommenden Maschinen als Jagdtrainer zu verwenden. Auf 20 P-59A, von denen drei als XF2L-1 an die Marine gingen, folgten 30 P-59 B. 50 weitere und ein erwarteter Auftrag über 250 Maschinen wurden annulliert. Die meisten Flugzeuge aus der Serie gingen an die *412th Fighter Group* für Zieldarstellungsaufgaben.

BESCHREIBUNG:

BESATZUNG:
Pilot

ABMESSUNGEN:
Länge: 11,83 m
Spannweite: 13,97 m
Höhe: 3,76 m

MASSEN:
Leermasse: 3704 kg
Max. Startmasse: 6214 kg

LEISTUNGEN:
Höchstgeschwindigkeit: 665 km/h
Reichweite: 845 km
Antrieb: Zwei General Electric J31-GE-3/5S
Motorleistung: 18,0 kN

DATUM DES ERSTFLUGS:
1. Oktober 1942

BEWAFFNUNG:
Eine starre 37 mm American Armaments Company T39-Kanone und drei 7,62 mm Browning-MG im Rumpfbug; zwei Unterflügel-Aufhängungen für 227 kg-Bomben

BESONDERE MERKMALE:
Freitragender Mitteldecker; Bugrad-Einziehfahrwerk; zwei Strahltriebwerke mit Einläufen in den Flügelwurzeln

Boeing B-17 Flying Fortress USA
Viermotoriger mehrsitziger schwerer Bomber

Das Modell 299 wurde von Boeing auf privater Basis nach einer Forderung des USAAC für einen Ersatz des Martin B-10-Bombers entwickelt. Von dem neuen Bomber, dessen Protoyp am 28. Juli 1935 erstmals flog, waren die Militärs so beeindruckt, dass sie ihn – wenn auch nicht als Ersatz für die B-10 – bei Boeing in einigen Stückzahlen bestellten: 13 YB-17, gefolgt von nahezu identischen 39 Stück B-17B. Mitte 1940 wurde die Boeing-Konstruktion durch den Einbau von zwei weiteren MG und leistungsstärkeren Triebwerken als B-17C verbessert. 20 von ihnen gingen an die RAF. Lehren aus dem Konflikt in Europa bewogen Boeing, weitere Versionen durch eine stärkere Panzerung, erhöhte Bewaffnung und mit selbst schließenden Kraftstofftanks „aufzumöbeln". Endresultat dieser Änderungen waren die B-17E, von der 1941/42 512 Exemplare gebaut wurden, sowie die B-17F, die eine umgewandelte Bugkanzel für ein 7,7 mm MG, ein verstärktes Fahrgestell für die erhöhte Bombenzuladung und Wright R-1820-97-Triebwerke erhielt. Die B-17G mit einem Kinnturm im Bug ging als letzte Version in die Massenfertigung. Von ihr wurden insgesamt 8680 Exemplare gebaut.

BESCHREIBUNG:

BESATZUNG:
Pilot, Copilot, Flugingenieur, Navigator, Bomben-/Bugschütze, Funker/Rumpfschütze, zwei Rumpf-Seitenschützen, Kugelturmschütze und Heckschütze

ABMESSUNGEN:
Länge: 22,66 m
Spannweite: 31,62 m
Höhe: 5,82 m

MASSEN:
Leermasse: 16.391 kg
Max. Startmasse: 29.710 kg

LEISTUNGEN:
Höchstgeschwindigkeit: 462 km/h
Reichweite: 3219 km
Antrieb: Vier Wright R-1820-97 Cyclone
Motorleistung: 4800 PS (3580 kW)

DATUM DES ERSTFLUGS:
28. Juli 1935

BEWAFFNUNG:
Bewegliche-7,62 mm-Browning-Zwillings-MG im Kinnstand, im oberen Rumpfturm, im Kugelturm unter dem Rumpf sowie im Heckstand; einzel-MG im Bug und in den Rumpfseitenständen; maximale Bombenzuladung 5800 kg im Bombenschacht

BESONDERE MERKMALE:
Freitragender Tiefdecker; vier Sternmotoren; großes Seitenleitwerk

Boeing B-29 Superfortress USA

Viermotoriger mehrsitziger schwerer Bomber

Boeings Antwort auf eine Nachfrage des *USAAC* für einen Langstreckenbomber, der die Nachfolge der B-17 antreten sollte, entstand auf dem Reißbrett schon kurze Zeit nach dessen Indienststellung. Durch das Fehlen geeigneter Triebwerke jedoch blieb der Entwurf für einen Bomber mit übergroßer Reichweite erst einmal liegen, bevor er 1940 wiederbelebt wurde, als die Hersteller Aufträge zu konkreten Angeboten bekamen. Nur Boeing und Consolidated waren in der Lage, Prototypen zu bauen. Obwohl die XB-32 Dominator von Consolidated zuerst flog, wurde sie von Entwicklungsproblemen geplagt. Boeing dagegen konnte für das Modell 345, in Prototypform militärisch XB-29 genannt, Garantien für eine Lieferung ab 1943 abgeben und gewann den Kontrakt für den Bau von mehr als 1500 Bombern des Typs, bevor der Prototyp überhaupt erst geflogen war. Die Serienlieferungen begannen Ende 1943, und im Frühjahr 1944 bombardierten B-29 bereits Ziele im Pazifik. Die B-29 spielte eine große Rolle bei der Beendigung des Krieges mit Japan. Obwohl die Fertigung im Mai 1946 nach 3970 gebauten Maschinen endete, hatten B-29 noch eine lange Nachkriegskarriere bei der *USAF* vor sich.

BESCHREIBUNG:

BESATZUNG:
Pilot, Copilot, Flugingenieur, Navigator, Bombenschütze, Radarorter, Funker, Feuerleit-Offizier für ferngesteuerte Türme, linker und rechter Rumpf-Schütze

ABMESSUNGEN:
Länge: 30,18 m
Spannweite: 43,05 m
Höhe: 9,02 m

MASSEN:
Leermasse: 31.815 kg
Max. Startmasse: 56.245 kg

LEISTUNGEN:
Höchstgeschwindigkeit: 576 km/h
Reichweite: 5230 km
Antrieb: Vier Wright R-3350-23 Duplex Cyclone
Motorleistung: 8800 PS (6564 kW)

DATUM DES ERSTFLUGS:
21. September 1942

BEWAFFNUNG:
Türme mit 7,62 mm Browning-MG auf und unter dem Rumpf, Heckstand mit 7,62 mm MG/20 mm MK; Bombenzuladung 9072 kg im Bombenschacht

BESONDERE MERKMALE:
Freitragender Mitteldecker; vier Sternmotoren; großes Seitenleitwerk

Boulton Paul Defiant GROSSBRITANNIEN
Einmotoriger Jagdzweisitzer

Die Rolle der Defiant war beim Einsatz über Südengland im Sommer 1940 weniger erfolgreich als erwartet. Sie war konstruiert worden, um die überlegenen Eigenschaften des Jagd-Eindeckers mit Angriffsmöglichkeiten durch einen Waffenturm auf dem Rumpf zu verbinden. Die Defiant hatte gegen Jagdeinsitzer wegen ihres zweiten Besatzungsmitglieds und der aufwändigen Bewaffnung einen schweren Stand. Sie war im August 1937 erstmals geflogen und im Dezember 1939 zur Truppe gekommen. Mit ihrem Drehturm konnte sie anfänglich gegen deutsche Jäger Überraschungs-Erfolge erzielen. Als diesen jedoch bewusst wurde, dass die Defiant keine starre Bewaffnung besaß, änderten sie ihre Taktik und brachten dem Zweisitzer schwere Verluste bei. Vom Einsatz bei Tag suspendiert, wurden die restlichen der insgesamt 723 gebauten Defiant I mit 210 neu gebauten Defiant II in 13 neu aufgestellten Nachtjagd-Staffeln zusammengefasst. Zwischen dem Herbst 1940 und Anfang 1942 operierten sie nächtlich mit Erfolg. Eine unbewaffnete Scheibenschlepper-Version wurde 1941 in 140 Exemplaren als TT gebaut. Für diesen Einsatz umgebaute Defiant I erhielten die Bezeichnung TT III.

BESCHREIBUNG:

BESATZUNG:
Pilot und Schütze hintereinander

ABMESSUNGEN:
Länge: 10,77 m
Spannweite: 12,00 m
Höhe: 3,70 m

MASSEN:
Leermasse: 2757 kg
Max. Startmasse: 3773 kg

LEISTUNGEN:
Höchstgeschwindigkeit: 489 km/h
Reichweite: 748 km
Antrieb: Rolls-Royce Merlin III
Motorleistung: 1030 PS (768 kW)

DATUM DES ERSTFLUGS:
11. August 1937

BEWAFFNUNG:
Vier 7,7 mm Browning-MG im Drehturm

BESONDERE MERKMALE:
Freitragender Tiefdecker; Einziehfahrwerk; Drehturm hinter dem Führersitz

Bristol Blenheim IV/Bolingbroke IVT GROSSBRITANNIEN UND KANADA

Zweimotoriger dreisitziger leichter Bomber

Die Blenheim war das Ergebnis eines spekulativen Unternehmens seitens Bristol: Unbeeinflusst von Beschränkungen, die die Masse, die Triebwerkswahl, das generelle Aussehen und den Aktionsradius betrafen, wurde ein schnittiger Zweimot als Typ 142 geschaffen. Nach seinem Erstflug in Filton am 12. April 1935 erzeugten seine Leistungen Besorgnis bei den Verantwortlichen der *RAF*, denn seine Höchstgeschwindigkeit lag fast 50 km/h über der des neuesten Jägers des *Fighter Command*, der Gloster Gauntlet I. Es wurden 150 Maschinen bestellt, von denen die erste im März 1937 ihren Dienst antrat. Im September 1939 hatten die meisten der Blenheim-Staffeln Ihre Mk I gegen verbesserte Maschinen der Version Mk IV eingetauscht. Die Forderungen des *Air Ministry* für einen Aufklärer mit erweiterter Besatzung und vergrößerter Reichweite waren berücksichtigt worden. Als der Krieg ausbrach, bildeten Blenheim-Einheiten das Rückgrat des Bomber Command, und Blenheim IV waren es, die als erste Aufklärer über Deutschland auftauchten und erste Bomben warfen. Blenheim wurden weltweit eingesetzt. In Nordafrika und im Fernen Osten blieben sie bis 1943.

BESCHREIBUNG:

BESATZUNG:
Pilot, Navigator/Bombenschütze und MG-Schütze

ABMESSUNGEN:
Länge: 12,98 m
Spannweite: 17,17 m
Höhe: 3,00 m

MASSEN:
Leermasse: 4441 kg
Max. Startmasse: 6532 kg

LEISTUNGEN:
Höchstgeschwindigkeit: 428 km/h
Reichweite: 2350 km
Antrieb: Zwei Bristol Mercury XVS
Motorleistung: 1810 PS (1350 kW)

DATUM DES ERSTFLUGS:
12. April 1935 (Blenheim I)

BEWAFFNUNG:
Ein starres 7,7 mm Browning-MG im linken Flügel und ein 7,7 mm Browning-MG im Drehturm auf der Rumpfoberseite; maximale Bombenzuladung 600 kg im Bombenschacht

BESONDERE MERKMALE:
Freitragender Mitteldecker; Einziehfahrwerk; zwei verkleidete Sternmotoren; festes Spornrad; Drehturm auf dem Rumpf

Bristol Beaufort GROSSBRITANNIEN UND AUSTRALIEN

Zweimotoriger viersitziger Torpedo-/Aufklärungs-Bomber

Die aus der Blenheim entwickelte Beaufort war ausgewählt, als Torpedo-Bomber mit RAF-Einheiten im Fernen Osten zu operieren. Als jedoch die Blackburn Botha als Torpedo-Bomber für das Coastal Command innerhalb des Mutterlandes ausfiel, wurden an deren Stelle Beaufort den Heimatbasen zugeteilt. Die ersten Beaufort kamen, nachdem der Prototyp im Oktober 1938 seinen Jungfernflug durchgeführt hatte, im Dezember 1939 zu den Einheiten. Sie fanden in der Regel als normale Bomber Verwendung. Torpedo-Angriffe blieben die Ausnahme, obwohl sie 1941/42 gegen größere deutsche Schiffe durchgeführt wurden. Der letzte Torpedo-Einsatz überhaupt fand im Mai 1942 gegen die deutsche „Prinz Eugen" statt. Die Beaufort wurde zwischen 1940 und 1943 zum Standard-Bombenträger des Coastal Command und über der Nordsee, dem Kanal und der französischen Atlantikküste eingesetzt. Außerhalb der Insel kämpften Beaufort gegen die Achsenmächte im Mittelmeerraum, in Indien und Singapur. Die Royal Australian Air Force setzte 700 in Australien gefertigte Beaufort im südwestlichen Pazifik ein. Sie flogen bei 10 Einheiten von 1941 bis 1946.

BESCHREIBUNG:

BESATZUNG:
Pilot, Navigator, Funker und MG-Schütze

ABMESSUNGEN:
Länge: 13,49 m
Spannweite: 17,63 m
Höhe: 4,34 m

MASSEN:
Leermasse: 5942 kg
Max. Startmasse: 9629 kg

LEISTUNGEN:
Höchstgeschwindigkeit: 426 km/h
Reichweite: 2575 km
Antrieb: Zwei Bristol Taurus VIS
Motorleistung: 2130 PS (1588 kW)

DATUM DES ERSTFLUGS:
15. Oktober 1938

BEWAFFNUNG:
Ein oder zwei 7,7 mm Browning-MG im Bug und ein oder zwei 7,7 mm Browning MG im Drehturm; ein 18 Zoll-Torpedo oder eine Bombenzuladung von maximal 998 kg im Bombenschacht

BESONDERE MERKMALE:
Freitragender Mitteldecker; Einziehfahrwerk; zwei verkleidete Sternmotoren; festes Spornrad; Drehturm auf dem Rumpf

Bristol Beaufighter GROSSBRITANNIEN UND AUSTRALIEN

Zweimotoriger mehrsitziger schwerer Jäger/Nachtjäger

Die Beaufighter, für die die Flügel, das Leitwerk und das Rumpfheck des Beaufort-Torpedo-Bombers übernommen wurden, stellte sich als eines der besten schweren Jagdflugzeuge und Nachtjäger des Zweiten Weltkriegs heraus. Mit seinem neuen Rumpf, Bristol Hercules (und später Rolls-Roce Merlin-) Triebwerken und einer aus Maschinengewehren und -kanonen gemischten Bewaffnung kam sie ab September 1940 zu den Einheiten der RAF. Schon bald mit Radar ausgestattet, flogen die Mk IF (Hercules) und Mk IIF (Merlin) 1940/41 nächtliche Einsätze gegen einfliegende deutsche Bomberverbände. 1942 kam die weiter entwickelte Mk VIF heraus, deren hochwirksames AI-Suchradargerät hinter einer fingerhutähnlichen Verkleidung im Rumpfbug lag. Langstrecken-Tagjäger-Versionen bildeten einen Hauptbestandteil beim Coastal Command, und Beaufighter Varianten wie Mk IC, VIC und TF X waren an den Küsten des besetzten Europas von Norwegen bis zum südlichen Frankreich, im Mittelmeerraum, in Nordafrika sowie gegen die Japaner in Fernost im Einsatz. Insgesamt wurden zwischen 1939 und 1946 5584 Beaufighter gebaut, davon 365 in Australien. Sie blieben bis in die Fünfziger bei der Truppe.

BESCHREIBUNG:

BESATZUNG:
Pilot und Navigator/Radarorter/Schütze

ABMESSUNGEN:
Länge: 12,60 m
Spannweite: 17,63 m
Höhe: 4,83 m

MASSEN:
Leermasse: 6382 kg
Max. Startmasse: 9571 kg

LEISTUNGEN:
Höchstgeschwindigkeit: 520 km/h
Reichweite: 1883 km
Antrieb: Zwei Bristol Hercules XIS
Motorleistung: 3180 PS (2370 kW)

DATUM DES ERSTFLUGS:
17. Juli 1939

BEWAFFNUNG:
Vier starre 20 mm MG im Bug und sechs starre 7,7 mm Browning-MG im Flügel, ein bewegliches 7,7 mm Browning-MG in einem Stand auf dem Rumpf; ein 18/22,5 Zoll-Torpedo unter dem Rumpf oder eine maximale Bomben-/Raketenzuladung von 454 kg an Unterflügel-Aufhängungen

BESONDERE MERKMALE:
Freitragender Mitteldecker; zwei verkleidete Sternmotoren; Rumpfturm; kurzer Rumpfbug

British Taylorcraft Auster I – V GROSSBRITANNIEN

Einmotoriges zweisitziges Beobachtungs-/Verbindungsflugzeug

Taylorcraft war 1936 mit der Absicht in den USA gegründet worden, Leichtflugzeuge für den privaten Gebrauch zu entwickeln. Das Unternehmen erzielte mit seinen Modellen B, C und D einen derartigen Erfolg, dass 1938 in England ein Zweigwerk errichtet wurde, um die Muster unter Lizenz für den europäischen Markt zu bauen. Die leichten abgestrebten Hochdecker mit zwei Sitzen nebeneinander in einer Kabine waren so gefragt, dass in Großbritannien bis September 1939 32 Stück gefertigt werden konnten. Infolge ihrer guten Eignung für Aufklärung und Verbindung wurden bei Kriegsausbruch von der RAF zwanzig dieser Maschinen für ihre Einheiten beschlagnahmt. Die Flugzeuge bewährten sich so gut, dass weitere 100 Stück bestellt wurden, die bei ihrer Indienststellung im August 1942 die Bezeichnung Auster I erhielten. In mehreren Versionen konnten schließlich über 1600 Auster bis zum Kriegsende geliefert werden. Davon war die Auster V die erfolgreichste. Alleine von diesem Modell wurden mehr als 800 Stück gefertigt. Auf dem Gipfel ihres Einsatzes waren 19 Staffeln der *2nd Tactical Air Force* und der *Desert Air Force* mit Auster ausgestattet.

BESCHREIBUNG:

BESATZUNG:
Pilot und Beobachter nebeneinander

ABMESSUNGEN:
Länge: 6,83 m
Spannweite: 10,97 m
Höhe: 2,44 m

MASSEN:
Leermasse: 499 kg
Max. Startmasse: 839 kg

LEISTUNGEN:
Höchstgeschwindigkeit: 209 km/h
Reichweite: 402 km
Antrieb: Blackburn Cirrus Minor I (Auster I), de Havilland Gipsy Major I (Auster III) und Lycoming O-290 (Auster II, IV und V)
Motorleistung: 90 PS (67 kW) Cirrus Minor I und 130 PS (97 kW) Gipsy Major I und Lycoming O-290

DATUM DES ERSTFLUGS:
Mai 1942 (Auster I)

BESONDERE MERKMALE:
Abgestrebter Hochdecker; Sitze nebeneinander in stark verglaster Kabine; festes Fahrgestell

Bücker Bü 181 Bestmann / Zlin C.6/C.106
DEUTSCHLAND/ TSCHECHOSLOWAKEI UND ÄGYPTEN

Einmotoriges zweisitziges Anfänger-Schulflugzeug

Die Bücker Bü 181 als freitragender Tiefdecker erwies sich als das ideale Anfänger-Schulflugzeug der Luftwaffe zu Beginn der vierziger Jahre. Es war die erste Bücker-Konstruktion mit nebeneinander liegenden Sitzen, die erstmals 1939 flog. Nach der Erprobung durch die Luftwaffe begann unverzüglich der Serienbau. Als die Schulen ausreichend mit Bestmann ausgestattet waren, wurde das Muster auch für Verbindungszwecke und zum Schleppen von Segelflugzeugen herangezogen. Neben den Maschinen, die Bücker selbst herstellte, baute während der deutschen Besetzung Fokker in den Niederlanden 708 Stück. Weitere 125 wurden in Schweden unter Lizenz gebaut. Die Deutschen eröffneten auch in der Tschechoslowakei eine Produktionsstätte für die Bestmann. Hier blieb sie bis weit nach Kriegsende im Bau. Aufbauend auf deren Lizenzvergabe fand eine Nachkriegsproduktion auch bei den Ägyptischen Flugzeugwerken in Heliopolis statt. Die Maschinen gingen unter dem Namen Gomhouria an die Luftstreitkräfte Ägyptens und anderer arabischer Länder und wurden bis in die achtziger Jahre hinein benutzt.

BESCHREIBUNG:

BESATZUNG:
Zwei Piloten nebeneinander

ABMESSUNGEN:
Länge: 7,85 m
Spannweite: 10,60 m
Höhe: 2,05 m

MASSEN:
Leermasse: 480 kg
Max. Startmasse: 750 kg

LEISTUNGEN:
Höchstgeschwindigkeit: 215 km/h
Reichweite: 800 km
Antrieb: Hirth HM 504
Motorleistung: 105 PS (78 kW)

DATUM DES ERSTFLUGS:
Anfang 1939

BESONDERE MERKMALE:
Freitragender Tiefdecker; Sitze nebeneinander in stark verglaster Kabine; festes Fahrgestell; verkleideter Reihenmotor

CAC CA-2 Wackett Trainer AUSTRALIEN

Einmotoriges zweisitziges Anfänger-Schulflugzeug

Die Wackett Trainer war die erste in kompletter Eigenregie erstellte Maschine der Commonwealth Aircraft Corporation (CAC), die in Serie ging. Sie war auch die erste australische Konstruktion, die bei der *Royal Australian Air Force (RAAF)* den Dienst aufnahm. Ihren Namen trug sie zu Ehren des CAC-Direktors und Chefkonstrukteurs Lawrence Wackett. Sie war als Antwort auf die *RAAF*-Ausschreibung 3/38 gebaut worden, die im Juni 1938 herausgekommen war. Der Prototyp, angetrieben durch ein Gipsy Major-Triebwerk, flog erstmals erfolgreich am 19. September 1939. Doch obwohl mit guten Flugeigenschaften gesegnet, war er eindeutig untermotorisiert. Deshalb wurde nach dem Eingang einer im August 1940 erteilten Bestellung über 200 Stück beschlossen, anstelle des Gipsy Major-Reihenmotors einen leistungsstärkeren Warner Super Scarab-Sternmotor einzubauen. Obwohl die Wackett Trainer als Anfänger-Schulflugzeug entworfen worden war, wurde sie nach ihrer Einführung 1941 bei der *RAAF* für die Ausbildung von Piloten, Schützen und Funkern benutzt. 1943 flogen sie von fünf Plätzen an der australischen Ostküste. Ab Ende 1945 gingen sie als überschüssiges Rüstungsmaterial in den Verkauf.

BESCHREIBUNG:

BESATZUNG:
Zwei Piloten hintereinander

ABMESSUNGEN:
Länge: 7,92 m
Spannweite: 11,28 m
Höhe: 3,00 m

MASSEN:
Leermasse: 866 kg
Max. Startmasse: 1175 kg

LEISTUNGEN:
Höchstgeschwindigkeit: 185 km/h
Reichweite: 684 km
Antrieb: Warner Super Scarab 165D
Motorleistung: 175 PS (130 kW)

DATUM DES ERSTFLUGS:
19. September 1939

BESONDERE MERKMALE:
Freitragender Tiefdecker; festes Fahrgestell; stark verglaste Führerraumabdeckung; verkleideter Sternmotor

CAC Wirraway AUSTRALIEN
Einmotoriges zweisitziges Schulflugzeug

Die Wirraway war im Wesentlichen ein Lizenzbau der North American BC-1 mit Verbesserungen, die in Australien durchgeführt worden waren. Sie wurde für die *RAAF* nicht nur das Grundschulflugzeug während der Zeit des Zweiten Weltkriegs, sondern 1942/43 auch ein Behelfs-Jagdbomber für Einsätze in Neu Guinea und über Rabaul. Die Hauptunterschiede gegenüber der BC-2 bestanden in der Verwendung eines Dreiblatt-Propellers, dem Einbau von zwei starren MG im oberen Rumpfbug und eines beweglichen im hinteren Kabinenteil sowie der Anbringung von Aufhängevorrichtungen für Bomben unter dem Flügel. Die erste Wirraway aus der Serie rollte im März 1939 vom Band. Bis Juni 1942 waren 620 Stück an die *RAAF* geliefert worden. Den Höhepunkt erlebte das Muster am 26. Dezember 1942, als von ihr eine A6M Zero abgeschossen wurde. Neben 15 Staffeln, die Wirraway für Jagd-, Übungs-, Bombenwurf- und Erdkampf-Aufgaben einsetzten, leisteten sie bei den Schulen des *Empire Air Training Scheme* solide Grundarbeit. Der Reihenbau endete Mitte 1946 nach 755 Einheiten. Bei der *RAAF* blieben Wirraway bis 1958.

BESCHREIBUNG:

BESATZUNG:
Zwei Piloten oder Pilot/MG-Schütze hintereinander

ABMESSUNGEN:
Länge: 8,99 m
Spannweite: 13,10 m
Höhe: 3,74 m

MASSEN:
Leermasse: 1805 kg
Max. Startmasse: 2926 kg

LEISTUNGEN:
Höchstgeschwindigkeit: 328 km/h
Reichweite: 1152 km
Antrieb: Pratt & Whitney R-1340-47 Wasp
Motorleistung: 600 PS (447 kW)

DATUM DES ERSTFLUGS:
27. März 1939

BEWAFFNUNG:
Zwei starre 7,7 mm Browning-MG im Rumpfbug und ein bewegliches 7,7 mm Browning-MG im hinteren Teil der Kabine; maximale Bombenzuladung 227 kg an Unterflügel-Aufhängungen

BESONDERE MERKMALE:
Freitragender Tiefdecker; Einziehfahrwerk; starke Kabinenverglasung; verkleideter Sternmotor

CAC CA-12 **Boomerang** Australien

Einmotoriger Jagdeinsitzer

Die 1941/42 in Rekordzeit entstandene Boomerang war der einzige australische Jagdeinsitzer, der je zum Kampfeinsatz kam. Als erkennbar wurde, dass weder Großbritannien noch die USA rechtzeitig ausreichend Jagdflugzeuge liefern konnten, um die sich über Asien ausbreitende japanische Flut aufhalten zu können, entschied die australische Regierung, einen eigenen Jagdeinsitzer zu entwickeln. Als das Resultat, die Boomerang, erstmals in die Luft stieg, waren seit Beginn der Konstruktionsarbeiten erst 16 Wochen und 3 Tage vergangen. Die Boomerang wurde um das stärkste seinerzeit in Australien gefertigte Triebwerk herum entworfen und enthielt soviel Bauteile wie nur eben möglich von dem halbaustralischen Wirraway-Trainer. Das Muster war zwar wendig, erreichte aber nur eine Höchstgeschwindigkeit, die erheblich unter der 500 km/h-Grenze lag. Als sie im März 1943 an die Front kam, waren die Einheiten von RAF und USAAF bereits ausreichend mit überlegenen Jägern bestückt. Deswegen konnten Boomerang – 250 Exemplare wurden insgesamt gebaut und bei Kriegsende ausgemustert – in Neuguinea vorwiegend zur Unterstützung der Bodentruppen eingesetzt werden.

BESCHREIBUNG:

BESATZUNG:
Pilot

ABMESSUNGEN:
Länge: 7,77 m
Spannweite: 10,97 m
Höhe: 2,92 m

MASSEN:
Leermasse: 2437 kg
Max. Startmasse: 3492 kg

LEISTUNGEN:
Höchstgeschwindigkeit: 486 km/h
Reichweite: 1497 km
Antrieb: Pratt & Whitney R-1830-S3C4-G Twin Wasp
Motorleistung: 1200 PS (894 kW)

DATUM DES ERSTFLUGS:
28. Mai 1942

BEWAFFNUNG:
Zwei starre 20 mm MK und vier 7,7 mm Browning-MG in den Flügeln; vier 9 kg-Rauchbomben an Unterflügel-Aufhängungen

BESONDERE MERKMALE:
Freitragender Tiefdecker; Einziehfahrwerk; verkleideter Sternmotor

Cessna Modell T-50 USA

Zweimotoriges mehrsitziges Übungs-/Transportflugzeug

Das Modell T-50 war das erste zweimotorige Flugzeug der Firma Cessna und stand als Fünfsitzer für den zivilen Markt im Bau. Nur 12 Monate nach dem Erstflug des Prototyps jedoch wurde das Muster bereits von der *Royal Canadian Air Force* als Umschulflugzeug ausgewählt, damit Piloten ihre Zweimotoren-Berechtigung erwerben konnten. Unter dem Namen Crane 1A lieferte Cessna etwa 550 Exemplare im Rahmen des Leih- und Pacht-Gesetzes (*Lend Lease*), die einer vereinheitlichten Schulung (*Commonwealth Joint Air Training Plan*) dienten. Das USAAC erwarb 1940 33 T-50 als Fortgeschrittenen-Schulflugzeug AT-8 für eine Einsatzerprobung, und bestellte daraufhin 450 Stück unter der Bezeichnung AT-17. Sie unterschieden sich von der AT-8 durch 245 PS Jacobs R-755-9-Sternmotoren anstelle der 295 PS starken R-680-9. Sie wurden in Schüben bestellt: 223 als AT-17A, 466 als AT-17B und 60 als AT-17C. 1942 funktionierte die *USAAF* das Muster zum Leichttransporter um und bestellte 1287 Stück als C-78 (später UC-78). Abschließend orderte auch die US Navy 67 Stück als JRC-1 für die Beförderung von Überführungspiloten.

BESCHREIBUNG:

BESATZUNG:
Zwei Piloten nebeneinander (bei der Schulung) oder ein Pilot und vier Passagiere

ABMESSUNGEN:
Länge: 9,98 m
Spannweite: 12,78 m
Höhe: 3,02 m

MASSEN:
Leermasse: 1588 kg
Max. Startmasse: 2585 kg

LEISTUNGEN:
Höchstgeschwindigkeit: 314 km/h
Reichweite: 1207 km
Antrieb: Zwei Jacobs R-755-9S
Motorleistung: 490 PS (366 kW)

DATUM DES ERSTFLUGS:
1939 (Zivilausführung T-50)

BESONDERE MERKMALE:
Freitragender Tiefdecker; Einziehfahrwerk; zwei verkleidete Sternmotoren; festes Spornrad

Consolidated PBY Catalina USA

Zweimotoriges mehrsitziges Marine-Aufklärungs-Amphibium/Flugboot

Es ist nicht damit zu rechnen, dass der Rekordanspruch der PBY Catalina, das meistgebaute Flugboot in der Geschichte der Luftfahrt zu sein, je gebrochen wird. Consolidated baute selbst oder durch seine Lizenznehmer in Kanada und der Sowjetunion ab 1935 in einem Zeitraum von über zehn Jahren mehr als 4000 Exemplare dieses Flugzeugs. PBY standen praktisch bei allen Luftstreitkräften der Alliierten im Einsatz und konnten im Zweiten Weltkrieg mehr Einsatzstunden aufweisen als jedes andere US-Kriegsflugzeug dieser Zeit. Die Einheit VP-11F der *US Navy* war die erste, die eine PBY-1 im Oktober 1936 in ihren Bestand eingliedern konnte. das Tempo der Einführung war so enorm, dass Mitte 1938 bereits 14 Staffeln PBY erhalten hatten, während andere kurz davor standen. In den nächsten vier Jahren gab es durch neue Triebwerks-Spezifikationen weitere Versionen. Während des Zweiten Weltkriegs verbesserte Consolidated die PBY ständig. Die letzte Variante, die während des Krieges herauskam, war die PBY-6A, die bei der *USAAF* OA-10B genannt wurde. Nach Kriegsende blieben Catalina bis in die siebziger Jahre im Dienst.

BESCHREIBUNG:

BESATZUNG:
Pilot, Copilot, Flugingenieur, Radarorter/Funker, Navigator, Bugschütze und zwei Schützen in den Ständen der Rumpfseiten

ABMESSUNGEN:
Länge: 19,47 m
Spannweite: 31,70 m
Höhe: 6,50 m

MASSEN:
Leermasse: 9485 kg
Max. Startmasse: 16.066 kg

LEISTUNGEN:
Höchstgeschwindigkeit: 288 km/h
Reichweite: 4096 km
Antrieb: Zwei Pratt & Whitney R-1830-92 Twin Wasp
Motorleistung: 2400 PS (1790 kW)

DATUM DES ERSTFLUGS:
21. März 1935

BEWAFFNUNG:
Je ein bewegliches 7,62/12,7 mm-MG im Bug, in jeder der Rumpfseitenblasen und in einem Boden- „Tunnel" hinter der Stufe; maximale Zuladung 908 kg Bomben, Minen oder Torpedos an Unterflügel-Aufhängungen

BESONDERE MERKMALE:
Abgestrebter Hochdecker; Bootsrumpf; zwei Sternmotoren; einziehbare Stützschwimmer unter den Außenflügeln

Consolidated PB2Y Coronado USA
Viermotoriges mehrsitziges Marine-Langstrecken-Aufklärungs-Flugboot

Nur wenige Monate nach dem Erstflug des Prototyps der PBY Catalina trat die *US Navy* an die Hersteller Sikorsky und Consolidated mit der Forderung nach einem ungleich größeren Flugboot mit weiter verbesserten Kampfleistungen heran. Das Muster von Consolidated erhielt die Navy-Bezeichnung XPB2Y-1 und machte seinen Jungfernflug am 17. Dezember 1937. Da fast alle für die Beschaffung von Flugbooten freigemachten Mittel in Entwicklung und Bau der PBY Catalina flossen, musste das Werk bis zum 31. März 1939 warten, um einen ersten Auftrag über sechs PB2Y-2 zu erhalten, von denen jedes mehr kostete, als drei PBY. Nach einem Auftrag vom 19. November 1940 ging die PB2Y-3 endlich in die Serienfertigung. Insgesamt 210 dieser Maschinen wurden für die *US Navy* gebaut – 10 weitere als *Lend-Lease* für die Briten unter dem Namen Coronado I. Das *RAF Transport Command* ließ die komplette militärische Ausrüstung ausbauen und setzte die Boote als Transporter über den Nordatlantik ein. Auch die Flugboote der US Navy kamen kaum zum Fronteinsatz. Die meisten von ihnen flogen mit Verwundeten von den Schlachtfeldern nach Hawaii oder in die USA.

BESCHREIBUNG:

BESATZUNG:
Pilot, Copilot, Flugingenieur, Radarorter, Navigator und bis zu fünf MG-Schützen

ABMESSUNGEN:
Länge: 24,15 m
Spannweite: 35,05 m
Höhe: 8,38 m

MASSEN:
Leermasse: 18.568 kg
Max. Startmasse: 30.845 kg

LEISTUNGEN:
Höchstgeschwindigkeit: 343 km/h
Reichweite: 3814 km
Antrieb: Vier Pratt & Whitney R-1830-88 Twin Wasp
Motorleistung: 4800 PS (3580 kW)

DATUM DES ERSTFLUGS:
17. Dezember 1937

BEWAFFNUNG:
7,62 mm Browning-Zwillings-MG in Drehtürmen im Bug, auf dem Rumpf und im Heck, je ein bewegliches 7,62 mm Browning-MG an den Rumpfflanken; maximale Zuladung 3629 kg Bomben, Minen oder Torpedos an Unterflügel-Aufhängungen

BESONDERE MERKMALE:
Freitragender Schulterdecker; Bootsrumpf; vier Sternmotoren; doppeltes Seitenleitwerk

Consolidated B-24 Liberator USA

Viermotoriger mehrsitziger schwerer Bomber

Das Muster wurde nahezu in Rekordzeit entwickelt, als das *USAAC* an Consolidated mit der Aufgabe herantrat, einen Bomber zu entwickeln, dessen Leistungen über denen der Boeing B-17 liegen sollten. Bestechendes Merkmal war der widerstandsarme Davis-Flügel, der mit seiner hohen Streckung und großen Spannweite sehr schlank wirkte. Das Army Air Corp war begeistert und bestellte 36 Serienmodelle, bevor der Prototyp XB-24 überhaupt geflogen war. Eine französische Einkaufskommission kaufte sogar 120 Maschinen, die die Briten bekamen, als Frankreich 1940 kapituliert hatte. Die Briten waren es, die für das Muster den Namen Liberator fanden. Für die *USAAF* begann die Großserienfertigung mit dem Modell B-24D, das 1942/43 in im Mittleren Osten und in Europa eingesetzt wurde. In den fünf Fertigungsstätten wurde es von der B-24J abgelöst, die in nicht weniger als 6678 Exemplaren herauskam. Die US Navy setzte Liberator unter der Bezeichnung PB4Y ein. Die *RAAF* operierte mit Liberator im Fernen Osten. Als die Fertigung am 31. Mai 1945 auslief, waren insgesamt 18475 Liberator gebaut worden. Sie setzte sich damit an die Spitze der meistproduzierten amerikanischen Flugzeuge im Zweiten Weltkrieg.

BESCHREIBUNG:

BESATZUNG:
Pilot, Copilot, Flugingenieur, Navigator, Bomben-/Bugschütze, Funker/Rumpfoberseiten-Schütze, zwei Rumpfseiten-Schützen und ein Heckschütze

ABMESSUNGEN:
Länge: 20,47 m
Spannweite: 33,53 m
Höhe: 5,49 m

MASSEN:
Leermasse: 16.556 kg
Max. Startmasse: 32.296 kg

LEISTUNGEN:
Höchstgeschwindigkeit: 467 km/h
Reichweite: 3380 km
Antrieb: Vier Pratt & Whitney R-1830-65 Twin Wasp
Motorleistung: 4800 PS (3580 kW)

DATUM DES ERSTFLUGS:
29. Dezember 1939

BEWAFFNUNG:
Vier Drehtürme mit 7,62 mm Browning-Zwillings-MG und zwei bewegliche Einzel-MG in den Rumpfseiten; maximale Bombenzuladung 5443 kg im Bombenschacht und an Unterflügel-Aufhängungen

BESONDERE MERKMALE:
Freitragender Hochdecker mit Flügel großer Streckung; vier Sternmotoren; doppeltes Seitenleitwerk

Consolidated PB4Y Privateer USA

Viermotoriger mehrsitziger Marine-Aufklärungsbomber

Obwohl die *US Navy* von ihren aus der B-24D abgeleiteten PB4Y-1-Bombern ab August 1942 viel Gebrauch machte, wurde nie vergessen, dass das Flugzeug nach einer Ausschreibung für den Einsatz bei der *USAAF* entwickelt worden war 1943 fiel die vorteilhafte Entscheidung, eine eigene Marine-Variante entwickeln zu lassen. Im Mai 1943 wurde der Auftrag für einen Langstrecken-Aufklärungsbomber auf der Basis der Liberator erteilt. Consolidated baute drei B-24D aus der Fertigung in San Diego um. Die Maschinen erhielten einen verlängerten Rumpf, Marine-Ausrüstung, eine verstärkte Abwehrbewaffnung, geänderte Motorhauben und ein imposantes Seitenleitwerk. Die Marine bestellte 739 Exemplare als PB4Y-2 auf einen Schlag. 286 davon wurden 1944 geliefert, der Rest ein Jahr später. Nur wenige Privateer kamen noch vor Ende der Feindseligkeiten bei den Fronteinheiten an. Die VP-24 war gerade komplett mit PB4Y-2 ausgerüstet, als Japan kapitulierte. Doch deren Neuaufrüstung lief nach Kriegsende weiter, und Privateer erlebten ihren Einsatzhöhepunkt während des Kalten Kriegs als Funk- und Radar-Störflugzeuge. Anfang 1960, nach einem Einsatz mit der US Coast Guard, traten sie ab.

BESCHREIBUNG:

BESATZUNG:
Pilot, Copilot, Flugingenieur, Navigator, Bugschütze, Radarorter/Funker, zwei MG-Schützen an der Rumpfoberseite, zwei MG-Schützen an den Rumpfseitenwänden und ein Heckschütze

ABMESSUNGEN:
Länge: 22,73 m
Spannweite: 33,53 m
Höhe: 9,17 m

MASSEN:
Leermasse: 17.003 kg
Max. Startmasse: 29.484 kg

LEISTUNGEN:
Höchstgeschwindigkeit: 381 km/h
Reichweite: 4506 km
Antrieb: Vier Pratt & Whitney R-1830-94 Twin Wasp
Motorleistung: 5400 PS (4028 kW)

DATUM DES ERSTFLUGS:
20. September 1943

BEWAFFNUNG:
Vier Drehtürme mit je 7,62 mm Browning-Zwillings-MG und zwei einzelne MG in Waffennestern an den Rumpfseiten; maximale Zuladung 2725 kg Bomben/Wasserbomben/Flugkörper im Bombenschacht und an Unterflügel-Aufhängungen

BESONDERE MERKMALE:
Freitragender Mitteldecker mit Flügel großer Streckung; vier Sternmotoren; großes Seitenleitwerk

Culver PQ-14 USA
Einmotoriges einsitziges Zieldarstellungsflugzeug

Culver war 1940 Eckpunkt des Marktes für unbemannte Zielscheibenflugzeuge geworden, denn das *USAAC* hatte angeordnet, deren Cadet-Sportflugzeug in einen ferngesteuerten Flugkörper umzuwandeln. Insgesamt 600 dieser Flugzeuge für die Zieldarstellung wurden gebaut, davon 200 für die Ausbildung von Flak-Kanonieren bei der Marine. Als sich die Leistungen bemannter Einsatzflugzeuge steigerten, kam der Wunsch nach einem leistungsstärkeren Zieldarstellungs-Flugzeug. Culver bot eine speziell dafür entwickelte Konstruktion an, die dann 1943 auch als PQ-14 in Dienst gestellt wurde. Sie war dank Einziehfahrwerk und verbesserter Steuerung schneller und wendiger als das Vorgängermodell. Von den 1348 gebauten PQ-14 erhielt die US Navy 1201 Exemplare und benannte sie TD2C-1. Abschließende Version, die bei der USAAF zum Einsatz kam, war die schwerere PQ-14B, von der 1112 Stück beschafft wurden. Militärs benutzten sie, zuletzt in Q-14A/B umbenannt, bis in die fünfziger Jahre. Da sie neben den Fernlenkeinrichtungen noch Pilotenkabine und Normalsteuerung besaßen, konnten die nicht abgeschossenen Maschinen an private Käufer abgegeben werden. Einige befinden sich noch im US-Zivilregister.

BESCHREIBUNG:

Besatzung:
Unbemannt (Pilot optional)

Abmessungen:
Länge: 5,94 m
Spannweite: 9,14 m
Höhe: 2,41 m

Massen:
Leermasse: 680 kg
Max. Startmasse: 830 kg

Leistungen:
Höchstgeschwindigkeit: 290 km/h
Reichweite: 824 km
Antrieb: Franklin O-300-11
Motorleistung: 150 PS (112 kW)

Datum des Erstflugs:
1942

Besondere Merkmale:
Freitragender Tiefdecker; Einziehfahrwerk; verkleideter Boxermotor

Curtiss P-40 Tomahawk USA

Einmotoriger Jagdeinsitzer

Die Entwicklung des Jagdeinsitzers war äußerst einfach: Curtiss wechselte in der Zelle seiner vor dem Krieg entwickelten P-36 Hawk den luftgekühlten Twin Wasp-Sternmotor gegen einen flüssigkeitsgekühlten aufgeladenen Allison V-1710-Reihenmotor aus. Diese Kombination, als XP-40 bezeichnet, beeindruckte das *USAAC* so sehr, dass es Anfang 1939 einen Auftrag über 524 Flugzeuge unterschrieb. Das war die größte Bestellung der US Regierung für Militärflugzeuge seit Ende des Ersten Weltkriegs. Die ersten Flugzeuge aus der Produktion flogen im April 1940. Bis zum 7. Dezember 1941 kamen eine große Anzahl P-40B/C (ein A-Modell wurde nicht gebaut) zu ihren Einheiten. Im Kampf gegen die Japaner zeigten sie sich unterlegen. Außer dem *USAAC* wurde die Curtiss-Konstruktion bei der RAF eingeführt und Tomahawk getauft. Insgesamt 1180 Jäger erreichten die Briten über Lend-Lease. Sie wurden 1941/42 von *RAF, RCAF, RAAF* und südafrikanischen Einheiten in Nordafrika und im Mittleren Osten geflogen. Etwa 100 dieser ex-britischen Maschinen gingen ungefähr zur gleichen Zeit an die *American Volunteer Group* nach China und Burma.

BESCHREIBUNG:

BESATZUNG:
Pilot

ABMESSUNGEN:
Länge: 9,66 m
Spannweite: 11,37 m
Höhe: 3,22 m

MASSEN:
Leermasse: 2636 kg
Max. Startmasse: 3655 kg

LEISTUNGEN:
Höchstgeschwindigkeit: 555 km/h
Reichweite: 1979 km
Antrieb: Allison V-1710-33
Motorleistung: 1040 PS (775 kW)

DATUM DES ERSTFLUGS:
14. Oktober 1938

BEWAFFNUNG:
Zwei starre 12,7 mm Browning-MG im Rumpf und zwei bis vier 7,62 mm Browning-MG im Flügel; maximale Bombenzuladung 726 kg an Unterrumpf- und Unterflügel-Aufhängungen

BESONDERE MERKMALE:
Freitragender Tiefdecker; Einziehfahrwerk; verkleideter Reihenmotor; Kinnkühler

Curtiss P-40 Warhawk/Kittyhawk USA

Einmotoriger Jagdeinsitzer

Mit der Weiterentwicklung des Allison V-1710-Triebwerks hielt Curtiss bei der Zelle Schritt, in dem es 1941 die P-40D/E herausbrachte. Der Hauptunterschied zwischen diesen und den vorhergehenden P-40-Versionen war die drastisch veränderte Nasenkontur. Durch den vorverlegten Kinnkühler konnte die Propellerachse nach oben wandern, was zu einer Verkürzung der Fahrgestellbeine und zu einer flacheren oberen Rumpfkontur führte. Dafür aber mussten die beiden MG im oberen Rumpfbug in die Flügel verlegt werden. Gleich wie beim Tomahawk entwickelte sich die RAF auch für dieses Muster zum größten Abnehmer. Es erhielt den Namen Kittyhawk. Weil die Kittyhawk gute Leistungen in Höhen über 4500 m vermissen ließ, wurde sie hauptsächlich als Jagdbomber eingesetzt. Mit ihren in geringen Höhen erzielten Leistungen war sie erfolgreich. Bei der USAAF erhielt das Muster den Namen Warhawk. Nachfolgende Varianten wurden sowohl von Allison V-1710 als auch von bei Packard gebauten Rolls-Royce Merlin angetrieben. Die letzte P-40 (ein N-Modell) kam im Dezember 1944 bei Curtiss aus der Fertigung. Zu dieser Zeit waren insgesamt mehr als 11.600 Kittyhawk/Warhawk produziert worden.

BESCHREIBUNG:

BESATZUNG:
Pilot

ABMESSUNGEN:
Länge: 10,16 m
Spannweite: 11,38 m
Höhe: 3,76 m

MASSEN:
Leermasse: 2858 kg
Max. Startmasse: 4128 kg

LEISTUNGEN:
Höchstgeschwindigkeit: 539 km/h
Reichweite: 1448 km
Antrieb: Allison V-1710-39
Motorleistung: 1150 PS (857 kW)

DATUM DES ERSTFLUGS:
22. Mai 1941

BEWAFFNUNG:
Sechs starre 12,7 mm Browning-MG im Flügel; maximale Bombenzuladung 681 kg an Unterrumpf- und Unterflügel-Aufhängungen

BESONDERE MERKMALE:
Freitragender Tiefdecker; Einziehfahrwerk; verkleideter Reihenmotor; Kinnkühler

Curtiss C-46 Commando USA
Zweimotoriges mehrsitziges Transportflugzeug

Das Muster entstand ab 1936 in dem Bemühen von Curtiss-Wright, Anteile beim Verkauf von Verkehrsflugzeugen wieder zurück zu gewinnen, die durch den Erfolg der modernen Eindecker-Modelle von Boeing, Douglas und Lockheed verloren gegangen waren. Der Prototyp des Musters, intern CW-20 genannt, flog im Frühjahr 1940. Die erflogenen Leistungsdaten beindruckten zivile und militärische Stellen gleichermaßen. Das USAAC erteilte noch im September des Jahres einen Auftrag über 200 Maschinen und gab ihr die Bezeichnung C-46. Für einen militärischen Einsatz wurde auf die Druckbelüftung verzichtet und statt der normalen Bestuhlung Segeltuch-Sitze eingebaut. Weiterhin erhielt diese Version eine Doppeltür im Rumpf für die Beladung mit Fracht, einen verstärkten Fußboden und Motoren größerer Leistung. Erste Serienmaschinen erhielt die USAAF im Herbst 1942. Sie brachten auf Langstreckenflügen Ausrüstung und Personal nach Nordafrika. Eine Sternstunde der C-46 war ihr Einsatz 1943/44 bei der „Hump"-Luftbrücke über den Himalaja. Mehr als 3000 Stück wurden insgesamt gebaut. Nach dem Krieg flogen sie noch bei der USAF im Korea-, aber auch noch im Vietnam-Krieg.

BESCHREIBUNG:

BESATZUNG:
Pilot, Copilot, Navigator/Funker, Lade-Offizier und bis zu 50 Passagiere

ABMESSUNGEN:
Länge: 23,27 m
Spannweite: 32,94 m
Höhe: 6,63 m

MASSEN:
Leermasse: 13.373 kg
Max. Startmasse: 25.400 kg

LEISTUNGEN:
Höchstgeschwindigkeit: 433 km/h
Reichweite: 1931 km
Antrieb: Zwei Pratt & Whitney R-2800-51 Double Wasp
Motorleistung: 2000 PS (1491 kW)

DATUM DES ERSTFLUGS:
26. März 1940

BESONDERE MERKMALE:
Freitragender Tiefdecker; Einziehfahrwerk; zwei verkleidete Sternmotoren; einziehbares Spornrad; großes Seitenleitwerk; bulliger, eingeschnürter Rumpf

Curtiss SB2C Helldiver USA
Einmotoriges zweisitziges Sturzkampfflugzeug

Die Curtiss Helldiver als das in größten Stückzahlen gebaute Sturzkampfflugzeug des Zweiten Weltkriegs – etwa 7200 Stück wurden zwischen 1942 und 1945 gefertigt – musste eine ungewöhnliche lange Entwicklungszeit durchlaufen, bevor es zu einem der wirksamsten Muster seiner Gattung heranreifte. Ihr Einsatz-Debut flog sie im November 1943 vom Deck des Trägers „USS Bunker Hill". Zu diesem Zeitpunkt war sie der Douglas SBD Dauntless, die sie meinte ersetzen zu können, in vielen Belangen unterlegen. Ungeachtet der zahlreichen Verbesserungen, die während der nächsten zwei Jahre eingebracht wurden, haftete dem Muster der wenig beneidenswerte Ruf an, mehr durch Unfälle bei Decklandungen als durch Feindeinwirkung reduziert zu werden. Ihr Verhalten in der Nähe des Überziehbereichs war so schlecht, dass die Maschine den Spitznamen „Das Biest" erhielt. Obwohl von den Besatzungen ungeliebt, wurden durch Helldiver mehr japanische Ziele zerstört als mit jedem anderen Sturzkampfflugzeug. Nach dem Krieg gingen geringe Stückzahlen an die Marineluftstreitkräfte von Frankreich, Italien, Griechenland und Portugal. Die *Royal Thai Air Force* verwendete sie sogar bis Ende der vierziger Jahre.

BESCHREIBUNG:

BESATZUNG:
Pilot und Schütze hintereinander

ABMESSUNGEN:
Länge: 11,20 m
Spannweite: 15,20 m
Höhe: 5,10 m

MASSEN:
Leermasse: 4990 kg
Max. Startmasse: 7550 kg

LEISTUNGEN:
Höchstgeschwindigkeit: 452 km/h
Reichweite: 1786 km
Antrieb: Wright R-2600-8 Cyclone
Motorleistung: 1700 PS (1268 kW)

DATUM DES ERSTFLUGS:
18. Dezember 1940

BEWAFFNUNG:
Zwei starre 20 mm MK oder vier 12,7 mm Browning-MG im Flügel und ein bewegliches 12,7 mm Browning-MG im hinteren Besatzungsraum; maximale Waffenzuladung 454 kg im Bombenschacht und weitere 454 kg an Unterflügel-Aufhängungen

BESONDERE MERKMALE:
Freitragender Tiefdecker; Einziehfahrwerk; verkleideter Sternmotor

De Havilland Mosquito GROSSBRITANNIEN

Zweimotoriger zweisitziger Bomber, Aufklärer und Nachtjäger

Als Ablösung für die Bristol Blenheim war das ganz aus Holz konzipierte Muster 1938 als unbewaffneter Schnellbomber von de Havilland vorgestellt worden. Wegen der ungewöhnlichen Bauweise fand das Flugzeug mit Ausbruch des Krieges das Interesse des Air Ministry, das sich auf mögliche Engpässe bei der Versorgung mit Leichtmetall einzustellen hatte. Am 29. Dezember 1939 wurde der Entwurf gebilligt und am 1. März ein Bauauftrag über 50 Maschinen erteilt. Der Prototyp flog acht Monate später. Die erste Mosquito jedoch, die am 20. September 1941 zur Truppe kam, war eine Version als Mk I-Fotoaufklärer, gefolgt von der Bombervariante Mk. IV zwei Monate später. Mit Mosquito-Bombern wurden erfolgreich Störangriffe über das gegnerische Hinterland geflogen, für die die Deutschen spezielle Jagdstaffeln zur Mosquito-Bekämpfung aufstellten – ergebnislos. Ein Nachtjäger wurde aus dem zweiten Prototyp entwickelt. Insgesamt gingen davon sieben Varianten in Fertigung. Eine ganze Anzahl von Verbesserungen wurde in die Konstruktion während ihrer Bauzeit eingebracht. Die Gesamtzahl der hergestellten Mosquitos betrug 7781 Stück. Jüngere Versionen von ihnen blieben bei der RAF bis 1961 im Einsatz.

BESCHREIBUNG:

BESATZUNG:
Pilot und Navigator/Radarorter nebeneinander

ABMESSUNGEN:
Länge: 12,44 m
Spannweite: 16,51 m
Höhe: 4,65 m

MASSEN:
Leermasse: 6486 kg
Max. Startmasse: 9072 kg

LEISTUNGEN:
Höchstgeschwindigkeit: 595 km/h
Reichweite: 2848 km mit Unterflügel-Zusatztanks
Antrieb: Zwei Rolls-Royce Merlin 215
Motorleistung: 2960 PS (2506 kW)

DATUM DES ERSTFLUGS:
25. November 1940

BEWAFFNUNG:
Vier starre 20 mm MK und vier 7,7 mm Browning-MG im Bug (Jäger); maximale Bombenzuladung 1814 kg im Bombenschacht und 454 kg Bomben/Raketen an Unterflügel-Aufhängungen (Bomber)

BESONDERE MERKMALE:
Freitragender Mitteldecker; Einziehfahrwerk; zwei verkleidete Reihenmotoren

Dewoitine D 520 Frankreich
Einmotoriger Jagdeinsitzer

Unzweifelhaft war die D 520 der beste französische Jäger, der im Zweiten Weltkrieg zum Einsatz kam. Sie war nach einer Forderung der *Armée de l'Air* aus dem Jahr 1936 für einen Jagdeinsitzer entwickelt worden. Der erste von drei Prototypen wurde am 2. Oktober 1938 in Toulouse eingeflogen. Sehr zum Nachteil der Franzosen erreichten erste Serienexemplare erst im Dezember 1939 die Einsatz-Einheiten. Infolge des geringen Produktionsausstoßes konnten bis zum Beginn des deutschen Einmarsches nur 36 Maschinen aufgestellt werden. Doch die Fertigung wurde noch während des deutschen Vormarsches hochgefahren, so dass bei der Kapitulation am 30. Juni 1940 bereits 437 Stück ausgeliefert waren. Sie ließen sich mit Erfolg einsetzen und vernichteten während des Frankreich-Feldzugs 114 deutsche Flugzeuge. Im Juni 1941 ließ die französische Vichy-Regierung die Reihenfertigung der D 520 neu anlaufen. Bis zum Fertigungsabbruch Mitte 1943 wurden 478 weitere Exemplare gefertigt. Sie fanden außer bei Vichy-Einheiten in deutschen Jagdfliegerschulen Verwendung, gingen aber auch an die Luftstreitkräfte von Italien, Bulgarien und Rumänien.

BESCHREIBUNG:

BESATZUNG:
Pilot

ABMESSUNGEN:
Länge: 8,76 m
Spannweite: 10,20 m
Höhe: 2,56 m

MASSEN:
Leermasse: 2092 kg
Max. Startmasse: 2780 kg

LEISTUNGEN:
Höchstgeschwindigkeit: 529 km/h
Reichweite: 1250 km
Antrieb: Hispano-Suiza 12Y-45
Motorleistung: 910 PS (678 kW)

DATUM DES ERSTFLUGS:
2. Oktober 1938

BEWAFFNUNG:
Eine starre 20 mm HS404 durch die Propellernabe schießend und vier 7,5 mm MAC34-MG im Flügel

BESONDERE MERKMALE:
Freitragender Tiefdecker; Einziehfahrwerk; Reihenmotor; Kühler unter dem Rumpf

Douglas SBD Dauntless USA

Einmotoriges zweisitziges Sturzkampfflugzeug

Die SBD Dauntless war in den kritischen Jahren des Krieges im Pazifik die Geißel der Kaiserlich Japanischen Flotte. In der Seeschlacht bei den Midway-Inseln am 4. Juni 1952 versenkten 54 SBD innerhalb von 24 Stunden vier japanische Flugzeugträger und leiteten damit die Kriegswende im Fernen Osten ein. Die SBD des Jahres 1942 ging auf einen Entwurf zurück, den der begabte Konstrukteur Ed Heineman unter der Leitung von John Northrop 1934 als Sturzkampfflugzeug für die Marine gegen fünf Wettbewerber in eine Ausschreibung schickte. Die BT-1 genannte Maschine in Ganzmetall-Bauweise erwies sich ihrer robusten Struktur wegen als ideales Sturzkampfflugzeug und ging ab 1937 bei der Northrop Corporation – von der Douglas anfänglich 51 % der Anteile besaß – in Serie. Nach Übernahme aller Anteile überarbeitete Heineman die Konstruktion als SBD-1. Serienflugzeuge kamen 1940 zum Marine Corps. Im Frühjahr 1941 übernahm die definitive Version SBD-3, von der 584 Stück gebaut wurden, ihre Schlüsselrolle bei den Einsatzverbänden im Pazifik bis ins Jahr 1943 hinein. Das USAAC erwarb nahezu 900 Maschinen unter der Bezeichnung A-24. Von allen Varianten wurden insgesamt 5936 Exemplare gebaut.

BESCHREIBUNG:

BESATZUNG:
Pilot und Schütze hintereinander

ABMESSUNGEN:
Länge: 10,06 m
Spannweite: 12,65 m
Höhe: 3,94 m

MASSEN:
Leermasse: 2964 kg
Max. Startmasse: 4318 kg

LEISTUNGEN:
Höchstgeschwindigkeit: 410 km/h
Reichweite: 1244 km
Antrieb: Wright R-1820-66 Cyclone 9
Motorleistung: 1350 PS (1007) kW)

DATUM DES ERSTFLUGS:
Juli 1935 (XBT-1)

BEWAFFNUNG:
Zwei starre 12,7 mm Browning-MG im Rumpf und zwei bewegliche 12,7 mm Browning-MG im hinteren Besatzungsraum; maximale Bombenzuladung 1021 kg an Unterflügel-Aufhängungen

BESONDERE MERKMALE:
Freitragender Tiefdecker; Einziehfahrgestell; verkleideter Sternmotor; Antennenmast auf der linken Rumpfseite vor der Führerraumabdeckung

Douglas C-47 Skytrain USA

Zweimotoriger mehrsitziger Transporter

Die C-47 war das militärische Gegenstück zum legendären Douglas DC-3 Verkehrsflugzeug. Als die Luftverkehrsgesellschaften das Flugzeug ab 1936 auf ihren Strecken einsetzten, kontaktierte das US Army Air Corps unverzüglich Douglas, um mit ihr eine Abwandlung für den militärischen Gebrauch auszuhandeln. Gefordert wurden leistungsstärkere Triebwerke, ein verstärkter Kabinenboden und der Einbau großer Frachttüren. Die Umkonstruktion war, als das *USAAC* 1940 die ersten Maschinen als C-47 bestellte, so weit gediehen, dass Douglas unmittelbar danach mit dem Serienbau beginnen konnte. 936 Stück der C-47 wurden gebaut und ab 1941 bei dem *USAAC* in Dienst gestellt. Anschließende Varianten schlossen die C-47A- und C-Modelle ein, die sich durch ein anderes elektrisches System und durch Triebwerke mit nochmals erhöhter Leistung vom Grundmodell unterschieden. Für den erfolgreichen Kriegsverlauf nahmen die Douglas-Transporter eine Schlüsselstellung ein, denn sie bildeten die „Luftbrücke" für Menschen und Güter zu allen Brennpunkten. Insgesamt 10.926 Skytrain wurden in den USA gebaut. Eine Anzahl von ihnen befindet sich weltweit immer noch im Einsatz.

BESCHREIBUNG:

BESATZUNG:
Pilot, Copilot, Navigator/Funker, Lade-Offizier und bis zu 28 Passagiere

ABMESSUNGEN:
Länge: 19,64 m
Spannweite: 28,96 m
Höhe: 5,16 m

MASSEN:
Leermasse: 7700 kg
Max. Startmasse: 11.793 kg

LEISTUNGEN:
Höchstgeschwindigkeit: 369 km/h
Reichweite: 3420 km
Antrieb: Zwei Pratt & Whitney R-1830-93 Twin Wasp
Motorleistung: 2400 PS (1790 kW)

DATUM DES ERSTFLUGS:
17. Dezember 1935 (Douglas Sleeper Transport)

BESONDERE MERKMALE:
Freitragender Tiefdecker; Einziehfahrwerk; zwei verkleidete Sternmotoren; großes Seitenleitwerk

Douglas C-54 Skymaster USA

Viermotoriger mehrsitziger strategischer Transporter

Gleich dem berühmteren Douglas-Vorgänger C-47 war auch die C-54 aus einem zivilen Verkehrsflugzeug abgeleitet worden – der viermotorigen Douglas DC-4A. Die Maschine war nach Vorgaben der *United Air Lines* für den Langstreckenverkehr mit einer Druckkabine entstanden und durch den US-Carrier in nicht weniger als 61 Stück bestellt worden. Wenn auch das *USAAC* selbst 71 Maschinen unter der Bezeichnung C-54 orderte, wurden die meisten DC-4A-Zivilflugzeuge requiriert. Die erste C-54 aus der Produktion machte ihren Jungfernflug am 26. März 1942. Im Oktober des Jahres flogen bereits 24 Stück beim *Air Transport Command*. Das Modell C-54A wurde 1943 eingeführt. Es unterschied sich durch eine Frachttür, einen verstärkten Kabinenboden, einen integrierten Beladekran und vergrößerte Flügel-Kraftstofftanks. Das Muster wurde während der gesamten Kriegszeit nach *USAAF*-Anforderungen weiterentwickelt. Insgesamt 1242 Skymaster der verschiedenen Varianten verließen die Fertigungsstraßen, einschließlich 183 Stück, die die *US Navy* unter der Bezeichnung R4D im pazifischen Raum einsetzte. Die lange Karriere der Maschinen dauerte bis Ende der Sechziger.

BESCHREIBUNG:

BESATZUNG:
Pilot, Copilot, Navigator/Funker, Lade-Offizier und bis zu 48 Passagiere

ABMESSUNGEN:
Länge: 28,63 m
Spannweite: 35,81 m
Höhe: 8,39 m

MASSEN:
Leermasse: 17.237 kg
Max. Startmasse: 33.112 kg

LEISTUNGEN:
Höchstgeschwindigkeit: 441 km/h
Reichweite: 6276 km
Antrieb: Vier Pratt & Whitney R-2000-7 Twin Wasp
Motorleistung: 5400 PS (4028 kW)

DATUM DES ERSTFLUGS:
7. Juni 1938 (Zivilausführung DC-4E)

BESONDERE MERKMALE:
Freitragender Tiefdecker; Einziehfahrwerk; vier verkleidete Sternmotoren; großes Seitenleitwerk

Douglas A-20 Havoc USA

Zweimotoriger dreisitziger leichter Bomber

Die A-20, als einer der im Zweiten Weltkrieg meist verbreiteten leichten Bomber, wurde von einer Konstruktion abgeleitet, die 1936 auf privater Basis als Northrop 7A entstanden war. Im Herbst 1937 nach USAAC-Vorgaben zum größeren Modell 7B weiterentwickelt und am 26. Oktober 1938 in Prototypform geflogen, erfolgte eine weitere Umkonstruktion, um die Maschine mehr europäischen Verhältnissen anzupassen. So verwundert es nicht, dass der erste Auftrag für die nun DB-7 genannte Maschine aus Frankreich kam. Die Produktion lief 1939 an und 20 Maschinen kamen noch nach Frankreich, bevor es besetzt wurde. Eine Handvoll der noch nicht gelieferten erhielt die *RAF*, die dem Muster den Namen Boston gab und ihm Rollen als Trainer und Nachtjäger zuteilte. Boston sollten zeitweise eine der Hauptstützen der britischen Luftstreitkräfte werden: Mehr als 1000 Stück wurden unter *Lend-Lease* geliefert. Das *USAAC* übernahm DB-9 1939 und bezeichnete sie als A-20. Als die Produktion im September 1944 auslief, waren insgesamt 7385 DB-7 gebaut worden. Sie kamen weltweit zum Einsatz. Wegen ihrer Robustheit wurden sie besonders in der Sowjetunion geschätzt. 312 Exemplare gingen dorthin.

BESCHREIBUNG:

BESATZUNG:
Pilot, Navigator/Bombenschütze, MG-Schütze

ABMESSUNGEN:
Länge: 14,63 m
Spannweite: 18,69 m
Höhe: 5,36 m

MASSEN:
Leermasse: 7250 kg
Max. Startmasse: 12.338 kg

LEISTUNGEN:
Höchstgeschwindigkeit: 510 km/h
Reichweite: 1650 km
Antrieb: Zwei Wright R-2600-23 Cyclone 14 (A-20G)
Motorleistung: 3200 PS (2386 kW)

DATUM DES ERSTFLUGS:
26. Oktober 1938 (Douglas 7B)

BEWAFFNUNG:
Vier starre 7,62/12,7 mm Browning-MG im Rumpfbug sowie zwei bewegliche 7,62 mm MG an der Rumpfober- und ein bewegliches an der Rumpfunterseite, maximale Bombenzuladung 907 kg im Bombenschacht

BESONDERE MERKMALE:
Freitragender Mitteldecker; Einziehfahrwerk; zwei verkleidete Sternmotoren

Douglas A-26 Invader USA

Zweimotoriger dreisitziger Angriffsbomber

Die A-26 wurde als logischer Nachfolger der Douglas A-20 entworfen. Von der Neuentwicklung mit den ebenfalls neuen und starken Pratt & Whitney Double Wasp-Sternmotoren gab das *USAAC* im Mai 1941 drei verschiedene Prototypen in Auftrag. Der erste besaß eine 75-mm-Kanone, der zweite einen geschlossenen Rumpfbug mit Radar, und neben der starren Bewaffnung aus vier 20 mm MK einen Rumpfturm mit vier MG, und der dritte schließlich hatte optische Zieleinrichtungen im Rumpfbug. Letzterer, ausgestattet mit zwei Abwehrtürmen, wurde als erster bestellt. Sein Einsatz-Debüt machte er am 19. November 1944 als A-26B. 1355 Stück wurden davon gebaut. Es folgten 1091 A-26C, deren verglaster Rumpfbug Ortungs- und radargesteuerte Ziel-Ausrüstungen beherbergte. Die Invader wurde von der USAF auch noch nach dem Zweiten Weltkrieg eingesetzt. 450 Exemplare der nun B-26 genannten Maschine (die Umbenennung erfolgte nach Ausmusterung der Martin B-26 Marauder) wurden im Korea-Krieg verwendet. Die Franzosen benutzten sie in ihrem Indochina-Krieg, und die Amerikaner setzten sie umgebaut als One Mark B-26K erneut in Vietnam ein.

BESCHREIBUNG:

BESATZUNG:
Pilot, Navigator/Bombenschütze, MG-Schütze

ABMESSUNGEN:
Länge: 15,62 m
Spannweite: 21,34 m
Höhe: 5,56 m

MASSEN:
Leermasse: 10.365 kg
Max. Startmasse: 15.876 kg

LEISTUNGEN:
Höchstgeschwindigkeit: 600 km/h
Reichweite: 2253 km
Antrieb: Zwei Pratt & Whitney R-2800-79 Double Wasp
Motorleistung: 4000 PS (2982 kW)

DATUM DES ERSTFLUGS:
10. Juli 1942

BEWAFFNUNG:
Je zwei 12,7 mm Browning-MG im Bug und in Türmen auf Rumpfober- und -unterseite; maximale Bombenzuladung 1418 kg im Bombenschacht sowie 907 kg Bomben/Raketen an Unterflügel-Aufhängungen

BESONDERE MERKMALE:
Freitragender Mitteldecker; Einziehfahrwerk; zwei verkleidete Sternmotoren; großes Seitenleitwerk

Fairchild C-61 Argus USA

Einmotoriges viersitziges Aufklärungs-/Verbindungs-/Übungsflugzeug

Die Argus geht in ihrer Abstammung auf das dreisitzige zivile Reiseflugzeug Modell 24C aus dem Jahr 1933 zurück. Ein viersitziges Modell 24J brachte Fairchild 1937 heraus. Mit der allgemeinen Vergrößerung des amerikanischen Militärapparates Ende der dreißiger Jahre wurde das Modell 24 eines der vielen Zivilflugzeuge, das in dem schnell wachsenden *USAAC* eine Rolle zugewiesen bekam. Jedoch wurden von den 163 UC-61 Forwarder (wie die militärisch ausgerüsteten Fairchild-Viersitzer nun hießen) zwei im Rahmen der *Lend-Lease* 1941 nach Großbritannien geliefert. Dort bewährten sie sich sowohl bei der *RAF* als auch bei der *Air Transport Auxiliary (ATA)* als „Lufttaxis" für deren Überführungspiloten, so dass 364 weitere als Mk II mit neuen Funkanlagen und einem 24-Volt-Stromnetz ihren Dienst antraten. Von dieser Version bestellte auch das *USAAC* 148 Exemplare und benannte sie UC-61A. Die letzte Version Ranger III (UC-61K) unterschied sich von den Sternmotor-Varianten durch den Einbau eines Ranger-Reihenmotors. Die Briten bestellten 306 Stück davon. Außer beim *ASAAC* und der *RAF/ATA* wurden Fairchild 24 von der *US Navy* benutzt und J2K genannt.

BESCHREIBUNG:

BESATZUNG:
Pilot und drei Passagiere

ABMESSUNGEN:
Länge: 7,24 m
Spannweite: 11,07 m
Höhe: 2,32 m

MASSEN:
Leermasse: 732 kg
Max. Startmasse: 1162 kg

LEISTUNGEN:
Höchstgeschwindigkeit: 212 km/h
Reichweite: 1030 km
Antrieb: Warner R-500 Super Scarab oder Ranger L-440-7
Motorleistung: 165 PS (123 kW) bzw. 200 PS (149 kW)

DATUM DES ERSTFLUGS:
1933 (Zivilausführung Modell 24C)

BESONDERE MERKMALE:
Abgestrebter Hochdecker; festes Fahrgestell; stark verglaste Kabine; Stern- oder Reihenmotor

Fairey Swordfish GROSSBRITANNIEN
Einmotoriger dreisitziger Aufklärungs-/Torpedo-Bomber

1939 bereits veraltet aussehend blieb die Swordfish bis Mitte 1942 in ihrer angestammten Rolle als Torpedo-Bomber ein lebensfähiges Waffensystem, das sogar bis 1944 im Serienbau stand und erst im Mai 1945 aus den Einsatzverbänden abgezogen wurde. Ihre Entwicklung lässt sich bis 1933 zurückverfolgen, als Fairey mit der bereits ähnlich aussehenden T.S.R.I beim *Air Ministry* Kaufinteressen zu wecken versuchte. Die Saat ging mit deren Ausschreibung S.15/33 für ein Torpedo-/Aufklärungsflugzeug zum Einsatz von Flugzeugträgern aus auf. 1935 wurden die ersten 86 Swordfish geordert. Ihre Standardbewaffnung: Ein Torpedo von 44 cm Durchmesser und 730 kg Masse. Die *825 Naval Air Squadron* war die erste mit Swordfish ausgerüstete Staffel, der in den nächsten drei Jahren weitere 12 Staffeln folgten. Außer in ihrer Spitzenstellung als Torpedo-Bomber des *FAA* wurden die insgesamt 2391 in vier Varianten gebauten Swordfish beim *RAF Coastal Command* eingesetzt. Ihre ungewöhnlich lange Einsatzzeit war zwar auch ein Ergebnis ihrer hervorragenden Flugeigenschaften, wurde aber nur durch die Abschirmung mit modernen, von Land aus operierenden Jagdflugzeugen ermöglicht.

BESCHREIBUNG:

BESATZUNG:
Pilot und Beobachter/MG-Schütze hintereinander

ABMESSUNGEN:
Länge: 10,87 m
Spannweite: 13,87 m
Höhe: 3,76 m

MASSEN:
Leermasse: 2132 kg
Max. Startmasse: 3406 kg

LEISTUNGEN:
Höchstgeschwindigkeit: 222 km/h
Reichweite: 1658 km
Antrieb: Bristol Pegasus XXX
Motorleistung: 750 PS (559 kW)

DATUM DES ERSTFLUGS:
17. April 1934

BEWAFFNUNG:
Ein starres 7,7 mm Browning-MG im Bug und ein bewegliches 7,7 mm Browning-MG im Beobachterstand; Waffenzuladung ein 730 kg-Torpedo unter dem Rumpf oder 680 kg Minen/Bomben/Raketen an Unterflügel-Aufhängungen

BESONDERE MERKMALE:
Einstieliger Doppeldecker; festes Fahrgestell; verkleideter Sternmotor

Fairey Albacore GROSSBRITANNIEN

Einmotoriger dreisitziger Torpedo-Bomber

Die Albacore wurde von Fairey als Nachfolger der Swordfish vorgestellt, doch der legendäre Vorgänger überdauerte ihn sowohl in der Einsatz- als auch in der Produktionszeit. Gegenüber der Swordfish besaß die Albacore, am 12. Dezember 1938 erstmals geflogen, mit dem Bristol Taurus-Sternmotor ein leistungsstärkeres Triebwerk, das eine größere Waffen- und/oder Kraftstoffzuladung erlaubte. Das erste Serienflugzeug ging am 15. März 1940 an die *826 Naval Air Squadron (NAS)*. Bei dieser Staffel erfolgte am 31. Mai des Jahres auch der erste Feindeinsatz. In das erste Seegefecht wurden Maschinen dieses Musters im März 1941 verwickelt, als vom Flugzeugträger „HMS Formidable" aus operierende Flugzeuge der *826* und *820 NAS* in der Schlacht bei Cape Matapan das italienische Schlachtschiff „Vittorio Veneto" schwer beschädigten. Im weiteren Kriegsverlauf setzten Verbände Albacore für bewaffnete Aufklärung, zu Tiefangriffen, zum Minenlegen und zur Zielmarkierung im baltischen Raum, im Mittelmeer, im Atlantik und im Indischen Ozean ein. An den Kämpfen bei der Landung in der Normandie, als Albacore der *Fleet Air Arm (FAA)* bereits durch Barracudas ersetzt waren, nahmen kanadische Albacore noch teil.

BESCHREIBUNG:

BESATZUNG:
Pilot und Beobachter/MG-Schütze hintereinander

ABMESSUNGEN:
Länge: 12,13 m
Spannweite: 15,24 m
Höhe: 4,65 m

MASSEN:
Leermasse: 3289 kg
Max. Startmasse: 5074 kg

LEISTUNGEN:
Höchstgeschwindigkeit: 259 km/h
Reichweite: 1497 km
Antrieb: Bristol Taurus II
Motorleistung: 1065 PS (794 kW)

DATUM DES ERSTFLUGS:
12. Dezember 1938

BEWAFFNUNG:
Ein starres 7,7 mm Browning-MG im linken Unterflügel und ein bewegliches 7,7 mm Zwillings-MG im Beobachterstand; Waffenzuladung ein 730 kg-Torpedo unter dem Rumpf oder 907 kg Minen/Bomben/Raketen an Unterflügel-Aufhängungen

BESONDERE MERKMALE:
Einstieliger Doppeldecker; festes Fahrgestell; verkleideter Sternmotor; geschlossene Kabinenabdeckung

Fairey Fulmar GROSSBRITANNIEN

Einmotoriger zweisitziger Jagdbomber

Die Fulmar wurde aus dem leichten Fairey-Bomber nach der Ausschreibung P 4/34 aus dem Jahr 1937 entwickelt und erhielt zusätzlich klappbare Flügel, Katapult-Beschläge und einen Fanghaken. Als sie im Mai 1940 bei der *Royal Navy* in Dienst ging, erhielt damit die Marine ihren ersten mit acht starren Maschinenwaffen ausgerüsteten Jäger. Als das Muster wenige Monate später vom Deck des Flugzeugträgers „HMS Illustrious" zur Verteidigung Maltas in den Staffeln der 11 *Fleet Air Arm* gegen die italienischen und deutschen Widersacher antrat, entwickelte es sich zu einer bewährten Waffe im Mittelmeerraum der Jahre 1941/42. Außer auf diesem Kriegsschauplatz wurden Fulmar bei Norwegen und in Ceylon eingesetzt. Ihre Karriere beendeten sie 1944/45 als Nachtjäger zum Schutz von sowjetischen Geleitzügen. Die letzte Fulmar, eine für die Tropen bestimmte Mk II, wurde im Februar 1943 gebaut. Zu dieser Zeit waren die meisten Jagdverbände der *Fleet Air Arm* bereits von dem Fairey-Jäger auf Seafires oder Corsair umgerüstet. Außer für Fronteinsätze eignete sich die Fulmar infolge ihrer ausgewogenen Flugeigenschaften und der niedrigen Mindestgeschwindigkeit hervorragend für die Deck-Landeschulung.

BESCHREIBUNG:

BESATZUNG:
Pilot und Beobachter/MG-Schütze hintereinander

ABMESSUNGEN:
Länge: 12,27 m
Spannweite: 14,13 m
Höhe: 3,25 m

MASSEN:
Leermasse: 3137 kg
Max. Startmasse: 4445 kg

LEISTUNGEN:
Höchstgeschwindigkeit: 412 km/h
Reichweite: 1335 km
Antrieb: Rolls-Royce Merlin VIII
Motorleistung: 1080 PS (805 kW)

DATUM DES ERSTFLUGS:
4. Januar 1940

BEWAFFNUNG:
Acht starre 7,7 mm Browning-MG im Flügel und (optional) ein bewegliches MG am Ende des Besatzungsraums; maximale Bombenzuladung 227 kg an Unterflügel-Aufhängungen

BESONDERE MERKMALE:
Freitragender Tiefdecker; Einziehfahrwerk; verkleideter Reihenmotor; geschlossene Führerraumabdeckung

Fiat CR.42   ITALIEN

Einmotoriger Jagdeinsitzer

Der letzte der Fiat-Jagdflugzeug-Doppeldecker, die Falco, die ihrem Vorgänger CR.32 sehr ähnlich sah, war bereits vor Ausbruch des Zweiten Weltkriegs veraltet. Dessen ungeachtet kam noch eine Anzahl von ihr in dem Konflikt zum Einsatz, und zwar nicht nur mit den Italienern, sondern auch mit Finnen, Deutschen, Ungarn und Belgiern. Als eine Weiterentwicklung der erfolglosen CR.41 kam sie im April 1939 zu den Einsatzeinheiten der *Regia Aeronautica*. In kleinen Mengen wurde sie auch exportiert, beispielsweise ins neutrale Schweden. Sie wurde in vier Hauptvarianten für die Jagd unter Tageslicht, die Nachtjagd und zur Bodenunterstützung gefertigt und war auf den Kriegsschauplätzen des Balkans, in Ostafrika, in Nordafrika sowie über Westeuropa und dem Mittelmeerraum zu finden. Als das Muster sich als immer verwundbarer erwies, wurden die überlebenden Flugzeuge für nächtliche Erkundungsflüge über Italien eingesetzt. Obwohl die Fertigung bereits Anfang 1942 ausgelaufen war, setzte die Luftwaffe nach der im September 1943 erfolgten Kapitulation Italiens CR.42 über dem Balkan und Norditalien als Nachtschlacht-Störflugzeuge ein.

BESCHREIBUNG:

BESATZUNG:
Pilot

ABMESSUNGEN:
Länge: 8,30 m
Spannweite: 9,70 m
Höhe: 3,30 m

MASSEN:
Leermasse: 1707 kg
Max. Startmasse: 2405 kg

LEISTUNGEN:
Höchstgeschwindigkeit: 428 km/h
Reichweite: 1014 km mit Zusatzbehältern unter dem Flügel
Antrieb: Fiat A 74 RC38
Motorleistung: 840 PS (626 kW)

DATUM DES ERSTFLUGS:
23. Mai 1938

BEWAFFNUNG:
Zwei starre 12,7 mm SAFAT-MG auf dem Rumpfbug und zwei 7,7 mm SAFAT-MG im Flügel; maximale Bombenzuladung 227 kg an Unterflügel-Aufhängungen

BESONDERE MERKMALE:
Doppeldecker; festes verkleidetes Fahrgestell; verkleideter Sternmotor; offener Führersitz mit Kopfabfluss

Fieseler Fi 156 Storch   DEUTSCHLAND

Einmotoriges dreisitziges Aufklärungs-/Verbindungs-Flugzeug

Es kann behauptet werden, dass der Storch das für eine Zusammenarbeit mit den Bodentruppen am besten geeignete Flugzeug war, das je einer der Kontrahenten auf beiden Seiten während des Zweiten Weltkriegs herausgebracht hat. So wurde es dann auch das erfolgreichste Produkt der von Gerhard Fieseler, einem Jagdflieger-Ass aus dem Ersten Weltkrieg, gegründeten Fieseler Werke. Das Flugzeug besaß einmalige Langsamflugeigenschaften dank einer Kombination von Auftriebshilfen, bestehend aus einem starren Vorflügel über die gesamte Spannweite sowie Schlitz-Querrudern und Landeklappen als Schlitz-Rollflügel über die gesamte Flügelhinterkante. Fieseler nahm die Fi 156A-1 1937 in die Fertigung. Sie wurde von der Wehrmacht verwendet, wo immer sie auch war. Und durch ihre außergewöhnlichen Flugeigenschaften besaß sie eine Einsatz-Lebenserwartung, die zehnmal höher lag als die einer Bf 109. Die Lizenzfertigung dieses Musters zwang Fieseler 1942, die Produktion seiner Fi 156 nach Frankreich und in die Tschechoslowakei zu verlagern. Bis Kriegsende wurden mehr als 2000 Exemplare gebaut, davon die meisten in der C-Version mit einer Abwehrwaffe. Nach dem Krieg bauten Frankreich und die CSSR den Storch weiter.

BESCHREIBUNG:

BESATZUNG:
Pilot und zwei Passagiere

ABMESSUNGEN:
Länge: 9,90 m
Spannweite: 14,25 m
Höhe: 3,05 m

MASSEN:
Leermasse: 930 kg
Max. Startmasse: 1325 kg

LEISTUNGEN:
Höchstgeschwindigkeit: 175 km/h
Reichweite: 385 km
Antrieb: Argus AS 10C-3 (Fi 156) oder Salmson 9AB (MS502)
Motorleistung: 240 PS (179 kW) bzw. 250 PS (186 kW)

DATUM DES ERSTFLUGS:
24. Mai 1936

BEWAFFNUNG:
Ein bewegliches MG im hinteren/oberen Besatzungsraum

BESONDERE MERKMALE:
Abgestrebter Hochdecker; geschlossene Kabine mit starker Verglasung; festes Fahrgestell

Fleet Fort KANADA
Einmotoriges zweisitziges Schulflugzeug

Die Fleet Fort war das einzige Flugzeug, das in Kanada während des Zweiten Weltkriegs entwickelt und gebaut wurde. Entstanden war es als privates Unterfangen, ein Schulflugzeug zu konzipieren, das – mit verschiedenen Triebwerken ausgestattet – die unterschiedlichsten Rollen übernehmen konnte. Aber es kam nur in der Auslegung (die 60K) als Übergangs-Schulflugzeug heraus. Mitte 1940 bewertete die *Royal Canadian Air Force (RCAF)* den Prototyp. Nach der abschließenden Flugerprobung bestellte sie 200 Maschinen. Obwohl das erste Produktionsmodell bereits am 18. April 1941 flog, änderte die *RCAF* ihr Urteil über die Eignung des Musters als Mittelding zwischen Grund- und Fortgeschrittenen-Ausbildung. Sie fand, dass die Fort zu leicht zu fliegen war, um als Stufe auf dem Weg zum Einsatzpiloten dienen zu können und reduzierte den Auftrag auf 100 Exemplare. 1942 entschied die *RCAF*, die noch existierenden Fort für die Funker-Ausbildung umzurüsten. Die Ausrüstung kam in das hintere Cockpit, dessen Sitz mit Blick nach hinten gedreht wurde. Fast alle Maschinen wurden entsprechend umgerüstet und blieben bis 1945 im Einsatz.

BESCHREIBUNG:

BESATZUNG:
Zwei Piloten hintereinander

ABMESSUNGEN:
Länge: 8,18 m
Spannweite: 10,97 m
Höhe: 2,51 m

MASSEN:
Leermasse: 1149 kg
Max. Startmasse: 1589 kg

LEISTUNGEN:
Höchstgeschwindigkeit: 261 km/h
Reichweite: nicht bekannt
Antrieb: Jacobs L-6MB
Motorleistung: 330 PS (246 kW)

DATUM DES ERSTFLUGS:
22. März 1940

BESONDERE MERKMALE:
Freitragender Tiefdecker; separate Sitzabdeckungen, hinten höher gelegt; festes Fahrgestell; verkleideter Sternmotor

Focke-Wulf Fw 190A/F/G DEUTSCHLAND

Einmotoriger Jagdeinsitzer

Die Fw 190 überraschte die Briten, als sie 1941 am Kanal auftauchte. Und sie blieb bester Jagdeinsitzer bis Ende 1942 die Spitfire Mk IX herauskam. Durch den widerstandsarm eingebauten kompakten BMW 801-Doppelsternmotor war die Fw 190 sehr schnell, und ausgezeichnet zu handhaben. Mit den Arbeiten im Konstruktionsbüro war im Sommer 1938 begonnen worden. Der Prototyp flog erstmals am 1. Juni 1939. Probleme mit dem Triebwerk hatten anfänglich das Programm verzögert. Die Versionen der Fw 190A-Reihe waren die eigentlichen Jagdeinsitzer. Je mehr das Muster reifte, umso mehr Waffen wurden eingebaut. Bis Ende des Jahres 1942 war der volle Produktionsstandard erreicht, doch blieben die Stückzahlen immer unter denen der Bf 109. Als Jagdbomber wurden die Versionen Fw 190F und G gebaut. F-Modelle kamen im Winter 1942/43 an der Ostfront zu den Einsatzeinheiten. Sie konnten mit vielen Kombinationen von Bomben und Raketen bestückt werden und besaßen gegenüber den A-Modellen eine verstärkte Panzerung des Führerraums. Fw 190 kämpften an allen Fronten in Europa gegen die Alliierten und blieben bis zum Waffenstillstand im Mai 1945 ein tödlicher Gegner.

BESCHREIBUNG:

BESATZUNG:
Pilot

ABMESSUNGEN:
Länge: 8,84 m
Spannweite: 10,50 m
Höhe: 3,96 m

MASSEN:
Leermasse: 2900 kg
Max. Startmasse: 3978 kg

LEISTUNGEN:
Höchstgeschwindigkeit: 615 km/h
Reichweite: 800 km
Antrieb: BMW 801D
Motorleistung: 1700 PS (1268 kW)

DATUM DES ERSTFLUGS:
1. Juni 1939

BEWAFFNUNG:
Zwei starre 13 mm MG 131 auf dem Rumpfbug und vier 20 mm MG 151/20 im Flügel; eine 500 kg-Bombe unter dem Rumpf

BESONDERE MERKMALE:
Freitragender Tiefdecker; verkleideter Sternmotor; Einziehfahrwerk; Ausbeulungen über den MG-Verschlüssen vor dem Pilotensitz

Focke-Wulf Fw 190D DEUTSCHLAND
Einmotoriger Jagdeinsitzer

Die Fw 190D wurde 1942 als Ersatz für die abgesetzten Fw 190B/C-Höhenjäger mit druckbelüfteter Kabine entwickelt. Anstelle des luftgekühlten Doppelsternmotors erhielt sie einen flüssigkeitsgekühlten Jumo 213-V-Motor mit hängenden Zylindern. Durch die nach vorne gezogene Ringkühler-Verkleidung wurde sie zur „Langnasen-Dora". Mit Hilfe von Wasser/Methanol-Einspritzung erzielte das Muster überragende Steig- und Geschwindigkeitsleistungen. Im Frühjahr und Sommer 1943 liefen die ersten Einsatzversuche mit Vorserienmustern. Im Gegensatz zu allen Baureihen der mit Sternmotor ausgestatteten Fw 190A, F und G, die nur in kleineren Serien herauskamen, wurde das Serienmodell Fw 190D-9 in größeren Stückzahlen hergestellt. Es erreichte die Front im August 1944. Die ersten mit ihr ausgerüsteten Verbände schützten Flugplätze, die mit Me 262 Düsenjägern belegt waren. An der Operation Bodenplatte, bei der am Neujahrstag 1945 konzentriert gegnerische Flugplätze unter Beschuss genommen wurden, war auch D-9 beteiligt. Überlebende kamen zur Reichsverteidigung. Im Februar ging die Fw 190D-12 in Produktion. Sie besaß einen stärkeren Jumo 213F-1, eine 30 mm Kanone und mehr Panzerung.

BESCHREIBUNG:

BESATZUNG:
Pilot

ABMESSUNGEN:
Länge: 10,19 m
Spannweite: 10,50 m
Höhe: 3,36 m

MASSEN:
Leermasse: 3612 kg
Max. Startmasse: 4840 kg

LEISTUNGEN:
Höchstgeschwindigkeit: 685 km/h
Reichweite: 837 km
Antrieb: Junkers Jumo 213A-1
Motorleistung: 2240 PS (1670 kW)

DATUM DES ERSTFLUGS:
März 1942

BEWAFFNUNG:
Zwei starre 13 mm MG 131 im Rumpfbug und zwei 20 mm MG 151/20 im Flügel; eine 500 kg Bombe unter dem Rumpf

BESONDERE MERKMALE:
Freitragender Tiefdecker; verkleideter Reihenmotor; Einziehfahrwerk; Ausbeulungen über den MG-Verschlüssen vor dem Pilotensitz; verlängerter Rumpf

Grumman G-44 Widgeon USA

Zweimotoriges fünfsitziges Mehrzweck-Amphibium

Die Widgeon wurde als kleinere und billigere Version des Goose-Amphibiums für den amerikanischen Zivilmarkt gebaut. Es waren jedoch erst weniger als 40 in private Hände gelangt, als Grumman den Auftrag erhielt, den Blick mehr auf die Fertigung einer militärischen Abwandlung zu richten. Diese wurde vom *USAAC* OA-14 genannt, während *US Navy* und *Coast Guard* sie als J4F bezeichneten. F4F erzielten erste Erfolge im Kampf gegen die deutsche U-Boot-Bedrohung, als eine von ihnen im August 1942 vor der Mündung des Mississippi U-166 versenkte. Anfang 1942 erhielt Grumman mit einer Bestellung über 131 Stück J4F-2 den dicksten Auftrag für das Amphibium, aber die letzte Maschine konnte nicht vor dem 26. Februar 1945 an die Marine ausgeliefert werden. Fünfzehn J4F-2 gingen unter Lend-Lease auch an die *Royal Navy*, die sie für Verbindungszwecke auf den Westindischen Inseln verwendete. Die verbesserte G-44A mit einem tieferen Kiel für ein verbessertes hydrodynamisches Verhalten kam 1944 heraus. 76 Stück wurden bis Januar 1949 gebaut, und weitere 41 unter Lizenz in Frankreich 1948-49.

BESCHREIBUNG:

BESATZUNG:
Pilot, Copilot und drei Passagiere

ABMESSUNGEN:
Länge: 9,47 m
Spannweite: 12,19 m
Höhe: 3,48 m

MASSEN:
Leermasse: 1447 kg
Max. Startmasse: 2041 kg

LEISTUNGEN:
Höchstgeschwindigkeit: 246 km/h
Reichweite: 1481 km
Antrieb: Zwei Ranger L-440C-5S oder Lycoming GO-480-B1DS
Motorleistung: 200 PS (149 kW) bzw. 270 PS (201 kW)

DATUM DES ERSTFLUGS:
28. Juni 1940

BEWAFFNUNG:
Eine 147 kg Wasserbombe unter dem Flügel

BESONDERE MERKMALE:
Freitragender Schulterdecker; Bootsrumpf; zwei verkleidete Motoren; feste Stützschwimmer

Grumman F4F Wildcat USA

Einmotoriger Jagdeinsitzer

Der Prototyp XF4F-2, der Wildcat, war das Resultat einer Studienarbeit, die Grumman über die Einsatzmöglichkeiten eines Eindeckers als Marineflugzeug angestellt hatte. Er unterlag bei einem Vergleichsfliegen dem Rivalen Brewster-Buffalo, dem bessere Flugeigenschaften bescheinigt wurden. Grumman verbesserte ihn im März 1939 zum XF4F-3, indem ein stärkerer Twin Wasp mit einem zweistufigen Lader eingebaut und die Spannweite vergrößert sowie das Leitwerk geändert wurde. Nach erneuter Flugerprobung bestellte die US Marine 78 Exemplare der XF4F-3 und nannte sie Wildcat. Sie kamen 1940 zum Einsatz. Während der Träger-Schlachten 1942/43 hielten sich Wildcat wacker gegen ihre japanischen Opponenten A6M Zero-sen. Die *Fleet Air Arm* der *Royal Navy* setzte das Muster ab 1940 ebenfalls ein, und zwar in verschiedenen Varianten, die Martlett genannt wurden. 1943 wurde General Motors (GM) in die Produktion einbezogen. Sie baute F4F-4, die sie in FM-1 umbenannte. Im weiteren Verlauf des Jahres wechselte die Fertigung zur FM-2, die einen turboaufgeladenen Wright R-1820-56 Cyclone anstelle des Twin Wasp besaß, Von der FM-2 wurden bis zum Produktionsende im August 1945 4467 Stück gebaut.

BESCHREIBUNG:

BESATZUNG:
Pilot

ABMESSUNGEN:
Länge: 8,76 m
Spannweite: 11,58 m
Höhe: 3,45 m

MASSEN:
Leermasse: 2674 kg
Max. Startmasse: 3607 kg

LEISTUNGEN:
Höchstgeschwindigkeit: 515 km/h
Reichweite: 1239 km
Antrieb: Pratt & Whitney R-1830-76/86 Twin Wasp
Motorleistung: 1200 PS (895 kW)

DATUM DES ERSTFLUGS:
2. September 1937

BEWAFFNUNG:
Sechs starre 12,7 mm Browning-MG im Flügel; maximale Bombenzuladung 226 kg an Unterflügel-Aufhängungen

BESONDERE MERKMALE:
Freitragender Mitteldecker; Einziehfahrwerk; verkleideter Sternmotor; festes Spornrad

Grumman TBF/TBM Avenger USA
Einmotoriger dreisitziger Torpedo-Bomber

Das Muster wurde als Ablösung der Douglas TBD Devastator entworfen. Im April 1940 erhielt Grumman den Auftrag für den Bau von zwei Protypen XTBF-1. Sie hatten infolge des geforderten großen Bombenschachtes, der die größten Torpedos des Marine-Arsenals (Durchmesser 1 m) vollkommen in sich aufnehmen musste, ein etwas tonnenförmiges Aussehen. Ende Januar 1942 kamen die ersten Serienmaschinen als TBF-1 zu Einheiten in den Pazifik. In den nächsten drei Jahren traten sie ihrem Namen gemäß als „Rächer" auf: Avenger übten massive Vergeltung an den Japanern. Herausstechendes Merkmal in der Geschichte des Musters ist die Tatsache, dass die Konstruktion trotz des großen Ausstoßes nur unwesentlich geändert wurde. Die Nachfrage der *US Navy* nach Avenger war so groß, dass Grumman mit der Lieferung nicht Schritt halten konnte. Deshalb musste General Motors (GM) ein nahezu identisches Lizenzmodell als TBM-1 bauen. Als die Produktion im Juni 1945 auslief, hatte GM 7546 von 9836 bestellten Maschinen ausgeliefert. Ein Teil blieb bis weit in die fünfziger Jahre im Nachkriegseinsatz. Die britische *Fleet Air Arm* hatte ebenfalls über 1000 Avenger im Dienst.

BESCHREIBUNG:

BESATZUNG:
Pilot, Radarorter und MG-Schütze

ABMESSUNGEN:
Länge: 12,19 m
Spannweite: 16,51 m
Höhe: 5,00 m

MASSEN:
Leermasse: 4853 kg
Max. Startmasse: 8278 kg

LEISTUNGEN:
Höchstgeschwindigkeit: 430 km/h
Reichweite: 1819 km
Antrieb: Wright R-2600-20 Double Cyclone
Motorleistung: 1750 PS (1305 kW)

DATUM DES ERSTFLUGS:
1. August 1941

BEWAFFNUNG:
Ein starres 7,62 mm Browning-MG im Flügel und je ein bewegliches 7,62 mm MG im Turm und am Rumpfboden

BESONDERE MERKMALE:
Freitragender Mitteldecker; Einziehfahrwerk; verkleideter Sternmotor; Waffenturm

Grumman F6F Hellcat USA
Einmotoriger Jagdeinsitzer

In der F6F sollten sowohl die ersten Lektionen verarbeitet werden können, die mit dem Einsatz der F4F Wildcat im Pazifik gesammelt werden konnten, als auch Erfahrungen aus dem Krieg in Europa. Nach dem Auftragseingang durch die *US Navy* im Juni 1941 konzipierte Grumman das erst auf dem Papier stehende Flugzeug mit einem tiefer gelegten Flügelmittelteil für ein breiteres Fahrgestell, verstärkte die Panzerung für den Piloten und schuf mehr Raum für Munition. Wenig mehr als ein Jahr später flog der Protoyp XF6F-1. Aber er war untermotorisiert. Schnell wurde ein Pratt & Whitney R-2800-10 eingebaut, um dem Flugzeug – jetzt F6F-3 bezeichnet – die nötige Kampfkraft zu verleihen. Die Hellcat griff ab August in das Kampfgeschehen ein. Ab diesem Zeitpunkt war die Luftüberlegenheit der Amerikaner im pazifischen Raum nicht mehr gefährdet. Hellcat operierten von den meisten US-Flugzeugträgern aus. Auf Maschinen dieses Typs kamen 4947 der insgesamt 6477 von amerikanischen Trägerpiloten bis zur Kapitulation Japans vernichteten gegnerischen Flugzeuge. Die britische *Fleet Air Arm* bevorzugte die Hellcat ebenfalls und erwarb über 1200 Exemplare zwischen 1943 und 1945.

BESCHREIBUNG:

BESATZUNG:
Pilot

ABMESSUNGEN:
Länge: 10,16 m
Spannweite: 13,06 m
Höhe: 4,40 m

MASSEN:
Leermasse: 4101 kg
Max. Startmasse: 6000 kg

LEISTUNGEN:
Höchstgeschwindigkeit: 605 km/h
Reichweite: 1746 km
Antrieb: Pratt & Whitney R-2800-10W Double Wasp
Motorleistung: 2000 PS (1491 kW)

DATUM DES ERSTFLUGS:
26. Juni 1942

BEWAFFNUNG:
Sechs starre 12,7 mm Browning-MG im Flügel; Aufhängungen für sechs Raketen unter dem Flügel oder 908 kg Bomben unter dem Rumpf

BESONDERE MERKMALE:
Freitragender Tiefdecker; Einziehfahrwerk; verkleideter Sternmotor; einziehbares Spornrad

Grumman F7F Tigercat USA

Zweimotoriges ein/zweisitziges Jagdflugzeug

Obwohl bereits 1941 in Auftrag gegeben, kamen die ersten F7F Tigercat erst in der zweiten Jahreshälfte 1945 zu den Einsatzeinheiten. Die lange Entwicklungs- und Einführungszeit ging auf die Ausschreibung der *US Navy* zurück, die zur Bedingung machte, dass die Flugzeuge mit einer Motorleistung nicht unter 4000 PS und mit einer gegenüber der F4F Wildcat verdoppelten Bewaffnung herauskamen. Grumman wählte für das Muster in Ganzmetallbauweise die Schulterdecker-Bauart. Die F7F Wildcat war ein schwer bewaffneter Jäger von beträchtlichen Ausmaßen. Seine Abmessungen waren sogar so groß, dass er nur von den damals in Planung stehenden 45.000 Tonnen-„Super-Flugzeugträgern" der Midway-Klasse aus hätte operieren können. Die meisten der 500 gebauten F7F-1 Tigercat gingen an Stützpunkte im Pazifik. Da aber Japan in der Zwischenzeit kapitulierte, blieb das Muster im Zweiten Weltkrieg ohne Einsatzerfahrung. Grumman entwickelte aus der F7F-3 die Nachtjagdvarianten F7F-3N/-4N, die unter einer Verkleidung des verlängerten Rumpfbugs Radar besaßen, das von einem zweiten Mitglied der Besatzung bedient wurde. Im Korea-Krieg erlebten Tigercat ihr Einsatz-Debüt.

BESCHREIBUNG:

BESATZUNG:
Pilot oder Pilot und Radarorter (nur in F7F-3N/-4N)

ABMESSUNGEN:
Länge: 13,83 m
Spannweite: 15,70 m
Höhe: 5,05 m

MASSEN:
Leermasse: 7380 kg
Max. Startmasse: 11.666 kg

LEISTUNGEN:
Höchstgeschwindigkeit: 700 km/h
Reichweite: 1931 km
Antrieb: Pratt & Whitney R-2800-34W Double Wasp
Motorleistung: 4200PS (3132 kW)

DATUM DES ERSTFLUGS:
3. November 1943

BEWAFFNUNG:
Vier starre 12,7 mm Browning-MG im Bug und vier 20 mm M-2-MK in der Flügelwurzel; Unterflügel-Aufhängungen für bis zu sechs Raketen oder 908 kg Bomben

BESONDERE MERKMALE:
Freitragender Mitteldecker; Einziehfahrwerk; zwei verkleidete Sternmotoren

Hawker Hurricane GROSSBRITANNIEN

Einmotoriger Jagdeinsitzer

Mit der Ankunft der Hurricane im Dezember 1937 bei den Jagdstaffeln vollzog die *RAF* den Sprung vom Doppeldecker zum freitragenden Eindecker. Dabei waren dankenswerterweise zahlreiche Erfahrungen mit Hawkers letztem Jagddoppeldecker Fury in die Hurricane eingeflossen, und Hawkers Partnerschaft mit dem Motoren-Hersteller Rolls-Royce, speziell beim Merlin I-Triebwerk, reichten der Hurricane zur Reputation. Als die Hurricane I bei der *RAF* eingeführt wurde, war sie mit ihren acht MG und einer Geschwindigkeit von über 480 km/h das fortschrittlichste Jagdflugzeug der Welt. Obwohl immer etwas im Schatten der Parallel-Entwicklung Spitfire stehend, stach sie sie von den Stückzahlen heraus. Während der Schlacht um England betrug das Verhältnis Hurricane zu Spitfire 3 zu 1, und der Hawker-Jäger schickte mehr Flugzeuge der Luftwaffe zu Boden, als sein Gegenspieler. Über Frankreich wuchsen auf Hurricane die ersten Jagdflieger-Asse der *RAF* heran. Ab 1941 wurden Hurricane auch im Mittelmeerraum und über Nordafrika eingesetzt. Obwohl die Produktion im September 1944 ausgelaufen war, operierten im Pazifik Hurricane bis zur Kapitulation Japans.

BESCHREIBUNG:

BESATZUNG:
Pilot

ABMESSUNGEN:
Länge: 9,58 m
Spannweite: 12,19 m
Höhe: 3,96 m

MASSEN:
Leermasse: 2260 kg
Max. Startmasse: 3397 kg

LEISTUNGEN:
Höchstgeschwindigkeit: 521 km/h
Reichweite: 965 km
Antrieb: Rolls-Royce Merlin II/III
Motorleistung: 1030 PS (768 kW)

DATUM DES ERSTFLUGS:
11. August 1937

BEWAFFNUNG:
Acht starre 7,62 mm Browning-MG im Flügel; maximale Bombenzuladung 227 kg an Unterflügel-Aufhängungen

BESONDERE MERKMALE:
Freitragender Tiefdecker; Einziehfahrwerk; verkleideter Reihenmotor; Kühler unter dem Rumpf

Hawker Sea Hurricane GROSSBRITANNIEN

Einmotoriger Jagdeinsitzer

Obwohl mit Hurricane der *RAF* von der 46. Staffel während der fehlgeschlagenen Invasion Norwegens im April 1940 bewiesen werden konnte, dass das Muster von Flugzeugträgern aus einsetzbar war, musste die Truppe noch bis Anfang 1941 warten, mit speziell ausgerüsteten Varianten ausgestattet zu werden. Auf den dringenden Ruf der *Fleet Air Arm* nach einem modernen Jagdeinsitzer wurden eine Anzahl ex-*RAF*-Maschinen hastig mit Landehaken und Katapult-Beschlägen umgerüstet und als Sea Hurricane IB geliefert. Anschließende Versionen erhielten Triebwerk und Zelle der Mk I in Kombination mit der Kanonen-Bestückung der Mk IIC. Als abschließende Sea-Hurricane-Variante ging die Mk IIC in die Fertigung. Mit ihrem Rolls-Royce Merlin XX-Triebwerk und dem Kanonen-Flügel mit vier Maschinenwaffen entsprach sie weitgehend der *RAF*-IIC-Variante. Zwischen 1941 und 1944 besaßen 38 Einheiten der *Fleet Air Arm* Sea Hurricane. Vom Deck von Trägern oder Geleiteinheiten aus starteten und landeten sie sowohl im Mittelmeer als auch an der Eismeer-Front. Muster dieses Typs operierten aber auch von Landstützpunkten auf Malta und entlang der nordafrikanischen Küste.

BESCHREIBUNG:

BESATZUNG:
Pilot

ABMESSUNGEN:
Länge: 9,83 m
Spannweite: 12,19 m
Höhe: 4,04 m

MASSEN:
Leermasse: 2631 kg
Max. Startmasse: 3538 kg

LEISTUNGEN:
Höchstgeschwindigkeit: 518 km/h
Reichweite: 740 km
Antrieb: Rolls-Royce Merlin XX
Motorleistung: 1460 PS (1089 kW)

DATUM DES ERSTFLUGS:
Anfang 1941

BEWAFFNUNG:
Acht starre 7,62 mm Browning-MG im Flügel; maximale Bombenzuladung 227 kg an Unterflügel-Aufhängungen

BESONDERE MERKMALE:
Freitragender Tiefdecker; Einziehfahrwerk; verkleideter Reihenmotor; Kühler unter dem Rumpf; Fanghaken

Hawker Typhoon GROSSBRITANNIEN
Einmotoriger Jagdeinsitzer

Die Typhoon war der erste *RAF* Jäger, der Geschwindigkeiten oberhalb von 650 km/h im Waagerechtflug erreichen konnte. In der Anfangsphase seiner Laufbahn jedoch sah es so aus, als würde die Konstruktion zu einem Reinfall werden. Die Unzulänglichkeit des eingebauten Napier Sabre-Triebwerks führte zu schlechten Steig- und Höhenleistungen, und das Rumpfheck erwies sich als strukturell nicht fest genug. Das Flugzeug ging zurück in die Entwicklungsabteilungen. Über ein Jahr arbeiteten Hawker und Napier daran, die Zelle zu verstärken und Gebrechen des Motors auszumerzen, dann erwies sich die Typhoon als exzellenter Bodenjäger. Sie vertrieb 1942/43 die lästigen Fw 190 bei ihren Störflügen an der englischen Küste. Ihre ausgezeichnete Geschwindigkeit in geringer Höhe machte sie zur idealen Plattform für Angriffe gegen Bodenziele. Mit ihren 20 mm MK und ihrem Arsenal an Bomben und Raketen bekämpften Typhoon Ziele im besetzten Westeuropa und wurden zu einer der Schlüsselfiguren bei der Operation Overlord – der Invasion in der Normandie. Die *Royal Air Force* zählte Mitte 1944 26 mit Typhoon ausgerüstete Staffeln. Das letzte Muster aus der Fertigung wurde im November 1945 geliefert.

BESCHREIBUNG:

BESATZUNG:
Pilot

ABMESSUNGEN:
Länge: 9,73 m
Spannweite: 12,67 m
Höhe: 4,66 m

MASSEN:
Leermasse: 4445 kg
Max. Startmasse: 6341 kg

LEISTUNGEN:
Höchstgeschwindigkeit: 652 km/h
Reichweite: 1577 km mit Außentanks
Antrieb: Napier Sabre IIA
Motorleistung: 2180 PS (1626 kW)

DATUM DES ERSTFLUGS:
24. Februar 1940

BEWAFFNUNG:
Vier starre 20 mm MK im Flügel; maximale Zuladung an Bomben/Raketen 908 kg an Unterflügel-Aufhängungen

BESONDERE MERKMALE:
Freitragender Tiefdecker; Einziehfahrwerk; verkleideter Reihenmotor; Kinnkühler; aus der Flügelvorderkante hervorstehende MK-Lauf-Verkleidungen

Hawker Tempest V GROSSBRITANNIEN

Einmotoriger Jagdeinsitzer

Da aus der Typhoon entwickelt, wurde das Muster ursprünglich Typhoon II genannt. Der äußerlich gravierendste Unterschied wurde der Ersatz des dickprofiligen Trapezflügels der Typhoon durch einen dünnen Flügel mit elliptischem Umriss und Laminarprofil bei der Tempest. Deren Rumpf musste um etwa 0,60 m verlängert werden, um den Kraftstoff aufnehmen zu können, der bisher in dem dicken Flügel untergebracht war. Gleichzeitig erhielt die Seitenflosse einen Übergang zum Rumpfrücken. Obwohl bei Hawker verschiedene Versionen geplant waren, kam nur noch die durch einen Sabre angetriebene Tempest Mk V bei der RAF zum Einsatz. Die erste Gruppe wurde im April 1944 aufgestellt. Beim Waffenstillstand in Europa waren 11 Staffeln mit Tempest V ausgerüstet. Frühe Tempest litten wegen überdrehender Luftschrauben unter Triebwerksproblemen. Als diese behoben waren, erwiesen sich die Tempest als ebenso gute Erdkämpfer wie die Typhoon, allerdings mit dem Unterschied, dass sie auch gute Leistungen in mittleren bis großen Höhen aufwiesen. 638 deutsche Vergeltungs-Flugkörper V 1 wurden durch Tempest zum Absturz gebracht. Auch gingen 20 Messerschmitt Me 262 Düsenjäger auf ihr Konto.

BESCHREIBUNG:

BESATZUNG:
Pilot

ABMESSUNGEN:
Länge: 10,26 m
Spannweite: 12,50 m
Höhe: 4,90 m

MASSEN:
Leermasse: 4196 kg
Max. Startmasse: 6187 kg

LEISTUNGEN:
Höchstgeschwindigkeit: 669 km/h
Reichweite: 2462 km mit Außentanks
Antrieb: Napier Sabre IIA
Motorleistung: 2180 PS (1626 kW)

DATUM DES ERSTFLUGS:
2. September 1942

BEWAFFNUNG:
Vier starre 20 mm MK im Flügel; maximale Zuladung an Bomben/Raketen 908 kg an Unterflügel-Aufhängungen

BESONDERE MERKMALE:
Freitragender Tiefdecker; Einziehfahrwerk; verkleideter Reihenmotor; Kinnkühler; Vierblatt-Luftschraube

Heinkel He 111 (CASA 2,111) Deutschland und Spanien

Zweimotoriger fünfsitziger mittlerer Bomber/Transporter

Die He 111 war während des Zweiten Weltkriegs der weit verbreitetste Bomber in den Kampfgeschwadern der Luftwaffe. Während der neun Jahre seiner Fertigung von 1935 bis 1944 verließen mehr als 5400 Exemplare die Bänder. Entwickelt worden war er aus dem Schnellverkehrsflugzeug He 70 Blitz, das die Lufthansa ab 1934 auf ihren Strecken einsetzte. Von ihm wurden die elliptischen Flügel- und Leitwerks-Umrisse übernommen. Auch die He 111 gab es als Verkehrsflugzeug. Doch diese Versionen wurden nur in geringer Stückzahl gebaut. Die Belieferung der Einheiten mit dem Massenprodukt Bomber begann Ende 1936. Im darauf folgenden Jahr gingen 30 He 111B-1 zur Einsatzerprobung mit der Legion Condor in den Spanischen Bürgerkrieg. Am Vorabend des Zweiten Weltkriegs befanden sich wesentlich weiterentwickelte Versionen der Modelle H und P im Einsatz, bei denen sich allerdings die Grundkonzeption des Musters nicht geändert hatte. Sie waren bei allen Kämpfen dabei, in die die Wehrmacht verwickelt war. 1941 erwarb Spanien die Lizenzbaurechte für die He 111H-16. CASA baute bis 1956 insgesamt 236, davon 136 mit Jumo 211F-2 (CASA 2.111A), den Rest mit Rolls-Royce Merlin (2.111B/C).

Beschreibung:

Besatzung:
Pilot, Navigator, Bomben-/Bugschütze und zwei MG-Schützen für die Rumpfstände

Abmessungen:
Länge: 16,40 m
Spannweite: 22,60 m
Höhe: 4,00 m

Massen:
Leermasse: 8680 kg
Max. Startmasse: 14.000 kg

Leistungen:
Höchstgeschwindigkeit: 365 km/h
Reichweite: 1950 km
Antrieb: zwei Junkers Jumo 211F-25
Motorleistung: 2700 PS (2014 kW)

Datum des Erstflugs:
24. Februar 1935

Bewaffnung:
Je ein bewegliches 7,92 mm MG 15 im Bug, auf dem Rumpfstand, in der Bodenwanne und in zwei Rumpfseitenständen, sowie eine bewegliche 20 mm MK in der Bodenwanne; maximale Bombenzuladung 2000 kg im Bombenschacht

Besondere Merkmale:
Freitragender Tiefdecker; Einziehfahrwerk; zwei verkleidete Reihenmotoren; verglaster Bug

Heinkel He 162 DEUTSCHLAND
Einstrahliger Jagdeinsitzer

Der „Volksjäger" He 162 wurde ab Oktober 1944 innerhalb von sechs Wochen entworfen, konstruiert, gebaut und geflogen. Infolge von Materialengpässen war er in Gemischtbauweise konzipiert worden: Nur noch der Rumpf bestand aus einer Leichtmetall-Schalenkonstruktion, während für den Flügel und Teile des Leitwerks Holz gewählt wurde. Der Antrieb bestand aus einer BMW 003-Strahlturbine, die simpel auf dem Rumpfrücken gelagert war. Überhaupt war der Aufbau des Musters so einfach gehalten, dass drei Fertigungsbetriebe in der Lage sein sollten, innerhalb eines Monats nicht weniger als 4000 He 162 auszuliefern. Wegen der Knappheit an Piloten wurde die schnelle Ausbildung von Hitlerjungen erwogen. Nach zehn Prototypen ging die definitive He 162A-1 mit 30 mm MK, heruntergezogenen Flügelenden und einem in der Spannweite vergrößerten Höhenleitwerk in die Fertigung. Flatter-Erscheinungen beim Schießen mit den 30 mm Kanonen führten zur Umrüstung auf 20 mm MK und zur Umbenennung in He 162A-2. Offiziell wurde im Januar 1945 noch das I./JG.1 im holsteinischen Leck mit He 162 ausgestattet. Es kam jedoch kaum zu Berührungen mit dem Gegner.

BESCHREIBUNG:

BESATZUNG:
Pilot

ABMESSUNGEN:
Länge: 9,05 m
Spannweite: 7,21 m
Höhe: 2,59 m

MASSEN:
Leermasse: 2175 kg
Max. Startmasse: 2694 kg

LEISTUNGEN:
Höchstgeschwindigkeit: 788 km/h
Reichweite: 660 km
Antrieb: BMW 003E-1/2
Motorleistung: 7,9 kN

DATUM DES ERSTFLUGS:
6. Dezember 1944

BEWAFFNUNG:
Zwei starre 20 mm MG 151/20 und zwei 30 mm MK 108 im Bug

BESONDERE MERKMALE:
Freitragender Schulterdecker; einziehbares Bugrad-Fahrwerk; eine einzelne Strahlturbine auf dem Rumpfrücken; doppeltes Seitenleitwerk

Iljuschin DB-3 (Il-4) SOWJETUNION

Zweimotoriger viersitziger mittlerer Bomber

Die DB-3 wurde in großen Mengen an der Ostfront zur Unterstützung der eigenen Truppen sowie für in niedrigen Höhen durchgeführte Torpedo- oder strategische Bomben-Angriffe eingesetzt. Entworfen 1935 vom Konstruktionsbüro Iljuschin unter der ursprünglichen Bezeichnung ZKB-26, erhielt das Flugzeug die offizielle Bezeichnung DB-3 (Daljn Bombardirowschtschik = Langstrecken-Bomber), als es Anfang 1937 in die Fertigung genommen wurde. Das Muster erwies sich als sehr schnell, konnte eine große Bombenzuladung tragen und war trotzdem wendig. Seine Schwäche war die unzureichende Abwehrbewaffnung. Und sie wurde nie verstärkt. Es blieb bei drei Waffenständen mit manuell betätigten Einzelwaffen. 1941, als das Muster auf einmal Il-4 hieß (zur Vereinfachung des Systems dienten nun Abkürzungen der Konstrukteurs-Namen), waren bereits mehr als 2000 Exemplare des Musters ausgeliefert. Der deutsche Einmarsch unterbrach die Produktion, die aber nach einem Jahr in sibirischen Werken wieder anlief und die Gesamtmenge der gebauten Il-4 auf mehr als 10.000 Stück bis zum Produktionsauslauf 1944 anhob. Bemerkenswert war der hohe Holzanteil in der Il-4-Struktur wegen Stahlmangels.

BESCHREIBUNG:

BESATZUNG:
Pilot, Navigator, Bomben-/Bugschütze und Rumpf-MG-Schütze

ABMESSUNGEN:
Länge: 14,80 m
Spannweite: 21,44 m
Höhe: 4,20 m

MASSEN:
Leermasse: 6000 kg
Max. Startmasse: 10.000 kg

LEISTUNGEN:
Höchstgeschwindigkeit: 410 km/h
Reichweite: 2600 km
Antrieb: zwei Tumankij M-88BS
Motorleistung: 2200 PS (1640 kW)

DATUM DES ERSTFLUGS:
Juni 1935

BEWAFFNUNG:
Drei bewegliche 7,62 mm-Tschkas- oder 12,7 mm BS-MG im Bug, Drehturm auf dem Rumpf und im Rumpfboden; maximale Bombenzuladung 1000 kg im Bombenschacht oder 1500 kg Bomben-/Torpedo-Zuladung an Unterrumpf-Aufhängungen

BESONDERE MERKMALE:
Freitragender Tiefdecker; Einziehfahrwerk; zwei verkleidete Sternmotoren

Iljuschin Il-2 SOWJETUNION

Einmotoriges ein-/zweisitziges Schlachtflugzeug

Das Schlachtflugzeug von Iljuschin wurde in größeren Stückzahlen gefertigt als jedes andere Kampfflugzeug der Welt. Die Il-2 war darüber hinaus die bedeutendste sowjetische Flugzeugkonstruktion, die im Zweiten Weltkrieg über der Ostfront zum Einsatz kam. Das Flugzeug besaß eine in die robuste Struktur integrierte gepanzerte Schale zur Aufnahme der zweiköpfigen Besatzung. Als Zweisitzer wurde das Flugzeug erfolgreich getestet und in ersten Exemplaren gebaut. Als jedoch die ersten Vorserienmuster im März 1941 die Einsatzeinheiten erreichten, hatten die Maschinen den hinteren Sitz wieder eingebüßt. Als Einsitzer flogen sie ihre ersten Kampfmissionen und errangen gegen deutsche Panzerverbände derartig überzeugende Erfolge, dass umgehend der Großserienbau der Sturmowik (Gepanzerte Angreifer) genannten Flugzeuge anlief. In den Einsätzen zeigte sich die Verwundbarkeit des Musters bei Angriffen von hinten. Deshalb beschloss das Iljuschin-Kollektiv den zweiten Sitz mit der Abwehrbewaffnung in der Version Il-2m ab September 1942 wieder einzuführen. Zusammen mit der leistungsstärkeren Il-10 wurden zwischen 1941 und 1955 mehr als 43.100 Sturmowik gebaut.

BESCHREIBUNG:

BESATZUNG:
Pilot und MG-Schütze hintereinander

ABMESSUNGEN:
Länge: 12,00 m
Spannweite: 14,60 m
Höhe: 3,40 m

MASSEN:
Leermasse: 3250 kg
Max. Startmasse: 5872 kg

LEISTUNGEN:
Höchstgeschwindigkeit: 449 km/h
Reichweite: 600 km
Antrieb: Konzewitsch AM-38F
Motorleistung: 1750 PS (1305 kW)

DATUM DES ERSTFLUGS:
30. Dezember 1939

BEWAFFNUNG:
Zwei starre 20/37 mm Wja-MK im Flügel und ein bewegliches 12,7 mm BS-MG im hinteren Besatzungsraum; maximale Abwurfwaffen-Zuladung (Bomben/Raketen) 600 kg an Unterflügel-Aufhängungen

BESONDERE MERKMALE:
Freitragender Tiefdecker; Einziehfahrwerk; verkleideter Reihenmotor; festes Spornrad

Jakowlew Jak-3U SOWJETUNION
Einmotoriger Jagdeinsitzer

Als einer der typischen Leichtbaujäger von Jakowlew war eine erste als Jak-3 bezeichnete Konstruktion im Herbst 1941 wegen mangelnder Leistung des Triebwerks und wegen des Fehlens geeigneter Baumaterialien abgesetzt worden. Die definitive Jak-3 entstand dann aus der Forderung nach einem Jagdeinsitzer, der in geringen Höhen seine größten Leistungen entfalten sollte. Die sowjetische Führung erhoffte damit die Luftüberlegenheit über dem Schlachtfeld zu gewinnen, die die Deutschen von Anfang an an der Ostfront zu halten versuchten. Die Jak-3 war im Prinzip eine verkleinerte Jak-1M. Als im Oktober 1943 die Erprobung des Prototyps – die sehr gute Steigleistungen und eine fantastische Ruderabstimmung ergeben hatte – dem Ende zuging, befanden sich Vorserienmuster bereits im Bau. Trotzdem wurde der Serienbau nicht vor Juni 1944 angeordnet. Innerhalb der angepassten Einsatzhöhe zwischen 2500 und 3000 m waren die Bodenjäger Jak-3 sowohl der Bf 109G als auch der Fw 190 überlegen. Obwohl nur wenige Einheiten mit dem Muster ausgerüstet wurden, empfahl die Luftwaffe ihren Piloten, der Jak-3 unter 4500 m Höhe auszuweichen. 1946 lief die Produktion nach 4848 Stück aus.

BESCHREIBUNG:

BESATZUNG:
Pilot

ABMESSUNGEN:
Länge: 8,49 m
Spannweite: 9,20 m
Höhe: 2,42 m

MASSEN:
Leermasse: 2105 kg
Max. Startmasse: 2660 kg

LEISTUNGEN:
Höchstgeschwindigkeit: 655 km/h
Reichweite: 900 km
Antrieb: Klimow M-105 PF
Motorleistung: 1650 PS (1230 kW)

DATUM DES ERSTFLUGS:
Ende 1942

BEWAFFNUNG:
Eine starre 20 mm Schwak-MK in der Propellernabe und zwei 12,7 mm BS-MG im oberen Rumpfbug

BESONDERE MERKMALE:
Freitragender Tiefdecker; verkleideter Reihenmotor; Einziehfahrwerk; Dreiblatt-Luftschraube; Vollsicht-Abdeckhaube; Kühler unter dem Rumpf

Jakowlew Jak-9U SOWJETUNION
Einmotoriger Jagdeinsitzer

Frühe Jak-9 kamen 1942 zu den Einsatzeinheiten. Mitte 1944 waren sie gegenüber allen anderen Jägern an der Ostfront in der Überzahl. In einer Handvoll Varianten hatten sie Aufgaben wie Langstrecken-Abfangmissionen, Jagdbomber-Einsätze und Bodenunterstützung übernommen. Mit der Entwicklung einer zweiten Generation von Jak-9 wurde Ende 1942 begonnen. Unter Beibehaltung der in Gemischtbauweise erstellten Zelle wurde anstelle des Klimow M-105-Triebwerks der leistungsfähigere M-107 des gleichen Konstrukteurs eingebaut. Aber auch die Zelle erfuhr im Laufe des weiteren Reifeprozesses einige Verbesserungen. So konnte der Rumpf aerodynamisch günstiger gestaltet werden, weil das aus geschweißten Stahlrohren aufgebaute Rumpfgerüst anstatt wie bisher mit Sperrholz nun mit Dural beplankt wurde. Diese kamen als Jak-9U kurz vor Kriegsende an die Front. Die Entwicklung des Musters ging nach dem Krieg weiter. Als Jak-9P erschien eine mit Kanonen bestückte Variante, die außer in der UdSSR in fast allen Ostblockstaaten einschließlich Nordkorea geflogen wurde. Als die Produktion 1947 auslief, waren 3900 Jak-9U/P (von insgesamt 16.769 Maschinen dieses Musters) gebaut worden.

BESCHREIBUNG:

BESATZUNG:
Pilot

ABMESSUNGEN:
Länge: 8,55 m
Spannweite: 9,74 m
Höhe: 3,00 m

MASSEN:
Leermasse: 2313 kg
Max. Startmasse: 6988 kg

LEISTUNGEN:
Höchstgeschwindigkeit: 602 km/h
Reichweite: 1400 km
Antrieb: Klimow M-105PF-3
Motorleistung: 1360 PS (1014 kW)

DATUM DES ERSTFLUGS:
Ende Dezember 1942

BEWAFFNUNG:
Eine starre 20 mm Schwak-MK in der Propellernabe und zwei 12,7 mm BS-MG im oberen Rumpfbug; maximale Bombenzuladung 200 kg an Unterflügel-Aufhängungen

BESONDERE MERKMALE:
Freitragender Tiefdecker; verkleideter Reihenmotor; Einziehfahrwerk; Dreiblatt-Luftschraube; Vollsicht-Abdeckhaube; Kühler unter dem Rumpf

Junkers Ju 87 DEUTSCHLAND

Einmotoriger zweisitziger Sturzkampfbomber

Die Ju 87, bekannter unter dem Kürzel Stuka, flog in Prototypform erstmals Ende 1935 mit einem doppelten Seitenleitwerk und großem Hosenbein-Fahrwerk. Der Antrieb bestand aus einem britischen Rolls-Royce Kestrel-Triebwerk. Zwei Jahre später, als das Muster in der Version Ju 87B in Serie ging, hatte sie ein einfaches Seitenleitwerk, ein zierlicher verkleidetes festes Fahrgestell und einen Jumo 211-Motor. Von Anfang an für den Bombenwurf im Sturzflug konzipiert, besaß sie ein Bombengeschirr unter dem Rumpf, das vor dem Auslösen herausschwenkte, um den Abwurfkörper von der Flugzeugzelle frei zu bekommen. Mit dem Sturzflug bis zu einem Winkel von 80° konnte die Abwurflast präzise ins Ziel befördert werden. Der Stuka war bereits in Spanien 1937 bei der Legion Condor dabei, aber seine große Stunde schlug im September 1939 beim Blitzkrieg gegen Polen und im Mai/Juni 1940 beim Westfeldzug. Seine Abwehrschwächen traten während der Schlacht um England zutage, aber im Mittelmeer konnte er noch 1941/42 erfolgreich gegen alliierte Schiffe operieren. Auch während der letzten Kriegsjahre blieb die veraltete Konstruktion mit großkalibrigen Waffen als Panzerjäger an der Ostfront erfolgreich.

BESCHREIBUNG:

BESATZUNG:
Pilot und MG-Schütze hintereinander

ABMESSUNGEN
Länge: 11,50 m
Spannweite: 13,80 m
Höhe: 3,90 m

MASSEN:
Leermasse: 3900 kg
Max. Startmasse: 6600 kg

LEISTUNGEN:
Höchstgeschwindigkeit: 410 km/h
Reichweite: 1535 km
Antrieb: Junkers Jumo 211J-1
Motorleistung: 1400 PS (1044 kW)

DATUM DES ERSTFLUGS:
Ende 1935

BEWAFFNUNG:
Zwei starre 7,92 mm MG 17 im Flügel und ein bewegliches 7,92 mm Zwillings-MG im hinteren Besatzungsraum; eine Bombe bis 1800 kg zentral unter dem Rumpf und bis zu 500 kg Bomben an Unterflügel-Aufhängungen

BESONDERE MERKMALE:
Freitragender Tiefdecker; Knickflügel; festes verkleidetes Fahrgestell; verkleideter Reihenmotor; festes Spornrad

Junkers Ju 88 Deutschland

Zweimotoriger mehrsitziger Bomber/Nachtjäger

Die Ju 88 war der Luftwaffe wichtigstes und vielseitigstes Flugzeug. Sie war ursprünglich als sehr schneller mittelschwerer Bomber entwickelt worden, musste dann allerdings die Sturzkampffähigkeit erlangen. Der erste Prototyp startete im Dezember 1936 zum ersten Mal. Das erste Produktionsmodell Ju 88A-1 kam im September 1939 heraus. Trotz guter Leistungen und einer beachtenswerten Bombenzuladung hatte es eine schwache Seite: Unzureichende Abwehrbewaffnung. Dank der modernen Auslegung und der Ausrüstung mit stärkeren Motoren konnten spätere Versionen wie die A-4 trotz verdoppelter Bewaffnung ihre hervorragenden Leistungen beibehalten. Das machte sie wenig verwundbar durch angreifende Jäger. Die Ju 88 lief, ständig weiterentwickelt, in jedem Jahr zwischen 1940 und 1943 in mehr als 2000 Exemplaren von den Fertigungsbändern. Aus der Grundkonstruktion entwickelte Junkers die fortschrittlichen Modelle Ju 188 sowie Ju 388. Und die dreisitzigen bodenwannenlosen Nachtjagdversionen der G-Reihe mit einer Radaranlage im Rumpfbug erzielten gegen die das Reichsgebiet bedrohenden Bomberverbände gute Erfolge. Bis 1945 wurden mehr als 15.000 Ju 88 gebaut.

BESCHREIBUNG:

BESATZUNG:
Pilot, Navigator, Bomben-/Bugschütze und zwei weitere MG-Schützen

ABMESSUNGEN:
Länge: 11,10 m
Spannweite: 20,08 m
Höhe: 4,85 m

MASSEN:
Leermasse: 9860 kg
Max. Startmasse: 14.000 kg

LEISTUNGEN:
Höchstgeschwindigkeit: 470 km/h
Reichweite: 2730 km
Antrieb: zwei Junkers Jumo 211FS
Motorleistung: 2680 PS (2000 kW)

DATUM DES ERSTFLUGS:
21. Dezember 1936

BEWAFFNUNG:
Bewegliche 7,92 mm Einzel- oder Zwillings-MG 17 im Bug, im hinteren oberen Teil der Kanzel und in einem Bodenstand; Bombenzuladung 2000 kg im Bombenschacht, Unterflügel-Aufhängungen

BESONDERE MERKMALE:
Einmotoriger Tiefdecker; zwei mit Ringkühlern verkleidete Reihenmotoren; Waffengondel unter dem Bug

Kawanishi H8K JAPAN
Viermotoriges mehrsitziges Marine-Aufklärungs-Flugboot

Die Kawanishi H8K zeichnete sich durch eine hohe Geschwindigkeit und eine starke Abwehrbewaffnung aus, und es könnte darüber diskutiert werden, ob sie nicht als das beste der großen Flugboote des Zweiten Weltkriegs gelten kann. Entworfen wurde sie 1938 als Ersatz für das Flugboot H6K, das sich zu dieser Zeit bei der Kaiserlich Japanischen Marine im Einsatz befand und das ebenfalls von Kawanishi stammte. Für die Neuentwicklung wurde von der Marine eine gegenüber der H6K um 30 % vergrößerte Geschwindigkeit sowie eine Erhöhung der Reichweite um 50 % gefordert. Wenn auch das Ziel ziemlich hoch gesteckt erschien und Kawanishi erhebliche Probleme hatte, das Stampfen des Bootskörpers in den Griff zu bekommen, so erwies sich schließlich die Gesamtkonstruktion als sehr gelungen. Das erste von 17 Versuchs- und Vorserienmustern machte am 31. Dezember 1940 seinen Erstflug. Die Einsatzzeit wurde am 4./5. März 1942 mit einem spektakulären Angriff auf das hawaiianische Oahu eingeleitet. Die Version H8K2 wurde das Standard-Langstreckenflugboot der japanischen Marine und konnte 24 Stunden in der Luft bleiben. Alliierte Jägerpiloten betrachteten das Flugboot mit Respekt.

BESCHREIBUNG:

BESATZUNG:
Pilot, Copilot, Flugingenieur, Funker, Navigator und fünf MG-Schützen

ABMESSUNGEN:
Länge: 28,14 m
Spannweite: 38,00 m
Höhe: 9,14 m

MASSEN:
Leermasse: 18.380 kg
Max. Startmasse: 32.500 kg

LEISTUNGEN:
Höchstgeschwindigkeit: 467 km/h
Reichweite: 7177 km
Antrieb: vier Mitsubishi MK4Q Kasai 22S
Motorleistung: 7400 PS (5520 kW)

DATUM DES ERSTFLUGS:
31. Dezember 1940

BEWAFFNUNG:
Je eine 20 mm Typ 99-MK in Bug-, Rumpfober- und -unterseiten-, Rumpfseiten-Ständen und einem Heckstand; maximale Abwurfwaffen-Zuladung (Bomben/Minen) 2000 kg an Unterflügel-Aufhängungen

BESONDERE MERKMALE:
Freitragender Schulterdecker; Bootsrumpf; Sternmotoren

Kawanishi N1K2-J Shiden-KAI Japan

Einmotoriger Jagdeinsitzer

Der landgestützte Jagdeinsitzer N1K1-J wurde vom Kawanishi auf eigenes Risiko aus ihrem N1K1 Kyofu-Marinejäger mit Schwimmern entwickelt. Obwohl der Aufbau beider Muster grundsätzlich übereinstimmte, war der Flügel als Mitteldecker höher gelegt und das Schwimmwerk durch ein Fahrgestell ersetzt worden – das sich in der Folgezeit als sehr anfällig herausstellen sollte. Der Jäger war als schneller Ersatz für die ehrwürdige Mitsubishi A6M gedacht, und als er im Oktober 1944 bei Luftkämpfen auftauchte, wurden seine Jagdqualitäten von alliierten Piloten mit Respekt anerkannt. Die Fahrwerksprobleme hatten Kawanishi schon Mitte 1943 bewogen, an eine verbesserte Version N1K2-J heranzugehen. Für das neue Fahrgestell wurde der Flügel wieder als Tiefdecker angeordnet. Weitere Änderungen waren ein weiter nach vorne verlegter Motor und, dadurch bedingt, eine Rumpfverlängerung nach hinten, sowie die Installation eines neuen Leitwerks. Die Muster kamen im Juli 1944 heraus. Acht Werke wurden für die Massenfertigung eingerichtet, aber B-29-Angriffe verhinderten, dass mehr als 428 Stück ausgeliefert werden konnten. Shiden-KAI waren die besten japanischen Marinejäger und ihren Gegnern ebenbürtig.

BESCHREIBUNG:

BESATZUNG:
Pilot

ABMESSUNGEN:
Länge: 9,35 m
Spannweite: 12,00 m
Höhe: 3,96 m

MASSEN:
Leermasse: 2657 kg
Max. Startmasse: 4860 kg

LEISTUNGEN:
Höchstgeschwindigkeit: 594 km/h
Reichweite: 2395 km
Antrieb: Nakajima NK9H Homare 21
Motorleistung: 1990 PS (1484 kW)

DATUM DES ERSTFLUGS:
31. Dezember 1943

BEWAFFNUNG:
Vier starre 20 mm Typ 99 Modell 2-MK im Flügel; maximale Bombenzuladung 500 kg an Unterflügel-Aufhängungen

BESONDERE MERKMALE:
Freitragender Tiefdecker; verkleideter Sternmotor; Einziehfahrwerk; Vierblatt-Luftschraube

Kawasaki Ki-100 Japan

Einmotoriger Jagdeinsitzer

Die Ki-100 wurde aus dem dringenden Bedürfnis heraus entwickelt, die das japanische Mutterland aus 10.000 m Höhe angreifenden amerikanischen B-29-Bomber abzufangen. Ursprünglich sollte die Ki-61-II-KAI diese Aufgabe übernehmen, aber ernsthafte Probleme mit dem flüssigkeitsgekühlten Ha-140-Triebwerk hatten zu mehr als 200 motorlosen Zellen geführt. Im November 1944 wurde Kawasaki vom Waffenministerium beauftragt, sich für einen Alternativ-Antrieb zu entscheiden. Die Wahl fiel auf den Doppelsternmotor Mitsubishi Ha-112. Studien an einer importierten deutschen Fw 190 ließen eine Lösung zu, das bullige Triebwerk in die schlanke Zelle einzubauen. Die Arbeiten schritten so schnell fort, dass zwischen März und Juni 1945 bereits 271 Zellen mit dem Ha-112 ausgerüstet werden konnten. Sie erzielte die erwarteten Erfolge gegen die B-29-Bomber. Aber auch gegen ihre Jagdeinsitzer-Gegenspieler wie Hellcat, Mustang und Corsair konnten sie sich behaupten. Besonders beliebt aber war sie beim Bodenpersonal, das zwei Jahre unter der Ki-61/Ha-140 gelitten hatte. Eine Version Ki-100-Ib ging im Mai 1945 mit abgeflachtem Rumpf und einer Vollsichthaube für den Piloten in die Fertigung.

BESCHREIBUNG:

BESATZUNG:
Pilot

ABMESSUNGEN:
Länge: 8,82 m
Spannweite: 12,00 m
Höhe: 3,75 m

MASSEN:
Leermasse: 2525 kg
Max. Startmasse: 3495 kg

LEISTUNGEN:
Höchstgeschwindigkeit: 579 km/h
Reichweite: 2200 km
Antrieb: Mitsubishi Ha-112-II
Motorleistung: 1500 PS (1118 kW)

DATUM DES ERSTFLUGS:
1. Februar 1945

BEWAFFNUNG:
Zwei starre 20 mm HO-5-MK im Bug und zwei 12,7 mm HO-103-MG im Flügel; maximale Bombenzuladung 500 kg an Unterflügel-Aufhängungen

BESONDERE MERKMALE:
Freitragender Tiefdecker; verkleideter Sternmotor; Einziehfahrwerk; Dreiblatt-Luftschraube

LaGG-3 SOWJETUNION
Einmotoriger Jagdeinsitzer

Der 1938/39 ganz aus Holz entwickelte Jagdeinsitzer wurde ursprünglich I-22 genannt, dann aber zu Ehren seiner Konstrukteure Lawotschkin, Gorbunow und Gudkow in LaGG-1 umgetauft. Der Prototyp, erstmals am 30. März 1939 geflogen, zeigte bei der Flugerprobung erhebliche Nachteile sowohl bei den Leistungen als auch bei den Eigenschaften, so dass Flügelschlitze und ein neuer Außenflügel in Verbindung mit weiteren aerodynamischen Verbesserungen zur Anwendung kamen. Weiterhin wurde die Strukturmasse verringert und die Bewaffnung verstärkt. Nach weiteren Flugversuchen ging die LaGG-1 Ende 1940 mit einem 1100 PS M-105P in die Fertigung. Mit einem stärkeren M-105PF-Triebwerk kam das Muster als LaGG-3 Anfang 1941 zum Einsatz. Durch die einfache Bauweise konnten in den zwei Jahren bis zum Produktionsauslauf im Juni 1942 insgesamt 6527 LaGG-3 gefertigt werden. Die LaGG-3, die Anfang 1942 auch wegen ihrer Robustheit das Gros der sowjetischen Jagdverbände stellte, wies jedoch – gemessen an der deutschen Ausrüstung – wesentliche Mängel auf, darunter die unzureichende Wendigkeit und die Trudeltendenz beim Kurvenflug. Sie war allen deutschen Jägern unterlegen.

BESCHREIBUNG:

BESATZUNG:
Pilot

ABMESSUNGEN:
Länge: 8,90 m
Spannweite: 9,80 m
Höhe: 2,69 m

MASSEN:
Leermasse: 2620 kg
Max. Startmasse: 3280 kg

LEISTUNGEN:
Höchstgeschwindigkeit: 560 km/h
Reichweite: 800 km
Antrieb: Klimow M-105PF
Motorleistung: 1240 PS (925 kW)

DATUM DES ERSTFLUGS:
30. März 1940

BEWAFFNUNG:
Eine durch die Luftschraubennabe schießende starre 20/23 mm Schwak-MK und zwei 7,62 mm Schkas-MG/12,7 mm Beresin-MG im oberen Rumpfbug; maximale Waffenzuladung (Bomben/Raketen) 200 kg an Unterflügel-Aufhängungen

BESONDERE MERKMALE:
Freitragender Tiefdecker; verkleideter Reihenmotor; Einziehfahrwerk; Dreiblatt-Luftschraube

Lawotschkin La-5/-7 SOWJETUNION

Einmotoriger Jagdeinsitzer

Die La 5 wurde als Ersatz für die LaGG-3 Anfang 1942 mit dem Doppelsternmotor Schwezow M-82 konzipiert. Sie wurde nicht nur wesentlich schneller als das Vorgängermuster, sondern zeigte ansprechende Leistungen auch in mittleren und großen Höhen Die ersten Exemplare, die an die Front kamen, waren praktisch LaGG-3-Zellen mit dem neuen Triebwerk. Aber nicht nur die Antriebsquelle hatte sich geändert, sondern auch die Bewaffnung: Zwei 20 mm MK wurden anstelle der bisherigen Maschinengewehre eingebaut. In den späten Märztagen des Jahres 1943 begann die Fertigung der La-5FN, die sich durch die Einspritz-Variante M-82N des Motors für verbesserte Höhenleistungen und durch eine Abdeckhaube für den Pilotensitz, die eine bessere Rundumsicht über den hinten abgeflachten Rumpf gesattete, unterschied. Diese Version war der Bf 109G ebenbürtig und konnte es sogar mit der Fw 190 aufnehmen. Im November 1943 nahm die weiter verbesserte La-7 ihre Einsatzerprobung auf. Sie besaß weniger Masse und, wie späte La-5FN, einen Metallholm. Ab ihrem Einsatzdebüt im Frühjahr 1944 wurde sie zur bevorzugten Maschine der meisten sowjetischen Jagdflieger-Asse.

BESCHREIBUNG:

BESATZUNG:
Pilot

ABMESSUNGEN:
Länge: 8,90 m
Spannweite: 9,80 m
Höhe: 2,60 m

MASSEN:
Leermasse: 2620 kg
Max. Startmasse: 3400 kg

LEISTUNGEN:
Höchstgeschwindigkeit: 680 km/h
Reichweite: 990 km
Antrieb: Schwezow M-82FN
Motorleistung: 1850 PS (1380 kW)

DATUM DES ERSTFLUGS:
März 1942

BEWAFFNUNG:
Zwei oder drei starre 20 mm Schwak-MK im oberen Rumpfbug; maximale Zuladung an Abwurfwaffen (Bomben/Raketen) 200 kg an Unterflügel-Aufhängungen

BESONDERE MERKMALE:
Freitragender Tiefdecker; verkleideter Sternmotor; Einziehfahrwerk; Dreiblatt-Luftschraube

Lisunow Li-2 SOWJETUNION

Zweimotoriger mehrsitziger Transporter

Boris Pawlowitsch Lisunow, der zwischen 1938 und 1940 bei Douglas amerikanische Produktionsmethoden studiert hatte, wurde als verantwortlicher Ingenieur zur Überwachung des Abkommens zum Lizenbau der DC-3 in der Sowjetunion bestellt. Lisunow wandelte das Muster für einheimische Fertigungskapazitäten und sowjetische Triebwerke als PS-84 ab. Gegenüber den Originalplänen wurden nicht weniger als 1293 Änderungen durchgeführt. Dazu gehörten neben anderen Motoren weitere Fenster, eine zusätzliche Passagiertür auf der rechten Seite, eine verringerte Spannweite und eine teilweise verstärkte Struktur. Die erste PS-84 kam im Juni 1940 aus den Fertigungsstätten bei Moskau. Sie mussten 1941 wegen des deutschen Vormarsches nach Taschkent verlegt werden. Obwohl ursprünglich für die staatliche Luftverkehrsgesellschaft Aeroflot bestimmt, kam das Muster in größerer Anzahl während des Zweiten Weltkriegs als Militärtransporter zum Einsatz. Es wurde 1942 in Lisunow Li-2 umgetauft und blieb bis weit in die fünfziger Jahre bei den verschiedensten sowjetischen Institutionen und zu verschiedensten Zwecken im Einsatz. Die Gesamtzahl der von 1940 bis 1950 gebauten Li-2 betrug 4863 Stück.

BESCHREIBUNG:

BESATZUNG:
Pilot, Copilot, Navigator und bis zu 24 Passagiere

ABMESSUNGEN:
Länge: 19,64 m
Spannweite: 28,81 m
Höhe: 5,16 m

MASSEN:
Leermasse: 7100 kg
Max. Startmasse: 11.000 kg

LEISTUNGEN:
Höchstgeschwindigkeit: 320 km/h
Reichweite: 2400 km
Antrieb: zwei Schwezow Ash-62IRS
Motorleistung: 2000 PS (1491 kW)

DATUM DES ERSTFLUGS:
Anfang 1940

BESONDERE MERKMALE:
Freitragender Tiefdecker; Einziehfahrwerk; zwei verkleidete Sternmotoren; großes Seitenleitwerk

Lockheed P-38 Lightning USA
Zweimotoriger Jagdeinsitzer

Die P-38 Lightning war der erste Versuch von Lockheed, in das Feld militärischer Hochleistungsprodukte vorzudringen. 1937 schrieb das USAAC einen Konstruktions-Wettbewerb für einen Jagdeinsitzer mit derartig hochgesteckten Leistungsdaten aus, dass er nach Ansicht der meisten Bewerber nur durch ein zweimotoriges Muster zu gewinnen war. Lockheed schlug eine unkonventionelle Bauform mit zentraler Gondel und zwei Leitwerksträgern vor, die sich besonders gut für den Einbau der vorgesehenen Abgas-Turbolader eigneten. Die Flugerprobung mit dem Prototyp XP-38, mit dem erstmals Glattblechbeplankung bei einem amerikanischen Jäger eingeführt wurde, verlief bereits so erfolgreich, dass sich spätere Serienmuster außer durch leistungsstärkere Triebwerke und geringe Änderungen an den Rudern kaum von ihm unterschieden. Seinen Namen Lightning erhielt er durch die Briten, die das Muster 1940 im Rahmen der Land-Lease bestellt hatten. Da sich die Amerikaner zu diesem Zeitpunkt noch nicht entschließen konnten, ihre Abgas-Aufladetechnik in Übersee preiszugeben, blieben die Leistungen so schlecht, dass die Mehrzahl der Maschinen zurück in die USA ging. P-38 mit definitiv aufgeladenen Motoren erwiesen sich den Jägern der Achsenmächte jedoch als gleichwertig.

BESCHREIBUNG:

BESATZUNG:
Pilot

ABMESSUNGEN:
Länge: 11,53 m
Spannweite: 15,85 m
Höhe: 3,00 m

MASSEN:
Leermasse: 5797 kg
Max. Startmasse: 9798 kg

LEISTUNGEN:
Höchstgeschwindigkeit: 666 km/h
Reichweite: 3637 km
Antrieb: zwei Allison V-1710-89/-91S
Motorleistung: 2850 PS (2126 kW)

DATUM DES ERSTFLUGS:
27. Januar 1939

BEWAFFNUNG:
Eine starre 20 mm AN-M2 „C"-MK und vier 12,7 mm Browning-MG im Bug; maximale Zuladung an Abwurfwaffen (Bomben/Raketen) 1814 kg an Unterflügel-Aufhängungen

BESONDERE MERKMALE:
Freitragender Mitteldecker; einziehbares Bugrad-Fahrgestell; zwei verkleidete Reihenmotoren; Zentralgondel und zwei Leitwerksträger; Kühler und Lader in den Leitwerksträgern

Lockheed Hudson USA
Zweimotoriger mehrsitziger Aufklärer/Bomber

Die Lockheed Hudson war für Langstrecken-Aufklärungsmissionen aus dem Verkehrsflugzeug Modell 14 Super Electra entwickelt und von einer britischen Einkaufskommission im Juni 1938 in 200 Exemplaren bestellt worden. Für diesen Auftrag musste Lockheed sein Werk im kalifornischen Burbank erheblich ausbauen, bevor das erste Muster im Dezember 1938 vom Band rollen konnte. Die Lieferungen begannen zwei Monate später und endeten erst im Juni 1943, als 2000 Hudson an die Briten überführt worden waren. Das Muster rüstete insgesamt 37 Einheiten der *RAF* aus, hauptsächlich mit dem *Coastal Command*, das es für Patrouillenflüge über heimatlichen Gewässern, den Nord- und Südatlantik, dem Mittelmeer und dem Indischen Ozean einsetzte. Die australische *RAAF* übernahm 247 Hudson ab Januar 1940. Sie operierten über Niederländisch-Ostindien, Neuguinea und dem Malaiischen Archipel. Nicht zuletzt übernahmen auch die amerikanischen Streitkräfte Flugzeuge des Musters Lockheed Hudson, wenn auch nur in geringeren Mengen: Das *USAAC* bestellte 217 Stück als AT-18 für die Bordschützen-Ausbildung, die *US Navy* 20 Exemplare als U-Boot-Suchflugzeuge.

BESCHREIBUNG:

BESATZUNG:
Pilot, Copilot, Navigator, Bombenschütze und Waffenturm-Schütze

ABMESSUNGEN:
Länge: 13,51 m
Spannweite: 19,96 m
Höhe: 3,62 m

MASSEN:
Leermasse: 5443 kg
Max. Startmasse: 8393 kg

LEISTUNGEN:
Höchstgeschwindigkeit: 394 km/h
Reichweite: 3150 km
Antrieb: zwei Wright GR-1820-G102AS
Motorleistung: 2200 PS (1640 kW)

DATUM DES ERSTFLUGS:
10. Dezember 1938 (Hudson I)

BEWAFFNUNG:
Zwei starre 7,62 mm Browning-MG im Bug und ein bewegliches Zwillings-MG im Drehturm sowie einzelne in Fensterständen und am Boden; maximale Zuladung an Abwurfwaffen (Bomben/Wasserbomben) 341 kg im Bombenschacht

BESONDERE MERKMALE:
Freitragender Mitteldecker; zwei verkleidete Sternmotoren; doppeltes Seitenleitwerk; Drehturm auf dem Rumpf

Lockheed Modell 18 Lodestar USA
Zweimotoriger mehrsitziger Transporter

Den Abschluss der erfolgreichen Reihe zweimotoriger Lockheed Verkehrsflugzeuge bildete das Modell 18, praktisch ein vergrößertes Modell 14. Es war in der Lage, bis zu 14 Passagiere schnell und komfortabel auf den eingerichteten Luftverkehrs-Strecken zu befördern. Es gab eine Reihe von Versionen, die sich in der Regel durch die eingebauten Triebwerke unterschieden. Das erste militärische Interesse an der Konstruktion zeigte 1940 die *US Navy*, die die Lodestar in drei Versionen bestellte: Für Stabstransporte als R5O-4, als Mannschaftstransporter als R5O-5 und als genereller Truppentransporter unter der Bezeichnung R5O-6. Im Jahr darauf bestellte das *USAAC* 13 Lodestar. Sie wurden als C-57 bezeichnet. Die nach dem Angriff auf Pearl Harbor durch das Army Air Corps requirierten zivilen Lodestar dagegen wurden C-56 genannt. 1942/43 kaufte die *USAAF* weitere Maschinen bei Lockheed ein, nämlich 350 Stück, die als C-60 bezeichnet wurden. Sie gingen hauptsächlich an die *RAF* oder an andere Luftstreitkräfte des Britischen Reichs. Nach dem Krieg wurden viele Lodestar in eine zivile Rolle als Verkehrs- oder Frachtflugzeuge zurückverwandelt, einige sogar als Privat-Reiseflugzeuge.

BESCHREIBUNG:

BESATZUNG:
Pilot, Copilot, Navigator und 14 Passagiere

ABMESSUNGEN:
Länge: 15,19 m
Spannweite: 19,96 m
Höhe: 3,38 m

MASSEN:
Leermasse: 5284 kg
Max. Startmasse: 7938 kg

LEISTUNGEN:
Höchstgeschwindigkeit: 407 km/h
Reichweite: 2575 km
Antrieb: zwei Wright R-1820-71S
Motorleistung: 2400 PS (1790 kW)

DATUM DES ERSTFLUGS:
21. September 1939

BESONDERE MERKMALE:
Freitragender Tiefdecker; Einziehfahrwerk; zwei verkleidete Sternmotoren; doppeltes Seitenleitwerk

Lockheed B-34/PV Ventura/Harpoon USA

Zweimotoriger mehrsitziger Bomber/Aufklärer

Lockheed wurde durch die Erfolge mit der Hudson angespornt, für die *RAF* auf der Basis ihres Modells 18 Lodestar einen fortschrittlicheren zweimotorigen Bomber zu bauen. Das Flugzeug war nicht nur größer als der Vorgänger, sondern hatte auch leistungsstärkere Triebwerke, einen Drehturm auf dem Rumpfrücken und konnte mehr Bomben tragen. Das erste der 675 von den Briten bestellten Exemplare begann seinen Einsatz beim *Bomber Command* am 3. November 1942. Die hohen Verluste bei anschließenden Tages-Angriffen offenbarten die Verwundbarkeit der Ventura. Die Folge: Die Überlebenden der bereits gelieferten Maschinen gingen an das *Coastal Command* und der Rest der bestellten, über 350, wurde annulliert. Überschüssige Flugzeuge übernahm die *USAAF*. Sie setzte sie unter der Bezeichnung B-34 zur See-Überwachung ein. Auch die *US Navy* zeigte Interesse an dem Muster und flog nicht weniger als 1600 Stück als PV-1 Ventura. Die verbesserte PV-2 Harpoon wurde im Juni 1943 bestellt und in 500 Exemplaren ab März 1944 ausgeliefert. Sowohl PV-1 als auch -2 kamen im Pazifik zum Einsatz. Einige dienten bei der *Navy Reserve* bis in die späten Vierziger.

BESCHREIBUNG:

BESATZUNG:
Pilot, Copilot, Navigator und zwei MG-Schützen

ABMESSUNGEN:
Länge: 15,67 m
Spannweite: 19,96 m
Höhe: 3,63 m

MASSEN:
Leermasse: 7836 kg
Max. Startmasse: 12.360 kg

LEISTUNGEN:
Höchstgeschwindigkeit: 507 km/h
Reichweite: 1529 km
Antrieb: zwei Pratt & Whitney R-2800-31 Double Wasp
Motorleistung: 4000 PS (2982 kW)

DATUM DES ERSTFLUGS:
31. Juli 1941

BEWAFFNUNG:
Zwei starre 12,7 mm Browning-MG im Bug sowie bewegliche 12,7 mm Browning-Zwillings-MG im Drehturm auf dem Rumpf und einem Stand im Rumpfboden; maximale Zuladung an Abwurfwaffen (Bomben/Wasserbomben) 1360 kg im Bombenschacht und 907 kg an Unterflügel-Aufhängungen

BESONDERE MERKMALE:
Freitragender Mitteldecker; zwei verkleidete Sternmotoren; doppeltes Seitenleitwerk

Macchi C.200 Saetta ITALIEN

Einmotoriger Jagdeinsitzer

Wie die meisten italienischen Jagdeinsitzer war auch die C.200 mit ihrer außergewöhnlichen Wendigkeit und den ausgewogenen Flugeigenschaften ein ausgesprochenes Piloten-Flugzeug. Aber genau wie ihre zeitgenössischen Mitstreiter war sie wegen ihrer Ausstattung mit nur zwei 12,7 mm-MG hoffnungslos unterbewaffnet. Die Saetta kam im Oktober 1939 zur *Regia Aeronautica*, und bis Oktober des folgenden Jahres waren 156 ausgeliefert. Die ersten 240 Exemplare der C.200 wurden mit geschlossenem Führersitz gebaut. Dieser entfiel, als sich die Piloten über die schlechte Belüftbarkeit der Kabine und die eingeschränkte Sicht beschwerten. Bis auf den dann offen gestalteten Führersitz blieb die Saetta während ihrer kompletten Bauzeit unverändert. Erste Gefechte mit dem Muster fanden 1940 über Malta statt. Sie breiteten sich über Nordafrika, Griechenland, Jugoslawien, Sizilien und die Ostfront aus. Ähnlich anderen überlebenden italienischen Flugzeuge flogen Saetta nach der Kapitulation Italiens im September 1943 bei der mit den Alliierten kooperierenden *Belligent Air Force* oder bei der prodeutschen *Aeronautica Nazionale Repubblicana*.

BESCHREIBUNG:

BESATZUNG:
Pilot

ABMESSUNGEN:
Länge: 8,19 m
Spannweite: 10,58 m
Höhe: 3,50 m

MASSEN:
Leermasse: 2019 kg
Max. Startmasse: 2590 kg

LEISTUNGEN:
Höchstgeschwindigkeit: 502 km/h
Reichweite: 870 km
Antrieb: Fiat A.74 RC38
Motorleistung: 870 PS (649 kW)

DATUM DES ERSTFLUGS:
24. Dezember 1937

BEWAFFNUNG:
Zwei starre 12,7 mm SAFAT-MG im Rumpf (spätere Maschinen zusätzlich mit zwei starren 7,7 mm Breda-SAFAT-MG im Flügel); maximale Bombenzuladung 320 kg an Unterflügel-Aufhängungen

BESONDERE MERKMALE:
Freitragender Tiefdecker; Einziehfahrwerk; verkleideter Sternmotor; offener Führersitz mit Kopfabfluss

Macchi C.202 Folgore ITALIEN
Einmotoriger Jagdeinsitzer

Wenn auch die C.200 ein brauchbarer Jagdeinsitzer war, so fehlte es ihm doch immer an genügender Horizontal-Geschwindigkeit. Um das Problem zu lösen, entschloss sich Macchi, auf das ausgezeichnete Daimler-Benz DB 601A-Triebwerk – das sich in der Messerschmitt Bf 109E so bewährt hatte – zurückzugreifen. Das Flugzeug war fast 100 km/h schneller als die C.200, hatte eine Steiggeschwindigkeit, die wesentlich höher lag, und konnte in Höhen über 11.500 m eingesetzt werden. Unter der Bezeichnung C.202 erreichten erste Flugzeuge die Einsatzeinheiten im Juli 1941. Sie waren noch mit importierten Triebwerken ausgestattet. Mehr als 800 weitere wurden jedoch mit Motoren geliefert, die Alfa Romeo unter Lizenz herstellte. Unvorteilhaft für die Einsatzpiloten war jedoch, dass Macchi auch bei diesem Jäger an der Bestückung mit nur zwei Waffen festhielt. Später wurden sie allerdings mit Unterflügel-Waffen nachgerüstet. Die Folgore war während ihres Afrika-Einsatzes den Gegenspielern Hurricane II und Tomahawk/Kittyhawk überlegen. Sie wurde auch an der Ostfront, dem Balkan sowie über Malta und Sizilien eingesetzt. Und wie die C.200 kämpfte sie nach Italiens Zusammenbruch auf beiden Seiten der Fronten.

BESCHREIBUNG:

BESATZUNG:
Pilot

ABMESSUNGEN:
Länge: 8,85 m
Spannweite: 10,58 m
Höhe: 3,03 m

MASSEN:
Leermasse: 2515 kg
Max. Startmasse: 3069 kg

LEISTUNGEN:
Höchstgeschwindigkeit: 598 km/h
Reichweite: 764 km
Antrieb: Alfa Romeo RA.1000 RC41-1 Monsone
Motorleistung: 1175 PS (876 kW)

DATUM DES ERSTFLUGS:
10. August 1940

BEWAFFNUNG:
Zwei starre 20 mm SAFAT-MK im Rumpf (spätere Maschinen mit zusätzlich zwei starren 7,7 mm-MG im Flügel, einige auch mit zwei zusätzlichen starren 20 mm MG 151/20 unter dem Flügel); maximale Bombenzuladung 320 kg an Unterflügel-Aufhängungen

BESONDERE MERKMALE:
Freitragender Tiefdecker; verkleideter Reihenmotor

Martin B-26 Marauder USA

Zweimotoriger mehrsitziger Bomber

Martin profitierte von seinen früheren Erfahrungen als erfolgreicher Hersteller von Bombern, als er sich bei der *USAAC*-Ausschreibung von 1939 für einen mittleren Bomber beteiligte. Erwartungsgemäß wurde Martin Sieger mit einer aerodynamisch sorgfältig ausgefeilten Konstruktion, für die ein relativ kleiner, für hohe Kampf-Geschwindigkeiten ausgelegter Flügel ausgewählt worden war, mit dem sich auf der anderen Seite eine moderate Landegeschwindigkeit erzielen ließ. Vom Reißbrett weg wurden nicht weniger als 1100 Maschinen bestellt. Doch die wegen fehlender Hinweise auf die Landegeschwindigkeit extrem hoch gewählte Flächenbelastung erwies sich als Hürde für junge, unerfahrene Piloten. So erwarb sich die B-26, als sie im Frühjahr 1941 zur Truppe kam, schnell den Ruf als „Witwenmacher". Martin verbesserte die Flugeigenschaften durch vergrößerte Spannweite und erhöhtes Seitenleitwerk. Ironischerweise behielt sie Ihren Spitznamen, obwohl die B-26 bei Ihren Einsätzen in Europa die geringste Verlustrate aller US-Bomber hatte. Sie wurde auch im Pazifik eingesetzt. Die *RAF* erhielt 522 Stück der insgesamt 5157 gebauten B-26 Marauder.

BESCHREIBUNG:

BESATZUNG:
Pilot, Copilot, Bomben-/Bugschütze, Funker, Navigator, Turm- und Heckschütze

ABMESSUNGEN:
Länge: 17,00 m
Spannweite: 19,80 m
Höhe: 6,04 m

MASSEN:
Leermasse: 10.433 kg
Max. Startmasse: 14.515 kg

LEISTUNGEN:
Höchstgeschwindigkeit: 500 km/h
Reichweite: 1850 km
Antrieb: zwei Pratt & Whitney R-2800-5 Double Wasp
Motorleistung: 3700 PS (2760 kW)

DATUM DES ERSTFLUGS:
25. November 1940

BEWAFFNUNG:
Je ein bewegliches 7,62/12,7 mm Browning-Zwillings-MG im Bug und im Drehturm auf dem Rumpf sowie eine Einzelwaffe im Heck; maximale Bombenzuladung 2359 kg im Bombenschacht

BESONDERE MERKMALE:
Freitragender Mitteldecker; zwei verkleidete Sternmotoren; Waffenturm auf dem Rumpf

Martin PBM Mariner USA

Zweimotoriges mehrsitziges Marine Amphibium/Flugboot

Die *US Navy* verwendete die PBM Mariner vorwiegend im pazifischen Raum, wo sie unterschiedliche Aufgaben wie U-Boot-Bekämpfung, Seeüberwachung, Transporte und Seenot-Rettungsdienste übernahm. Die Marine hatte bereits im Dezember 1937 zwanzig Mariner bestellt, doch die ersten Flugzeuge wurden nicht vor 1941 (an die *VP-74*) geliefert. Obwohl ursprünglich mit nach innen in den Flügel einziehbaren Stützschwimmern ausgestattet, erhielt ein Jahr später die PBM-3 starre Stützschwimmer sowie nach hinten verlängerte Motorengondeln. Hauptproduktionsmodell wurde die PBM-5, die 1944 in die Fertigung ging und von der 631 Exemplare abgenommen werden konnten. Das daraus abgeleitete PBM-5A-Amphibium besaß zusätzlich ein einziehbares Bugrad-Fahrwerk. 36 Stück davon wurden gebaut und bei den US Coastal Guard als Seenot-Rettungsflugzeuge eingesetzt. Das britische RAF Coastal Command erhielt 25 PBM-3B im August 1943, doch die Flugzeuge gingen sechs Wochen später in die USA zurück. Die australische RAAF setzte dagegen 12 PBM-3R ein. Als die Produktion der Mariner 1949 auslief, waren insgesamt 1405 Maschinen dieses Typs gebaut worden.

BESCHREIBUNG:

BESATZUNG:
Pilot, Copilot, Flugingenieur, Radarorter/Funker, Navigator und vier MG-Schützen

ABMESSUNGEN:
Länge: 2433 m
Spannweite: 35,97 m
Höhe: 8,40 m

MASSEN:
Leermasse: 15.422 kg
Max. Startmasse: 27.216 kg

LEISTUNGEN:
Höchstgeschwindigkeit: 330 km/h
Reichweite: 4345 km
Antrieb: zwei Pratt & Whitney R-2800-34 Double Wasp
Motorleistung: 4200 PS (3132 kW)

DATUM DES ERSTFLUGS:
18. Februar 1939

BEWAFFNUNG:
Je ein bewegliches 12,7 mm Browning-Zwillings-MG in Ständen am Bug, auf dem Rumpf und im Heck, sowie zwei Einzelwaffen in Fenstern der Rumpfseiten; maximale Zuladung an Abwurfwaffen (Bomben/Minen) 1814 kg in Magazinen der Motorgondeln

BESONDERE MERKMALE:
Freitragender Schulterdecker; Bootsrumpf; zwei Sternmotoren; doppeltes Seitenleitwerk

Messerschmitt Bf 109E DEUTSCHLAND
Einmotoriger Jagdeinsitzer

Die Bf 109 wurde nach Forderungen des Reichsluftfahrtministeriums für einen modernen Jagdeinsitzer entworfen, die 1934 an vier deutsche Flugzeug-Hersteller gegangen waren. Nach einer Vorentscheidung trat sie beim Vergleichsfliegen gegen den übrig gebliebenen Konkurrenten (He 112) an und wurde Sieger. Die grundsätzliche Einsatzfähigkeit stand bereits beim Spanischen Bürgerkrieg auf dem Ptüfstand. Als Deutschland im September 1939 in Polen einmarschierte, lief bereits die mit einem anderen Triebwerk ausgestattete Bf 109E vom Band. Die Kombination der erprobten Zelle mit dem Daimler-Benz DB 601-Motor war bereits im Juni 1937 erprobt worden, aber Probleme mit der Antriebsquelle hatten die Auslieferung der Bf 109E bis 1939 verzögert. Das Muster wurde als Jäger, Aufklärer und Jagdbomber gebaut. Allen seinen Kontrahenten war es überlegen bis auf die Spitfire Mk I/II, die ungefähr die gleichen Leistungen aufwiesen. Außer über Polen kämpften Bf 109E im Frankreich-Feldzug, bei der Schlacht über England, auf dem Balkan und in den Anfangsphasen der Kriegsereignisse in Nordafrika und in der Sowjetunion.

BESCHREIBUNG:

BESATZUNG:
Pilot

ABMESSUNGEN:
Länge: 8,55 m
Spannweite: 9,87 m
Höhe: 2,49 m

MASSEN:
Leermasse: 1900 kg
Max. Startmasse: 2665 kg

LEISTUNGEN:
Höchstgeschwindigkeit: 560 km/h
Reichweite: 660 km
Antrieb: Daimler-Benz DB 601Aa
Motorleistung: 1175 PS (876 kW)

DATUM DES ERSTFLUGS:
Juni 1937 (Bf 109 V10)

BEWAFFNUNG:
Zwei starre 7,92 mm MG 17 im oberen Rumpfbug und zwei 20 mm MG FF-MK im Flügel; maximale Bombenzuladung 250 kg unter dem Rumpf

BESONDERE MERKMALE:
Freitragender Tiefdecker; verkleideter Reihenmotor; Einziehfahrwerk; abgestrebtes Höhenleitwerk; festes Spornrad

Messerschmitt Bf 109G Deutschland

Einmotoriger Jagdeinsitzer

Die Bf 109G war die erfolgreichste Variante des deutschen Standard-Jägers. Sie wurde von Anfang 1942 an in steigenden Stückzahlen bis zum Kriegsende gebaut – mehr als 24.000 Bf 109G/K insgesamt. Seit dem Herauskommen des Grundmodells G-1 wurden sowohl im Werk als auch bei den Feldeinheiten zahlreiche Änderungen durchgeführt. Dazu gehörten mehr Waffen, verbesserte Funkeinrichtungen, ein Leitwerk aus Holz und das in der Leistung hochgefahrene DB 605D-Triebwerk. Um die Ausrüstung zu vereinheitlichen, griff Messerschmitt viele dieser Änderungen auf und kombinierte sie 1942 in der Version Bf 109G-6. Die zusätzlichen Massen und Einbauten überforderten die ursprüngliche Zellen-Auslegung. Unglücklicherweise litt darunter gegenüber früheren Modellen die Wendigkeit, und die der Maschine angeborenen Schwächen im Langsamflug durch ungenügende Stabilität um die Längsachse vergrößerten sich. Die letzte Version, die noch in größeren Mengen herauskam, war die Messerschmitt Bf 109K-4. Sie vereinte alle guten Eigenschaften der Versionen aus den G-Reihen in sich und besaß den DB 605DCM, eine verbesserte Führerraum-Abdeckung und ein neues Leitwerk.

BESCHREIBUNG:

BESATZUNG:
Pilot

ABMESSUNGEN:
Länge: 9,03 m
Spannweite: 9,92 m
Höhe: 2,50 m

MASSEN:
Leermasse: 2673 kg
Max. Startmasse: 3400 kg

LEISTUNGEN:
Höchstgeschwindigkeit: 621 km/h
Reichweite: 998 km
Antrieb: Daimler-Benz DB 605AM
Motorleistung: 1800 PS (1342 kW)

DATUM DES ERSTFLUGS:
Spätsommer 1941

BEWAFFNUNG:
Eine starre, durch die Luftschraubennabe schießende 20 mm MG FF-MK, und zwei 13 mm MG 131 im oberen Rumpfbug (zwei weitere 20 mm MG FF können in Gondeln unter dem Flügel mitgeführt werden); Unterflügel- und Unterrumpf-Aufhängungen für Außenlasten

BESONDERE MERKMALE:
Freitragender Tiefdecker; verkleideter Reihenmotor; Einziehfahrwerk; festes Spornrad

Messerschmitt Bf 110 DEUTSCHLAND

Zweimotoriges zwei-/dreisitziges Jagdflugzeug

Göring selbst hatte die Aufstellung von zweimotorigen „Zerstörer"-Formationen als Langstrecken-Jagdschutz für Bomber angeregt. Ende 1934 begann Messerschmitt mit der Bf 110 einen derartigen Entwurf auszuarbeiten, der hohe Geschwindigkeit, große Reichweite, schwere Bewaffnung und die Wendigkeit eines Jagdeinsitzers aufweisen sollte. Bei seinem Einsatzdebüt in Polen war er infolge der deutschen Luftüberlegenheit erfolgreich. Die Erfolge dauerten während des Sitzkrieges (zwischen Ende September 1939 und Mai 1940) und beim Beginn des Feldzugs im Westen an. Doch bei der Schlacht um England zeigte die Kompromisslösung ihre Leistungsschwächen. Nach dem Verlust von über 200 Bf 110 wurde sie aus der Tagjagd genommen und a weniger exponierte Kriegsschauplätze wie den Balkan und das Mittelmeer verlegt oder den Nachtjägern überlassen. Und in dieser Rolle sollte das Muster noch einmal erfolgreich werden. 1943 waren 60 % der deutschen Nachtjagdverbände mit den speziellen, mit Suchradar ausgestatteten Modellen der Me 110G-Reihe ausgerüstet. Die Dreisitzer verrichteten ihre Arbeit so gründlich, dass sie bis März 1945 in der Fertigung blieben.

BESCHREIBUNG:

BESATZUNG:
Pilot und Funker/MG-Schütze hintereinander (zusätzlicher Radarorter im Nachtjäger)

ABMESSUNGEN:
Länge: 12,07 m
Spannweite: 16,25 m
Höhe: 4,18 m

MASSEN:
Leermasse: 5094 kg
Max. Startmasse: 9888 kg

LEISTUNGEN:
Höchstgeschwindigkeit: 550 km/h
Reichweite: 900 km
Antrieb: zwei Daimler-Benz DB 605B-1S
Motorleistung: 2950 PS (2200 kW)

DATUM DES ERSTFLUGS:
12. Mai 1936

BEWAFFNUNG:
Zwei starre 30 mm MK 108 und vier 7,92 mm MG 17 im Bug und ein bewegliches 7,92 mm Zwillings-MG im hinteren Besatzungsraum; maximale Waffenzuladung (Bomben/Raketen) 1200 kg an Unterflügel-Aufhängungen

BESONDERE MERKMALE:
Freitragender Tiefdecker; zwei verkleidete Reihenmotoren; doppeltes Seitenleitwerk

Messerschmitt Me 410 DEUTSCHLAND

Zweimotoriger zweisitziger Jagdbomber

Das Nachfolgemuster für die Messerschmitt Bf 110, die Me 210, erwies sich als Fehlschlag. Deshalb wurde versucht, mit der verbesserten Me 410 die schlechten Flugeigenschaften der Me 210 auszumerzen. Dafür erhielt sie einen verlängerten und im Heck vertieften Rumpf, neue Außenflügel, automatische Vorflügel, veränderte Querruder und Landeklappen sowie die leistungsstärkeren Daimler-Benz DB 603-Triebwerke. Nach dem Einflug im Herbst 1942 schritt die Entwicklung so schnell fort, dass bereits im Januar 1943 die ersten Maschinen bei den Einsatzeinheiten eintrafen. Eingesetzt wurde die Me 410 als Jagdbomber, als schneller Aufklärer, als Abfangjäger für schwere Bomber sowie als Nachtjäger. Das Flugzeug führte seine ersten Missionen Anfang 1943 über Südengland aus, als es bei nächtlichen Einsätzen in seiner Rolle als Jagdbomber auftrat. Weitere Operationsgebiete für das zweisitzige Muster waren der Mittelmeerraum, die Ostfront und schließlich die Reichsverteidigung. Obwohl die Me 410 insgesamt mit guten Leistungen aufwarten konnte, erwies sie sich als genau so verwundbar wie die Bf 110, die sie ersetzen sollte. Die letzte der insgesamt 1160 gebauten wurde im September 1944 geliefert.

BESCHREIBUNG:

BESATZUNG:
Pilot und Funker/Radarorter/MG-Schütze hintereinander

ABMESSUNGEN:
Länge: 12,48 m
Spannweite: 16,35 m
Höhe: 4,28 m

MASSEN:
Leermasse: 7982 kg
Max. Startmasse: 11.236 kg

LEISTUNGEN:
Höchstgeschwindigkeit: 629 km/h
Reichweite: 2333 km
Antrieb: zwei Daimler-Benz DB 603A
Motorleistung: 3500 PS (2610 kW)

DATUM DES ERSTFLUGS:
Herbst 1942

BEWAFFNUNG:
Zwei 20 mm MG 151/20-MK und zwei 7,92 mm MG 17 starr im Bug sowie zwei 13 mm MG 131 in ferngesteuerten Drehständen an den Rumpfseitenwänden; maximale Bombenzuladung 1000 kg im Bombenschacht

BESONDERE MERKMALE:
Freitragender Tiefdecker; zwei verkleidete Reihenmotoren; stark verglaste Kabine

Messerschmitt Me 262 DEUTSCHLAND
Zweistrahliges ein-/zweisitziges Jagdflugzeug

Der erste Strahljäger der Welt, die Me 262, war gleichzeitig das fortschrittlichste Flugzeug seiner Zeit, das noch in das Kampfgeschehen des Zweiten Weltkriegs eingreifen konnte. Seine Entwicklung hatte 1938 begonnen. Der erste Prototyp – er besaß wegen der noch fehlenden Strahltriebwerke einen Kolbenmotor sowie ein Spornrad-Fahrwerk – machte am 4. April 1941 seinen Jungfernflug. Zum Nachteil von Messerschmitt blieb die Triebwerksentwicklung hinter den Fortschritten bei der Zellenentwicklung zurück. Deshalb konnte die erste mit den Jumo 004-Strahlturbinen ausgerüstete Mustermaschine – immer noch mit Spornrad ausgestattet – erst am 18. Juli 1942 zum Erstflug starten. Im März/April erhielt die Luftwaffe ihre ersten 13 Vorserienmaschinen für die Einsatzerprobung. Der Bau des Jagdeinsitzer Me 262A-1 verzögerte sich durch Hitlers unsinnigen Befehl, die Me 262 als Blitzbomber abzuwandeln. Infolge der massiven Bombardierung Deutschlands im letzten Kriegsjahr ist es erstaunlich, dass noch über 1400 Me 262 gebaut werden konnten. Doch Triebwerks-Engpässe und beschränkte Kraftstoff-Vorräte verhinderten den Einsatz von jeweils mehr als 200 Maschinen und damit noch größere Erfolge.

BESCHREIBUNG:

BESATZUNG:
Pilot (Pilot und Radarorter im Nachtjäger)

ABMESSUNGEN:
Länge: 10,60 m
Spannweite: 12,51 m
Höhe: 3,83 m

MASSEN:
Leermasse: 4420 kg
Max. Startmasse: 6396 kg

LEISTUNGEN:
Höchstgeschwindigkeit: 870 km/h
Reichweite: 1050 km
Antrieb: Zwei Junkers Jumo 004B-1/-2 oder -3 Strahlturbinen
Motorleistung: 17,8 kN

DATUM DES ERSTFLUGS:
18. Juli 1942 (erster Strahlflug)

BEWAFFNUNG:
Vier starre 30 mm MK 108 im Bug; maximale Waffenzuladung 500 kg an Aufhängungen unter Rumpf (Bombe) und Flügel (Raketen)

BESONDERE MERKMALE:
Freitragender Tiefdecker mit Pfeilflügel; zwei Strahlturbinen unter dem Flügel; einziehbares Bugrad-Fahrgestell

Messerschmitt Me 163 DEUTSCHLAND
Einstrahliger Jagdeinsitzer

Der einzige raketengetriebene Jäger, der während des Zweiten Weltkriegs zum Einsatz kam, war die Me 163B Komet. Dr. Alexander Lippisch hatte sie ursprünglich im Rahmen seiner weit vor dem Krieg begonnenen Reihe schwanzloser Flugzeuge entwickelt. 1940 kamen Lippisch und seine Mannschaft zu Messerschmitt, um die Konstruktion als Abfangjäger reif zu machen. Mit dem Vorläufermodell Me 163A wurde bereits 1941 eine Geschwindigkeit von über 1000 km/h erreicht. Im Mai 1942 war die erste Zelle der definitiven Me 163B fertig, aber Verzögerungen bei der Lieferung des Walter HWK 509-Flüssigkeits-Raketenmotors verschoben den Erstflug des Musters auf den 23. Juni 1943. Das Walter-Triebwerk war schubstark, besaß aber nur acht Minuten Betriebszeit. Um die geforderte Steigleistung von 4800 m je Minute zu erreichen, mussten große Mengen einer Kraftstoffkombination mit hypergolen Eigenschaften, bestehend aus C-Stoff (einem Hydrazinhydrat-Gemisch) und T-Stoff (Wasserstoffsuperoxyd) mitgeführt werden. Zur Strukturerleichterung wurde der Flug auf einem Startwagen begonnen und auf einer Kufe beendet. Die einzige mit der Me 163 ausgerüstete Einheit hatte im August 1944 ihr Einsatz-Debüt.

BESCHREIBUNG:

BESATZUNG:
Pilot

ABMESSUNGEN:
Länge: 5,85 m
Spannweite: 9,33 m
Höhe: 2,77 m

MASSEN:
Leermasse: 4420 kg
Max. Startmasse: 4310 kg

LEISTUNGEN:
Höchstgeschwindigkeit: 954 km/h
Flugdauer: 8 Minuten mit Motorkraft
Antrieb: Walter HWK 509-A2
Motorleistung: 16,8 kN

DATUM DES ERSTFLUGS:
August 1941

BEWAFFNUNG:
Zwei starre 30 mm MK 108 in den Flügelwurzeln

BESONDERE MERKMALE:
Freitragender Mitteldecker mit Pfeilflügel; kein Höhenleitwerk; Landekufe; Raketenmotor im Rumpf mit Strahlaustritt im Heck unterhalb des Seitenruders

Miles M 38 Messenger GROSSBRITANNIEN
Einmotoriges viersitziges Verbindungsflugzeug

Als altgediente Heeresoffiziere Georg Miles nach der Möglichkeit fragten, für sie ein ideales Artilleriebeobachtungs-Flugzeug zu konstruieren, entwickelte und baute der Fabrikant und Konstrukteur die M 38 Messenger. Die Herren bekamen ihr Flugzeug nicht, denn die Behörden blockten einen größeren Serienauftrag ab, da sie vor dem Entwicklungsbeginn nicht befragt worden waren. Dabei war die Messenger für den Einsatz an der Front wie geschaffen, denn zwei ihrer Sitze besaßen eine gewisse Panzerung, und sie konnte ein Funkgerät und andere militärische Einrichtungen aufnehmen. Die M 38 hatte darüber hinaus ihre Eignung für den Einsatz von kleinen Flugplätzen bei nahezu jeder Wetterlage bewiesen, war für junge, unerfahrene Piloten geeignet und leicht wartbar. Das alles hatten Flüge mit dem Protyp 1943 bewiesen. Aber der einzige Auftrag, der vom *Air Ministry* kam, war der über 21 Miles M 28 Messenger für den Einsatz als *VIP- (very important personage-)*Transporter. Zu denjenigen, die damit den ursprünglichen Initiatoren zu Dank verpflichtet waren, weil sie eine Messenger für ihren persönlichen Gebrauch erhielten, gehörten *Field Marshall* Sir Bernhard Montgomery und *Marshall of the RAF*, Lord Tedder.

BESCHREIBUNG:

BESATZUNG:
Pilot und drei Passagiere

ABMESSUNGEN:
Länge: 7,32 m
Spannweite: 11,02 m
Höhe: 2,90 m

MASSEN:
Leermasse: 689 kg
Max. Startmasse: 862 kg

LEISTUNGEN:
Höchstgeschwindigkeit: 187 km/h
Reichweite: 418 km
Antrieb: De Havilland Gipsy Major (Mk 1/4A) oder Blackburn Cirrus Major III (Mk IIA)
Motorleistung: 140 PS (104 kW) bzw. 155 PS (114 kW)

DATUM DES ERSTFLUGS:
12. September 1942

BESONDERE MERKMALE:
Freitragender Tiefdecker; festes Fahrgestell; verkleideter Reihenmotor; dreifaches Seitenleitwerk (Ruder nur außen)

Mitsubishi A6M Zero-Sen JAPAN

Einmotoriger Jagdeinsitzer

Die amerikanischen Streitkräfte im Pazifik waren durch den Überraschungsangriff auf Pearl Harbor am 7. Dezember 1941 geschockt. Aber einen noch größeren Schock sollten sie erleben, als sie die überragende Leistungsfähigkeit des führenden japanischen Träger-Jagdeinsitzers A6M2 Zero-Sen zu spüren bekamen. Er war nicht nur schnell, wendig und gut bewaffnet, sondern konnte mit einem Zusatztank unter dem Rumpf unerreichte 3100 km weit fliegen. Er war völlig unbemerkt von britischen und amerikanischen Geheimdienst-Tätigkeiten nach einer Anforderung der japanischen Marineleitung für ein Ablösemuster der A5M – dem seinerzeitigen Standard-Trägerjagdflugzeug – bei Mitsubishi entwickelt worden und in Prototypform für die Version A6M-1 mit einem 780 PS Mitsubishi Zuisei-Doppelsternmotor am 1. April 1939 geflogen. In den dritten Prototyp wurde das ähnliche Nakajima Sakae-Triebwerk eingebaut, das zu dieser Zeit erst 925 PS abgab. Er führte zur Version A6M-2, die wesentlich bessere Leistungen aufwies als gefordert. 1940 kam das Muster zur Truppe. Insgesamt wurden mehr als 10.500 gebaut. Erst ab 1943 von jüngeren alliierten Jägern entzaubert, dienten einige bei Kriegsende als Kamikaze.

BESCHREIBUNG:

BESATZUNG:
Pilot

ABMESSUNGEN:
Länge: 9,12 m
Spannweite: 11,00 m
Höhe: 3,50 m

MASSEN:
Leermasse: 1876 kg
Max. Startmasse: 2733 kg

LEISTUNGEN:
Höchstgeschwindigkeit: 548 km/h
Reichweite: 1520 km
Antrieb: Nakajima Sakae 31
Motorleistung: 1130 PS (843 kW)

DATUM DES ERSTFLUGS:
1. April 1939

BEWAFFNUNG:
Zwei starre 20 mm Typ 99-MK und zwei 13 mm Typ 3-MG im Flügel sowie zwei 13 mm Typ 3-MG im oberen Rumpfbug; Aufhängung für eine 250 kg-Bombe unter dem Rumpf

BESONDERE MERKMALE:
Freitragender Tiefdecker; verkleideter Sternmotor; Einziehfahrwerk; Dreiblatt-Luftschraube

Mitsubishi Ki-46 JAPAN
Zweisitziges strategisches Aufklärungsflugzeug

Die schnell und hoch fliegende Ki-46 war wegen ihrer Zuverlässigkeit Japans wichtigster Aktivposten auf dem Aufklärungssektor während der gesamten Dauer des Zweiten Weltkriegs. Sie flog erstmals im November 1939. Die Ki-46-I aus der beginnenden Fertigung wurden durch zwei Mitsubishi Ha-26 angetrieben, die nur mäßige Flugleistungen zuließen. Deshalb wurden Maschinen dieser Version an Schulen abgegeben. Die Einsatzeinheiten erhielten stattdessen Ki-46-II mit 1080 PS starken Ha-102-Triebwerken, die die Maschinen über 600 km/h schnell machten. Sie war die erste Variante im Großreihenbau. 1093 Stück wurden gebaut. In den letzten Monaten vor Kriegsbeginn erkundeten sie bei heimlichen Flügen bereits die Malaiische Halbinsel, um nach Kriegsbeginn über den gesamten pazifischen Raum sogar bis nach Nordaustralien auszuschwärmen. Jüngste Variante wurde die Ki-46-III. Sie erhielt leistungsstärkere Ha-112-II-Triebwerke. Das Flugzeug unterschied sich weiterhin durch einen umkonstruierten Rumpfbug mit einer eingestrakten, weit nach vorne gezogenen Führerraum-Abdeckung. Sie blieb – in 611 Exemplaren gebaut – neben der Ki-46-II bis zur Kapitulation Japans in der Fertigung.

BESCHREIBUNG:

BESATZUNG:
Pilot und Beobachter hintereinander

ABMESSUNGEN:
Länge: 11,00 m
Spannweite: 14,70 m
Höhe: 3,88 m

MASSEN:
Leermasse: 3831 kg
Max. Startmasse: 6500 kg

LEISTUNGEN:
Höchstgeschwindigkeit: 629 km/h
Reichweite: 4000 km
Antrieb: zwei Mitsubishi Ha-112-IIS
Motorleistung: 3000 PS (2236 kW)

DATUM DES ERSTFLUGS:
1. April 1939

BESONDERE MERKMALE:
Freitragender Tiefdecker; zwei verkleidete Sternmotoren; Einziehfahrwerk; stark verglaste Kabine

Morane-Saulnier MS 406   FRANKREICH
Einmotoriger Jagdeinsitzer

Die MS 406 war bei Ausbruch des Zweiten Weltkriegs der verlässlichste Jäger der *Armée de l'Air*, aber er war den modernen deutschen Jagdflugzeugen sowohl bei der Bewaffnung als auch in den Leistungen rettungslos unterlegen. Über 500 von ihr gingen im Westfeldzug verloren. Trotzdem gelang es MS-406-Piloten, mehr als 175 gegnerische Flugzeuge abzuschießen. Das Muster wurde aus der MS 405 als Antwort auf eine Forderung der französischen Luftstreitkräfte nach einem modernen Jagdeinsitzer entwickelt und mit einem 1000-Flugzeuge-Auftrag bedacht, als sich die französische Regierung über den nazideutschen Einmarsch in Österreich und in die Tschechoslowakei erschreckt zeigte. Die Zelle war in veralteter Gemischtbauweise erstellt. Der Rumpf der MS-406 bestand aus einer Stahlrohrkonstruktion und besaß Stoffbespannung, die übrige Zelle hatte eine Metallsperrholz-Beplankung. Erste Maschinen aus der Produktion erreichten die Frontverbände 1938. Ein Jahr später wurden MS-406 nach Finnland, in die Türkei und in die Schweiz exportiert. Nach dem französischen Zusammenbruch flogen MS-406 sowohl in den Verbänden der Vichy-Regierung als auch in den Schulen der deutschen Luftwaffe.

BESCHREIBUNG:

BESATZUNG:
Pilot

ABMESSUNGEN:
Länge: 8,16 m
Spannweite: 10,61 m
Höhe: 2,84 m

MASSEN:
Leermasse: 1900 kg
Max. Startmasse: 2722 kg

LEISTUNGEN:
Höchstgeschwindigkeit: 486 km/h
Reichweite: 750 km
Antrieb: Hispano-Suiza 12Y-31
Motorleistung: 860 PS (641 kW)

DATUM DES ERSTFLUGS:
8. August 1935 (MS 405)

BEWAFFNUNG:
Eine starre, durch die Luftschraubennabe schießende 20 mm HS404-MK, und zwei starre 7,5 mm MAC 1934-MG im Flügel

BESONDERE MERKMALE:
Freitragender Tiefdecker; verkleideter Reihenmotor; Einziehfahrwerk; Ölkühler als ausgeprägtes Rumpf-Kinn

Nakajima Ki-43 Hayabusa JAPAN

Einmotoriger Jagdeinsitzer

Der bei den japanischen Heeresfliegern während des Zweiten Weltkriegs vorherrschende Ki-43 Jagdeinsitzer wurde in größeren Stückzahlen (insgesamt 5919 Stück einschließlich der Protypen) hergestellt als jeder andere seiner zur gleichen Zeit operierenden landgestützten Mitstreiter. Er war als direkter Ersatz für die noch mit festem Fahrgestell gebaute Ki-27 entwickelt worden, und zwar nach den gleichen Entwurfskriterien: Wendig, schwer bewaffnet, mit gepanzertem Pilotensitz und mit einer überaus stabilen Zellenstruktur. Ki-43 Hayabusa (Wanderer) kamen Anfang 1941 zu den Fronteinheiten und errangen – zusammen mit den zu dieser Zeit noch in der Überzahl fliegenden Ki-27 – die Luftüberlegenheit während der Invasion Südostasiens durch die Japaner. Ungeachtet dieser Erfolge bemängelten Piloten die Untermotorisierung der Ki-43-I. Nakajima stattete daraufhin die Variante Ki-43-II mit einem leistungsstärkeren Ha-115-Triebwerk aus und versah sie mit einem Dreiblatt-Propeller für konstante Drehzahlen. Als 1943 diese Version an die Front kam, war sie moderneren Konstruktionen beider Seiten gegenüber veraltet. Trotzdem blieben Hayabusa bis zum Zusammenbruch Japans im Einsatz.

BESCHREIBUNG:

BESATZUNG:
Pilot

ABMESSUNGEN:
Länge: 8,92 m
Spannweite: 10,84 m
Höhe: 3,27 m

MASSEN:
Leermasse: 1910 kg
Max. Startmasse: 2926 kg

LEISTUNGEN:
Höchstgeschwindigkeit: 529 km/h
Reichweite: 1762 km
Antrieb: Nakajima Ha-115
Motorleistung: 1150 PS (857 kW)

DATUM DES ERSTFLUGS:
Januar 1939

BEWAFFNUNG:
Zwei starre 12,7 mm HO-103-MG im oberen Rumpfbug; maximale Bombenzuladung 500 kg an Unterflügel-Aufhängungen

BESONDERE MERKMALE:
Freitragender Tiefdecker; verkleideter Sternmotor; Einziehfahrwerk; Dreiblatt-Luftschraube; Antennenmast auf der rechten Rumpfseite vor dem Führerraum

Noordyn UC-64 Norseman   KANADA

Einmotoriges achtsitziges Mehrzweck-Transportflugzeug

Die militärische Norseman basierte auf der gleichnamigen Vorkriegskonstruktion des kanadischen Herstellers Noordyn und war bei der *Royal Canadian Air Force*, aber auch bei der amerikanischen *USAAF* während des Zweiten Weltkriegs weit verbreitet. Sie wurde anfänglich mit einem Wright R-975-E3-Sternmotor von 420 PS Leistung ausgestattet, erhielt aber später den 550 PS starken Pratt & Whitney Wasp. Mit ihrer extrem robusten Zelle, die für harte kanadische Winter ausgelegt war, hatte das 1935 erstmals geflogene Muster anfänglich nur auf dem zivilen Markt Erfolg. Doch 1942 bestellten sowohl *RCAF* als auch die *USAAF* eine größere Anzahl der Version Mk IV, die amerikanischen Streitkräfte davon unter der Bezeichnung UC-64A alleine 749 Stück. Sie kamen wegen ihrer anspruchslosen Transportfähigkeit und der leichten Wartbarkeit weltweit zum Einsatz – ganz gleich, ob an der Front oder im Hinterland. Die Norseman wurde durch ein tragisches Ereignis außerhalb militärischer Kreise bekannt, als der damals sehr populäre Bandleader Major Glenn Miller mit einer Kuriermaschine dieses Musters seinen Musikern von Südengland nach Paris vorausfliegen wollte und nie ankam. Er gilt seitdem als verschollen.

BESCHREIBUNG:

BESATZUNG:
Pilot und sieben Passagiere

ABMESSUNGEN:
Länge: 9,75 m
Spannweite: 15,70 m
Höhe: 3,12 m

MASSEN:
Leermasse: 2123 kg
Max. Startmasse: 3357 kg

LEISTUNGEN:
Höchstgeschwindigkeit: 249 km/h
Reichweite: 1851 km
Antrieb: Pratt & Whitney R-1340-AN-1 Wasp
Motorleistung: 550 PS (410 kW)

DATUM DES ERSTFLUGS:
14. November 1935

BESONDERE MERKMALE:
Abgestrebter Hochdecker; festes Fahrgestell; verkleideter Sternmotor

North American AT-6 Texan/SNJ/Harvard USA
Einmotoriges zweisitziges Fortgeschrittenen-Schulflugzeug

Dieses Flugzeug war für Dekaden schlicht „der Pilotenmacher". Während des Zweiten Weltkriegs wurden Muster dieses Typs weltweit für die Ausbildung fliegenden Personals eingesetzt. Es wurde aus der ähnlich ausgelegten NA-16 entwickelt und zuerst unter der Bezeichnung BC-1 als Kampftrainer geliefert. Das USAAC nannte das Schulflugzeug in AT-6 Texan um. Die Weiterentwicklung des Trainers lief übereinstimmend mit der kontinuierlichen Vergrößerung der US-Luftstreitkräfte. Auch die Verkaufszahlen stiegen entsprechend. Waren es 1939 94 Stück, die von der ursprünglichen AT-6 bestellt worden waren, wurden es 3404 Stück knapp fünf Jahre später alleine von der Version AT-6D. Insgsamt baute North American über 17.000 Texan für die Ausbildung von Armee- und Marine-Piloten quer durch die USA. Die britische RAF hatte schon 1938 Interesse gezeigt und durch eine Einkaufskommision 200 Stück als BC-1 Harvard I bestellt. In weiteren sieben Jahren gingen mehr als 5000 Harvard, meist unter Lend-Lease, nach Großbritannien, Kanada oder Neuseeland. In den USA Ende der Fünfziger ausgemustert, bildeten AT-6 in anderen Ländern die Masse des Ausbildungsmaterials bis in die Siebziger.

BESCHREIBUNG:

BESATZUNG:
Zwei Piloten hintereinander

ABMESSUNGEN:
Länge: 8,99 m
Spannweite: 12,80 m
Höhe: 3,58 m

MASSEN:
Leermasse: 1886 kg
Max. Startmasse: 2404 kg

LEISTUNGEN:
Höchstgeschwindigkeit: 330 km/h
Reichweite: 1800 km
Antrieb: Pratt & Whitney
R-1340-AN-1 Wasp
Motorleistung: 550 PS (410 kW)

DATUM DES ERSTFLUGS:
April 1936 (NA-26)

BESONDERE MERKMALE:
Freitragender Tiefdecker; Einziehfahrwerk; verkleideter Sternmotor; festes Spornrad

North Amercan B-25 Mitchell USA

Zweimotoriger mehrsitziger Bomber

Die B-25 Mitchell war nicht nur der erfolgreichste und meistgebaute zweimotorige amerikanische Bomber, sondern wurde eines der vielseitigsten Kampfflugzeuge des Zweiten Weltkriegs. Als Antwort auf das 1938 herausgegebene Rundschreiben 38-385 des *USAAC* hatte die North American Aviation (NAA) ihre NA-40 entworfen, gebaut und als Prototyp geflogen. Doch NAA wurde aufgefordert, das Flugzeug zu verbessern, damit es in der Lage war, eine gegenüber der Ausschreibung verdoppelte Bombenlast von über einer Tonne zu tragen. NAA entschied sich für einen kompletten Neuentwurf und bezeichnete ihn als NA-62. Nach Sichtung der Pläne, und bevor auch nur das erste Metallteil zugeschnitten war, bestellte das *USAAC* am 10. September 1939 ohne Prototypauftrag 184 Exemplare als B-25. Das Flugzeug erhielt den Namen des Bombenkriegstaktikers William „Billy" Mitchell. Mitchell-Bomber wurden in den Versionen A bis J mit unterschiedlichster Bewaffnung und wahlweise verglastem oder geschlossenem Rumpfbug gebaut. Die *USAAF* flog sie, und das US Marine Corps sowie britische, niederländische und australische Einheiten. Mit 9889 gebauten Mustern war sie bei Kriegsende noch in Fertigung.

BESCHREIBUNG:

BESATZUNG:
Pilot, Copilot, Bomben-/Bugschütze, Navigator, Rumpfschütze und Heckschütze

ABMESSUNGEN:
Länge: 16,13 m
Spannweite: 20,60 m
Höhe: 4,98 m

MASSEN:
Leermasse: 8836 kg
Max. Startmasse: 15.876 kg

LEISTUNGEN:
Höchstgeschwindigkeit: 438 km/h
Reichweite: 2173 km
Antrieb: zwei Wright R-2600-29 Cyclone
Motorleistung: 3700 PS (2760 kW)

DATUM DES ERSTFLUGS:
Januar 1939

BEWAFFNUNG:
Vier starre 12,7 mm Browning-MG an den Rumpfseitenwänden des Bugs sowie bewegliche 12,7 mm Browning-Zwillings-MG im Bug, im Rumpfturm, an den Rumpfseiten und im Heckstand; Bombenzuladung 1361 kg im Bombenschacht. Unterflügel-Aufhänger für Raketen

BESONDERE MERKMALE:
Freitragender Mitteldecker; zwei verkleidete Sternmotoren; doppeltes Seitenleitwerk

North American P-51A/A-36 Mustang USA

Einmotoriger Jagdeinsitzer

Die Mustang entstand auf Grund britischer Anregungen. Im April 1940 bereiste eine englische Kommission die USA, um ein Nachfolgemuster für die sich in Europa nicht bewährte Curtiss P-40 zu beschaffen. Die North American Aviation (NAA) erklärte sich bereit, ein entsprechendes Jagdflugzeug gemäß der Ausschreibung – und dazu gehörte die Erstellung eines Prototyps innerhalb von 120 Tagen – unter der NAA-Bezeichnung NA-73 zu entwickeln. Die Flugerprobung der von den Briten Mustang I getauften Maschine verlief zufriedenstellend. Die erstmalige Verwendung eines Laminarprofils und der unter die Rumpfmitte verlegte Kühler erbrachten erhebliche Widerstandseinsparungen. Nur das Allison-Triebwerk zeigte über 5000 m schlechte Leistungen. Ein Jahr später wurden die ersten Muster geliefert. Sie wurden beim *Army Operation Command* mit einer zusätzlichen Kamera als schnelle taktische Aufklärer eingesetzt, weil das Triebwerk die Verwendung als Jäger nicht erlaubte. Das *USAAC* hatte wegen der schlechten Jagdqualitäten sein Desinteresse gezeigt, bestellte aber schließlich eine kleine Anzahl unter den Bezeichnungen P-51A und A-36 ebenfalls für Tiefangriff-Einsätze oder zur Unterstützung der Bodentruppen.

BESCHREIBUNG:

BESATZUNG:
Pilot

ABMESSUNGEN:
Länge: 9,83 m
Spannweite: 11,28 m
Höhe: 3,71 m

MASSEN:
Leermasse: 2971 kg
Max. Startmasse: 3992 kg

LEISTUNGEN:
Höchstgeschwindigkeit: 622 km/h
Reichweite: 2010 km mit Zusatztanks
Antrieb: Allison V-1710-81
Motorleistung: 1200 PS (1014 kW)

DATUM DES ERSTFLUGS:
26. Oktober 1940

BEWAFFNUNG:
Sechs starre 12,7 mm Browning-MG im Flügel; maximale Bombenzuladung 908 kg an Unterflügel-Aufhängungen

BESONDERE MERKMALE:
Freitragender Tiefdecker; Einziehfahrwerk; verkleideter Reihenmotor; Kühler unter dem Rumpf

North American P-51B/C/D/K Mustang USA
Einmotoriger Jagdeinsitzer

Da die Briten die Zelle der Mustang als gelungen ansahen, hatten sie vier davon mit dem kampferprobten Rolls-Royce Merlin 61-Triebwerk umgerüstet. Die dadurch erzielte Steigerung der Leistung war so enorm, dass sich North American Aviation (NAA) entschloss, die Zelle für die Aufname dieses Triebwerks, das beim Autohersteller Packard als V-1650 unter Lizenz hergestellt wurde, umzukonstruieren. Eine Bestellung über 2200 Stück ging im November 1942 ein. Als P-51B oder C – je nach Herstellungsort – wurden sie statt Apache jetzt auch bei der USAAF Mustang genannt. Sie kamen ab 1. Dezember 1943 in Europa zum Einsatz, und zwar flogen sie mit Zusatztanks Begleiteinsätze für die bisher verlustreichen amerikanischen Bomberoffensiven bei Tag. Das D-Modell bekam eine Vollsicht-Abdeckhaube für den Piloten. Die RAF erhielt mehr als 1000 durch Merlin angetriebene Mustang über Lend-Lease. NAA selbst stellte insgesamt 14.819 P-51 her. Weitere 200 wurden in Australien gebaut. Muster aus der sogenannten „Leichtgewichts"-Reihe wie H und K kamen für den Zweiten Weltkrieg zu spät. Mustang blieben in den USA bis Anfang der Fünfziger, in Zentral- und Südamerika bis in die Siebziger bei Einsatzeinheiten.

BESCHREIBUNG:

BESATZUNG:
Pilot

ABMESSUNGEN:
Länge: 9,83 m
Spannweite: 11,28 m
Höhe: 3,71 m

MASSEN:
Leermasse: 3463 kg
Max. Startmasse: 5488 kg

LEISTUNGEN:
Höchstgeschwindigkeit: 703 km/h
Reichweite: 2655 km
Antrieb: Packard V-1650-7
Motorleistung: 1720 PS (1283 kW)

DATUM DES ERSTFLUGS:
13. Oktober 1942

BEWAFFNUNG:
Sechs starre 12,5 mm Browning-MG im Flügel; maximale Bombenzuladung 907 kg an Unterflügel-Aufhängungen

BESONDERE MERKMALE:
Freitragender Tiefdecker; Einziehfahrwerk; verkleideter Reihenmotor; Kühler unter dem Rumpf; Vierblatt-Luftschraube

Northrop P-61 Black Widow   USA

Zweimotoriger dreisitziger Nachtjäger

Die Entwicklung der Northrop P-61 Black Widow als erstem mit Suchradar ausgerüsteten Nachtjäger war durch frühe britische Kampferfahrungen mit *RAF*-Flugzeugen, die bereits ein Radar-Gerät besaßen, beeinflusst. Entstanden war sie aus einer 1940 herausgekommenen Forderung des *USAAC* und herumgebaut um ein Radiation Laboratory SCR-720 Radargerät, das im Bug der zentralen Besatzungsgondel der als Doppelrumpfflugzeug ausgelegten Konstruktion eingebaut war. Die Akzeptanz für den Entwurf kam ein Jahr später durch den Auftrag für den Bau von zwei Prototypen XP-61 sowie einer Versuchsserie von 13 YP-61. Die Black Widow war der größte Jäger, der bis zu diesem Zeitpunkt für den Einsatz bei der *USAAF* beschafft werden sollte. Ihre Bewaffnung von je vier MG und vier MK waren in einem Turm und unter dem Bauch angeordnet. Nach anfänglichen Struktur- und Radar-Problemen kamen die ersten Muster im März 1944 zu den Einsatzeinheiten. Zeitgleich begannen Operationen auf den pazifischen und europäischen Kriegsschauplätzen. Etwa 706 Black Widow wurden von Northrop in drei Versionen gebaut. Sie fungierten als Nachtjäger oder Nachtstörflugzeuge gegen Bodenziele.

BESCHREIBUNG:

Besatzung:
Pilot, vorderer MG-Schütze/Funker und hinterer MG-Schütze

Abmessungen:
Länge: 15,11 m
Spannweite: 20,11 m
Höhe: 4,47 m

Massen:
Leermasse: 9979 kg
Max. Startmasse: 17.237 kg

Leistungen:
Höchstgeschwindigkeit: 589 km/h
Reichweite: 4828 km
Antrieb: zwei Pratt & Whitney R-2800-65 Double Wasp
Motorleistung: 4000 PS (2982 kW)

Datum des Erstflugs:
26. Mai 1942

Bewaffnung:
Vier starre 12,7 mm Browning-MG im unteren Rumpfbug sowie vier 20 mm AN-M2-MK in einem ferngesteuerten Waffenturm im Heck der Gondel; Waffenzuladung (Bomben/Raketen) 2903 kg an Unterflügel-Aufhängungen

Besondere Merkmale:
Freitragender Mitteldecker; zwei verkleidete Sternmotoren; Auslegung mit zwei Leitwerksträgern und doppeltem Seitenleitwerk

Percival Proctor GROSSBRITANNIEN
Einmotoriges viersitziges Übungs-/Verbindungsflugzeug

Aufbauend auf die vor dem Krieg gefertigte zivile viersitzige Vega Gull wurde die Proctor nach einer Ausschreibung des *Air Ministry* für ein Verbindungsflugzeug, das auch für die Ausbildung von Funkern benutzt werden konnte, maßgeschneidert. Nachdem der Prototyp seine Einsatzerprobung erfolgreich hinter sich gebracht hatte, erreichten die ersten Serienmodelle Mitte 1940 die *RAF*. Nach 247 gebauten Proctor Mk I – alles Verbindungsflugzeuge mit Doppelsteuer – fertigte Percival 175 Stück Mk II (Dreisitzer) und 437 Exemplare der Mk III (Zweisitzer) für die Funker-Ausbildung. Abschließende Variante, die an die *RAF* ging, war die Proctor Mk IV, von der 258 Stück geliefert wurden. Sie unterschied sich von den Vorgängermodellen durch einen längeren und geräumigeren Rumpf, dessen Kabine vier Sitze aufwies. Obwohl sie auch für die Funkerausbildung eingerichtet war, wurde bei einer Anzahl für Reisezwecke die Radio-Ausrüstung ausgebaut. Einige Mk IV standen bis 1955 bei Verbindungsstaffeln im Dienst, während die Masse nach dem Krieg an Zivile verkauft wurde. Von 150 nach dem Krieg gebauten „zivilen" Proctor übernahm die RAF vier als Mk 5. Sie wurden von britischen Air-Attachés als Reiseflugzeuge benutzt.

BESCHREIBUNG:

BESATZUNG:
Pilot und drei Passagiere

ABMESSUNGEN:
Länge: 8,59 m
Spannweite: 12,04 m
Höhe: 2,21 m

MASSEN:
Leermasse: 1075 kg
Max. Startmasse: 1588 kg

LEISTUNGEN:
Höchstgeschwindigkeit: 257 km/h
Reichweite: 805 km
Antrieb: De Havilland Gipsy Queen II
Motorleistung: 210 PS (157 kW)

DATUM DES ERSTFLUGS:
8. Oktober 1939

BESONDERE MERKMALE:
Freitragender Tiefdecker; festes verkleidetes Fahrgestell; verkleideter Reihenmotor

Petljakow Pe-2 SOWJETUNION
Zweimotoriger drei-/viersitziger Tiefangriffs-Bomber

Das Flugzeug wurde ab 1938 zuerst als zweisitziger Höhenjäger mit Druckkabine unter der Bezeichnung VI-100 ausgelegt, musste kurz darauf als dreisitziger druckbelüfteter Höhenbomber abgewandelt werden. Als der sowjetischen Führung bewusst wurde, dass für ein solches Objekt die Zieleinrichtungen fehlten, erging an das Konstruktionskollektiv der Befehl, das Muster unter der Bezeichnung PB-100 in einen Tiefangriffs-Bomber mit Sturzflugfähigkeit abzuwandeln. Die Leistungen der Maschine waren außergewöhnlich gut, und die Sturzflug-Endgeschwindigkeit konnte dank wirksamer Sturzflugbremsen unter 970 km/h gehalten werden. 1940 wurden zwei PB-100, die ab Januar 1941 Pe-2 hießen, fertig gestellt. Mitte 1941 waren zwar 462 Stück ausgeliefert, kamen aber kaum zum Einsatz – es fehlten ausgebildete Besatzungen. Das änderte sich bis Ende des Jahres, als die 1405 bis dahin gebauten massiv in die Kämpfe eingriffen. Versionen erschienen auch als Fotoaufkärer- und Jagdbomber. Die Pe-2 kamen nicht nur an der Ostfront zum Einsatz, sondern am Kriegsende auch im Pazifik gegen die Japaner. Insgesamt wurden 11.427 Stück gebaut. Nach dem Krieg flogen sie in allen Ostblockstaaten.

BESCHREIBUNG:

BESATZUNG:
Pilot und zwei MG-Schützen

ABMESSUNGEN:
Länge: 12,66 m
Spannweite: 17,16 m
Höhe: 3,50 m

MASSEN:
Leermasse: 5871 kg
Max. Startmasse: 8496 kg

LEISTUNGEN:
Höchstgeschwindigkeit: 541 km/h
Reichweite: 1500 km
Antrieb: zwei Klimow M-105PFS
Motorleistung: 2520 PS (1880 kW)

DATUM DES ERSTFLUGS:
1939

BEWAFFNUNG:
Je zwei starre oder bewegliche 7,62 mm Schkas-MG im Bug, im hinteren Besatzungsraum und am Rumpfboden; maximale Bombenzuladung 1000 kg im Bombenschacht oder an Aufhängungen unter dem Rumpf

BESONDERE MERKMALE:
Freitragender Tiefdecker; Einziehfahrwerk; zwei verkleidete Reihenmotoren; doppeltes Seitenleitwerk

Piper O-59/L-4/L-18 Grasshopper USA
Einmotoriges zweisitziges Nahaufklärungsflugzeug

Piper Grasshopper wurden beim USAAC, bei der USAAF und der USAF mit Erfolg als Artillerie-Beobachter oder Front-Aufklärer geflogen. Sie waren für das Militär abgewandelte Versionen aus dem von der Taylor Aircraft Company (später Piper) in den mittdreißiger Jahren herausgekommenen Sportflugzeug J-3 Cub. Gegenüber diesem besaßen deren Kabinen mit den zwei hintereinander angeordneten Sitzen in der Regel mehr Verglasung. Die Brauchbarkeit von Leichtflugzeugen für diese Aufgaben hatte das USAAC bei einem Manöver im August 1941 – bei dem 44 Cub mit von der Partie waren – entdeckt und 948 Stück als O-59 bestellt. Zu der Zeit, als sie zur Truppe kamen, erhielten sie die Gattungs-Bezeichnung L-4. Nach dem Angriff auf Pearl Harbor wurden hunderte ziviler Cub durch das Militär requiriert. 1943 kam die Zahl der gebauten Cub/Grasshopper bereits an die 10.000-Marke. Piper erhielt vom USAAC auch noch den Auftrag, eine motor- und fahrgestellose Variante als Schulflugzeug für Lastensegler-Piloten zu bauen. 250 Stück verließen als TG-8 das Werk. L-4 blieben bis nach dem Krieg im Einsatz, ergänzt durch die verbesserte L-18, die während des Korea-Krieges Verwendung fand.

BESCHREIBUNG:

BESATZUNG:
Pilot und Beobachter/Passagier hintereinander

ABMESSUNGEN:
Länge: 6,71 m
Spannweite: 10,74 m
Höhe: 2,03 m

MASSEN:
Leermasse: 331 kg
Max. Startmasse: 533 kg

LEISTUNGEN:
Höchstgeschwindigkeit: 137 km/h
Reichweite: 306 km
Antrieb: Continental O-170-3
Motorleistung: 65 PS (48 kW)

DATUM DES ERSTFLUGS:
1937 (Cub) und 1941 (YO)

BESONDERE MERKMALE:
Abgestrebter Hochdecker; festes Fahrgestell; stark verglaste Kabine

Polikarpow Po-2 SOWJETUNION
Einmotoriges zweisitziges Schul- und Mehrzweckflugzeug

Der Ursprung des Doppeldeckers geht auf eine Ausschreibung der sowjetischen Luftstreitkräfte für ein einfaches, zuverlässiges Schulflugzeug zurück, das um den Schwezow M-11-Sternmotor herum gebaut werden sollte. Ursprünglich als U-2 bezeichnet, zeichneten sich die Flugzeuge durch eine besondere Längsstabilität und ihre Resistenz gegen Trudeln aus. Außer für den Schulbetrieb waren sie vielseitig einsetzbar und wurden so etwas wie „Mädchen für Alles". U-2 waren als Sprühflugzeuge in der Forstwirtschaft genauso zu finden, wie als Sanitätsflugzeuge beim Militär oder für die zivile Ausbildung von Piloten bei der Aeroflot. Mitte 1941 waren bereits 13.500 Flugzeuge dieses Typs hergestellt worden, und bis die Produktion in der Sowjetunion 1944 endete, kamen weitere 6500 hinzu. Zu Ehren ihres Konstrukteurs N.N. Polikarpow, der am 30. Juli 1944 starb, wurde sie in Po-2 umgetauft. Außer bei diesen mehr friedfertigen Aufgaben des Musters kamen mit 200 kg Abwurfwaffen bestückte Po-2 an der Ostfront auch als Nachtstörflugzeuge zu Erfolgen. Die gleiche Taktik wandten Nordkoreaner mit Po-2 beim Koreakrieg an. 1948 eröffneten die Polen noch einmal eine Fertigungsstraße für Po-2.

BESCHREIBUNG:

BESATZUNG:
Pilot und Beobachter/Passagier hintereinander

ABMESSUNGEN:
Länge: 8,17 m
Spannweite: 11,40 m
Höhe: 2,25 m

MASSEN:
Leermasse: 740 kg
Max. Startmasse: 1250 kg

LEISTUNGEN:
Höchstgeschwindigkeit: 140 km/h
Reichweite: 720 km
Antrieb: Schwezow M-11/G/D/K oder von Okrometschko weiterentwickelte M-11F/FM/M/FR/FR-1/FN
Motorleistung: von 100 PS (48 kW) bis 200 PS (96 kW)

DATUM DES ERSTFLUGS:
7. Januar 1928 (U-2)

BEWAFFNUNG:
Ein bewegliches 7,62 mm Schkas-MG im hinteren Sitz; maximale Bombenzuladung 250 kg an Aufhängungen unter dem Rumpf

BESONDERE MERKMALE:
Einstieliger Doppeldecker mit N-Stielen; festes Fahrgestell; offene Sitze

Republic P-47 Thunderbolt USA

Einmotoriger Jagdeinsitzer

Der Originalentwurf für die P-47 basierte auf einer *USAAC* Anforderung für einen leichten Jagdeinsitzer ähnlich der britischen Spitfire oder der deutschen Bf 109. Die daraufhin für die Verwendung eines 1150 PS starken Allison V-1710-39 konstruierte XP-47A besaß nur zwei 7,62 mm MG als Bewaffnung und weder Panzerung noch selbstschließende Kraftstofftanks. Einsatzerfahrungen, die vom europäischen Kriegsschauplatz kamen, bewiesen die Unsinnigkeit der Ausschreibung. Die Militärs forderten jetzt acht MG als Bewaffnung, Panzerung und ein beschusssicheres Kraftstoffsystem. Republik konstruierte um den 2000 PS leistenden R-2800 Double Wasp-Doppelsternmotor ein vollkommen neues Flugzeug. Es kam als P-47B in ersten Exemplaren zur *Eighth Air Force* (8. Amerikanische Luftflotte) nach England und übernahm die Rolle des Begleitjägers. Im Juli 1943 tauchten die ersten P-47C mit einem 757-Liter-Unterrumpf-Zusatztank über Deutschland auf. Hauptsächliche Einsatzvariante wurde die P-47D, deren spätere Ausführungen eine blasenförmige Vollsicht-Abdeckhaube erhielten. Insgesamt 15.677 Thunderbolts wurden gebaut. Sie blieben z.B. bei den *Air National Guard* bis Anfang der Fünfziger im Einsatz.

BESCHREIBUNG:

BESATZUNG:
Pilot

ABMESSUNGEN:
Länge: 11,00 m
Spannweite: 12,98 m
Höhe: 4,47 m

MASSEN:
Leermasse: 5067 kg
Max. Startmasse: 9390 kg

LEISTUNGEN:
Höchstgeschwindigkeit: 751 km/h
Reichweite: 3782 km mit Zusatztanks
Antrieb: Pratt & Whitney R-2800-57C/-77 Double Wasp
Motorleistung: 2800 PS (2088 kW)

DATUM DES ERSTFLUGS:
6. Mai 1941 (XP-47B)

BEWAFFNUNG:
Acht starre 12,7 mm Browning-MG im Flügel; maximale Waffenzuladung (Bomben/Raketen) 908 kg an Unterflügel-Aufhängungen

BESONDERE MERKMALE:
Freitragender Tiefdecker; Einziehfahrwerk; verkleideter Sternmotor; Vierblatt-Luftschraube

Saab B17 SCHWEDEN

Einmotoriges zweisitziges leichtes Bomben-/Aufklärungsflugzeug

Schweden, zu seiner konsequenten Neutralität stehend, befand sich in den letzten Vorkriegsjahren in einer schwierigen Lage. Moderne Kriegsflugzeuge waren von den klassischen Zulieferern aus Deutschland, Großbritannien und den USA zu diesem Zeitpunkt kaum noch zu erhalten. Deshalb war die Svenska Aeroplane AB (Saab) gegründet worden. Sie sollte auf der einen Seite ausländische Muster unter Lizenz herstellen, auf der anderen Seite mit dadurch gewonnenen Erfahrungen in der Lage sein, eigene Flugzeuge zu entwickeln. Das erste in Schweden von Saab selbst entworfene und gebaute Militärflugzeug war die B17, die 1937 als L10 erstmals Gestalt annahm. Sie wurde ein stabiles und damit auch für Tiefflugeinsätze geeignetes aber konventionell aufgebautes Muster, das durch einen unter Lizenz gebauten Bristol Mercury angetrieben werden sollte. Zuerst kam 1941 die B17B mit dem Mercury XXIV zum Einsatz, dann die B17C mit Piaggio PXIbis und schließlich die B17A mit einem Twin Wasp. Insgesamt 322 Flugzeuge wurden zwischen dem 1. Dezember 1941 und dem 16. September 1944 gebaut. Sie rüsteten sechs Bomber- und Aufklärungs-Geschwader der schwedischen Luftstreitkräfte aus.

BESCHREIBUNG:

BESATZUNG:
Pilot und Beobachter/MG-Schütze hintereinander

ABMESSUNGEN:
Länge: 9,80 m
Spannweite: 13,70 m
Höhe: 4,00 m

MASSEN:
Leermasse: 2600 kg
Max. Startmasse: 3970 kg

LEISTUNGEN:
Höchstgeschwindigkeit: 435 km/h
Reichweite: 1800 km
Antrieb: Pratt & Whitney R-1830 Twin Wasp
Motorleistung: 1200 PS (895 kW)

DATUM DES ERSTFLUGS:
18. Mai 1940

BEWAFFNUNG:
Zwei starre 12,7 mm MG im Flügel sowie ein bewegliches 7,9 mm MG im Beobachterstand; maximale Bombenzuladung 680 kg im Bombenschacht und an Unterflügel-Aufhängungen

BESONDERE MERKMALE:
Freitragender Mitteldecker; Einziehfahrwerk; verkleideter Sternmotor; stark verglaste Kabinenabdeckung

Savoia-Marchetti SM.79 Sparviero ITALIEN

Dreimotoriger mehrsitziger Torpedo-/Aufklärungs-Bomber

Italiens erfolgreichster Bomber, die SM.79, war gleichzeitig mit 1370 zwischen 1936 und 1944 gebauten Einheiten auch der in größten Stückzahlen gefertigte. Die Sparviero (Sperber), die Einsätze über Frankreich, Jugoslawien, Griechenland Nordafrika und Ostafrika sowie im gesamten Mittelmeerraum flog, war von Savoia-Marchetti ursprünglich als Schnellverkehrsflugzeug entworfen worden. Zum mittleren Bomber SM.79-I weiterentwickelt, hatte sie ihr Einsatz-Debüt 1936 im Spanischen Bürgerkrieg. Sie flog wegen ihrer großen Geschwindigkeit fast allen Jägern der Republikaner davon. Trotz ihrer überholten Dreimotorigkeit, die keine Bewaffnung nach vorne zuließ, und einer antiquierten Gemischtbauweise, wurde sie entgegen allen Erwartungen erfolgreich. Die 1939 als Torpedo-Bomber mit je 1000 PS leistenden Paggio- oder Fiat-Motoren ausgestattete SM.79-II jagte während der nächsten vier Jahre die Royal Navy im Mittelmeer. Sparviero übernahmen auch Infanterie-Unterstützungs-, Aufklärungs- und Transportaufgaben. Nach dem Krieg setzte die *Aeronautica Militare Italiana* SM.79 als Tranporter ein. Eine kleine Anzahl SM.79 wurde exportiert – vor dem Krieg, während des Krieges und nach dem Krieg.

BESCHREIBUNG:

BESATZUNG:
Pilot, Navigator und bis zu drei MG-Schützen

ABMESSUNGEN:
Länge: 16,20 m
Spannweite: 21,20 m
Höhe: 4,10 m

MASSEN:
Leermasse: 7600 kg
Max. Startmasse: 11.300 kg

LEISTUNGEN:
Höchstgeschwindigkeit: 434 km/h
Reichweite: 1900 km
Antrieb: drei Fiat A.80 RC41S
Motorleistung: 3090 PS (2304 kW)

DATUM DES ERSTFLUGS:
Ende 1934

BEWAFFNUNG:
Je ein bewegliches 12,7 mm SAFAT-MG in Ständen im Bug, auf und unter dem Rumpf, sowie ein 7,7 mm Breda-SAFAT-MG in den Rumpfwänden; Waffenzuladung 1250 kg Bomben im Schacht oder zwei Torpedos an Aufhängungen unter dem Flügel

BESONDERE MERKMALE:
Freitragender Tiefdecker; Einziehfahrwerk; drei verkleidete Sternmotoren; Bodenwanne

Short Sunderland GROSSBRITANNIEN

Viermotoriges mehrsitziges Langstrecken-Marine-Flugboot

Die Sunderland, eine Entwicklung aus den C-Klasse „Empire"-Flugbooten, die die Fluggesellschaft Imperial Airways in den dreißiger Jahren einsetzte, wurde der *RAF* hauptsächliches Marine-Aufklärungs-Flugzeug. Nach dem Erstflug im Herbst 1937 erreichten Mitte 1938 erste Flugzeuge aus der Produktion ihre Einheiten. Im Zweiten Weltkrieg operierten Sunderland unter dem *Coastal Command*. Sie wurden außer für die Langstrecken-Seeaufklärung als Geleitzug-Schutz und zur U-Boot-Jagd über dem Atlantik und dem Mittelmeer sowie im Mittleren und Fernen Osten herangezogen. Obwohl sie ein großes Ziel bot, erwies sich der Abschuss einer Sunderland als sehr schwierig, denn das Boot konnte mit bis zu 12 Abwehrwaffen – in drei Türmen und mehreren Ständen – aufwarten. Insgesamt 749 Sunderland wurden in vier verschiedenen Versionen gebaut. Sie unterschieden sich jeweils durch leistungsstärkere Triebwerke, mehr Kraftstoff-Kapazität sowie eine verbesserte Bootsform. Meistgefertigte Variante war die Mk III. 462 Exemplare von ihr gingen an Einheiten von *RAF*, *RCAF*, *RNZAF* und *RAAF*. Bei Kriegsende waren 28 Staffeln mit Sunderland ausgerüstet. Das *Coastal Command* behielt sie bis 1959.

BESCHREIBUNG:

BESATZUNG:
Pilot, Copilot, Flugingenieur, Funker, Radarorter, Navigator und bis zu sieben MG-Schützen

ABMESSUNGEN:
Länge: 26,01 m
Spannweite: 34,38 m
Höhe: 10,02 m

MASSEN:
Leermasse: 15.663 kg
Max. Startmasse: 26.308 kg

LEISTUNGEN:
Höchstgeschwindigkeit: 338 km/h
Reichweite: 4670 km
Antrieb: vier Bristol Pegasus XVIIIS
Motorleistung: 4260 PS (2382 kW)

DATUM DES ERSTFLUGS:
16. Oktober 1937

BEWAFFNUNG:
Mit 7,7 mm Browning-Zwillings-MG bestückte Türme im Bug und auf dem Rumpf sowie ein mit vier MG bestückter Heckturm; Einzelwaffen in den Rumpfseiten; 908 kg Bomben/Wasserbomben-Zuladung an Unterflügel-Aufhängungen

BESONDERE MERKMALE:
Freitragender Schulterdecker; Bootsrumpf; vier Sternmotoren

Stinson AT-19 Reliant USA

Einmotoriges viersitziges Übungs-/Verbindungsflugzeug

Stinson baute den erfolgreichen viersitzigen Kabinenhochdecker Reliant in den dreißiger Jahren als Reiseflugzeug. Und so waren dann auch die ersten bei Beginn des Zweiten Weltkriegs militärisch eingesetzten Reliant durch das *USAAC* beschlagnahmte Zivilmaschinen, denen die Bezeichnung UC-81 zugeteilt wurde. Doch die *US Navy* hatte bereits 1935 zwei Maschinen als XR3Q-1 erworben, gab dann aber eine an die *Coast Guard* ab. Diese benannte das Flugzeug RQ-1. Möglicherweise war es das frühe Interesse der amerikanischen Marine, die die britische *Royal Navy* bewog, größter Besteller der Reliant zu werden, indem sie 500 Maschinen im Rahmen des Lend-Lease für die *Fleet Air Arm* in Auftrag gab. Die Maschinen, die bei der *USAAF* unter der Bezeichnung AT-19 liefen, kamen ab Sommer 1943 in Großbritannien an und wurden unverzüglich zur Ausbildung von Funkern, Navigatoren und Luftbildnern herangezogen, sowie als Mehrzweck-Transporter eingesetzt. Bei Kriegsende waren 12 Einheiten der *Fleet Air Arm* mit Reliant ausgestattet. Etwa 350 Maschinen wurden in die USA zurück verschifft, bei Stinson umgerüstet und dann an private Interessenten verkauft.

BESCHREIBUNG:

BESATZUNG:
Pilot und drei Passagiere

ABMESSUNGEN:
Länge: 9,14 m
Spannweite: 12,76 m
Höhe: 2,62 m

MASSEN:
Leermasse: 1275 kg
Max. Startmasse: 1814 kg

LEISTUNGEN:
Höchstgeschwindigkeit: 227 km/h
Reichweite: 1303 km
Antrieb: Lycoming R-680
Motorleistung: 290 PS (216 kW)

DATUM DES ERSTFLUGS:
1933 (SR/SR-2 Zivilversion)

BESONDERE MERKMALE:
Abgestrebter Hochdecker; festes Fahrgestell; verkleideter Sternmotor

Stinson O-49/L-1 Vigilant USA

Einmotoriges zweisitziges Nahaufklärungsflugzeug

Stinson war eine der drei Firmen, die 1940 auf eine Anforderung des USAAC für ein leichtes Beobachtungsflugzeug Vorschläge eingereicht hatte und daraufhin einen Auftrag über 142 Maschinen erhielt, die die Bezeichnung O-49 tragen sollten. Um für die Konstruktion bestmögliche Langsamflug-Eigenschaften zu erzielen, wurde sie mit automatischen Vorflügeln über die gesamte Spannweite ausgestattet. Über die gesamte Flügelhinterkante platzierte weitspannende Schlitz-Landeklappen und Schlitz-Querruder sorgten für entsprechenden Auftrieb. Obwohl die Firma Stinson zur Zeit des Produktionsbeginns von Vultee übernommen wurde, blieb der Produktname Stinson bestehen. Es folgte ein Anschlussauftrag über 182 Maschinen der Version O-49A, die einen verlängerten Rumpf besaß. Die RAF erwarb 1941/42 100 Maschinen und taufte sie Vigilant. 1942 wurden in den USA die Bezeichnungen O-49/O-49A in L-1/L-1A geändert. Umbauversionen kamen hinzu: A-1B/C für Sanitäts-Einsätze, L-1D als Trainer für das Auffangen und Schleppen von Lastenseglern, L-1E/F für Sanitätseinsätze auf Schwimmern. Weitere L-1 wurden nicht bestellt, da die gleichen Aufgaben leichtere Grasshopper voll übernahmen.

BESCHREIBUNG:

BESATZUNG:
Pilot und Beobachter/Passagier hintereinander

ABMESSUNGEN:
Länge: 10,44 m
Spannweite: 15,52 m
Höhe: 3,10 m

MASSEN:
Leermasse: 1211 kg
Max. Startmasse: 1542 kg

LEISTUNGEN:
Höchstgeschwindigkeit: 196 km/h
Reichweite: 451 km
Antrieb: Lycoming R-680-9
Motorleistung: 295 PS (220 kW)

DATUM DES ERSTFLUGS:
Sommer 1940

BESONDERE MERKMALE:
Abgestrebter Hochdecker; festes Fahrgestell; verkleideter Sternmotor

Stinson O-62/L-5 Sentinel USA

Einmotoriges zweisitziges leichtes Beobachtungsflugzeug

Die Stinson L-5 war eine Entwicklung aus dem erfolgreichen dreisitzigen Zivilmodell Voyager, das 1939 erstmals gebaut und 1941 für eine militärische Verwendung bewertet wurde, als das *USAAC* sechs von ihr als YO-54 bestellte. Für die Aufgabe als Beobachtungsflugzeug waren einige Veränderungen nötig: Die Kabine – nun zweisitzig – erhielt eine wesentlich intensivere Verglasung. Die Rumpfstruktur und das jetzt unverkleidete Fahrgestell wurden verstärkt. Nach einem Erstauftrag über 275 Maschinen des Typs O-62 (wie das Muster jetzt hieß) erhielt der Hersteller 1942 einen Anschlussauftrag über 1456 weitere Maschinen. Zu dem Zeitpunkt, als die ersten der Serienmuster bei der Truppe eintrafen, wurde die Bezeichnung von O-62 auf L-5 geändert. Während der Einsatzzeit erfuhr das Modell verschiedene Veränderungen, die es universeller machen sollten. So wurde in die L-5B eine nach oben klappbare Tür eingebaut, um eine Tragbahre einschieben und transportieren zu können, und die L-5C erhielt eine K-20-Kamera für Aufklärungszwecke eingebaut. 100 Sentinel erhielt die RAF, 306 erwarb das *Marine Corps* als OY-1. Auch noch während des Korea-Kriegs blieben L-5 im Einsatz.

BESCHREIBUNG:

BESATZUNG:
Pilot und Beobachter/Passagier hintereinander

ABMESSUNGEN:
Länge: 7,34 m
Spannweite: 10,36 m
Höhe: 2,41 m

MASSEN:
Leermasse: 703 kg
Max. Startmasse: 916 kg

LEISTUNGEN:
Höchstgeschwindigkeit: 209 km/h
Reichweite: 676 km
Antrieb: Lycoming O-435-1 oder O-435-11 (L-5G)
Motorleistung: 185 PS (138 kW) bzw. 190 PS (142 kW)

DATUM DES ERSTFLUGS:
1940

BESONDERE MERKMALE:
Freitragender Hochdecker; festes Fahrgestell; verkleideter Boxermotor; stark verglaste Kabine

Suchoj Su-2 SOWJETUNION
Einmotoriges zweisitziges Schlachtflugzeug

Das Muster wurde von Konstrukteur Pawel Suchoj kreiert, als er noch Mitglied des Entwicklungs-Kollektivs von Tupolew war. Deshalb hieß es anfänglich ANT-51. Es war als direkter Ersatz für das taktische Tiefangriffs-Flugzeug Charkow R-10, das schlecht beurteilt wurde, konzipiert worden. Nach dem Erstflug des Prototyps 1940 kam es als BB-1 in die Reihenfertigung, weil es eine gute Panzerung besaß, ohne Probleme zu fliegen war, über eine ausreichende Bombenzuladung verfügte und zufriedenstellende Gesamtleistungen aufwies. Die ersten Modelle wurden durch einen Schwezow M-87-Sternmotor angetrieben, aber ab Anfang 1942 kam der leistungsstärkere M-88B zum Einbau. Etwa zur gleichen Zeit änderten die UdSSR-Luftstreitkräfte ihr Bezeichnungssystem – aus der BB-1 wurde die Suchoj Su-2. Als die Deutschen im Juni 1941 in die Sowjetunion einrückten, befanden sich erst etwa 100 der Maschinen im Einsatz. Aber die Produktion wurde schnell hochgefahren, um die Einsatzverluste wettzumachen. Die Evakuierung der Werke im Oktober des Jahres unterbrach die Fertigung. Obwohl für deutsche Jäger eine leichte Beute, blieben Su-2 bis Ende 1942 im Einsatz. Es gab keinen passenden Ersatz für sie.

BESCHREIBUNG:

BESATZUNG:
Pilot und MG-Schütze hintereinander

ABMESSUNGEN:
Länge: 10,25 m
Spannweite: 14,30 m
Höhe: 3,94 m

MASSEN:
Leermasse: 2930 kg
Max. Startmasse: 4345 kg

LEISTUNGEN:
Höchstgeschwindigkeit: 455 km/h
Reichweite: 850 km
Antrieb: Schwezow M-88B
Motorleistung: 1000 PS (745 kW)

DATUM DES ERSTFLUGS:
August 1937 (ANT-51)

BEWAFFNUNG:
Vier starre 7,62 mm Schkas-MG im Flügel sowie ein bewegliches MG im Drehturm am Ende des Besatzungsraums; maximale Waffenzuladung 600 kg (Bomben/Raketen) im Bombenschacht und an Unterflügel-Aufhängungen

BESONDERE MERKMALE:
Freitragender Tiefdecker; Einziehfahrwerk; verkleideter Sternmotor; Drehturm als hinterer Kabinenabschluss

Supermarine Spitfire (Merlin) GROSSBRITANNIEN

Einmotoriger Jagdeinsitzer

Die Spitfire war der einzige britische Jäger, der über die gesamte Dauer des Zweiten Weltkriegs in der Fertigung blieb. Es wurden mehr als 22.500 Exemplare in vielen Varianten von der Mk I bis zur 24 gebaut – und ihre Heldentaten sind legendär. Konstrukteur Reginal J. Mitchell entwickelte sie aus seinen siegreichen RAF-Schnellflugzeugen, die er für die Rennen um den Schneider-Pokal geschaffen hatte. Der Spitfire-Prototyp K5054 mit seinem Rolls-Royce Merlin I-Motor stieg am 5. März 1936 erstmals in den Himmel. Aber durch anfängliche Fertigungsprobleme mit der neuartigen tragenden Glattblechbeplankung kamen die ersten Einsatzmuster erst zweieinhalb Jahre später zu den Verbänden. Während der neunjährigen Produktion veränderte sich das Aussehen der Spitfire nur unwesentlich, aber unter der Haut gab es zahllose Verbesserungen und Fortschritte. Die Leistungen des Merlin wurden ständig erhöht, damit Spitfire-Varianten deutschen Jagdeinsitzern zumindest ebenbürtig blieben. Speziell die Mk V und Mk IX konnten sich mit Bf 109F/G und Fw 190 in fast allen Höhen messen. Spitfire wurden auch für Fotoaufklärungs-Missionen und als Jagdbomber eingesetzt.

BESCHREIBUNG:

BESATZUNG:
Pilot

ABMESSUNGEN:
Länge: 9,47 m
Spannweite: 11,23 m
Höhe: 3,86 m

MASSEN:
Leermasse: 2812 kg
Max. Startmasse: 9500 kg

LEISTUNGEN:
Höchstgeschwindigkeit: 657 km/h
Reichweite: 698 km
Antrieb: Rolls-Royce Merlin 61
Motorleistung: 1565 PS (1167 kW)

DATUM DES ERSTFLUGS:
5. März 1936

BEWAFFNUNG:
Zwei starre 20 mm Hispano-MK und vier 7,7 mm MG im Flügel; maximale Bombenzuladung 908 kg an Unterflügel-Aufhängungen

BESONDERE MERKMALE:
Freitragender Tiefdecker mit elliptischem Flügelumriss; Einziehfahrwerk; verkleideter Reihenmotor; Vierblatt-Luftschraube

Supermarine Spitfire (Griffon) GROSSBRITANNIEN

Einmotoriger Jagdeinsitzer

Mit Rolls-Royce Griffon ausgestattete Spitfire zählten wohl zu den beeindruckendsten der durch Kolbenmotoren angetriebenen Jäger ihrer Zeit. Da die leistungsstarken Triebwerke gegenüber dem Merlin eine höhere Masse besaßen, mussten die Zellen verstärkt werden. Erste Griffon-Version wurde die Spitfire XII mit verkürzten Flügelenden und einem einziehbaren Spornrad. Sie erreichte mit dem Griffon II 632 km/h. Die Spitfire XIV besaß einen Griffon 65 und eine fünfblättrige Luftschraube. Sie zeigte sich allen anderen Frontjägern überlegen. Wenn auch nur 957 Exemplare dieser Version gebaut wurden, so kam ihre Sternstunde Mitte 1944, als sie wegen ihrer äußerst hohen Waagerechtgeschwindigkeit in der Lage war, einen Teil der über Südostengland in großen Mengen einfliegenden unbemannten deutschen V1-Flugkörper abzufangen. In den letzten Kriegsmonaten wurde noch eine beträchtliche Anzahl an mit Griffon motorisierten Spitfire in den Fernen Osten geschickt. Aber sie kamen meistens zu spät für das Eingreifen in Kampfhandlungen. Der Fotoaufklärer PR XIX kam in 225 Exemplaren noch in den letzten Wochen vor Kriegsende zu den Einsatzeinheiten. Griffon-Spitfire dienten bei der *RAF* bis Ende der fünfziger Jahre.

BESCHREIBUNG:

BESATZUNG:
Pilot

ABMESSUNGEN:
Länge: 9,96 m
Spannweite: 11,23 m
Höhe: 3,86 m

MASSEN:
Leermasse: 2994 kg
Max. Startmasse: 4433 kg

LEISTUNGEN:
Höchstgeschwindigkeit: 721 km/h
Reichweite: 740 km
Antrieb: Rolls-Royce Griffon 65
Motorleistung: 2050 PS (1528 kW)

DATUM DES ERSTFLUGS:
Anfang 1943

BEWAFFNUNG:
Zwei starre 20 mm Hispano-MK und vier 7,7 mm MG im Flügel; maximale Bombenzuladung 227 kg an Unterflügel-Aufhängungen

BESONDERE MERKMALE:
Freitragender Tiefdecker mit elliptischem Flügelumriss; Einziehfahrwerk; verkleideter Reihenmotor; Fünfblatt-Luftschraube

Taylorcraft O-57/L-2 Grashopper USA

Einmotoriges zweisitziges leichtes Beobachtungsflugzeug

Die YO-57, ein normales Taylorcraft Modell D-Sportflugzeug, war die dritte Konstruktion ziviler zweisitziger Leichtflugzeuge, die im August 1941 von der *US Army* erprobt wurde, um ihre Eignung für militärische Beobachtungsaufgaben zu testen. Alle drei bestanden die Prüfung. Sie wurden unter dem gemeinsamen Namen Grashopper fast einheitlich mit mehr Verglasung und einer verstärkten Zelle den militärischen Ansprüchen angepasst. Taylor bekam vom *USAAC* einen ersten Auftrag über 336 Stück ihres Flugzeugs, das die militärische Bezeichnung O-57A erhielt. 1942 wurden die Maschinen, zusammen mit denen eines zweiten Auftrags über 140, in L-2A umbenannt. Zwei große Bestell-Lose folgten, einmal über 490 L-2B, die speziell für die Artilleriebeobachtung an der unmittelbaren Front ausgestattet waren, und 900 L-2M mit geschlossenen Motorverkleidungen sowie Störklappen im Flügel. Taylorcraft wurde auch in das Programm zur Ausbildung von Lastensegler-Piloten eingebunden, indem es 253 motorlose L2-Zellen unter der Bezeichnung ST-100 zu Übungsgleitern umwandelte. Nach dem Krieg kamen viele L-2 ins zivile Register, andere dienten als Schulmaschinen bei Luftstreitkräften rund um die Welt.

BESCHREIBUNG:

BESATZUNG:
Pilot und Beobachter/Passagier hintereinander

ABMESSUNGEN:
Länge: 6,93 m
Spannweite: 10,79 m
Höhe: 2,44 m

MASSEN:
Leermasse: 397 kg
Max. Startmasse: 590 kg

LEISTUNGEN:
Höchstgeschwindigkeit: 142 km/h
Reichweite: 370 km
Antrieb: Continental O-170-3
Motorleistung: 65 PS (48 kW)

DATUM DES ERSTFLUGS:
1937

BESONDERE MERKMALE:
Freitragender Hochdecker; festes Fahrgestell; verkleideter Boxermotor; stark verglaste Kabine

Tupolew Tu-2 SOWJETUNION
Zweimotoriger viersitziger Tiefangriffs-Bomber

Die Tu-2 wurde von Tupolew als Ersatz für die Pe-2 konzipiert. Aber infolge der schleppenden Entwicklung und der geringen Ausstoßrate konnte das Muster während der Zeit des Zweiten Weltkriegs die Petljakow-Konstruktion nie ganz verdrängen. Unter der Konstruktionskollektiv-Nummer ANT-58 war sie in den Jahren 1939/40 konstruiert worden und erlebte am 29. Januar 1941 ihren Erstflug. Während der nächsten 22 Monate wurden Vorserienmaschinen getestet. Im November 1942 erreichten die ersten Maschinen aus der Produktion die Front. Zu diesem Zeitpunkt waren sie noch weit davon entfernt, die Pe-2 ersetzen zu können. Erst die voll ausgereiften Serienmodelle, die ab Anfang 1944 an die Ostfront geliefert wurden, waren dem Vorgängermodell überlegen. Von den insgesamt 2527 gebauten Tu-2 konnten bis Mitte 1945 erst etwa 1100 Exemplare geliefert werden. Deshalb flogen Maschinen dieses Musters (NATO-Name „Bat" beim Einsatz im Korea-Krieg) in den Luftstreitkräften des Ostblocks bis 1961. Varianten waren die Tu-2R-Aufklärungs-Plattform, der Tu-2U-Besatzungstrainer, das Tu-2Sch-Schlachtflugzeug, der Tu-2T-Torpedobomber, der Tu-1-Begleitjäger sowie der Tu-10-Mehrzweck-Bombenwerfer.

BESCHREIBUNG:

BESATZUNG:
Pilot, Bomben-/MG-Schütze und zwei weitere Schützen

ABMESSUNGEN:
Länge: 13,80 m
Spannweite: 18,86 m
Höhe: 4,55 m

MASSEN:
Leermasse: 8255 kg
Max. Startmasse: 12.800 kg

LEISTUNGEN:
Höchstgeschwindigkeit: 550 km/h
Reichweite: 2500 km
Antrieb: zwei Schwezow Ash-82FNS
Motorleistung: 3700 PS (2760 kW)

DATUM DES ERSTFLUGS:
29. Januar 1941

BEWAFFNUNG:
Zwei starre 20/30 mm Schwak-MK in den Flügelwurzeln sowie je ein bewegliches 12,7 mm BS-MG in oberen und unteren Rumpfständen; maximale Bombenzuladung 3000 kg im Bombenschacht

BESONDERE MERKMALE:
Freitragender Mitteldecker; Einziehfahrwerk; zwei verkleidete Sternmotoren; doppeltes Seitenleitwerk

Vickers-Armstrongs Wellington GROSSBRITANNIEN
Zweimotoriger sechssitziger Bomber

Die Wellington war die Antwort auf die Ausschreibung B 9/32 des *Air Ministry (AM)* für einen Bomber, der ursprünglich eine Bombenlast von 450 kg über eine Strecke von 1160 km transportieren sollte (diese Werte wurden ab 1933 ständig nach oben korrigiert). Seinen konstruktiven Aufbau bestimmte unverwechselbar die geodätische Struktur, die Konstrukteur B.N. Wallis erstmals beim Luftschiff R.100 und später beim Leichtbomber Wellesley angewendet hatte. Der Prototyp, der im Juni 1936 zum ersten Mal flog, übertraf alle Ausschreibungsvorgaben. Zwei Monate später ging vom *AM* ein Auftrag über 150 Wellington Mk I ein. Sie wurden ab Oktober 1938 an das *Bomber Command* ausgeliefert. Das Flugzeug, das erstmals einen Heckstand besaß, wurde zur Hauptstütze der *RAF*-Bomberverbände bis zum Eintreffen der viermotorigen „Schweren" im Jahr 1941. Anfang 1942 waren insgesamt 21 der auf der Insel stationierten Einheiten des *Bomber Command* mit Wellington ausgestattet. Die Produktion lief bis Oktober 1945. 11.462 Exemplare wurden in 13 Varianten als Bomber, zur Seeüberwachung und als Ausbildungsflugzeuge gebaut. In letzterer Rolle versahen Wellington beim *Flying Training Command* bis 1953 ihren Dienst.

BESCHREIBUNG:

BESATZUNG:
Pilot, Navigator, Bombenschütze, Funker sowie Bug- und Heckschützen

ABMESSUNGEN:
Länge: 18,54 m
Spannweite: 26,26 m
Höhe: 5,31 m

MASSEN:
Leermasse: 8417 kg
Max. Startmasse: 13.381 kg

LEISTUNGEN:
Höchstgeschwindigkeit: 410 km/h
Reichweite: 3540 km
Antrieb: zwei Bristol Hercules XIS
Motorleistung: 3000 PS (2236 kW)

DATUM DES ERSTFLUGS:
15. Juni 1936

BEWAFFNUNG:
Je ein 7,7 mm Browning-Zwillings-MG im Bug- und Heck-Drehturm sowie zwei bewegliche Einzelwaffen in den Rumpfseiten; maximale Bombenzuladung 2040 kg im Bombenschacht

BESONDERE MERKMALE:
Freitragender Mitteldecker; Einziehfahrwerk; zwei verkleidete Sternmotoren; Drehtürme in Bug und Heck

Vought F4U/FG-1 Corsair USA

Einmotoriger Jagdeinsitzer

Voughts XF4U-1 – im Juni 1938 von der *US Navy* in Auftrag gegeben – war als leichter Jäger mit dem leistungsstärksten zur Verfügung stehenden Triebwerk konzipiert worden. In dem Bestreben, die Leistung des Pratt & Whitney XR-2800 Double Wasp-Doppelsternmotors voll auszunutzen, wurde eine Luftschraube mit einem so großen Durchmesser gewählt, wie er noch nie in einem Jagdflugzeug verwendet worden war. Um bei genügender Bodenfreiheit für den Propeller das Fahrwerk nicht so hoch werden zu lassen, kam ein Knickflügel zur Anwendung. Der Prototyp zeigte sensationelle Leistungen. Das hatte einen ersten Auftrag, der im Juni 1941 vergeben wurde, zur Folge. Gut ein Jahr später kamen die ersten Muster zu den Einheiten. Wegen gravierender Handhabungs-Mängel mussten sie für den Trägereinsatz gesperrt werden. Sie wurden jedoch ab 1943 von Landbasen aus mit großem Erfolg eingesetzt. Mitte 1944 waren die Flugeigenschaften für den Trägereinsatz mit der *US Navy* korrigiert. Goodyear baute Corsair als FG-1 unter Lizenz. Corsair blieben nach Kriegsende erfolgreich im Einsatz. Als letzte Maschine lief 1952 eine F4U-7 vom Band. Es war die 12.571. gebaute Corsair.

BESCHREIBUNG:

BESATZUNG:
Pilot

ABMESSUNGEN:
Länge: 9,99 m
Spannweite: 12,49 m
Höhe: 4,58 m

MASSEN:
Leermasse: 4025 kg
Max. Startmasse: 6280 kg

LEISTUNGEN:
Höchstgeschwindigkeit: 631 km/h
Reichweite: 2514 km
Antrieb: Pratt & Whitney R-2800-8 Double Wasp
Motorleistung: 2000 PS (1491 kW)

DATUM DES ERSTFLUGS:
29. Mai 1940

BEWAFFNUNG:
Sechs starre 12,7 mm Browning-MG im Flügel; Aufhängungen für bis zu acht Raketen unter dem Flügel oder bis zu 908 kg Bomben unter dem Rumpf

BESONDERE MERKMALE:
Freitragender Tiefdecker mit Knickflügel; Einziehfahrwerk; verkleideter Sternmotor; einziehbares Spornrad; Fanghaken

Vought OS2U Kingfisher USA

Einmotoriges zweisitziges Aufklärungs-Land- oder -Schwimmerflugzeug

Die Kingfisher war das Standard-Beobachtungsflugzeug der amerikanischen Marine und so augelegt, dass es entweder mit einem Fahrgestell von Stützpunkten an der Küste oder mit Schwimmern von den Katapulten größerer Kriegsschiffe aus operieren konnte. Unter Berücksichtigung aller technischen Erfahrungen der Firma mit Marineflugzeugen war sie 1937 entwickelt worden. Der Prototyp XOS2U-1 machte im Juli 1938 seinen Erstflug. Flugzeuge aus der Produktion kamen im August 1940 bei der Flotte an. Hauptfertigungsvariante war die OS2U-3, von der bis 1942 1006 Exemplare geliefert werden konnten. Die Naval Aircraft Factory baute 300 weitere in der Landversion unter der Bezeichnung OS2N-1 für Küstenüberwachungs- und Übungsflüge. Die US Navy setzte Kingfisher weltweit zur Aufklärung, U-Boot-Jagd, Artilleriebeobachtung und zur Seenotrettung ein. Eine kleine Anzahl Kingfisher ging in den Export. Größter Abnehmer war Großbritannien, das für seine Marine genau 100 Exemplare als Lend-Lease-Lieferungen in Empfang nehmen konnte. Ein weiterer Abnehmer war die australische Marine, die 18 Stück erhielt. Insgesamt wurden 1519 Kingfisher gebaut.

BESCHREIBUNG:

BESATZUNG:
Pilot und Beobachter/MG-Schütze hintereinander

ABMESSUNGEN
Länge: 10,31 m
Spannweite: 10,95 m
Höhe: 4,61 m

MASSEN:
Leermasse: 1870 kg
Max. Startmasse: 2722 kg

LEISTUNGEN:
Höchstgeschwindigkeit: 264 km/h
Reichweite: 1295 km
Antrieb: Pratt & Whitney R-985-50 Wasp Junior
Motorleistung: 450 PS (335 kW)

DATUM DES ERSTFLUGS:
20. Juli 1938

BEWAFFNUNG:
Ein starres 7,62 mm Browning-MG im Bug und ein bewegliches 7,62 mm Browning-MG im hinteren Teil des Besatzungsraums; maximale Bombenzuladung 295 kg an Unterflügel-Aufhängungen

BESONDERE MERKMALE:
Freitragender Mitteldecker; verkleideter Sternmotor; Hauptschwimmer unter dem Rumpf und zwei feste Stützschwimmer unter dem Flügel

Westland Lysander GROSSBRITANNIEN

Einmotoriges zweisitziges Heeres-Unterstützungsflugzeug

Die Lysander war der *RAF* erstes Flugzeug, das speziell für eine Zusammenarbeit mit den Heeresverbänden konzipiert worden war. Konstruiert wurde sie unter der Firmenbezeichnung P.8 nach der Ausschreibung A 39/34. Der Prototyp flog am 15. Juni 1936. Innerhalb von drei Monaten erhielt Westland einen Bauauftrag für 144 Maschinen, und die erste Einheit konnte im Juni 1938 auf dieses Flugzeug umgerüstet werden. 1939, als die Serie voll angelaufen war, übernahm die *RAF* 66 Maschinen. Zum scharfen Einsatz kamen Lysander im Mai 1940 im Rahmen der *British Expeditionary Force* in Frankreich. Dabei trat die Verwundbarkeit der Konstruktion so drastisch zutage, dass Lysander schnell für Aufgaben weit hinter den Linien abgestellt wurden. Aber sie zeichneten sich beim Rückzug aus Dünkirchen sowie bei Kämpfen in Griechenland und in Nordafrika aus. 1941 wurden sie auch bei den Heimatverbänden der Heeres-Unterstützung entbunden. Zur Legende gedieh ihre besondere Eignung für geheime Aktionen. So setzte sie bei nächtlichen Einsätzen im gesamten besetzten Europa Agenten ab oder nahm welche auf. Etwa 1650 Lysander wurden gebaut, davon 225 in Kanada.

BESCHREIBUNG:

BESATZUNG:
Pilot und Beobachter/Passagier hintereinander

ABMESSUNGEN:
Länge: 9,30 m
Spannweite: 15,24 m
Höhe: 4,42 m

MASSEN:
Leermasse: 1980 kg
Max. Startmasse: 2866 kg

LEISTUNGEN:
Höchstgeschwindigkeit: 341 km/h
Reichweite: 966 km
Antrieb: Bristol Mercury XX oder XXX
Motorleistung: 870 PS (649 kW)

DATUM DES ERSTFLUGS:
15. Juni 1936

BEWAFFNUNG:
Zwei starre 7,7 mm Browning-MG in den Radverkleidungen und ein bewegliches Einzel- oder Zwillings-MG für den Beobachter; maximale Bombenzuladung 227 kg an Trägern oder Aufhängungen unter dem Rumpf

BESONDERE MERKMALE:
Abgestrebter Hochdecker; V-Streben; festes verkleidetes Fahrgestell; verkleideter Sternmotor

Yokosuka D4Y Suisei JAPAN

Einmotoriger zweisitziger Aufklärungs-/Tiefangriffs-Bomber

Das technische Arsenal der Marine in Yokosuka wurde 1938 auf einen einmotorigen Bomber für einen Einsatz von Flugzeugträgern angesprochen, den strategische Pläne für den Pazifikraum dringend erforderlich machten. Der erste D4Y-Prototyp flog im Dezember 1941. Probleme mit dem Aichi Atsuta-Triebwerk (ein unter Lizenz gebauter Daimler-Benz DB 601A) führten dazu, dass die ersten Serienmuster mit dem schwächeren DB 600 ausgeliefert werden mussten. Flügelschwingungen, die bei der Erprobung auftraten, verzögerten das Serienprogramm des Suisei (Komet) erneut. Als die ersten Muster 1942 schließlich die Flotte erreichten, wurde ihr Einsatzzweck auf Aufklärungsaufgaben beschränkt. Erst verstärkte Flügelholme und der Einbau von Sturzflugbremsen erbrachten die Zulassung für Sturzflüge. Ab März 1943 wurden D4Y1 für Tiefangriffe eingesetzt. Innerhalb eines Jahres befanden sich etwa 500 bei der Flotte, aber ihre Verwundbarkeit war schnell sprichwörtlich. Den störanfälligen Atsuta-Motor ersetzte in der Version D4Y3 ein Mitsubishi Kinsei-Sternmotor. Sie wurde ab Oktober 1944 für Kamikaze-Angriffe benutzt. Viele der insgesamt 2038 gebauten Suisei gingen durch gegnerische Einwirkung verloren.

BESCHREIBUNG:

BESATZUNG:
Pilot und MG-Schütze hintereinander

ABMESSUNGEN:
Länge: 10,22 m
Spannweite: 11,50 m
Höhe: 3,74 m

MASSEN:
Leermasse: 2440 kg
Max. Startmasse: 9370 kg

LEISTUNGEN:
Höchstgeschwindigkeit: 552 km/h
Reichweite: 1465 km
Antrieb: Aichi AE1A Atsuta 12
Motorleistung: 1200 PS (895 kW)

DATUM DES ERSTFLUGS:
Dezember 1941

BEWAFFNUNG:
Zwei starre 7,92 mm Typ 97-MG im Bug und ein bewegliches 7,92 mm Typ 1-MG im hinteren Besatzungsraum; maximale Bombenzuladung 560 kg im Bombenschacht

BESONDERE MERKMALE:
Freitragender Mitteldecker; verkleideter Reihenmotor; Einziehfahrwerk; Dreiblatt-Luftschraube; langgezogene Kabinen-Abdeckung

Flugzeuge der Nachkriegszeit

Aermacchi MB-326 ITALIEN

Einstrahliges zwei-/einsitziges Übungs-/Tiefangriffsflugzeug

Die MB-326 war eines der erfolgreichsten Flugzeuge der italienischen Firma Aermacchi und bis in die achtziger Jahre in der Fertigung. Der erste von zwei Prototypen flog im Dezember 1957 mit einer leistungsfähigen Rolls-Royce Viper Strahlturbine. Die *Aeronautica Militaire Italiana* bestellte zuerst 15 Vorserienmuster und kurz darauf 85 Maschinen in der definitiven Einsatzausführung. Die ersten davon kamen im Februar 1962 zu den Einheiten. Sie erwiesen sich als äußerst geeignet für alle Stufen der militärischen Ausbildung von Düsenflugzeug-Piloten. Deswegen fand sie bei den Luftstreitkräften reges Interesse, die sich weltweit gezwungen sahen, ihre Ausbildung von den durch Kolbenmotoren angetriebenen Mustern des Zweiten Weltkriegs auf die ungleich leistungsfähigeren Einsatzflugzeuge mit Strahlantrieb umzustellen. Neben MB-326, die Aermacchi direkt an Kunden in Afrika und Südamerika lieferte, wurden Maschinen in Australien, Südafrika und Südamerika unter Lizenz gebaut. Dadurch stieg die Gesamtzahl der gefertigten Muster dieses Typs auf 761 Stück. Die letzte MB-326 lieferte das brasilianische Unternehmen Embraer im Februar 1983 aus.

BESCHREIBUNG:

BESATZUNG:
Zwei Piloten hintereinander; Pilot (in der Tiefangriffs-Version)

ABMESSUNGEN:
Länge: 10,64 m
Spannweite: 10,85 m
Höhe: 3,27 m

MASSEN:
Leermasse: 2558 kg
Max. Startmasse: 5216 kg

LEISTUNGEN:
Höchstgeschwindigkeit: 867 km/h
Reichweite: 1850 km
Antrieb: Rolls-Royce Viper 20 Mk 540
Motorleistung: 15,17 kN

DATUM DES ERSTFLUGS:
10. Dezember 1957

BEWAFFNUNG:
Sechs Unterflügel-Aufhängungen für bis zu 1818 kg Waffenzuladung

BESONDERE MERKMALE:
Freitragender Tiefdecker; ungepfeilter Flügel; Flügelendtanks; Dreirad-Fahrwerk; Lufteinläufe in den Flügelwurzeln

Aero L-29 Delfin TSCHECHISCHE REPUBLIK

Einstrahliges zweisitziges Übungsflugzeug

Das Gegenstück zur Aermacchi MB-326, die L-29 Delfin, wurde von Aero entwickelt, um die Kolbenmotor getriebenen Übungsflugzeuge bei den tschechoslowakischen Luftstreitkräften zu ersetzen. Das mit einem ungepfeilten Flügel konventionell ausgelegte Muster flog in der Prototypform XL-29 erstmals im Februar 1959. Nach der Erprobung von insgesamt zwei Prototypen ging das Muster bereits Ende 1960 in die Vorserienfertigung. Ein Jahr später trat die L-29 bei einem Vergleichsfliegen gegen die polnische PZL Mielec TS-11 Iskra und die sowjetische Jakowlew Jak-30 an. Wegen ihres einfachen und doch robusten Aufbaus und ihrer für ein Schulflugzeug überzeugenden Flugeigenschaften wurde die Aero-Konstruktion zum Sieger und damit zum Einheits-Übungsflugzeug für alle Luftstreitkräfte des Warschauer Pakts gekürt. Die ersten Serienmuster traten 1963 ihren Dienst an. Als die Fertigung 1974 auslief, waren insgesamt nicht weniger als 3665 Stück ausgeliefert worden, davon über 2000 Exemplare in die Sowjetunion und hunderte in andere Staaten des Ostblocks, Afrikas und Südostasiens. Heute wird das etwas in die Jahre gekommene Muster in einer Hand voll Staaten immer noch für Ausbildungszwecke verwendet.

BESCHREIBUNG:

BESATZUNG:
Zwei Piloten hintereinander

ABMESSUNGEN:
Länge: 10,81 m
Spannweite: 10,29 m
Höhe: 3,13 m

MASSEN:
Leermasse: 2280 kg
Max. Startmasse: 3280 kg

LEISTUNGEN:
Höchstgeschwindigkeit: 615 km/h
Reichweite: 640 km
Antrieb: Motorlet M 701C
Motorleistung: 8,73 kN

DATUM DES ERSTFLUGS:
5. April 1959

BEWAFFNUNG:
Unterflügel-Aufhängungen für bis zu 200 kg Bomben/Raketen/Waffenbehälter

BESONDERE MERKMALE:
Freitragender Tiefdecker; ungepfeilter Flügel; Dreirad-Fahrwerk; Lufteinläufe in den Flügelwurzeln; T-Leitwerk

Aero L-39 Albatros TSCHECHISCHE REPUBLIK

Einstrahliges zweisitziges Übungsflugzeug

Die L-39 ist die logische Weiterentwicklung der L-29 und deren Nachfolger. Die Konstruktionsarbeiten begannen 1966 mit intensiver sowjetischer Beeinflussung (die Sowjetunion wurde anschließend auch größter Abnehmer für das Muster). Der Schlüssel für die gegenüber der L-29 angestrebten Verbesserung der Leistung sollte die Wahl des AI-25 Zweistrom-Strahltriebwerks werden. Es besaß die doppelte Stärke des Motorlet-Triebwerks in der L-29. Schnell wurde offensichtlich, dass sich ein erheblicher Gewinn an Horizontal- und Steiggeschwindigkeit sowie an Zuladung erzielen ließ. Obwohl der erste Prototyp bereits im November 1968 flog, erfolgte die Serienfreigabe erst 1972, als sich die Luftstreitkräfte der UdSSR, der DDR und der CSSR für das Muster als Nachfolger der L-29 entschieden hatten. Die Einsatzerprobung fand 1973 statt, und die ersten Serienmaschinen erreichten die *Cescoslovenské Lecectvo* 1974. Seit dieser Zeit haben mehr als 2900 Maschinen ihren Dienst angetreten, und zwar als reine Übungsflugzeuge (L-39C, CT und V) oder für einen Waffeneinsatz ausgerüstet (L-39ZA und ZO). Albatros mit stärkeren Triebwerken und westlicher Avionik befinden sich als L-59/159 noch im Bau.

BESCHREIBUNG:

BESATZUNG:
Zwei Piloten hintereinander

ABMESSUNGEN:
Länge: 12,11 m
Spannweite: 9,11 m
Höhe: 4,38 m

MASSEN:
Leermasse: 2850 kg
Max. Startmasse: 4300 kg

LEISTUNGEN:
Höchstgeschwindigkeit: 845 km/h
Reichweite: 1500 km (mit Flügelendtanks)
Antrieb: (weiterentwickelte) ZMDB AI-25
Motorleistung: 16,9 kN

DATUM DES ERSTFLUGS:
4. November 1968

BEWAFFNUNG:
Unterflügel- und Rumpf-Aufhängungen für bis 1000 kg Bomben/Raketen/Waffenbehälter

BESONDERE MERKMALE:
Freitragender Tiefdecker; ungepfeilter Flügel; Lufteinläufe an den Rumpfseiten; Dreirad-Fahrwerk

Aerospace CT-4 Airtrainer NEUSEELAND
Einmotoriges zweisitziges Übungsflugzeug

Die Airtrainer kann ihre Abstammung bis ins Jahr 1953 zurückverfolgen, als die Ausgangskonstruktion – ein kompakter Zweisitzer – den vom *British Royal Aero Club* ausgeschriebenen Konstruktions-Wettbewerb für Leichtflugzeuge gewann. Insgesamt 170 dieser Airtourer genannten Maschinen wurden in Australien beim Hersteller Victa gebaut, bevor er 1968 in den Besitz der Aero Engine Services Limited (AESL) in Neuseeland überging. Die zuerst aus Holz aufgebaute Maschine wurde in Ganzmetallbauweise umkonstruiert und in das viersitzige Reiseflugzeug Aircruiser weiterentwickelt. Dieses wiederum bildete die Grundlage für das erneut zweisitzige militärische Übungsflugzeug Airtrainer. Die australische RAAF bestellte 1972 37 Stück des Musters mit der für eine Bruchlast von +6/-3 G verstärkten Zelle als CT-4. Es folgten die Luftstreitkräfte von Thailand mit einer Bestellung für 24 (und weitere sechs 1992) und die *RNZAF*, die 19 CT-4B mit erhöhter Startmasse orderte. Alle wurden bei der New Zealand Aerospace Industries gebaut, die 1973 aus dem Zusammenschluss von AESL und Air Parts entstanden war. In Australien hieß der Trainer „Plastic Parrot" und gehörte zum Inventar der Schule in Point Cook bis 1992.

BESCHREIBUNG:

BESATZUNG:
Zwei Piloten nebeneinander

ABMESSUNGEN:
Länge: 7,15 m
Spannweite: 7,92 m
Höhe: 2,59 m

MASSEN:
Leermasse: 662 kg
Max. Startmasse: 1089 kg

LEISTUNGEN:
Höchstgeschwindigkeit: 426 km/h
Reichweite: 1300 km
Antrieb: Rolls-Royce (Continental) IO-360-H
Motorleistung: 210 PS (157 kW)

DATUM DES ERSTFLUGS:
23. Februar 1973 (CT-4)

BESONDERE MERKMALE:
Freitragender Tiefdecker; stark verglaste Kabine; festes Dreirad-Fahrwerk; Zweiblatt-Luftschraube

Antonow An-2 SOWJETUNION
Einmotoriges zwölfsitziges Mehrzweckflugzeug

Die An-2 war eine der letzten Doppeldecker-Konstruktionen in der Fertigung und befindet sich auch heute noch bei einer Anzahl von Luftstreitkräften weltweit im Einsatz. Mehr als 18.000 „Colt" (so der NATO-Erkennungsname) wurden seit 1947 gebaut. Das Werk des Konstrukteurs Antonow in Kiew baute „nur" 5000 Stück, als die Produktion 1965 endete. Den Hauptteil an der Fertigung hatte das polnische PZL-Werk Mielec, obwohl auch die Chinesen das Muster zwischen 1957 und Anfang der siebziger Jahre als Harbin Y-5 in mehr als 1500 Exemplaren unter Lizenz bauten. Wegen ihres antiquierten Aussehens wurde die An-2 bei ihrem Auftauchen vom Westen höhnisch beurteilt. Aber das Antonow-Konstruktionsbüro hatte die Bauform bewusst für außergewöhnlich kurze Start- und Landestrecken gewählt. Die einfache Konstruktion erwies sich auch beim Einsatz von unvorbereiteten Plätzen als robust genug und war einfach zu warten. Obwohl die An-2 speziell nach einer Ausschreibung des Ministeriums für Land- und Forstwirtschaft entstand, fand sie weite Verbreitung bei den sowjetischen Luftstreitkräften als Transporter für Fallschirmjäger, zum Schleppen von Lastenseglern und als Navigationstrainer.

BESCHREIBUNG:

BESATZUNG:
Zwei Piloten und 10 Passagiere

ABMESSUNGEN:
Länge: 12,95 m
Spannweite: 18,18 m
Höhe: 4,20 m

MASSEN:
Leermasse: 3450 kg
Max. Startmasse: 5500 kg

LEISTUNGEN:
Höchstgeschwindigkeit: 253 km/h
Reichweite: 905 km
Antrieb: Schwezow ASch-62M oder PZL Kalisz ASZ-621R (in Polen unter Lizenz gebauter ASch-62)
Motorleistung: 1000 PS (746 kW)

DATUM DES ERSTFLUGS:
31. August 1947

BESONDERE MERKMALE:
Einstieliger Doppeldecker mit I-Stielen; festes Fahrgestell; verkleideter Sternmotor; Vierblatt-Luftschraube

Antonow An-22 Antei SOWJETUNION
Viermotoriger mehrsitziger strategischer Transporter

Die An-22 ist bis heute das größte gebaute Flugzeug mit Propellerturbinen-Antrieb. Entwickelt wurde es nach einer sowjetischen Militärausschreibung für einen strategischen Transporter, der in der Lage sein sollte, schwere und sperrige Lasten zu tragen. Als sie am 27. Februar 1965 den Erstflug ausführte, war sie sogar das größte Flugzeug der Welt. Für sie wurden die gleichen riesigen Kusnezow MK-12MA-Propellerturbinen ausgewählt, die auch die strategischen Bomber Tupolew Tu-95/-142 antrieben. 1971 nahmen An-22 bei den sowjetischen Luftstreitkräften ihren Dienst auf. Zu diesem Zeitpunkt waren mit Vorserienflugzeugen nicht weniger als 14 internationale Zuladungs- und Höhen-Rekorde aufgestellt worden. 1974 lief die Produktion nach 66 gebauten Maschinen schon wieder aus. Die Luftstreitkräfte übernahmen allerdings nur das halbe Baulos. Das andere ging an die Aeroflot, die die An-22 für Versorgungsflüge nach Sibirien einsetzte. Bis zur Einführung der An-124 Mitte der achtziger war die An-22 einziger sowjetischer Transporter, der schwere Kampfpanzer und mobile Raketen-Waffensysteme transportieren konnte. Einige An-22 fliegen noch, meist bei zivilen Gesellschaften in der Ukraine und in Russland.

BESCHREIBUNG:

BESATZUNG:
Pilot, Copilot, Navigator, Flugingenieur, Koordinator und bis zu 29 Passagiere

ABMESSUNGEN:
Länge: 57,80 m
Spannweite: 64,40 m
Höhe: 12,53 m

MASSEN:
Leermasse: 114.000 kg
Max. Startmasse: 250.000 kg

LEISTUNGEN:
Höchstgeschwindigkeit: 740 km/h
Reichweite: 10.950 km
Antrieb: Vier Kusnezow (Kuibischew) NK-12MA
Motorleistung: 60.000 Wellen-PS (44740 kW)

DATUM DES ERSTFLUGS:
27. Februar 1965

BESONDERE MERKMALE:
Freitragender Schulterdecker; vier Propellerturbinen; doppeltes Seitenleitwerk; gegenläufige Luftschrauben; Heck-Laderampe

Armstrong Whitworth Argosy GROSSBRITANNIEN

Viermotoriges mehrsitziges Frachtflugzeug

Die Argosy war ursprünglich für den zivilen Frachtdienst entwickelt worden, hatte dann aber ihren Haupterfolg als militärischer Transporter bei der *RAF*. In der Tat wurden Anfang der sechziger Jahre nur 17 Argosy an zivile Betreiber verkauft. Das militärische Interesse dagegen war so groß, dass die *RAF* 56 Exemplare als Argosy C 1 für das *Air Transport Command* bestellte. Von den Besatzungen als „Whistling Wheelbarrows" (Pfeifende Schubkarren) bezeichnet, entpuppten sie sich für einige der ihr gestellten Aufgaben als untermotorisiert, und die, die sie bei der *RAF* flogen, hatten ständig einen Scherz auf den Lippen: Sie kann eine Last von 10.000 kg über eine Strecke von 8 km transportieren oder 2,5 kg über 3500 km. Die Argosy C 1 war im März 1962 zur Truppe gekommen. Aber obwohl sich ihr Einsatz als erfolgreich herausgestellt hatte, musste sie ihre Aufgaben innerhalb einer Dienst-Dekade infolge verringerter britischer Übersee-Präsenz und wegen gestrichener Haushaltsmittel vorzeitig abgeben. Es hatte sich herausgestellt, dass die Hercules der *RAF* imstande waren, alle Transportaufgaben zu übernehmen. Die meisten Argosy landeten auf dem Schrottplatz. Nur wenige gingen entmilitarisiert an zivile Betreiber.

BESCHREIBUNG:

BESATZUNG:
Pilot, Copilot und bis zu 89 Passagiere

ABMESSUNGEN:
Länge: 26,44 m
Spannweite: 35,05 m
Höhe: 8,91 m

MASSEN:
Leermasse: 22.680 kg
Max. Startmasse: 39.915 kg

LEISTUNGEN:
Höchstgeschwindigkeit: 455 km/h
Reichweite: 2865 km
Antrieb: Vier Rolls-Royce Dart 526
Motorleistung: 8920 Wellen-PS (6654 kW)

DATUM DES ERSTFLUGS:
4. März 1961 (Argosy C 1)

BESONDERE MERKMALE:
Freitragender Schulterdecker; vier Propellerturbinen; zwei Leitwerksträger mit doppeltem Seitenleitwerk; hintere Laderampe

Auster AOP 6/9/11 GROSSBRITANNIEN
Einmotoriges zweisitziges Verbindungs-/Aufklärungsflugzeug

Die Auster AOP (Air Observation Post) waren Nachkriegs-Entwicklungen aus der Verbindungs-/Aufklärungsflugzeug-Familie der British Taylorcraft während des Zweiten Weltkriegs. Die Mk 6 unterschied sich von ihren Vorgängern durch einen britischen Gipsy Major-Reihenmotor anstelle des amerikanischen Lycoming-Boxermotors, einen vergrößerten Kraftstoff-Vorrat und höherer Fahrgestellbeine. Die Kurzstart- und -lande-Eigenschaften wurden durch eine zusätzliche Landeklappe hinter der Flügelhinterkante weiter verbessert. Die Fertigung der AOP 6 begann 1946, und insgesamt 312 Stück wurden für die RAF gebaut. Ein Teil dieser Flugzeuge sah in den fünfziger Jahren Einsätze in Korea und im Malaiischen Archipel. Aus der Mk 6 wurde die T Mk 7 als doppelsitziges Schulflugzeug abgeleitet. Die RAF erhielt hiervon 77 Stück. Zwölf Monate nach Einführung der Mk 6 bei der Truppe flog die AOP Mk 9. Sie war die erste der Leichtflugzeug-Konstruktionen, die von vornherein für eine militärische Verwendung konzipiert wurde (alle anderen vorher waren aus zivilen Modellen entstanden). Sie kam ab 1955 zur Royal Air Force und blieb dort bis zum Ende der sechziger Jahre im Einsatz.

BESCHREIBUNG:

BESATZUNG:
Pilot und Beobachter/Passagier hintereinander

ABMESSUNGEN:
Länge: 7,26 m
Spannweite: 11,12 m
Höhe: 2,59 m

MASSEN:
Leermasse: 662 kg
Max. Startmasse: 966 kg

LEISTUNGEN:
Höchstgeschwindigkeit: 203 km/h
Reichweite: 393 km
Antrieb: de Havilland Gipsy Major VII (AOP 6), Blackburn Cirrus Bombardier 203 (AOP 9) und Lycoming O-360-A1D
Motorleistung: 145 PS (108 kW), bzw. 180 PS (134 kW) und 160 PS (119 kW)

DATUM DES ERSTFLUGS:
1. Mai 1945 (AOP 6) und 19. März 1954 (AOP 9)

BESONDERE MERKMALE:
Abgestrebter Hochdecker mit I-Streben; festes Fahrgestell; Reihenmotor; stark verglaste Kabine

Avro Lincoln GROSSBRITANNIEN

Viermotoriger elfsitziger Langstrecken-Bomber

Die Lincoln entstand nach der Ausschreibung B 14/43 des *Air Ministry* für einen Langstreckenbomber, der die Lancaster ersetzen sollte. Sie wurde zwar nicht der große technische Fortschritt, wie er einige Jahre vorher bei Boeing mit der B-29 gegenüber der B-17 gelungen war, aber das Muster erwies sich als brauchbarer und preiswert zu erwerbender Lancaster-Ersatz und dem eng geschnallten Budget der Nachkriegs-*RAF* angepasst. Gegenüber der Lancaster waren die Spannweite und damit die Streckung vergrößert worden. Das ergab zusammen mit Merlin-Höhen-Triebwerken und Vierblatt-Luftschrauben größere Einsatzhöhen und eine erhöhte Bombenzuladung. Nach dem Erstflug am 9. Juni 1944 ging das Muster bald in die Fertigung. Serienmodelle erreichten im Juli 1945 die Truppe. Japans Kapitulation beendete die Großreihenfertigung. Dadurch blieb es bei 582 gebauten Maschinen, davon 54 in Australien. Bis 1954 waren 20 Einheiten des *Bomber Command* mit Lincoln B I, B II und B IV ausgestattet. Sie wurden durch Boeing Washington ersetzt. Nach Einsätzen gegen malaiische und kenianische Terroristen (Mau Mau) gingen die letzten Lincoln beim *RAF Signals Command* 1963 außer Dienst.

BESCHREIBUNG:

BESATZUNG:
Pilot, Flugingenieur, Navigator, Bomben-/Bugschütze, Funker, Rumpf- und Heckschütze

ABMESSUNGEN:
Länge: 23,85 m
Spannweite: 36,58 m
Höhe: 5,26 m

MASSEN:
Leermasse: 20.044 kg
Max. Startmasse: 37.194 kg

LEISTUNGEN:
Höchstgeschwindigkeit: 475 km/h
Reichweite: 3620 km
Antrieb: Vier Rolls-Royce Merlin 85
Motorleistung: 7000 PS (5220 kW)

DATUM DES ERSTFLUGS:
9. Juni 1944

BEWAFFNUNG:
Je ein 12,7 mm Browning Zwillings-MG im Bug- und Heckstand sowie eine 20 mm Hispano-Zwillings-MK im Rumpf-Drehturm; Bombenzuladung 6350 kg im Bombenschacht

BESONDERE MERKMALE:
Freitragender Mitteldecker; vier Reihenmotoren mit Vierblatt-Luftschrauben; doppeltes Seitenleitwerk; drei Drehtürme

Avro Shackleton GROSSBRITANNIEN
Viermotoriges elfsitziges Seeüberwachungs-/Frühwarnflugzeug

Die Shackleton war der *RAF* erstes speziell entwickeltes Seeüberwachungsflugzeug. Die Maschinen kamen im Februar 1951 zum *Coastal Command*. Bei der MR 1 wurden Flügel und Fahrwerk der Lincoln mit einem komplett neu konzipierten Rumpf verbunden. Insgesamt 77 Stück dieser Version erhielt die *RAF*, bevor ab 1952 die Lieferung von 62 Exemplaren der MR 2 an sie begann. Diese Version besaß einen verlängerten Bug und eine große Radar-Wanne unter dem Vorderrumpf. Die letzte der neu gebauten Versionen des Musters war die MR 3 aus dem Jahr 1955. Sie unterschied sich hauptsächlich durch ein Dreirad-Fahrwerk und Flügelendtanks. Von ihr erhielt die RAF 34 Exemplare, während acht an die südafrikanischen Streitkräfte gingen. Da für die Shackleton ausgangs der sechziger Jahre die Karriere als Seeüberwacher zu Ende ging, ließ die RAF zwölf überschüssige MR 2 durch den Einbau eines APS-20F(1)-Überwachungsradars für Frühwarndienste in AEW-2-Flugzeuge umbauen. Obwohl als Lückenbüßer geplant, blieben diese Maschinen – zwischen 1971 und 1974 umgerüstet – bis 1991 im Dienst. Alle zwölf flogen bis zu 15stündige Einsätze über Nordsee, Eismeer und Westatlantik bei der 8. Staffel in Lossiemouth.

BESCHREIBUNG:

BESATZUNG:
Pilot, Copilot, Flugingenieur und acht Beobachter/System-Überwacher

ABMESSUNGEN:
Länge: 26,62 m
Spannweite: 36,58 m
Höhe: 5,10 m

MASSEN:
Leermasse: 25.855 kg
Max. Startmasse: 44.452 kg

LEISTUNGEN:
Höchstgeschwindigkeit: 439 km/h
Reichweite: 4908 km
Antrieb: Vier Rolls-Royce Griffon 57A
Motorleistung: 9820 PS (7324 kW)

DATUM DES ERSTFLUGS:
9. März 1949 (MR 1) und 30. September 1971 (AEW 2)

BEWAFFNUNG:
Je eine 20 mm Zwillings-MK im Bug- und Heckstand (Mk 1/2); bis zu 4540 kg Waffenzuladung (Bomben/Wasserbomben/Torpedos) im Bombenschacht

BESONDERE MERKMALE:
Freitragender Mitteldecker; vier Motoren mit gegenläufigen Luftschrauben; doppeltes Seitenleitwerk

Avro York GROSSBRITANNIEN
Viermotoriger mehrsitziger Langstrecken-Transporter

Obwohl bereits 1942 entwickelt und geflogen, wurde die York erst nach Kriegsende in größeren Stückzahlen beim *RAF Transport Command* eingesetzt. Das hatte seine Gründe darin, dass die britische Regierung mit der amerikanischen ein Abkommen getroffen hatte, wonach sich die britische Industrie auf die Fertigung von Jägern und Bombern konzentrieren sollte, der US-Amerikanischen die Entwicklung und den Bau von Transportern überlassend. Deswegen verließen vor dem VE-Day (dem deutschen Zusammenbruch) neben Massen von Lancaster nur eine Hand voll York die Werkshallen von A.V. Roe. Entworfen worden war sie nach der Ausschreibung C 1/42 mit den Flügeln, den Triebwerken und dem Fahrwerk der Lancaster, erhielt aber einen neuen Rumpf, der das doppelte Volumen des Bombers besaß. Die ersten York aus der Produktion gingen im Mai 1944 an die 24. Staffel. 1948 waren sieben Staffeln des *Transport Command* mit dem neuen Transporter ausgerüstet. Sie alle nahmen im gleichen Jahr an der Berliner Luftbrücke teil. Die 253. gebaute York wurde im April 1948 an die *RAF* geliefert. 1950 ersetzten Handley Page Hastings alle York-Transporter.

BESCHREIBUNG:

BESATZUNG:
Pilot, Copilot, Flugingenieur, Navigator/Funker, Kommandant und bis zu 29 Passagiere

ABMESSUNGEN:
Länge: 23,95 m
Spannweite: 31,10 m
Höhe: 5,05 m

MASSEN:
Leermasse: 19.069 kg
Max. Startmasse: 31.115 kg

LEISTUNGEN:
Höchstgeschwindigkeit: 477 km/h
Reichweite: 4320 km
Antrieb: Vier Rolls-Royce Merlin XX
Motorleistung: 3840 PS (2863 kW)

DATUM DES ERSTFLUGS:
5. Juli 1942

BESONDERE MERKMALE:
Freitragender Schulterdecker; vier verkleidete Reihenmotoren; dreifaches Seitenleitwerk

Avro Vulcan GROSSBRITANNIEN

Vierstrahliger fünfsitziger Bomber

Die Avro Vulcan war einer der drei Strahlbomber, die bei der *RAF* in den frühen Jahres des Kalten Krieges die so genannte *V-Force* bildeten. Er sollte sich als der erfolgreichste aus dem Trio profilieren. Unter der Firmenbezeichnung Avro 698 entworfen, entwickelte er trotz seiner enormen Größe eine Wendigkeit, die einem Jagdeinsitzer kaum nachstand. Nach dem Erstflug im August 1952 erreichten die ersten Serienexemplare Vulcan B 1 die Bombereinheiten im Februar 1957. Von den Prototypen unterschieden sie sich durch eine geänderte Flügelvorderkante, die von der reinen Deltaform durch nach vorne gezogene und gewölbte Segmente abwich. Weitere Verbesserungen folgten mit der B 2, die für optimierte Höhenleistungen einen dünneren Flügel mit größerer Spannweite und Flügelfläche sowie stärkere Olympus 201 erhielt. Die meisten konnten Blue Steel Luft-Boden-Flugkörper tragen, aber 1966 – nachdem die Marine mit ihren Polaris bestückten U-Booten die Atom-Missionen übernommen hatte – wurden etwa 50 Vulcan für Tiefangriffs-Aufgaben umgerüstet. Drei B 2 kamen im Verlauf des Falkland-Konflikts Mai/Juni 1982 zum Einsatz. Als Luftbetankungsflugzeuge blieben Vulcan bis 1. April 1984 im Dienst.

BESCHREIBUNG:

BESATZUNG:
Pilot, Copilot, taktischer Navigator, Radar-Beobachter und System-Überwacher

ABMESSUNGEN:
Länge: 32,15 m
Spannweite: 33,83 m
Höhe: 8,26 m

MASSEN:
Leermasse: nicht verfügbar
Max. Startmasse: ca. 113.400 kg

LEISTUNGEN:
Höchstgeschwindigkeit: 1030 km/h
Reichweite: 7400 km
Antrieb: Vier Rolls-Royce Olympus 301
Motorleistung: 358 kN

DATUM DES ERSTFLUGS:
30. August 1952

BEWAFFNUNG:
Waffenzuladung (Bomben/Flugkörper) bis 9525 kg im Bombenschacht

BESONDERE MERKMALE:
Freitragender Delta-Flügel; Lufteinlässe in den Flügelwurzeln; kein gesondertes Höhenleitwerk

Avro Canada CF-100   KANADA
Zweistrahliger Jagdzweisitzer

Die CF-100, ein Allwetter-Langstreckenjäger, war das erste Kampfflugzeug, das in Kanada entworfen, entwickelt und gebaut wurde. Die Arbeiten an dem Flugzeug begannen 1946, als der RCAF klar wurde, dass es keinen britischen Jäger gab, der ihren außergewöhnlichen Anforderungen für einen Nachtjäger entsprach, der von arktischen Stützpunkten aus operieren konnte. Die junge Mannschaft der neu ins Leben gerufenen Avro Canada nahm die Herausforderung an und brachte einen durch zwei Avon angetriebenen Prototyp bis zum Januar 1950 zum Fliegen. Zu dem Zeitpunkt – im September 1952 – als die ersten Serienmaschinen CF-100 Mk 3 bei der Truppe eingeführt wurden, waren die Avon-Triebwerke durch einheimische Orenda 8 ersetzt worden. Von dieser Version erhielten die Streitkräfte 70 Stück. Sie besaßen Hughes APG-33-Radar und acht 12,7 mm Browning MG in einem Unterrumpf-Waffenbehälter. Die anschließende Mk 4 erhielt neben Orenda 9 ein Zielbekämpfungs-System auf Basis des APG-40-Radars, ungelenkte Luft-Luft-Raketen in Flügelend-Behältern und einen austauschbaren Waffenbehälter. Von der abschließenden Mk 5 wurden 329 gebaut. Davon erhielt Belgien 53 Stück.

BESCHREIBUNG:

BESATZUNG:
Pilot und Navigator hintereinander

ABMESSUNGEN:
Länge: 16,50 m
Spannweite: 17,70 m
Höhe: 4,72 m

MASSEN:
Leermasse: 10.478 kg
Max. Startmasse: 16.783 kg

LEISTUNGEN:
Höchstgeschwindigkeit: 1046 km/h
Reichweite: 3200 km
Antrieb: Zwei Orenda 11
Motorleistung: 64,5 kN

DATUM DES ERSTFLUGS:
19. Januar 1950

BEWAFFNUNG:
Acht 12,7 mm Browning MG oder vier 30-mm-MK in einem Unterrumpf-Waffenbehälter sowie 2,75-Zoll-Raketen in zwei Flügelend-Behältern und/oder im Waffenbehälter

BESONDERE MERKMALE:
Freitragender Tiefdecker mit ungepfeiltem Flügel; Strahlturbinen beiderseits des Rumpfes; Dreirad-Fahrwerk

BAC Jet Provost GROSSBRITANNIEN

Einstrahliges zweisitziges Schulflugzeug für Grundausbildung/Umschulung

Das Muster wurde in Eigeninitiative von Percival als kostengünstige Abwandlung ihres Kolbenmotor getriebenen Schulflugzeugs Provost mit Strahlantrieb in Angriff genommen, aber es kam eine ganz neue Konstruktion dabei heraus. Das Firmen-Risiko war groß, denn die RAF setzte zu dieser Zeit ausgediente Frontflugzeuge für die Umschulung ihrer Piloten auf Strahlflugzeuge ein. Doch Percival erhielt für ihre zielgerichteten Bemühungen um einen Trainer mit nebeneinander liegenden Sitzen die Unterstützung der *Air Force*. Ein Los von neun T 1 wurde 1955 erworben und für die Abwicklung eines neu erstellten Unterrichtsplans der *No 2 Flying Training School* zugeteilt. Nach ihrer erfolgreichen Einführung akzeptierte die RAF die Jet Provost im Juni 1959 und bestellte 201 Exemplare der Version T 3, die sich von der T 1 durch Martin-Baker-Schleudersitze, Flügelendtanks, auf jüngsten Stand gebrachte Avionik sowie einer Vollsichthaube unterschied. Ein Anschlussauftrag über 198 Stück für die ummotorisierte T 4 folgte im November 1961. Ihre Auslieferung lief bis 1964. Eine abschließende Variante für die RAF war die langnasige T 5 mit Druckkabine und Schiebehaube. Ab 1967 wurden 110 gebaut.

BESCHREIBUNG:

BESATZUNG:
Zwei Piloten nebeneinander

ABMESSUNGEN:
Länge: 10,25 m
Spannweite: 10,77 m
Höhe: 3,10 m

MASSEN:
Leermasse: 2271 kg
Max. Startmasse: 4173 kg

LEISTUNGEN:
Höchstgeschwindigkeit: 708 km/h
Reichweite: 1450 km
Antrieb: Rolls-Royce Viper Mk 102
Motorleistung: 7,80 kN

DATUM DES ERSTFLUGS:
26. Juni 1954

BESONDERE MERKMALE:
Freitragender Tiefdecker mit ungepfeiltem Flügel; stark verglaste Kabine mit nebeneinander liegenden Sitzen; Dreirad-Fahrwerk; Lufteinläufe in den Flügelwurzeln

BAC Strikemaster GROSSBRITANNIEN

Einstrahliges zweisitziges Schul-/Tiefangriffsflugzeug

Die Exporterfolge mit dem Jet Provost Trainer bewogen den Hersteller, aus diesem Muster die sehr ähnlich aussehende Strikemaster abzuleiten. Sie war dank einer stärkeren Variante des Viper-Strahltriebwerks, zusätzlichen acht Unterflügel-Aufhängungen für Waffen, einer verstärkten Zelle und umfassender Navigations- und Funkeinrichtung imstande, sowohl die traditionelle Rolle als Trainer als auch die eines leichten Tiefangriffsflugzeuges zu übernehmen. Die BAC 167 Strikemaster basierte auf der Jet Provost T 5, hatte jedoch verbesserte Martin-Baker-Schleudersitze, ein verbessertes Kraftstoff-System und verkürzte Fahrgestell-Beine, die für den Einsatz von unpräparierten Pisten robuster waren. Die Produktion von Strikemaster Mk 80 begann 1968, und während der nächsten Dekade konnten Maschinen an Ekuador (Mk 89), Kenia (Mk 87), Kuwait (Mk 83), Neuseeland (Mk 88), Oman (Mk 82), Saudi-Arabien (Mk 80), Singapur (Mk 84) und in den Süd-Jemen (Mk 81) verkauft werden. Die letzten der insgesamt 146 gebauten Maschinen erhielt der Sudan (Mk 90) erst 1984. Strikemaster in Oman, Ekuador und im Süd-Jemen erlebten während ihrer Dienstzeit echte Kampfeinsätze.

BESCHREIBUNG:

BESATZUNG:
Zwei Piloten nebeneinander

ABMESSUNGEN:
Länge: 10,36 m
Spannweite: 11,23 m
Höhe: 3,10 m

MASSEN:
Leermasse: 2810 kg
Max. Startmasse: 5216 kg

LEISTUNGEN:
Höchstgeschwindigkeit: 834 km/h
Überführungs-Reichweite: 2224 km
Antrieb: Rolls-Royce Viper 20 Mk 525
Motorleistung: 15,17 kN

DATUM DES ERSTFLUGS:
26. Oktober 1967

BEWAFFNUNG:
zwei starre 7,62 FN MG; Waffenzuladung (Raketen/Bomben/Waffenbehälter) bis 1360 kg an vier Unterflügel-Aufhängungen

BESONDERE MERKMALE:
Freitragender Tiefdecker mit ungepfeiltem Flügel; stark verglaste Kabine mit zwei nebeneinander liegenden Sitzen; Dreirad-Fahrgestell; Lufteinläufe in den Flügelwurzeln; Flügelendtanks

BAC Buccaneer GROSSBRITANNIEN

Zweistrahliges zweisitziges Tiefangriffsflugzeug

Die Buccaneer wurde von dem seinerzeit noch unabhängigen Hersteller Blackburn entwickelt, um die Bedingungen für ein trägergestütztes Tiefangriffsflugzeug zu erfüllen, die die *Royal Navy* 1952 in einer Ausschreibung herausgegeben hatte. Sie sollte nach ihrer Einführung eine besonders lange Einsatzzeit erreichen – aber nicht bei der Marine, sondern vorwiegend bei der *RAF*. Die Maschine war ungewöhnlich groß, besaß jedoch dank Einrichtungen zur Grenzschichtkontrolle moderate Flügel- und Leitwerksflächen, die ihrerseits wieder hohe Geschwindigkeiten in Bodennähe zuließen. Infolge der Böenbelastung im Tiefflug wurde zum Erreichen einer normalen Lebensdauer die Zelle besonders stabil ausgebildet. So waren die Flügel aus dem Vollen gefräst. Buccaneer gehörten bis zu ihrem Ausscheiden aus dem Truppendienst 1992 zu den schnellsten Tiefangriffsflugzeugen überhaupt. Zum Einsatz war die S 1 1962 bei der *Royal Navy* gekommen. Drei Jahre später folgten Muster der durch Spey angetriebenen S 2. 1969 gingen die Buccaneer wegen einer politischen Entscheidung an die *RAF*. Gegen Ende ihrer Karriere erlebten 1991 Buccaneer noch echte Kampfeinsätze bei der Operation Desert Storm in Nahost.

BESCHREIBUNG:

BESATZUNG:
Pilot und Navigator hintereinander

ABMESSUNGEN:
Länge: 19,33 m
Spannweite: 13,41 m
Höhe: 4,95 m

MASSEN:
Leermasse: 13.599 kg
Max. Startmasse: 28.123 kg

LEISTUNGEN:
Höchstgeschwindigkeit: 1112 km/h
Taktische Reichweite: 966 km
Antrieb: Zwei Rolls-Royce Spey Mk 101
Motorleistung: 98,4 kN

DATUM DES ERSTFLUGS:
30. April 1958

BEWAFFNUNG:
Waffenzuladung 1816 kg im Bombenschacht und 5444 kg (Raketen/Bomben/Flugkörper) an vier Unterflügel-Aufhängungen

BESONDERE MERKMALE:
Freitragender Mitteldecker; verdicktes Rumpfheck (für die Flächenregel); T-Leitwerk; spreizbare Bremsklappen bilden das Heck

BAC TSR 2 Grossbritannien

Zweistrahliges zweisitziges Tiefangriffs-/Aufklärungsflugzeug

Das Muster war erfolgreich als Ersatz für die Canberra nach der Forderung 339 des *Air Ministry* aus dem Jahr 1956 angeboten worden. Diese sah ein Flugzeug vor, das in der Lage sein sollte, hohe Überschallgeschwindigkeiten über Langstrecken im Tiefflug unter Beibehaltung normaler Start- und Landeeigenschaften zu erreichen. Außerdem sollte ein bordeigenes Navigationssystem den präzisen Abwurf von Atomwaffen möglich machen. Um ein solches komplexes Gebilde – die bisher größte Herausforderung für die britische Luftfahrtindustrie – entwickeln zu können, war die British Aircraft Corporation (BAC) als Firmenzusammenschluss entstanden. Der English Electric/Vickers-Entwurf wurde am 1. Januar 1959 akzeptiert und Mittel für 20 Entwicklungsflugzeuge bereitgestellt. 1963 folgte ein Auftrag über 30 Maschinen im Wert von 690 Millionen britischen Pfund. Der Betrag war derartig hoch, dass viele andere Programme zurückgestellt werden mussten. Probleme mit dem Olympus-Triebwerk verzögerten die Entwicklung, und als der Prototyp am 27. September 1964 erstmals flog, erreichte er nicht die angestrebten Leistungen. Wegen zu hoher Kosten wurde das Programm am 6. April 1965 gestrichen.

BESCHREIBUNG:

BESATZUNG:
Pilot und Navigator hintereinander

ABMESSUNGEN:
Länge: 27,12 m
Spannweite: 11,27 m
Höhe: 7,31 m

MASSEN:
Leermasse: 22.181 kg
Max. Startmasse: 36.288 kg

LEISTUNGEN:
Höchstgeschwindigkeit: 2376 km/h
Reichweite: 1840 km
Antrieb: Zwei Bristol Siddeley Olympus 320
Motorleistung: 274 kN

DATUM DES ERSTFLUGS:
27. September 1964

BEWAFFNUNG:
Waffenzuladung (Raketen/Bomben/Flugkörper) 1816 kg an vier Unterflügel-Aufhängungen

BESONDERE MERKMALE:
Freitragender Schulterdecker; Dreirad-Fahrwerk; nach unten abgeknickte Flügelenden

BAC Harrier GR 1/3 (AV-8A/C) GROSSBRITANNIEN
Einstrahliges einsitziges Senkrechtstart-Tiefangriffsflugzeug

Der Harrier war das erste Starrflügel-Einsatzflugzeug der Welt, das senkrecht starten und landen konnte. Entwickelt worden war er aus dem Versuchsträger Hawker P 1127, der wiederum um das Fantriebwerk Bristol RB 53 herumgebaut war. Dieses besaß vier schwenkbare Düsen, die von senkrecht (für Start- und Landung) um 90 Grad bis waagerecht (für den Horizontalflug) geschwenkt werden konnten. Die ausgereifte Serienversion des Triebwerks hieß später Pegasus. Sechs P 1127 wurden gebaut um das Konzept zu erproben. Ihr folgten neun Vorserienmuster, die den Namen Kestrel erhielten. Von der definitiven Ausführung bestellte das *Air Ministry* im Februar 1965 sechs für die Einsatzerprobung als GR 1 Harrier. Von ihnen flog die erste im August 1966. Als erste Einsatzeinheit konnte die 1. Staffel im Dezember 1967 GR 1 in Empfang nehmen. 1967 folgten 118 Exemplare der verbesserten GR 3. Scharfer Beobachter des Harrier-Programms war das *US Marine Corps*. 1969 bestellte es 102 Exemplare des Einsitzers als AV-8A und acht weitere als doppelsitzige Umschulmaschinen TAV-8A. GR 3 der *RAF* erlebten 1982 Einsätze beim Falkland-Konflikt. Anfang der Neunziger schieden die Harrier aus dem Dienst aus.

BESCHREIBUNG:

BESATZUNG:
Pilot

ABMESSUNGEN:
Länge: 14,27 m
Spannweite: 11,27 m
Höhe: 6,76 m

MASSEN:
Leermasse: 5579 kg
Max. Startmasse: 11431 kg

LEISTUNGEN:
Höchstgeschwindigkeit: 1176 km/h
Taktische Reichweite: 667 km
Antrieb: Rolls-Royce Pegasus Mk 103
Motorleistung: 95,64 kN

DATUM DES ERSTFLUGS:
21. Oktober 1960

BEWAFFNUNG:
Zwei 30 mm Aden MK in Waffentropfen unter dem Rumpf; Waffenzuladung (Raketen/Bomben/Flugkörper) 2270 kg an vier Unterflügel-Aufhängungen

BESONDERE MERKMALE:
Freitragender Schulterdecker mit Pfeilflügel; Einspur-Fahrgestell unter dem Rumpf mit Stützrädern an den Flügelenden; große Lufteinlässe beiderseits des Rumpfes hinter dem Führerraum

Beagle CC 1 Basset GROSSBRITANNIEN
Zweimotoriges sechssitziges Verbindungsflugzeug

Die B 206 baute auf ein Projekt der Bristol Aeroplane Company aus den späten fünfziger Jahren für ein zweimotoriges viersitziges Leichtflugzeug auf. Obwohl die Bristol 220 nie gebaut wurde, blieb sie Basis für die Beagle 206X Basset, die in Prototypform am 15. August 1961 ihren Erstflug machte. Nach der Flugerprobung entschied Beagle, dass das Muster zu klein sei, und vergrößerte die Konstruktion mit leistungsstärkeren Triebwerken, vergrößerter Spannweite, geräumigerer Kabine mit sechs Sitzen und einer erhöhten Kraftstoffkapazität zur B 206Y. Mit dieser Abwandlung wurde allerdings auch ins Auge gefasst, bei einer Ausschreibung der *RAF* für ein Flugzeug zum Transport von Bereitschafts-Besatzungen für deren V-Bomber-Flotte zu gewinnen. Und wahrhaftig ging die B 206 gegenüber der de Havilland Dove als Sieger hervor. 20 Stück wurden unter der Bezeichnung CC 1 Basset für diesen Zweck bestellt und ab Mai 1965 – veraltete Avro Anson ablösend – in Dienst gestellt. Auf dem zivilen Markt blieb dem Muster ein größerer Erfolg versagt. Nur weniger als 60 Stück konnten verkauft werden, bevor Beagle 1970 in Konkurs ging. Die CC 1 in *RAF*-Diensten wurden 1975 ausgemustert.

BESCHREIBUNG:

BESATZUNG:
Pilot und fünf Passagiere

ABMESSUNGEN:
Länge: 10,26 m
Spannweite: 13,96 m
Höhe: 3,43 m

MASSEN:
Leermasse: 2381 kg
Max. Startmasse: 2862 kg

LEISTUNGEN:
Höchstgeschwindigkeit: 458 km/h
Reichweite: 2462 km
Antrieb: Zwei Continental Io-470-A
Motorleistung: 620 PS (460 kW)

DATUM DES ERSTFLUGS:
15. August 1961

BESONDERE MERKMALE:
Freitragender Tiefdecker; stark verglaste Kabine mit nebeneinander liegenden Sitzen; einziehbares Dreirad-Fahrgestell; zwei verkleidete Boxermotoren

Beech T-34 Mentor USA

Einmotoriges zweisitziges Schulflugzeug

Das Modell 45 Mentor wurde aus dem erfolgreichen zivilen Modell 35 Bonanza auf Grund einer erwarteten Forderung der *USAF* für ein neues Schulflugzeug entwickelt, das ab dem Anfangsunterricht verwendet werden konnte. Vergleichsflüge unter den Bewerbern zogen sich bei den Streitkräften fünf Jahre lang hin. In deren Verlauf erwarb die *USAF* drei Vorserienmodelle der Mentor als YT-34 und entschloss sich schließlich für das Muster als Grundschulflugzeug. Ab 1954 belieferte das Beech-Werk Wichita das *Training Command* mit 350 bestellten T-34A. Im gleichen Jahr wählte auch die *US Navy* die Mentor als ihr Grundschulflugzeug aus und bestellte 423 Stück T-34B. Auch ausländische Luftstreitkräfte wählten die Mentor als Anfänger-Schulflugzeug aus. So montierte die argentinische FMA 75 Maschinen für ihre Streitmacht, und die japanische Firma Fuji baute 124 Stück unter Lizenz für die japanischen Selbstverteidigungs-Streitkräfte. Während bei der *USAF* ab 1960 durch den neuen Unterrichtsplan für eine reine Strahlflugzeug-Schulung die Mentor ausgemustert wurden, blieben der Marine ihre T-34B bis in die späten siebziger Jahre erhalten. Sie wurden durch T-34C Turbo Mentor mit Propellerturbinen ersetzt.

BESCHREIBUNG:

BESATZUNG:
Zwei Piloten hintereinander

ABMESSUNGEN:
Länge: 7,87 m
Spannweite: 10,01 m
Höhe: 3,04 m

MASSEN:
Leermasse: 932 kg
Max. Startmasse: 1315 kg

LEISTUNGEN:
Höchstgeschwindigkeit: 302 km/h
Reichweite: 1238 km
Antrieb: Continental O-470-13 (T-34A) oder O-470-4 (T-34B)
Motorleistung: 225 PS (168 kW)

DATUM DES ERSTFLUGS:
2. Dezember 1948

BESONDERE MERKMALE:
Freitragender Tiefdecker; stark verglaste Kabine; einziehbares Dreirad-Fahrgestell

Beech U-8 USA

Zweimotoriges sechssitziges Mehrzweckflugzeug

Beech's sechssitziges Reiseflugzeug Modell 50 Twin Bonanza war das erste zweimotorige Leichtflugzeug der USA, das nach dem Krieg in die Serienfertigung ging. Das Muster, sehr gekonnt aus der einmotorigen Erfolgskonstruktion Bonanza abgeleitet und in Prototypform erstmals am 15. November 1949 geflogen, fand bei einigen Luftstreitkräften Anklang als Verbindungs- und leichtes Mehrzweckflugzeug. Erster militärischer Nutzer war die US Army, die die Twin Bonanza als L-23A Seminole adaptierte. Anfang der fünfziger Jahre bestellte sie 55 Exemplare. Kurze Zeit später erwarb sie weitere 40 Stück ähnlich ausgerüsteter L-23B. Im November 1956 trafen die ersten verbesserten L-23D ein, von der 85 bestellt worden waren. Diese Version basierte auf dem Zivilmodell E50 mit den leistungsstärkeren Lycoming O-480-1-Triebwerken. Alle noch existierenden Twin Bonanza früherer Baureihen – 93 an der Zahl – wurden auf den gleichen Standard gebracht. Alle L-23D erhielten 1962 die neue Bezeichnung U-8D (U steht für Utility = Allzweck). Seminole wurden weltweit eingesetzt und besonders gern von Stabsoffizieren benutzt. Anfang der Achtziger wurden schließlich alle U-8D durch größere U-8F ersetzt (Queen Air 65).

BESCHREIBUNG:

BESATZUNG:
Zwei Piloten hintereinander

ABMESSUNGEN:
Länge: 9,61 m
Spannweite: 13,78 m
Höhe: 3,51 m

MASSEN:
Leermasse: 1700 kg
Max. Startmasse: 2500 kg

LEISTUNGEN:
Höchstgeschwindigkeit: 366 km/h
Reichweite: 1600 km
Antrieb: Zwei Lycoming O-480-B1B6
Motorleistung: 632 PS (472 kW)

DATUM DES ERSTFLUGS:
15. November 1949

BESONDERE MERKMALE:
Freitragender Tiefdecker; einziehbares Dreirad-Fahrgestell; zwei verkleidete Boxermotoren

Beriew Be-12 Tschaika SOWJETUNION

Zweimotoriges fünfsitziges Marine-Patrouillen-/U-Boot-Abwehr-Amphibium

Der Prototyp des durch Propellerturbinen angetriebenen Ablösemusters Be-12 für die mit Kolbenmotoren ausgerüstete Be-6 in der Rolle als Seeüberwacher und U-Boot-Jäger flog erstmals 1960. Vom Vorgänger wurde die bewährte Auslegung mit doppeltem Seitenleitwerk und dem als Schulterdecker auf dem Rumpfrücken angeordneten und nach oben geknickten Flügel übernommen. Das ergab für die Luftschrauben der zwei Iwtschenko AI-20D genügend Abstand zum Wasser. Die Be-12 wurde 1964 als Einsatzmuster akzeptiert und in etwa 200 Exemplaren an die Marine geliefert. Während ihres Höhepunkts waren mit Maschinen dieses Musters vier Marineflieger-Bataillone und verschiedene unabhängige Staffeln ausgestattet. Während der siebziger Jahre wurden bei verschiedenen dieser Einheiten die Be-12 teilweise durch Iljuschin Il-38 ersetzt. Eine kleine Anzahl Be-12 erhielten die Luftstreitkräfte der vietnamesischen Volksarmee und Syriens. Hier kamen sie als Überwachungs- und Seenotrettungsflugzeuge zum Einsatz. Nach Auflösung der Sowjetunion wurden viele Be-12 bei der Marine ausgemustert, aber rund 50 Stück fliegen noch bei der russischen Nordmeer- und der ukrainischen Schwarzmeerflotte.

BESCHREIBUNG:

BESATZUNG:
Pilot, Copilot, Navigator, Radar-Beobachter und Magnetsuchgerät-Beobachter

ABMESSUNGEN:
Länge: 30,17 m
Spannweite: 29,71 m
Höhe: 7,00 m

MASSEN:
Leermasse: 21.700 kg
Max. Startmasse: 31.000 kg

LEISTUNGEN:
Höchstgeschwindigkeit: 608 km/h
Reichweite: 7500 km
Antrieb: Zwei (weiterentwickelte) Iwtschenko AI-20D
Motorleistung: 8380 Wellen-PS (6250 kW)

DATUM DES ERSTFLUGS:
1960

BEWAFFNUNG:
Waffenzuladung (Torpedos/Wasserbomben/Minen) im Bombenschacht und an zwei Unterflügel-Aufhängungen

BESONDERE MERKMALE:
Freitragender Schulterdecker mit Knickflügel; zwei Propellerturbinen; doppeltes Seitenleitwerk; einstufiger Bootsrumpf; feste Stützschwimmer

Blackburn Beverley GROSSBRITANNIEN
Viermotoriges mehrsitziges Transportflugzeug

Die von der General Aircraft Co 1946 konstruierte und von Blackburn gebaute Beverley war das größte Flugzeug der *RAF*, als sie im März 1956 in ersten Exemplaren bei der in Abingdon stationierten 47. Staffel auftauchte. Benannt nach einer in Nähe ihres Geburtsorts in East Riding gelegenen Kleinstadt mit einer altehrwürdigen Kathedrale aus dem 13. Jahrhundert war sie als GAL 60 Universal Transport entstanden und in Prototypform 1950 erstmals geflogen. Nach dem Zusammenschluss von General Aircraft und Blackburn wurden die Bristol Hercules-Motoren durch stärkere Centaurus-Triebwerke ersetzt. Der Beverley-Prototyp machte am 14. Juni 1953 seinen Jungfernflug. Das *Ministry of Supply* gab 20 Stück in Auftrag. Beverley waren die ersten britischen Transporter, die infolge der aushängbaren hinteren Beladetüren sperrigste Güter transportieren konnten. Sie blieben in der Lage, von kleinsten Feldflugplätzen operieren zu können. Neben der Beförderung von Fahrzeugen, Panzern und Geschützen konnten sie 70 ausgerüstete Fallschirmjäger oder Tragbahren für Verwundete aufnehmen. Insgesamt 47 Beverley wurden gebaut. Bis 1968 blieben sie beim *Transport Command*.

BESCHREIBUNG:

BESATZUNG:
Pilot, Copilot, Navigator, Kommandant und bis zu 94 Passagiere

ABMESSUNGEN:
Länge: 30,30 m
Spannweite: 49,38 m
Höhe: 11,81 m

MASSEN:
Leermasse: 35.940 kg
Max. Startmasse: 64.864 kg

LEISTUNGEN:
Höchstgeschwindigkeit: 383 km/h
Reichweite: 5938 km
Antrieb: Vier Bristol Centaurus 173
Motorleistung: 11.400 Wellen-PS (8500 kW)

DATUM DES ERSTFLUGS:
20. Juni 1950 (GAL 60)

BESONDERE MERKMALE:
Freitragender Schulterdecker; vier Sternmotoren; doppeltes Seitenleitwerk; hintere Laderampe; festes Dreirad-Fahrwerk

Boeing C-97 Stratofreighter/Stratotanker USA
Viermotoriges mehrsitziges Transport-/Tankflugzeug

Die Transporter-Ableitung C-97 aus dem strategischen Bomber Boeing B-29 sah deshalb so viel gewaltiger aus, weil praktisch ein zusätzlicher Rumpf größeren Durchmessers auf den existierenden Bombers als zweites Stockwerk aufgesetzt war. Ein Entwicklungsauftrag sowohl für den Transporter als auch für den Bomber erhielt Boeing gleichzeitig im Januar 1942, aber durch die Priorität des Bombers konnten die Flugversuche mit den drei bestellten XC-97-Versuchsmustern des Transporters erst 1944 stattfinden. Sie hatten einen Auftrag über 50 Stück C-97A zur Folge. Obwohl für die Beförderung von Personal und Fracht ausgelegt, wurde die C-97 in einer hineingewachsenen Rolle besonders erfolgreich: Als fliegende Tankstelle für das *Strategic Air Command (SAC)*, das strategische Bomberkommando der USA. Die Kapazität der C-97-Zelle für eine Nachbetankung in der Luft, in Verbindung mit dem Boeing-Nachbetankungssystem über einen baumartigen Ausleger, ermöglichte nun einen fast unbeschränkten Einsatz der Bomber des *SAC*. 811 Exemplare der C-97-Tanker wurden in drei Versionen gebaut. Nach ihrer Ablösung durch Strahlflugzeuge flogen sie bis in die Siebziger bei den *Air National Guards*.

BESCHREIBUNG:

BESATZUNG:
Pilot, Copilot, Navigator, Flugingenieur, Kommandant und bis zu 96 Passagiere (Transporter) oder ein Betankeinrichtungs-Steuerer (Tanker)

ABMESSUNGEN:
Länge: 35,80 m
Spannweite: 43,05 m
Höhe: 11,75 m

MASSEN:
Leermasse: 38.560 kg
Max. Startmasse: 78.980 kg

LEISTUNGEN:
Höchstgeschwindigkeit: 595 km/h
Reichweite: 6920 km
Antrieb: Vier Pratt & Whitney R-4360-59B Wasp Major
Motorleistung: 14.000 PS (10.440 kW)

DATUM DES ERSTFLUGS:
15. November 1944

BESONDERE MERKMALE:
Freitragender Mitteldecker; vier Sternmotoren; Rumpf mit 8-Querschnitt; Dreirad-Fahrwerk; außen liegende Nachbetankungs-Einrichtung mit „Baum" (nur KC-97)

Boeing B-47 Stratojet USA

Sechsstrahliger dreisitziger mittlerer Bomber

Infolge der Nachkriegs-Auswertung deutscher Forschungserkenntnisse über die Schnellflugeigenschaften gepfeilter Flügel bei Düsenflugzeugen brach Boeing die Entwicklungsarbeiten mit konventionellen Flügeln ab und entwarf das Modell 450. Den Bauauftrag vergab die *USAAF* 1945, und die anschließende Flugerprobung zeigte dann auch, dass selbst die von Boeing vorgegebenen Leistungsdaten weit übertroffen wurden. Die Widerstandswerte lagen um 25 Prozent niedriger als erwartet. Auch wenn die XB-47 (*USAF*-Bezeichnung) nicht über die erwartete Reichweite verfügte, gaben die Streitkräfte 1949 den Serienbau frei. Die ersten B-47A erreichten das *Strategic Air Command (SAC)* Ende 1950. Die verbesserte B-47B war die erste Variante, die in Großserien hergestellt wurde, und während des sich ausweitenden Korea-Krieg bauten drei Werke den Stratojet. Die B-47E von 1951 besaß stärkere Triebwerke, 20 mm MK im Heckturm, ein neues radargesteuertes Bombenziel-System, eine Luftbetankeinrichtung und Schleudersitze. Während der fünfziger Jahre waren 28 Bomber-Einheiten des *SAC* mit je 45 Stück B-47 im Einsatz. Insgesamt wurden 2042 Stratojet gebaut, darunter mehr als 300 RB-47E und ERB-47H ECN Aufklärer/Störer.

BESCHREIBUNG:

BESATZUNG:
Pilot, Copilot/Heckschütze, Navigator/Bombenschütze

ABMESSUNGEN:
Länge: 33,50 m
Spannweite: 35,36 m
Höhe: 8,52 m

MASSEN:
Leermasse: 36.281 kg
Max. Startmasse: 99.790 kg

LEISTUNGEN:
Höchstgeschwindigkeit: 980 km/h
Reichweite: 5794 km
Antrieb: Sechs General Electric J47-25A
Motorleistung: 159 kN

DATUM DES ERSTFLUGS:
17. Dezember 1947

BEWAFFNUNG:
Zwei 20 mm M-3 MK im ferngesteuerten Heckturm; Bombenzuladung 9979 kg im Bombenschacht

BESONDERE MERKMALE:
Freitragender Schulterdecker mit Pfeilflügel; Strahltriebwerke in Gondeln unter dem Flügel; Rumpf mit 8-Querschnitt; Hauptträger unter dem Rumpf, Stützräder unter den Gondeln; Vollsicht-Abdeckhaube

Boeing B-50 Superfortress USA
Viermotoriger neunsitziger strategischer Bomber

Der Standardbomber des *Strategic Air Command* in der Zeit zwischen Ende der vierziger und Anfang der fünfziger Jahre, die B-50, startete unter der Bezeichnung B-29D. Hiervon waren 5152 Exemplare bestellt, als der Zweite Weltkrieg zu Ende ging und damit drastische Auftragsstreichungen einsetzten. Obwohl das neue Muster auf der B-29 basierte, besaß es vier neue und leistungsstarke Pratt & Whitney Wasp Major-Triebwerke, eine verstärkte und doch leichtere Zelle, sowie ein erhöhtes und damit schlankeres Seitenleitwerk. Als der Prototyp am 25. Juni 1947 erstmals flog, wurde die Bezeichnung in B-50 geändert. Die *USAF* erwarb 80 A-Modelle, 45 B-Modelle, 222 D-Modelle und 24 TB-50H Trainer mit Doppelsteuer. Ein Teil dieser Bomber wurde in WB-50 zur Wetteraufklärung oder in KB-50 als frühe Tankflugzeuge für die Nachbetankung in der Luft umgerüstet. Besonders erfolgreich waren 112 aus Bombern umgerüstete Tanker KB-50J, die das von Boeing entwickelte Nachfüll-System mit einem baumartigen Ausleger besaßen und zusätzlich zwei in Gondeln unter den Tragflächen mitgeführte Strahlturbinen zur Geschwindigkeitsanpassung. Sie blieben bis 1968 bei *USAF* und bei den *National Air Guard* im Einsatz.

BESCHREIBUNG:

BESATZUNG:
Pilot, Copilot, Flugingenieur, Navigator, Radar-Beobachter, Bombenschütze, Störgeräte-(ECM)-Bediener, zwei Rumpfseitenschützen, Schütze für den oberen Drehturm und Heckschütze

ABMESSUNGEN:
Länge: 30,48 m
Spannweite: 43,05 m
Höhe: 10,50 m

MASSEN:
Leermasse: 36.741 kg
Max. Startmasse: 78.471 kg

LEISTUNGEN:
Höchstgeschwindigkeit: 640 km/h
Reichweite: 7886 km
Antrieb: Vier Pratt & Whitney R-4360-35 Wasp Major
Motorleistung: 14.000 PS (10.440 kW)

DATUM DES ERSTFLUGS:
25. Juni 1947

BEWAFFNUNG:
Vier Türme mit je zwei/vier 12,7 mm Browning MG, Heckstand mit drei MG; Bombenzuladung 12.701 kg im Bombenschacht

BESONDERE MERKMALE:
Freitragender Mitteldecker; vier Sternmotoren; sehr großes, hohes Seitenleitwerk

Boeing B-52 Stratofortress USA

Achtstrahliger sechssitziger strategischer Bomber

Dieser strategische Interkontinental-Bomber wurde 1946 wegen fehlenden geeigneten Strahlturbinen als Konstruktion mit einem ungepfeilten Flügel und Propellerturbinen geplant. Als jedoch die vorteilhafteren, Kraftstoff sparenderen Pratt & Whitney J57-Strahltriebwerke verfügbar waren, erfolgte eine Umkonstruktion. Je zwei der Triebwerke in einer Gondel zusammengefasst kamen unter den nun gepfeilten Flügel. Der Prototyp YB-52, der am 15. April 1952 erstmals flog, hatte für die beiden noch hintereinander sitzenden Piloten eine Vollsicht-Abdeckhaube, ähnlich der von Jagdflugzeugen. Für die Serienmodelle jedoch wurde eine neue, von Verkehrsflugzeugen adaptierte Kanzel mit zwei nebeneinander liegenden Sitzen gewählt. 1955 kamen Stratofortress zu den Einsatzeinheiten. Insgesamt wurden 744 Exemplare in acht verschiedenen Versionen gebaut. Die wichtigste war die B-52D, die über Vietnam zum Einsatz kam, und die B-52G, die ein verkleinertes Seitenleitwerk besaß. Heute noch im Einsatz bei der USAF sind B-52H mit Pratt & Whitney-TF33-Fantriebwerken. Sie flogen Einsätze über dem Irak, dem Kosovo und Afghanistan. Sie sollen noch mindestens 20 Jahre bei der Truppe bleiben.

BESCHREIBUNG:

BESATZUNG:
Pilot, Copilot, Heckschütze, Bombenschütze/Navigator, Radar-Beobachter, Störgeräte (ECM)-Bediener

ABMESSUNGEN:
Länge: 48,00 m
Spannweite: 56,40 m
Höhe: 14,75 m

MASSEN:
Leermasse: 87.100 kg
Max. Startmasse: 204.120 kg

LEISTUNGEN:
Höchstgeschwindigkeit: 1014 km/h
Reichweite: 9978 km
Antrieb: Acht Pratt & Whitney J47-43W
Motorleistung: 488 kN

DATUM DES ERSTFLUGS:
15. April 1952

BEWAFFNUNG:
Vier 12,7 mm Browning MG (später vier 20 mm M61A1 MK) in ferngesteuerten Heck-Drehturm; Bombenzuladung 31.750 kg im Bombenschacht und an Unterflügel-Aufhängungen

BESONDERE MERKMALE:
Freitragender Schulterdecker mit Pfeilflügel; Strahltriebwerke in Gondeln unter dem Flügel; Fahrwerk im Rumpf

Boeing C-135 USA

Vierstrahliger mehrsitziger Transporter/Tanker sowie Flugzeug für AWACS- und Spezialaufgaben

Ausgangspunkt für dieses Muster war das Modell 367-80 – Urahn aller vierstrahligen Boeing-Verkehrsflugzeuge – aus dem auch das zivile Erfolgsmodell Boeing 707 entstand. Die USAF erprobte den Prototyp kurz nach seinem Erstflug im Juli 1954 und fand ihn für Transportaufgaben und als Tankflugzeug geeignet. Drei Monate später ging bei Boeing der Auftrag über 29 Tanker/Transporter der C-135 genannten Maschine ein. Als sie sich ab August 1956 im Inventar der USAF befanden, wurden sie nur selten ihrer Doppelrolle gerecht. Erst als genügend Maschinen zur Verfügung standen, konnten KC-135 ausschließlich ihre Aufgaben als Tankflugzeuge für das Nachbetanken anderer Maschinen in der Luft wahrnehmen. Sie erfüllte ihre Rolle so vorzüglich, dass die USAF zwischen Juni 1957 und Januar 1965 732 Exemplare dieser KC-135 Stratotanker bestellte. Weitere 88 C-135 wurden als Transporter geordert. Die USAF flog die C-135 in nicht weniger als 28 Varianten als Aufklärer, für Transportzwecke sowie als Kommandoposten. E-6 Mercury hießen sie bei der US Navy als U-Boot-Leitstelle. Als AWACS-Frühwarnflugzeuge E-3 Sentry oder als Schlachtfeld-Überwacher E-8 J-Star sind sie immer noch im Inventar der USAF.

BESCHREIBUNG:

BESATZUNG:
Pilot, Copilot, Navigator, Betankeinrichtungs-Steuerer (Tanker) sowie eine weitere Anzahl von Besatzungsmitgliedern und Passagieren je nach Einsatzzweck

ABMESSUNGEN:
Länge: 41,00 m
Spannweite: 39,70 m
Höhe: 11,60 m

MASSEN:
Leermasse: 49.442 kg
Max. Startmasse: 134.715 kg

LEISTUNGEN:
Höchstgeschwindigkeit: 966 km/h
Reichweite: 6437 km
Antrieb: Vier Pratt & Whitney J57-59W
Motorleistung: 244 kN

DATUM DES ERSTFLUGS:
15. Juli 1954

BESONDERE MERKMALE:
Freitragender Tiefdecker mit Pfeilflügel; vier Strahltriebwerke in Gondeln unter dem Flügel; außen liegende Betankeinrichtung (nur KC-135)

Breguet Alizé FRANKREICH

Einmotoriges dreisitziges U-Boot-Jagd- und Tiefangriffsflugzeug

Die Alizé war eine Weiterentwicklung der Breguet Br 990 Vultur, die 1948 nach einer Anforderung der französischen Marine für ein Schlachtflugzeug, das von Flugzeugträgern aus operieren konnte, entwickelt und gebaut worden war. Einen Serienauftrag für die Vultur mit ihrer Propellerturbine im Bug und einer Strahlturbine im Heck hatte es allerdings nie gegeben. In der Hoffnung mit einem U-Boot-Jäger mehr Erfolg zu haben, nahm Breguet die Vultur als Basis für die Neukonstruktion Alizé (Passatwind), indem sie die Strahlturbine ganz strich und die Armstrong-Siddeley Mamba Propellerturbine durch eine Rolls-Royce Dart ersetzte. Die Arbeiten begannen 1954, und der Prototyp flog erstmals am 6. Oktober 1956. Die ersten der 75 von der französischen Marine bestellten Alizé wurden im Mai 1959 geliefert. Ein weiterer Auftrag über 12 Maschinen kam aus Indien. Die indische Marine übernahm später ein Dutzend weiterer Maschinen aus dem französischen Fundus. Bei der französischen Marine operierten die Maschinen von den Flugzeugträgern „Foch" und „Clémenceau" erfolgreich über 40 Jahre lang. Die indischen Maschinen flogen bis 1992, wenn auch während der letzten Einsatzjahre von Land aus.

BESCHREIBUNG:

BESATZUNG:
Pilot, Radar-Beobachter und Sensor-Überwacher

ABMESSUNGEN:
Länge: 13,86 m
Spannweite: 15,60 m
Höhe: 5,00 m

MASSEN:
Leermasse: 5700 kg
Max. Startmasse: 8250 kg

LEISTUNGEN:
Höchstgeschwindigkeit: 520 km/h
Reichweite: 2500 km
Antrieb: Rolls-Royce Dart Rda7 Mk 21
Motorleistung: 1975 Wellen-PS (1475 kW)

DATUM DES ERSTFLUGS:
6. Oktober 1956

BEWAFFNUNG:
Bombenschacht für 480 kg an Torpedos/Wasserbomben und zwei Unterflügel-Aufhängungen für Bomben/Raketen/Wasserbomben

BESONDERE MERKMALE:
Freitragender Tiefdecker; einziehbares Dreirad-Fahrgestell; Gondeln im Flügel für die Aufnahme der Haupträder; Fanghaken; Schallbojen-Einrichtung

CAC CA-25 Winjeel AUSTRALIEN
Einmotoriges zweisitziges Schulflugzeug für die Grundausbildung

Die Winjeel (Junger Adler) war als Antwort des australischen Herstellers CAC auf die Ausschreibung der *RAAF* für ein Ablösemuster der de Havilland Tiger Moth und Wirraway Schulflugzeuge unter der Firmenbezeichnung Ca-22 entstanden. Anfang 1951 erhielten die australischen Luftstreitkräfte zwei Prototypen für eine sich mühsam hinziehende Erprobung. Die 62 Serienmuster, die dann zwischen 1955 und 1958 an die Schulen ausgeliefert wurden, unterschieden sich im Heckbereich erheblich von den Erprobungsmustern, denn die Trudelsicherheit musste entschieden verbessert werden. Unter der neuen Bezeichnung CA-25 blieben Winjeel bis 1969 Standard-Trainer der *RAAF*, weil ein neuer Ausbildungsplan die ausschließliche Schulung auf Strahlflugzeugen vorschrieb. Da allerdings die neue Lehrmethode Probleme mit sich brachte, wurden CT-25 wieder als Grundschulflugzeuge eingesetzt und blieben es weitere sechs Jahre, bevor – ab 1975 – CT-4 sie ablösten. Winjeel blieben nach der Ausmusterung als Trainer im Dienst, und zwar operierten sie als Gefechtsfeld-Aufklärer zusammen mit den F-111, Mirage III und F/A-18 Staffeln der *RAAF*.

BESCHREIBUNG:

BESATZUNG:
Zwei Piloten nebeneinander

ABMESSUNGEN:
Länge: 8,55 m
Spannweite: 11,77 m
Höhe: 2,77 m

MASSEN:
Leermasse: 1492 kg
Max. Startmasse: 1935 kg

LEISTUNGEN:
Höchstgeschwindigkeit: 303 km/h
Reichweite: 883 km
Antrieb: Pratt & Whitney R-985-AN-2 Wasp Junior
Motorleistung: 445 PS (332 kW)

DATUM DES ERSTFLUGS:
3. Februar 1951

BESONDERE MERKMALE:
Freitragender Tiefdecker; stark verglaste Kabine mit Sitzen nebeneinander; festes Fahrgestell

Canadair CT-114 Tutor KANADA
Einstrahliges zweisitziges Fortgeschrittenen-Schulflugzeug

Die Tutor wurde in den späten fünfziger Jahren unabhängig von der kanadischen Regierung durch Canadair entwickelt. Der Prototyp flog erstmals am 13. Januar 1960. Das Muster unterschied sich von anderen Strahl-Trainern der Periode durch die nebeneinander liegenden Sitze für Pilot und Pilotenschüler. Als die kanadische Regierung für die Luftstreitkräfte ein Ausscheidungsfliegen strahlgetriebener Schulflugzeuge veranstaltete, wurde auch das Canadair-Muster Tutor eingeladen. Das hatte einen im September 1961 erteilten Auftrag über 190 Maschinen zur Folge. Die Serienmaschinen mit der militärischen Bezeichnung CT-114 kamen zwischen Dezember 1963 und September 1966 aus der Fertigung. Sie gingen hauptsächlich an die *No 2 Flying Training School* in Saskatchewan. Weitere Exemplare erhielten die *Central Flying School* und das Kunstflug-Team *Snowbirds*. 20 Maschinen gingen als CL-41G an die *Royal Malaysian Air Force*. Sie besaßen sechs Unterflügel-Aufhängungen für Raketen und Bomben und schieden Mitte der achtziger Jahre wegen statischer Probleme und Korrosionsmängel aus. Einige kanadische Tutor fliegen noch mit den *Snowbirds* und bei der Luftfahrt-Erprobungsstelle.

BESCHREIBUNG:

BESATZUNG:
Zwei Piloten nebeneinander

ABMESSUNGEN:
Länge: 9,75 m
Spannweite: 11,13 m
Höhe: 2,84 m

MASSEN:
Leermasse: 2220 kg
Max. Startmasse: 3532 kg

LEISTUNGEN:
Höchstgeschwindigkeit: 801 km/h
Reichweite: 1002 km
Antrieb: General Electric
J85-CAN-J4
Motorleistung: 13,10 kN

DATUM DES ERSTFLUGS:
10. Dezember 1957

BEWAFFNUNG:
Mitnahmemöglichkeit für bis zu 1815 kg an Waffen (Bomben/Raketen/Waffenbehältern/Flugkörper) an sechs Unterflügel-Aufhängungen

BESONDERE MERKMALE:
Freitragender Tiefdecker mit geradem Flügel; stark verglaster Besatzungsraum mit Sitzen nebeneinander; T-Leitwerk; Dreirad-Fahrgestell; Lufteinlässe in den Flügelwurzeln

Cavalier F-51D Mustang Mk 2 USA

Einmotoriger ein-/zweisitziger Jagdbomber

Die Cavalier Mustang entstand aus der Idee von Florida's Zeitungs-Magnaten David Breed Lindsay Junior, überschüssige militärische Mustang-Jagdeinsitzer in zivile Hochleistungs-Reiseflugzeuge umzuwandeln. Die ersten dieser Umbauten waren aus ehemaligen F-51 der kanadischen *RCAF* in Lindsay's Unternehmen Trans Florida Aviation Inc. in den ausgehenden Fünfzigern und Anfang der sechziger Jahre entstanden. Nach dem Ausverkauf dieser Mustangs weitete Lindsay seine Tätigkeit aus und erwarb ausgemusterte F-51-Flugzeuge und Einzelteile von überall her. 1966 entschied das amerikanische Verteidigungsministerium, dass sich Mustangs bei befreundeten Nationen in Südamerika ausgezeichnet gegen Aufständische einsetzen ließen und beauftragte Lindsay's Firma im Rahmen des Unternehmens *Peace Condor* mit dem F-51-Umbau. Diese Flugzeuge erhielten Merlin 620-Triebwerke aus ehemaligen C-54-Transportflugzeugen der *RCAF*, ein erhöhtes Seitenleitwerk, einen verstärkten Flügel zur Aufnahme weiterer Waffen-Aufhängungen und wahlweise Flügelend-Kraftstoffbehälter. Bolivien, El Salvador, Guatemala, Indonesien und die Dominikanische Republik – hier erst 1984 abgesetzt – erhielten solche Umbauten.

BESCHREIBUNG:

BESATZUNG:
Pilot (zweiter Pilot und Doppelsteuer optional)

ABMESSUNGEN:
Länge: 9,81 m
Spannweite: 12,10 m
Höhe: 4,51 m

MASSEN:
Leermasse: 3466 kg
Max. Startmasse: 4762 kg

LEISTUNGEN:
Höchstgeschwindigkeit: 731 km/h
Reichweite: 3200 km
Antrieb: Packard V-1650-7 (P-51D) und Merlin 620 (Cavalier Mustang Mk 2)
Motorleistung: 1590 PS (1186 kW) und 1725 PS (1285 kW)

DATUM DES ERSTFLUGS:
Dezember 1967 (Cavalier Mustang Mk 2)

BEWAFFNUNG:
Sechs starre 12,7 mm Browning MG im Flügel; maximale Bomben/Raketen-Zuladung 2268 kg an Unterflügel-Aufhängungen

BESONDERE MERKMALE:
Freitragender Tiefdecker; verkleideter Reihenmotor, Kühler unter dem Rumpf; Vierblatt-Luftschraube; Flügelend-Zusatztanks möglich; hohes Seitenleitwerk

Cessna O-1 Bird Dog USA

Einmotoriges zweisitziges Verbindungs-/Gefechtsfeld-Aufklärungsflugzeug

Gewinner einer im Juni 1950 erschienenen Ausschreibung der *US Army* für ein zweisitziges Aufklärungs- und Verbindungsflugzeug wurde das Cessna Modell 305 – eine Ableitung aus dem erfolgreichen zivilen Viersitzer Cessna 170, der Ende der vierziger Jahre herausgekommen war. Zweck der Forderung war, ein Ablösemuster für die veralteten Maschinen der Grashopper-Familie aus dem Zweiten Weltkrieg zu erhalten. Das bei der USAF L-19 genannte Flugzeug trieb ein 213 PS starkes Continental O-470-11-Triebwerk an (Das zivile Ausgangsmuster hatte einen nur 145 PS starken Continental C145-2). Damit war es bestens für die militärische Rolle gerüstet, besonders für die des Gefechtsfeld-Aufklärers, die es sich in den ersten Jahren des Vietnam-Krieges besonders zu eigen machte. Im Jahr 1962, als die Produktion nach 3431 gebauten Exemplaren auslief, erfolgte die Umbenennung in O-1. Die Masse der Muster waren O-1A, aber es gab auch jüngere Versionen mit verbesserter Ausrüstung oder Unterflügel-Aufhängungen für Zielmarkierungs-Raketen. Die Großtaten der O-1 über Vietnam sind Legende, besonders was die Aufspürung und Kennzeichnung gegnerischer Truppen betrifft.

BESCHREIBUNG:

BESATZUNG:
Pilot und Beobachter/Passagier hintereinander

ABMESSUNGEN:
Länge: 7,85 m
Spannweite: 10,97 m
Höhe: 2,22 m

MASSEN:
Leermasse: 732 kg
Max. Startmasse: 1087 kg

LEISTUNGEN:
Höchstgeschwindigkeit: 243 km/h
Reichweite: 853 km
Antrieb: Continental O-470-11
Motorleistung: 213 PS (159 kW)

DATUM DES ERSTFLUGS:
Dezember 1949

BEWAFFNUNG:
Maximale Waffenzuladung (Bomben/Raketen) 227 kg an Unterflügel-Aufhängungen

BESONDERE MERKMALE:
Abgestrebter Hochdecker mit I-Strebe; festes Fahrgestell; Sechszylinder-Boxermotor; stark verglaste Kabine

Cessna O-2 Super Skymaster USA

Zweimotoriges zweisitziges Verbindungs-/Gefechtsfeld-Aufklärungsflugzeug

Obwohl sich die O-1 in Vietnam als der Gefechtsfeld-Aufklärer (Forward Air Control FAC) par excellence herausgestellt hatte, war der Heeresleitung doch klar geworden, dass Bedarf für ein fortschrittlicheres FAC-Flugzeug mit erhöhter Geschwindigkeit und vergrößerter Waffenzuladung bestand. Cessna entwickelte aus dem zivilen Reiseflugzeug Modell 337 Skymaster eine militärische Ableitung als O-2 Super Skymaster. Die ungewöhnliche Anordnung von zwei Triebwerken in einer Achse mit Zug- und Druck-Luftschrauben gaben dem Flugzeug Mehrmotoren-Sicherheit und erhöhte Leistungen, die die Militärs in vergrößerte Funkeinrichtungen und Bewaffnung umsetzten. Weitere Verbesserungen für den FAC-Einsatz waren zusätzliche Rumpffenster für den rechts sitzenden Beobachter. Mehr als 350 Stück O-2A wurden an die USAF geliefert, nachdem diese mit einem Auftrag vom 29. Dezember 1966 den Reihenbau ins Rollen gebracht hatte. Außer für FAC-Aufgaben kam das Muster – mit Lautsprechern ausgestattet – auch zur psychologischen Kriegsführung zum Einsatz. OV-10 Bronco ersetzten die O-2, aber sie blieben bei den *Air National Guard* bis in die achtziger Jahre im Dienst der *USAF*.

BESCHREIBUNG:

BESATZUNG:
Pilot und Beobachter/Passagier nebeneinander

ABMESSUNGEN:
Länge: 9,07 m
Spannweite: 11,58 m
Höhe: 2,84 m

MASSEN:
Leermasse: 1292 kg
Max. Startmasse: 2449 kg

LEISTUNGEN:
Höchstgeschwindigkeit: 320 km/h
Reichweite: 1706 km
Antrieb: Zwei Teledyne Continental IO-360C/D
Motorleistung: 420 PS (314 kW)

DATUM DES ERSTFLUGS:
30. März 1964 (Super Skymaster)

BEWAFFNUNG:
Unterflügel-Aufhängungen für Waffenbehälter und Raketen

BESONDERE MERKMALE:
Abgestrebter Hochdecker mit I-Strebe; einziehbares Dreirad-Fahrwerk; Motorenanordnung mit Zug- und Druck-Luftschraube; zwei Leitwerksträger mit doppeltem Seitenleitwerk

Cessna Modell 185/U-17 Skywagon USA

Einmotoriges sechssitziges Mehrzweck-/Gefechtsfeld-Aufklärungsflugzeug

Die Cessna 185 Skywagon wurde als Vielzweck-Flugzeug entwickelt, mit dem sich wirtschaftlich Vorhaben ausführen ließen und Wirkung erzielt werden konnte. Diese Merkmale machten sie ideal für das vom amerikanischen Verteidigungsministerium geschaffene militärische Unterstützungs-Programm MAP (Military Assistance Program). Bolivien, Costa Rica, Laos und Südvietnam erhielten Maschinen. Die Betreiber wussten die verstärkte Zellenstruktur des Musters zu würdigen und damit seine Eignung auch als Frachtflugzeug. Ein zusätzlich unter dem Rumpf mitführbarer Frachtbehälter aus stabilem Fiberglas erhöhte die Transportfähigkeit des Flugzeuges, das in der Regel von den bescheidensten Landepisten aus operieren konnte. 1963 hatte die *USAF* das Modell 185 für MAP ausgewählt und in U-17 umbenannt. Ungefähr 262 A-Modelle wurden erworben, gefolgt von 205 Exemplaren U-17B mit einem Triebwerk kleinerer Leistung. Cessna 185 wurden auch von Ländern, die nicht unter das MAP fielen, direkt beim Werk bestellt. Gemäß der Tradition von Cessna-Flugzeugen ist auch die 185 für FAC geeignet – in der Türkei bis heute praktiziert. Zehn weitere Luftstreitkräfte halten 185/U-17 noch im Einsatz.

BESCHREIBUNG:

BESATZUNG:
Pilot und bis zu fünf Passagiere

ABMESSUNGEN:
Länge: 7,85 m
Spannweite: 10,92 m
Höhe: 2,36 m

MASSEN:
Leermasse: 719 kg
Max. Startmasse: 1519 kg

LEISTUNGEN:
Höchstgeschwindigkeit: 286 km/h
Reichweite: 1665 km
Antrieb: Teledyne Continental IO-520-D
Motorleistung: 300 PS (224 kW)

DATUM DES ERSTFLUGS:
Juli 1960

BESONDERE MERKMALE:
Abgestrebter Hochdecker mit I-Strebe; festes Fahrgestell; Sechszylinder-Boxermotor; stark verglaste Kabine

Cessna T-37/A-37 Tweet/Dragonfly USA

Zweistrahliges zweisitziges Fortgeschrittenen-Übungs-/Tiefangriffsflugzeug

1952 gab die *USAF* die Ausschreibung für ein Schulflugzeug mit Strahlantrieb heraus, mit dem alle Unterrichtsbereiche für Piloten von der Anfänger-Einweisung bis zur Einsatzreife durchlaufen werden konnten. Der Cessna-Entwurf Modell 318 mit zwei Sitzen nebeneinander und angetrieben durch zwei 4,08 kN Continental J69-Strahlturbinen wurde als geeignet befunden und in Auftrag gegeben. Der Prototyp machte seinen Jungfernflug am 12. Oktober 1954. Als Erstes wurden 534 Trainer in der Version T-37A – so lautete die militärische Bezeichnung – gebaut, gefolgt von 449 Stück T-37B mit leistungsstärkeren Triebwerken, die anschließend auch die A-Modelle erhielten. Jüngste Trainerversion war die T-37C für den Export. 269 Exemplare wurden gebaut. 1960 entschied sich Cessna für eine Variante der Tweet als Tiefangriffsflugzeug. Die Zelle wurde für die General Electric J85-Strahltriebwerke und für Kampfleistungen verstärkt. Erste dieser A-37 A sahen ihr Einsatzdebüt in Vietnam. Die definitive A-37 B mit stärkeren Triebwerken, acht Unterflügel-Aufhängungen, Panzerung und einer MK ging 1968 in die Fertigung. 577 A-37B wurden gebaut. Ein Teil fliegt noch bei der USAF und in zehn Ländern.

BESCHREIBUNG:

BESATZUNG:
Zwei Piloten nebeneinander

ABMESSUNGEN:
Länge: 8,92 m
Spannweite: 10,93 m
Höhe: 2,71 m

MASSEN:
Leermasse: 2817 kg
Max. Startmasse: 6350 kg

LEISTUNGEN:
Höchstgeschwindigkeit: 816 km/h
Reichweite: 1628 km
Antrieb: Zwei General Electric J85-GE-17A
Motorleistung: 25,40 kN

DATUM DES ERSTFLUGS:
12. Oktober 1954

BEWAFFNUNG:
Ein starres 7,62 mm GAU-2B/A Minigun MG im Bug; Waffenzuladung (Bomben/Raketen/Waffenbehälter) an acht Unterflügel-Aufhängungen

BESONDERE MERKMALE:
Freitragender Mitteldecker; stark verglaste Kabine mit nebeneinander liegenden Sitzen; Dreirad-Fahrwerk; Lufteinlässe in den Flügelwurzeln; Flügelendtanks (A-37)

Convair T-29/C-131 USA

Zweimotoriges mehrsitziges Übungs-/Transportflugzeug

Die T-29-Trainer und C-131-Transporter waren Ableitungen aus der Convair 240/340/440-Reihe zweimotoriger Verkehrsflugzeuge. Die auf der Convair 240 basierenden T-29A ohne Druckkabine wurde in 48 Exemplaren von der *USAF* 1949 für die Ausbildung von Navigatoren, Bombenschützen und Funkern in Dienst gestellt. Es folgten 105 T-29B und 119 T-29C für den gleichen Zweck. Diese Maschinen waren jedoch druckbelüftet. Die ersten der 93 Exemplare des Modells T-29D konnten im August 1953 übernommen werden. Diese Variante besaß neben einem zusätzlichen Bombenzielgerät die Einrichtung für eine Kamera-Ausrüstung. Die C-131 wurde als Transportvariante aus der T-29 abgeleitet und bei der USAF ab 1950 in Dienst gestellt. Im Dezember 1954 kamen 26 C-131A zum *Military Air Tansport Service*. Sie wurden wegen ihres vorwiegenden Transports von Verwundeten „Samaritan" getauft. Es folgten weitere Varianten: C-131B (36 Stück), C-131D (10 Stück), VC-131D (16 Stück als Stabs-/VIP-Transporter) R4Y-1 (36 für die Marine, ab 1962 C-131F genannt) und C-131E (11 Stück an das SAC für ECM-Training). Die letzten Convair flogen bei *Air National Guard* und bei der Marine-Reserve bis 1990.

BESCHREIBUNG:

BESATZUNG:
Pilot, Copilot, Flugingenieur, Navigator und bis zu 48 Passagiere

ABMESSUNGEN:
Länge: 24,14 m
Spannweite: 32,10 m
Höhe: 8,60 m

MASSEN:
Leermasse: 13.382 kg
Max. Startmasse: 24.682 kg

LEISTUNGEN:
Höchstgeschwindigkeit: 502 km/h
Reichweite: 3520 km
Antrieb: Zwei Pratt & Whitney R-2800-103W
Motorleistung: 5000 PS (3720 kW)

DATUM DES ERSTFLUGS:
22. September 1949 (T-29A)

BESONDERE MERKMALE:
Freitragender Tiefdecker; zwei verkleidete Sternmotoren; hohes Seitenleitwerk; rechteckige Kabinenfenster

Convair B-36 Peacemaker USA

Sechsmotoriger/vierstrahliger fünfzehnsitziger strategischer Bomber

Der strategische Bomber B-36 wurde in Angriff genommen, als es so aussah, als ob die nationalsozialistische deutsche Wehrmacht im Zweiten Weltkrieg ganz Europa einschließlich der britischen Inseln besetzen könnte. Er sollte in der Lage sein, von 1,5 km langen Startbahnen auf dem amerikanischen Festland aus 8000 km entfernte Ziele mit 4,5 Tonnen Bomben zu belegen. Der Prototypenbau verzögerte sich durch Materialengpässe als Folge des Hochfahrens der amerikanischen Rüstungsproduktion auf Kriegsbedürfnisse. So kamen die Arbeiten erst nach der Kapitulation Japans richtig in Fahrt, aber als der Prototyp XB-36 am 8. August 1946 erstmals flog, war er das größte Flugzeug der Welt. Die unbewaffnete B-36A nahm 1947 bei Einheiten des *Strategic Air Command* ihren Dienst auf. Sie wurden als Besatzungstrainer abgestellt, als 1948 erste Bomber-Geschwader die mit Waffen bestückten B-36B/D geliefert bekamen. Um die Einsatzhöhe und -geschwindigkeit der B-36D über dem Ziel erhöhen zu können, erhielten die Maschinen zusätzlich vier Strahlturbinen in Gondeln unter dem Flügel. Insgesamt 386 B-36 wurden gebaut. Bei einem Teil von ihnen fiel für Aufklärungseinsätze die Bewaffnung weg.

BESCHREIBUNG:

BESATZUNG:
Pilot, Copilot, Radar-Beobachter/Bombenschütze, Navigator, Flugingenieur, zwei Funker, drei vordere und vier hintere MG-Schützen

ABMESSUNGEN:
Länge: 49,40 m
Spannweite: 70,14 m
Höhe: 14,26 m

MASSEN:
Leermasse: 81.200 kg
Max. Startmasse: 162.200 kg

LEISTUNGEN:
Höchstgeschwindigkeit: 707 km/h
Reichweite: 12.070 km
Antrieb: Sechs Pratt & Whitney R-4360-41 Wasp Major und vier General Electric J47-GE-19
Motorleistung: 21.000 PS (15.659 kW) und 91 kN

DATUM DES ERSTFLUGS:
8. August 1946

BEWAFFNUNG:
Sechzehn 20 mm MK in acht ferngesteuerten Türmen; Bombenzuladung 38.140 kg im Bombenschacht

BESONDERE MERKMALE:
Freitragender Schulterdecker; leicht gepfeilter Flügel; sechs Sternmotoren mit Druckschrauben im Flügel; vier Strahlturbinen in Gondeln unter dem Flügel

Convair B-58 Hustler USA
Vierstrahliger dreisitziger Bomber

Die B-58 Hustler war der erste Bomber, der mit doppelter Schallgeschwindigkeit (Mach 2) fliegen konnte. Um dies zu erreichen, brachte der Hersteller zahlreiche strukturelle Erstleistungen ein. So fand im größeren Umfang rostfreier Stahl und die Honigwaben-Sandwich-Bauweise Verwendung. Die B-58 war der erste Bomber, dessen Rumpf bewusst klein im Querschnitt gehalten wurde. Als Ausgleich gab es einen stromlinienförmigen Unterrumpf-Behälter, der die Waffen und einen Teil des Kerosins aufnahm, aber nach Gebrauch abgeworfen werden konnte. Verschiedene technische Probleme bei der Entwicklung des kunstvoll gestalteten Flugzeuges bekam der Hersteller schnell in den Griff. Und so konnte der erste Prototyp am 11. November 1956 erstmals in den Himmel steigen. Frühe B-58A aus der Serie erreichten das SAC 1959. Die *43rd und 305th Bomber Wings* zeigten mit Rekorden zwischen New York und Paris sowie Tokio und London die Schnelligkeit. Weil das SAC für die Beförderung ihrer Atomwaffen auf ballistische Raketen setzte, wurden trotz der überragenden Leistungen nur 116 B-58 gebaut, darunter auch Trainer TB-58. Die letzten Hustler wurden im Januar 1970 aus den Einsatzverbänden genommen.

BESCHREIBUNG:

BESATZUNG:
Pilot, Navigator, Waffensystem-Bediener

ABMESSUNGEN:
Länge: 29,50 m
Spannweite: 17,31 m
Höhe: 9,60 m

MASSEN:
Leermasse: 25.200 kg
Max. Startmasse: 73.930 kg

LEISTUNGEN:
Höchstgeschwindigkeit: 2125 km/h
Reichweite: 8248 km
Antrieb: Vier General Electric J79-GE-5B
Motorleistung: 279 kN

DATUM DES ERSTFLUGS:
11. November 1956

BEWAFFNUNG:
Eine starre 20 mm T-171 Revolver MK, ferngesteuert in einer Lafette im Heck; Bombenzuladung 8800 kg in einem Behälter unter dem Rumpf und 3175 kg an vier Unterflügel-Aufhängungen

BESONDERE MERKMALE:
Freitragender Mitteldecker mit Deltaflügel; vier Strahltriebwerke in Gondeln unter dem Flügel; kein gesondertes Höhenleitwerk; dünner, spitzer Rumpf; großer Waffenbehälter unter dem Rumpf

Convair F-102 Delta Dagger USA

Einstrahliger Jagdeinsitzer

Die Convair F-102 Delta Dagger war das Endresultat eines 1950 von der *USAF* ausgeschriebenen Konstruktions-Wettbewerbs für ein komplettes Abwehrsystem, dessen Herz das Hughes MX-1179-Waffensystem mit integriertem Radar, Rechnern und Falcon-Flugkörpern sein sollte. Convair hatte einige Jahre vorher mit Deltaflügel-Konstruktionen experimentiert. Das Ergebnis daraus wurde der Prototyp YF-102, der am 24. Oktober 1953 erstmals flog. Weitere neun Maschinen flogen Versuchs- und Erprobungsprogramme. Das Ergebnis: Sie waren nicht in der Lage, im Horizontalflug Überschallgeschwindigkeit zu erreichen. Geläutert durch die schwachen Leistungen überarbeiteten die Convair-Ingenieure den Entwurf innerhalb von 117 Tagen zur YF-102A. Sie wandten nun bei der Formgebung die Flächenregel an, wählten eine andere Profilwölbung, veränderten die Abdeckhaube und bauten stärkere Triebwerke ein. In dieser Form wurde das Muster von der *USAF* akzeptiert und 1955/56 in 875 Exemplaren als F-102A gefertigt. Sie gingen an 27 Einheiten des *Air Defence Command (ADC)*. Ende der Sechziger wurden sie durch F-106 abgelöst. 23 Staffeln der *Air National Guards (ANG)* übernahmen die Delta Dart.

BESCHREIBUNG:

BESATZUNG:
Pilot

ABMESSUNGEN:
Länge: 20,84 m
Spannweite: 11,62 m
Höhe: 6,46 m

MASSEN:
Leermasse: 9144 kg
Max. Startmasse: 14187 kg

LEISTUNGEN:
Höchstgeschwindigkeit: 1327 km/h
Reichweite: 2173 km
Antrieb: Pratt & Whitney J57-P-23
Motorleistung: 79 kN

DATUM DES ERSTFLUGS:
20. Dezember 1954 (YF-102A)

BEWAFFNUNG:
Sechs Hughes AIM-4 Falcon Lenkwaffen im Waffenschacht

BESONDERE MERKMALE:
Freitragender Mitteldecker mit Deltaflügel; kein gesondertes Höhenleitwerk; Rumpf nach der Flächenregel eingeschnürt; Seitenleitwerk in Deltaform

Convair F-106 Delta Dart USA

Einstrahliger Jagdeinsitzer

Das Muster trug ursprünglich die Bezeichnung F-102B und war aus der Delta Dagger unter Beibehaltung des Deltaflügels weiterentwickelt worden. Der umkonstruierte Rumpf trug das stärkere Pratt & Whitney J75-Strahltriebwerk mit Nachbrenner und das integrierte Hughes MA-1-Feuerleitsystem. Die leistungsstärkere Turbine in Verbindung mit der verfeinerten Zelle ließ die Höchstgeschwindigkeit auf fast das Doppelte der Delta Dagger steigen. Im November 1955 hatte die USAF 44 Stück der F-102B bestellt. Ende 1962, als der erste Prototyp zum Fliegen kam, wurde das Muster in F-106 umbenannt. Es sollte in der Lage sein, sowjetische Bomber bei jeder Wetterlage innerhalb eines Halbmessers von 700 km bis in Höhen von 21 km abzufangen. Als Teil der US-Heimatverteidigung wurden die F-106 durch ein halbautomatisches Verfahren geleitet. Frühe Delta Dart erfüllten die Erwartungen des ADC noch nicht. Dadurch kürzte die USAF ihren ursprünglichen Auftrag über 1000 Maschinen auf 360. Serienmaschinen kamen im Oktober 1959 zu den Einsatz-Verbänden und rüsteten schließlich 15 ADC-Einheiten aus. Ende der Siebziger wurden sie durch F-15 abgelöst. Die Delta Dart flogen dann bei den ANG bis 1988.

BESCHREIBUNG:

BESATZUNG:
Pilot

ABMESSUNGEN:
Länge: 21,55 m
Spannweite: 11,67 m
Höhe: 6,18 m

MASSEN:
Leermasse: 10.802 kg
Max. Startmasse: 17.350 kg

LEISTUNGEN:
Höchstgeschwindigkeit: 2393 km/h
Reichweite: 3138 km
Antrieb: Pratt & Whitney J75-P-17
Motorleistung: 110 kN

DATUM DES ERSTFLUGS:
26. Dezember 1956

BEWAFFNUNG:
Eine starre 20 mm M61A1 Revolver MK im Rumpfbug sowie vier Hughes AIM-4 Falcon- und zwei AIM-2 Genie-Lenkwaffen im Waffenschacht

BESONDERE MERKMALE:
Freitragender Tiefdecker mit Deltaflügel; kein gesondertes Höhenleitwerk; Rumpf nach der Flächenregel eingeschnürt; Seitenleitwerk in Deltaform mit abgeschnittener Spitze

Dassault MD 311/312 Flamant FRANKREICH

zweimotoriges zwölfsitziges Übungs-/Transport-/Mehrzweckflugzeug

Die Flamant war eines der ersten Nachkriegsprodukte der neu gestalteten Firma Bloch (die sich ab 1945 Dassault nannte). Sie entstand auf Wunsch der französischen Luftstreitkräfte nach einem leichten zweimotorigen Transportflugzeug, das einen geräumigeren Rumpf als ihre Vorgängermuster aufweisen sollte, aber auch als Trainer abgewandelt werden konnte. Der durch zwei Renault/SNECMA-Motoren angetriebene Prototyp überzeugte derart, dass Dassault im Dezember 1949 einen ersten Auftrag über 65 Maschinen erhielt. Als die Produktion 1952 auslief, waren insgesamt 136 MD 311/312 in der Transportflugzeug-Ausführung gebaut worden. Sie kamen als Truppentransporter, Frachter oder für den Transport von Verwundeten sowohl im Mutterland als auch in den französischen Kolonien in Afrika und Asien zum Einsatz. In Algerien und Französisch-Indochina wurden sie sogar zur Erdkampfunterstützung verwendet. Von der Flamant als Übungsflugzeug kamen bis Januar 1954 40 MD 311 (Besatzungstrainer) und 118 MD 312 (Pilotentrainer) aus der Produktion. Auch die französische Marine erhielt 1952/53 insgesamt 25 Flamant als MD 312M. 1983 quittierten die letzten Flamant ihren Dienst.

BESCHREIBUNG:

BESATZUNG:
Pilot, Copilot und bis zu 10 Passagiere

ABMESSUNGEN:
Länge: 12,78 m
Spannweite: 20,21 m
Höhe: 4,90 m

MASSEN:
Leermasse: 5100 kg
Max. Startmasse: 6400 kg

LEISTUNGEN:
Höchstgeschwindigkeit: 445 km/h
Reichweite: 1500 km
Antrieb: Zwei SNECMA 12S 02
Motorleistung: 1060 PS (866 kW)

DATUM DES ERSTFLUGS:
10. Februar 1947

BESONDERE MERKMALE:
Freitragender Tiefdecker; zwei verkleidete Reihenmotoren; doppeltes Seitenleitwerk; runde Kabinenfenster

Dassault MD 450 Ouragan FRANKREICH
Einstrahliger Jagdeinsitzer

Die MD 450 Ouragan (Hurrikan) sollte der erste Jagdeinsitzer in einer langen Reihe werden, die Avions Marcel Dassault entwickelte und baute. Die durch eine Rolls-Royce Nene angetriebene Ouragan machte ihren Erstflug am 28. Februar 1949. Drei Prototypen und 14 Vorserienmaschinen wurden anschließend vom Werk und von den französischen Luftstreitkräften auf Herz und Nieren geprüft, um sicher zu gehen, dass die geplante Einführung des Musters bei den Einsatzverbänden Ende 1951 reibungslos und erfolgreich vonstatten ging. Nach 50 Übergangsmodellen MD 450A erhielten die Luftstreitkräfte 300 Exemplare der definitiven MD 450B, die eine weniger schwere Variante des Nene-Triebwerks besaß. 71 weitere MD 450B gingen an die indischen Luftstreitkräfte als Toofanie (Hurrikan), 1971 gefolgt von 33 Exemplaren aus französischen Überschussbeständen. Ausgemusterte MD 450B kaufte 1955/56 auch Israel. Diese Maschinen erlebten während der kommenden fünfzehn Jahre zahlreiche Kampfeinsätze. Die letzten Ouragan, die sich bei der Truppe befanden, waren 18 Stück, die El Salvador aus israelischen Beständen erworben hatte und die bis in die späten achtziger Jahre flogen.

BESCHREIBUNG:

BESATZUNG:
Pilot

ABMESSUNGEN:
Länge: 10,74 m
Spannweite: 13,20 m
Höhe: 4,15 m

MASSEN:
Leermasse: 4150 kg
Max. Startmasse: 6800 kg

LEISTUNGEN:
Höchstgeschwindigkeit: 940 km/h
Reichweite: 1000 km
Antrieb: Hispano-Suiza Nene 104B
Motorleistung: 22 kN

DATUM DES ERSTFLUGS:
28. Februar 1949

BEWAFFNUNG:
Vier starre 20 mm Hispano 404 MK im Bug; Waffenzuladung (Bomben/Raketen) 1000 kg an vier Unterflügel-Aufhängungen

BESONDERE MERKMALE:
Freitragender Tiefdecker; Vollsicht-Abdeckhaube; Flügelendtanks; Dreirad-Fahrwerk; Lufteinlass im Bug

Dassault Mystère IVA FRANKREICH
Einstrahliger Jagdeinsitzer

Im Gegensatz zu der zwischenzeitlichen Mystère II, bei der es sich um eine mit Pfeilflügel abgewandelte Version der Ouragan handelte – die mit dem französischen SNECMA-Atar-Strahltriebwerk ausgestattet nur in kleinen Stückzahlen an die Luftstreitkräfte ging ist der Mystère IV ein brandneues Flugzeug. Rumpf und Leitwerk waren vollkommen neu konstruiert, der Flügel dünner, fester und mehr gepfeilt. Das erste Serienmuster flog im Mai 1954. Zu dieser Zeit war die Konstruktion bereits von der *USAF* ausgiebig getestet und in 225 Exemplaren für ein Übersee-Hilfsprogramm der US-Regierung zur Unterstützung von NATO-Mitgliedern bestellt worden. Weitere 100 dieser Strahlflugzeuge kaufte die französische Regierung. In Frankreich kamen erste Serienmuster Mystère IVA 1955 zu den Frontverbänden und erlebten ein Jahr später scharfe Einsätze im Verlauf der Suez-Krise. Sechzig Mystère wurden 1956 an Israel geliefert. Indien erhielt 1957 110 Stück. Davon waren 67 fabrikneu. Die anderen stammten aus Beständen der französischen Luftstreitkräfte. Von den Israelis und den Indern wurden die Flugzeuge als Jagdbomber eingesetzt.

BESCHREIBUNG:

BESATZUNG:
Pilot

ABMESSUNGEN:
Länge: 12,90 m
Spannweite: 11,10 m
Höhe: 4,40 m

MASSEN:
Leermasse: 5875 kg
Max. Startmasse: 9500 kg

LEISTUNGEN:
Höchstgeschwindigkeit: 1120 km/h
Reichweite: 1320 km
Antrieb: Hispano-Suiza Verdon 350
Motorleistung: 33 kN

DATUM DES ERSTFLUGS:
28. September 1952

BEWAFFNUNG:
Zwei starre 30 mm DEFA 531 MK im Bug; Waffenzuladung (Bomben/Raketen) 908 kg an vier Unterflügel-Aufhängungen

BESONDERE MERKMALE:
Freitragender Tiefdecker; geblasene Abdeckhaube; Dreirad-Fahrwerk; Lufteinlass im Bug

Dassault Super Mystère B2 FRANKREICH

Einstrahliger Jagdeinsitzer

Obwohl sie der Mystère II sehr ähnlich sah, war die Super Mystère B2 eine ganz neue Konstruktion, allerdings mit aerodynamischen Anleihen von der North American F-100 Super Sabre. Dadurch und mit Hilfe des Antriebs, einem Atar 101-Strahltriebwerk mit Nachbrenner, war das Muster als erstes westeuropäisches Jagdflugzeug in der Lage, Überschallgeschwindigkeit im Horizontalflug zu erreichen. Dassault fertigte 144 Stück B2 für die französischen Luftstreitkräfte. Die erste davon wurde im Februar 1957 geliefert. Israel erwarb 1958 36 Exemplare. Diese wurden, wie auch Ouragan und Mystère, während der folgenden fünfzehn Jahre intensiv im Mittleren Osten in Kämpfe verwickelt. Da die Super Mystère B2 mit Sidewinder-Lenkwaffen bestückt und mit Waffenbehältern oder Bomben ausgestattet werden konnte, war sie eine geeignete Plattform für Jagdbombereinsätze. In der Tat schätzten die Israelis das Flugzeug in dieser Rolle so sehr, dass sie das Triebwerk mit Nachbrenner durch eine amerikanische Pratt & Whitney J52-P8A-Turbine ohne Nachverbrennung ersetzten, um die Lebensdauer der Zelle zu verlängern. 18 dieser Maschinen gingen nach Honduras. Sie blieben bis 1989 als letzte B2 im Einsatz.

BESCHREIBUNG:

BESATZUNG:
Pilot

ABMESSUNGEN:
Länge: 12,90 m
Spannweite: 11,10 m
Höhe: 4,40 m

MASSEN:
Leermasse: 5875 kg
Max. Startmasse: 9500 kg

LEISTUNGEN:
Höchstgeschwindigkeit: 1120 km/h
Reichweite: 1320 km
Antrieb: Hispano-Suiza Verdon 350
Motorleistung: 33 kN

DATUM DES ERSTFLUGS:
28. September 1952

BEWAFFNUNG:
Zwei starre 30 mm DEFA 531 MK im Bug; Waffenzuladung (Bomben/Raketen) 908 kg an vier Unterflügel-Aufhängungen

BESONDERE MERKMALE:
Freitragender Tiefdecker; Vollsicht-Abdeckhaube; Dreirad-Fahrwerk; Lufteinlass im Bug

Dassault Mirage III FRANKREICH
Einstrahliger Jagdeinsitzer

Dassault hatte ursprünglich die Absicht mit seiner Mirage I – angetrieben durch zwei kleine britische Viper-Strahltriebwerke – an einer 1952 von den französischen Luftstreitkräften ausgeschriebenen Forderung nach einem leichten Abfangjäger teilzunehmen, fand dann allerdings zum Konzept des schwachmotorigen Leichtbau-Jägers wenig Vertrauen. Deshalb entwarf das Unternehmen die schwerere und größere Mirage III mit einem 39,16 kN leistenden Atar 101G. Als im Mai 1958 das Vorserienmuster der Mirage IIIA erstmals flog, wurde die leistungsstärkere Atar 9-Strahlturbine mit 58,77 kN Standschub verfügbar. Dank dieses Triebwerks, eines dünneren Flügelprofils sowie einer verbesserten Rumpfkontur, war die Mirage IIIA-01 als erstes Flugzeug in Westeuropa in der Lage, im Horizontalflug die zweifache Schallgeschwindigkeit (Mach 2) zu erreichen. In Fertigung ging zuerst die Mirage IIIC als Abfangjäger. 44 Stück davon wurden ab Juli 1961 an die französischen Luftstreitkräfte geliefert. Die vielseitig einsetzbare Mirage IIIE als Jagdbomber war die erfolgreichste. Die Franzosen erhielten 192, die RAAF 98 (Mirage IIIO) und die Schweizer 36 (Mirage IIIS). Über 100 weitere Exemplare gingen an acht Länder.

BESCHREIBUNG:

BESATZUNG:
Pilot

ABMESSUNGEN:
Länge: 15,03 m
Spannweite: 8,22 m
Höhe: 4,50 m

MASSEN:
Leermasse: 7050 kg
Max. Startmasse: 13.700 kg

LEISTUNGEN:
Höchstgeschwindigkeit: 2350 km/h
Reichweite: 1610 km
Antrieb: SNECMA Atar 9C-3
Motorleistung: 60,8 kN

DATUM DES ERSTFLUGS:
17. November 1956

BEWAFFNUNG:
Zwei starre 30 mm DEFA 552A MK im unteren Rumpfbug; Waffenzuladung (Bomben/Raketen/Flugkörper) 4000 kg an vier Unterflügel-Aufhängungen und einer unter dem Rumpf

BESONDERE MERKMALE:
Freitragender Tiefdecker mit Deltaflügel; kein gesondertes Höhenleitwerk; Dreirad-Fahrwerk; Lufteinläufe an den Rumpfseiten hinter dem Führersitz

Dassault Mirage 5 FRANKREICH

Einstrahliger einsitziger Jagdbomber

Im Jahr 1965 fragten die Israelis bei Dassault an, ob sie nicht eine wirtschaftlichere Version der Mirage III für Tagjagd- und Tiefangriffs-Aufgaben bauen könnten, bei der das Cyrano-Radar und die Feuerleit-Elektronik zugunsten von zusätzlichen 50 Litern Kraftstoff und einer erhöhten Bomben-Zuladung entfallen könnten. Die auf diese Weise entstandene Mirage 5, im Mai 1967 erstmals geflogen, unterschied sich von der IIIE durch einen schlankeren und verlängerten radarlosen Bug sowie durch zwei weitere Unterflügel-Aufhängungen für Waffen. Erstbesteller über 50 Maschinen war Israel. Aber ein Embargo-Beschluss des Präsidenten Charles de Gaulle verhinderte deren Auslieferung. Dem israelischen Bespiel folgten 12 weitere Länder. Sie bestellten Mirage 5 in unterschiedlichen Mengen, und als die Produktion Ende der siebziger Jahre auslief, hatte Dassault 525 Stück geliefert. Im Lauf der Entwicklung kam immer wieder mehr elektronische Ausrüstung ins Spiel. Eine Reihe der Kunden kaufte Mirage 5 ausgestattet mit französischen Leichtgewichts-Radar-Geräten. Das jüngste Mitglied der Mirage-III-Familie war die Mirage 50. Sie besaß eine jüngere Version des Atar-Triebwerks und zusätzliche kleine Entenflügel am Bug.

BESCHREIBUNG:

BESATZUNG:
Pilot

ABMESSUNGEN:
Länge: 15,55 m
Spannweite: 8,22 m
Höhe: 4,25 m

MASSEN:
Leermasse: 6600 kg
Max. Startmasse: 13.500 kg

LEISTUNGEN:
Höchstgeschwindigkeit: 2350 km/h
Reichweite: 1610 km
Antrieb: SNECMA Atar 9C-3
Motorleistung: 60,8 kN

DATUM DES ERSTFLUGS:
19. Mai 1967

BEWAFFNUNG:
Zwei starre 30 mm DEFA 552A MK; Waffenzuladung (Bomben/Raketen/Flugkörper) 4200 kg an sechs Unterflügel-Aufhängungen und einer unter dem Rumpf

BESONDERE MERKMALE:
Freitragender Tiefdecker mit Deltaflügel; kein gesondertes Höhenleitwerk; Dreirad-Fahrwerk; Lufteinläufe an den Rumpfseiten hinter dem Führersitz

Dassault Mirage IV FRANKREICH

Zweistrahliger zweisitziger strategischer Bomber/Aufklärer

Die französische Regierung entschied 1954, eigene atomare Abschreckungs-Streitkräfte aufzustellen, dessen luftgestützter Grundbestandteil die Mirage IV werden sollte. Dassault hatte mehrere Entwürfe für einen strategischen Atombomber nach den Richtlinien der französischen Luftstreitkräfte durchgearbeitet, bevor es sich für einen Entwurf Mirage IV entschied, der wie eine vergrößerte Mirage III aussah und durch zwei Atar angetrieben werden sollte. Infolge der nur moderaten Größe des Entwurfs wurde voll auf das Nachbetanken im Flug gesetzt, damit das Flugzeug nach Einsätzen über der Sowjetunion nach Frankreich würde zurückkehren können. Das Muster besaß einen Nachbetankungs-Rüssel am Bug sowie umfangreiche Radareinrichtungen. Hauptwaffe für die Mirage IV war eine 60kT Atombombe, die halb versenkt unter dem Rumpf mitgeführt wurde. Der Prototyp flog am 17. Juni 1959. Nach der Erprobung mit drei Vorserienmodellen wurden 64 Maschinen bestellt und zwischen 1964 und 1968 ausgeliefert. Zwölf davon fanden nach Umbau als Fernaufklärer Verwendung. In den späten achtziger Jahren erhielten 19 Maschinen als Mirage IVP neue Ortungseinrichtungen und Nuklear-Flugkörper. Sie fliegen noch.

BESCHREIBUNG:

BESATZUNG:
Pilot und Navigator

ABMESSUNGEN:
Länge: 23,50 m
Spannweite: 11,85 m
Höhe: 5,40 m

MASSEN:
Leermasse: 14.500 kg
Max. Startmasse: 33.475 kg

LEISTUNGEN:
Höchstgeschwindigkeit: 2340 km/h
Reichweite: 1240 km
Antrieb: Zwei SNECMA Atar 9K-50
Motorleistung: 141,2 kN

DATUM DES ERSTFLUGS:
17. Juni 1959

BEWAFFNUNG:
Eine Freifall-60 kT-Atombombe halbversenkt unter dem Rumpf; weitere Waffenzuladung (Bomben/Flugkörper) 7257 kg an vier Unterflügel-Aufhängungen und einer unter dem Rumpf

BESONDERE MERKMALE:
Freitragender Tiefdecker mit Deltaflügel; kein gesondertes Höhenleitwerk; Dreirad-Fahrwerk; Lufteinläufe an den Rumpfseiten hinter dem Führersitz; zwei Strahlaustritte

Dassault Mirage F1 FRANKREICH

Einstrahliger einsitziger Jagdbomber

Dassault erhielt 1964 den Auftrag der französischen Regierung für einen Allwetter-Abfangjäger. Der Prototyp F1 flog erstmals am 23. Dezember 1966. Dank seines Atar 9K-50 Strahltriebwerks war das Flugzeug leistungsfähiger als die Mirage III und konnte in integrierten Tanks 43 Prozent mehr Kraftstoff mitnehmen, was den Einsatzradius verdoppelte. Weiterhin besaß das Muster eine bessere Wendigkeit, verbessertes Cyrano IV-Radar, eine geringere Anfluggeschwindigkeit und kam mit zwei Dritteln der Startbahnlängen aus. Die F1C war die erste Version, die zu den Verbänden kam. Ab Mai 1973 erhielten die französischen Luftstreitkräfte 100 Exemplare. Vier Jahre später verlagerte sich die Fertigung auf die F2C-200, die einen festen Nachbetankungs-Rüssel erhielt. An Frankreichs Streitkräfte wurden auch 64 Stück F1CR als Aufklärer geliefert. Sie besaßen Kamera- und Infrarot-Ausrüstung sowie zusätzliche Unterrumpf-Aufhängungen. F1 waren auch für ausländische Besteller attraktiv. Die mehr als 100 an den Irak gelieferten sahen intensive Kampfhandlungen, ebenso wie die südafrikanischen F1AZ/CZ in Angola und die Kuwaitischen Mirage F1CK bei der Operation Desert Storm.

BESCHREIBUNG:

BESATZUNG:
Pilot

ABMESSUNGEN:
Länge: 15,00 m
Spannweite: 8,40 m
Höhe: 4,50 m

MASSEN:
Leermasse: 7400 kg
Max. Startmasse: 14.900 kg

LEISTUNGEN:
Höchstgeschwindigkeit: 2335 km/h
Reichweite: 3300 km
Antrieb: SNECMA Atar 9K-50
Motorleistung: 70,8 kN

DATUM DES ERSTFLUGS:
23. Dezember 1966

BEWAFFNUNG:
Zwei starre 30 mm DEFA 553 MK im unteren Rumpfbug; Waffenzuladung (Bomben/Raketen/Flugkörper) 6300 kg an vier Unterflügel- und zwei Flügelspitzen-Aufhängungen sowie einer weiteren unter dem Rumpf

BESONDERE MERKMALE:
Freitragender Schulterdecker mit Pfeilflügel; Dreirad-Fahrwerk; Lufteinläufe an den Rumpfseiten hinter dem Führersitz

Dassault Etendard IVM/P FRANKREICH
Einstrahliger einsitziger Jagdbomber

Die Etendard wurde ursprünglich von Dassault als Wettbewerber für eine 1954 herausgekommene NATO-Ausschreibung für einen Leichtbau-Erdkampfunterstützer entwickelt, der im Unterschallbereich fliegen und von unvorbereiteten Plätzen aus operieren sollte. Nachdem Fiat die Ausschreibung mit ihrer G 91 gewann, vergrößerte Dassault die Konstruktion für die Aufnahme eines Atar 8 Triebwerks. Dieses Muster fand das Interesse der französischen Marine, die nach einem vielseitig verwendbaren Jäger für den Einsatz von ihren Flugzeugträgern aus suchte. Dem Auftrag für einen marinetauglich gemachten Prototyp im Dezember 1956 folgte im Mai 1957 die Bestellung über 5 Vorserienmuter. Der Prototyp absolvierte seinen Jungfernflug am 21. Mai 1958, gefolgt vom ersten Serienflugzeug IV/M sieben Monate später. Die Serienmodelle besaßen faltbare Flügelenden, ein verstärktes Fahrgestell, sich verlängernde Bugrad-Federbeine und Fanghaken. Zwischen 1961 und 1964 wurden 69 Etendard IV/M-Kampf- und 21 IV/P-Aufklärungsflugzeuge für die französische Marine gebaut. Sie operierten von den Flugzeugträgern „Clemenceau" und „Foch" aus, bis 1991 Super Etendard sie ablösten.

BESCHREIBUNG:

BESATZUNG:
Pilot

ABMESSUNGEN:
Länge: 14,40 m
Spannweite: 9,60 m
Höhe: 4,26 m

MASSEN:
Leermasse: 5800 kg
Max. Startmasse: 10.200 kg

LEISTUNGEN:
Höchstgeschwindigkeit: 1099 km/h
Reichweite: 1700 km
Antrieb: SNECMA Atar 8B
Motorleistung: 42,4 kN

DATUM DES ERSTFLUGS:
21. Mai 1958

BEWAFFNUNG:
Zwei starre 30 mm DEFA 552 MK im unteren Rumpfbug; Waffenzuladung (Bomben/Raketen/Flugkörper) 1360 kg an vier Unterflügel-Aufhängungen

BESONDERE MERKMALE:
Freitragender Mitteldecker mit Pfeilflügel; Dreirad-Fahrwerk; Lufteinläufe an den Rumpfseiten hinter dem Führersitz

Daussault/Dornier Alpha Jet FRANKREICH UND DEUTSCHLAND
Zweistrahliges zweisitziges Übungs-/Tiefangriffsflugzeug

Der Alpha Jet war das Produkt einer deutsch-französischen Zusammenarbeit ab Ende der sechziger Jahre, bei der es um die Entwicklung eines Ablösemusters für altgediente Düsenschulflugzeuge wie Lockheed T-33 oder Fouga Magister ging. Die Traditionsfirmen Breguet und Dornier schufen einen gepfeilten Mitteldecker um zwei Turboméca Larzac-Fantriebwerke. Schon bei frühen Entwurfsüberlegungen hatten die Deutschen eine Nahkampfunterstützungsversion gefordert. Im Februar 1972 fiel der Startschuss für die eigentlichen Entwicklungsarbeiten. Der erste (französische) Prototyp flog am 26. Oktober 1973, gefolgt vom zweiten (deutschen) am 9. Januar 1974. Die Auslieferung der 175 von den Franzosen bestellten Alpha Jet E begann 1978, während das erste deutsche Serienmodell im April 1978 seinen Jungfernflug machte. Die Luftwaffe erhielt 175 mit umfangreicher Navigations- und Angriffs-Ausrüstung versehene Alpha Jet A als G 91-Nachfolger. Sie wurden alle – bis auf 35 als Einführungstrainer für die Tornado benutzte – 1993 aus den Verbänden der Luftwaffe abgezogen. 50 der überschüssigen Flugzeuge erhielt Portugal. Neun weitere Länder erhielten ausgemusterte Alpha Jet E/A. Die meisten fliegen noch.

BESCHREIBUNG:

BESATZUNG:
Zwei Piloten hintereinander

ABMESSUNGEN:
Länge: 13,23 m
Spannweite: 9,11 m
Höhe: 4,19 m

MASSEN:
Leermasse: 3515 kg
Max. Startmasse: 8000 kg

LEISTUNGEN:
Höchstgeschwindigkeit: 1000 km/h
Reichweite: 1450 km
Antrieb: Zwei SNECMA/Turboméca Larzac 04-C20
Motorleistung: 28,2 kN

DATUM DES ERSTFLUGS:
26. Oktober 1973

BEWAFFNUNG:
Waffenbehälter mit 30 mm DEFA oder 27 mm Mauser MK unter dem Rumpf; Waffenzuladung (Bomben/Raketen/Flugkörper) 2500 kg an vier Unterflügel-Aufhängungen

BESONDERE MERKMALE:
Freitragender Schulterdecker mit Pfeilflügel; große Abdeckhaube; Dreirad-Fahrwerk; Lufteinläufe an den Rumpfseiten hinter dem Führersitz

De Havilland Vampire   GROSSBRITANNIEN

Einstrahliger ein-/zweisitziger Jäger/Jagdtrainer

Die Vampire war der zweite Düsenjäger, der bei der *RAF* zum Einsatz kam. Er wurde um die kompakte de Havilland Goblin Radialturbine herum entworfen. Da bei den geringen Schubkräften der frühen Strahlturbinen ein weiterer Verlust durch ein langes Schubrohr vermieden werden sollte, kam es zu der Lösung mit zwei Leitwerksträgern, bei der das Triebwerk in einer kurzen zentralen Gondel untergebracht werden konnte. Die Anordnung bewährte sich, denn der Prototyp der Vampire wurde der erste alliierte Jäger, der eine Geschwindigkeit von über 800 km/h erreichte. Anschließend wurde die Vampire in zahlreichen Varianten gebaut. Sie kam als Jagdbomber heraus und als Nachtjäger (mit zwei Sitzen und einem Suchradar im Bug). Aus dem Nachtjäger wurde ein erfolgreicher Strahltrainer mit nebeneinander liegenden Sitzen abgeleitet. Er war das erste Düsenschulflugzeug der *Royal Air Force*, und seit seiner Einführung beim *RAF Flying Training Command* erzielten viele Piloten ihre ersten „Schwingen" auf dem Muster. Zu den über 1500 Vampire, die für die *RAF* gebaut wurden, kamen noch die Varianten, die bei der *Fleet Air Arm* flogen und die sehr große Anzahl an Exportmodellen.

BESCHREIBUNG:

BESATZUNG:
Pilot oder zwei Piloten oder Pilot und Navigator nebeneinander

ABMESSUNGEN:
Länge: 10,51 m
Spannweite: 11,59 m
Höhe: 1,88 m

MASSEN:
Leermasse: 3347 kg
Max. Startmasse: 5060 kg

LEISTUNGEN:
Höchstgeschwindigkeit: 866 km/h
Reichweite: 1370 km
Antrieb: De Havilland Goblin 35
Motorleistung: 15,57 kN

DATUM DES ERSTFLUGS:
20. September 1943

BEWAFFNUNG:
Vier starre 20 mm Hispano MK im Bug; Waffenzuladung (Bomben/Raketen) 908 kg an zwei Unterflügel-Aufhängungen

BESONDERE MERKMALE:
Freitragender Mitteldecker; zwei Leitwerksträger mit doppeltem Seitenleitwerk; Vollsicht-Abdeckhaube; Dreirad-Fahrwerk

De Havilland Venom/Sea Venom GROSSBRITANNIEN

Einstrahliger ein-/zweisitziger Jagdbomber/Nachtjäger

Als Nachfolger der DH 100 Vampire erhielt die DH 112 Venom einen dünneren Flügel und eine leistungsstärkere Ghost-Strahlturbine. De Havilland verbesserte den Flügel für die Neukonstruktion, indem sie ihm leichte Pfeilform gab und mit Rohrleitungen für mögliche Flügelend-Kraftstofftanks versah. Die ersten von 375 bestellten Venom FB 1 kamen 1951 zum Einsatz. Sie wurden durch Venom FB 4 abgelöst, die ein abgeflachtes aber vergrößertes Seitenleitwerk, kraftverstärkte Querruder, stärkere Ghost 105-Triebwerke und Aufhängungen für zwei Unterflügel-Kraftstoffbehälter besaßen. Etwa 150 wurden ab Mai 1954 an die RAF geliefert. Export-Erfolge stellten sich mit dem Nachbau von 100 FB 1 und 150 FB 4 durch die schweizerischen EFW (Eidgenössische Flugzeugwerke Altenrhein) für die Schweizer Fliegertruppe ein. Varianten als Nachtjäger wurden ebenfalls entwickelt. Die 90 gefertigten Venom NF 2 lösten zusammen mit 129 NF 3 von 1953 an die Vampire NF 10 ab. Schließlich erwarb die *Fleet Air Arm* 217 Exemplare der für die Marine abgewandelten Versionen Sea Venom FAW 20 und 21. Sie besaßen im Gegensatz zur Venom einen Fanghaken, ein verstärktes Fahrwerk und Faltflügel.

BESCHREIBUNG:

BESATZUNG:
Pilot oder Pilot und Navigator nebeneinander

ABMESSUNGEN:
Länge: 11,21 m
Spannweite: 12,80 m
Höhe: 2,59 m

MASSEN:
Leermasse: 4000 kg
Max. Startmasse: 7167 kg

LEISTUNGEN:
Höchstgeschwindigkeit: 950 km/h
Reichweite: 1610 km
Antrieb: De Havilland Ghost 104
Motorleistung: 21,9 kN

DATUM DES ERSTFLUGS:
22. August 1950

BEWAFFNUNG:
Vier starre 20 mm Hispano Mk 5 MK im Bug; Waffenzuladung (Bomben/Raketen/Flugkörper) 908 kg an zwei Unterflügel-Aufhängungen

BESONDERE MERKMALE:
Freitragender Mitteldecker; zwei Leitwerksträger mit doppeltem Seitenleitwerk; Vollsicht-Abdeckhaube; Dreirad-Fahrwerk; Flügelendtanks

De Havilland Sea Vixen GROSSBRITANNIEN

Zweistrahliger zweisitziger Jagdbomber

Die Sea Vixen wurde nach einer gemeinsamen Anforderung von Luftfahrtministerium und Admiralität für einen Nachtjäger von de Havilland als ihre Antwort eingereicht. Obwohl auch für dieses Muster die vertraute und erprobte Bauform mit einer zentralen Gondel für Besatzung und Triebwerke und zwei Leitwerksträgern gewählt worden war, konnten Flügel und Seitenleitwerk scharf gepfeilt werden. Ein weiteres Attribut der Ganzmetall-Konstruktion waren die kraftverstärkten Ruder. Der erste von zwei Prototypen flog am 26. September 1951. Die ersten Flugversuche erwiesen die Brauchbarkeit des Musters, aber das Auseinanderbrechen des Flugzeugs bei einer Demonstration auf der Flugschau 1952 in Farnborough verzögerte die Entwicklung in einem solchen Ausmaß, dass erst sechs Jahre später, im November 1958, die ersten Serienmaschinen Sea Vixen FAW 1 ihren Dienst bei der *Royal Navy* aufnehmen konnten. Wenn auch nicht so überragend wie ursprünglich gepriesen, erwies sich die Sea Vixen als ein beachtlicher Allwetter-Abfangjäger, besonders als Luft-zu-Luft-Lenkwaffen verfügbar wurden. Die FAW 1 wurde im Oktober 1962 durch FWA 2 abgelöst. Sie blieb bis 1971 im Einsatz bei der Flotte.

BESCHREIBUNG:

BESATZUNG:
Pilot und Navigator hintereinander

ABMESSUNGEN:
Länge: 17,00 m
Spannweite: 15,24 m
Höhe: 3,30 m

MASSEN:
Leermasse: 9979 kg
Max. Startmasse: 16.329 kg

LEISTUNGEN:
Höchstgeschwindigkeit: 1050 km/h
Reichweite: 1280 km
Antrieb: Zwei Rolls-Royce Avon 208
Motorleistung: 104 kN

DATUM DES ERSTFLUGS:
26. September 1951

BEWAFFNUNG:
Vier Red Top- oder Firestreak-Flugkörper an vier inneren sowie bis zu 454 kg Bomben/Flugkörper an zwei äußeren Unterflügel-Aufhängungen

BESONDERE MERKMALE:
Freitragender Mitteldecker mit Pfeilflügel; zwei Leitwerksträger mit doppeltem Seitenleitwerk; Vollsicht-Abdeckhaube; Dreirad-Fahrwerk; hoch liegendes Höhenleitwerk

De Havilland Devon/Sea Devon GROSSBRITANNIEN
Zweimotoriges mehrsitziges Transportflugzeug

Das erste Nachkriegsprodukt, das von der Firma de Havilland nach dem Krieg in Serie gebaut wurde, war die zweimotorige Dove, die als Ersatz für den Vorkriegs-Doppeldecker Dragon Rapide herausgekommen war. Der Verkauf lief schleppend, bis die RAF es 1948 als Verbindungsflugzeug für Generalstäbe in Auftrag gab. Die Devon C 1, die erste militärische Version, war aus der Dove 4 abgeleitet und kam zur 31. Staffel nach Hendon. Während eines Fertigungs-Zeitraums zwischen 1945 und 1968 wurden 544 Dove in acht verschiedenen Serienausführungen gebaut – wobei die Hauptdifferenzen meist in den eingebauten Varianten der Gipsy Queen-Triebwerke lagen, die unterschiedliche Leistungen aufwiesen. Neben den beiden von der RAF eingesetzten Versionen Devon C 1 (Gipsy Queen 71) und Devon C 2 (Gipsy Queen 175) operierte auch die *Royal Navy* mit einer kleinen Anzahl dieser Maschinen, die als „Admirals-Barken" unter der offiziellen Bezeichnung Sea Devon C 20 bis in die siebziger Jahre im Dienst blieben. Dove fanden Eingang auch bei den Luftstreitkräften von Äthiopien, Indien, Irland, Jordanien, Malaysia, Paraguay, Sri Lanka und dem Libanon. Indien und Neuseeland dagegen benutzten Devon.

BESCHREIBUNG:

BESATZUNG:
Pilot, Copilot und bis zu 11 Passagiere

ABMESSUNGEN:
Länge: 11,99 m
Spannweite: 17,37 m
Höhe: 4,06 m

MASSEN:
Leermasse: 2985 kg
Max. Startmasse: 4060 kg

LEISTUNGEN:
Höchstgeschwindigkeit: 338 km/h
Reichweite: 1415 km mit maximalem Kraftstoff
Antrieb: Zwei de Havilland Gipsy Queen 70-3
Motorleistung: 800 PS (596 kW)

DATUM DES ERSTFLUGS:
25. September 1945

BESONDERE MERKMALE:
Freitragender Tiefdecker; zwei verkleidete Reihenmotoren; einziehbares Dreirad-Fahrwerk

De Havilland Canada DHC-1 Chipmunk Kanada/UK
Einmotoriges zweisitziges Anfänger-Schulflugzeug

Die Chipmunk war das erste bei der Firma de Havilland Canada konstruierte Flugzeug und dazu konzipiert, die de Havilland Tiger Moth aus der Rolle des Anfänger-Schulflugzeugs zu verdrängen. Die *RCAF* bestellte eine Serie dieser Flugzeuge mit Gipsy Major 8 Triebwerk als Chipmunk C 1. De Havilland Canada baute 218 für die kanadischen Streitkräfte und weitere militärische für Ägypten, Chile und Thailand. Mit dem Einbau des Gipsy Major 10 änderte sich die Bezeichnung in C 2. Nach der Flugerprobung in Großbritannien wurde vom *Air Ministry* die Ausschreibung 8/48 herausgegeben, um 735 Exemplare der Chipmunk beschaffen zu können. Sie fanden Eingang bei fast allen Schuleinheiten der *RAF*. Die voll kunstflugtauglichen britischen Chipmunk mit der Bezeichnung T 10 unterschieden sich von den kanadischen durch eine eckigere, mehrsprossige Abdeck-Schiebhaube anstelle der einteilig geblasenen. Chipmunk C 10 wurden durch Gipsy Major 8 angetrieben und blieben bis 1996 im Dienst von *RAF* und *Army Air Corps*. Auch die *Fleet Air Arm* flog mit dem Muster. Das britische de Havilland-Stammwerk baute weitere 217 Stück für den Export. Weitere 60 wurden bei der portugiesischen OGMA unter Lizenz gebaut.

BESCHREIBUNG:

Besatzung:
Zwei Piloten hintereinander

Abmessungen:
Länge: 7,75 m
Spannweite: 10,45 m
Höhe: 2,13 m

Massen:
Leermasse: 646 kg
Max. Startmasse: 914 kg

Leistungen:
Höchstgeschwindigkeit: 222 km/h
Reichweite: 451 km
Antrieb: de Havilland Gipsy Major 8 oder 10
Motorleistung: 145 PS (108 kW)

Datum des Erstflugs:
22. Mai 1946

Besondere Merkmale:
Freitragender Tiefdecker; verkleideter Reihenmotor; festes Fahrgestell

De Havilland Canada DHC-2 Beaver KANADA

Einmotoriges achtsitziges Mehrzweck-Transportflugzeug

Das erste einer ganzen Reihe von DHC-„Busch"-Flugzeugen wurde die Beaver, ein robustes, zuverlässiges, überall einsetzbares Flugzeug, das trotz seiner hohen Nutzlastkapazität ausgesprochene Kurzstart- und -Landeeigenschaften (STOL) besaß. Der ganz große Durchbruch für die Beaver kam 1951, als sie nach einer gemeinsamen *US Army/Air Force*-Forderung für ein Verbindungsflugzeug als das am besten geeignete ausgewählt worden war. Als der Serienauftrag 1960 auslief, hatten 968 Exemplare als L-20A Beaver die kanadischen Werkshallen verlassen. Der größte Anteil – mehr als drei Viertel – ging an die *Army*. Die Beaver war als Einsatzflugzeug sehr beliebt. Sie nahm im Korea- und im Vietnam-Krieg an Kampfhandlungen teil. 1962 in U-6A umbenannt, blieben Beaver bei *Army* und *Air Force* bis in die siebziger Jahre im Gebrauch. Zu den Ländern wie Chile und Kolumbien, die Beaver importierten, gehörte auch Großbritannien, das 46 Stück als Beaver AL 1 für das *Army Air Corps* erwarb. Die meisten der Maschinen sind ausgemustert. In Kolumbien sollen noch einige im Einsatz sein, und die *US Navy* unterhält drei Exemplare bei ihrer *Test Pilot's School*. Insgesamt 1691 Beaver wurden gebaut.

BESCHREIBUNG:

BESATZUNG:
Pilot und bis zu 7 Passagiere

ABMESSUNGEN:
Länge: 9,24 m
Spannweite: 14,64 m
Höhe: 2,75 m

MASSEN:
Leermasse: 1293 kg
Max. Startmasse: 2313 kg

LEISTUNGEN:
Höchstgeschwindigkeit: 225 km/h
Reichweite: 1252 km mit maximalem Kraftstoff
Antrieb: Pratt & Whitney R-985-AN Wasp Junior
Motorleistung: 450 PS (336 kW)

DATUM DES ERSTFLUGS:
August 1947

BESONDERE MERKMALE:
Abgestrebter Hochdecker; verkleideter Sternmotor; festes Fahrgestell

De Havilland Canada DHC-4 Caribou KANADA

Zweimotoriger mehrsitziger taktischer Transporter

Die DHC-4 Caribou wurde entwickelt, um Transportkapazitäten der großen Douglas C-47 mit den STOL-Eigenschaften der kleinen DHC-1 Beaver zu kombinieren. Dafür erhielt sie einen weit spannenden Knickflügel großer Streckung und Doppelschlitz-Landeklappen über die ganze Spannweite. Die Caribou versprach Robustheit sowie Agilität zugleich, und ihre STOL-Eigenschaften schienen unschlagbar. Deswegen entschied sich die *US Army*, noch bevor der Prototyp überhaupt geflogen war, für den Erwerb von fünf Versuchsflugzeugen. Die glänzend verlaufenden Eignungstests führten zu einer Bestellung von 159 Exemplaren (von 304 insgesamt gebauten). Als Caribou 1961 bei der *Army* in Dienst gestellt wurden, waren sie deren größte Starrflügelflugzeuge. Sie konnten 32 voll ausgerüstete Soldaten befördern bzw. 26 Fallschirmjäger oder 22 Verwundete auf Bahren. Sie waren imstande, mit zwei voll beladenen Jeeps oder 3 Tonnen Fracht auf entlegenen Frontflugplätzen zu landen. Solche Einsätze fanden im Vietnam-Krieg zusammen mit Caribou der *RAAF* statt. Als 1967 die Verantwortung für alle Starrflügler an die *USAF* überging, wurden Caribou C-7A genannt. Sie blieben bis in die späten Siebziger im Einsatz.

BESCHREIBUNG:

BESATZUNG:
Pilot, Copilot, Belade-Überwacher und bis zu 32 Passagiere

ABMESSUNGEN:
Länge: 22,13 m
Spannweite: 29,15 m
Höhe: 9,70 m

MASSEN:
Leermasse: 8283 kg
Max. Startmasse: 14.197 kg

LEISTUNGEN:
Höchstgeschwindigkeit: 347 km/h
Reichweite: 2103 km
Antrieb: Zwei Pratt & Whitney R-2000-7M2 Twin Wasp
Motorleistung: 2900 PS (2162 kW)

DATUM DES ERSTFLUGS:
30. Juli 1958

BESONDERE MERKMALE:
Freitragender Schulterdecker; hochgezogenes Biber-Heck; zwei verkleidete Sternmotoren; einziehbares Dreirad-Fahrwerk

Douglas A-1 Skyraider USA

Einmotorige ein- bis dreisitzige Tiefangriffsflugzeuge

Auf den guten Ruf vorhergehender Douglas-Tiefangriffsflugzeuge aufbauend wurde die A-1 zuerst Dauntless II genannt. Zu dieser Zeit war noch nicht abzusehen, dass das Flugzeug alle Rekorde an Langlebigkeit brechen würde, was den Fronteinsatz von mit Kolbenmotor angetriebenen Tiefangriffsflugzeugen anging. Doch das Muster erwies sich seines frühen Spitznamens „Der Furchtlose" würdig, denn es agierte als unermüdliches und unverwüstliches „Arbeitspferd". Der Erfolg der Skyraider war zu gleichen Teilen seinem Triebwerk – einem Wright R-3350 Cyclone 18 – und seiner Zelle zuzuschreiben. Für einen Einsatz im Zweiten Weltkrieg kam das Muster zu spät – der Prototyp flog erst im April 1945. Nach Kampfeinsätzen im Korea-Krieg und nach dem Erscheinen von Nachfolgemustern mit Propellerturbinen- (Skyshark) oder sogar reinem Strahlturbinen-Antrieb (Skyhawk) veraltete die Skyraider ziemlich schnell und ihr Aus bei der Truppe wurde zum Ende der Fünfziger gesehen. Doch der Vietnam-Krieg gab der A-1 eine neue Chance – und zwar so sehr, dass von 1964 an sowohl die *US Air Force* als auch die südvietnamesischen Luftstreitkräfte A-1 aus den Beständen der Marine einsetzten. Bei der *Navy* blieben sie bis April 1968.

BESCHREIBUNG:

BESATZUNG:
Pilot oder Pilot und drei Radar-Beobachter

ABMESSUNGEN:
Länge: 12,19 m
Spannweite: 15,47 m
Höhe: 4,83 m

MASSEN:
Leermasse: 5585 kg
Max. Startmasse: 11.340 kg

LEISTUNGEN:
Höchstgeschwindigkeit: 501 km/h
Reichweite: 4828 km
Antrieb: Wright R-3350-26W oder R-3350-26WB
Motorleistung: 3020 PS (2252 kW) oder 3050 PS (2271 kW)

DATUM DES ERSTFLUGS:
18. März 1945

BEWAFFNUNG:
Vier 20-mm-MK im Flügel; Waffenzuladung (Bomben/Torpedos/Raketen) 3630 kg an 14 Unterflügel-Aufhängungen und einer unter dem Rumpf

BESONDERE MERKMALE:
Freitragender Tiefdecker; verkleideter Sternmotor; Einziehfahrwerk; Vollsicht-Abdeckhaube, Fanghaken

Douglas A-3 Skywarrior USA
Zweistrahliges siebensitziges Bomben-/Störflugzeug

Die Skywarrior war der erste strategische Bomber, der vom Deck eines Flugzeugträgers aus starten konnte. Seine Auslegung war auf der einen Seite durch die vorausgesagten Abmessungen zukünftiger Atombomben bestimmt worden, und zum anderen durch Abmessungen und Platzverhältnisse der neuen Superträger der „Forrestal"-Klasse. Das Muster besaß einen großen Bombenschacht, Radar-Zieleinrichtungen und einen ferngesteuerten Aero-21B-Heckstand. Douglas wurde verpflichtet, 280 Skywarrior zu bauen. Die letzte verließ im Januar 1961 das Werk Für eine Dekade übernahmen A-3 die Rolle des Bombers. Hierin wurden sie ab Mitte der Sechziger durch die wendigere Grumman A-6 Intruder abgelöst, die mehr Überlebenschancen besaß. Trotzdem sollte die Skywarrior noch 25 Jahre im Dienst bleiben. Dank ihrer Größe eignete sie sich für eine Reihe von weiteren Aufgaben, so als Luftbetankungsflugzeug (KA-3B), als Aufklärer (RA-3B), als Radar- und Navigationstrainer (TA-3B) und als Elektronik-Störflugzeug (EA-3B). Von den Decks der Flugzeugträger verschwanden sie Ende der achtziger Jahre. Von Flugplätzen aus konnten einige Skywarrior noch 1991 bei der Aktion Desert Storm dabei sein.

BESCHREIBUNG:

BESATZUNG:
Pilot, Copilot, Bombenschütze und vier System-Überwacher

ABMESSUNGEN:
Länge: 23,35 m
Spannweite: 22,10 m
Höhe: 7,13 m

MASSEN:
Leermasse: 18.685 kg
Max. Startmasse: 35.380 kg

LEISTUNGEN:
Höchstgeschwindigkeit: 1032 km/h
Reichweite: 2057 km
Antrieb: Zwei Pratt & Whitney J57-10
Motorleistung: 95 kN

DATUM DES ERSTFLUGS:
28. Juni 1954

BEWAFFNUNG:
Ferngesteuerte 20-mm-MK im Heckstand; Bombenzuladung 6804 kg im Bombenschacht

BESONDERE MERKMALE:
Freitragender Schulterdecker mit Pfeilflügel; einziehbares Dreirad-Fahrwerk; Triebwerke in zwei Gondeln unter dem Flügel

Douglas B-66 Destroyer USA

Zweistrahliges siebensitziges Bomben-/Störflugzeug

Die B-66, von dem kalifornischen Douglas-Werk in San Diego entwickelt, startete ihr Leben als maßgeschneidert verbesserte Skywarrior nach einer Tiefangriffsbomber-Ausschreibung der USAF. Doch obwohl sehr ähnlich aussehend, besaß die Destroyer kaum ein Zellenteil, das identisch mit dem der A-3 gewesen wäre. Deshalb war die B-66 sehr kostenintensiv, sowohl was Konstruktion als auch die Unterhaltung anbetraf. Von dem als taktischer Aufklärer/Atombombenträger konzipierten Muster erhielt die USAF 145 Stück RB-66B für ihr *Tactical Air Command*, gefolgt von 72 Exemplaren der Version B-66B als Bomber. Die Einsatzzeit als Aufklärer war nur kurz. Dagegen hatte die elektronisch aufgerüstete RB-66B mehr Erfolg. Bei ihr war der Bombenschacht früherer Versionen durch eine druckbelüftete Abteilung für die Aufnahme von Geräten (EW) für die elektronische Kriegsführung ersetzt worden. Etwa drei Dutzend RB-66C wurden für die USAF gebaut und ungefähr die gleiche Anzahl WB-66D für die Wetteraufklärung. Mit Destroyer fanden umfangreiche Kampfeinsätze während des Vietnam-Krieges statt. Dafür wurden EB-66C/E verwendet – für elektronische Störmaßnahmen umgerüstete B-/RB-66.

BESCHREIBUNG:

BESATZUNG:
Pilot, Copilot, Bombenschütze und vier System-Überwacher

ABMESSUNGEN:
Länge: 22,90 m
Spannweite: 22,10 m
Höhe: 7,19 m

MASSEN:
Leermasse: 20.308 kg
Max. Startmasse: 34.912 kg

LEISTUNGEN:
Höchstgeschwindigkeit: 1127 km/h
Reichweite: 3275 km
Antrieb: Zwei Allison J71-13
Motorleistung: 111,17 kN

DATUM DES ERSTFLUGS:
28. Oktober 1952

BEWAFFNUNG:
Ferngesteuerte 20 mm MK im Heckstand; Bombenzuladung 5443 kg im Bombenschacht

BESONDERE MERKMALE:
Freitragender Schulterdecker mit Pfeilflügel; einziehbares Dreirad-Fahrwerk; Fanghaken; zwei Triebwerke in Gondeln unter dem Flügel

Douglas A-4 Skyhawk USA
Einstrahliges ein-/zweisitziges Schlacht-/Fortgeschrittenen-Übungsflugzeug

Mit der A-4 Skyhawk wurde dem Trend entgegen gearbeitet, dass Kampfflugzeuge immer größer und schwerer werden müssen. Als die Douglas A-4 Anfang der fünfziger Jahre herauskam, besaß sie nur die Hälfte der spezifischen Masse (13.600 kg), die die *US Navy* für eine neues, strahlgetriebenes Schlachtflugzeug zur Bedingung gemacht hatte. Aber es stellte sich heraus, dass die leichte Skyhawk in der Lage war, alle geforderten Aufgaben zu erfüllen. Die ersten A-4 – zu dieser Zeit noch A4D-1 genannt – kamen im Oktober 1956 zur Marine, und während des Vietnam-Krieges besaßen alle auf den Trägern stationierten Einheiten mindestens zwei Staffeln mit Skyhawk. Die Masse (und die militärische Zuladung) erhöhte sich mit jeder der neuen B-, C- oder E-Versionen, und Skyhawk gehörten immer zum Gepäck von *Navy* und *Marine Corps*. Auch als Exportmodell war das Muster beliebt. In größeren Stückzahlen gingen Skyhawk nach Indonesien, Australien, Malaysia, Singapur, Neuseeland, Israel und Argentinien. 1965 baute Douglas noch 555 Doppelsitzer TA-4 für eigene Marineverbände und Überseekunden. 2405 Skyhawks wurden zwischen 1954 und 1997 gebaut. Einige davon stehen noch im Einsatz.

BESCHREIBUNG:

BESATZUNG:
Pilot oder zwei Piloten hintereinander

ABMESSUNGEN:
Länge: 12,04 m
Spannweite: 8,38 m
Höhe: 4,57 m

MASSEN:
Leermasse: 4211 kg
Max. Startmasse: 9979 kg

LEISTUNGEN:
Höchstgeschwindigkeit: 1088 km/h
Reichweite: 1480 km
Antrieb: Wright J65-16A (A-4B/C) oder Pratt & Whitney J52-P-8A (TA-4j)
Motorleistung: 33,8 kN oder 41,4 kN

DATUM DES ERSTFLUGS:
22. Juni 1954

BEWAFFNUNG:
Zwei starre 20 mm Mk 12 MK in den Flügelwurzeln; Waffenzuladung (Bomben/Raketen/Flugkörper) 4153 kg an vier Unterflügel-Aufhängungen und einer unter dem Rumpf

BESONDERE MERKMALE:
Freitragender Tiefdecker mit Deltaflügel; Vollsicht-Abdeckhaube; Fanghaken; Lufteinläufe an den Rumpfseiten

Douglas R4D-8/C-117 USA
Zweimotoriger mehrsitziger Transporter

Der Hersteller Douglas nannte das Muster Super-DC-3, denn es war in der Tat eine verbesserte DC-3, jenes zweimotorigen Klassikers, der in den dreißiger Jahren den zivilen Luftverkehr und den militärischen Lufttransport revolutionierte. Douglas war auf die Idee gekommen, als DC-3-Ersatz keine neue Konstruktion zu kreieren, sondern das bewährte Modell für höhere Leistungen zu verbessern. Dazu gehörten neue Außenflügel mit mehr Pfeilung und weniger abgerundeten Flügelenden, eckigere Leitwerksumrisse und komplett einziehbare Haupträder. Ausgestattet mit stärkeren Wright Cyclone-Triebwerken anstelle der Twin Wasp in der DC-3 ging das Muster auf eine umfassende Verkaufstour, fand aber nur wenig Kaufinteresse. Dessen ungeachtet bestellte die *US Navy* 100 Exemplare als R4D-8, nahm davon aber nur 17 fabrikneue Maschinen ab. Die restlichen wurden aus vorhandenen R4D-Versionen (der DC-3) umgebaut. Zu einem Großreihenbau der Super-DC-3 kam es nicht. Die militärischen Muster erhielten 1962 die neue Bezeichnung C-117D. Sie wurden entweder zur Beförderung von Fracht eingesetzt oder zum Transport prominenter Persönlichkeiten (VIPs).

BESCHREIBUNG:

BESATZUNG:
Pilot, Copilot, Navigator und 38 Passagiere

ABMESSUNGEN:
Länge: 21,67 m
Spannweite: 28,34 m
Höhe: 5,51 m

MASSEN:
Leermasse: 9738 kg
Max. Startmasse: 13.834 kg

LEISTUNGEN:
Höchstgeschwindigkeit: 432 km/h
Reichweite: 3420 km
Antrieb: Zwei Wright R-1820-80 Cyclone
Motorleistung: 3070 PS (2290 kW)

DATUM DES ERSTFLUGS:
Juni 1949

BESONDERE MERKMALE:
Freitragender Tiefdecker mit leichter Pfeilform; zwei verkleidete Sternmotoren; hohes Seitenleitwerk; Einziehfahrwerk

Douglas R6D/C-118 Liftmaster USA
Viermotoriger mehrsitziger Transporter

Die C-118 war das Endergebnis einer Forderung der *USAAF* nach einem Nachfolger der C-54 Skymaster. Das Flugzeug sollte nicht nur größere Zuladung besitzen und bessere Gesamtleistungen aufweisen, sondern auch – und das war die Hauptforderung – eine Druckkabine besitzen, die das Reisen in größeren Höhen oberhalb schlechten Wetters erlaubte. Unter der Bezeichnung XC-112A machte der Prototyp im Februar 1946 seinen Erstflug. Doch mit dem Ende des Zweiten Weltkriegs verlor die *Air Force* ihr Interesse an dem Flugzeug, das nun zum zivilen Verkehrsflugzeug DC-6 weiterentwickelt wurde. Sie war eigentlich eine vergrößerte C-54 (DC-4). Von dem Ausgangsmuster wurden Flügel- und Rumpfstrukturen entlehnt, wenn auch bei den späteren DC-6A- und B-Modellen der Rumpf um 3,65 m länger war. Die erste vom Militär übernommene DC-6 war die 26. gebaute Maschine aus der Serie. Die *USAAF* bestellte sie 1947 als Regierungsflugzeug für den damaligen Präsidenten Harry S. Truman unter der Bezeichnung C-118. Sie war der Anstoß für weitere Aufträge: Die *Air Force* kaufte 101 C-118A und die *Navy* 65 R6D-1, die 1962 in C-118B umbenannt wurden, für den Transport von Personal oder Nachschubgütern.

BESCHREIBUNG:

BESATZUNG:
Pilot, Copilot, Navigator, Flugingenieur und 74 Passagiere

ABMESSUNGEN:
Länge: 32,21 m
Spannweite: 35,81 m
Höhe: 8,77 m

MASSEN:
Leermasse: 22.574 kg
Max. Startmasse: 48.535 kg

LEISTUNGEN:
Höchstgeschwindigkeit: 504 km/h
Reichweite: 7552 km
Antrieb: Vier Pratt & Whitney R-2800-52W
Motorleistung: 10.000 PS (7457 kW)

DATUM DES ERSTFLUGS:
15. Februar 1946

BESONDERE MERKMALE:
Freitragender Tiefdecker; Dreirad-Fahrwerk; vier verkleidete Sternmotoren; hohes Seitenleitwerk

Douglas C-124 Globemaster USA

Viermotoriger mehrsitziger strategischer Transporter

Douglas wurde 1942 beauftragt, auf der Basis des zivilen viermotorigen Verkehrsflugzeuges DC-4 ein großes Transportflugzeug zu schaffen. Unter der Bezeichnung XC-74 flog der Prototyp erstmals am 3. September 1945. Mit Kriegsende kühlte sich das Interesse der Militärs ab, und der ursprüngliche Großauftrag wurde bis auf 14 Maschinen (bis 1947 ausgeliefert) gestrichen, aber die Aufmerksamkeit der zivilen Luftverkehrsgesellschaften stieg. Pan American orderte 26 Maschinen für den Atlantikverkehr. Sie besaßen, da sie mit einer Druckkabine ausgestattet werden sollten, kreisrunden Rumpfquerschnitt. Als Pan Am den Auftrag stornierte, forderte das Militär eine Umkonstruktion, und zwar der großen Beladetore wegen ohne Druckbelüftung und mit einem abgeänderten Rumpfquerschnitt, der den doppelten Inhalt des bisherigen besitzen sollte. Der untere Bugbereich des wesentlich erhöhten Rumpfes erhielt nun muschelartige Klapptore für das Beladen mit Fahrzeugen und sperriger Fracht. Der als YC-124 umbenannte Prototyp flog erstmals im November 1949 und erreichte die USAF im Mai 1950. Insgesamt 204 C-124A und 243 C-124C wurden gebaut. Die Globemaster blieben bis in die siebziger Jahre im Einsatz.

BESCHREIBUNG:

BESATZUNG:
Pilot, Copilot, Navigator, Flugingenieur, Belade-Überwacher und bis zu 200 Passagiere

ABMESSUNGEN:
Länge: 39,75 m
Spannweite: 53,08 m
Höhe: 14,70 m

MASSEN:
Leermasse: 45.887 kg
Max. Startmasse: 88.223 kg

LEISTUNGEN:
Höchstgeschwindigkeit: 489 km/h
Reichweite: 10.975 km
Antrieb: Vier Pratt & Whitney R-4360-20WA
Motorleistung: 14.000 PS (10440 kW)

DATUM DES ERSTFLUGS:
17. November 1949 (YC-124)

BESONDERE MERKMALE:
Freitragender Tiefdecker; Dreirad-Fahrgestell; vier verkleidete Sternmotoren; hohes Seitenleitwerk; Doppeldeck-Rumpf; Muschelschalenförmige Beladetore im Bug

Douglas C-133 Cargomaster USA

Viermotoriger vier-/fünfsitziger schwerer logistischer Transporter

Die C-133 wurde von Douglas nach einer USAF-Anforderung für einen strategischen Transporter in Angriff genommen. Sie sollte in der Lage sein, sperrige Güter, die für die Standardtransporter Lockheed C-130 und Douglas C-124 zu groß waren, zu befördern. Als C-133A Cargomaster wurde sie vom Reißbrett weg bestellt. Das erste Serienmodell fungierte gleichzeitig als Prototyp. In ihrem druckbelüfteten Rumpf mit kreisrundem Querschnitt und großen hinteren Beladetüren war sie in der Lage, komplette Exemplare der neu entwickelten Atlas- und Titan-Interkontinentalraketen zu befördern. Die erste von 35 von der USAF bestellten C-133A wurde im August 1957 geliefert, gefolgt von 15 C-133B ab 1959. Diese besaßen eine stärkere Variante der T34-Propellerturbinen und ein umgewandeltes Rumpfheck mit muschelförmigen Beladetüren. Es wurde geschätzt, dass 96 Prozent aller US-militärischen Güter mit Cargomaster transportiert werden konnten. Dieser Wert wurde Mitte der Sechziger propagiert, um für den Einsatz in Südvietnam zu werben. Die 1969 eingeführten C-5 Galaxy entlasteten C-133 bei ihren Schwersttransporten. Letztendlich wurden sie bis 1979 auch durch den Lockheed-Transporter abgelöst.

BESCHREIBUNG:

BESATZUNG:
Pilot, Copilot, Navigator, zwei Flugingenieure und ein Belade-Überwacher

ABMESSUNGEN:
Länge: 48,02 m
Spannweite: 54,75 m
Höhe: 14,70 m

MASSEN:
Leermasse: 54.550 kg
Max. Startmasse: 129.727 kg

LEISTUNGEN:
Höchstgeschwindigkeit: 578 km/h
Reichweite: 6920 km
Antrieb: Vier Pratt & Whitney T34-7 (C-133A) oder T34-9W (C-133B) Motorleistung: 28.000 Wellen-PS (20.879 kW) oder 30.000 Wellen-PS (22.368 kW)

DATUM DES ERSTFLUGS:
23. April 1956

BESONDERE MERKMALE:
Freitragender Schulterdecker; Dreirad-Fahrgestell; vier Propellerturbinen; hohes Seitenleitwerk; Frachttüren unter dem Heck

Douglas F3D Skynight USA
Zweistrahliges zweisitziges Jagdflugzeug

Am 3. April 1946 erhielt Douglas von der *US Navy* den Auftrag für einen Allwetter-Jäger, der für den Einsatz von den neuen großen Flugzeugträgern bestimmt war. Unter der Bezeichnung XF3D-1 machte der Prototyp seinen Erstflug im März 1948. Es folgten 28 Serienflugzeuge F3D-1 Skynight. Als die ersten dieser Flugzeuge 1951 die VC-3 erreichten, hatte die Erprobung der F3D-2 begonnen. Sie sollte mit 237 Exemplaren Hauptvariante werden. Als sich die Meinung durchsetzte, dass sich das Muster für den Trägereinsatz nicht sonderlich eigne, wurden die meisten Maschinen dem *US Marine Corps* unterstellt, das sie in den Korea-Krieg schickte. Dank ihrer Radar- und Allwetterausstattung wurden sie erfolgreiche Nachtjäger, mit denen 1952/53 so unterschiedliche Typen wie MiG 15 und Polikarpow Po-2 abgeschossen werden konnten. Anschließend wurde eine Anzahl F3D-2 für verschiedene Zwecke umgerüstet: So erhielten 35 Stück als F3D-2Q Elektronik-Ausrüstung zum Aufklären und Stören und 55 wurden F3D-2T Trainer für Radar-Orter. Im September 1962 erhielten die Maschinen die Bezeichnungen F-/TF-/EF-10B, und letztere war das erste taktische Kampfflugzeug in Vietnam für elektronische Kriegsführung.

BESCHREIBUNG:

BESATZUNG:
Pilot und Radar-Beobachter

ABMESSUNGEN:
Länge: 13,84 m
Spannweite: 15,24 m
Höhe: 4,90 m

MASSEN:
Leermasse: 6799 kg
Max. Startmasse: 12.125 kg

LEISTUNGEN:
Höchstgeschwindigkeit: 788 km/h
Reichweite: 1844 km
Antrieb: Zwei Westinghouse J34-WE-36
Motorleistung: 15,4 kN

DATUM DES ERSTFLUGS:
23. März 1948

BEWAFFNUNG:
Vier 20 mm MK unter dem Bug und Aufhängungen für vier Sparrow-Flugkörper unter dem Flügel

BESONDERE MERKMALE:
Freitragender Mitteldecker mit ungepfeiltem Flügel; Dreirad-Fahrgestell; Strahltriebwerke unter dem Flügelmittelstück

Douglas F4D Skyray USA
Einstrahliger Jagdeinsitzer

Beeinflusst durch die Arbeiten deutscher Wissenschaftler an Deltaflügel-Flugzeugen während der Zeit des Zweiten Weltkriegs brachte die *US Navy* den Vorschlag ein, für einen Abfangjäger mit begrenzter Reichweite eine ähnliche Form zu wählen. Zwei XF4D-1-Prototypen wurden im Dezember 1948 bestellt, aber ihre Auslieferung verzögerte sich durch Probleme mit der glücklosen Westinghouse J40-Strahlturbine, die als Antrieb ausgewählt worden war. Erst nach dem Umbau auf die alternative J35 von Allison konnte der Erstflug im Januar 1951 stattfinden. Ende 1954, als die ersten Serienmuster bei Douglas Gestalt annahmen, erfolgte ein weiterer Wechsel des Triebwerks, und zwar auf Pratt & Whitney J57-P-2. Weitere Verzögerungen bei der Flugerprobung verschoben die Skyray-Auslieferung an die Marine bis April 1956. Dann aber kamen bis Dezember 1958 alle 420 bestellten Maschinen als F4D-1 zur Truppe. Bei elf Jagdstaffeln der *Navy*, sechs beim *Marine Corps* und bei drei in der Reserve sowie in einigen Spezial-Staffeln flogen die Skyray wegen ungenügender Bewaffnung und unzureichender Triebwerksleistung nur kurzfristig. 18 Monate nach ihrer Umbenennung in F-6A im September 1962 wurden sie vom Dienst suspendiert.

BESCHREIBUNG:

BESATZUNG:
Pilot

ABMESSUNGEN:
Länge: 13,90 m
Spannweite: 10,20 m
Höhe: 3,96 m

MASSEN:
Leermasse: 7250 kg
Max. Startmasse: 12.250 kg

LEISTUNGEN:
Höchstgeschwindigkeit: 1167 km/h
Reichweite: 1530 km
Antrieb: Pratt & Whitney J57-P-8
Motorleistung: 74,5 kN

DATUM DES ERSTFLUGS:
23. Januar 1951

BEWAFFNUNG:
Vier 20 mm MK im Flügel; Waffenzuladung (Bomben/Raketen) 1814 kg an vier Unterflügel-Aufhängungen

BESONDERE MERKMALE:
Freitragender Mitteldecker mit Deltaflügel; kein gesondertes Höhenleitwerk; Dreirad-Fahrgestell; Fanghaken; Lufteinläufe an den Rumpfseiten hinter dem Führersitz

English Electric Canberra GROSSBRITANNIEN
Zweistrahliger zweisitziger Bomber/Aufklärer

Die Canberra war nicht nur der erste britische Strahlbomber, sondern blieb auch das Flugzeug mit der längsten Einsatzdauer. Einige Aufklärer PR 9 standen noch 55 Jahre nach dem Erstflug des Prototyps im Dienst. Sie wurden erst 2006 ausrangiert. Gemäß der Ausschreibung B 3/45 des Air Ministry für einen Schnellbomber wurde die Canberra nur mit interner Bombenlast ohne jegliche Abwehrbewaffnung konzipiert. Obwohl als leichter Bomber deklariert, ersetzten Canberra B 2 sogar die Avro Lincoln-Bomber. Die Royal Air Force war mit dem Muster so zufrieden, dass 546 Exemplare gebaut wurden. Sie dienten in mehr als 30 Einheiten der RAF. Als Schlüssel des Erfolgs der Konstruktion erwies sich der ungepfeilte Flügel kleiner Streckung. Er erlaubte einen außergewöhnlich geringen Kraftstoffverbrauch in maximaler Einsatzhöhe. Diese lag so hoch, dass zeitgenössische Jagdflugzeuge der NATO nicht imstande waren, sie zu erreichen. Damit war die Canberra für eine Reihe von Jahren immun gegen bemannte Angriffe. 49 Canberra B 20 wurden in Australien gebaut. English Electric erzielte mit dem Muster auch große Export-Erfolge. In Großbritannien gebaute Exemplare gingen an neun Nationen.

BESCHREIBUNG:

BESATZUNG:
Pilot und Navigator

ABMESSUNGEN:
Länge: 19,96 m
Spannweite: 19,50 m
Höhe: 4,77 m

MASSEN:
Leermasse: 12.678 kg
Max. Startmasse: 25.514 kg

LEISTUNGEN:
Höchstgeschwindigkeit: 834 km/h
Reichweite: 5842 km
Antrieb: Zwei Rolls-Royce Avon 109
Motorleistung: 32,92 kN

DATUM DES ERSTFLUGS:
13. Mai 1949

BEWAFFNUNG:
Bombenzuladung 1362 kg im Bombenschacht und 908 kg (Bomben/Raketen) an zwei Unterflügel-Aufhängungen

BESONDERE MERKMALE:
Freitragender Mitteldecker mit ungepfeiltem Flügel; Dreirad-Fahrgestell; zwei im Flügel liegende Strahltriebwerke

English Electric Lightning GROSSBRITANNIEN
Zweistrahliger Jagdeinsitzer

Seine Spur beginnt mit dem P 1-Überschall-Versuchsflugzeug aus dem Jahr 1954, das wiederum einem 1947 abgeschlossenen Vertrag zur Entwicklung eines Jagdeinsitzers mit hohen Überschall-Leistungen entsprungen ist. Das Endprodukt, die Lightning, wurde zum viel bewunderten britischen Jagdeinsitzer der jüngeren Zeit. Sie war das Produkt einer 1949 herausgegebenen RAF-Ausschreibung F 23/49 für einen Mach 2-Abfangjäger. Auf Grundlage der P 1 begann English Electric mit deren Abwandlung zu einer für den Reihenbau geeigneten P 1B. Mit dem Prototyp, im April 1957 erstmals geflogen, wurde im November 1958 zweifache Schallgeschwindigkeit erreicht. Die Leistung bewog die RAF zu einem Auftrag über 20 Vorserienmuster, der eine Bestellung über weitere 47 Lightning F 1/1A 1959/60 folgte. Die Entwicklung der F 2 mit verbesserten Nachbrennern und Allwetter-Radar wurde 1961 gesichert. 42 Stück wurden gebaut. Davon gingen die meisten an die RAF Germany. Das Interimsmodell F 3 besaß stärkere Triebwerke. Mit der endgültigen F 6 war die perfekte Form des Abfangjägers gefunden. 338 wurden gebaut. Exportmodelle gingen nach Saudi-Arabien und Kuwait. Die RAF hielt Lightning bis 1988.

BESCHREIBUNG:

BESATZUNG:
Pilot

ABMESSUNGEN:
Länge: 16,25 m
Spannweite: 10,60 m
Höhe: 5,95 m

MASSEN:
Leermasse: 12.700 kg
Max. Startmasse: 22.680 kg

LEISTUNGEN:
Höchstgeschwindigkeit: 2415 km/h
Reichweite: 1290 km
Antrieb: Zwei Rolls-Royce Avon 302
Motorleistung: 139,4 kN

DATUM DES ERSTFLUGS:
4. April 1957 (P 1B)

BEWAFFNUNG:
Zwei Luft-zu-Luft-Flugkörper an Aufhängungen seitlich des Rumpfbugs. Zusätzliche Einbaumöglichkeit für zwei 30 mm Aden MK im vorderen Bereich des Bauchtanks; Waffenzuladung (Bomben/Raketen) 2722 kg an vier Ober-/Unterflügel-Aufhängungen

BESONDERE MERKMALE:
Freitragender Mitteldecker mit Pfeilflügel; Dreirad-Fahrgestell; Strahltriebwerke im Rumpf übereinander liegend; Bauchtank

Fairchild A-10 Thunderbolt II USA

Zweistrahliges einsitziges Tiefangriffsflugzeug

Die Ideen für diese Flugzeug-Gattung eines Frontlinie-Erdkämpfers bei Kleinkriegen und begrenzten Konflikten entstanden während des Vietnam-Krieges. Die USAF gab daraufhin ihre AX-Ausschreibung für ein Flugzeug zur direkten Unterstützung der Bodentruppen heraus, das eine lange Flugdauer hatte, große Waffenzuladung aufwies und möglichst beschussunempfindlich war. Den Wettbewerb gewann Fairchild mit seiner A-10 Thunderbolt II, einem ungepfeilten Tiefdecker, dessen Flügelanordnung nicht nur generell Sicherheit gegen Beschuss bot, sondern auch die hinten über ihm in Gondeln liegenden General Electric TF34 Fantriebwerke schützte. Außerdem war er Garant für äußerste Wendigkeit. Die Triebwerke lagen so weit auseinander, dass die Beschädigung des einen das andere nicht in Mitleidenschaft ziehen würde, aber auch wieder so nah zusammen, dass ein Ausfall nicht zu Lastigkeitsänderungen führt. Den Piloten umgibt eine beschusssichere Wanne aus Titanium. Das Flugzeug besitzt eine siebenläufige 30-mm-Revolver-MK. Insgesamt wurden 707 Stück A-10 für die USAF gebaut. Sie kamen in beiden Irak-Kriegen zum Einsatz. Sie werden auch als Gefechtsfeld-Aufklärer OA-10 eingesetzt.

BESCHREIBUNG:

BESATZUNG:
Pilot

ABMESSUNGEN:
Länge: 16,26 m
Spannweite: 17,53 m
Höhe: 4,47 m

MASSEN:
Leermasse: 9770 kg
Max. Startmasse: 22.680 kg

LEISTUNGEN:
Höchstgeschwindigkeit: 835 km/h
Reichweite: 1000 km
Antrieb: Zwei General Electric TF34-GE-100
Motorleistung: 80,6 kN

DATUM DES ERSTFLUGS:
5. April 1972

BEWAFFNUNG:
Eine starre 30 mm General Electric GAU-8 Avenger MK im Bug; Waffenzuladung (Bomben/Raketen/Flugkörper) 7257 kg an elf Unterflügel- und Unterrumpf-Aufhängungen

BESONDERE MERKMALE:
Freitragender Tiefdecker mit ungepfeiltem Flügel; Dreirad-Fahrgestell; Fantriebwerke in Gondeln hinten am Rumpf; Vollsicht-Abdeckhaube, doppeltes Seitenleitwerk

Fairchild C-119 Flying Boxcar USA

Zweimotoriger mehrsitziger taktischer Transporter

Als Entwicklung aus der Fairchild C-82 Packet wies die C-119 ähnliche Merkmale auf: Dicht am Boden liegender Zentralrumpf für bequemes Be- und Entladen und zwei Trägerrümpfe für Triebwerke und Leitwerk. Bei der C-119 mit stärkeren Triebwerken, verbreitertem Rumpf und verstärktem Flügel war das Flugdeck von oberhalb des Frachtraums an die Bugspitze verlegt worden, um im Verbandsflug zum Absetzen von Fallschirmjägern bessere Sicht zu haben. Im Dezember 1949 kamen die ersten C-119B zur USAF. Als die Produktion 1955 auslief, waren 946 Stück an die Streitkräfte gegangen. Für Hilfsprogramme wurden weitere 141 nach Übersee geliefert. C-119 waren in Korea und Vietnam dabei. Im Vietnam-Krieg kamen sie, bewaffnet mit Gatling-MG und ausgestattet mit Nachtsensoren zum taktischen Einsatz. 26 Stück dieser AC-119G und eine ähnliche Anzahl AC-119K mit zusätzlichen Strahlturbinen in Gondeln unter dem Flügel wurden 1966/67 aus Standard-C-119 umgerüstet. Anfang der Siebziger gingen alle Flying Boxcar an die National Air Guard. Ein Teil der im September 1975 ausgemusterten Maschinen erhielten als C-119J noch biberschwanzähnliche Beladetore.

BESCHREIBUNG:

BESATZUNG:
Pilot, Copilot, Flugingenieur und Belade-Überwacher

ABMESSUNGEN:
Länge: 26,36 m
Spannweite: 33,30 m
Höhe: 8,03 m

MASSEN:
Leermasse: 18.136 kg
Max. Startmasse: 33.748 kg

LEISTUNGEN:
Höchstgeschwindigkeit: 476 km/h
Reichweite: 3669 km
Antrieb: Zwei Wright R-3350-89W Cyclone
Motorleistung: 6800 PS (5070 kW)

DATUM DES ERSTFLUGS:
November 1947

BEWAFFNUNG:
Zwei bewegliche 20 mm MK und vier bewegliche 7,62 mm MG auf Rumpfhalterungen

BESONDERE MERKMALE:
Freitragender Schulterdecker; Dreirad-Fahrgestell; zwei verkleidete Sternmotoren; zwei Leitwerksträger mit doppeltem Seitenleitwerk; Heckladerampe

Fairchild C-123 Provider USA
Zweimotoriger mehrsitziger Transporter

Das Muster war ursprünglich von der Chase Aircraft unter der Bezeichnung CG-20 als großer, aus Metall erstellter Lastensegler 1949 entworfen und gebaut worden. Da die USAF Interesse an einer motorisierten Ausführung signalisierte, stattete das Unternehmen den zweiten Prototyp mit zwei Double Wasp Triebwerken aus und nannte ihn XC-123 Aviatruc. 1953 erhielt Kaiser-Frazer den Auftrag, 300 Maschinen dieses Musters als C-123B zu bauen. Infolge von Schwierigkeiten bei der Fertigung sprang Fairchild in die Lücke, und die ersten dort gefertigten Maschinen erreichten die USAF 1954. Der strapazierfähige stabile Aufbau und die blendenden Flugeigenschaften machten die Maschine schnell zum „Pilotenflugzeug". Provider waren die ersten Transporter im Vietnam-Krieg. Sie beförderten nicht nur Truppen und Material, sondern als Sprühflugzeuge Pestizide für die Baumentlaubung. Eine Leistungssteigerung wurde mit dem Umbau zur C-123K durch zwei zusätzliche J85-Strahlturbinen in Gondeln unter dem Flügel erzielt. Der Prototyp war auch schon versuchsweise mit zwei Fairchild J44-Strahltriebwerken an den Flügelspitzen als Starthilfe ausgestattet worden. H/J-Spezialversionen übernahmen die Anordnung.

BESCHREIBUNG:
Besatzung:
Pilot, Copilot, Flugingenieur, Belade-Überwacher und bis zu 61 Passagiere

Abmessungen:
Länge: 23,25 m
Spannweite: 33,35 m
Höhe: 10,38 m

Massen:
Leermasse: 16.042 kg
Max. Startmasse: 27.240 kg

Leistungen:
Höchstgeschwindigkeit: 392 km/h
Reichweite: 2365 km
Antrieb: Zwei Pratt & Whitney R-2800-99W Cyclone und zwei General Electric J85-GE-17
Motorleistung: 5000 PS (3730 kW) und 25,35 kN

Datum des Erstflugs:
1. September 1954

Besondere Merkmale:
Freitragender Schulterdecker; Dreirad-Fahrgestell; zwei verkleidete Sternmotoren; hohes Seitenleitwerk; Heckladerampe

Fairey Firefly AS 5/6 GROSSBRITANNIEN

Einmotoriger zweisitziger Jagdbomber und U-Boot-Jäger

Die Firefly erfreut sich des Ruhms, einer der am längsten produzierten Marine-Jäger mit Kolbenmotor gewesen zu sein. Als Weiterentwicklung des Farey Fulmar von 1940 wurde sie kurz nach dessen Einführung bei der *Royal Navy* auf der Grundlage des leistungsstärkeren Rolls-Royce Griffon-Triebwerks entwickelt. Im Sommer 1943 kamen bereits die ersten dieser Firefly I getauften Maschinen auf die Flugzeugträger der *Royal Navy*, und als der Krieg zu Ende ging, waren acht Staffeln mit dem neuen Muster ausgestattet. Trotz des starken Motors erzielte das Muster eine Geschwindigkeit von nur knapp 470 km/h. Deswegen erlebte die Konstruktion eine erneute Umwandlung. Durch gekappte Flügelenden und den Einbau eines Griffon 74 entstand die Firefly Mk 5. Aus der Erkenntnis heraus, dass das Muster als Jäger ausgedient hatte, wurde es in die Rolle eines Jagdbombers gepackt und in 352 Exemplaren bestellt. Diese Version, die im Korea-Krieg dabei war, erwarben auch die Niederländer, Kanadier und Australier. Die anschließenden Varianten AS 6/7 waren U-Boot-Jäger. Farey baute davon 284 Stück. Mehr als 400 Firefly wurden in den Fünfzigern zu Trainer und Zielscheiben-Schlepper umgebaut.

BESCHREIBUNG:

BESATZUNG:
Pilot und Beobachter hintereinander

ABMESSUNGEN:
Länge: 11,58 m
Spannweite: 12,49 m
Höhe: 4,24 m

MASSEN:
Leermasse: 4472 kg
Max. Startmasse: 7076 kg

LEISTUNGEN:
Höchstgeschwindigkeit: 509 km/h
Reichweite: 1722 km
Antrieb: Rolls-Royce Griffon 74
Motorleistung: 2245 PS (1674 kW)

DATUM DES ERSTFLUGS
22. Dezember 1941 (Firefly I) und 12. Dezember 1947 (erste Firefly 5 aus der Produktion)

BEWAFFNUNG:
Vier starre 20 mm Hispano MK im Flügel; Waffenzuladung (Bomben/Raketen) 908 kg an zwei Unterflügel-Aufhängungen und einer unter dem Rumpf

BESONDERE MERKMALE:
Freitragender Tiefdecker; Öl- und Flüssigkeitskühler in den Flügelwurzelnasen; verkleideter Reihenmotor; Fanghaken

Fairey Gannet GROSSBRITANNIEN
Einmotoriges dreisitziges Marine-Mehrzweckflugzeug

Das Muster entstand, um der im Oktober 1945 von der *Royal Navy* veröffentlichten Ausschreibung GR 17/45 zu entsprechen, die ein von Flugzeugträgern aus operierendes Flugzeug forderte, das besonders für die U-Boot-Jagd geeignet war. Außergewöhnlich war die Anordnung der zwei Propellerturbinen, von denen jede eine der koaxial angeordneten Luftschrauben antrieb. Das erlaubte für Start und Höchstleistungen beide Antriebe zu benutzen, den Reiseflug aber mit einem einzigen durchzuführen. Der dadurch ersparte Kraftstoff erhöhte die Flugdauer. Dieses Rezept machte den Einsatzerfolg des Musters aus. Gegen 256 Exemplare der normalen U-Boot-Jäger-Ausführungen Gannet AS 1 und 4 wurden gebaut. Erste Maschinen erreichten im Januar 1955 die Flotte. Es folgten 46 Stück der Trainer-Versionen Gannet T 2 und 5. Beide Varianten konnten an die Marineleitungen von Australien, Westdeutschland und Indonesien verkauft werden. Für eine neue Rolle als Frühwarnflugzeug der *Royal Navy* wurden ab 1958 und bis 1961 44 Gannet AEW 3 komplett neu gebaut. Ihr APOS-20-Überwachungsradar saß in einer großen Wanne unter dem Rumpf Sie gingen 1978 als letzte Gannet mit dem Träger HMS „Ark Royal" außer Dienst.

BESCHREIBUNG:

BESATZUNG:
Pilot und zwei Radar-Beobachter

ABMESSUNGEN:
Länge: 13,10 m
Spannweite: 16,50 m
Höhe: 4,16 m

MASSEN:
Leermasse: 6382 kg
Max. Startmasse: 10.208 kg

LEISTUNGEN:
Höchstgeschwindigkeit: 500 km/h
Reichweite: 1066 km
Antrieb: Armstrong-Siddeley Double Mamba 100
Motorleistung: 2950 Wellen-PS (2199 kW)

DATUM DES ERSTFLUGS:
17. September 1949

BEWAFFNUNG:
Waffenzuladung (Bomben/Wasserbomben/Minen) 908 kg im Bombenschacht sowie zwei Unterflügel-Aufhängungen für Waffen einschließlich Raketen

BESONDERE MERKMALE:
Freitragender Mitteldecker; Knickflügel; gegenläufige Luftschrauben; Propellerturbinen; Fanghaken; einziehbares Dreirad-Fahrwerk

Fiat G 46 ITALIEN

Einmotoriges zweisitziges Übungsflugzeug

Die G 46 wurde als Zwischenprodukt für die italienischen Nachkriegs-Luftstreitkräfte *Aeronautica Militaire Italiano (AMI)* gebaut. Das erste Serien-Los erreichte die Flugschulen der *AMI* 1949. Die G 46 erwiesen sich als ideale Zwischenstufe für die Piloten als Übergang von der Stinson L-5 (seinerzeit das Anfängerschulflugzeug der *AMI*) zur T-6 Texan und besonders zur Fiat G 55. Nach einem Jahrzehnt im Schuldienst wurden die G 46 als Trainer überflüssig, nachdem auch die *AMI* im Zeitalter der Strahlflugzeuge ihre Unterrichtsmethoden änderte. Doch von den über 150 gebauten Fiat-Trainern blieben einige bei der Truppe und versahen vorwiegend Verbindungs-Dienste. Der größere Teil „entmilitarisierter" Maschinen jedoch ging an die italienischen Aero-Clubs. Außer der AMI wählten auch andere Luftstreitkräfte die G 46 für die Schulung, so die Österreichs, die fünf Stück erhielten. Die syrischen Streitkräfte orderten elf, und die argentinischen 70 Exemplare. Sie unterschieden sich allerdings von der Originalkonstruktion indem der Alfa-Motor durch ein de Havilland Gipsy Queen 30-Triebwerk ersetzt wurde. Insgesamt baute Fiat 223 Exemplare seines G 46-Trainers.

BESCHREIBUNG:

BESATZUNG:
Zwei Piloten hintereinander

ABMESSUNGEN:
Länge: 8,47 m
Spannweite: 10,30 m
Höhe: 2,37 m

MASSEN:
Leermasse: 1107 kg
Max. Startmasse: 1407 kg

LEISTUNGEN:
Höchstgeschwindigkeit: 315 km/h
Reichweite: 917 km/h
Antrieb: Alfa 115ter
Motorleistung: 225 PS (167 kW)

DATUM DES ERSTFLUGS:
25. Februar 1948

BESONDERE MERKMALE:
Freitragender Tiefdecker; verkleideter Reihenmotor; Einziehfahrwerk; festes Spornrad

Fiat G 59 ITALIEN
Einmotoriger ein-/zweisitziger Jäger

Die G 59 entstand aus Mangel an Daimler-Benz DB 603A-Triebwerken für die restlichen G 55A-Zellen, die bei Fiat in der frühen Nachkriegszeit noch vorhanden waren. Deshalb wurde eine Umkonstruktion für den Einbau des Rolls-Royce Merlin T12-2-Triebwerks beschlossen. Die erste umgewandelte G 55B (ein zweisitziger Jagdtrainer) flog 1948 mit der Bezeichnung G 59BM. Ägypten zeigte Interesse, 20 dieser Flugzeuge als Einsitzer und Zweisitzer (G 59AM/BM) zu erwerben, trat aber nach den Auseinandersetzungen mit Israel vom Kauf zurück. Aber die italienischen Luftstreitkräfte AMI erhielten 12 umgebaute G 55 als G 59AM. Sie wurden von ihr als Übungsflugzeuge für Jagdpiloten verwendet und zwar unter der neuen Bezeichnung Fiat G 59-1A. Weitere fünfzehn unbewaffnete einsitzige G 59-1A und zweisitzige -1B erhielt die AMI 1950, gefolgt von 40 Stück G 59-2 mit Bewaffnung. Das jüngste Modell, das in die Fertigung ging, und zwar wiederum für die AMI, war die G 59-4A/B. Sie nahm zwanzig der Einsitzer und zehn der Zweisitzer ab, die sich von den früheren Modellen durch eine geblasene Vollsichthaube unterschieden. Alle G 59 wurden Mitte der fünfziger Jahre aus dem Dienst entlassen.

BESCHREIBUNG:

BESATZUNG:
Pilot oder zwei Piloten hintereinander

ABMESSUNGEN:
Länge: 9,47 m
Spannweite: 11,85 m
Höhe: 3,76 m

MASSEN:
Leermasse: 2740 kg
Max. Startmasse: 3400 kg

LEISTUNGEN:
Höchstgeschwindigkeit: 593 km/h
Reichweite: 1420 km
Antrieb: Rolls-Royce Merlin T.24-2 oder Merlin 500 (G 59-4A/B)
Motorleistung: 1610 PS (1200 kW) oder 1490 PS (1111 kW)

DATUM DES ERSTFLUGS:
Anfang 1948

BEWAFFNUNG:
Vier starre 20 mm Hispano MK im Flügel; Bombenzuladung 320 kg an zwei Unterflügel-Aufhängungen

BESONDERE MERKMALE:
Freitragender Tiefdecker; verkleideter Reihenmotor; Einziehfahrwerk; festes Spornrad; Kühler unter dem Rumpf

Fiat G 91R/T ITALIEN

Einstrahliges ein-/zweisitziges Fortgeschrittenen-Schul-/Erdkampfflugzeug

Die Attribute robust, einfach zu warten und einsetzbar von unbefestigten Plätzen waren entscheidend für die Wahl der G 91 zum Siegermodell eines 1953er NATO-Wettbewerbs für ein leichtes taktisches Kampfflugzeug. Basierend auf der F-86 setzte sich die G 91 gegen drei französische Wettbewerber durch und wurde ein entscheidender Teil des gegenseitigen Hilfsprogramms der NATO. Italien erwarb 98 Modelle G 91R, die sich auch für Aufklärungsaufgaben eigneten, und 76 zweisitzige G 91T als Fortgeschrittenen-Trainer. Deutschland kaufte nicht weniger als 395 Stück der Ausführung G 91R. Davon wurden 295 Exemplare bei Messerschmitt, Heinkel und Dornier zwischen 1961 und 1966 unter Lizenz gebaut. Griechenland und die Türkei sollten ursprünglich 100 Stück der in Deutschland gebauten Maschinen abnehmen. Nachdem die Lieferung nicht zustande kam, übernahm die Luftwaffe die Maschinen, gab aber 30 von ihnen 1965 an die portugiesischen Luftstreitkräfte weiter. Einige kamen in den siebziger Jahren in Angola zu Kampfeinsätzen. Die Portugiesen erhielten 1976 14 weitere Maschinen aus dem Fundus der Luftwaffe und 1981 noch einmal 20 Stück. Die deutschen Lizenznehmer bauten auch 44 G 91T.

BESCHREIBUNG:

BESATZUNG:
Pilot oder zwei Piloten hintereinander (Trainer)

ABMESSUNGEN:
Länge: 10,31 m
Spannweite: 8,57 m
Höhe: 4,00 m

MASSEN:
Leermasse: 3300 kg
Max. Startmasse: 5695 kg

LEISTUNGEN:
Höchstgeschwindigkeit: 1086 km/h
Reichweite: 1850 km
Antrieb: Rolls-Royce Orpheus 302
Motorleistung: 23 kN

DATUM DES ERSTFLUGS:
9. August 1956

BEWAFFNUNG:
Vier starre 12,7 mm Colt-Browning MG oder zwei 30 mm DEFA 552 MK im Bug; Waffenzuladung (Bomben/Raketen) 454 kg an vier Unterflügel-Aufhängungen

BESONDERE MERKMALE:
Freitragender Tiefdecker mit Pfeilflügel; Vollsicht-Abdeckhaube; Dreirad-Fahrgestell; Kinn-Lufteinlauf; Kamera in der Bugspitze

Fiat G 91Y ITALIEN
Zweistrahliger einsitziger Tiefangriffs-Jagdbomber

Obwohl die G 91Y – wenn auch zweistrahlig – dem Ausgangsmodell G 91R sehr ähnlich sieht, handelte es ich um eine vollkommene Neukonstruktion. Sie wurde speziell für die italienischen Luftstreitkräfte *AMI* mit zwei General Electric J85-GE-13A Nachbrenner-Strahlturbinen konzipiert und hatte damit die doppelte Schubkraft der G 91R. Diese Leistungssteigerung erlaubte dem Flugzeug neben dem starren Einbau von 30 mm Aden MK die Mitnahme einer Waffenzuladung von über 1800 kg. Darüber hinaus besaß die G 91Y gemäß der G 91R eine im Bug montierte Vinten-Kamera als Standard-Ausrüstung. Der erste von zwei G 91Y-Prototypen machte kurz vor dem Jahreswechsel 1966/67 seinen Erstflug. 1969 schlossen sich Fiat und Finmeccanica-IRI zur Aeritalia zusammen. Dieser Konzern lieferte von 1968 an 20 Vorserienmaschinen des Typs G 91Y an die *AMI*. Nur 54 weitere Maschinen aus der Serie gingen zwischen 1971 und 1976 an die *Aeronautica Militaire Italiano*. Lediglich zwei AMI-Grupi erhielten G 91Y. Und diese wurden Ende der achtziger Jahre durch AMX ersetzt.

BESATZUNG:
Pilot

ABMESSUNGEN:
Länge: 11,67 m
Spannweite: 9,01 m
Höhe: 4,43 m

MASSEN:
Leermasse: 3900 kg
Max. Startmasse: 8700 kg

LEISTUNGEN:
Höchstgeschwindigkeit: 1110 km/h
Reichweite: 3500 km
Antrieb: Zwei General Electric J85-GE-13A
Motorleistung: 35,8 kN

DATUM DES ERSTFLUGS:
27. Dezember 1966

BEWAFFNUNG:
Zwei starre 30 mm Aden MK im Bug; Waffenzuladung (Bomben/Raketen) 1816 kg an vier Unterflügel-Aufhängungen

BESONDERE MERKMALE:
Freitragender Tiefdecker mit Pfeilflügel; Vollsicht-Abdeckhaube; Dreirad-Fahrgestell; Kinn-Lufteinlauf; Kamera in der Bugspitze

FMA IA-58 Pucará ARGENTINIEN

Zweimotoriges zweisitziges leichtes Erdkampfflugzeug

Die Pucará war nach einer Ausschreibung der argentinischen Luftstreitkräfte für ein leichtes Erdkampfflugzeug zum Einsatz bei begrenzten Konflikten gegen Rebellen entwickelt worden. Anlass dafür waren die Kämpfe Anfang der sechziger Jahre zwischen Regierungstruppen und Aufständischen im Norden Argentiniens, die gezeigt hatten, dass keines der Flugzeuge im Inventar der Streitkräfte für diese Aufgabe maßgeschneidert war. Den Entwicklungsauftrag hatte die staatliche FMA (Fabrica Militar de Aviones) erhalten. Sie konstruierte mit der IA-58 ein wendiges, robustes, für unbefestigte Pisten geeignetes Flugzeug, das Bomben und Raketen tragen konnte. Der Prototyp flog erstmals im August 1969. Produktions-Modelle kamen 1976 zu den Verbänden und wurden gleich gegen Rebellen im Nordwesten Argentiniens eingesetzt. Weitere Kämpfe folgten im Mai und Juni 1988, als die Argentinier die Falkland-Inseln besetzten. Dabei gingen alle 20 eingesetzten Pucará verloren. Daraufhin verloren die Militärs ihr Interesse an dem Muster und stellten 1986 40 Stück außer Dienst. Einige wenige Pucará wurden von den Luftstreitkräften Kolumbiens, Sri Lankas und Uruguays unterhalten.

BESCHREIBUNG:

BESATZUNG:
Pilot und Beobachter hintereinander

ABMESSUNGEN:
Länge: 14,25 m
Spannweite: 14,50 m
Höhe: 5,36 m

MASSEN:
Leermasse: 4020 kg
Max. Startmasse: 6800 kg

LEISTUNGEN:
Höchstgeschwindigkeit: 750 km/h
Reichweite: 3710 km
Antrieb: Zwei Turboméca Astazou XVIG
Motorleistung: 1956 Wellen-PS (1458 kW)

DATUM DES ERSTFLUGS:
20. August 1969

BEWAFFNUNG:
Zwei starre 20 mm Hispano S-284 MK und vier starre 7,62 mm Browning MG im Bug; Waffenzuladung (Bomben/Raketen/Behälter) 1500 kg an zwei Unterflügel-Aufhängungen und einer unter dem Rumpf

BESONDERE MERKMALE:
Freitragender Tiefdecker; T-Leitwerk; im Flügel eingebaute Propellerturbinen; hochbeiniges Dreiradfahrgestell

Fokker S-11 Instructor NIEDERLANDE

Einmotoriges zweisitziges Anfänger-Schulflugzeug

Zu den bescheidenen Nachkriegs-Anfangsprodukten des nun nicht mehr existierenden holländischen Pionierunternehmens gehört die S-11, ein Anfänger-Schulflugzeug, das sowohl für den zivilen als auch für den militärischen Gebrauch entwickelt worden war. Aber besonders die Militärs fanden Gefallen an dem Muster. Die niederländischen Luftstreitkräfte bestellten 40 Maschinen. Die Auslieferung bei Fokker begann 1949. Weitere 41 Stück wurden durch die israelischen Streitkräfte geordert. Nachbaulizenzen konnte Fokker nach Italien und Brasilien vergeben. In Italien baute Macchi für die AMI 150 Exemplare mit der Bezeichnung M 416. In Brasilien wurde speziell die Fokker Industria Aeronautica SA ins Leben gerufen. Sie lieferte 100 Stück der S-11 Instructor aus. In Brasilien wurde auch eine Version mit einem Bugrad-Fahrwerk entwickelt. 50 Exemplare davon gingen als S-12 an die brasilianischen Luftstreitkräfte. In holländischen Diensten benutzte auch die Marine das Muster für die Schulung. Ende 1973 wurden diese gleichzeitig mit denen bei der *Luchtmacht* ausgemustert. Eine große Anzahl der ehemals militärischen Flugzeuge fand den Weg ins europäische Zivilregister. Beliebt waren sie bei den Fliegerclubs.

BESCHREIBUNG:

BESATZUNG:
Zwei Piloten nebeneinander

ABMESSUNGEN:
Länge: 8,18 m
Spannweite: 11,00 m
Höhe: 2,70 m

MASSEN:
Leermasse: 810 kg
Max. Startmasse: 1100 kg

LEISTUNGEN:
Höchstgeschwindigkeit: 209 km/h
Reichweite: 695 km
Antrieb: Lycoming O-435A
Motorleistung: 190 PS (141 kW)

DATUM DES ERSTFLUGS:
18. Dezember 1947

BESONDERE MERKMALE:
Freitragender Tiefdecker; verkleideter Boxermotor; festes Fahrgestell; stark verglaster Führerraum

Folland Gnat F 1 GROSSBRITANNIEN
Einstrahliger einsitziger Jagdbomber

Das Muster wurde auf eigenes Risiko als leichtes Kampfflugzeug entwickelt, um dem Trend entgegen zu steuern, dass militärische Einsatzflugzeuge immer größer und komplexer werden müssen. Die Konstruktionsarbeiten an der Fo 139 Midge – so wurde das Flugzeug bei Folland genannt – begannen 1951. Der einzige Prototyp flog im August 1954 erstmals. Dem Unternehmen gelang es schließlich, das Beschaffungs-Ministerium (*MoS*) davon zu überzeugen, die Mittel für sechs Erprobungsmuster für einen Eignungstest bei der *RAF* frei zu geben. Das erste dieser Muster machte am 18. Juli 1955 seinen Jungfernflug. Obwohl das Muster die *RAF* nicht beeindrucken konnte, fand es im Ausland Interesse. Jugoslawien kaufte zwei und Finnland zwölf (und zusätzlich eine weitere aus dem *MoS*-Bestand). Zwei weitere der *MoS*-Maschinen gingen nach Indien, das daraufhin 23 flugfertige Gnat F 1 beim Hersteller bestellte und 20 weitere in Nachbausätzen für eine Montage bei der Hindustan Aircraft (später Aeronautics) Ltd. 195 Exemplare der Gnat F 1 wurden in Indien zwischen November 1959 und Januar 1974 nachgebaut. Sie kamen 1965 und 1971 in Kriegen mit Pakistan als Jagdbomber zum Einsatz.

BESCHREIBUNG:

BESATZUNG:
Pilot

ABMESSUNGEN:
Länge: 9,06 m
Spannweite: 6,75 m
Höhe: 2,69 m

MASSEN:
Leermasse: 2200 kg
Max. Startmasse: 4030 kg

LEISTUNGEN:
Höchstgeschwindigkeit: 1150 km/h
Reichweite: 1900 km
Antrieb: Rolls-Royce Orpheus 701
Motorleistung: 19 kN

DATUM DES ERSTFLUGS:
11. August 1954 (Midge)

BEWAFFNUNG:
Zwei starre 30 mm Aden MK im Rumpf; Waffenzuladung (Bomben/Raketen) bis 454 kg an vier Unterflügel-Aufhängungen

BESONDERE MERKMALE:
Freitragender Schulterdecker mit Pfeilflügel; Vollsicht-Abdeckhaube; Dreirad-Fahrwerk; Lufteinläufe an den Rumpfseiten hinter dem Führerraum; kleines Seitenleitwerk

Folland Gnat T 1 GROSSBRITANNIEN
Einstrahliges zweisitziges Fortgeschrittenen-Übungsflugzeug

Die zweisitzige Ableitung Gnat T 1 aus dem einsitzigen Leichtjäger Folland Fo 139 Midge hatte bei der *RAF* den Erfolg, der dem Einsitzer Gnat F 1 versagt blieb. Als die *RAF* den „Billig"-Jäger ablehnte, war für Folland noch nicht alles verloren, denn die Verantwortlichen waren von der zweisitzigen Trainerversion, besonders was ihre Leistungen im schallnahen Bereich betraf, vollauf begeistert. Die *Air Force* übermittelte Folland im Januar 1958 einen Auftrag über 14 Vorserienmaschinen Gnat T 1, dem eine Order über 91 Serienmaschinen folgte. Im Dienst erwiesen sich die Trainer als nicht unproblematisch. Sie waren durch ihre geringen Abmessungen so komplex, dass es Wartungsschwierigkeiten gab. Das enge hintere Cockpit bot dem Fluglehrer wenig Platz und noch viel weniger Sicht nach vorne. Und die Waffeneinweisung litt unter Nickschwingungen des Flugzeugs, deren Ursache nie gefunden und die deshalb nie behoben werden konnten. Trotzdem blieben Gnat T 1 zwei Dekaden im Dienst der RAF. Ihre ruhmvollsten Taten leisteten sie als Rekrutierungs-Werkzeug für Piloten der berühmten RAF-Kunstflug-Staffel Red Arrows. 1979 verließen die letzten Gnat T 1 die Ausbildungseinheiten.

BESCHREIBUNG:

BESATZUNG:
Zwei Piloten hintereinander

ABMESSUNGEN:
Länge: 9,65 m
Spannweite: 7,32 m
Höhe: 3,20 m

MASSEN:
Leermasse: 2546 kg
Max. Startmasse: 4240 kg

LEISTUNGEN:
Höchstgeschwindigkeit: 1026 km/h
Reichweite: 1900 km
Antrieb: Bristol Siddeley Orpheus 101
Motorleistung: 18,84 kN

DATUM DES ERSTFLUGS:
31. August 1959 (T 1)

BEWAFFNUNG:
Waffenzuladung (Bomben/Raketen) bis 454 kg an vier Unterflügel-Aufhängungen

BESONDERE MERKMALE:
Freitragender Schulterdecker mit Pfeilflügel; Vollsicht-Abdeckhaube; Lufteinläufe an Rumpfseiten unterhalb des Führersitzes; Dreirad-Fahrwerk; großes Seitenleitwerk

Fouga CM 170 Magister FRANKREICH
Zweistrahliges zweisitziges Schulflugzeug für die Grundausbildung

Die Magister war das erste in Serie gefertigte strahlgetriebene Schulflugzeug der Welt. Es entstand nach einer Ausschreibung der französischen Luftstreitkräfte. Die beiden kleinen Marboré-Strahlturbinen gaben dem Prototyp so viel Antriebskraft, dass die Militärs hellauf begeistert waren und nach der Einsatzerprobung von 10 Vorserienmustern die Magister in großen Stückzahlen bestellten. Etwa 400 Stück erhielten die Luftstreitkräfte. 32 weitere, durch einen Fanghaken unter dem Heck Flugzeugträger-fähig gemacht, kaufte die Marine als CM 175 Zéphyr. Das Flugzeug, das bis in die siebziger Jahre in der Fertigung blieb, konnte auch bedeutende Export-Erfolge aufweisen. Abgesehen von etwa 190 in Frankreich für ausländische Abnehmer gefertigte Magister baute die Flugzeug-Union Süd in Deutschland 188 Exemplare, Valmet in Finnland 62 Stück und die Israeli Aircraft Industries nochmals 36. Magister wurden während ihrer gesamten Fertigungszeit wenig geändert. Die späteren CM 170-2 erhielten stärkere Marboré VIC und die CM 170-3 vergrößerte Kraftstoff-Kapazität sowie Martin-Baker-Schleudersitze. In Frankreich sind alle Magister abgelöst, aber in einigen Ländern befinden sie sich noch im Einsatz.

BESCHREIBUNG:

BESATZUNG:
Zwei Piloten hintereinander

ABMESSUNGEN:
Länge: 10,06 m
Spannweite: 11,40 m
Höhe: 2,80 m

MASSEN:
Leermasse: 2150 kg
Max. Startmasse: 3200 kg

LEISTUNGEN:
Höchstgeschwindigkeit: 715 km/h
Reichweite: 1200 km
Antrieb: Zwei Turboméca Marboré IIA
Motorleistung: 7,84 kN

DATUM DES ERSTFLUGS:
23. Juli 1952

BEWAFFNUNG:
Zwei starre 7,62 mm MG im Bug; Waffenzuladung (Bomben/Raketen) bis zu 100 kg an zwei Unterflügel-Aufhängungen

BESONDERE MERKMALE:
Freitragender Mitteldecker mit ungepfeiltem Flügel; Vollsicht-Abdeckung; Dreirad-Fahrwerk; Lufteinläufe an den Rumpfseiten; V-Leitwerk; Flügelendtanks

General Dynamics F-16A/B Fighting Falcon USA

Einstrahliger Mehrzweck-Jagdeinsitzer

Obwohl das Muster noch bei vielen Luftstreitkräften in großen Stückzahlen in den Einsatzverbänden fliegt, erreichten erste der älteren Exemplare bereits die Museen in Europa und Nordamerika. Die F-16 war Anfang der siebziger Jahre für die Einbeziehung in ein USAF-Programm für einen leichten Jäger gebaut worden. Sie kämpfte mit dem Rivalen Northrop YF-17 (Vorgänger der F-/A-18) in einer einjährigen Erprobungsschlacht um den Vorrang. Anschließend wurden acht Entwicklungsflugzeuge gebaut. Im August 1978 trafen erste F-16A-Flugzeuge aus der Serienproduktion bei USAF-Verbänden ein. Zu diesem Zeitpunkt hatten sich vier NATO-Staaten ebenfalls für das Muster entschieden, um ihre alternden F-104 Starfighter ersetzen zu können. Außer in den USA entstanden Fertigungsstraßen in den Niederlanden und in Belgien (und später noch in der Türkei für die F-16C). Mehr als 1800 F-16A/B waren in schneller Folge gefertigt worden, bevor die Produktion Anfang der Neunziger zum schwereren und fähigeren Modell F-16C wechselte. Frühe Fighting Falcon sahen Kampfeinsätze im Mittleren Osten, in Afghanistan und auf dem Balkan. Insgesamt fliegen noch über 1000 F-16.

BESCHREIBUNG:

BESATZUNG:
Pilot

ABMESSUNGEN:
Länge: 15,03 m
Spannweite: 10,00 m
Höhe: 5,01 m

MASSEN:
Leermasse: 6607 kg
Max. Startmasse: 14.968 kg

LEISTUNGEN:
Höchstgeschwindigkeit: 2145 km/h
Reichweite: 3869 km
Antrieb: Pratt & Whitney F100-PW-100
Motorleistung: 106 kN

DATUM DES ERSTFLUGS:
20. Januar 1974

BEWAFFNUNG:
Eine starre 30 mm M61A1 Vulcan MK im Rumpf; Waffenzuladung (Bomben/Raketen/Flugkörper) 5435 kg an sechs Unterflügel-Aufhängungen und einer unter dem Rumpf

BESONDERE MERKMALE:
Freitragender Mitteldecker mit Pfeilflügel; Freirad-Fahrwerk; Lufteinlass unter dem Rumpf; Kielflossen

General Dynamics F-111 USA
Zweistrahliges zweisitziges taktisches/strategisches Kampfflugzeug

Die F-111 war ursprünglich auf einen Erlass des US-Verteidigungsministeriums unter der Bezeichnung TFX für ein Flugzeug mit kombinierten Fähigkeiten konzipiert worden. Er hatte die Forderung enthalten, die Wünsche der USAF nach einem Jagdbomber und die der US Navy nach einem Flotten-Verteidigungsjäger durch ein einziges Muster erfüllen zu lassen. Die F-111 genannte Schwenkflügel-Konstruktion von General Dynamics war am 21. Dezember 1964 erstmals geflogen. Entwicklungs-Probleme verzögerten das Programm immer wieder, aber 1967 konnten die ersten der 141 für die USAF bestimmten F-111A ausgeliefert werden. Sie wuchsen schnell in die Rolle als beste Mittelstrecken-Jagdbomber ihrer Zeit hinein. Weniger erfolgreich dagegen war das für die Marine bestimmte Modell F-111B, es wurde 1968 als übergewichtig gestrichen. Dem A-Modell der USAF folgten 96 F-111D mit besserer Ausrüstung, 94 F-111E mit verbesserten Einläufen und Turbinen sowie schließlich 106 F-111F mit stärkeren Triebwerken und weiter verbesserter Elektronik-Ausrüstung. Das SAC erhielt 76 FB-111 als Ersatz für ihre B-58. Alle US F-111 wurden 1998 ausgemustert. Dagegen befinden sich 24 nach Australien gelieferte F-111C noch im Dienst.

BESCHREIBUNG:

BESATZUNG:
Pilot und Waffensystem-Offizier/Navigator nebeneinander

ABMESSUNGEN:
Länge: 22,40 m
Spannweite: 19,20 m
Höhe: 5,22 m

MASSEN:
Leermasse: 21.537 km
Max. Startmasse: 45.360 km

LEISTUNGEN:
Höchstgeschwindigkeit: 2335 km/h
Reichweite: 5093 km
Antrieb: Zwei Pratt & Whitney TF30-P-100
Motorleistung: 223,4 kN

DATUM DES ERSTFLUGS:
21. Dezember 1964

BEWAFFNUNG:
Waffenzuladung (Bomben/Raketen/Flugkörper) 682 kg im Bombenschacht und 14.290 kg an acht Unterflügel-Aufhängungen

BESONDERE MERKMALE:
Freitragender Schulterdecker mit Schwenkflügel; Vollsicht-Abdeckhaube; Dreirad-Fahrwerk; Lufteinlässe an den Rumpfseiten unter den Flügelwurzeln; langer, hängender Bug

Gloster Javelin GROSSBRITANNIEN
Zweistrahliger zweisitziger Jäger

Als erstes britisches Muster war die mächtige Javelin eine Antwort auf die *RAF*-Ausschreibung F 4/48 entworfen worden, als Jäger speziell für Abfangaufgaben bei jedem Wetter und in der Nacht. Nach längerer Entwicklung, bei der Kinderkrankheiten überwunden und drei Prototypen durch Abstürze abgeschrieben werden mussten, lief die Produktion des ersten Serienmodells Javelin FAW 1 im Juli 1954 endlich an. Aber es vergingen Monate, bis im Februar 1956 die 46. Staffel als erste Einheit mit dem Muster ausgestattet werden konnte. Anschließend wurden insgesamt 381 Exemplare in nicht weniger als neun Varianten gebaut. Das bedeutete, dass eine Version, kaum beim *Fighter Command* angekommen, durch die nächste ersetzt werden musste, die bereits aus den Gloster-Werkshallen rollte. Besseres Radar, eine verfeinerte Steuerung, vergrößerte Kraftstoffkapazität, stärkere Triebwerke und die Möglichkeit der Mitnahme von Luft-Luft-Flugkörpern waren Stufen während der siebenjährigen Fertigungszeit. Als letzte Version vereinigte die FAW 9 alle Verbesserungen in sich. Sie kam 1961 zur Truppe. Sieben Jahre später schieden alle Javelin bei den Einheiten aus.

BESCHREIBUNG:

BESATZUNG:
Pilot und Navigator hintereinander

ABMESSUNGEN:
Länge: 17,15 m
Spannweite: 15,85 m
Höhe: 4,98 m

MASSEN:
Leermasse: 12.610 kg
Max. Startmasse: 17.418 kg

LEISTUNGEN:
Höchstgeschwindigkeit: 1014 km/h
Reichweite: 1530 km
Antrieb: Zwei Bristol Siddeley Sapphire 203
Motorleistung: 121,8 kN

DATUM DES ERSTFLUGS:
26. November 1951

BEWAFFNUNG:
Zwei starre 30 mm Aden MK im Flügel und vier Firestreak-Flugkörper an Unterflügel-Aufhängungen

BESONDERE MERKMALE:
Freitragender Mitteldecker mit Deltaflügel; Delta-Höhenleitwerk auf gepfeiltem Seitenleitwerk; Lufteinlässe an den Rumpfseiten; Bauchtank

Gloster Meteor GROSSBRITANNIEN

Zweistrahliges ein-/zweisitziges Jagdflugzeug/Fortgeschrittenen-Trainer

Die Gloster Meteor war das einzige alliierte Flugzeug mit Strahlantrieb, das während des Zweiten Weltkriegs noch zum Einsatz kam. Anfänglich litt sie unter ihrer Größe und reichlich bemessener Flügelfläche. Das stand in keinem Verhältnis zur Leistung der recht schwachen Welland-Strahlturbinen. Doch alle guten Eigenschaften des Musters kamen mit den Rolls-Royce Derwent-Strahltriebwerken zum Tragen, die ab der F 3 alle Versionen antrieben. Das Muster wurde Standard-Tagjäger des *Fighter Command* ab Anfang der fünfziger Jahre, war aber imstande, viele weitere Rollen zu spielen. So wurde mit der T 7 ein effektvoller zweisitziger Trainer geschaffen und Armstrong Whitworth leitete daraus mit Radar bestückte Nachtjäger-Varianten ab. Die erste von ihnen, die NF 11, erlebte ihr Einsatzdebüt 1951. Endgültiger Tagjäger wurde die F 8, die zwischen 1950 und 1955 bei den meisten Einheiten des *Fighter Command* überwog. Die letzten Versionen, die zur *RAF* kam, waren der taktische Jagdaufklärer PR 9 und der strategische Höhenaufklärer PR 10. Mehr als ein Dutzend nichtbritischer Länder wählten Meteor der verschiedenen Varianten für ihre Luftstreitkräfte. Nach 3974 gebauten Flugzeugen lief 1954 mit einer T 7 die letzte Meteor vom Band.

BESCHREIBUNG:

BESATZUNG:
Pilot (Tagjäger); Pilot und Navigator/Radar-Beobachter hintereinander (Nachtjäger); zwei Piloten hintereinander (Trainer)

ABMESSUNGEN:
Länge: 13,59 m
Spannweite: 11,30 m
Höhe: 4,22 m

MASSEN:
Leermasse: 4820 kg
Max. Startmasse: 8664 kg

LEISTUNGEN:
Höchstgeschwindigkeit: 958 km/h
Reichweite: 1610 km
Antrieb: Zwei Rolls-Royce Derwent 8
Motorleistung: 32 kN

DATUM DES ERSTFLUGS:
5. März 1943

BEWAFFNUNG:
Vier starre 20 mm Hispano MK im Bug; Waffenzuladung (Bomben/Raketen) 908 kg an zwei Unterflügel-Aufhängungen

BESONDERE MERKMALE:
Freitragender Mitteldecker mit ungepfeiltem Flügel; zwei Strahltriebwerke im Flügel; hoch angesetztes Höhenleitwerk; Vollsicht-Abdeckhaube

Grumman F8F Bearcat USA

Einmotoriger einsitziger Jagdbomber

Die Bearcat war Grummans letzter Kolbenmotor-Jäger. Sie hätte eigentlich nach der Gesetzmäßigkeit, dass ein Nachfolgemuster größer und damit besser sein müsste, eine vergrößerte Hellcat werden müssen. Mit dem gleichen Pratt & Whitney R-2800 Double Wasp-Triebwerk wie das Vorgängermodell F6F Hellcat ausgestattet, war sie aber kürzer und leichter. Deswegen konnte die Bearcat die Hellcat ausmanövrieren. Die F8F Bearcat fand bei der *US Navy* so viel Anklang, dass gleich 2023 Exemplare bestellt wurden. Die Lieferungen begannen im Januar 1945. Die Marinefliegereinheit VF-19 war die erste, die Bearcat erhielt. Aber kaum war sie komplett mit dem Muster ausgerüstet, beendeten die Atombomben-Abwürfe auf Japan den Zweiten Weltkrieg. Das Kriegsende brachte eine Kürzung des Programms auf 1258 Stück. Als die Fertigung im Mai 1948 auslief, waren genau 1266 F8F Bearcat geliefert. Sie fanden Eingang bei 24 Einsatz- und Reserve-Einheiten der *US Navy*. Ende der fünfziger Jahre wurden die letzten davon bei den amerikanischen Marineverbänden abgelöst. Ein Teil der überschüssigen Flugzeuge ging an die Luftstreitkräfte von Frankreich und Thailand. Sie alle sahen Kampfeinsätze in Südostasien.

BESCHREIBUNG:

BESATZUNG:
Pilot

ABMESSUNGEN:
Länge: 8,61 m
Spannweite: 7,87 m
Höhe: 4,20 m

MASSEN:
Leermasse: 3206 kg
Max. Startmasse: 5873 kg

LEISTUNGEN:
Höchstgeschwindigkeit: 680 km/h
Reichweite: 1775 km
Antrieb: Pratt & Whitney R-2800-34W Double Wasp
Motorleistung: 2800 PS (2087 kW)

DATUM DES ERSTFLUGS:
21. August 1944

BEWAFFNUNG:
Vier starre 12,7 mm Colt-Browning MG im Flügel; Waffenzuladung (Bomben/Raketen) 908 kg an sechs Unterflügel-Aufhängungen und einer unter dem Rumpf

BESONDERE MERKMALE:
Freitragender Tiefdecker; verkleideter Sternmotor; Einziehfahrwerk; Fanghaken; Vollsicht-Abdeckung

Grumman AF-2 Guardian USA

Einmotoriger zwei-/viersitziger U-Boot-Jäger/Kampfbomber

Die Grumman AF-2 Guardian wurde gebaut um der Gefahr durch sowjetische U-Boote entgegen zu treten. Die Fertigung lief in zwei Varianten, die gemeinsam miteinander U-Boot-Jagd (ASW) betrieben. Die in 153 Exemplaren gebaute AF-2W war der Jäger in dem Team. Ihre Viermann-Besatzung konnte mit dem unter dem Rumpf in einer großen Wanne montierten APS-20-Suchradar und weiteren Sensoren die Objekte aufspüren. Die bei Kontakt herbeigerufene zweisitzige AF-2S war der „Knacker". Sie erledigte die Feinsucharbeiten mit Hilfe von APS-31-Radar, einem AVQ-2 Scheinwerfer und Schallbojen, bevor sie das Unterwasserfahrzeug mit Bomben, Wasserbomben oder Torpedos bekämpfte. Die Waffen trug sie im Bombenschacht mit, der bei der AF-2W die elektronische Ausrüstung aufnahm. Grumman lieferte 193 AF-2S, von denen die ersten die Flotte im Oktober 1950 erreichten. 40 weitere Maschinen mit zusätzlicher MAD-Einrichtung (magnetic airborne detection) beendeten 1953 die Fertigung. Die Aufgaben des Duos gingen ab 1955 auf einen einzelnen Träger über, die Grumman S-2 Tracker. Die restlichen Guardian übernahmen Einheiten der Flotten-Reserve.

BESCHREIBUNG:

BESATZUNG:
Pilot und Navigator (AF-2S); Pilot, Navigator und zwei Radar-Beobachter (AF-2W)

ABMESSUNGEN:
Länge: 13,20 m
Spannweite: 18,49 m
Höhe: 4,93 m

MASSEN:
Leermasse: 6613 kg
Max. Startmasse: 11.567 kg

LEISTUNGEN:
Höchstgeschwindigkeit: 510 km/h
Reichweite: 2415 km
Antrieb: Pratt & Whitney R-2800-48W Double Wasp
Motorleistung: 2400 PS (1789 kW)

DATUM DES ERSTFLUGS:
19. Dezember 1946

BEWAFFNUNG:
Waffenzuladung 1814 kg Bomben/Torpedos/Wasserbomben im Bombenschacht (nur AF-2S)

BESONDERE MERKMALE:
Freitragender Mitteldecker; verkleideter Sternmotor; Einziehfahrwerk; Fanghaken

Grumman UF-1/U-16 Albatross USA

Zweimotoriges mehrsitziges Mehrzweck-Amphibium

Grumman konnte eine Fülle an Erfahrungen mit Amphibium-Flugzeugen allein durch die große Anzahl der während des Zweiten Weltkriegs für die Alliierten gebauten JRF Goose erlangen. Nach dem Krieg entschied sie sich, alle ihre vorhergehenden Muster durch eine vollkommen neue Konstruktion zu ersetzen, die wesentlich größer und schwerer ausfallen sollte. Das Ergebnis war die G-64 Albatross, die bis auf ihre Dimensionen alle Attribute bisher gebauter Grumman-Amphibien aufwies: Flügel in Schulterdecker-Anordnung und in die Rumpfseitenwände einziehbare Hauptträder. Sowohl die *US Air Force* als auch die *Navy* waren von dem Muster so beeindruckt, dass beide ihre eigene Version in Serie bestellten. Bei der *USAF* hieß die Albatross zuerst SA-16A. Später wurde die Bezeichnung in HU-16 geändert. Die Marine nannte ihre Version ursprünglich JR2F-1, dann UF-1 und schließlich U-16. Die ersten 418 Serienflugzeuge wurden ab Juli 1949 bei den Verbänden eingeführt. Verbesserte SA-16B/UF-2 folgten 1955. Albatross von *USAF, US Navy* und *US Coast Guard* erlebten Kampfeinsätze in Korea und Vietnam. Überlebende Modelle blieben im Inventar der US-Streitkräfte bis in die siebziger Jahre.

BESCHREIBUNG:

BESATZUNG:
Pilot, Copilot, Navigator, Kommandant und Radar-Beobachter

ABMESSUNGEN:
Länge: 19,18 m
Spannweite: 29,46 m
Höhe: 7,87 m

MASSEN:
Leermasse: 10.380 kg
Max. Startmasse: 17.010 kg

LEISTUNGEN:
Höchstgeschwindigkeit: 379 km/h
Reichweite: 4587 km
Antrieb: Zwei Wright R-1820-82
Motorleistung: 3050 PS (2274 kW)

DATUM DES ERSTFLUGS:
24. Oktober 1947

BEWAFFNUNG:
Vier Mk-43-Torpedos oder zwei Wasserbomben

BESONDERE MERKMALE:
Freitragender Schulterdecker; zwei verkleidete Sternmotoren; einziehbares Dreirad-Fahrwerk; Bootsrumpf; feste Stützschwimmer

Grumman F9F Panther USA

Einstrahliger, einsitziger Jagbomber

Der erste mit Strahltriebwerken ausgerüstete Grumman-Jäger sollte ursprünglich vier Westinghouse 19XB (J30)-Strahlturbinen erhalten. Als die Marine von der Leistungsfähigkeit der britischen Rolls-Royce Nene Strahlturbine hörte, ließ sie für Leistungsversuche zwei Exemplare zum *Naval Air Center* in Philadelphia verschiffen. Diese fielen so überzeugend aus, dass Pratt & Whitney die Produktion als J42 begann. Der Prototyp XF9F-1 absolvierte seine Erprobung von 1947 bis 1948 noch mit einem originalen Nene-Triebwerk. Mit dem ungepfeilten Flügel war er konventionell aufgebaut, besaß dafür aber ausgezeichnete Langsamflugeigenschaften. Erste von 567 bestellten F9F-2 erreichten die Verbände im Mai 1949. Sie waren die ersten Strahlflugzeuge, die von Trägern aus über Korea eingesetzt wurden. In diesem Krieg führten mit Panther ausgestattete Einheiten der *US Navy* und des *Marine Corps* die Hälfte aller Angriffsmissionen aus. Die Version F9F-5 hatte eine J48-Strahlturbine, die die ungenügende Waagerechtgeschwindigkeit etwas verbesserte. Aber sie blieb bis zum Einsatz des Pfeilflüglers Cougar ein Problem. Von den 761 gebauten F9F-5 wurden 100 Stück als Fotoaufklärer F9F-5P umgebaut und erfolgreich geflogen.

BESCHREIBUNG:

BESATZUNG:
Pilot

ABMESSUNGEN:
Länge: 11,40 m
Spannweite: 11,58 m
Höhe: 3,47 m

MASSEN:
Leermasse: 4990 kg
Max. Startmasse: 8840 kg

LEISTUNGEN:
Höchstgeschwindigkeit: 849 km/h
Reichweite: 2164 km
Antrieb: Pratt & Whitney J42-P-2
Motorleistung: 22,26 kN

DATUM DES ERSTFLUGS:
24. November 1947

BEWAFFNUNG:
Vier starre 20 mm M-2 MK im Bug; Waffenzuladung (Bomben/Raketen) 908 kg an sechs Unterflügel-Aufhängungen

BESONDERE MERKMALE:
Freitragender Mitteldecker mit ungepfeiltem Flügel; Lufteinläufe in der Flügelwurzel; hoch angesetztes Höhenleitwerk; Vollsicht-Abdeckhaube; Fanghaken; Flügelendtanks

Grumman F9F/F-9 Cougar USA

Einstrahliger ein-/zweisitziger Jagdbomber/Fortgeschrittenen-Trainer

Die Grundkonstruktion von Grummans erstem Strahljäger war so gelungen, dass aus der Panther mit geradem Flügel problemlos die Cougar mit einem gepfeilten Flügel abgeleitet werden konnte. Wie relativ gering der Umkonstruktionsaufwand war, geht auch daraus hervor, dass an der Typenbezeichnung F9F festgehalten wurde. Grumman hatte erstmals 1950 von einer Pfeilflügel-Variante des Panther gesprochen. 1951 erteilte die Marine den Auftrag für drei Prototypen. Die XF9F-6, die im September 1951 ihre Jungfernflüge ausführten, besaßen Rumpf und Leitwerk des Panther, neue um 35 Grad gepfeilte Flügel und stärkere J48-P-8. Anschließend wurden 646 Stück F9F-6 gebaut, gefolgt von 168 nahezu identischen F9F-7 und 60 F9F-6P Fotoaufklärer. Die danach gefertigte F9F-8 besaß einen verlängerten Rumpf, eine verbesserte Abdeckhaube und eine vergrößerte Tragfläche. Von den 711 gebauten Maschinen dieser Version wurden 110 als Fotoaufklärer F9F-8P umgerüstet. Als letzte Cougar-Variante kam der Trainer F9F-8T mit verlängertem Rumpf heraus. Zwischen 1956 und 1959 wurden 399 Stück geliefert. Die ab 1962 F-/RF-/TF-9 genannten Flugzeuge blieben bei Einsatz-, Übungs- und Reserveeinheiten bis 1974 im Dienst.

BESCHREIBUNG:

BESATZUNG:
Pilot (F-9) oder 2 Piloten hintereinander (TF-9)

ABMESSUNGEN:
Länge: 13,00 m
Spannweite: 11,10 m
Höhe: 4,45 m

MASSEN:
Leermasse: 5897 kg
Max. Startmasse: 9072 kg

LEISTUNGEN:
Höchstgeschwindigkeit: 1110 km/h
Reichweite: 1610 km
Antrieb: Pratt & Whitney J48-P-8
Motorleistung: 32 kN

DATUM DES ERSTFLUGS:
20. September 1951

BEWAFFNUNG:
Vier starre 20 mm M-2 MK im Bug; Waffenzuladung (Bomben/Raketen/Flugkörper) 1816 kg an sechs Unterflügel-Aufhängungen

BESONDERE MERKMALE:
Freitragender Mitteldecker mit Pfeilflügel; Lufteinläufe in den Flügelwurzeln; hoch angesetztes Höhenleitwerk; Vollsicht-Abdeckhaube; Fanghaken

Grumman S-2 Tracker/C-1 Trader USA
Zweimotoriges mehrsitziges ASW-/AEW-/Mehrzweckflugzeug

Der Zweimotorer wurde innerhalb kürzester Zeit als Ablösemuster für das U-Boot-Jäger-(ASW)-Duo Guardian des gleichen Herstellers entwickelt. Obwohl von den Abmessungen nur mittelgroß konzipiert, war die Zelle in der Lage, alle Suchgeräte und alle Waffen aufzunehmen die nötig waren, um Unterwasserfahrzeuge aufzuspüren und zu vernichten. Die Geräte und Sensoren, die für ihre Funktion außen gebraucht wurden, konnten für den Reiseflug wieder in der Zelle verschwinden. So konnte der MAD-Stachel ins Heck eingezogen werden, und das APS-38-Radar, das in einem Unterrumpfturm saß, ließ sich aus- und einfahren. Acht Schallortungs-Bojen waren vollkommen versenkt in den Motorengondeln untergebracht. Die Kombination aus Kraftstoff sparenden Wright Cyclone-Sternmotoren und der großen Flügelstreckung war Garant für hohe max. Flugdauer – z.B. bei Suchflügen – und die rundum guten Flugeigenschaften. Die erste S2F-1 (1962 in S-2A umbenannt) trat im Februar 1954 ihren Dienst an. Als die Produktion 1968 auslief, waren 1181 Trackers/Tracer/Trader ausgeliefert worden, denn aus dem U-Boot-Jäger Tracker waren das luftgestützte Frühwarnflugzeug E-1B Tracer und der Transporter C-1A Trader abgeleitet worden.

BESCHREIBUNG:

BESATZUNG:
Pilot, Copilot, taktischer Überwacher und zwei Radar-Beobachter (S-2/E-1), oder Pilot, Copilot und neun Passagiere

ABMESSUNGEN:
Länge: 12,88 m
Spannweite: 21,23 m
Höhe: 4,96 m

MASSEN:
Leermasse: 7873 kg
Max. Startmasse: 11.929 kg

LEISTUNGEN:
Höchstgeschwindigkeit: 462 km/h
Reichweite: 1448 km
Antrieb: Zwei Wright R-1820-82WA Cyclone
Motorleistung: 3050 PS (2274 kW)

DATUM DES ERSTFLUGS:
4. Dezember 1952

BEWAFFNUNG:
Waffenzuladung (Torpedos/Wasserbomben/Raketen) 2181 kg im Bombenschacht und an sechs Unterflügel-Aufhängungen

BESONDERE MERKMALE:
Freitragender Schulterdecker; zwei verkleidete Sternmotoren; einziehbares Dreirad-Fahrwerk; Fanghaken

Grumman F11F/F-11 Tiger USA
Einstrahliger Jagdeinsitzer

Das Nachfolgemodell war zwar als eine Weiterentwicklung der Panther/Cougar-Familie gewünscht worden, wurde aber schließlich eine komplett neue Konstruktion. Der Prototyp der G-98 – so lautete die interne Werksbezeichnung – vollbrachte am 30. Juli 1954 seinen Erstflug. Unter dem Taufnamen Tiger war er besonders auf Geschwindigkeit gezüchtet worden. Nach der Flächenregel der NACA entworfen, versprach der eingeschnürte Rumpf sowohl im Unter- als auch im Überschallbereich geringsten Widerstand. Die F11F-1, wie sie die *Navy* ab April 1955 bezeichnete, wurde von einer Wright J65 mit Nachbrenner angetrieben und ging 1956 in die Fertigung. Verzögert durch die unzureichende Leistung des Triebwerks und geringe Gesamtzuverlässigkeit wurden nur 42 kurznasige F11-F-1 gebaut. Sie kamen im März 1957 bei der VA-156 (trotz ihrer Bezeichnung eine Tagjäger-Einheit) zum Einsatz. Die langnasigen F11F-1-Muster (für die Aufnahme eines Bug-Radars, das nie eingebaut wurde) folgten. 157 davon waren gebaut worden, bevor die Produktion im Dezember 1958 auslief. Nur fünf Jäger-Einheiten erhielten Tiger. Trotzdem wurde der Typ – ab 1962 F-11A genannt – mit dem Kunstflugteam „Blue Angels" bekannt.

BESCHREIBUNG:

BESATZUNG:
Pilot

ABMESSUNGEN:
Länge: 13,70 m
Spannweite: 9,63 m
Höhe: 4,05 m

MASSEN:
Leermasse: 6092 kg
Max. Startmasse: 10.052 kg

LEISTUNGEN:
Höchstgeschwindigkeit: 1432 km/h
Reichweite: 11,30 km
Antrieb: Wright J65-W-18
Motorleistung: 49,2 kN

DATUM DES ERSTFLUGS:
30. Juli 1954

BEWAFFNUNG:
Vier starre 20 mm M-2 MK im Rumpf und bis zu vier AIM-9 Sidewinder Raketen an Unterflügel-Aufhängungen

BESONDERE MERKMALE:
Freitragender Mitteldecker mit Pfeilflügel; Lufteinlässe an den Rumpfseiten; Vollsicht-Abdeckhaube; Fanghaken

Grumman A-6 Intruder USA
Zweistrahliger zweisitziger Bomber

Das Muster entstand nach einer Ausschreibung der US Navy für ein trägergestütztes Langstrecken-Tiefangriffsflugzeug. Es ging aus neun Bewerbungen von sieben rivalisierenden Herstellern als Sieger hervor. Das erste von sechs Entwicklungs-Flugzeugen der A2F-1 flog am 19. April 1960. 1963, als 482 Maschinen des Typs geliefert worden waren, wurde er in A-6A umbenannt. Sowohl mit der *Navy* als auch mit dem *Marine Corps* hatten Intruder ihr Einsatzdebüt über Vietnam. Mit ihrer Waffenzuladung von über 8 Tonnen an Bomben und Flugkörpern sowie mit ihrem Allwetter-Zielsuchradar erwiesen sich die Maschinen als sehr wirksam. Die verbesserte A-6E wurde 1970 geliefert. Sie besaß leistungsstärkere Strahlturbinen und eine verbesserte Ausrüstung. Von den 445 Exemplaren, die Marineverbände davon abnahmen, waren 205 Stück Umbauten aus A-6A und 220 neu gebaute. Aus umgebauten A-Modellen rekrutierten sich auch Luftbetankungs-Flugzeuge KA-6D. Intruder wurden in den achtziger und neunziger Jahren regelmäßig auf jüngsten Stand gebracht. Sie waren bei Kämpfen über Libyen, dem Libanon, im Persischen Golf und beim Unternehmen Desert Storm dabei, bevor sie 1997 ausschieden.

BESCHREIBUNG:

BESATZUNG:
Pilot und Bombenschütze/Navigator nebeneinander

ABMESSUNGEN
Länge: 16,69 m
Spannweite: 16,15 m
Höhe: 4,93 m

MASSEN:
Leermasse: 12.525 kg
Max. Startmasse: 26.580 kg

LEISTUNGEN:
Höchstgeschwindigkeit: 1037 km/h
Reichweite: 1733 km
Antrieb: Zwei Pratt & Whitney J52-P-8B
Motorleistung: 82,8 kN

DATUM DES ERSTFLUGS:
19. April 1960

BEWAFFNUNG:
Waffenzuladung (Bomben/Flugkörper) 8165 kg an vier Unterflügel-Aufhängungen und einer unter dem Rumpf

BESONDERE MERKMALE:
Freitragender Mitteldecker mit Pfeilflügel; Lufteinläufe an den unteren Rumpfseiten; Vollsicht-Abdeckhaube; Fanghaken; Nachbetankungsrüssel vor dem Führerraum

Grumman EA-6B Prowler USA
Zweistrahliges viersitziges Flugzeug für elektronische Kriegsführung (AEW)

Die Prowler wurde das Standard-Flugzeug von *US Navy* und *Marine Corps* für die taktische Form der elektronischen Kriegsführung (EW). Die Entwicklung dahin begann in den frühen sechziger Jahren mit der Douglas EF-10 Skynight. Das *Marine Corps* ersetzte dieses Muster durch EA-6A Intruder, von der 27 Stück für den Krieg in Vietnam erworben wurden. Dieses Interimsmodell regte Ende der sechziger zur Entwicklung der speziellen Prowler an, die die US Navy als Ersatz für die EKA-4B Skywarriors auf den Decks der Flugzeugträger benötigte. Die EA-6B Prowler ähnelt der A-6 sehr, hat jedoch eine vergrößerte Kabine für die vierköpfige Besatzung, bestehend aus dem Piloten und drei EW-Offizieren. Die EW-Antennen sitzen in einem Gehäuse am oberen Ende der Seitenflosse, während sich Radar-Störgeräte in Behältern an Aufhängungen unter dem Flügel befinden. Ausrüstung und Ausstattung bilden in ihrer Gesamtheit das taktische Störsystem. Die Prowler, die am 25. Mai 1968 erstmals geflogen war, kam 1971 zur Flotte. 170 Exemplare wurden während der Fertigungszeit bis 1991 gebaut. Davon bilden auch heute noch etwa 100 Exemplare den Aktivposten bei den Einsatzeinheiten.

BESCHREIBUNG:

BESATZUNG:
Pilot und drei System-Offiziere (Elektronische Kriegsführung)

ABMESSUNGEN:
Länge: 18,24 m
Spannweite: 16,15 m
Höhe: 4,95 m

MASSEN:
Leermasse: 14.320 kg
Max. Startmasse: 29.895 kg

LEISTUNGEN:
Höchstgeschwindigkeit: 958 km/h
Reichweite: 1770 km
Antrieb: Zwei Pratt & Whitney J52-P-408
Motorleistung: 99,6 kN

DATUM DES ERSTFLUGS:
25. Mai 1968

BEWAFFNUNG:
Waffenzuladung vier AGM-88 Harm Anti-Radar-Flugkörper an Unterflügel-Aufhängungen

BESONDERE MERKMALE:
Freitragender Mitteldecker mit Pfeilflügel; Lufteinlässe an den unteren Rumpfseiten; Vollsicht-Abdeckhaube; Fanghaken; Nachbetankungsrüssel vor dem Führerraum; verdicktes Gehäuse auf der Seitenflosse

Grumman F-14 Tomcat USA

Zweistrahliger zweisitziger Jagdbomber

Die fehlgeschlagene General Dynamics F-111 Entwicklung verhalf der F-14 Tomcat – dem für viele Jahre lang besten Langstrecken-Verteidigungsjäger – zum Start. Grumman als Hauptauftragnehmer für die Marine-Version der F-111 hatte unabhängig von dem Programm und lange vor dessen Absetzung mit der eigenen Entwicklung G-303 eines Verteidigungsjägers begonnen. Sie wurde im Januar 1969 ausgewählt, die F-4 zu ersetzen. Von der F-111B waren Schlüsselsysteme übernommen worden, so das AWG-9-Radar, die AIM-54 Phoenix-Flugkörper, die TF30-Triebwerke und der Schwenkflügel. Unter der Marine-Bezeichnung F-14 machte der Prototyp am 12. Dezember 1970 seinen Jungfernflug, und die ersten der 556 Serienflugzeuge erreichten die Flotte 1972. Weitere 79 F-14A gingen Mitte der siebziger Jahre an den vorrevolutionären Iran. Als F-14B/D wurden Ende der achtziger Jahre 50 Exemplare des A-Modells mit neuen Triebwerken versehen und auf den Standard gebracht, den weitere 76 ganz neu gebaute Tomcat besaßen. Als mit dem Kalten Krieg auch typische Jagdmissionen überflüssig wurden, fanden F-14 als Präzisionsbomber Verwendung. 2006 schieden alle Tomcat bei der *Navy* aus.

BESCHREIBUNG:

BESATZUNG:
Pilot und Radar-Leitoffizier hintereinander

ABMESSUNGEN:
Länge: 19,10 m
Spannweite: 19,54 m
Höhe: 4,88 m

MASSEN:
Leermasse: 18.190 kg
Max. Startmasse: 33.724 kg

LEISTUNGEN:
Höchstgeschwindigkeit: 2485 km/h
Reichweite: 3220 km
Antrieb: Zwei Pratt & Whitney TF30-P-412
Motorleistung: 186 kN

DATUM DES ERSTFLUGS:
12. Dezember 1970

BEWAFFNUNG:
Eine starre 20 mm M61A1 Vulcan Revolver MK im Rumpf; sechs Unterflügel- und Unterrumpf-Aufhängungen für Luft-Luft-Flugkörper oder 6577 kg Bomben

BESONDERE MERKMALE:
Freitragender Schulterdecker mit Schwenkflügel; Vollsicht-Abdeckhaube; Fanghaken; doppeltes Seitenleitwerk; Kielflossen

Grumman OV-1 Mohawk USA

Zweimotoriger zweisitziger Gefechtsfeld-Erkunder

Die OV-1 Mohawk wurde entworfen, um den Bedarf der US Army nach einer speziellen Gefechtsfeld-Aufklärungs-Plattform zu decken. Mit ihren STOl-(Kurzstart und Landung-)Eigenschaften, ihrer Panzerung für die Besatzung und befreit von überschüssiger Ausrüstung war sie weitgehend resistent gegen kleinkalibriges Bodenfeuer und damit für Aufgaben über dem Schlachtfeld sehr geeignet. Die geschützt auf der Flügeloberseite platzierten Propellerturbinen und Flügel mit Hochauftriebshilfen sowie das hohe, kräftig ausgeführte Fahrwerk für den Einsatz von unvorbereiteten Plätzen waren weitere Attribute. Die ersten OV-1A kamen im Februar 1961 zur *Army*. Als der Vietnam-Krieg ausbrach, waren bereits mehr als 150 Stück geliefert. Und als die Produktion 1970 auslief, waren mehr als 375 gebaut. Die Rolle des passiven elektronischen Nachrichtenüberbringers übernahm die OV-1D, die – mit zusätzlichen Kameras, Infrarot-Sensoren und Seitenradar ausgerüstet – eine mächtige Waffe während der Zeit des Kalten Krieges darstellte. Ein Dutzend von dieser Version wurde anschließend als RV-1D für die taktische Aufklärung umgerüstet. Mit Ablauf der Zellenlebenszeit 1996 gingen alle Mohawk außer Dienst.

BESCHREIBUNG:

BESATZUNG:
Pilot und Beobachter nebeneinander

ABMESSUNGEN:
Länge: 12,50 m
Spannweite: 12,80 m
Höhe: 3,86 m

MASSEN:
Leermasse: 4507 kg
Max. Startmasse: 6818 kg

LEISTUNGEN:
Höchstgeschwindigkeit: 500 km/h
Reichweite: 2270 km
Antrieb: Zwei Lycoming T53-701
Motorleistung: 2800 Wellen-PS (2088 kW)

DATUM DES ERSTFLUGS:
14. April 1959

BEWAFFNUNG:
Zwei Unterflügel-Aufhängungen für Waffenbehälter

BESONDERE MERKMALE:
Freitragender Mitteldecker; zwei Propellerturbinen auf der Flügeloberseite; verbreiterte Kabine; dreifaches Seitenleitwerk

Grumman E-2 Hawkeye USA

Zweimotoriges fünfsitziges Frühwarnflugzeug

Die E-2 Hawkeye war entwickelt worden, um Grummans E-1 Tracer abzulösen, die wiederum eine Frühwarn-Ableitung (AEW) aus der S-2 darstellten. Die *US Navy* hatte im März 1954 bekannt gegeben, dass sie sich für die Grumman-Konstruktion in Verbindung mit digitalen Rechnereinheiten und einem General Electric APS-96 Überwachungs-Radar entschieden hatte. Das Muster mit einem kreisrunden Radom über dem Rumpf flog zuerst unter der Bezeichnung W2F-1, wurde aber 1962 in E-2 umbenannt. Es war für die Unterbringung in Flugzeugträger-Hangars mit Faltflügeln und einem vierfachen Seitenleitwerk maßgeschneidert konstruiert worden. Die ersten von 59 bestellten E-2A gingen 1961 an die Marine. Sie wurden ausgiebig über Vietnam eingesetzt und von 1969 an durch verbesserte Ausrüstung in E-2B abgewandelt. Das endgültige Modell E-2C machte 1971 sein Flotten-Debüt. Es war ursprünglich mit APS-125-Radar und verbessertem Übertragungsmaterial ausgestattet, das allerdings im Verlauf der Einsatzjahre immer wieder auf den jüngsten Stand gebracht wurde und wird. Bis heute – die Produktion läuft immer noch – wurden mehr als 170 E-2C gebaut. Exportexemplare gingen in sieben Länder.

BESCHREIBUNG:

BESATZUNG:
Pilot, Copilot, Kampfleit-Offizier, Luftraum-Überwacher und Radar-Beobachter

ABMESSUNGEN:
Länge: 17,54 m
Spannweite: 24,56 m
Höhe: 5,58 m

MASSEN:
Leermasse: 17.860 kg
Max. Startmasse: 24.160 kg

LEISTUNGEN:
Höchstgeschwindigkeit: 625 km/h
Reichweite: 2855 km
Antrieb: Zwei Allison T56-A-425
Motorleistung: 10.200 Wellen-PS (7610 kW)

DATUM DES ERSTFLUGS:
21. Oktober 1960

BESONDERE MERKMALE:
Freitragender Schulterdecker; zwei Propellerturbinen an der Flügelunterseite; vierfaches Seitenleitwerk; Radargehäuse über dem Rumpf; Fanghaken

Grumman C-2 Greyhound USA

Zweimotoriges mehrsitziges Träger-Versorgungsflugzeug

Es gehörte zur Grumman-Tradition, die Marine mit Carrier Onboard Delivery (COD)-Flugzeugen zu beliefern. Hier kann an die Güter transportierende Avenger aus der Zeit des Zweiten Weltkriegs erinnert werden und an die C-1 Trader, die während der fünfziger Jahre speziell aus der S-2 Tracker entwickelt worden war. Als jüngste der COD-Flugzeuge kam die C-2 Greyhound heraus, als eine Weiterentwicklung der E-2. Während Avenger und Trader nur Passagier/Fracht-Versionen der Einsatzmuster waren, unterschied sich die C-2 in wesentlichen Punkten von dem Ausgangsmodell. So konnte Grumman für die Greyhound lediglich Flügel und Triebwerksanlage von der E-2 übernehmen. Der ganz neue Rumpf war viel geräumiger und hatte eine Heckladerampe vor dem hochgelegten Leitwerk. Der erste von zwei YC-2A-Prototypen flog im November 1964. Danach folgte ein Auftrag über 17 Exemplare der C-2A. Seit der Einführung bei der Flotte sind Greyhound regelmäßige Besucher auf den Flugzeugträgern der *US Navy* rund um den Globus. Zwischen 1985 und 1989 wurden weitere Maschinen als Ersatz für die abgelösten C-1 Trader gebaut. Die anspruchslosen Greyhound werden noch für einige Zeit im Dienst sein.

BESCHREIBUNG:

BESATZUNG:
Pilot, Copilot, Kommandant und 39 Passagiere

ABMESSUNGEN:
Länge: 17,32 m
Spannweite: 24,56 m
Höhe: 4,84 m

MASSEN:
Leermasse: 16.485 kg
Max. Startmasse: 28.080 kg

LEISTUNGEN:
Höchstgeschwindigkeit: 575 km/h
Reichweite: 2890 km
Antrieb: Zwei Allison T56-A-425
Motorleistung: 9824 Wellen-PS (7330 kW)

DATUM DES ERSTFLUGS:
18. November 1964

BESONDERE MERKMALE:
Freitragender Schulterdecker; zwei Propellerturbinen an der Flügelunterseite; vierfaches Seitenleitwerk; Heckladerampe; Fanghaken

HAL HF-24 Marut INDIEN
Zweistrahliger einsitziger Jagdbomber

Als erste eigenständige indische Jagdflugzeug-Konstruktion war die HF-24 Marut (Windgeist) unter einem von Prof. Kurt Tank geleiteten Team entstanden, dem früheren Direktor und Technischen Leiter der Bremer Focke-Wulf Werke. Die Arbeiten hatten 1956 unter der Versicherung von Tank begonnen, einen Mehrzweckjäger mit Mach-2-Eigenschaften zu schaffen. Der erste von zwei Prototypen flog am 17. Juni 1961, und die ersten von 18 bestellten Vorserienflugzeugen Marut Mk 1 nahmen im April 1963 ihre Flugversuche auf. Insgesamt 112 Serienflugzeuge, angetrieben durch in Indien unter Lizenz gebaute Bristol Orpheus 703 Strahlturbinen, kamen ab November 1967 zu den indischen Luftstreitkräften, zusammen mit einem Dutzend zweisitziger Marut Mk 1T-Trainer. Die Orpheus 703 waren als Interimslösung gedacht und sollten durch leistungsstärkere Orpheus Bor 12 ersetzt werden, doch nach deren Streichung blieben die Marut während ihrer kompletten Einsatzzeit mit den schwächeren Triebwerken – die nur Mach 1,02 zuließen – ausgestattet. Drei Staffeln erhielten Marut. Sie kamen 1971 zum Einsatz im Indisch-Pakistanischen-Krieg. 1985 lösten unter Lizenz gebaute MiG-23BNS sie ab.

BESCHREIBUNG:

BESATZUNG:
Pilot

ABMESSUNGEN:
Länge: 15,87 m
Spannweite: 9,00 m
Höhe: 3,60 m

MASSEN:
Leermasse: 6195 kg
Max. Startmasse: 10.908 kg

LEISTUNGEN:
Höchstgeschwindigkeit: 1134 km/h
Reichweite: 772 km
Antrieb: Zwei Bristol Orpheus 703
Motorleistung: 41 kN

DATUM DES ERSTFLUGS:
17. Juni 1961

BEWAFFNUNG:
Vier starre 20 mm Aden MK im Rumpfbug; Waffenzuladung (Bomben/Raketenbehälter) 1816 kg an vier Unterflügel-Aufhängungen

BESONDERE MERKMALE:
Freitragender Tiefdecker mit Pfeilflügel; Vollsicht-Abdeckhaube; Lufteinläufe an den Rumpfseiten

HAL Ajeet Indien
Einstrahliger einsitziger Jagdbomber

Obwohl der leichte Jagdbomber Ajeet (nach dem altindischen Sanskrit-Wort für „unbesiegbar") eine Ableitung aus der unter Lizenz hergestellten Gnat darstellt, stimmten weniger als 60 Prozent mit dem Folland-Original überein. Im Gegensatz zu der britischen Originalkonstruktion besaß der von HAL konstruierte Ajeet integrierte Kraftstofftanks, eine verbesserte Instrumentenausrüstung, eine verfeinerte Steuerung (die des Gnat war chronisch unzuverlässig) und einen neuen Martin-Baker-Schleudersitz. Die beiden letzten Gnat aus der Serienproduktion dienten als Ajeet-Prototypen. Der erste von ihnen stieg am 5. März 1975 erstmals in die Luft. Die erste Ajeet aus der Produktion wurde am 30. September 1976 eingeflogen. Obwohl die Maschinen mit ihren neuen Systemen einen erweiterten Aufgabenbereich abdeckten, wurden sie wie die Gnat durch Orpheus 703 angetrieben. Ebenso blieb es bei der Bewaffnung mit zwei 30 mm Aden Maschinenkanonen. Insgesamt wurden 79 Exemplare Ajeet für die indischen Luftstreitkräfte gebaut. Ihre Auslieferung konnte bis Februar 1982 abgeschlossen werden. Hinzu kamen noch 10 Stück, die HAL (Hindustan Aeronautics Limited) aus Gnat in Ajeet umbaute.

Beschreibung:

Besatzung:
Pilot

Abmessungen:
Länge: 9,04 m
Spannweite: 6,73 m
Höhe: 2,46 m

Massen:
Leermasse: 2307 kg
Max. Startmasse: 4171 kg

Leistungen:
Höchstgeschwindigkeit: 1102 km/h
Reichweite: 2080 km
Antrieb: Rolls-Royce Orpheus 701-01
Motorleistung: 19 kN

Datum des Erstflugs:
5. März 1975

Bewaffnung:
Zwei starre 30 mm Aden MK im Rumpf; Waffenzuladung (Bomben/Raketen) 454 kg an vier Unterflügel-Aufhängungen

Besondere Merkmale:
Freitragender Schulterdecker mit Pfeilflügel; Vollsicht-Abdeckhaube; Dreirad-Fahrgestell; Lufteinläufe an den Rumpfseiten; kleines Seitenleitwerk

Handley Page Hastings GROSSBRITANNIEN
Viermotoriger mehrsitziger Langstreckentransporter

Die Hastings wurde als Ersatz der Avro York in der Rolle des militärischen Langstrecken-Transporters innerhalb der *Royal Air Force* entwickelt. Der Prototyp machte am 7. Mai 1946 seinen Jungfernflug. Die 47. Staffel des *Transport Command* war schließlich die erste Einheit, die im Oktober 1948 auf Hastings umgerüstet werden konnte. Ein Jahr später wurden sie – unterstützt durch Maschinen des gleichen Typs von der 297. Staffel – bei der Operation Plainfare eingesetzt, noch bekannter unter dem Namen „Berliner Luftbrücke". Eine Hastings war es schließlich, die den allerletzten Versorgungsflug am 6. Oktober 1949 durchführte. Ende 1950 kam die Variante Hastings C 2 zur *RAF*. Sie unterschied sich von der C 1 durch ein am Rumpfheck leicht tiefer gesetztes und in der Spannweite vergrößertes Höhenleitwerk (dieses Leitwerk bekamen auch alle nachfolgenden Versionen) sowie durch eine vergrößerte Kraftstoffkapazität. Insgesamt wurden 147 Exemplare der Hastings für die *RAF* gebaut, darunter waren 100 Stück C 1, 43 C 2 und vier C 4. Die neuseeländische *RNZAF* erhielt Hastings C 3. Die Handley Page Transporter gingen Anfang 1968 aus dem Dienst der *RAF*. Lockheed Hercules ersetzten sie.

BESCHREIBUNG:

BESATZUNG:
Pilot, Copilot, Navigator, Flugingenieur, Kommandant und 50 Soldaten

ABMESSUNGEN:
Länge: 25,23 m
Spannweite: 34,44 m
Höhe: 6,88 m

MASSEN:
Leermasse: 21.966 kg
Max. Startmasse: 36.288 kg

LEISTUNGEN:
Höchstgeschwindigkeit: 557 km/h
Reichweite: 6800 km
Antrieb: Vier Bristol Hercules 106
Motorleistung: 6700 PS (4996 kW)

DATUM DES ERSTFLUGS:
7. Mai 1946

BESONDERE MERKMALE:
Freitragender Tiefdecker; großes Seitenleitwerk; vier Sternmotoren im Flügel; kreisrunder Rumpfquerschnitt; Spornrad-Fahrwerk

Handley Page Victor GROSSBRITANNIEN

Vierstrahliger fünfsitziger Bomber/Tanker/strategischer Aufklärer

Die Victor wurde nach der gleichen Ausschreibung (B 35/46) für einen V-Bomber wie die Avro Vulcan entwickelt und war ausgelegt für hohe Geschwindigkeit in großen Höhen. Speziell dafür war ein „Sichel"-Flügel entstanden, dessen innerer Teil mit der größten Dicke die vier Rolls-Royce Sapphire Strahltriebwerke aufnahm. Er besaß auch die größte Pfeilung. Weiter außen liegende Flügelteile hatten bei geringerer Profildicke jeweils kleinere Pfeilung. Die Victor kamen als letzte der drei *RAF*-V Bomber-Typen zu den Einheiten des *Bomber Command*, und zwar zwischen 1955 und 1958. Die ursprüngliche B 1 wurde kontinuierlich mit besseren Systemen für elektronische Abwehrmaßnahmen zur B 1A nachgebessert. Nachdem mit Polaris-Flugkörpern ausgestattete Unterwasserfahrzeuge die Aufgabe der nuklearen Abschreckung übernommen hatten, erfolgte die Umwandlung der noch existierenden zu Tankern K 1A. Die mit Conway-Triebwerken leistungsstärkeren Victor B 2 kamen Anfang der Sechziger. Sie besaßen britische Blue Steel Flugkörper und machten Tiefflugeinsätze. Sie wurden in den siebziger Jahren zu Tankern umgebaut und nach Einsätzen im ersten Golf-Krieg im Oktober 1993 aus der *RAF* entlassen.

BESCHREIBUNG:

BESATZUNG:
Pilot, Copilot, taktischer Navigator, Radar-Beobachter und System-Überwacher

ABMESSUNGEN:
Länge: 35,05 m
Spannweite: 36,58 m
Höhe: 9,20 m

MASSEN:
Leermasse: 41.277 kg
Max. Startmasse: 101.150 kg

LEISTUNGEN:
Höchstgeschwindigkeit: 1030 km/h
Reichweite: 7400 km
Antrieb: Vier Rolls-Royce Conway 201
Motorleistung: 366 kN

DATUM DES ERSTFLUGS:
24. Dezember 1952

BEWAFFNUNG:
Waffenzuladung (Bomben/Flugkörper) 15.890 kg im Bombenschacht

BESONDERE MERKMALE:
Freitragender Mitteldecker mit Pfeilflügel verschiedener Dicke und Pfeilung; Triebwerke in den Flügelwurzeln; T-Leitwerk mit V-Form; Kaulquappen-ähnliche Rumpfform

Hawker Tempest II GROSSBRITANNIEN
Einmotoriger einsitziger Jagdbomber

Im Prinzip lässt sich die Entwicklungslinie des letzten durch einen Kolbenmotor angetriebenen Jagdeinsitzers der *RAF* bis zum Juni 1942 zurückverfolgen, als eine flugtüchtige deutsche Focke-Wulf Fw 190 erbeutet werden konnte. Bis dahin hatten britische Flugzeughersteller ausschließlich auf flüssigkeitsgekühlte Reihenmotoren für ihre Jagdeinsitzer gesetzt. Die Leistungsfähigkeit des in der Fw 190 eingebauten kompakten Doppelsternmotors BMW 801 bewirkte ein Umdenken. Besonders wurde darüber nachgedacht, den störanfälligen Napier Sabre, der für die nach der Ausschreibung F 10/41 in Entwicklung befindlichen Jagdeinsitzer Tempest I und V als Antrieb vorgesehen war, in einer neuen Version (Tempest II) durch den Bristol Centaurus-Sternmotor zu ersetzen. Das Muster war vorrangig für den Einsatz bei der *Tiger Force* der *RAF* gegen die Japaner gedacht. Der erste von zwei Tempest II-Prototypen flog am 28. Juni 1943. Technische Probleme mit dem Centaurus 5/6 Motor verzögerten die Entwicklung so, dass mit Napier ausgerüstete Tempest V ab April 1944 – sechs Monate vor der Tempest II – ausgeliefert wurden. Tempest II kamen für den Krieg zu spät. Die letzten von 452 ausgelieferten verließen 1952 die *RAF*.

BESCHREIBUNG:

BESATZUNG:
Pilot

ABMESSUNGEN:
Länge: 10,50 m
Spannweite: 12,50 m
Höhe: 4,81 m

MASSEN:
Leermasse: 4037 kg
Max. Startmasse: 6010 kg

LEISTUNGEN:
Höchstgeschwindigkeit: 708 km/h
Reichweite: 1319 km
Antrieb: Bristol Centaurus 5/6
Motorleistung: 2526 PS (1883 kW)

DATUM DES ERSTFLUGS:
28. Juni 1943

BEWAFFNUNG:
Vier starre 20 mm Hispano Mk V MK im Flügel; Waffenzuladung (Bomben/Raketen) 908 kg an vier Unterflügel-Aufhängungen

BESONDERE MERKMALE:
Freitragender Tiefdecker; verkleideter Sternmotor; Vollsicht-Abdeckhaube; Luftschraubenspinner

Hawker Fury/Sea Fury GROSSBRITANNIEN
Einmotoriger einsitziger Jagdbomber

Die von Sir Sydney Camm konstruierte Fury war nach der Tempest II der zweite Jäger von Hawker, der um den leistungsstarken aber komplexen Bristol Centaurus-Sternmotor herum konzipiert wurde. Vom Tempest wurde auch der Flügel (bis auf das Mittelteil) übernommen, aber der Rumpf war eine komplette Neukonstruktion in Schalenbauweise. Große Aufträge für die RAF wurden mit dem Zusammenbruch Deutschlands hinfällig. So konnten nur 65 Exemplare für Ägypten, Pakistan und den Irak gefertigt werden. Die *Fleet Air Arm (FAA)* zeigte großes Interesse an dem neuen Hawker-Jäger, so dass die Firma Boulton Paul schnell eine Abwandlung als Marinejäger für den Einsatz von Flugzeugträgern aus schuf. Die *FAA* bestellte davon 50 Stück als Sea Fury F 10 und 615 als Sea Fury FB 11. Exporterfolge konnten mit Verkäufen nach Australien, Kanada, Burma, Kuba sowie in die Niederlande und die Bundesrepublik Deutschland erzielt werden. FB 11 kamen in Korea mit britischen, kanadischen und australischen Marinestreitkräften zum Einsatz. Obwohl die meisten Sea Fury bei den Einsatzeinheiten Ende der fünfziger Jahre abgelöst waren, erlebten sie bei den Pakistanis bis 1973 verschiedene Kriege mit Indien.

BESCHREIBUNG:

BESATZUNG:
Pilot; zwei Piloten hintereinander (TT 20 Trainer-Version)

ABMESSUNGEN:
Länge: 10,56 m
Spannweite: 11,69 m
Höhe: 4,81 m

MASSEN:
Leermasse: 4090 kg
Max. Startmasse: 5669 kg

LEISTUNGEN:
Höchstgeschwindigkeit: 740 km/h
Reichweite: 1223 km
Antrieb: Bristol Centaurus 18
Motorleistung: 2550 PS (1901 kW)

DATUM DES ERSTFLUGS:
1. September 1944

BEWAFFNUNG:
Vier starre 20 mm Hispano Mk V MK; Waffenzuladung (Bomben/Raketen) 908 kg an vier Unterflügel-Aufhängungen

BESONDERE MERKMALE:
Freitragender Tiefdecker; Faltflügel; verkleideter Sternmotor, Fanghaken (nur Sea Fury); Vollsicht-Abdeckhaube

Hawker Sea Hawk GROSSBRITANNIEN

Einstrahliger einsitziger Jagdbomber

Die Sea Hawk war als das erste Strahlflugzeug der Firma Hawker zwar konventionell aufgebaut, besaß jedoch mit dem geteilten Strahlaustritt beiderseits des Rumpfes hinter der Flügelhinterkante seine konstruktive Eigenheit. Ihre Entwicklung hatte unter der Werksbezeichnung P.1040 ursprünglich für die RAF begonnen, wurde aber nach deren Entscheidung, auf die mit Pfeilflügeln ausgestattete Hunter warten zu wollen, für die FAA zu Ende geführt. Die erste von 161 bestellten Serienmaschinen kam im März 1953 als Sea Hawk F 1 zur Flotte. Nach der 95. gebauten Maschine wechselte die Produktion zuerst zur F 2 (40 Stück gebaut) und dann zur der mit Aufhängungen für Bomben versehenen FB 3 (116 Stück). An Neubauten wurden noch 90 Exemplare FAG 4 und 86 Stück FAG 6 geliefert. Im Verlauf der zehn Jahre dauernden FAA-Angehörigkeit sahen Sea Hawk 1956 Kampfeinsätze bei der Suez-Krise, während die 74 an die indische Marine gelieferten Maschinen in den beiden Kriegen von 1965 und 1971 gegen Pakistan in Kampfhandlungen verwickelt wurden. An weiteren Exportmodellen übernahm die königliche niederländische Marine 22 Sea Hawk, während die bundesdeutschen Marineflieger 68 Exemplare erhielten.

BESCHREIBUNG:

BESATZUNG:
Pilot

ABMESSUNGEN:
Länge: 12.08 m
Spannweite: 11,89 m
Höhe: 2,79 m

MASSEN:
Leermasse: 4410 kg
Max. Startmasse: 7355 kg

LEISTUNGEN:
Höchstgeschwindigkeit: 958 km/h
Reichweite: 2253 km
Antrieb: Rolls-Royce Nene 103
Motorleistung: 24,05 kN

DATUM DES ERSTFLUGS:
2. September 1947

BEWAFFNUNG:
Vier starre 20 mm Hipano Mk V-MK im Rumpf; Waffenzuladung (Bomben/Raketen) 908 kg an vier Unterflügel-Aufhängungen

BESONDERE MERKMALE:
Freitragender Mitteldecker mit ungepfeiltem Flügel; Dreirad-Fahrwerk; Fanghaken; Vollsicht-Abdeckhaube; Lufteinlässe in den Flügelwurzeln

Hawker Hunter GROSSBRITANNIEN

Einstrahliger ein-/zweisitziger Jagdbomber/Fortgeschrittenen-Trainer

Die Hunter als der erfolgreichste britischer Jäger nach dem Zweiten Weltkrieg war aus der Ausschreibung F 4/48 entstanden. In ihr wurde ein Jagdeinsitzer gefordert, der im Bahnneigungsflug Überschallgeschwindigkeit erreichen konnte und die Wendigkeit der konkurrierenden zeitgenössischen Jäger besitzen musste. Die ersten von 139 bestellten Hunter F 1 kamen Mitte 1953 zum *Fighter Command*, gefolgt von 45 Stück der verbesserten F 2. Bei den frühen Hunter gab es Probleme mit der Triebwerks-Zuverlässigkeit, besonders beim Schießen mit den Aden-MK. Das sie verursachende Ansaugen der Pulvergase konnte bei den definitiven Jagdeinsitzer-Versionen F 4 (365 gebaut), F 5 (105) und F 6 (383) behoben werden. Der Standschub der eingebauten Avon-Strahltriebwerke (und Sapphire in der F 5) stieg von Version zu Version an und erreichte der in der Tiefangriffs-Version Hunter FAG 9 eingebauten Avon 207 45,15 kN. Auf der Basis der F 4 entwickelte Hawker 1957 einen zweisitzigen Trainer Hunter T 7. Als die letzte Hunter 1966 vom Band lief, war die Gesamtproduktion auf 1985 Exemplare gestiegen. Außer bei der *RAF* flogen Hunter bei weiteren siebzehn Luftstreitkräften.

BESCHREIBUNG:

BESATZUNG:
Pilot oder zwei Piloten nebeneinander (T 7-Trainer)

ABMESSUNGEN:
Länge: 13,98 m
Spannweite: 10,26 m
Höhe: 4,01 m

MASSEN:
Leermasse: 6532 kg
Max. Startmasse: 11.158 kg

LEISTUNGEN:
Höchstgeschwindigkeit: 978 km/h
Reichweite: 2961 km
Antrieb: Rolls-Royce Avon RA.28 Mk 207
Motorleistung: 45,15 kN

DATUM DES ERSTFLUGS:
20. Juni 1951

BEWAFFNUNG:
Vier starre 30 mm Aden-MK; Waffenzuladung (Bomben/Raketen) 908 kg an vier Unterflügel-Aufhängungen

BESONDERE MERKMALE:
Freitragender Mitteldecker mit Pfeilflügel; gepfeiltes Leitwerk; Dreirad-Fahrwerk; Vollsicht-Abdeckhaube; Lufteinlässe in den Flügelwurzeln

Helio AU-24 Stallion USA

Einmotoriges sechssitziges leichtes Mehrzweckflugzeug

Die Stallion war eine militärische Ableitung aus der von Kaman entwickelten Helio-Familie ziviler Kurzstart- und Landeflugzeuge (STOL). Sie war speziell entwickelt worden, um gegen Aufständische im südostasiatischen Raum eingesetzt zu werden. Die außergewöhnlichen Langsamflugeigenschaften verdankte das Muster einem automatischen Vorflügel über die ganze Spannweite sowie Hochauftriebsklappen über die gesamte Hinterkante, bestehend aus Schlitzklappen und Querrudern, die progressiv die Stabilität um die Längsachse aufrechterhielten. Ungleich der Modelle Helio H-250 und H-295 Courier (die U-10 Super Courier-Version daraus wurde intensiv von der *USAF* und den alliierten Streitkräften in Vietnam verwendet) wurde die Stallion durch eine Propellerturbine angetrieben, um die Flugmasse erhöhen zu können. Diese war für eine erweiterte Waffenzuladung von 862 kg in der Kabine und an Außenaufhängungen nötig geworden. Von der bei Helio H-550A genannten Maschine bestellte die *USAF* aus dem Etat des Jahres 1972 15 Stück als AU-24A und schickte sie nach Vietnam, wo sie unter dem Projekt *Credible Chase* erprobt wurden. Vierzehn davon erhielt 1973 – unbewaffnet – Kambodscha.

BESCHREIBUNG:

BESATZUNG:
Pilot und fünf Passagiere

ABMESSUNGEN:
Länge: 12,07 m
Spannweite: 12,50 m
Höhe: 2,81 m

MASSEN:
Leermasse: 1297 kg
Max. Startmasse: 2857 kg

LEISTUNGEN:
Höchstgeschwindigkeit: 348 km/h
Reichweite: 1755 km
Antrieb: Pratt & Whitney (UACL) PT6A-27
Motorleistung: 680 Wellen-PS (507 kW)

DATUM DES ERSTFLUGS:
5. Juni 1964

BEWAFFNUNG:
20 mm M197-MK oder MG in der Kabine beweglich installiert; Waffenzuladung (Bomben/Raketen/Leuchtbomben) 862 kg an sechs Unterflügel-Aufhängungen

BESONDERE MERKMALE:
Freitragender Hochdecker; festes Fahrwerk mit Spornrad; Dreiblatt-Luftschraube; verkleidete Propellerturbine

Hispano HA-1112 Buchón SPANIEN

Einmotoriger einsitziger Jagdbomber

Obwohl die spanische Regierung bereits 1942 ein Abkommen über den Lizenzbau der Bf 109G-2 mit Messerschmitt abgeschlossen hatte, konnten trotz aller Tricks die ersten Nachbauten erst 1945 die Hispano Aviación verlassen. Die Verzögerungen hatten sich nicht nur durch das Fehlen kompletter Zeichnungssätze und zugesagter Vorrichtungen ergeben, sondern besonders durch die Nichtlieferung der Daimler-Benz DB 605-Triebwerke, die wegen Auslieferungsschwierigkeiten in Deutschland gebraucht wurden. Deshalb war Hispano gezwungen, auf das leistungsschwächere französische Triebwerk Hispano-Suiza HS 12Z 17 zurückzugreifen und baute 69 HA-1112-K1L. Doch die Zellenproduktion überflügelte die Motoren-Anlieferung. Als ab 1952 die außenpolitische Isolierung Spaniens aufweichte, bot Großbritannien leistungsstärkere Rolls-Royce Merlin 500/45-Triebwerke für die Aufwertung der Buchón (Taube) an. Doch ließen neue Strahlflugzeuge diese HA-1112-M1L veralten, bevor sie als Jagdeinsitzer überhaupt zum Einsatz kamen. Die Spanier sahen in dem Muster jedoch einen nützlichen Jagdbomber, und so wurden 171 Exemplare zwischen 1955 und 1958 gefertigt. Sie blieben bis 1965 im Dienst.

BESCHREIBUNG:

BESATZUNG:
Pilot

ABMESSUNGEN:
Länge: 9,10 m
Spannweite: 9,92 m
Höhe: 2,60 m

MASSEN:
Leermasse: 2656 kg
Max. Startmasse: 3180 kg

LEISTUNGEN:
Höchstgeschwindigkeit: 674 km/h
Reichweite: 766 km
Antrieb: Rolls-Royce Merlin 500-45
Motorleistung: 1632 PS (1217 kW)

DATUM DES ERSTFLUGS:
30. Dezember 1954

BEWAFFNUNG:
Zwei starre 20 mm-MK im Flügel; Aufhängungen unter Flügel und Rumpf für eine Auswahl von Waffen (Bomben/Raketen)

BESONDERE MERKMALE:
Freitragender Tiefdecker; verkleideter Reihenmotor; Einziehfahrwerk; festes Spornrad; Kabinenhaube mit vielen Sprossen

Hispano HA-200/-220 Saetta/Super Saetta SPANIEN
Zweistrahliges, ein-/zweisitziges Übungs-/Tiefangriffsflugzeug

Die Saetta (Pfeil) wurde unter Führung von Willy Messerschmitt als Strahltrainer für die Grundausbildung bei den spanischen Luftstreitkräften mit den gleichen Marboré-Strahlturbinen entworfen, die Frankreich für ihr alternatives Übungsflugzeug Fouga Magister benutzte (und deshalb den Export von Saetta verhinderten). Die Fertigung lief relativ langsam an. 1960, als die HA-300A herauskam, waren erst 10 Stück vom Grundmodell HA-300 gebaut worden. Das neue Modell kam als Ersatz für die T-6G Texan-Kolbenmotortrainer besser bei den Streitkräften an. 30 Stück wurden in den sechziger Jahren gebaut. 1965 ging die schwer bewaffnete HA-200D bei Hispano in die Fertigung. Sie hatte durch leistungsstärkere Marboré IV-Triebwerke und mit der Verdoppelung der Unterflügel-Aufhängungen für Waffen wesentlich bessere Qualitäten als Tiefangriffsflugzeug. Insgesamt 55 Stück wurden gebaut. Ihr Erfolg bewog Hispano, ein spezielles Tiefangriffsflugzeug als Einsitzer HA-220 Super Saetta zu entwickeln. Es erhielt verbesserte Panzerung, Maschinen-Gewehre und sechs Aufhängepunkte für Waffen. Die 25 gebauten Super Saetta sahen 1974-75 Kampfhandlungen über der Sahara. Bis 1981 wurden alle ausgemustert.

BESCHREIBUNG:

BESATZUNG:
Zwei Piloten hintereinander (HA-200) oder Pilot (HA-220)

ABMESSUNGEN:
Länge: 8,97 m
Spannweite: 10,42 m
Höhe: 2,85 m

MASSEN:
Leermasse: 1830 kg
Max. Startmasse: 3350 kg

LEISTUNGEN:
Höchstgeschwindigkeit: 650 km/h
Reichweite: 1500 km
Antrieb: Zwei Turboméca Marboré II
Motorleistung: 15,50 kN

DATUM DES ERSTFLUGS:
12. August 1955

BEWAFFNUNG:
Zwei starre 12,7 mm Browning M3-MG oder 20 mm-MK im oberen Rumpfbug; Waffenzuladung (Bomben/Raketen) 1340 kg an vier Unterflügel- und zwei Unterrumpf-Aufhängungen

BESONDERE MERKMALE:
Freitragender Tiefdecker mit ungepfeiltem Flügel; Vollsicht-Abdeckhaube; Flügeltanks; Dreirad-Fahrwerk; Lufteinlass im Bug

Hunting Percival Provost GROSSBRITANNIEN

Einmotoriges zweisitziges Schulflugzeug für die Grundausbildung

Als die Einsatzverbände der *RAF* Ende der vierziger Jahre immer mehr auf Strahlflugzeuge umgerüstet waren, stellte die *Air Staff* fest, dass bei der bisherigen Pilotenausbildung in der Reihenfolge Percival Prentice für die Anfänger- und Harvard für die Grundschulung nicht mehr die Standards geschaffen werden konnten, die vom Piloten-Nachwuchs für die schnellen Jets gefordert werden mussten. Um dieses Problem zu lösen, gab das Luftfahrt-Ministerium die *Operational Requirements OR 257* heraus, eine Anforderung also nach einem Kolbenmotor-Einheitsschulflugzeug mit höheren Leistungen. Der Wettbewerb um das Nachfolgemuster der Prentice war verbissen, denn nicht weniger als 15 Bewerber reichten Entwürfe ein. Aber nur Percival war in der Lage, einen Prototyp innerhalb der festgesetzten Frist zu liefern. Im Mai 1951 erhielt die Firma einen Auftrag über 200 Stück des Provost genannten Musters. Maschinen aus der Serie kamen zwei Jahre später zu den Grundschul-Staffeln der *Central Flying School*. Während eines Fertigungs-Zeitraums von drei Jahren wurden mehr als 330 Provost ausgeliefert. Sie blieben bei den Schulen, bis das strahlgetriebene Nachfolgemodell Jet Provost sie Ende der Fünfziger ablöste.

BESCHREIBUNG:

BESATZUNG:
Zwei Piloten nebeneinander

ABMESSUNGEN:
Länge: 8,74 m
Spannweite: 10,72 m
Höhe: 3,73 m

MASSEN:
Leermasse: 15,19 kg
Max. Startmasse: 1996 kg

LEISTUNGEN:
Höchstgeschwindigkeit: 322 km/h
Reichweite: 1036 km
Antrieb: Alvis Leonides 126
Motorleistung: 550 PS (410 kW)

DATUM DES ERSTFLUGS:
23. Februar 1950

BESONDERE MERKMALE:
Freitragender Tiefdecker; stark verglaster Besatzungsraum mit Sitzen nebeneinander; festes Fahrgestell

IAI Nesher ISRAEL
Einstrahliger einsitziger Jagdbomber

Die Nesher (Adler) war die eilig gebaute Improvisation für einen Jagdbomber. Als Folge des Sechs-Tage-Kriegs vom Juni 1967, in dem Israel von Ägypten, Syrien und Jordanien angegriffen wurde, hatte Frankreich die Auslieferung der von Israel bestellten und bezahlten Mirage IIIJ gestrichen. Daraufhin baute die Israeli Aircraft Industries (IAI) ohne Lizenzerwerb die Mirage 5 (die von Dassault speziell für Israel entwickelt worden war) nach. Sie wurde durch eine von der IAI-Abteilung Bedek Aviation gebaute SNECMA Atar 9S-Strahlturbine angetrieben. Im Gegensatz zur Mirage 5 besaß die Nesher israelische Instrumente und einen Martin-Baker JM 6 Höhe-Null-Schleudersitz. Weiterhin konnte sie AIM-9 oder Rafael Shafrir (Libelle) Luft-zu-Luft-Raketen befördern. Der Prototyp (eine umgebaute Mirage IIICJ) flog erstmals im September 1969, und die ersten der 51 gebauten Einsitzer und 10 Zweisitzer erreichten 1971 die israelischen Luftstreitkräfte. Nach Einsätzen im Jom Kippur-Krieg 1973, in dem Israel ägyptische und syrische Angriffe abwehrte, gingen die überlebenden Nesher (35 Ein- und vier Zweisitzer) als Dagger an die Streitkräfte Argentiniens. Hier wurden sie 1982 im Falkland-Krieg erneut in Kämpfe verwickelt.

BESCHREIBUNG:

BESATZUNG:
Pilot

ABMESSUNGEN:
Länge: 15,55, m
Spannweite: 8,22 m
Höhe: 4,25 m

MASSEN:
Leermasse: 6600 kg
Max. Startmasse: 13.500 kg

LEISTUNGEN:
Höchstgeschwindigkeit: 2350 km/h
Reichweite: 1610 km
Antrieb: SNECMA Atar 9C-3
Motorleistung: 60,8 kN

DATUM DES ERSTFLUGS:
September 1969

BEWAFFNUNG:
Zwei starre 30 mm DEFA 552A-MK im unteren Rumpfbug; Waffenzuladung (Bomben/Raketen/Flugkörper) 4200 kg an sechs Unterflügel-Aufhängungen und einer unter dem Rumpf

BESONDERE MERKMALE:
Freitragender Tiefdecker mit Deltaflügel; kein gesondertes Höhenleitwerk; Dreirad-Fahrwerk; Lufteinläufe an den Rumpfseiten

IAI Kfir ISRAEL
Einstrahliger einsitziger Jagdbomber

Die Kfir (Junger Löwe) besitzt generell die Zelle der Nesher, jedoch einen kürzeren und im Durchmesser vergrößerten hinteren Rumpf. Er wurde so dimensioniert, dass er eine von der IAI-Abteilung Bedek gebaute J79-IAI-J1E-Strahlturbine anstelle der SNECMA 9C aufnehmen kann. Dieses Triebwerk von General Electric ähnelt dem, das in der F-4 Phantom II eingebaut ist und erzeugt alleine im Nachbrenner 22,66 kN Schub. Nach einem ausgedehnten Versuchsflugprogramm ab den frühen siebziger Jahren erreichte die erste von 27 bestellten Kfir C1 im April 1975 die Truppe. In der Produktion wurde sie von der definitiven Kfir C 2 abgelöst, die kleine Entenflügel, kleine Strakes an der Rumpfspitze und „Sägezähne" in den Flügelnasen für bessere Manövrierfähigkeit in Bodennähe und eine verkürzte Startstrecke besaß. Etwa 185 Kfir C2 wurden neu gebaut, und die meisten C1 auf C2-Standard gebracht. Ab 1983 erhielten alle Maschinen eine verbesserte Instrumentierung und zwei zusätzliche Aufhängungen für Waffen unter dem Flügel. So umgerüstet wurden sie Kfir C7 genannt. Kfir fanden 1982 über dem Libanon Verwendung. Danach wurden sie aufpoliert und nach Ecuador, Kolumbien und Sri Lanka verkauft.

BESCHREIBUNG:

BESATZUNG:
Pilot

ABMESSUNGEN:
Länge: 15,65 m
Spannweite: 8,22 m
Höhe: 4,55 m

MASSEN:
Leermasse: 7285 kg
Max. Startmasse: 16.500 kg

LEISTUNGEN:
Höchstgeschwindigkeit: 2440 km/h
Reichweite: 1185 km
Antrieb: IAI Bedek Division J79-IAI-J1E
Motorleistung: 79,4 kN

DATUM DES ERSTFLUGS:
September 1969

BEWAFFNUNG:
Zwei starre 30 mm DEFA 552A-MK im unteren Rumpfbug; Waffenzuladung (Bomben/Raketen/Flugkörper) 6085 kg an je vier Unterflügel- und Unterrumpf-Aufhängungen

BESONDERE MERKMALE:
Freitragender Tiefdecker mit Deltaflügel; kein gesondertes Höhenleitwerk; kleine Entenflügel (2/C7); Dreirad-Fahrgestell; Lufteinläufe an den Rumpfseiten; Lufteinlauf an der Seitenflosse

Iljuschin Il-14 SOWJETUNION
Zweimotoriger dreißigsitziger Transporter

Die Il-2 wurde als Ablösemuster für das Arbeitspferd Lisunow Li-2 konzipiert, das während des Krieges Rückgrat der Transportflotte war und unmittelbar nach dem Krieg auch das des zivilen Luftverkehrs wurde. Zwar war die Il-12 bereits 1943 in Auftrag gegeben worden, aber Serienexemplare kamen erst 1946 zur staatlichen Luftverkehrsgesellschaft Aeroflot. Das Verkehrsflugzeug Il-14 war eine direkte Ableitung aus der Il-12, auch wenn es einen neuen Flügel besaß, stärkere Schwezow-Triebwerke eingebaut hatte und insgesamt eine aerodymisch günstigere Gestaltung aufwies. Der Prototyp der Il-14 flog erstmals am 15. Juli 1950, während der Serienbau im Juni 1953 begann. Erstes Serienmodell war die Il-14P für 18 Passagiere. Nach zwei Jahren im Linieneinsatz wurden die meisten der Maschinen mit einer dichteren Bestuhlung für 24 Passagiere umgestaltet. 1956 kam die gestreckte Version IL-14M heraus. Ansonsten sah die Il-14 während ihrer gesamten Produktionszeit – in der etwa 3500 Stück gebaut wurden – kaum Veränderungen. Die meisten der Maschinen wurden in der Sowjetunion gefertigt, aber in Ostdeutschland und in der Tschechoslowakei liefen 80 respektive 203 Exemplare vom Band.

BESCHREIBUNG:

BESATZUNG:
Pilot, Copilot, Navigator, Flugingenieur und 26 Passagiere

ABMESSUNGEN:
Länge: 22,31 m
Spannweite: 31,70 m
Höhe: 7,90 m

MASSEN:
Leermasse: 12.700 kg
Max. Startmasse: 18.500 kg

LEISTUNGEN:
Höchstgeschwindigkeit: 430 km/h
Reichweite: 1500 km
Antrieb: Zwei Schwezow ASch-82T
Motorleistung: 3750 PS (2794 kW)

DATUM DES ERSTFLUGS:
15. Juli 1950

BESONDERE MERKMALE:
Freitragender Tiefdecker; Dreirad-Fahrgestell; zwei verkleidete Sternmotoren; sechs/sieben Passagierfenster im Rumpf

Iljuschin Il-28 SOWJETUNION

Zweistrahliger dreisitziger Bomber

Was den westlichen Luftstreitkräften die Canberra war, sollte bei den Staaten des Ostblocks die Il-28 werden. Sie war entworfen worden, die Kolbenmotor-getriebenen mittelschweren Bomber Tupolew Tu-2 aus der Zeit des Zweiten Weltkriegs zu ersetzen. Die Konstruktionsarbeiten hatten im Dezember 1947 begonnen und der Prototyp konnte am 8.August 1948 erstmals fliegen. Mit seinen beiden RD-10-Strahlturbinen (deutsche Junkers Jumo 004) erwies sich das Muster als zu schwach motorisiert. Abhilfe wurde durch den Einbau kopierter britischer Nene-Triebwerke (in der Sowjetunion als Klimow WK-1 bezeichnet) geschaffen. Nachfolgend kamen über 2000 Il-28 (die den NATO-Namen „Beagle" erhalten hatten) aus der Fertigung. Sie wurden neben ihrer Hauptaufgabe als taktischer Bomber für Torpedoeinsätze, Aufklärung und elektronische Kriegsführung, als Zielscheibenschlepper sowie als Besatzungstrainer verwendet. In der Sowjetunion lief die Produktion 1955 aus. Der chinesische Lizenznehmer Harbin jedoch baute Il-28 – als H-5 bezeichnet – bis in die sechziger Jahre. Obwohl in der Sowjetunion 1970 größtenteils abgelöst, blieben von den über 1000 exportierten IL-28/H-5 viele bis in die Neunziger im Dienst.

BESCHREIBUNG:

BESATZUNG:
Pilot, Navigator und Heckschütze

ABMESSUNGEN:
Länge: 17,65 m
Spannweite: 21,45 m
Höhe: 6,70 m

MASSEN:
Leermasse: 12.890 kg
Max. Startmasse: 21.000 kg

LEISTUNGEN:
Höchstgeschwindigkeit: 900 km/h
Reichweite: 1100 km
Antrieb: zwei Klimow WK-1
Motorleistung: 52,5 kN

DATUM DES ERSTFLUGS:
8. August 1948

BEWAFFNUNG:
Zwei starre 23 mm NR-23-MK im Bug und zwei bewegliche 23 mm NR-23-MK im Heck; Waffenzuladung (Bomben/Raketen/Torpedos) 2000 kg im Bombenschacht und an zwei Unterflügel-Aufhängungen

BESONDERE MERKMALE:
Freitragender Schulterdecker mit ungepfeiltem Flügel; Dreirad-Fahrgestell; zwei Strahltriebwerke an der Flügelunterseite; verglaster Bug; gepfeiltes Leitwerk

Jakowlew Jak-11 Sowjetunion und Tschechoslowakei
Einmotoriges zweisitziges Übungsflugzeug

Die Jak-11 war ursprünglich als Jagdtrainer-Version des bei den sowjetischen Luftstreitkräften eingesetzten Jak-3-Jagdeinsitzers geplant. Über das Konzept wurde Mitte 1944 öffentlich beraten, die Entwicklung selbst verlief jedoch wegen der Kriegsereignisse schleppend. Der Prototyp, eine umgebaute Jak-3 kam 1945 als Jak-3UTI heraus. Der definitive Jak-11-Prototyp flog 12 Monate später und besaß viele leicht verbesserte Jak-3-Bauteile sowie einen Schwezow ASch-21-Sternmotor. Anfang 1947 ging das Muster in den Serienbau. Ab Mitte 1947 wurden insgesamt 3859 Stück der Grundversion bis zu ihrer Ablösung durch das U-Modell ausgeliefert.

Die Jak-11U besaß ein Fahrwerk mit Bugrad für die Ausbildung von Düsenjäger-Piloten. Sie ersetzte 1958 viele der Standard-Jak-11 mit Spornrad. Ihre Produktion war allerdings bereits 1954 ausgelaufen. Aber im gleichen Jahr übernahm die tschechische Firma LET den Lizenbau als C.11. Davon wurden noch einmal 707 Exemplare gebaut. Der Jakowlew-Trainer wurde in allen Luftstreitkräften der Warschauer Pakt-Staaten geflogen und darüberhinaus noch in einige kommunistische Länder exportiert.

BESCHREIBUNG:

BESATZUNG:
Zwei Piloten hintereinander

ABMESSUNGEN:
Länge: 8,50 m
Spannweite: 9,40 m
Höhe: 3,28 m

MASSEN:
Leermasse: 1900 kg
Max. Startmasse: 2440 kg

LEISTUNGEN:
Höchstgeschwindigkeit: 475 km/h
Reichweite: 1290 km
Antrieb: Schwezow ASL-21
Motorleistung: 730 PS (425 kW)

DATUM DES ERSTFLUGS:
1946

BEWAFFNUNG:
Ein starres 12,7 mm UBS-MG im oberen Rumpfbug; bis 200 kg Bomben/Raketen an zwei Unterflügel-Aufhängungen

BESONDERE MERKMALE:
Freitragender Tiefdecker; einziehbares Fahrwerk mit Spornrad; verkleideter Sternmotor; langgestreckte Abdeckhaube

Jakowlew Jak-18/Nanchang CJ-5/6 SOWJETUNION UND CHINA

Einmotoriges zweisitziges Flugzeug für die Grundausbildung

Die Jak-18, eine Weiterentwicklung der aus der Vorkriegszeit stammenden Jakowlew UT-2, wurde von Anfang an speziell für die Grundausbildung bei den sowjetischen Luftstreitkräften entwickelt. Das erste Serienflugzeug in der UdSSR kam 1947 heraus. Sie besaß Einzelverkleidungen für die fünf Zylinder des Motors. 1955 erschien die Jak-18U. Sie besaß einen verlängerten Rumpf und ein halb einziehbares Dreirad-Fahrwerk (die Räder blieben draußen). Obwohl die Rüstmasse erheblich angestiegen war, wurde der betagte 160 PS-Schwezow M-11FR-Sternmotor als Antrieb beibehalten. Doch in der 1957 erschienenen Version Jak-18A musste er dem mit 260 PS leistungsstärkeren Iwtschenko AI-14R-Sternmotor mit geschlossener Motorhaube weichen. Etwa zur gleichen Zeit begann auch der Lizenbau in China. Grundversion wurde die CJ-5, gefolgt von der verbesserten CJ-6/6A, von der mehr als 1800 Stück gebaut wurden. Nach einem einsitzigen Kunstflugzeug Jak-18P kam als letzte Jakowlew-Konstruktion die Jak-18T in Form eines viersitzigen Kabinen-Reiseflugzeugs mit nebeneinander liegenden Sitzen heraus. Die Fertigung von Jak-18 endete 1967 nach etwa 6760 Stück.

BESCHREIBUNG:

BESATZUNG:
Zwei Piloten hintereinander oder ein Pilot (Jak-18PM) oder zwei Piloten und zwei Passagiere nebeneinander in zwei Reihen (Jak-18T)

ABMESSUNGEN:
Länge: 8,53 m
Spannweite: 10,60 m
Höhe: 3,35 m

MASSEN:
Leermasse: 1025 kg
Max. Startmasse: 1316 kg

LEISTUNGEN:
Höchstgeschwindigkeit: 263 km/h
Reichweite: 1015 km
Antrieb: Schwezow M-11FR (Jak-18/18U) oder Iwtschenko AI-14R (Jak-18A/P)
Motorleistung: 160 PS (119 kW) oder 260 PS (193 kW)

DATUM DES ERSTFLUGS:
1946

BESONDERE MERKMALE:
Freitragender Tiefdecker; halb einziehbares Fahrwerk mit Bugrad oder mit Spornrad; verkleideter Sternmotor; langgestreckte Abdeckhaube

Jakowlew Jak-17 SOWJETUNION
Einstrahliger ein-/zweisitziger Jäger/Trainer

Die Jak-17 stellte eine verfeinerte Weiterentwicklung der bahnbrechenden Jak-15 dar, die ihrerseits eigentlich nicht viel mehr als eine Jak-3 war, deren Kolbenmotor ausgebaut und an dessen Stelle hastig die sowjetische Kopie (RD-10) der deutschen Srahlturbine Jumo 004 untergehängt wurde. Die Jak-17 unterschied sich von dem Vorgängermodell durch ein Bugrad-Fahrwerk (die Jak-15 war noch mit einem Spornrad ausgerüstet), eine veränderte Leitwerksform, zusätzliche Flügelendtanks und das verbesserte RD-10A-Triebwerk. Der Prototyp der Jak-17 flog erstmals Anfang 1947. Ende des Jahres begann der Serienbau, der die Jak-15-Produktion ablöste. Während des Zeitraums von einem Jahr kamen etwa 430 Maschinen von den Bändern. Mindestens 150 Exemplare davon waren zweisitzige Jak-17UTI, von denen 20 an die polnischen Luftstreitkräfte gingen. Die polnische Regierung bemühte sich um die Lizenzrechte für den Einsitzer und die RD-10A-Strahlturbine, aber das Programm wurde vor Fertigungsanlauf zugunsten der fortschrittlicheren MiG-15 abgeblasen. Aus den sowjetischen Einheiten verschwanden die Einsitzer 1951. Die UTI folgten zwei Jahre später, während sie in Polen bis 1955 blieben.

BESCHREIBUNG:

BESATZUNG:
Pilot oder zwei Piloten hintereinander (Jak-17UTI)

ABMESSUNGEN:
Länge: 8,78 m
Spannweite: 9,20 m
Höhe: 2,10 m

MASSEN:
Leermasse: 2430 kg
Max. Startmasse: 3323 kg

LEISTUNGEN:
Höchstgeschwindigkeit: 750 km/h
Reichweite: 717 km
Antrieb: RD-10A
Motorleistung: 9,7 kN

DATUM DES ERSTFLUGS:
Anfang 1947

BEWAFFNUNG:
Zwei starre 23 mm NS-23-MK im Bug

BESONDERE MERKMALE:
Freitragender Mitteldecker mit ungepfeiltem Flügel; Dreirad-Fahrwerk; Lufteinlauf im Bug; Vollsicht-Abdeckhaube; Flügelendtanks

Jakowlew Jak-23 SOWJETUNION
Einstrahliger Jagdeinsitzer

Mit der Übernahme der Konzeption des abgestuften Rumpfes (entstanden durch die im unteren Rumpfbug installierte Strahlturbine, die wegen fehlender Schubrohr Verlängerung am Strahlaustritt abrupt endet), besitzt die Jak-23 noch eine gewisse Ähnlichkeit mit den Vorgängermustern Jak-15/17. Durch die Ganzmetallschalen-Bauweise der Neukonstruktion verschwand vollkommen der etwas provisorische Charakter der Kolbenmotor-Ableger. Der erste Prototyp flog am 17. Juni 1947. Mit seiner in der Leistung (gegenüber der RD-10A) wesentlich stärkeren Rolls-Royce Derwent-Strahlturbine zeigte er gute Leistungen und war überaus agil. Deshalb ging die Jak-23 – obwohl sich mit der noch leistungsfähigeren Rolls-Royce Nene ausgestattete fortschrittlichere Pfeilflügel-Muster wie Jak-30 und MiG-15 bereits in der Konstruktion befanden – in einen begrenzten Serienbau. Die ersten Serienmuster kamen Anfang 1949 zu den Einsatzverbänden und lösten bei den Sowjets La-17 ab. Die Tschechoslowakei, Rumänien und Bulgarien erhielten 12, Polen 95 Stück der Jak-23. MiG-15 lösten 1950 die Jak-23 – von der insgesamt 310 gebaut wurden – in der Fertigung und Mitte der fünfziger Jahre auch in den Einsatzverbänden ab.

BESCHREIBUNG:

BESATZUNG:
Pilot

ABMESSUNGEN:
Länge: 8,16 m
Spannweite: 8,69 m
Höhe: 3,00 m

MASSEN:
Leermasse: 2900 kg
Max. Startmasse: 4985 kg

LEISTUNGEN:
Höchstgeschwindigkeit: 885 km/h
Reichweite: 1400 km
Antrieb: Klimow RD-500
Motorleistung: 15,6 kN

DATUM DES ERSTFLUGS:
17. Juni 1947

BEWAFFNUNG:
Zwei starre 23 mm NS-23-MK im Bug

BESONDERE MERKMALE:
Freitragender Mitteldecker mit ungepfeiltem Flügel; Dreirad-Fahrwerk; Lufteinlauf im Bug; Vollsicht-Abdeckhaube

Jakowlew Jak-28 SOWJETUNION
Zweistrahliger zweisitziger Jäger/Schlächter/Aufklärer/Störer

Varianten des überschallfähigen Multifunktionsmusters Jak-28 waren der oberste Ast einer weitverzweigten und langlebigen Familie von sich ähnelnden zweistrahligen Jakowlew-Kampfflugzeugen. Das Ausgangsmuster für die Jak-28-Reihe war die taktische Tiefangriffs-Variante, die am 5. März 1958 erstmals flog. Die erste Version, die den Einsatzstatus erreichte, war die Jak-28B mit einem radargestützten RBR-3-Bombenziel-System im Bug. Ihr folgten die taktischen Schlachtflugzeuge Jak-28I/L und schließlich der Allwetter-Jäger Jak-28P. Dieser, für Einsätze in niedrigen bis mittleren Höhen ausgelegt, besaß ein Orel-D-Radar in einem Radom im Bug, der der Spitze eines Geschosses sehr ähnlich sah. Er machte im Laufe seiner Bauzeit eine Reihe von Änderungen durch, und als letzte Exemplare die Einsatzeinheiten erreichten, besaßen sie neben verbesserten Allgemeinleistungen einen unnatürlich verlängerten Radom. 1963 wurde eine spezielle Fotoaufkärer-Variante Jak-28R eingeführt, und dann kamen die sich stark vermehrenden Jak-28PP als Plattform für die elektronische Kriegsführung heraus. Ihre Aufgabe war es, Bomber- und Tiefangriff-Einsätze zu stören. Sie wurden 1989 durch spezielle Su-24EW ersetzt.

BESCHREIBUNG:

BESATZUNG:
Pilot und Navigator/Bombenschütze/Radar-Überwacher

ABMESSUNGEN:
Länge: 17,65 m
Spannweite: 12,95 m
Höhe: 3,95 m

MASSEN:
Leermasse: 11.000 kg
Max. Startmasse: 18.600 kg

LEISTUNGEN:
Höchstgeschwindigkeit: 1890 km/h
Reichweite: 2630 km
Antrieb: Zwei Tumanskij
R-11AF-2-300
Motorleistung: 119,75 kN

DATUM DES ERSTFLUGS
5. März 1958

BEWAFFNUNG:
Zwei starre 30 mm NR-30-MK im Rumpf; Waffenzuladung (Bomben/Raketen/Flugkörper) 2000 kg im Bombenschacht und zwei Unterflügel-Aufhängungen

BESONDERE MERKMALE:
Freitragender Schulterdecker mit Pfeilflügel; Tandem-Hauptträder unter dem Rumpf mit Stützrädern an den Flügelenden; Triebwerke an der Flügelunterseite; gepfeiltes Leitwerk mit hochliegendem Höhenleitwerk

Jakowlew Jak-38 SOWJETUNION

Dreistrahliger Senkrechtstart-Jagdeinsitzer

Die Jak-38 als erstes und einziges Kurz-/Senkrechtstart- und -landeflugzeug (S/VTOL) konnte während ihrer zwanzigjährigen Einsatzzeit nur mäßige Erfolge aufweisen. Entwickelt wurde sie aus dem Versuchsmodell Jak-36, das 1966 seine ersten Flüge ausführte. Der Antrieb bestand aus einer Tumanskij-Strahlturbine mit Schwenkdüsen im mittleren Rumpfbereich für wahlweisen Vorwärtsschub und Hub sowie aus zwei kleinen Hub-Triebwerken direkt hinter dem Führerraum. Der Prototyp der Jak-38 (zu jener Zeit noch als Jak-36M bezeichnet) machte seinen Erstflug im Mai 1970. Die Einsatzerprobung folgte 1972 auf dem STOL-Flugzeugträger „Moskwa". Zwei Jahre später wurde sie auf der „Kiew" fortgesetzt. Eine Versuchsstaffel mit den Senkrechtstartern wurde 1976 aufgestellt. Die Einsatzverbände bekamen 1978 Jak-38. Nach Kampferfahrungen in Afghanistan wurde 1980 die Version Jak-38M herausgebracht, die über mehr Triebwerksleistung, vergrößerten Kraftstoffvorrat und erhöhte Bewaffnung verfügte. Als die Fertigung 1987 endete, waren etwa 100 Jak-38 ausgeliefert, darunter cirka 20 zweisitzige Jak-38U-Trainer. Alle Jak-38 wurden in den späten neunziger Jahren aus dem Dienst gezogen.

BESCHREIBUNG:

BESATZUNG:
Pilot

ABMESSUNGEN:
Länge: 15,50 m
Spannweite: 7,32 m
Höhe: 4,37 m

MASSEN:
Leermasse: 7485 kg
Max. Startmasse: 13.000 kg

LEISTUNGEN:
Höchstgeschwindigkeit: 1010 km/h
Reichweite: 370 km
Antrieb: Ein Tumanskij R-27V-300 und zwei RKBM RD-36-35FVR
Motorleistung: 66,7 kN und 63,8 kN

DATUM DES ERSTFLUGS:
28. Mai 1970

BEWAFFNUNG:
Vier Unterflügel-Aufhängungen für 2000 kg Bomben, Raketen, Flugkörper und Waffenbehälter

BESONDERE MERKMALE:
Freitragender Schulterdecker mit Pfeilflügel; zwei Hubtriebwerke hinter dem Führersitz mit Klappenverschluss; gepfeiltes Leitwerk; Lufteinläufe für das Zentraltriebwerk an den Rumpfseiten

Jakowlew Jak-50 SOWJETUNION
Einmotoriges einsitziges Kunstflugzeug

Die einsitzige Jak-50 gehört zu der großen Familie der Jak-18-Grundausbildungs-Schulflugzeuge und wurde speziell der sowjetischen Kunstflugmannschaft für die Teilnahme an den 1976 in Kiew ausgetragenen Kunstflug-Weltmeisterschaften auf den Leib zugeschnitten. Sie war direkt von der mit einem Spornrad ausgerüsteten Jak-18P mit hinten liegendem Führersitz abgeleitet, besaß jedoch eine tragende Ganzmetall-Beplankung und einen Flügel, der durch den der Jak-20 von 1950 angeregt worden war. Der Prototyp mit Vollsicht-Abdeckhaube und dem M-14P-Triebwerk der Jak-18P flog Mitte 1975. Sechs der für Belastungen bis +9/-6 g ausgelegten Serienmaschinen holten sich ein Jahr später in Kiew alle Preise und eine weitere wurde 1982 bei der Kunstflug-Weltmeisterschaft 1982 Erste. Die Erfolge hatten einen erheblichen Ausstoß an Jak-50 zur Folge. Die Jak-50 wurde nie in das Inventar der sowjetischen Luftstreitkräfte aufgenommen, aber angehende Rekruten konnten sie in staatlich geförderten Aeroklubs fliegen. Im Gegensatz dazu übernahmen andere Luftstreitkräfte des Warschauer Pakts Jakowlew Jak-50 zur Kunstflugschulung.

BESCHREIBUNG:

BESATZUNG:
Pilot

ABMESSUNGEN:
Länge: 7,80 m
Spannweite: 9,50 m
Höhe: 3,20 m

MASSEN:
Leermasse: 765 kg
Max. Startmasse: 900 kg

LEISTUNGEN:
Höchstgeschwindigkeit: 320 km/h
Reichweite: 1015 km
Antrieb: VMKB (Wedenjew) M-14P
Motorleistung: 360 PS (268 kW)

DATUM DES ERSTFLUGS:
Sommer 1975

BESONDERE MERKMALE:
Freitragender Tiefdecker; einziehbares Fahrwerk mit Spornrad; verkleideter Sternmotor; Vollsicht-Abdeckhaube

Jakowlew Jak-52 SOWJETUNION

Einmotoriges zweisitziges Schulflugzeug für die Grundausbildung

Die Jak-52 wurde in den siebziger Jahren als Nachfolger für die Schulflugzeuge aus der Jak-18-Familie entwickelt. Obwohl es sich um einen vollkommen neuen Entwurf handelt, ist die Familienzugehörigkeit äußerlich nicht zu übersehen. Ihre tragende Glattblechbeplankung übernahm sie von der Jak-50, und ihr Serienbau fand in Rumänien im IAV-Werk Bacau statt. Dort wurden die Arbeiten an der ersten Maschine 1979 begonnen. Die Auslieferung der Serienmodelle begann ein Jahr später. Mitte 1992 hatte IAV mehr als 1600 Exemplare der Jak-52 ausgeliefert – hauptsächlich in die frühere Sowjetunion. Gleich der Jak-50 besitzt die Maschine unbeschränkte Kunstflugtauglichkeit. Eine der eigenwilligsten Merkmale der Jak-52 ist das von den Vorgängern übernommene halb einziehbare Fahrwerk, bei dem im eingefahrenen Zustand sowohl die Haupträder als auch das Bugrad noch voll aus der Kontur herausstehen. Das sollte Sicherheit für die Zelle bei möglichen Landungen auf dem Bauch geben. Jak-52 fliegen bei den Streitkräften in Russland, Ungarn und Rumänien. Die Fertigung läuft immer noch im ehemaligen IAV-Werk, das nach der Beendigung der kommunistischen Herrschaft jetzt Aerostar heisst.

BESCHREIBUNG:

BESATZUNG:
Zwei Piloten hintereinander

ABMESSUNGEN:
Länge: 7,75 m
Spannweite: 9,30 m
Höhe: 2,70 m

MASSEN:
Leermasse: 1015 kg
Max. Startmasse: 1305 kg

LEISTUNGEN:
Höchstgeschwindigkeit: 360 km/h
Reichweite: 500 km
Antrieb: VMKB (Wedenjew) M-14P
Motorleistung: 360 PS (268 kW)

DATUM DES ERSTFLUGS:
1976

BESONDERE MERKMALE:
Freitragender Tiefdecker; halb einziehbares Dreirad-Fahrwerk; verkleideter Sternmotor; Vollsicht-Abdeckhaube

Lawotschkin La-9 SOWJETUNION
Einmotoriger Jagdeinsitzer

Die aus der Kriegszeit stammenden La-5/7-Jagdeinsitzer waren Grundlage für die La-9 als vorletzten der Lawotschkin-Kolbenmotor-Jäger. Die Konstruktionsarbeiten begannen Mitte 1944 mit den Verbesserungen an einer einer La-7. Der Rumpf wurde nicht nur formlich sondern auch strukturell verändert und im Heckbereich erhöht. Weiterhin erhielt das Muster vergrößerte Leitwerke, eine Vollsichthaube und umgestaltete Flügelenden. Nachdem der La-9-Prototyp am 16.Juni 1946 seinen Erstflug vollbrachte, lief der Serienbau fünf Monate später an. Obwohl sich die vorgesehenen Produktionszahlen nach dem Verfügbarwerden der ersten Generation von strahlgetriebenen Jägern drastisch zurückschraubten, kamen immerhin noch etwa 1630 La-9 aus der Fertigung, bevor die Bänder auf die nahezu identische La-11 umgestellt wurden. Außer bei den sowjetischen Luftstreitkräften flogen La-9 in denen der Ostblockstaaten wie Bulgarien und Rumänien. 1952 gingen nahezu einhundert Exemplare nach China, um im Korea-Krieg gegen die Streitkräfte der Vereinten Nationen eingesetzt zu werden. Die restlichen Maschinen der China-Lieferung flogen bei Schuleinheiten bis Anfang der sechziger Jahre.

BESCHREIBUNG:

BESATZUNG:
Pilot

ABMESSUNGEN:
Länge: 9,00 m
Spannweite: 10,62 m
Höhe: 2,95 m

MASSEN:
Leermasse: 2638 kg
Max. Startmasse: 3676 kg

LEISTUNGEN:
Höchstgeschwindigkeit: 690 km/h
Reichweite: 1735 km
Antrieb: Schwezow ASch-82FN
Motorleistung: 1870 PS (1394 kW)

DATUM DES ERSTFLUGS:
16. Juni 1946

BEWAFFNUNG:
Vier starre 20 mm Schwak-MK im oberen Rumpfbug

BESONDERE MERKMALE:
Freitragender Tiefdecker; Einziehfahrwerk; verkleideter Sternmotor; Ölkühler unter dem Rumpf

Lockheed C-69/C-121 USA

Viermotoriges mehrsitziges Transport-/Frühwarnflugzeug

Die von Howard Hughes initiierte viermotorige Constellation sollte in den rot-weißen-Hausfarben das Flagschiff seiner Fluggesellschaft TWA werden, als die amerikanische Regierung wegen des Kriegseintritts keinen Verkehrsflugzeugbau mehr zuließ. Am 20. September 1942 jedoch gab sie die Genehmigung, das für TWA im Bau befindliche erste Modell in olivgrün und als C-69 bezeichnet fertig zu stellen. Die Leistungen des Musters als Truppentransporter überzeugten derart, dass es in mehreren hundert Exemplaren bestellt wurde. Wegen des Kriegsendes kamen nur 22 zur Auslieferung, aber die 1950 herausgekommene gestreckte Super-Constellation mit erhöhter Reichweite war Anlass für neue Bestellungen des Musters als C-121. Neben einer EAW-Version (genannt Warning Star) für *USAF* und *US Navy* kamen 20 charakteristische Varianten zum Einsatz. Die Sternstunde für das Muster kam während des Vietnam-Krieges, als sieben verschiedene Versionen Überwachungs-, Warn-, Übermittlungs-, Wetteraufklärungs- und Transport-Aufgaben durchführten. Die *Navy* war in den USA der letzte militärische Nutzer der Super Constellation, denn die letzte ihrer 142 Warning Star wurde erst 1982 ausgemustert.

BESCHREIBUNG:

BESATZUNG:
Vier/fünf Besatzungsmitglieder im Führerraum und 64 (C-69) oder 88 (C-121) Passagiere oder 22 bis 26 System-Überwacher (EC-121)

ABMESSUNGEN:
Länge: 35,41 m
Spannweite: 37,49 m
Höhe: 8,10 m

MASSEN:
Leermasse: 36.275 kg
Max. Startmasse: 64.620 kg

LEISTUNGEN:
Höchstgeschwindigkeit: 517 km/h
Reichweite: 7405 km
Antrieb: Vier Wright R-3350-34
Motorleistung: 8800 PS (6562 kW)

DATUM DES ERSTFLUGS:
9. Januar 1943 (C-69), 1953 (RC-121)

BESONDERE MERKMALE:
Freitragender Tiefdecker; Einziehfahrwerk; vier verkleidete Sternmotoren; Flügelendtanks; dreifaches Seitenleitwerk; große Radarabdeckhauben auf und unter dem Rumpf (nur AEW-Varianten)

Lockheed P-2 Neptune USA

Zweimotoriger siebensitziger Marineaufklärer/U-Boot-Jäger

Entwicklungsziel bei den Entwurfsarbeiten zu diesem Muster waren eine extreme Reichweite und eine außergwöhnlich lange Flugdauer, für die der die Konstruktion durchführende Lockheed-Ableger Vega einen schlanken Flügel großer Streckung und die derzeit neuen R-3350-Sternmotoren wählte. Mit anderen wichtigen Objekten wie P-38 und Ventura im Blick der Lockheed-Leitung kam es erst in den letzten Kriegsmonaten zum Erstflug des Neptune-Prototyps XP2V-1. Mit den großen Fowler-Landeklappen für den Einsatz von kleinen Plätzen, mit ihrem großen Bombenschacht und zwei Waffentürmen entsprach das Muster allen Erwartungen. Die Erste von insgesamt 838 Neptune wurde im März 1947 an die *US Navy* geliefert. Bis in die sechziger Jahren blieb das Flugzeug für viele westliche Staaten das bedeutendste U-Boot-Suchflugzeug. Die Neptune als eine überragende Plattform für die Seeüberwachung wurde in sieben verschiedenen Hauptversionen gebaut, darunter auch bei Kawasaki in Japan. Abgesehen von den Einsätzen bei der Marine kamen als OP-2E *Elint* und AP-2H „*Gunship*" Versionen der Neptune über Vietnam auch bei der *USAF* und der *US Army* zum Einsatz.

BESCHREIBUNG:

BESATZUNG:
Pilot, Copilot, Navigator, Flugingenieur und drei System-Überwacher

ABMESSUNGEN:
Länge: 27,94 m
Spannweite: 31,65 m
Höhe: 8,94 m

MASSEN:
Leermasse: 22.650 kg
Max. Startmasse: 36.240 kg

LEISTUNGEN:
Höchstgeschwindigkeit: 573 km/h
Reichweite: 4000 km
Antrieb: Zwei Wright R-3350-30W Turbo-Compound und zwei Westinghouse J34-36
Motorleistung: 6500 PS (4847 kW) und 30,24 kN

DATUM DES ERSTFLUGS:
17. Mai 1945

BEWAFFNUNG:
Sechs starre und zwei Turm-montierte 20 mm MK sowie zwei 12,7 mm MG; Waffenzuladung (Bomben/Raketen/Wasserbomben) 3629 kg im Bombenschacht und an Unterflügel-Aufhängungen

BESONDERE MERKMALE:
Freitragender Mitteldecker; Einziehfahrwerk; zwei verkleidete Sternmotoren; Flügelendtanks

Lockheed F-80 Shooting Star USA

Einstrahliger einsitziger Jagdbomber

Lockheeds erster Strahljäger wurde von Chefkonstrukteur Clarence L. „Kelly" Johnson 1943 innerhalb einer 180-Tage-Frist entworfen und gebaut. Da kein brauchbares amerikanisches Strahltriebwerk zur Verfügung stand, musste eine britische de Havilland Goblin-Turbine eingebaut werden. Mit diesem Triebwerk machte der Prototyp XP-80 am 8. Januar 1944 seinen Erstflug. Im Januar des darauffolgenden Jahres gingen zwei Versuchsmuster YP-80A nach Italien zur Front-Erprobung. Wenn auch die Flugzeuge aus der Serie für einen Einsatz im Zweiten Weltkrieg zu spät kamen, hatten F-80 (wie das Muster nach dem Krieg bezeichnet wurde) die Hauptlast bei den frühen Kämpfen der *USAF* 1951-52 in Korea zu tragen. So flogen sie 15.000 Einsätze allein in den ersten vier Monaten des Krieges. Im ersten Strahljäger-Duell am 8. November 1950 brachte eine Shooting Star eine gegnerische Mikojan MiG-15 zum Absturz. Insgesamt wurden 1718 Stück der eleganten Maschine gebaut. Eine Reihe davon erlebten einen Umbau zum RF-80-Fotoaufklärer. Eingesetzt waren Shooting Star bei 13 Frontstaffeln. Nach dem Krieg übernahmen die Reserveeinheiten der *National Air Guard* alle noch existierenden F-80.

BESCHREIBUNG:

BESATZUNG:
Pilot

ABMESSUNGEN:
Länge: 10,49 m
Spannweite: 11,81 m
Höhe: 3,43 m

MASSEN:
Leermasse: 3819 kg
Max. Startmasse: 7646 kg

LEISTUNGEN:
Höchstgeschwindigkeit: 975 km/h
Reichweite: 1328 km
Antrieb: Allison J33-A-35
Motorleistung: 24 kN

DATUM DES ERSTFLUGS:
8. Januar 1944

BEWAFFNUNG:
Sechs starre 12,7 mm Browning-MG im Rumpfbug; Waffenzuladung (Bomben/Raketen) 908 kg an vier Unterflügel-Aufhängungen

BESONDERE MERKMALE:
Freitragender Tiefdecker mit ungepfeiltem Flügel; Einziehfahrwerk, Flügelendtanks; Lufteinläufe in/an unteren Rumpfseiten; Vollsicht-Abdeckhaube

Lockheed T-33 und Canadair CL-30 USA UND KANADA

Einstrahliger zweisitziger Trainer

Das Muster prahlt mit dem Titel, das am meisten verbreiteste Strahlübungsflugzeug der Welt gewesen zu sein. In der Tat wurden während der fünfziger Jahre nicht weniger als 6750 T-33 (von der die CL30 eine kanadische Ableitung ist) gebaut. Sie stammt von der F-80 ab. Für den Prototyp wurde eine F-80C mit einem verlängerten Rumpf für einen zweiten Sitz und mit großer Abdeckhaube versehen. Die ersten Muster hießen deshalb auch TF-80C. Sie wurden Ende der Vierziger als Ersatz für die antiquierte T-6 Texan bei der USAF in Dienst gestellt. Seit der Umbennenung in T-33 sind sie allgemein als „T-Bird" bekannt. Ihr Erfolg war groß, so dass die Produktionszahlen die der F-80 schnell überflügelten. Kanada sicherte sich (wie in Japan Kawasaki) die Lizenzrechte an dem Muster, baute aber eine eigene Version als CL 30, bei der das Original-Triebwerk Allison J33-A-35 durch eine Rolls-Royce Nene 10 ersetzt war. Insgesamt fertigte Kanada zwischen 1952 und 1959 656 Exemplare. Während bei den Übungseinheiten der USAF die letzten T-33 1974 aus dem Dienst schieden, blieben kanadische CT-133 (so waren die noch Vorhandenen umbenannt worden) in verschiedenen Funktionen bis Ende der neunziger Jahre.

BESCHREIBUNG:

BESATZUNG:
Zwei Piloten hintereinander

ABMESSUNGEN:
Länge: 11,48 m
Spannweite: 10,50 m
Höhe: 3,55 m

MASSEN:
Leermasse: 3667 kg
Max. Startmasse: 6551 kg

LEISTUNGEN:
Höchstgeschwindigkeit: 960 km/h
Reichweite: 2165 km
Antrieb: Allison J33-A-35 oder Rolls-Royce Nene 10
Motorleistung: 23,16 kN oder 22,71 kN

DATUM DES ERSTFLUGS:
22. März 1948 (TF-80C)

BESONDERE MERKMALE:
Freitragender Tiefdecker mit ungepfeiltem Flügel; Einziehfahrwerk; Flügelendtanks, Lufteinläufe in/an unteren Rumpfseiten; lange Vollsicht-Abdeckhaube

Lockheed TV-1/2 Seastar USA
Einstrahliger zweisitziger Trainer

1948 beschaffte sich die US Marine 53 einsitzige F-80C von der *USAF* und nannte sie TO/TV-1. Sie wurden als Strahlübungsflugeuge für Fortgeschrittene bis 1949 benutzt. Die zweisitzige Trainerversion T-33 – bei der Marine TO/TV-2 genannt – löste sie ab. Das Muster, das exakt der bei der *USAF* eingesetzten Version entsprach, erwies sich als ungeeignet für Landungen auf Flugzeugträgern, weil der Lehrer im hinteren Sitz beim Anflug unzureichende Sicht besaß. Trotzdem bestellten *US Navy* und *Marine Corps* 699 Exemplare. Ende 1953 baute Lockheed eine TV-2 mit einem erhöhten hinteren Sitz um, was zur wesentlichen Verbesserung der Sichtverhältnisse führte. Dazu besaß der Umbau für geringe Geschwindigkeiten bei Träger-Starts- und -Landungen ein verbessertes Klappensystem unter Anwendung von Grenzschichtbeeinflussung und ein leistungsstärkeres J33-A-24-Triebwerk. Nach dem Erstflug am 16. Dezember 1953 wurde das Muster in der neuen Form als T2V-1 in die Serienfertigung gegeben. Das erste Exemplar von 150 bestellten kam 1956 zur Marine. Das Flugzeug wurde 1962 als T-1A Sea Star umbezeichnet. Es schied Anfang der Siebziger aus den Einsatzverbänden aus.

BESCHREIBUNG:

BESATZUNG:
Zwei Piloten hintereinander

ABMESSUNGEN:
Länge: 11,70 m
Spannweite: 12,83 m
Höhe: 4,08 m

MASSEN:
Leermasse: 5427 kg
Max. Startmasse: 7167 kg

LEISTUNGEN:
Höchstgeschwindigkeit: 928 km/h
Reichweite: 1552 km
Antrieb: Allison J33-A-24
Motorleistung: 27,18 kN

DATUM DES ERSTFLUGS:
16. Dezember 1953 (T2V-1)

BESONDERE MERKMALE:
Freitragender Tiefdecker mit ungepfeiltem Flügel; Einziehfahrgestell; Flügelendtanks; Lufteinläufe in/an den unteren Rumpfseiten; lange, buckelartige (nur T2V-1) Vollsicht-Abdeckhaube

Lockheed F-94 Starfire USA

Einstrahliges zweisitziges Jagdflugzeug

Die F-94 Starfire war die abschließende Entwicklung aus dem langlebigen F-80/T-33-Programm und der beste der bekannten Allwetter-Abfangjäger aus den fünfziger Jahren. Ausgerüstet mit einem APG-33 Radar im Bug und einem Sperry-Flugleit-System flog der Prototyp YF-94 (eine umgebaute TF-80C) erstmals am 16. April 1949. Das Programm stand unter Zeitnot, denn es hatte den Anschein, als könnten im Schutz der Dunkelheit angreifende sowjetische Langstreckenbomber das amerikanische Festland bedrohen. Deswegen flogen erste Serienmuster F-94A bereits fünf Monate nach dem Prototyp. Ab Dezember 1949 wurden die Einheiten der Luftverteidigung, des *Air Defence Command*, mit Starfire ausgerüstet. Über zwei Dutzend Staffeln in den USA und in Alaska erhielten 110 Stück F-94 A und 357 F-94B. Aus Furcht vor dem Verlust des mit Radar bestückten Flugzeuges über Feindgebiet kamen F-94 erst Ende 1952 in Korea zum Einsatz. Das verbesserte Modell F-94C war eine Neukonstruktion mit Raketen-Bewaffnung, einem dünneren Flügel, einer stärkeren Strahlturbine und einem gepfeiltem Leitwerk. 387 Stück davon wurden gebaut. Sie beendeten ihre Tage bei der *ANG* Ende der Fünziger.

BESCHREIBUNG:

BESATZUNG:
Pilot und Radar-Beobachter hintereinander

ABMESSUNGEN:
Länge: 13,56 m
Spannweite: 12,93 m
Höhe: 4,55 m

MASSEN:
Leermasse: 5760 kg
Max. Startmasse: 10.977 kg

LEISTUNGEN:
Höchstgeschwindigkeit: 941 km/h
Reichweite: 1931 km
Antrieb: Pratt & Whitney J48-P-5
Motorleistung: 38 kN

DATUM DES ERSTFLUGS:
16. April 1949

BEWAFFNUNG:
Vier starre 12,7 mm Browning-MG im Bug (F-94A/B) oder 24/48 2,75-Zoll-Mighty Mouse-Luft-zu-Luft-Raketen im Bug und in zwei Flügel-Behältern (F-94C)

BESONDERE MERKMALE:
Freitragender Tiefdecker mit ungepfeiltem Flügel; Einziehfahrwerk; Flügelendtanks; Lufteinläufe in/an untere Rumpfseiten; gepfeiltes Höhenleitwerk (F-94C)

Lockheed C-130 Hercules USA
Viermotoriger mehrsitziger taktischer Transporter

Lockheeds langlebige C-130 Hercules war, als sie Anfang der fünfziger Jahre herauskam, eine fortschrittliche und waagemutige Konstruktion. Sie bildete eine Synthese zwischen überlieferten Techniken, die jeweils eigenständig an früheren Transportern praktiziert wurden, und dem jüngsten allgemeinen Entwicklungsstand der Luftfahrttechnik. Zu nennen sind die den vollen Rumpfquerschnitt freigebenden Frachttore im Heck, das geländegängige Fahrwerk, der druckbelüftete Rumpf und die vier Propellerturbinen als Antrieb. Der Prototyp flog erstmals am 23. August 1954, und die ersten A-Modelle kamen ab Dezember 1956 zur USAF. Zu Beginn der sechziger Jahre machten Hercules ihr Einsatzdebüt in Vietnam. Seit dieser Zeit sind sie der Motor des taktischen Lufttransports schlechthin. Über 2200 C-130 wurden bis heute in verschiedenen Baureihen gefertigt. Die bekannteste davon ist die C-130H, die 1965 herauskam. Außer für den Transport lassen sich C-130 universell für die verschiedensten Aufgaben einsetzen, so als Kommando-, Überwachungs-, Such- und Rettungs-, Betankungs- oder Waffenträger-Plattform. Hercules befinden sich in 60 Ländern weltweit im Einsatz. Als jüngste Version befindet sich die C-130J im Bau.

BESCHREIBUNG:

BESATZUNG:
Pilot, Copilot, Navigator, Flugingenieur, Belade-Überwacher und 92 Passagiere

ABMESSUNGEN:
Länge: 29,79 m
Spannweite: 40,41 m
Höhe: 11,66 m

MASSEN:
Leermasse: 34.685 kg
Max. Startmasse: 79.380 kg

LEISTUNGEN:
Höchstgeschwindigkeit: 602 km/h
Reichweite: 7870 km
Antrieb: Vier Allison T56-A-15
Motorleistung: 18.032 Wellen-PS (13.448 kW)

DATUM DES ERSTFLUGS:
23. August 1954

BEWAFFNUNG:
Zwei 20 mm Vulcan-MK, zwei 7,62 mm Minigun-MG, zwei 40 mm Bofors-MK und eine 105 mm Haubitze in der linken Rumpfseite (AC-130-Variante)

BESONDERE MERKMALE:
Freitragender Schulterdecker; Einziehfahrwerk in Rumpfwülsten; vier verkleidete Propellerturbinen

Lockheed F-104 Starfighter USA

Einstrahliger Jagdeinsitzer

Als Clarence L. „Kelly" Johnson, Lockheed-Chefkonstrukteur, die XF-104 entwarf, nahm er jede Beeinträchtigung (der Wendigkeit, der Waffenzuladung und der Flugdauer) in Kauf, um zu allerhöchsten Flugleistungen (im Geschwindigkeits- und Steigbereich) zu kommen. Für Mach 2,2 und eine beeindruckende Anfangs-Steiggeschwindigkeit ging er die Kombination zwischen der Leistungsstärke der J79-Strahlturbine mit den aerodynamischen Eigenheiten eines winzigen Flügels geringer Profildicke und messerscharfer Kanten ein. Damit befand sich das Flugzeug an den Grenzen machbarer Technik, die viele Entwicklungsverzögerungen zur Folge hatte. Als 1958 F-104A die Einheiten der US Luftverteidigung erreichten, waren nur 153 Stück beschafft worden. Auch von der mehr taktischen F-104C, die in Vietnam eingesetzt wurde, kamen lediglich 77 Stück heraus. Der Starfighter hätte Lockheed Verluste eingebracht, wäre er nicht 1959 in verbesserter Form als F-104G von einigen NATO-Staaten ausgewählt worden. Streitkräfte in Europa und Kanada erhielten 1466 Starfighter. Weitere wurden nach Japan, Pakistan, Jordanien und Taiwan verkauft. Die letzten Einsatzflugzeuge gingen 2004 in Italien außer Dienst.

BESCHREIBUNG:

BESATZUNG:
Pilot

ABMESSUNGEN:
Länge: 16,69 m
Spannweite: 6,68 m
Höhe: 4,11 m

MASSEN:
Leermasse: 6387 kg
Max. Startmasse: 13.054 kg

LEISTUNGEN:
Höchstgeschwindigkeit: 2330 km/h
Reichweite: 2220 km mit abwerfbaren Zusatztanks
Antrieb: General Electric J79-GE-11A
Motorleistung: 70,28 kN

DATUM DES ERSTFLUGS:
7. Februar 1954

BEWAFFNUNG:
Eine starre T171TZ-Vulcan-MK im Rumpf; Waffenzuladung (Bomben/Raketen/Flugkörper) bis 3400 kg an sechs Unterflügel- und drei Unterrumpf-Aufhängungen

BESONDERE MERKMALE:
Freitragender Mitteldecker mit ungepfeiltem Flügel; Einziehfahrwerk; Flügelendtanks; Lufteinläufe an den Rumpfseiten; Vollsicht-Abdeckhaube; T-Leitwerk

Lockheed U-2 USA

Einstrahliger einsitziger Aufklärer

Die U-2 war in Lockheeds geheimnisumwitterter Versuchsabteilung, den „Skunk Works", entstanden. Die amerikanische Regierung hatte speziell ein Flugzeug gefordert, das in der Lage war, unbehelligt Aufklärung über jeden Teil des gegnerischen Gebiets zu fliegen. Erfolgsaussichten versprach der Einsatz in extrem großen Höhen (30.000 m). Dafür wurde das Muster mit einem weit spannenden Flügel großer Streckung ausgestattet. Die tatsächlichen Absichten verschleierte die Bezeichnung U-2, bei das U für Utility (Mehrzweck) anstatt R für Reconnaissance (Aufklärung) stand. Der Prototyp flog unter größter Geheimhaltung am 1. August 1955. U-2A aus der Serie gingen ins entfernte Nevada (Watertown Strip). Dort wurden Piloten des *CIA (Central Intelligence Agency)* auf dem Muster eingeschult und für Spionageflüge über kommunistischen Territorien präpariert. Einige U-2 gingen auch an die *USAF*. Lockheed baute insgesamt 48 einsitzige U-2A/B/C sowie fünf zweisitzige D. Sie wurden in den Fünfzigern und Sechzigern intensiv benutzt. Den ab 1967 gebauten zwölf größeren U-2R folgten 1979 37 Stück TR-1 (ab 1980 U-2R). Die noch existierenden stehen bis heute im Dienst von *USAF* und *NASA*.

BESCHREIBUNG:

BESATZUNG:
Pilot

ABMESSUNGEN:
Länge: 19,13 m
Spannweite: 31,39 m
Höhe: 4,88 m

MASSEN:
Leermasse: 4355 kg
Max. Startmasse: 18.735 kg

LEISTUNGEN:
Höchstgeschwindigkeit: 690 km/h
Reichweite: 4830 km
Antrieb: Pratt & Whitney J75-P-13B
Motorleistung: 75,60 kN

DATUM DES ERSTFLUGS:
1. August 1955

BESONDERE MERKMALE:
Freitragender Schulterdecker mit ungepfeiltem Flügel; große Spannweite; Tandem-Hauptträder in den Rumpf einziehbar; Ausrüstungsbehälter am Flügel einiger Ausführungen; Lufteinläufe an den Rumpfseiten; langer Bug

Lockheed C-140 JetStar USA
Vierstrahliger zwölfsitziger VIP-Transporter

Das leichte Strahlreiseflugzeug Lockheed Modell 1329 war entwickelt worden, um damit an einem von der *USAF* ausgeschriebenen Wettbewerb für ein Einheits-Mehrzweck-Strahltransportflugzeug teilzunehmen. Der zweistrahlige Prototyp flog erstmals am 4.September 1954 – nur 241 Tage nach Abschluss der Konstruktions-Arbeiten. Im Wettbewerb allerdings unterlag das Flugzeug dem rivalisierenden North American Sabreliner. Aber für Lockheed war noch nichts verloren, denn das Weiße Haus wählte den inzwischen vierstrahligen JetStar als Flugzeug für den Präsidenten und hochrangige Persönlichkeiten (VIPs) neben der Air Force One-Boeing VC-135 zur Vergrößerung der Regierungsflotte. Unter der Bezeichnung C-140A/B kaufte die *USAF* 16 Maschinen des Musters, von denen das erste Ende 1961 zur Auslieferung kam. Fünf C-140A wurden dem *Air Force Communications Command* für die Überwachung militärischer Bodennavigationseinrichtungen zugeteilt, die anderen 11 C-140B kamen zum *Military Airlift Command* für operative Nachschubtransporte, davon sechs VC-140B für Luftbrücken-Aufgaben bei der Regierung und dem Weißen Haus. Anfang der Neunziger hatten JetStar bei der *USAF* ausgedient.

BESCHREIBUNG:

BESATZUNG:
Pilot, Copilot und zehn Passagiere

ABMESSUNGEN:
Länge: 18,42 m
Spannweite: 16,37 m
Höhe: 6,23 m

MASSEN:
Leermasse: 8376 kg
Max. Startmasse: 17.678 kg

LEISTUNGEN:
Höchstgeschwindigkeit: 920 km/h
Reichweite: 4585 km
Antrieb: Vier Pratt & Whitney JT12-A-6
Motorleistung: 58,80 kN

DATUM DES ERSTFLUGS:
4. September 1957

BESONDERE MERKMALE:
Freitragender Tiefdecker mit Pfeilflügel; Zusatztanks in Mittspannweite vor der Flügelnase; vier Strahltriebwerke in Doppelgondeln am Heck

Lockheed P-3 Orion USA

Viermotoriges mehrsitziges Marineflugzeug für Überwachung und U-Boot-Jagd

Die Ableitung aus dem weniger erfolgreichen Lockheed-Verkehrsflugzeug L-188 Electra mit vier Propellerturbinen sollte als Ersatz für die Lockheed P-2 Neptune praktisch aus dem Lager bestellt werden. Dann erwies sich die P-3 Orion genannte Konstruktion als so erfolgreich, dass weit über ein halbes Tausend Stück in einer Handvoll von Varianten gebaut werden mussten, um alle Nachfragen zu erfüllen. Die ersten von 157 von der *US Navy* bestellten P-3A kamen 1962 zur Marine, gefolgt von 124 Stück der verbesserten P-3B im Jahr 1965. Sie besaßen stärkere Triebwerke und konnten Bullpup-Flugkörper mitnehmen. Abschließende ASW-(U-Boot-Jäger)-Version wurde die P-3C, die 1969 zu den Einsatzverbänden kam. In den dazwischen liegenden drei Dekaden wurden die Flugzeuge ständig nachgerüstet, so dass heute immer noch 12 Einsatz- und Reserveverbände der *US Navy* mit P-3C Upgrade III-Orion operieren. Die Marine erhielt auch spezielle Elint und Sigint-Versionen. Einundzwanzig ausländische Streitkräfte erwarben fabrikneue oder gebrauchte Orion. Bis heute wurden mehr als 700 Maschinen des Typs gebaut, darunter 100 unter Lizenz bei Kawasaki in Japan.

BESCHREIBUNG:

BESATZUNG:
Pilot, Copilot, Navigator, Flugingenieur, taktischer Koordinator, drei Geräte-Überwacher und zwei Beobachter/Schallbojen-Bediener

ABMESSUNGEN:
Länge: 35,61 m
Spannweite: 30,37 m
Höhe: 10,27 m

MASSEN:
Leermasse: 27.890 kg
Max. Startmasse: 64.410 kg

LEISTUNGEN:
Höchstgeschwindigkeit: 761 km/h
Reichweite: 3853 km
Antrieb: Vier Allison T56-A-14
Motorleistung: 18.040 Wellen PS (13.452 kW)

DATUM DES ERSTFLUGS:
19. August 1958

BEWAFFNUNG:
Der Bombenschacht eignet sich zur Aufnahme von acht Torpedos oder acht Wasserbomben; zehn Unterflügel-Aufhängungen tragen acht Harpoon-Flugkörper, zehn Torpedos oder zehn Minen

BESONDERE MERKMALE:
Freitragender Tiefdecker; vier Propellerturbinen im Flügel; MAD-Stachel im Heck

Lockheed SR-71 USA
Zweistrahliger zweisitziger Aufklärer

Die endgültige Ausführung des bemannten Hochgeschwindigkeits-Aufklärers mit der Bezeichnung SR-71 war insofern einmalig, als sie mit konstanter Geschwindigkeit von Mach 3 operieren konnte. Die Konstruktion entwickelte sich aus dem von der CIA-geförderten A-12-Programm, das geheim in den „Skunk Works" von Lockheed unter Leitung von Chefkonstrukteur Clarence L. „Kelly" Johnson begonnen worden war. Anfang der sechziger Jahre wurden zwölf A-12 gebaut. Nach ausgiebigen Versuchen entschied sich die USAF für eine vergrößerte Version als SR-71. Das erste der 31 A-Modelle (plus drei SR-71B-Trainer) startete am 22. Dezember 1964. Alle flogen ausschließlich bei der *9th Strategic Reconnaissance Wing* auf der Airbase Beale in Kalifornien und von den Stützpunkten Mildenhall in Suffolk und Kadena auf Okinawa. SR-71 waren im Verlauf des Kalten Krieges in viele Unternehmungen über Osteuropa, China, Nordafrika, dem Mittleren Osten und der Sowjetunion eingebunden. Etatstreichungen legten 1990 die Flotte still. Einige SR-71 übernahm die Nasa für Versuche. Als Lückenbüßer gingen 1995 kurzfristig wieder zwei SR-71 an die *USAF*. Im Jahr 1996 aber wurden die Letzten aus dem Dienst gezogen.

BESCHREIBUNG:

BESATZUNG:
Pilot und Aufklärungs-System-Bediener

ABMESSUNGEN:
Länge: 37,74 m
Spannweite: 16,95 m
Höhe: 5,64 m

MASSEN:
Leermasse: 27.215 kg
Max. Startmasse: 77.110 kg

LEISTUNGEN:
Höchstgeschwindigkeit: 3220 km/h
Reichweite: 4830 km
Antrieb: Zwei Pratt & Whitney J58-1
Motorleistung: 291,2 kN

DATUM DES ERSTFLUGS:
22. Dezember 1964

BESONDERE MERKMALE:
Freitragender Tiefdecker mit Delta-ähnlichem Flügel; zwei Strahltriebwerke im Flügel; abgeflachter Rumpf; doppeltes, nach innen geneigtes Seitenleitwerk

Lockheed S-3 Viking USA

Zweistrahliges viersitziges Marine-Überwachungs-, U-Boot-Jagd- und Luftbetankungs-Flugzeug

Im Jahr 1967 veröffentlichte die *US Navy* eine Anfrage für ein strahlgetriebenes Ablösemodell der Grumman S-2 Tracker. Fünf Hersteller aus den USA übermittelten Entwürfe. Zum Sieger wurde 1969 die YS-3A Viking erklärt – eine Ausarbeitung der Lockheed/Ling Temco Vought-Mannschaft. Das erste von acht Einsatz-Erprobungs-Flugzeugen machte am 21. Januar 1972 seinen Jungfernflug. Als Schulterdecker mit den daruntergehängten großen Fantriebwerken und dem beleibten Rumpf für die umfangreiche *ASW*-Ausrüstung, die Viermann-Besatzung und des geräumigen Bombenschachts sah die Maschine charakteristisch aus. Die S-3A kam im Juli 1974 zur Flotte. 187 Stück wurden gebaut und später zu S-3B nachgerüstet. Neue S-3B mit verbesserten Instrumenten und einer erweiterten Waffenzuladung auch für Luft-Boden-Flugkörper trafen Anfang der achtziger Jahre ein. Nur kurzfristig wurden Anfang der Neunziger vier US-3A als Versorgungsflugzeuge für Flugzeugträger eingesetzt, und 16 aus S-3A umgebaute ES-3A kamen als Störflugzeuge bei der elektronischen Kriegsführung zur Anwendung. Heute versehen die noch fliegenden Viking Dienst als Luftbetankungs-Flugzeuge. Sie sollen bis 2008 abgelöst werden.

BESCHREIBUNG:

BESATZUNG:
Pilot, Copilot, taktischer Koordinator und Geräte-Bediener

ABMESSUNGEN:
Länge: 16,26 m
Spannweite: 20,93 m
Höhe: 6,93 m

MASSEN:
Leermasse: 12.088 kg
Max. Startmasse: 23.832 kg

LEISTUNGEN:
Höchstgeschwindigkeit: 815 km/h
Reichweite: 6085 km
Antrieb: Zwei General Electric TF34-GE-2
Motorleistung: 82,6 kN

DATUM DES ERSTFLUGS:
21. Januar 1972

BEWAFFNUNG:
Der Bombenschacht fasst vier Bomben/Wasserbomben/Minen; zwei Unterflügel-Aufhängungen für zwei Harpoon/Maverick-Flugkörper oder zwei Torpedos/Minen/Bomben/Waffenbehälter

BESONDERE MERKMALE:
Freitragender Schulterdecker mit leicht gepfeiltem Flügel; zwei Strahltriebwerke in Gondeln unter dem Flügel; Fanghaken; hohes, klappbares Seitenleitwerk

Martin JRM Mars USA

Viermotoriges mehrsitziges Marine-Transportflugboot

Der Auftrag für die Mars als Seeüberwachungs-Flugboot der Marine war bereits am 23. August 1938 von der *US Navy* vergeben worden. Doch Kriegsvorbereitungen verzögerten die Entwicklung. So konnte der Prototyp XPB2M-1 nicht vor Juli 1942 zum Fliegen gebracht werden. Da für die Marine umgebaute Liberator (als PB4Y) und PBY Catalina-Flugboote die Aufgabe der Langstrecken-Seeüberwachung übernommen hatten, zwang das Martin zur Umwandlung ihres riesigen Flugbootes in einen Truppentransporter für 180 Soldaten. Unter der neuen Bezeichnung JRM-1 bestellte im Januar 1945 die *US Navy* 20 Mars, von denen bei der Kapitulation Japans erst fünf Maschinen ausgeliefert waren. Eine sechste kam noch mit stärkeren Triebwerken heraus. Nachdem auch die anderen Maschinen auf diese Motoren umgerüstet waren, erhielten alle die Bezeichnung JRM-3. Von der ursprünglichen XPB2M unterschieden sie sich durch einen verlängerten Bug und durch das einfache Seitenleitwerk anstelle des für Martin tradionellen doppelten mit Endscheiben. Die Mars gingen an den *Navy Air Transport Service*. Nach Verlust von zwei Maschinen (1945 und 1950) wurden die restlichen vier 1956 für veraltet erklärt.

BESCHREIBUNG:

BESATZUNG:
Pilot, Copilot, Flugingenieur, Funker, Navigator, Kommandant und 180 Passagiere

ABMESSUNGEN:
Länge: 36,66 m
Spannweite: 60,96 m
Höhe: 14,35

MASSEN:
Leermasse: 35.344 kg
Max. Startmasse: 74.844 kg

LEISTUNGEN:
Höchstgeschwindigkeit: 352 km/h
Reichweite: 5304 km
Antrieb: Vier Pratt & Whitney R4360 Wasp Major
Motorleistung: 14.000 PS (10.440 kW)

DATUM DES ERSTFLUGS:
21. Juli 1945 (JRM-1)

BESONDERE MERKMALE:
Freitragender Schulterdecker; Bootsrumpf; vier Sternmotoren; hohes Seitenleitwerk; feste Stützschwimmer

Martin P5M Marlin USA

Zweimotoriges mehrsitziges Marine-Überwachungsflugboot

Die Evolution der Martin PBM Mariner setzte sich nach dem Krieg mit der Marlin fort. Sie sollte allerdings das letzte bei der *US Navy* eingesetzte Flugboot werden. Von der Mariner übernahm sie den möwenähnlichen Flügel und den oberen Bereich des Rumpfes, besaß jedoch einen ganz neuen Bootsrumpf. Der Prototyp XP5M-1 flog am 30. Mai 1948 mit Wright R-3350-Triebwerken, die die doppelte Leistung der in der Mariner eingebauten R-2600 aufwiesen. Außerdem erhielt er zwei radargesteuerte Waffentürme in Bug und Heck sowie einen kraftgesteuerten auf dem Rumpf. Als die Serie 1951 anlief, war der Bugturm durch ein APS-80-Suchradar ersetzt, der Rumpfturm gestrichen, und der Besatzungsraum für bessere Sichtverhältnisse höher gelegt worden. Das erste von 114 bestellten Flugbooten P5M-1 erreichte die Einsatzverbände am 23. April 1952. Im folgenden Jahr konstruierte Martin das Muster zur P5M-2 um. Diese Version besaß ein neues T-Leitwerk und einen flacheren Bug. Als diese Version 1960 aus der Fertigung ging, waren 145 Maschinen gebaut worden. Sie wurden 1962 in P-5B umgetauft. In den Einsatzeinheiten der *US Navy* blieben Marlin bis ins Jahr 1966.

BESCHREIBUNG:

BESATZUNG:
Pilot, Copilot, Flugingenieur, Funkers; Navigator, Kommandant, drei Geräte-Überwacher und zwei Beobachter/Schallbojen-Bediener

ABMESSUNGEN:
Länge: 30,66 m
Spannweite: 36,02 m
Höhe: 9,97 m

MASSEN:
Leermasse: 22.900 kg
Max. Startmasse: 38.555 kg

LEISTUNGEN:
Höchstgeschwindigkeit: 404 km/h
Reichweite: 3300 km
Antrieb: Zwei Wright R-3350-32WA
Motorleistung: 9600 PS (5146 kW)

DATUM DES ERSTFLUGS:
30. Mai 1948

BEWAFFNUNG:
Bombenschacht und zwei Unterflügel-Aufhängungen nehmen 3629 kg an Waffen (Bomben/Torpedos/Wasserbomben/Minen/Raketen) auf

BESONDERE MERKMALE:
Freitragender Schulterdecker; Bootsrumpf; zwei Sternmotoren; hohes Seitenleitwerk (P5M-1) oder T-Leitwerk (P5M-2)

Martin B-57 Canberra USA

Zweistrahliger zweisitziger Bomber

Ende der vierziger Jahre entschied sich die USAF für die English Electric Canberra als taktisches Kampfflugzeug. Es war das erste Mal seit 1918, das ein ausländisches Erzeugnis in großer Zahl für die Einsatzverbände der US-Streitkräfte angeschafft werden sollte. Martin wurde ausgewählt, das britische Muster unter Lizenz zu bauen. Die erste Version war nur mäßig amerikanisiert und kam als B-57A Ende Juli 1953 zur Truppe. Die 75 gebauten Maschinen wurden bei Dienstantritt zu Fotoauklärern RB-57 umfunktioniert. Die nachfolgende Version B-57B – die meistgebaute übrigens – erfuhr dagegen starke Veränderungen, die das Muster besonders für Tiefangriffe geeigneter machten. Außer dem Wegfall der Verglasung im Bug waren das eine neue Jagdflugzeug-ähnliche Abdeckhaube, zusätzliche Unterflügel-Aufhängungen, eine drehbare Bombenschacht-Abdeckung sowie zusätzliche Luftbremsen am Rumpf und im Flügel. Insgesamt 202 B-57B wurden gebaut, gefolgt von 38 B-57C-Trainern, 20 RB-57D-Höhenaufklärern und 68 B-57E-Scheibenschleppern. Canberra sahen intensiven Einsatz in Vietnam. Spezielle B-57G Präzisions-Bomber wurden 1974 ausgemustert. Andere Spezialversionen blieben bis Anfang der Achtziger.

BESCHREIBUNG:

BESATZUNG:
Pilot und Navigator hintereinander

ABMESSUNGEN:
Länge: 19,96 m
Spannweite: 19,50 m
Höhe: 4,75 m

MASSEN:
Leermasse: 12.200 kg
Max. Startmasse: 24.950 kg

LEISTUNGEN:
Höchstgeschwindigkeit: 937 km/h
Reichweite: 3380 km
Antrieb: Zwei Wright J65-5
Motorleistung: 33 kN

DATUM DES ERSTFLUGS:
20. Juli 1953

BEWAFFNUNG:
Vier starre 20 mm-MK oder acht 12,7 mm-MG im Flügel; Waffenzuladung 2268 kg im Bombenschacht und Bomben/Raketen an acht Unterflügel- und zwei Flügelspitzen-Aufhängungen

BESONDERE MERKMALE:
Freitragender Mitteldecker mit ungepfeiltem Flügel; Dreirad-Fahrwerk; zwei Strahltriebwerke im Flügel; Jagdflugzeug-ähnliche Vollsicht-Abdeckhaube

Max Holste M.H.1521M Broussard FRANKREICH

Einmotoriges sechssitziges Mehrzweckflugzeug

Das Muster wurde von dem kleinen französischen Herstellerwerk Max Holste auf Privatrisiko aus dem leistungsschwächeren Artilleriebeobachtungs-Flugzeug M.H.152 AOP (*Air Observation Post*) abgeleitet. Der abgestrebte Hochdecker in Ganzmetall-Bauweise war eine stabil gebaute Maschine, die die Zuverlässigkeit des Wasp-Sternmotors mit der Robustheit der Zelle geschickt zu verbinden verstand. Von dem ersten Baulos über 24 Maschinen gingen 18 als M.H.1521M an das französische Heer. Weitere Order vom Heer und den französischen Luftstreitkräften brachten dem Werk (Flügelbau) und dem Subunternehmer SIPA (Rumpfbau) Beschäftigung für fünf Jahre, denn 363 Broussard wurden zwischen 1954 und 1959 gebaut. Nach der militärischen Nutzung als Mehrzweck-„Schindermähre" in französischen Diensten gingen viele der Maschinen an die ehemaligen afrikanischen Kolonien, um damit deren unterentwickelten Luftstreitkräften Geltung zu verschaffen. Kamerun, die Elfenbeinküste, Mauretanien, Niger, Senegal, Togo und Overvolta waren Staaten, die Broussard unterhielten. In Frankreich wurde die letzte Max Holste H.M.1521M in den sehr frühen achtziger Jahren aus dem Dienst entlassen.

BESCHREIBUNG:

BESATZUNG:
Pilot und fünf Passagiere

ABMESSUNGEN:
Länge: 8,60 m
Spannweite: 13,75 m
Höhe: 2,79 m

MASSEN:
Leermasse: 1530 kg
Max. Startmasse: 2700 kg

LEISTUNGEN:
Höchstgeschwindigkeit: 270 km/h
Reichweite: 1200 km
Antrieb: Pratt & Whitney
R-985-AN-1 Wasp
Motorleistung: 450 PS (335 kW)

DATUM DES ERSTFLUGS:
17. November 1952

BESONDERE MERKMALE:
Abgestrebter Hochdecker; Spornrad-Fahrwerk; Zweiblatt-Luftschraube; verkleideter Sternmotor; doppeltes Seitenleitwerk

McDonnell F2H Banshee USA

Zweistrahliger Jagdeinsitzer

Pionierarbeit wurde mit dem McDonnell-Jagdeinsitzer FD-1 Phantom geleistet, denn er war der erste einsatzfähige Strahljäger der Welt, der von Flugzeugträgern aus operieren konnte. Seine Einsatzerfolge jedoch blieben durch die geringe Zahl der gebauten Maschinen (60 Stück) und durch leistungsschwache J30-Strahlturbinen moderat. Als sein Nachfolger erschien die F2H Banshee, die vom Vorgängermodell den ungepfeilten Flügel und die Lage der zwei Westinghouse-Strahlturbinen in verdickten Flügelwurzeln übernahm. Aber es waren leistungsstärkere J34. Die US Navy gab, nachdem sie 1947 den Prototyp XF2D-1 erfolgreich erprobt hatte, 56 Serienmuster unter der Bezeichnung F2H-1 in Auftrag. Die ersten Exemplare erreichten im März 1959 die Flotte. Zur gleichen Zeit bot McDonnell die F2H-2 mit einem verlängerten Rumpf und zwei Flügelendtanks für mehr Kraftstoff an. 188 davon wurden gebaut, gefolgt von 146 -2N/P Nachtjägern und Fotoaufklärern. Banshee kamen mit *US Navy* und mit *Marine Corps* über Korea zum Einsatz, bevor sie Ende der fünfziger Jahre ihren Dienst quittieren mussten. Die letzten Einsatz-Muster waren F2H-3 mit Radar (250 Stück) und die ummotorisierte F2H-4 (150).

BESCHREIBUNG:

BESATZUNG:
Pilot

ABMESSUNGEN:
Länge: 14,48 m
Spannweite: 13,67 m
Höhe: 4,40 m

MASSEN:
Leermasse: 5800 kg
Max. Startmasse: 10.270 kg

LEISTUNGEN:
Höchstgeschwindigkeit: 982 km/h
Reichweite: 3220 km
Antrieb: Zwei Westinghouse J34-WE-34
Motorleistung: 16,5 kN

DATUM DES ERSTFLUGS:
11. Januar 1947

BEWAFFNUNG:
Vier starre 20 mm M-2-MK im Bug; Waffenzuladung (Bomben/Raketen/Flugkörper) 1814 kg an acht Unterflügel-Aufhängungen

BESONDERE MERKMALE:
Freitragender Mitteldecker mit ungepfeiltem Flügel; Dreirad-Fahrgestell; Strahltriebwerke in den Flügelwurzeln; Vollsicht-Abdeckhaube; Fanghaken; Flügelendtanks

McDonnell F3H Demon USA

Einstrahliger Jagdeinsitzer

Die Demon war der erste Marine-Jäger, der die gleichen Spitzenleistungen wie seine landgestützten Gegenspieler aufweisen konnte. Sie wurde als die fortschrittlichste Konstruktion ihrer Zeit gepriesen. Am Anfang ihrer Karriere sah das ganz anders aus: Das Muster war um die Westinghouse J40-Strahlturbine herum konstruiert worden. Der Demon-Prototyp XF3H-1 flog am 7.August 1951 mit einem XJ40-WE-6-Versuchstriebwerk. Als das Muster in Serie ging, hatte sich dessen Masse so erhöht, dass stärkere J40-WE-24 hätten eingebaut werden müssen. Da sie sich als sehr unzuverlässig erwiesen, kamen schwächere J40-WE-22 zum Einbau. Mit denen waren die Flugzeuge so untermotorisiert, dass die US Navy ihre ursprüngliche Bestellung über 529 F3H-1 auf 56 Stück kürzte. Sie wurden ausschliesslich für Ausbildungszecke eingesetzt. McDonnell überarbeitete die Zelle so, dass sie für die Aufnahme einer Allison J71-Strahlturbine geeignet war. Diese F3H-2 genannte Version, die AIM-7C- und AIM-9C-Raketen tragen konnte und mit APG-51-Radar ausgerüstet war, kam 1956 zur Flotte. 459 Stück lieferte McDonnell. Sie erhielten 1962 die neue Bezeichnung F-3B und blieben bis 1965 bei den Einsatzeinheiten.

BESCHREIBUNG:

BESATZUNG:
Pilot

ABMESSUNGEN:
Länge: 17,95 m
Spannweite: 10,76 m
Höhe: 4,45 m

MASSEN:
Leermasse: 10.115 kg
Max. Startmasse: 15.376 kg

LEISTUNGEN:
Höchstgeschwindigkeit: 1040 km/h
Reichweite: 2200 km
Antrieb: Allison J71-A-2E
Motorleistung: 32,5 kN

DATUM DES ERSTFLUGS:
7. August 1951

BEWAFFNUNG:
Vier starre 20 mm M-2-MK im Bug; Waffenzuladung (Bomben/Raketen/Flugkörper) 2994 kg an vier Unterflügel-Aufhängungen

BESONDERE MERKMALE:
Freitragender Mitteldecker mit Pfeilflügel; Dreirad-Fahrwerk; Lufteinläufe an den Rumpfseiten; Vollsicht-Abdeckhaube; Fanghaken

McDonnell F-101 Voodoo USA
Zweistrahliger ein-/zweisitziger Jagdbomber/Aufklärer

Die F-101 war mit Sicherheit der massigste und leistungsstärkste Jäger seiner Zeit. Entwickelt wurde er aus dem Voodoo-Prototyp XF-88, der am 20. Oktober 1948 erstmals flog. Ursprünglich waren Voodoo als Langstrecken-Begleitjäger für die Atombomber des *Strategic Air Command (SAC)* konzipiert worden, wurden dann aber in Kampfflugzeuge für den taktischen Einsatz beim *Tactical Air Command (TAC)* umfunktioniert. Das erste A-Modell flog am 29. September 1954. Als das *SAC* sein Interesse an der F-101A aufgab, übernahm das *TAC* alle 77 Voodoo von Mai 1957 an. Die nachfolgende C-Variante war in der Lage, eine taktische Atombombe zu tragen. Aus diesen Einsitzern (F-101A/C) entwickelte Fotoaufklärer kamen über Kuba und Vietnam zum Einsatz. Von den 201 gelieferten Maschinen gingen nicht weniger als 32 Stück verloren. Die zweisitzige F-101B mit einer verlängerten Abdeckhaube für den zusätzlichen MG-13-Feuerkontrollradar-Beobachter wurde speziell für das *Air Defence Command (ADC)* gebaut. 478 Maschinen dieser Version kamen bei 16 *ADC*-Staffeln zum Einsatz. Weitere 66 Maschinen gingen nach Kanada. Bei den kanadischen Einheiten blieben Voodoo bis Anfang der Neunziger.

BESCHREIBUNG:

BESATZUNG:
Pilot oder Pilot/Radar-Beobachter (F-101B/F)

ABMESSUNGEN:
Länge: 20,55 m
Spannweite: 12,09 m
Höhe: 5,49 m

MASSEN:
Leermasse: 12.700 kg
Max. Startmasse: 23.133 kg

LEISTUNGEN:
Höchstgeschwindigkeit: 1963 km/h
Reichweite: 2500 km
Antrieb: Zwei Pratt & Whitney J57-PW-53
Motorleistung: 129,5 kN

DATUM DES ERSTFLUGS:
29. September 1954 (F-101A)

BEWAFFNUNG:
Drei starre 20 mm M-39-MK im Rumpf; Waffenzuladung (Bomben/Raketen/Flugkörper) 908 kg an Flügel- und Rumpfstation sowie halbversenkt in Rumpfmulden

BESONDERE MERKMALE:
Freitragender Tiefdecker mit Pfeilflügel; Dreirad-Fahrwerk; Lufteinläufe in den Flügelwurzeln; Vollsichthaube; hochliegendes Höhenleitwerk

McDonnell Douglas F-4 Phantom II USA

Zweistrahliger zweisitziger Jagdbomber/Aufklärer

Die F-4 Phantom II ist wohl das bekannteste aller Jagdflugzeuge nach dem Zweiten Weltkrieg und heute immer noch in dem militärischen Szenarium zu finden, wenn auch inzwischen die meisten der 5195 über eine neunzehnjährige Produktionszeit gebauten Maschinen ausgemustert wurden. Das Muster war auf Eigeninitiative und unter privatem Risiko bei McDonnel als fortschrittlicher, kanonenloser Abfangjäger entwickelt worden, der seine Kampfkraft alleine auf Radar und Raketen setzte. Die ersten F-4B wurden im Dezember 1960 an die *US Navy* für Entwicklungsaufgaben beim Flugeugträgereinsatz geliefert. Ein Jahr später bestellte die *USAF* das Muster in leicht veränderter Form als F-4C, und bald waren 16 von den 23 Jagdstaffeln des *TAC* mit Maschinen dieses Typs ausgerüstet. Im Vietnam-Krieg konnten Phantom II ihre Vielzweck-Eigenschaften einzeln und in großen Verbänden beeindruckend beweisen. Auch jüngere Versionen wie F-4E und F-4J kamen Ende der sechziger Jahre noch zum Einsatz. Phantom II gingen an viele ausländische Abnehmer. Die Luftstreitkräfte von Großbritannien, Israel, Japan und der Bundesrepublik Deutschland setzten das Muster in großen Stückzahlen ein.

BESCHREIBUNG:

BESATZUNG:
Pilot und Navigator hintereinander

ABMESSUNGEN:
Länge: 17,76 m
Spannweite: 11,70 m
Höhe: 4,96 m

MASSEN:
Leermasse: 12700 kg
Max. Startmasse: 26308 kg

LEISTUNGEN:
Höchstgeschwindigkeit: 2414 km/h
Reichweite: 3700 km
Antrieb: Zwei General Electric J79-GE-15
Motorleistung: 151 kN

DATUM DES ERSTFLUGS:
27. Mai 1958

BEWAFFNUNG:
Eine starre 20 mm M61-Revolver-MK im Bug; Waffenzuladung (Bomben/Raketen/Flugkörper) 7257 kg an vier Unterflügel-Aufhängungen oder halbversenkt in Rumpfmulden (nur Flugkörper)

BESONDERE MERKMALE:
Freitragender Tiefdecker mit Pfeilflügel; Flügelenden aufgebogen; Lufteinläufe an den Rumpfseiten; Vollsicht-Abdeckhaube; Höhenleitwerk mit negativer V-Form

McDonnell Douglas F-15A Eagle USA

Zweistrahliger ein-/zweisitziger Jagdbomber

Die F-15 Eagle war seit ihrer Einführung der hervorstechendste Luftüberlegenheits-Jäger der Welt. Entstanden war er auf Grund der USAF-F-X-Ausschreibung, die Mitte der sechziger Jahre mit Erfahrungen aus dem Vietnam-Krieg gestartet worden war. Gewinner sollte der Entwurf werden, dessen Schub/Masse-Verhältniss außerhalb der üblichen Werte lag, und der so wendig sein sollte, dass er jeden Gegner auskurven konnte, um seine Raketen früher zum Abfeuern zu bringen. Die F-15 von McDonnell Douglas stach die Konkurrenzentwürfe von Fairchild-Republic sowie North American Rockwell aus und flog in Prototypform erstmals am 27. Juli 1972. Mit ihren speziellen Pratt & Whitney F100-Fantriebwerken und dem eingebauten Hughes APG-63-Radar war die Eagle eine perfekte Einheit. Die ersten A-Modelle aus der Produktion kamen im Januar 1976 zum Einsatz. Insgesamt 355 einsitzige F-15A und 57 zweisitzige F-15B wurden gebaut. Ab 1979 liefen verbesserte F-15C/D von den Bändern. Die A-Modelle, die auch die israelischen Luftstreitkräfte anschafften, erfuhren während der achtziger Jahre im Rahmen eines Programms ständig Verbesserungen. Heute sind nur noch wenige Eagle bei den ANG und in Israel (hier 35 oder mehr) im Dienst.

BESCHREIBUNG:

BESATZUNG:
Pilot oder zwei Piloten hintereinander (F-15B)

ABMESSUNGEN:
Länge: 19,45 m
Spannweite: 13,05 m
Höhe: 5,68 m

MASSEN:
Leermasse: 12.793 kg
Max. Startmasse: 30.845 kg

LEISTUNGEN:
Höchstgeschwindigkeit: 2655 km/h
Reichweite: 1965 km
Antrieb: Zwei Pratt & Whitney F100-PW-100
Motorleistung: 211,8 kN

DATUM DES ERSTFLUGS:
27. Juli 1972

BEWAFFNUNG:
Eine starre 20 mm M-61-Revolver-MK in rechter Flügelwurzel; bis zu 7257 kg an Flugkörpern halbversenkt in vier Rumpfmulden und an zwei Unterflügel-Aufhängungen

BESONDERE MERKMALE:
Freitragender Schulterdecker mit Pfeilflügel; Lufteinläufe an den Rumpfseiten; Vollsicht-Abdeckhaube; doppeltes Seitenleitwerk; großer Radom im Bug

McDonnell Douglas F/A-18A/B Hornet USA

Zweistrahliger ein-/zweisitziger Jagdbomber

Als der US Kongress 1974 das VFAX-Programm für einen leichten Marine-Allzweck-Jäger strich, gab er der *US Navy* gleichzeitig die Empfehlung, einen Blick auf die für die *USAF* in Entwicklung befindlichen Jagdeinsitzer General Dynamics YF-16 oder Northrop YF-17 zu werfen, um zu prüfen, ob diese nicht marinetauglich gemacht werden könnten. Die *US Navy* entschied sich am 2. Mai 1975 für Northrop, der sich daraufhin mit dem Marine-Lieferant Mc Donnell zusammen setzte, um gemeinsam eine für die Flotte geeignete Umkonstruktion vorzunehmen. Ursprünglich wurde getrennt an Jäger- (F-18) und Schlachtflugzeug-Versionen (A-18) gearbeitet, aber sie mussten aus Kostengründen zum Entwurf F/A-18 Hornet zusammengefasst werden. Das erste von 11 Entwicklungsmodellen flog am 18. November 1978. Serienmuster mit General Electric F404-Fantriebwerken und APG-65-Radar kamen im Mai 1980 zur *US Navy* 1980 und zwei Jahre später zum *Marine Corps*. 371 A- und 40 B-Modelle kamen zur Auslieferung, bevor 1986 die verbesserten F/A-18C/D erschienen. Nach Einsätzen über Libyen 1986 und dem Irak 1991 sind heute die meisten F/A-18A/B ausgemustert. In Spanien, Kanada, Australien fliegen sie noch.

BESCHREIBUNG:

BESATZUNG:
Pilot oder zwei Piloten hintereinander (F/A-18B)

ABMESSUNGEN:
Länge: 17,07 m
Spannweite: 11,43 m
Höhe: 4,66 m

MASSEN:
Leermasse: 12.700 kg
Max. Startmasse: 21.888 kg

LEISTUNGEN:
Höchstgeschwindigkeit: 1900 km/h
Reichweite: 1018 km
Antrieb: Zwei General Electric F404-GE-400
Motorleistung: 142,4 kN

DATUM DES ERSTFLUGS:
9. Juni 1974 (YF-17)

BEWAFFNUNG:
Eine starre 20 mm M-61-Revolver-MK im Bug; Waffenzuladung (Bomben/Raketen/Flugkörper) 7711 kg an Auhängungen unter dem Flügel, unter dem Rumpf und an den Flügelspitzen

BESONDERE MERKMALE:
Freitragender Mitteldecker mit Pfeilflügel; Vollsicht-Abdeckhaube; doppeltes Seitenleitwerk; vorgezogene Flügelwurzeln

Mikojan MiG-15   Sowjetunion und Polen

Einstrahliges ein-/zweisitziges Jagd-/Schulflugzeug

Die MiG-15 war der erste erfolgreiche sowjetische Strahljäger, und sein plötzliches, unerwartetes Erscheinen am Himmel über Korea versetzte den UN-Piloten einen regelrechten Schock. Mit ihren gepfeilten Flächen und der sauberen Aerodynamik stieg sie besser und war wendiger und auch schneller als alle amerikanischen und britischen Kontrahenten – ausgenommen die North American F-86 Sabre. Dabei war das Klimow RD.45F-Triebwerk als „Herz" des flinken Jägers eine direkte Ableitung der Rolls-Royce Nene-Strahlturbine. Die britische Regierung hatte den Sowjets 1947 eine Anzahl dieser Triebwerke zur Verfügung gestellt und damit Anfangsprobleme bei der Entwicklung sowjetischer Düsenmotoren mit einem Schlag gelöst. Bei der aerodynamischen Auslegung war das Konstruktions-Kollektiv um Mikojan auch von deutschen Forschungsergebnissen beeinflusst worden – eine Beute der letzten Kriegstage. Nach der Flugerprobung Anfang 1948 ging die MiG-15 direkt in den Großreihenbau. Innerhalb von fünf Jahren wurden etwa 8000 Stück in der UdSSR gefertigt, darunter ab 1950 auch neue Versionen wie der zweisitzige UTI-Trainer. In Polen lief die MiG-15-Lizenfertigung bis Anfang der sechziger Jahre.

BESCHREIBUNG:

BESATZUNG:
Pilot oder zwei Piloten hintereinander (MiG-15UTI)

ABMESSUNGEN:
Länge: 10,86 m
Spannweite: 10,08 m
Höhe: 3,70 m

MASSEN:
Leermasse: 3681 kg
Max. Startmasse: 5380 kg

LEISTUNGEN:
Höchstgeschwindigkeit: 1076 km/h
Reichweite: 1330 km
Antrieb: Klimow WK-1
Motorleistung: 26,4 kN

DATUM DES ERSTFLUGS:
20. Dezember 1947

BEWAFFNUNG:
Eine starre N-37-MK und zwei starre 23 mm NS-23-MK im Bug

BESONDERE MERKMALE:
Freitragender Mitteldecker mit Pfeilflügel; Dreirad-Fahrwerk; Lufteinlauf im Bug; Vollsicht-Abdeckhaube; hochliegendes Höhenleitwerk

Mikojan MiG-17 SOWJETUNION, POLEN UND CHINA
Einstrahliger einsitziger Jagdbomber

Nick- und Schüttelbewegungen bei hohen Geschwindigkeiten wirkten sich bei der MiG-15 so nachteilig aus, dass das Muster eine äußerst schlechte Schiess-Plattform abgab. Um diesen Mangel zu beheben, wurde die MiG-17 entwickelt. Der Westen sah sie anfänglich als vergrößerte MiG-15, aber sie war – trotz der äußerlichen Ähnlichkeit – eine vollkommen neue Konstruktion. Sie besaß einen Flügel dünneren Profils, der die Hochgeschwindigkeits-Eigenschaften schlagartig verbesserte. Äußerliche Unterscheidungsmerkmale waren das stärker gepfeilte Seitenleitwerk und der um einen Meter verlängerte Rumpf. Bei den sowjetischen Einheiten begannen MiG-17 ab Oktober 1952 MiG-15 zu ersetzen. Verbesserte Modelle einschließlich eines Musters mit Nachbrenner kamen ab Februar 1953 heraus. Viele Varianten folgten, darunter mit Radar ausgerüstete für den Einsatz früher Luft-zu-Luft-Raketen. In der Sowjetunion wurden über 8000 MiG-17 gefertigt. Dazu kamen die Lizenzbauten. In Polen liefen etwa 1000 Stück als Lim 5/6 vom Band, und China fertigte 767 Exemplare als J-5/F-5. Im Vietnam-Krieg wurden Muster dieses Typs besonders erfolgreich von nordvietnamesischen Luftstreitkräften eingesetzt.

BESCHREIBUNG:

BESATZUNG:
Pilot

ABMESSUNGEN:
Länge: 11,59 m
Spannweite: 9,62 m
Höhe: 3,35 m

MASSEN:
Leermasse: 3798 kg
Max. Startmasse: 5932 kg

LEISTUNGEN:
Höchstgeschwindigkeit: 1080 km/h
Reichweite: 1880 km
Antrieb: Klimow WK-1F
Motorleistung: 33,14 kN

DATUM DES ERSTFLUGS:
29. September 1951

BEWAFFNUNG:
Drei starre 23 mm NS-23-MK im Bug; Bomben/Raketen bis 1000 kg an vier Unterflügel-Aufhängungen

BESONDERE MERKMALE:
Freitragender Mitteldecker mit Pfeilflügel; Dreirad-Fahrwerk; Lufteinlauf im Bug; Vollsicht-Abdeckhaube; hochliegendes Höhenleitwerk; Grenzschichtzäune

Mikojan MiG-19 SOWJETUNION, TSCHECHOSLOWAKEI UND CHINA

Zweistrahliger einsitziger Jagdbomber

Die MiG-19 war der erste sowjetische Jäger, der im Waagerechtflug Überschall-Geschwindigkeit erreichen konnte. Die Konstruktionsarbeiten hatten 1950 unter der ursprünglichen Bezeichnung Mikojan I-350 begonnen. Fünf Protypen wurden im Juli des folgendes Jahres bestellt. Der erste davon flog am 5. Januar 1954. Die von zwei Mikulin AM-5-Strahltriebwerken mit Nachbrenner angetriebenen Serienmuster kamen noch 1955 zu den Einsatzeinheiten. Sie wurden während der folgenden drei Jahre durch den Einbau stärkerer Triebwerke und effektiverer Bewaffnung (unter anderem Flugkörper, die durch Radar gesteuert wurden, das sich in einer Lippe über dem zentralen Lufteinlauf befand) ständig verbessert. Die MiG-19 blieb in der Sowjetunion bis 1958 in der Fertigung. Der Ausstoß waren über 2000 Maschinen. Bis 1963 liefen die Bänder in der Tschechoslowakei (103 Stück als S-105 gebaut) und bis Mitte der achtziger Jahre in China. Dort baute Shenyang mehr als 4000 Stück in verschiedenen Varianten als J/F-6 für die Luftstreitkräfte und die Marine der Volksrepublik China. Ein Teil der Maschinen ist immer noch aktiv. Mehr als 16 andere Länder erhielten ebenfalls sowjetische oder chinesische MiG-19.

BESCHREIBUNG:

BESATZUNG:
Pilot

ABMESSUNGEN:
Länge: 13,08 m
Spannweite: 9,00 m
Höhe: 4,02 m

MASSEN:
Leermasse: 5760 kg
Max. Startmasse: 9500 kg

LEISTUNGEN:
Höchstgeschwindigkeit: 1480 km/h
Reichweite: 2200 km
Antrieb: Zwei Klimow RD-9B
Motorleistung: 63,8 kN

DATUM DES ERSTFLUGS:
5. Januar 1954

BEWAFFNUNG:
Drei starre 30 mm NR-30-MK, zwei in den Flügelwurzeln und eine im Bug; Bomben/Raketen bis 500 kg an vier Unterflügel-Aufhängungen

BESONDERE MERKMALE:
Freitragender Mitteldecker mit Pfeilflügel; Dreirad-Fahrgestell; Lufteinlass im Bug; Vollsicht-Abdeckhaube; Grenzschichtzäune

Mikojan MiG-21 SOWJETUNION, TSCHECHOSLOWAKEI UND CHINA

Einstrahliger, einsitziger Jagdbomber

Die MiG-21 ist auch heute immer noch ein in der ganzen Welt weit verbreitetes Kampfflugzeug. In der Tat wurden über 10.000 Exemplare alleine in der Sowjetunion (in China befindet sich die verbesserte chinesische Version F-7 immer noch in der Fertigung) in zahlreichen Varianten gebaut. Dabei war der legendäre Deltaflügler – dem militärische Kreise noch bis weit ins neue Jahrtausend Einsatzchancen einräumen – bereits unmittelbar nach dem Korea-Krieg als kleiner Abfangjäger mit einem großen Leistungspotezial konzipiert worden. Die Entwicklung lief danach über verschiedene Prototypen bis Mitte der fünfziger Jahre. Nicht weniger als 40 Vorserienmuster führten zur defintiven MiG-21F-13, die ab 1958 zu den Einheiten der sowjetischen Luftstreitkräfte kam. Diese Version wurde sowohl in der Tschechoslowakei als auch China unter Lizenz hergestellt. Mit der Unterbringung von immer mehr Kraftstoff, einer immer stärkeren Bewaffnung und erweiterter Instrumentierung wurde in nachfolgenden Ausführungen aus dem leichten Jäger immer mehr ein Vielzweck-Kampfflugzeug. Obwohl in Russland selbst Muster dieses Typs selten geworden sind, gehören sie noch in 40 Ländern zur Erstausstattung.

BESCHREIBUNG:

BESATZUNG:
Pilot

ABMESSUNGEN:
Länge: 15,76 m
Spannweite: 7,15 m
Höhe: 4,12 m

MASSEN:
Leermasse: 5350 kg
Max. Startmasse: 9080 kg

LEISTUNGEN:
Höchstgeschwindigkeit: 2125 km/h
Reichweite: 1300 km
Antrieb: MNKP „Sojus" (Tumanski) R-11F25-300
Motorleistung: 60,5 kN

DATUM DES ERSTFLUGS:
16. Juni 1955

BEWAFFNUNG:
Eine starre 23 mm GSch-23-MK im Rumpf; Waffenzuladung (Bomben/Raketen/Flugkörper) 150 kg an vier Unterflügel-Aufhängungen

BESONDERE MERKMALE:
Freitragender Mitteldecker mit Deltaflügel; gepfeiltes Normalleitwerk; Dreirad-Fahrwerk; Lufteinlauf im Bug

Mikojan MiG-23 Sowjetunion und Indien
Einstrahliger einsitziger Jagdbomber

Der fähigste taktische Jäger der Sowjets auf dem Höhepunktes des Kalten Krieges war die MiG-23, die das Mikojan-Kollektiv als Ersatz für ihre MiG-21 konstruiert hatte. In der Anfangsphase der Entwicklung entstanden Prototypen sowohl mit Pfeil- als auch mit Schwenkflügeln. Das Mikojan-Konstruktionsbüro gab schließlich dem Schwenkflügel-Modell 23-11 wegen der besseren Kurzstartleistungen den Vorzug. Der Prototyp dieser Version flog zum ersten Mal am 10. April 1967. Ihm folgten 50 weitere MiG-23S (mit dem RP-22-Radar der MiG-21S) für eine ausgiebige Einsatzerprobung. Die MiG-23M war die erste Serienvariante mit dem speziellen Sapfir-23-Doppler-Radar in einem vergrößerten Radom. Dieses Modell besitzt auch leistungsstärkere Triebwerke und R-23 Luft-zu-Luft-Raketen. Drei weitere Versionen als Abfangjäger entstanden in den achtziger Jahren. Tiefangriffs-Varianten der MiG-23 wurden ebenfalls in großen Stückzahlen erstellt. Von ihnen war die radarlose MiG-23B die erste, aber MiG-23BK und BM waren die effektiveren, denn sie besaßen vom speziellen Erdschlächter MiG-27 das Angriffs-Navigations-System. MiG-23 wurden in den siebziger und achtziger Jahren in 20 Länder exportiert.

BESCHREIBUNG:

BESATZUNG:
Pilot

ABMESSUNGEN:
Länge: 15,88 m
Spannweite: 13,97 m
Höhe: 4,82 m

MASSEN:
Leermasse: 10.200 kg
Max. Startmasse: 17.800 kg

LEISTUNGEN:
Höchstgeschwindigkeit: 2500 km/h
Reichweite: 1150 km
Antrieb: „Sojus" (Tumanskij) R-35-300
Motorleistung: 127,5 kN

DATUM DES ERSTFLUGS:
10. April 1967

BEWAFFNUNG:
Zwei starre 23 mm GSch-23-MK in einem Waffenbehälter unter dem Rumpf; Waffenzuladung (Bomben/Raketen/Flugköper) 2000 kg an fünf Aufhängungen, zwei unter dem Flügel und drei unter dem Rumpf

BESONDERE MERKMALE:
Freitragender Schulterdecker mit Schwenkflügel; Dreirad-Fahrwerk; Lufteinläufe an den Rumpfseiten; Kielflosse

Mikojan MiG-25 SOWJETUNION
Zweistrahliger einsitziger Jagdbomber/Aufklärer

Die MiG-25 wurde speziell für überragende Geschwindigkeits- und Höhenflug-Leistungen konzipiert, um in der Lage zu sein, den in den USA in der Entwicklung befindlichen North American XB-70 Valkyrie-Bomber abfangen zu können. Um den hohen Temperaturen beim Schnellflug widerstehen zu können, war die Zelle hauptsächlich aus einer Nickel-Stahl-Legierung aufgebaut. Darüberhinaus fand für die Vorderkanten von Flügel und Leitwerk Titan Verwendung. Der erste Prototyp der MiG-25 stieg am 6. März 1964 zum Erstflug auf. Mit den Entwicklungsflugzeugen wurde in den sechziger Jahren eine Reihe von Steig- und Geschwindigkeits-Weltrekorden erflogen, die teilweise heute noch Bestand haben. Abfangjäger MiG-25P-aus der Reihenfertigung kamen 1973 zur Truppe. Neun Jahre später waren 900 Stück davon ausgeliefert. Das erste Aufklärer-Modell MiG-25R wurde schnell durch die verbesserte MiG-25RB abgelöst, die sich auch für Tiefangriffe eignete. Eine Spezialversion MiG-25BM kam in kleinen Stückzahlen heraus. Die Gesamtzahl der gebauten MiG-25-Maschinen liegt bei über 1200 Exemplaren. MiG-25P/RB wurden auch nach Algerien, Indien, Libyen, Syrien und in den Irak geliefert.

BESCHREIBUNG:

BESATZUNG:
Pilot

ABMESSUNGEN:
Länge: 23,82 m
Spannweite: 14,02 m
Höhe: 6,10 m

MASSEN:
Leermasse: 20.020 kg
Max. Startmasse: 36.720 kg

LEISTUNGEN:
Höchstgeschwindigkeit: 3000 km/h
Reichweite: 1730 km
Antrieb: Zwei „Sojus" (Tumanskij) R-15BD-300
Motorleistung: 219,6 kN

DATUM DES ERSTFLUGS:
6. März 1964

BEWAFFNUNG:
Waffenzuladung (Bomben/Flugkörper) 4000 kg an vier Unterflügel-Aufhängungen

BESONDERE MERKMALE:
Freitragender Schulterdecker mit Pfeilflügel; Dreirad-Fahrwerk; Lufteinläufe an den Rumpfseiten; doppeltes Seitenleitwerk; zwei Kielflossen

Mikojan MiG-27 SOWJETUNION UND INDIEN
Einstrahliges einsitziges Erdkampfflugzeug

Die MiG-27 wurde speziell als Schlacht- und Tiefangriffsflugzeug aus der MiG-23 entwickelt, um deren Erdkampfflugzeug-Varianten, die Mitte der siebziger Jahre als Interimslösung herausgebracht worden waren, in den Verbänden abzulösen. Die Zelle entsprach der des Schwenkflüglers, besaß jedoch starre Lufteinläufe und geänderte Nachbrenner. Eine weitere Unterrumpf-Aufhängung und das verstärkte Fahrgestell trugen der Waffenzuladung Rechnung. Das auffälligste Merkmal der MiG-27 jedoch war der abgeflachte Bug, der einen Laser-Entfernungsmesser und andere Sensoren für die Waffensteuerung beinhaltete. Die fortschrittlichen Angriffs-Systeme und die Möglichkeit, Außenbehälter für taktische Aufklärung befördern zu können, machten die MiG-27 zu einer der wirksamsten Waffen im Inventar der sowjetischen Luftstreitkräfte. Als Prototyp war das Muster erstmals 1973 geflogen. Ab 1975 kamen fünf verschiedene Versionen von den sowjetischen Stützpunkten im Bereich der Warschauer Pakt-Staaten zum Einsatz. Indien baute 165 MiG-27M unter Lizenz. Exportmodelle gingen besonders an arabische Länder. Einige MiG-27 erhielten nach dem Zusammenbruch der UdSSR auch Kasachstan und die Ukraine.

BESCHREIBUNG:

BESATZUNG:
Pilot

ABMESSUNGEN:
Länge: 17,08 m
Spannweite: 13,97 m
Höhe: 5,00 m

MASSEN:
Leermasse: 11.910 kg
Max. Startmasse: 20.300 kg

LEISTUNGEN:
Höchstgeschwindigkeit: 1885 km/h
Reichweite: 540 km
Antrieb: „Sojus" (Tumanskij) R-29B-300
Motorleistung: 112,8 kN

DATUM DES ERSTFLUGS:
1973

BEWAFFNUNG:
Eine starre 30 mm GSch-6-MK im Rumpf; Waffenzuladung (Bomben/Raketen/Flugkörper) 4000 kg an acht Aufhängungen, zwei unter dem Flügel und sechs unter dem Rumpf

BESONDERE MERKMALE:
Freitragender Schulterdecker mit Schwenkflügel; Dreirad-Fahrwerk; Lufteinläufe an den Rumpfseiten; Kielflosse; abgeflachter Rumpfbug

Mikojan MiG-29 SOWJETUNION
Zweistrahliger Jagdeinsitzer

Russlands hauptsächlicher taktischer Jagdeinsitzer ist die MiG-29. Mehr als 600 Exemplare befinden sich im Bereich der ehemaligen Sowjetunion noch im aktiven Einsatz. Weitere 500 Stück fliegen bei mindestens 15 Exportkunden in Europa, Afrika, Asien, Südamerika und dem Mittleren Osten. Die Entwicklungsarbeiten an der MiG-29 begannen 1974 nach einer Forderung der sowjetischen Luftstreitkräfte nach einem leichten Jäger mit überdurchschnittlicher Wendigkeit, der den modernen westlichen Typen wie F-15 und F-16 überlegen sein sollte. Von dem Flugzeug, das die Muster MiG-21, MiG-23 und Su-15 bei den Einsatzeinheiten ablösen sollte, wurden 14 Prototypen erstellt, von denen der erste am 6. Oktober 1977 flog. Bei den Frontverbänden kamen serienmäßige MiG-29 1984 an. Ihr unglaublich günstiges Leistungsgewicht versetzt sie in die Lage, außergewöhnliche Flugfiguren – besonders im Langsamflugbereich – durchzuführen. Jüngere Modelle besitzen RP-29-Radar und eine vergrößerte Kraftstoffkapazität. Während ältere MiG-29 in Russland und einigen früheren Ostblock-Staaten wie Rumänien bereits aus dem Dienst schieden, baut Mikojan in kleinem Umfang immer noch neue Flugzeuge.

BESCHREIBUNG:

BESATZUNG:
Pilot

ABMESSUNGEN:
Länge: 17,32 m
Spannweite: 11,36 m
Höhe: 4,73 m

MASSEN:
Leermasse: 10.900 kg
Max.S tartmasse: 18.500 kg

LEISTUNGEN:
Höchstgeschwindigkeit: 2445 km/h
Reichweite: 1500 km
Antrieb: Zwei Klimow/Sariskow RD-33
Motorleistung: 162,8 kN

DATUM DES ERSTFLUGS:
6. Oktober 1977

BEWAFFNUNG:
Eine 30 mm Gsch-6-MK in der Flügelwurzel; Waffenzuladung (Bomben/Raketen/Flugkörper) 3000 kg an sechs Unterflügel-Aufhängungen

BESONDERE MERKMALE:
Freitragender Mitteldecker mit Pfeilflügel; Dreirad-Fahrwerk; Lufteinlass unter dem Rumpf

Mikojan MiG-31 SOWJETUNION
Zweistrahliger Jagdzweisitzer

Die MiG-31 wurde speziell entwickelt, Marschflugkörper (Cruise missiles) oder tieffliegende Schlachtflugzeuge abzufangen. Die Konstruktionsarbeiten begannen Anfang der siebziger Jahre, und das erste Exemplar flog am 16. September 1975. MiG-31 aus der Serienproduktion kamen 1979 zu den Verbänden. Mikojan baute etwa 280 Stück, die als Ersatz für Su-15 und MiG-23 dienten. Obwohl die MiG-31 eine frappierende Ähnlichkeit mit der MiG-25 aufweist, ist sie eine vollkommen neue Maschine. Sie besitzt mit Nachbrennern ausgestattete Fantriebwerke und ist aus Leichtmetall und Titan aufgebaut. Sie wurde der erste Frontjäger der Welt, der mit einem neuartigen Radarystem ausgerüstet ist, das von einem speziellen Besatzungsmitglied für die Waffensysteme überwacht wird und zehn Ziele verfolgen und gleichzeitig vier bekämpfen kann. Weiterhin besitzt die MiG-31 einen Nachbetankungsrüssel, Hauptträder in Tandem-Anordnung und eine fest eingebaute 23 mm-MK (Maschinenkanone). Flugzeuge des Musters mit ihrer übergroßen Reichweite flogen über zwanzig Jahre lang im Osten und Westen Russlands Abfang-Missionen und schlossen dadurch Lücken in der russischen Radar-Kette.

BESCHREIBUNG:

BESATZUNG:
Pilot und Waffensystem-Bediener hintereinander

ABMESSUNGEN:
Länge: 22,69 m
Spannweite: 13,46 m
Höhe: 6,15 m

MASSEN:
Leermasse: 21.825 kg
Max. Startmasse: 46.200 kg

LEISTUNGEN:
Höchstgeschwindigkeit: 3000 km/h
Reichweite: 3300 km
Antrieb: Zwei Awiadwigital (Solowiew) D-30F6
Motorleistung: 303,8 kN

DATUM DES ERSTFLUGS:
16. September 1975

BEWAFFNUNG:
Eine 23 mm GSch-6-MK im hinteren Rumpf; Aufhängungen für vier Luft-zu-Luft-Raketen in Wannen unter dem Rumpf und vier Flugkörpern unter dem Flügel

BESONDERE MERKMALE:
Freitragender Schulterdecker mit Pfeilflügel; Dreirad-Fahrwerk; Lufteinläufe an den Rumpfseiten; doppeltes Seitenleitwerk; zwei Kielflossen

Morane-Saulnier MS.760 Paris FRANKREICH
Zweistrahliges viersitziges Grundschul-, leichtes Kampf- und Verbindungsflugzeug

Die MS.760 ist der direkte Nachfolger der MS.755 Fleuret, die zu den ersten Leichtflugzeugen mit Strahltriebwerken zählt. Die französischen Luftstreitkräfte wählten die durch zwei kleine Turboméca-Strahlturbinen Marboré IIC angetriebene Paris aus, um schnelle Verbindungs-Aufgaben durchführen zu können. Die ersten Einheiten wurden 1958 mit dem Muster, das die Dienstbezeichnung MS.760 Paris I erhielt, ausgestattet. Eine kleine Anzahl von Paris gingen auch an die französische Marine für die gleiche Aufgabenstellung. Paris I und die etwas leistungsstärkere Paris II fanden Interesse bei den Luftstreitkräften von Argentinien und Brasilien. Der argentinische Hersteller FAMA montierte 48 Paris I als Schul-, Tiefangriffs- und Verbindungsflugzeug. Nachbar Brasilien erwarb eine ähnliche Anzahl Paris II für die gleichen Einsatzwecke. Die argentinischen Maschinen erhielten später Marboré VI-Triebwerke und wurden damit zu Paris II aufgewertet. Insgesamt konnten 150 Exemplare der MS.760A gebaut werden und 63 Stück der MS.760B. Die Streitkräfte Frankreichs musterten Paris 1997 aus. Bei den argentinischen Luftstreitkräften dagegen sind immer noch etwa 20 Stück für unterschiedlichste Aufgaben im Dienst.

BESCHREIBUNG:

BESATZUNG:
Pilot und drei Passagiere nebeneinander in zwei Reihen

ABMESSUNGEN:
Länge: 10,24 m
Spannweite: 10,15 m
Höhe: 2,60 m

MASSEN:
Leermasse: 2067 kg
Max. Startmasse: 3920 kg

LEISTUNGEN:
Höchstgeschwindigkeit: 695 km/h
Reichweite: 1740 km
Antrieb: Zwei Turboméca Marboré VI
Motorleistung: 9,42 kN

DATUM DES ERSTFLUGS:
20. Juli 1954

BEWAFFNUNG:
Aufhängemöglichkeit für zwei Unterflügel-Waffenbehälter mit je einem 7,62 mm MG; Waffenzuladung (Bomben/Raketen) 400 kg an vier Aufhängungen unter dem Flügel und an den Flügelenden

BESONDERE MERKMALE:
Freitragender Mitteldecker mit ungepfeiltem Flügel; Vollsicht-Abdeckhaube; Dreirad-Fahrwerk; Lufteinläufe in den Flügelwurzeln; T-Leitwerk; Flügelendtanks

Mjasischtschew M-4/3M SOWJETUNION
Vierstrahliger siebensitziger Bomber/Tanker/Aufklärer

Das Konstruktionskollektiv unter W.M.Mjasischtschew war bis Ende der vierziger Jahre im Westen vollkommen unbekannt, obwohl es sich bereits seit geraumer Zeit mit der Entwicklung von Großflugzeugen beschäftigte. Etwa zu der gleichen Zeit, als sein Name in der Öffentlichkeit auftauchte, wurde Mjasischtschew beauftragt, einen Bomber zu entwickeln, mit dem Ziele auf dem nordamerikanischen Kontinent angegriffen werden konnten. Doch dieses Vorhaben erwies sich als ein großer Schritt beim seinerzeitigen Stand der sowjetischen Luftfahrttechnik. Deswegen fand die erste öffentliche Vorführung des Langstrecken-Bombers M-4 erst anlässlich der Mai-Feierlichkeiten 1954 statt. Bereits bei den Flugvorführungen in Tuschino 1961 war er nicht mehr dabei, was zu erheblichen Spekulationen führte. In der Tat war die Grundausführung schon bald durch die 3M mit stärkeren Triebwerken und kurz darauf durch die noch leistungsstärkere 3MD ersetzt worden. Die Produktion lief nach etwa 480 gebauten Einheiten Anfang der Sechziger aus. Zu dieser Zeit waren oder wurden alle M-4/3M zu Luftbetankungs-Flugzeugen umgebaut. Die meisten davon kamen Ende der achtziger Jahre zur Ausmusterung.

BESCHREIBUNG:

BESATZUNG:
Pilot, Copilot, Kontakt-Koordinator, Navigator, Abwehrsystem-Bediener; Flugingenieur und Heckschütze

ABMESSUNGEN:
Länge: 51,70 m
Spannweite: 32,14 m
Höhe: 14,10 m

MASSEN:
Leermasse: 75.740 kg
Max. Startmasse: 192.000 kg

LEISTUNGEN:
Höchstgeschwindigkeit: 998 km/h
Reichweite: 12.400 km
Antrieb: Vier MNKP „Sojus" (Mikulin) RM-3M-500A
Motorleistung: 372,8 kN

DATUM DES ERSTFLUGS:
20. Januar 1953

BEWAFFNUNG:
Vier ferngesteuerte (auf und unter dem Rumpf) Waffentürme und ein manueller Heckstand mit jeweils zwei 23 mm NR-23-MK; Waffenzuladung 10000 kg im Bombenschacht

BESONDERE MERKMALE:
Freitragender Schulterdecker mit Pfeilflügel; Triebwerke in den Flügelwurzeln; bemannter Heckstand

North American AJ Savage USA

Dreimotoriger dreisitziger Bomber/Tanker

Am 13. August 1945 – genau eine Woche nach dem Atombomben-Abwurf auf Hiroshima – schrieb die *US Navy* einen Konstruktions-Wettbewerb für einen trägergestützten Bomber aus, der eine Waffenzuladung von 4500 kg tragen konnte – genau die Masse der Plutonium-Atombombe „Fat Man", die Nagasaki traf. Der Entwurf NA-146 von North American Aviation wurde zum Ausschreibungs-Gewinner erklärt. Im Juni 1946 gab die *US Navy* das Muster, das durch zwei 2400 PS Pratt & Whitney R-2800-Kolbenmotortriebwerke im Flügel und einer 20,47 kW Allison J33-Strahlturbine im Rumpfheck angetrieben wurde, in Auftrag. Die ersten dieser AJ Savage genannten Maschinen wurden drei Jahre später geliefert. Als 1950 die Trägereinsatz-Erprobung erfolgreich abgeschlossen und danach das Muster in die Einsatzverbände der Flotte aufgenommen werden konnte, war die Savage der größte Atombombenträger, der vom Deck der Flugzeugträger aus starten konnte. Außer in der Atombomber-Rolle wurden Savage auch als trägergestützte Flugtanker benutzt. Etwa 55 AJ-1, 55 AJ-2 und 30 AJ-2P kamen aus der Fertigung. Sie wurden in den späten fünfziger Jahren durch Douglas A3D Skywarrior ersetzt.

BESCHREIBUNG:

BESATZUNG:
Pilot, Copilot und Navigator/Flugingenieur

ABMESSUNGEN:
Länge: 19,23 m
Spannweite: 21,77 m
Höhe: 6,55 m

MASSEN:
Leermasse: 13.970 kg
Max. Startmasse: 24.494 kg

LEISTUNGEN:
Höchstgeschwindigkeit: 718 km/h
Reichweite: 3960 km
Antrieb: Zwei Pratt & Whitney R-2800-44W und eine Allison J33-A-10
Motorleistung: 4600 PS (3430 kW) und 20,47 kN

DATUM DES ERSTFLUGS:
3. Juli 1948

BEWAFFNUNG:
Bombenzuladung 5443 kg im Bombenschacht und an Unterflügel-Aufhängungen

BESONDERE MERKMALE:
Freitragender Schulterdecker; Einziehfahrwerk; zwei verkleidete Sternmotoren an der Flügelunterseite und eine Strahlturbine im Rumpfheck; Flügelendtanks; Fanghaken; stark verglaste Kabinenabdeckung

North American B-45 Tornado USA

Vierstrahliger viersitziger Bomber/Aufklärer

Ende 1944 veröffentlichte die *US Army* einen Konstruktions-Wettbewerb für einen strahlgetriebenen Bomber. Das Erzeugnis der North American Aviation, die B-45, war im Prinzip wenig mehr als ein konventioneller mittelschwerer Bomber, der anstelle der Kolbentriebwerke vier Strahltriebwerke besaß, der sich aber für einen Einsatz bei der *USAF* als widerstandsfähig und zuverlässig erwies. Die ersten 96 Exemplare kamen als B-45A zwischen Februar 1948 und Juni 1949 zu den Verbänden, gefolgt von zehn B-45C und 33 RB-45C. Die B-45 flog Fotoaufklärung sowohl im Korea-Krieg als auch bei Einheiten in Europa bis in die fünfziger Jahre hinein. Als Bomber kam die B-45 nie zum Einsatz, aber in der Ausführungs als Fotoauklärer – diese Maschinen wurden dem *Strategic Air Command* zugeteilt – machten sie während der Zeit des Kalten Krieges zahlreiche geheime Aufklärungs-Einsätze bis weit ins Hinterland der Ostblockstaaten, und das von Stützpunkten in Europa, Asien und Nordamerika aus. Somit können B-45 als direkte Vorläufer der U-2- und SR-71-Flugzeuge angesehen werden. Noch existierende Tornado wurden in den späten Fünfzigern aus dem Dienst gezogen.

BESCHREIBUNG:

BESATZUNG:
Pilot, Copilot, Bombenschütze/Navigator und Heckschütze

ABMESSUNGEN:
Länge: 22,98 m
Spannweite: 27,12 m
Höhe: 7,68 m

MASSEN:
Leermasse: 21.671 kg
Max. Startmasse: 42.069 kg

LEISTUNGEN:
Höchstgeschwindigkeit: 917 km/h
Reichweite: 3056 km
Antrieb: Vier General Electric J47-GE-9A
Motorleistung: 93,25 kN

DATUM DES ERSTFLUGS:
17. März 1947

BEWAFFNUNG:
Zwei Browning M-3-MG im Heckstand; maximale Bombenzuladung 9979 kg im Bombenschacht

BESONDERE MERKMALE:
Freitragender Schulterdecker mit ungepfeiltem Flügel; Dreirad-Fahrwerk; Triebwerke an der Flügelunterseite; bemannter Heckstand; verglaster Bug; Höhenleitwerk mit V-Form

North American F-82 Twin Mustang USA

Zweimotoriger zweisitziger Jäger

Obwohl das Muster oft als der Zusammenbau von zwei Mustang mit einem neuen Flügelmittelstück dargestellt wird, handelt es sich bei der F-82 um eine vollkommen neue Konstruktion, bei der die Zweirumpf-Lösung nur Mittel war, genügend Kraftstoff für extreme Reichweite und Flugdauer unterbringen zu können. Die „*two men P-82*" (so damals bezeichnet) wurde 1943 geschaffen, um auf dem Kriegsschauplatz im Pazifik als Begleitjäger für Langstreckenbomber zu fungieren. Der im rechten Rumpf untergebrachte Navigator mit Flugerfahrung gab dem Piloten Gelegenheit für kurze Ruhepausen während der Einsätze von bis zu acht Stunden Dauer. Der Prototyp XP-82 flog erstmals am 15. April 1945. Als der Krieg endete, hatten erst 20 Serienflugzeuge P-82B die Werkhallen verlassen. North American wandelte das Muster in einen Nachtjäger ab, in dem es Suchradar in einer Zentralgondel auf dem Mittelflügel unterbrachte. Diese Kombination erwies sich als so erfolgreich, das die USAF 100 Stück F-82E als Tag-Begleitjäger und 150 Exemplare der Nachtjäger-Versionen (100 F-82F und 50 F-82G) in Auftrag gab. F-82 wurden in den ersten Wochen des Korea-Kriegs eingesetzt und Mitte der Fünfziger ausgemustert.

BESCHREIBUNG:

BESATZUNG:
Pilot und Navigator

ABMESSUNGEN:
Länge: 12,93 m
Spannweite: 11,28 m
Höhe: 4,22 m

MASSEN:
Leermasse: 7256 kg
Max. Startmasse: 11.608 kg

LEISTUNGEN:
Höchstgeschwindigkeit: 742 km/h
Reichweite: 3605 km
Antrieb: Zwei Allison V-1710-143
Motorleistung: 3200 PS (2386 kW)

DATUM DES ERSTFLUGS:
15. April 1945

BEWAFFNUNG:
Sechs starre 12,7 mm Browning-MG im Flügel; maximale Waffenzuladung (Bomben/Raketen) 1816 kg an Unterflügel-Aufhängungen

BESONDERE MERKMALE:
Freitragender Tiefdecker; Einziehfahrwerk; zwei verkleidete Reihenmotoren; zwei Rümpfe (Leitwerksträger); zentraler Radarbehälter (Radom) im Mittelflügel

North American F-86 Sabre USA UND KANADA

Einstrahliger einsitziger Jagdbomber

Abgesehen vom Bell-Hubschrauber UH-1 wurde kein westliches Nachkriegs-Militärflugzeug in so großen Mengen gebaut wie die F-86. Insgesamt 9502 Stück in nicht weniger als 13 eigenständigen land- und seegestützten Varianten verließen die Fertigungsbänder. Erste Aufträge auf den Jäger wurden bereits 1944 sowohl von *USAAF* als auch von der *US Navy* vergeben. Dementsprechend besaßen erste Entwürfe ungepfeilte Flügel und einen voluminöseren Rumpf für den Einbau einer Allison J35-2-Strahlturbine. Nach der Untersuchung erbeuteter deutscher Strahljäger und der Durcharbeitung entsprechender Dokumente überarbeitete North American den Entwurf radikal. Das Ergebnis war der Prototyp XP-86, ein sensationeller, überragender Pfeilflügel-Jagdeinsitzer. Im Dezember 1950 wurden Sabre in die Schlacht um Korea hineingeworfen. Sie erwarb sich in Luftkämpfen mit den starken gegnerischen MiG-15 schnell den Ruf als „*Ace-maker*". Aus den Kampferfahrungen entstanden neue Varianten, beispielsweise die Radar-bestückte, und mit dem *Air Defense Command* operierende F-86D als erster strahlgetriebener Allwetter-Abfangjäger der Welt. Mit dem Beginn der Neunziger kam das Einsatzende für die F-86.

BESCHREIBUNG:

BESATZUNG:
Pilot

ABMESSUNGEN:
Länge: 11,43 m
Spannweite: 11,90 m
Höhe: 4,47 m

MASSEN:
Leermasse: 5045 kg
Max. Startmasse: 9350 kg

LEISTUNGEN:
Höchstgeschwindigkeit: 1091 km/h
Reichweite: 1368 km
Antrieb: General Electric J47-GE-27
Motorleistung: 26,56 kN

DATUM DES ERSTFLUGS:
27. November 1946

BEWAFFNUNG:
Sechs starre 12,7 mm Browning M-2-MG im Bug; maximale Waffenzuladung (Bomben/Raketen) 908 kg an zwei Unterflügel-Aufhängungen

BESONDERE MERKMALE:
Freitragender Tiefdecker mit Pfeilflügel; Dreirad-Fahrwerk; Lufteinlass im Bug; Vollsicht-Abdeckhaube

North Amercan FJ Fury USA

Einstrahliger einsitziger Jagdbomber

FJ stand für ein Flugzeug, das in immer neuen Varianten für die *US Navy* herauskam. Das erste der Muster, das den Namen Fury trug, war ein Strahljäger mit ungepfeilten Flügeln für Einsätze im Unterschallbereich, der nach einer vereinten Anfrage von *USAAF* und *Navy* als NA-134 entstand. Obwohl North American seine Konzeption nach der Untersuchung erbeuteter deutscher Strahljäger radikal änderte (als Ergebnis kam die F-86 heraus), bestellte die Marine das Ursprungsmodell mit dem Geradeflügel als FJ-1 in 30 Exemplaren. Seine Auslieferung begann 1948. Doch 1951 wünschte sich die *US Navy* eine marinetaugliche Version der F-86 als FJ-2, doch die 200 gebauten Maschinen gingen ausschliesslich an das *Marine Corps*, denn das Flugzeug erwies sich für Einsätze von Flugzeugträgern als nicht sonderlich geeignet. Speziell für diesen Zweck wurde die Konstruktion zur FJ-3 verbessert. 538 Maschinen dieser Version statteten schließlich 17 Einheiten der *Navy* und vier des *Marine Corps* aus. Abschließende Fury-Version war die FJ-4 mit einem dünneren Flügelprofil, einem verbesserten Klappensystem und einer steuerbaren Höhenflosse. 372 Stück wurden zwischen 1955 und 1958 geliefert.

BESCHREIBUNG:

BESATZUNG:
Pilot

ABMESSUNGEN:
Länge: 11,45 m
Spannweite: 11,31 m
Höhe: 4,16 m

MASSEN:
Leermasse: 5536 kg
Max. Startmasse: 7797 kg

LEISTUNGEN:
Höchstgeschwindigkeit: 1096 km/h
Reichweite: 1593 km
Antrieb: Wright J65-W-2
Motorleistung: 31,3 kN

DATUM DES ERSTFLUGS:
27. November 1946

BEWAFFNUNG:
Sechs starre 12,7 mm Browning M-2-MG (FJ-1) oder vier starre 20 mm M-24-MK (FJ-2/3/4) im Bug; maximale Waffenzuladung (Bomben/Raketen/Flugkörper) 1362 kg an sechs Unterflügel-Aufhängungen

BESONDERE MERKMALE:
Freitragender Tiefdecker mit ungepfeiltem (FJ-1) oder gepfeiltem Flügel (FJ-2/3/4); Dreirad-Fahrwerk; Lufteinlass im Bug; Vollsicht-Abdeckhaube

North American F-100 Super Sabre USA

Einstrahliger ein-/zweisitziger Jagdbomber

Die F-100 war als logischer Nachfolger der F-86 größer und leistungsfähiger als der berühmte Vorgänger. Darüberhinaus konnte er im Waagerechtflug schneller als der Schall fliegen – als erstes Kampfflugzeug der Welt. Die Entwicklung des Musters hatte bereits im Februar 1949 begonnen, und seine Abmessungen und sein Aussehen wurden wesentlich durch die Erfahrungen des Korea-Kriegs bestimmt. Die Flugerprobung der Super Sabre verlief schnell und reibungslos, so dass die Einsatzreife bereits Anfang 1954 ausgesprochen werden konnte. Eine Serie von Unfällen durch Führungsfehler allerdings fesselten die Einsatzversion F-100A im November des gleichen Jahres an den Boden. North American löste das Problem durch eine größere Spannweite und eine Verlängerung des Seitenleitwerks. Insgesamt wurden 2294 Exemplare der Super Sabre in fünf Versionen gebaut. Die einsitzigen C und D-Modelle sowie die zweisitzige F-100F „Wild Weasel" wurden in Vietnam intensiv als Jagdbomber oder zur Abwehr von Flugkörpern einsetzt. Super Sabre flogen auch bei den Luftstreitkräften von Frankreich, Dänemark, Taiwan und der Türkei. Die letzten F-100 wurden Ende der achtziger Jahre abgelöst.

BESCHREIBUNG:

BESATZUNG:
Pilot oder zwei Piloten hintereinander (F-100F)

ABMESSUNGEN:
Länge: 16,00 m
Spannweite: 11,81 m
Höhe: 4,96 m

MASSEN:
Leermasse: 10.115 kg
Max. Startmasse: 13.925 kg

LEISTUNGEN:
Höchstgeschwindigkeit: 1390 km/h
Reichweite: 2415 km
Antrieb: Pratt & Whitney
J57-PW-21A
Motorleistung: 75,18 kN

DATUM DES ERSTFLUGS:
25. Mai 1953

BEWAFFNUNG:
Vier starre 20 mm M-39E-MK im Bug; maximale Waffenzuladung (Bomben/Raketen) 3402 kg an sechs Unterflügel-Auhängungen

BESONDERE MERKMALE:
Freitragender Tiefdecker mit Pfeilflügel; Dreirad-Fahrwerk: Lufteinlauf im Bug; Vollsicht-Abdeckhaube

North American Sabreliner USA

Zweistrahliger zehnsitziger Besatzungstrainer/VIP-Transporter

North American hatte das zweimotorige Reiseflugzeug auf eigenes Risiko entwickelt, um einer Forderung der USAF nach einem Strahl-Transporter/Trainer, der „aus dem Katalog heraus" bestellt werden konnte, nachkommen zu können. Obwohl acht Flugzeughersteller Entwürfe eingereicht hatten, war die NA-246 der einzige, der in Prototypform flog (vom 16. September 1958 an). Daraufhin erklärte die USAF North American zum Sieger der Ausschreibung. Die ersten der zahlreichen Bestellungen folgten bald: 143 T-39A, sechs T-39B und drei T-39F für die USAF. Die A-Maschinen wurden als Mehrzweck-Trainer verwendet, während die anderen mit NASARR-Allwetterradar außer als Stabs-Transporter hauptsächlich zum Traineren der Piloten benutzt wurden, die anschließend Republic F-105 fliegen sollten. Die US Navy orderte 1961 42 Stück der speziell für die Marine umgerüsteten Variante T-39D ebenfalls für die Radarschulung von Jägerpiloten. Weitere 17 wurden während der ausklingenden sechziger Jahre für die Flottenunterstützung als CT-39E/G erworben. Bei der USAF sind heute alle Sabreliner ausgemustert, aber die Marine besitzt noch etwa 30 Stück für Besatzungstrainung und Mehrzweck-Aufgaben.

BESCHREIBUNG:

BESATZUNG:
Pilot, Copilot und acht Passagiere

ABMESSUNGEN:
Länge: 13,33 m
Spannweite: 13,53 m
Höhe: 4,88 m

MASSEN:
Leermasse: 4200 kg
Max. Startmasse: 8055 kg

LEISTUNGEN:
Höchstgeschwindigkeit: 869 km/h
Reichweite: 3130 km
Antrieb: Zwei Pratt & Whitney J60-P-3
Motorleistung: 29 kN

DATUM DES ERSTFLUGS:
16. September 1958

BESONDERE MERKMALE:
Freitragender Tiefdecker mit Pfeilflügel; Dreirad-Fahrwerk; Triebwerksgondeln am Rumpfheck; dreieckige Passagierfenster

North American T-28 Trojan USA

Einmotoriges zweisitziges Übungs-/Tiefangriffsflugzeug

Die T-28 entstand als Antwort auf eine Anfrage der *USAAF* für einen Ersatz der legendären T-6 Texan. Das ausgeschriebene Muster musste ein Dreirad-Fahrwerk, eine Vollsicht-Abdeckhaube und einen Wright R-1300-Sternmotor besitzen. Als Höchstgeschwindigkeit wurden mehr als 450 km/h gefordert. Getauft als Trojan kamen 1194 Exemplare der T-28A ab 1950 aus der Fertigung. Die *US Navy* erwarb ebenfalls Troja. Ihre Version T-28 B unterschied sich durch den stärkeren R-1820 Cyclone-Sternmotor und eine Dreiblatt-Luftschraube (anstelle der Zweiblättrigen des R-1300) und wurde in 489 Exemplaren angeschafft. 299 Stück des Modells T-28C gingen ebenfalls an die Marine. Die Version ähnelte der T-28B, besaß jedoch einen Fanghaken und Spezialausrüstung für den Einsatz von Flugzeugträgern aus. Auch der Export lief gut. Alleine Frankreich erwarb mehr als 250 Maschinen. In den Sechzigern wünschte sich die *USAF* eine bewaffnete Version für Nahkampf-Zwecke. Daraufhin wurden hunderte überschüssige T-28A Trojan AT-28D Nomad mit dem R-1820 und sechs-Unterflügel-Waffenaufhängungen umgerüstet. Sie kamen in Südostasien zum Einsatz (wie ähnlich umgebaute französische in Nordafrika).

BESCHREIBUNG:

BESATZUNG:
Zwei Piloten hintereinander

ABMESSUNGEN:
Länge: 10,00 m
Spannweite: 12,19 m
Höhe: 8,36 m

MASSEN:
Leermasse: 3515 kg
Max. Startmasse: 7075 kg

LEISTUNGEN:
Höchstgeschwindigkeit: 554 km/h
Reichweite: 1696 km
Antrieb: Wright R-1820-86 Cyclone
Motorleistung: 1425 PS (1062 kW)

DATUM DES ERSTFLUGS:
26. September 1949

BEWAFFNUNG:
Waffenzuladung (Bomben/Raketen/MG-Behälter) an sechs Unterflügel-Aufhängungen

BESONDERE MERKMALE:
Freitragender Tiefdecker; große Abdeckhaube; Dreirad-Fahrwerk; verkleideter Sternmotor

North American L-17 Navion USA

Einmotoriges viersitziges Verbindungs-/leichtes Mehrzweckflugzeug

North American hatte seine Produktionskapazität den massiven militärischen Aufträgen wie den für P-51 und B-25 angepasst. Als mit der Kapitulation Japans die großen Streichungen kamen, wurde versucht, den Fertigungsstandard durch einen Einbruch in den zivilen Flugzeugmarkt aufrecht zu erhalten. Als erstes Produkt erschien mit der NA-145 Navion ein gefälliger Reise-Viersitzer, der 1946/47 zu einem Verkaufsschlager wurde. Mehr als 1100 Exemplare konnten vorwiegend auf dem Inlandmarkt abgesetzt werden. Die USAAF hatte Interesse an dem Muster gezeigt, seitdem der Prototyp im April 1946 geflogen war. Noch im gleichen Jahr bestellte sie 83 Stück als L-17A (militärische Bezeichnung). Die Maschinen wurden als „Schindmähren" beim Transport von Personal/Gütern sowie in Auffrischungs-Programmen für Reserve-Offiziere strapaziert. 1947 erwarb die Ryan Aeronautical Company Entwicklungs- und Verkaufsrechte an dem Muster. Von der verbesserten L-17B wurden 158 Stück an die neu formierte USAF geliefert. Die erste davon kam im November 1948 zur Auslieferung. 1949 kamen weitere fünf dazu. Ab 1962 erhielten alle noch existierenden Navion die neue militärische Bezeichnung U-18.

BESCHREIBUNG:

BESATZUNG:
Pilot und drei Passagiere nebeneinander in zwei Reihen

ABMESSUNGEN:
Länge: 8,38 m
Spannweite: 10,19 m
Höhe: 2,65 m

MASSEN:
Leermasse: 882 kg
Max. Startmasse: 1338 kg

LEISTUNGEN:
Höchstgeschwindigkeit: 260 km/h
Reichweite: 1120 km
Antrieb: Continental O-470-7
Motorleistung: 185 PS (140 kW)

DATUM DES ERSTFLUGS:
April 1946

BESONDERE MERKMALE:
Freitragender Tiefdecker; große Abdeckhaube; einziehbares Dreirad-Fahrwerk; verkleideter Boxermotor; Flügelendtanks

North American A-5/RA-5 Vigilante USA

Zweistrahliger zweisitziger Bomber/Aufklärer

Die Vigilante war zu ihrer Zeit eines der fortschrittlichsten Flugzeuge, denn als sie 1961 zur Truppe kam, besaß sie eine Fülle neuer Technologien. Sie war als mit nuklearen Waffen bestücktes Schlachtflugzeug für den Einsatz von Flugzeugträgern aus konzipiert worden und besaß einen röhrenförmigen Bombenschacht im Heck des Rumpfes, aus dem die Waffen nach hinten ausgestoßen wurden. Weitere Merkmale des Musters waren automatisch arbeitende Lufteinlass- und Strahlaustritts-Klappen, ein ungedämpftes Höhenruder, ein pneumatisch betätigtes Klappensystem mit Anblasung und Spoiler statt Querruder. Diese Maßnahmen machten die schwere Maschine trägertauglich. Bereits nach der 59. gebauten A-5A/B Schlacht-Ausführung gab die *US Navy* ihr strategisches Atomprogramm auf. Das drängte die Vigilante als Ra-5C in eine neue Rolle als Aufklärer. Abgesehen von den Modellen, die durch den Einbau von Kameras und elektronischem Aufspürgerät (bis in den Bombenschacht hinein) umgerüstet wurden, kamen noch 63 neue Flugzeuge 1962 und weitere (verbesserte) zwischen 1969 und 1971 dazu. 1964 hatte die Aufklärer-Tätigkeit begonnnen. Sie dauerte bis 1979 an, dann musterten alle RA-5 aus.

BESCHREIBUNG:

BESATZUNG:
Pilot und Beobachter/Radar-Beobachter

ABMESSUNGEN:
Länge: 23,11 m
Spannweite: 16,15 m
Höhe: 5,92 m

MASSEN:
Leermasse: 17.240 kg
Max. Startmasse: 36.285 kg

LEISTUNGEN:
Höchstgeschwindigkeit: 2230 km/h
Reichweite: 5150 km
Antrieb: Zwei General Electric J79-GE-10
Motorleistung: 159 kN

DATUM DES ERSTFLUGS:
31. August 1958

BEWAFFNUNG:
Eine Atombombe im Bombenschacht und 2722 kg Waffenzuladung an vier Unterflügel-Aufhängungen (nur A-5A/B)

BESONDERE MERKMALE:
Freitragender Schulterdecker mit Pfeilflügel; Lufteinläufe an den Rumpfseiten; Fanghaken

North American (Rockwell) T-2 Buckeye USA

Ein- oder zweistrahliges zweisitziges Übungsflugzeug

Die Buckeye wurde auf Grund einer Studie der *US Navy* entwickelt, in der gefordert wurde, dass ein einziges Muster allen Stadien der Ausbildung von der Grundschulung bis zum Flugzeugträgereinsatz genügen muss. North American entschied, sich für diese Konstruktion einer Anzahl erprobter Elemente zu bedienen. So wurde von der FJ-1 die leicht abgewandelte ungepfeilte Flügel übernommen und von der T-28 die gesamte Steueranlage (jedoch mit einem zusätzlichen Hydrauliksystem). Weitere Merkmale der Buckeye sind ein robustes Fahrgestell und große Bremsklappen am Rumpfheck. Die erste einstrahlige T-2A kam im Juli 1959 zu den Schuleinheiten. Obwohl 201 weitere anschließend geliefert wurden, erwies sich diese Variante als untermotorisiert. North American begann noch während der Auslieferung mit der Umkonstruktion auf zwei J60-P-6-Strahlturbinen. Von dieser T-2B genannten Variante wurden 97 Stück gebaut. Einen weiteren Triebwerkswechsel gab es, als die T-2C zwei J85-GE-4-Strahlturbinen erhielt. 231 Stück dieser T-2C genannten Version übernahm die Marine zwischen 1969 und 1975. Nur die C-Modelle fliegen noch bei der *US Navy*, befinden sich jedoch kurz vor der Ablösung.

BESCHREIBUNG:

BESATZUNG:
Zwei Piloten hintereinander

ABMESSUNGEN:
Länge: 11,67 m
Spannweite: 11,62 m
Höhe: 4,51 m

MASSEN:
Leermasse: 3680 kg
Max. Startmasse: 5977 kg

LEISTUNGEN:
Höchstgeschwindigkeit: 840 km/h
Reichweite: 1685 km
Antrieb: Ein Westinghouse J34-WE-36/48 (T-2A) oder zwei Pratt und Whitney J60-P-6 (T-2B) oder General Electric J85-GE-4 (T-2C) Turbojet
Motorleistung: 15,4 kN oder 26,68 kN oder 26,2 kN

DATUM DES ERSTFLUGS:
31. Januar 1958

BESONDERE MERKMALE:
Freitragender Mitteldecker mit ungepfeiltem Flügel; Vollsicht-Abdeckhaube; Dreirad-Fahrwerk; Lufteinlässe an den vordern unteren Rumpfseiten; Flügelendtanks; Fanghaken

North American (Rockwell) OV-10 Bronco USA
Zweimotoriges zweisitziges Erdkampf-Unterstützungsflugzeug

Die OV-10 Bronco wurde nach Studien, die das US Verteidigungsministerium zwischen 1959 und 1965 ausgearbeitet hatte, speziell für COIN-Aufgaben (Kampf gegen Aufständische) entwickelt. Dabei standen nicht nur Erdkampfeinsätze im Vordergrund, sondern sehr viele andere Aufgaben von der Gefechtsfeldaufklärung bis zum Diplomatentransport in die Frontlinie. Da das *Marine Corps* mit ihrer LARA-Ausschreibung für einen leichten, bewaffneten Aufklärer ähnliche Ziele verfolgte, wurde ihr die Leitung des Programms übertragen. Sie gab die Ausschreibung an 22 Hersteller. Im August 1965 wurde die NA-300 Bronco zum Gewinner erkärt. Das erste Baulos von 271 OV-10A kam zwischen 1967 und 1968 heraus. 157 der Maschinen gingen an die *USAF* zur vordersten Luftraumüberwachung (FAC) anstelle der bisher eingesetzten O-1/2. Restliche OV-10C dienten bei *USAF* und *Marine Corps* bis Anfang der Neunziger. 17 OV-10A wurden ab 1979 nach Vietnam-Erfahrungen als OV-10D zu Nacht-FAC-Flugzeugen mit speziellen Sensoren und einer 20 mm-Bugturm-MK umgerüstet und 1991 im Golf-Krieg eingesetzt. 1994 erfolgte die Ablösung aller amerikanischen Bronco. Einige fliegen noch im Ausland.

BESCHREIBUNG:

BESATZUNG:
Pilot und Beobachter hintereinander

ABMESSUNGEN:
Länge: 12,67 m
Spannweite: 12,19 m
Höhe: 4,62 m

MASSEN:
Leermasse: 3127 kg
Max. Startmasse: 6552 kg

LEISTUNGEN:
Höchstgeschwindigkeit: 452 km/h
Reichweite: 2298 km
Antrieb: Zwei Garrett T76-G-416/417
Motorleistung: 1430 Wellen PS (1066 kW)

DATUM DES ERSTFLUGS:
16. Juli 1965

BEWAFFNUNG:
Vier starre 7,62 mm M60C-MG in Stummelflossen und eine 20 mm-MK in einem Bauch-Turm (nur OV-10D); Waffenzuladung (Bomben/Raketen/Leuchtbomben/Flugkörper) an sieben Aufhängungen (4 unter den Stummelflossen, 2 unter dem Flügel und 1 unter dem Rumpf)

BESONDERE MERKMALE:
Freitragender Schulterdecker mit kurz spannenden Rechteckflügel; zwei Leitwerksträger; Propellerturbinen; große Vollsicht-Abdeckung

Northrop F-89 Scorpion USA
Zweistrahliger zweisitziger Jäger

Die Scorpion war der erste zweisitzige Allwetter-Abfangjäger der *USAF* und für die damals neu geformte Luftverteidigungsorganisation *(Air Defence Command ADC)* entwickelt worden. Zwei Prototypen bestellten die Militärs im Dezember 1946. Der erste von ihnen machte am 16. August 1948 seinen Jungfernflug. Die Lieferung von 18 Einsatzmodellen F-89A begann im Juni 1950, aber es dauerte noch ein Jahr, bis die Maschinen vom *ADC* übernommen wurden. Im Einsatz sollten sie die USA vor einfliegenden sowjetischen Langstrecken-Bombern schützen. Es folgten die mit stärkeren Modellen der J35-Triebwerke ausgestatteten F-89B (30 Stück) und F-89C (164 Stück). Meistgebaute Variante (682 Stück) wurde die F-89D, die zwei Raketen-Behälter an den Flügelspitzen anstelle der Kanonen-Bewaffnung besaß. F-89D statteten ab 1954 die meisten der *ADC*-Staffeln aus. Die letzten neugebauten waren solche der Version H mit Hughes Falcon-Lenkwaffen an den Flügelenden. Eine Anzahl der D-Modelle erlebten als F-89J-ebenfalls eine Umrüstung auf Lenkwaffen (Genie und Falcon). Mit Einführung der F-102 wurden F-89 Ende der Fünfziger zu den *Air National Guard* abgeschoben und Mitte der Sechziger ganz ausgemustert.

BESCHREIBUNG:

BESATZUNG:
Pilot und Radar-Beobachter hintereinander

ABMESSUNGEN:
Länge: 16,41 m
Spannweite: 18,19 m
Höhe: 5,36 m

MASSEN:
Leermasse: 11.428 kg
Max. Startmasse: 19.160 kg

LEISTUNGEN:
Höchstgeschwindigkeit: 1023 km/h
Reichweite: 4184 km
Antrieb: Zwei Allison J35-A-47
Motorleistung: 62,5 kN

DATUM DES ERSTFLUGS:
16. August 1948

BEWAFFNUNG:
104 Stück 2,75-Zoll-Mighty Mouse-Luft-zu-Luft-Raketen in zwei Flügelendbehältern und vier Luft-zu-Luft-Flugkörper an Unterflügel-Aufhängungen

BESONDERE MERKMALE:
Freitragender Mitteldecker mit ungepfeiltem Flügel; Einziehfahrwerk; Flügelend-Waffenbehälter/Kraftstofftanks; Lufteinläufe seitlich unten am Rumpf; Vollsicht-Abdeckhaube; hochgesetztes Höhenleitwerk

Northrop T-38 Talon/F-5A Freedom Fighter USA

Zweistrahliger ein-/zweisitziger Jagdbomber/Fortgeschrittenen-Trainer

Das erste Schulflugzeug, das von Anfang an für Überschallgeschwindigkeit ausgelegt worden war, ist die T-38, die auf Firmenrisiko entstand, aber anschließend bei der USAF Karriere machte. Bei Northrop trug sie die Bezeichnung N-156T und war eine zweisitzige Ableitung aus dem Leichtjäger-N-156C, an dem Northrop für den Export arbeitete. Die USAF ließ sich zwei Jahre Zeit, bevor sie an dem Überschall-Trainer Interesse zeigte. Der erste Auftrag vom Mai 1956 ging über sechs YT-38 Versuchs-Ausführungen. Das erste Serienmodell machte im Mai 1960 seinen Erstflug. Mit dem im Januar 1972 ausgelieferten letzten waren insgesamt 1187 Exemplare gefertigt worden. Der Einsitzer dagegen war aus den Überlegungen der US-Regierung von 1954 entstanden, einen einfach aufgebauten, leichten Jagdeinsitzer für die kleineren NATO- und SEATO-Staaten fertigen zu lassen und im Rahmen des militärischen Hilfsprogramms MAP zu exportieren. 1962 erhielt Northrop den Zuschlag, und die N-156C wurde als F-5A gebaut. Das erste Modell aus der Serie flog Ende 1963. Nachfolgend gingen über 1000 Exemplare, darunter auch Zweisitzer F-5B, an die Luftstreitkräfte von mehr als einem Dutzend Länder, verteilt über die ganze Welt.

BESCHREIBUNG:

BESATZUNG:
Zwei Piloten hintereinander (T-38/F-5B) oder Pilot (F-5A)

ABMESSUNGEN:
Länge: 14,14 m
Spannweite: 7,70 m
Höhe: 3,92 m

MASSEN:
Leermasse: 3254 kg
Max. Startmasse: 5465 kg

LEISTUNGEN:
Höchstgeschwindigkeit: 1381 km/h
Reichweite: 1761 km
Antrieb: Zwei General Electric J85-GE-5
Motorleistung: 34,2 kN

DATUM DES ERSTFLUGS:
10. April 1959

BEWAFFNUNG:
Zwei starre 20 mm M39A2-MK im Bug; Waffenzuladung (Bomben/Raketen/Flugkörper) 1994 kg an sieben Aufhängungen (4 unter dem Flügel, 1 unter dem Rumpf und 2 ausschließlich für Raketen an den Flügelenden)

BESONDERE MERKMALE:
Freitragender Tiefdecker; Flügel mit gepfeilter Vorderkante; Einziehfahrwerk; Flügelentanks; Lufteinläufe an den unteren Rumpfseiten; Vollsicht-Abdeckhaube; tief angesetztes Höhenruder

Northrop F-5E Tiger II USA

Zweistrahliger ein-/zweisitziger Jagdbomber/Aufklärer

Die Tiger II wurde von Northrop aus der höchst erfolgreichen F-5A Freedom Fighter abgeleitet. Sie besitzt leistungsstärkere Triebwerke, deutlicher vorgezogene Flügelwurzeln, permanente Flügelend-Schienen für Raketen und eine verbesserte Instrumentierung. Aus ihr wurde auch eine spezielle Fotoaufklärer-Version RF-5E Tigereye abgeleitet, die einen Kamera-Bug für vier Apparate besitzt. Die erste Tiger II, ein abgewandelter F-5A-Prototyp, machte seinen Jungfernflug im März 1969. Er nahm neben F-8, F-104 und F-4 an der *International Fighter Competition (IFC)* teil, den die US-Regierung initiiert hatte und den die *USAF* austrug. Im November 1970 wurde die Tiger II ausgewählt. Der erste Einsitzer F-5E aus der Produktion stieg erstmals am 11. August 1972 in die Luft, gefolgt von dem Zweisitzer F-5F zwei Jahre später. Wie schon vorher die F-5A/B wurde auch die F-5E/F populär. Zwischen 1972 und 1986 baute Northrop 1300 Exemplare. Zwanzig Länder erhielten Tiger II. In der Schweiz wurden Tiger II sogar aus angelieferten Bauteilen fertig montiert. *USAF* (seit Anfang 1973) und *US Navy* erwarben über 100 Stück, mit denen sie in ihren Aggressor-Einheiten gegnerische Flugzeug darstellten.

BESCHREIBUNG:

BESATZUNG:
Pilot (F/RF-5E) oder zwei Piloten hintereinander (F-5F)

ABMESSUNGEN:
Länge: 14,45 m
Spannweite: 8,53 m
Höhe: 4,08 m

MASSEN:
Leermasse: 4350 kg
Max. Startmasse: 11.187 kg

LEISTUNGEN:
Höchstgeschwindigkeit: 1730 km/h
Reichweite: 3720 km
Antrieb: Zwei General Electric J85-GE-21B
Motorleistung: 44,8 kN

DATUM DES ERSTFLUGS:
März 1969

BEWAFFNUNG:
Zwei starre 20 mm M39A2-MK im Bug; Waffenzuladung (Bomben/Raketen/Flugkörper) 1994 kg an sieben Aufhängungen (4 unter dem Flügel, 1 unter dem Rumpf und 2 ausschließlich für Raketen an den Flügelenden)

BESONDERE MERKMALE:
Freitragender Tiefdecker; Flügel mit gepfeilter Vorderkante; Einziehfahrwerk; Flügeltanks; Lufteinläufe an den unteren Rumpfseiten; Vollsicht-Abdeckhaube; tief angesetztes Höhenruder

Panavia Tornado GR 1 DEUTSCHLAND, GROSSBRITANNIEN UND ITALIEN

Zweistrahliger zweisitziger Jagdbomber/Aufklärer

Die Tornado war das Endprodukt aus einer Studie, die in den späten sechziger Jahren Belgien, Deutschland, Großbritannien, Italien, Kanada und die Niederlande betrieben, um zu einem gemeinsamen Mehrzweck-Kampfflugzeug (Multi-Role Combat Aircraft MRCA) zu kommen. Deutschland, Großbritannien und Italien formten im März 1969 die koordinierende Panavia, und diese begann 1970 mit den Konstruktionsarbeiten am MRCA. Der erste von neun Prototypen flog am 14. August 1974. Flugzeuge aus der Serie wurden ab Juli 1980 ausgeliefert. Im gleichen Monat begann das Trinationale Trainingsprogramm. Hauptmerkmale des Flugzeuges sind Schwenkflügel, spezielle RB 199 Mantelstrom-Triebwerke und ein integriertes Geländefolgesystem. Das Grundmodell Tornado IDS (Interdictor/Strike) kann als Jagdbomber fast jede bordgestützte Waffe aus dem NATO-Arsenal befördern. Die deutsch/italienische Version ECR wurde 1986 für eine erweiterte elektronische Kampfführung entwickelt. Insgesamt 795 IDS/ECR rollten vom Band. Die ADV ist eine britische Abwandlung als Langstrecken-Abfangjäger. 197 Stück wurden davon gebaut. Ein Teil der frühen Tornado ist mittlerweile aus dem Dienst entlassen.

BESCHREIBUNG:

BESATZUNG:
Pilot und Navigator hintereinander

ABMESSUNGEN:
Länge: 16,72 m
Spannweite: 13,91 m
Höhe: 5,95 m

MASSEN:
Leermasse: 13.890 kg
Max. Startmasse: 27.950 kg

LEISTUNGEN:
Höchstgeschwindigkeit: 1482 km/h
Reichweite: 3890 km
Antrieb: Zwei Turbo-Union RB199-34R Mk 103
Motorleistung: 143 kN

DATUM DES ERSTFLUGS:
14. August 1974

BEWAFFNUNG:
Zwei starre 27 mm IWKA-Mauser-MK im Bug; Waffenzuladung (Bomben/Raketen/Flugkörper) 9000 kg an vier Unterflügel- und auch Unterrumpf-Aufhängungen

BESONDERE MERKMALE:
Freitragender Schulderdecker mit Schwenkflügel; Lufteinläufe an den Rumpfseiten; Vollsicht-Abdeckhaube; großes Seitenruder

Percival Prentice GROSSBRITANNIEN
Einmotoriges dreisitziges Schulflugzeug für die Grundausbildung

Die Prentice wurde unmittelbar nach Beendigung des Zweiten Weltkriegs auf Grund der Ende 1943 herausgekommenen Ausschreibung T 23/43 des britischen Luftfahrt-Ministeriums als Ersatz für den altehrwürdigen Tiger Moth-Doppeldecker gebaut. Das Muster entstand aus den Erfahrungen heraus, die sich in einigen Jahren Ausbildung von Piloten unter Kriegsbedingungen angesammelt hatten. So bekam die Prentice eine Verstell-Luftschraube, Funkausrüstung, Landeklappen und einen stärkeren Motor, als der in Tiger Moth oder Magister verwendete. Die Anordnung von Lehrer und Schüler nebeneinander wurde in der Prentice erstmals für die RAF verwirklicht. Die Eignungserprobung wurde mit 30 Maschinen bei der *Central Flying School (CFS)* durchgeführt. Es bedurfte einer Reihe von Änderungen, die Flugeigenschaften für eine Grundausbildung zu optimieren. Das erste von 370 bestellten Serienmustern Prentice T 1 wurde 1948 geliefert. Sie waren sowohl bei den Flugschülern als auch bei den Fluglehrern beliebt. Prentice kamen zu den Grundschulungs-Staffeln der *CFS* und zu zahlreichen Flugschulen. Ab 1953 wurden die Prentice im Dienst durch Percival Provost abgelöst.

BESCHREIBUNG:

BESATZUNG:
Zwei Piloten nebeneinander und ein Passagier

ABMESSUNGEN:
Länge: 9,60 m
Spannweite: 14,02 m
Höhe: 3,68 m

MASSEN:
Leermasse: 1424 kg
Max. Startmasse: 1859 kg

LEISTUNGEN:
Höchstgeschwindigkeit: 230 km/h
Reichweite: 745 km
Antrieb: de Havilland Gipsy Queen 32
Motorleistung: 251 PS (187 kW)

DATUM DES ERSTFLUGS:
31. März 1946

BESONDERE MERKMALE:
Freitragender Tiefdecker; festes, verkleidetes Fahrgestell; verkleideter Reihenmotor

Percival Pembroke/Sea Prince GROSSBRITANNIEN

Zweimotoriges zehnsitziges Mehrzweck-/Transportflugzeug

Die Pembroke, abgeleitet aus der zivilen Percival Prince aus den späten vierziger Jahren, wurde bei der *RAF* als Ablösemuster für die Avro Anson 1953 in Dienst gestellt. In der Maschine, die durch ihren weitspannenden Flügel bestach, saßen die Passagiere nach *RAF*-Praxis mit dem Rücken zur Flugrichtung. 45 Exemplare der Pembroke C 1 wurden erworben und für eine große Bandbreite von Aufgaben vom Frachttransport bis zur Fotoaufklärung eingesetzt – und das über einen langen Zeitraum bis zum Jahr 1988. Die *Fleet Air Arm (FAA)* der britischen Marine erwarb Ende der fünfziger Jahre drei Maschinen als Sea Prince C 1. Im Gegensatz zu der stark abgewandelten Pemboke entsprachen diese Flugzeuge weitestgehend dem Original, der zivilen Prince Series II. Sie wurden als Verbindungsflugzeuge und als „Admirals-Barken" eingesetzt. Die nachfolgenden Sea Prince T 1 entsprachen dagegen weitgehend der Pembroke. Sie dienten als „Fliegende Klassenzimmer", *FAA*-Besatzungen zum Erlernen von Navigations-Aufgaben und der Bekämpfung von U-Booten. 41 Stück wurden ab 1953 geliefert und 1979 durch Jetstream T 2 ersetzt. Pembroke flogen auch bei den bundesdeutschen Streitkräften.

BESCHREIBUNG:

BESATZUNG:
Pilot, Copilot und bis zu acht Passagiere

ABMESSUNGEN:
Länge: 14,02 m
Spannweite: 19,66 m
Höhe: 4,87 m

MASSEN:
Leermasse: 4349 kg
Max. Startmasse: 6125 kg

LEISTUNGEN:
Höchstgeschwindigkeit: 360 km/h
Reichweite: 1850 km
Antrieb: Zwei Alvis Leonides 127
Motorleistung: 1120 PS (835 kW)

DATUM DES ERSTFLUGS:
13. Mai 1948 (Zivilversion)

BESONDERE MERKMALE:
Freitragender Schulterdecker; zwei verkleidete Sternmotoren an der Flügelunterseite; einziehbares Dreirad-Fahrwerk; hohes Seitenleitwerk

Piaggio P.149D ITALIEN

Einmotoriges vier-/fünfsitziges Grundausbildungs-/Verbindungsflugzeug

Ursprünglich war das Flugzeug als viersitziges Reiseflugzeug für den zivilen Markt entwickelt worden und besaß eine Reihe von Bauelementen des noch mit einem Spornrad ausgerüsten Modells P.148, das von den italienischen Luftstreitkräften beschafft worden war. Eine kleine Anzahl P.149 konnte Mitte der fünfziger Jahre gefertigt werden, aber rentabel wurde die Produktion erst, als die deutsche Luftwaffe 1956 72 Maschinen bestellte. Gleichzeitig kam es zu einem Lizenzvertrag zwischen Piaggio und Focke-Wulf für den Nachbau der für die Verwendung in Deutschland verbesserten P.149D. Daraus lieferte das bekannte deutsche Werk 190 Exemplare, die sowohl als Trainer als auch für Verbindungsaufgaben herangezogen wurden. In drei Flugschulen wurde auf Piaggio (zusammen mit T-6 Texan) zukünftigen Piloten für Kolbenmotorflugzeuge das Fliegen gelehrt. Überschüssige P.149D gingen Ende der Sechziger/Anfang der Siebziger im Rahmen eines militärische Hilfsprogramms nach Nigeria, Tansania und Uganda. Letzte der bei den deutschen Streitkräften eingesetzten P.149D kamen Anfang der Achtziger aus dem Dienst. Die in Afrika geflogenen Maschinen wurden dagegen schon Jahre vorher für unbrauchbar erklärt.

BESCHREIBUNG:

BESATZUNG:
Zwei Piloten nebeneinander und zwei/drei Passagiere

ABMESSUNGEN:
Länge: 8,80 m
Spannweite: 11,12 m
Höhe: 2,90 m

MASSEN:
Leermasse: 1160 kg
Max. Startmasse: 1680 kg

LEISTUNGEN:
Höchstgeschwindigkeit: 304 km/h
Reichweite: 1090 km
Antrieb: Lycoming GO-480-B1A6
Motorleistung: 270 PS (201 kW)

DATUM DES ERSTFLUGS:
19. Juni 1953

BESONDERE MERKMALE:
Freitragender Tiefdecker; große Abdeckhaube; einziehbares Dreirad-Fahrwerk; verkleideter Boxermotor

Pilatus P-2 SCHWEIZ

Einmotoriges zweisitziges Grundausbildungsflugzeug

Die Pilatus P-2 wurde speziell für einen Einsatz von den hoch gelegenen Flugplätzen in der Schweiz konzipiert. Die schweizerischen Luftstreitkräfte setzten sie vorrangig als Schulflugzeug für die Grundausbildung ein, aber auch als Umschulflugzeug für angehende Jägerpiloten, die anschließend Morane-Saulnier MS.406 und importierte Messerschmitt Bf 109E fliegen sollten. Ende der fünfziger Jahre dienten sie sogar als Umschulflugeuge für die strahlgetriebenen Vampire und Venom. Die 1946 an die Schweizer Luftstreitkräfte gelieferten ersten 27 Exemplare waren spezielle Piloten-Trainer. Sie besaßen eine komplette Blindflugausrüstung, eine Sauerstoff-Ausrüstung für Höhenflüge und eine umfassende Funkeinrichtung. Dagegen war die zweite Serie von 26 Maschinen als Besatzungs-Trainer für Waffeneinweisung und Beobachtungsaufgaben ausgestattet. Diese Maschinen besaßen ein starres 7,92 mm-MG und Unterflügelstationen für Übungsbomben und ungelenkte Raketen. Mit Einführung der fortschrittlicheren Pilatus P-3 bei der schweizerischen Fliegertruppe ab Ende der fünfziger Jahre wurden die P-2 als Kunstflugtrainer abgestellt. Sie bewährten sich in dieser Rolle so gut, dass sie erst 1981 außer Dienst gingen.

BESCHREIBUNG:

BESATZUNG:
Zwei Piloten hintereinander

ABMESSUNGEN:
Länge: 9,07 m
Spannweite: 11,00 m
Höhe: 4,08 m

MASSEN:
Leermasse: 1378 kg
Max. Startmasse: 1966 kg

LEISTUNGEN:
Höchstgeschwindigkeit: 340 km/h
Reichweite: 860 km
Antrieb: Argus As 410
Motorleistung: 465 PS (346 kW)

DATUM DES ERSTFLUGS:
1945

BEWAFFNUNG:
Ein starres 7,92 mm-MG im Flügel; zwei Unterflügel-Aufhängungen für Übungsbomben/Raketen

BESONDERE MERKMALE:
Freitragender Tiefdecker; lange Abdeckhaube; einziehbares Fahrgestell mit Spornrad; verkleideter Reihenmotor

PZL PZL-104 Wilga POLEN
Einmotoriges viersitziges leichtes Mehrzweckflugzeug

Die Wilga wurde von den staatlichen polnischen Flugzeugwerken PZL als vielseitig verwendbares Mehrzweckflugzeug entworfen und wieß bemerkenswerte STOL-Eigenschaften auf. Das Muster, am 24. Oktober 1962 erstmals geflogen, wurde bei den Fliegerklubs im Bereich der ehemaligen Ostblock-Staaten wegen seiner vorzüglichen Eignung zum Segelflugzeugschlepp, wegen seiner geringen Start- und Landestrecken sowie wegen der „Zugkraft" ihres Sternmotors sehr populär. Es fand auch zum Absetzen von Fallschirmspringern und für den Verwundeten-Transport Verwendung. Die verbesserte Wilga 3 aus dem Jahr 1967 besaß einen geänderten Rumpf für die Aufnahme von drei Passagieren sowie ein verbessertes Fahrgestell. Militärisch war das Muster weniger verbreitet. In Indonesien wurden Anfang der Siebziger 56 als Lipnur Gelatik 32 (Reisvogel) unter Lizenz hergestellt (24 davon für die Armee). 15 flogen bei den polnischen, und weitere bei den mongolischen und ägyptischen Streitkräften. PZL-104 Wilga wurden kontinuierlich nachgebessert und mit stärkeren Motoren versehen. Während ihrer über vierzig Jahre dauernden Bauzeit lieferte die PZL mehr als 900 Maschinen aus.

BESCHREIBUNG:

BESATZUNG:
Pilot und bis zu drei Passagiere

ABMESSUNGEN:
Länge: 8,10 m
Spannweite: 11,12 m
Höhe: 2,75 m

MASSEN:
Leermasse: 870 kg
Max. Startmasse: 1300 kg

LEISTUNGEN:
Höchstgeschwindigkeit: 279 km/h
Reichweite: 510 km
Antrieb: PZL (Iwtschenko)
AI-14RA oder M-14P
Motorleistung: 260 PS (194 kW) oder 360 PS (261 kW)

DATUM DES ERSTFLUGS:
24. April 1962

BESONDERE MERKMALE:
Freitragender Hochdecker; festes Fahrgestell mit Spornrad; Zweiblatt-Luftschraube; verkleideter Sternmotor

PZL TS-11 Iskra POLEN
Einstrahliges zweisitziges Übungsflugzeug

Beim Wettbewerb für einen einheitlichen Strahltrainer innerhalb der Ostblock-Staaten Anfang der Sechziger wurde die TS-11 Iskra nur Zweiter. Die Luftstreitkräfte Polens dachten trotzdem nicht daran, das Siegermodell – die tschechische Aero L-29 – zu beschaffen, sondern wählten im Interesse ihrer eigenen Luftfahrtindustrie ihren Wettbewerber für einen Serienbau aus. Das Muster kam 1964 zu den Einheiten. Durch die schnörkellose Konstruktion und den robusten Aufbau erfreute sich die Maschine der Beliebtheit sowohl bei Lehrern als auch Schülern. In der Tat erlaubte das Muster trotz seines Strahlantriebs einen Unterrichtsplan von der Einweisung bis zum fertigen Piloten. Die TS-11 Iskra wurde in einer Reihe von Varianten gebaut. Die Hauptunterschiede lagen in den Aufhängungen für Waffen-Zuladungen oder in der Ausrüstung mit Kameras. Die Fertigung der TS-11 endete 1978 nach 500 gebauten Maschinen. Darunter waren 50 Exemplare der Iskra Bis DS für Indien. Ab 1982 folgten noch einige Fotoaufklärer-Trainer Iskra Bis DF. Bei den polnischen Luftstreitkräften wurden die TS-11 Ende der neunziger Jahre durch PZL Iryda und Orlik ersetzt. In Indien stehen sie noch im täglichen Gebrauch.

BESCHREIBUNG:

BESATZUNG:
Zwei Piloten hintereinander

ABMESSUNGEN:
Länge: 11,17 m
Spannweite: 10,06 m
Höhe: 3,50 m

MASSEN:
Leermasse: 2560 kg
Max. Startmasse: 3840 kg

LEISTUNGEN:
Höchstgeschwindigkeit: 750 km/h
Reichweite: 1250 km
Antrieb: IL SO-3
Motorleistung: 9,81 kN

DATUM DES ERSTFLUGS:
5. Februar 1960

BEWAFFNUNG:
Eine starre 23 mm NS-23-MK im Rumpfbug; Waffenzuladung (Bomben/Raketen) 200 kg an vier Unterflügel-Aufhängungen

BESONDERE MERKMALE:
Freitragender Mitteldecker mit ungepfeiltem Flügel; Dreirad-Fahrwerk; Lufteinläufe in den Flügelwurzeln; Vollsicht-Abdeckhaube

Republic F-84 Thunderjet USA
Einstrahliger einsitziger Jagdbomber

Die ersten Planungen liefen darauf hinaus, die bewährte P-47 Thunderbolt anstelle des Kolbenmotors mit einem Strahltriebwerk auszustatten. Aber es wurde dann doch eine ganz neue Konstruktion, die um die damals bereits als altmodisch angesehene Allison TG-180 (J35)-Axial-Strahlturbine – alle anderen Wettbewerber planten mit Radial-Strahlturbinen – herum entstand. Der Prototyp XP-84 hatte bereits im Februar 1945 sein Roll-out, flog jedoch erstmals am 28. Februar 1946. Nach dem Bau von 16 Erprobungsmustern YP-84A ging das erste von 226 bestellten P-84B Serienmodellen im November 1947 an die Einsatzverbände. Das im Juni 1948 in F-84 umbenannte Flugzeug war nicht leicht zu fliegen, trotzdem bei den Piloten der *USAF* beliebt. 1948-49 wurden weitere 191 F-84C gebaut, gefolgt von 154 F-84D. Diese Version ging als erste nach Übersee, denn die *27th Fighter Escort Group* verlegte 1950 nach Korea. Die gestreckte F-84E schließlich wurde die definitive Thunderjet bei der *USAF* und in 743 Exemplaren gebaut. Sie war der meistverwendete Jagdbomber während des Koreakriegs. Abschließende Version mit ungepfeiltem Flügel wurde die in 3025 Stück gebaute F-84G, von der NATO-Staaten 1900 Stück erhielten.

BESCHREIBUNG:

BESATZUNG:
Pilot

ABMESSUNGEN:
Länge: 11,60 m
Spannweite: 11,09 m
Höhe: 3,83 m

MASSEN:
Leermasse: 5033 kg
Max. Startmasse: 10.670 kg

LEISTUNGEN:
Höchstgeschwindigkeit: 1001 km/h
Reichweite: 2140 km
Antrieb: Allison J35-A-29
Motorleistung: 25,8 kN

DATUM DES ERSTFLUGS:
28. Februar 1946

BEWAFFNUNG:
Vier starre 12,7 mm Browning M-3-MG im Bug und zwei weitere in der Flügelwurzel; 1816 kg Bomben/Raketen an vier Unterflügel-Aufhängungen

BESONDERE MERKMALE:
Freitragender Mitteldecker mit ungepfeiltem Flügel; Dreirad-Fahrwerk; Lufteinlass im Bug; Vollsicht-Abdeckhaube; Flügelendtanks

Republic F-84F Thunderstreak USA
Einstrahliger einsitziger Jagdbomber

Obwohl sie eine völlige Neukonstruktion war, teilte sich die Thunderstreak ihre Typenbezeichnung F-84 mit der Thunderjet. Allerdings war sie zu Anfang unter der Bezeichnung XF-96A entwickelt worden und flog erstmals am 3. Juni 1950. Durch eine Wright J65-Strahlturbine angetrieben hatte sie wegen ihrer gepfeilten Flächen auch äußerlich wenig Ähnlichkeit mit der Thunderjet. Das erste der Einsatz-Erprobungsmuster YF-84F flog am 14. Februar 1951. Trudelproblemen bei hohen Beschleunigungen konnte durch eine kraftgesteuerte Höhenflosse beigekommen werden, aber trotzdem begleiteten Beschränkungen bei den Flugmanövern F-84F während ihrer ganzen Dienstzeit. Da kein anderes Muster für den Zweck verfügbar war, gingen Thunderstreak im Januar 1954 beim strategischen Bomberkommando *SAC* als Begleitjäger in Dienst. Insgesamt wurden 2348 F-84F gebaut. Eine große Anzahl davon ging an NATO-Staaten. Eine Ableitung aus dem Muster wurde der Fotoauklärer RF-84F, in dem sechs Kameras und vier MG untergebracht waren. Von den 715 gebauten dieser Version gingen 386 Exemplare ebenfalls an NATO-Staaten. Beide Versionen wurden in den siebziger Jahren ausgemustert.

BESCHREIBUNG:

BESATZUNG:
Pilot

ABMESSUNGEN:
Länge: 13,23 m
Spannweite: 10,24 m
Höhe: 4,39 m

MASSEN:
Leermasse: 6273 kg
Max. Startmasse: 12.700 kg

LEISTUNGEN:
Höchstgeschwindigkeit: 1118 km/h
Reichweite: 1304 km
Antrieb: Wright J65-W-3
Motorleistung: 25,8 kN

DATUM DES ERSTFLUGS:
3. Juni 1950

BEWAFFNUNG:
Vier starre 12,7 mm Browning M-3-MG im Bug und zwei weitere in der Flügelwurzel; 2721 kg Bomben/Raketen an vier Unterflügel-Aufhängungen

BESONDERE MERKMALE:
Freitragender Mitteldecker mit Pfeilflügel; Dreirad-Fahrwerk; Lufteinlauf im Bug; Vollsicht-Abdeckhaube; gepfeiltes Leitwerk

Republic F-105 Thunderchief USA

Einstrahliger ein-/zweisitziger Jagdbomber

Das Flugzeug wurde 1951 unter der Firmenbezeichnung AP-63 als taktischer Jagdbomber mit Nuklearbewaffnung in einem integrierten Bombenschacht vorgestellt. Als das Muster sieben Jahre später als F-105 Thunderchief zu den Einsatzeinheiten kam, saßen die meisten Waffen konventionell außen an Flügel- oder Rumpf-Stationen. Die Flugerprobung begann im Oktober 1955 mit zwei YF-105A. Die ersten 75 B-Modelle kamen nach Verzögerungen infolge technischer Probleme im Mai 1954 heraus. Wegen Produktionsschwierigkeiten dauerte es noch einmal zwei Jahre, bis sich mit dem Debüt des D-Modells 1960 die Einsatzfähigkeit der Thunderchief erheblich erhöhte. Bis 1965 wurden insgesamt 610 F-15D für *USAF*-Verbände im Heimatland, in Europa und in Japan gebaut. Diese Maschinen trugen die Hauptlast bei der Bombardierung Vietnams, und 397 davon gingen durch Feindeinwirkung verloren. Zur Unterstützung der D-Modelle in Südostasien kamen noch 143 zweisitzige F-105F zur Auslieferung. Später wurden 61 davon für die elektronische Kriegsführung zu F-105G „Wild Weasel" umgerüstet. Restliche F-105 Thunderchief wurden in den frühen achtziger Jahren aus den Einheiten gezogen.

BESCHREIBUNG:

BESATZUNG:
Pilot oder Pilot und Waffensystem-Offizier hintereinander (F-105F/G)

ABMESSUNGEN:
Länge: 19,61 m
Spannweite: 10,59 m
Höhe: 5,97 m

MASSEN:
Leermasse: 12.474 kg
Max. Startmasse: 23.967 kg

LEISTUNGEN:
Höchstgeschwindigkeit: 2237 km/h
Reichweite: 3846 km
Antrieb: Pratt & Whitney J75-P-19W
Motorleistung: 99,25 kN

DATUM DES ERSTFLUGS:
22. Oktober 1955

BEWAFFNUNG:
Eine starre 20 mm M61A1-MK; Waffenzuladung (Bomben/Raketen/Flugkörper) 9072 kg an vier Unterflügel- und zwei Unterrumpf-Aufhängungen

BESONDERE MERKMALE:
Freitragender Mitteldecker mit Pfeilflügel; tief gelegtes, gepfeiltes Höhenleitwerk; Lufteinläufe in den Flügelwurzeln; Vollsicht-Abdeckhaube; gepfeiltes Seitenleitwerk mit Rückenflosse

Saab J 29 Schweden
Einstrahliger einsitziger Jagdbomber

Die schwedische J 29 war das erste westeuropäische Pfeilflügel-Flugzeug, das in die Serienfertigung ging. Saab hatte die „Tunnan" (Tonne) genannte Maschine als Ersatz für die bei den schwedischen Luftstreitkräften fliegenden Kolbenmotor-Jäger Saab 21A und North American P-51 Mustang entworfen. Die gelungene Kombination zwischen einem optimal definierten Flügel mit der Leistungsstärke des in Schweden unter Lizenz gebauten de Havilland Ghost-Triebwerks (als Svenska Flygmotor RM2) kam im Mai 1951 zu den Einsatzverbänden. Insgesamt 224 A-Modelle wurden gebaut, bevor die Produktion zur J 29B wechselte, die Außenlasten/Zusatztanks befördern konnte und in 360 Exemplaren gefertigt wurde. Mustermaschinen waren die J 29D mit einer Nachbrenner-Ausführung der RM2 und die J 29E mit einer veränderten Flügelvorderkante („Sägezahn") für eine erhöhte kritische Machzahl. Diese Attribute vereinte die J 29F, mit der die Fertigung nach 308 Stück im März 1956 auslief. „Tunnan" wurden bei der UN-Friedensmission im Kongo 1961 bis 1963 eingesetzt. Österreich erwarb 1961 dreißig überschüssige J 29F für seine Streitkräfte. In Schweden blieben J 29 bis August 1976 im Dienst.

BESCHREIBUNG:

BESATZUNG:
Pilot

ABMESSUNGEN:
Länge: 10,12 m
Spannweite: 11,00 m
Höhe: 3,75 m

MASSEN:
Leermasse: 4600 kg
Max. Startmasse: 8000 kg

LEISTUNGEN:
Höchstgeschwindigkeit: 1060 km/h
Reichweite: 2700 km
Antrieb: Svenska Flygmotor RM2B
Motorleistung: 27,4 kN

DATUM DES ERSTFLUGS:
1. September 1948

BEWAFFNUNG:
Vier starre 20 mm Hispano Mk V-MK im Bug; Waffenzuladung (Bomben/Raketen/Flugkörper) 500 kg an vier Unterflügel-Aufhängungen

BESONDERE MERKMALE:
Freitragender Mitteldecker mit Pfeilflügel; gepfeiltes Leitwerk; Dreirad-Fahrwerk; Lufteinlauf im Bug; Vollsicht-Abdeckhaube

Saab A/J 32 Lansen SCHWEDEN
Einstrahliges zweisitziges schnelles Mehrzweckflugzeug

Die Saab 32 Lansen (Lanze) war eine Pfeilflügel-Konstruktion, die fortschrittlicher sein sollte als vergleichbare Produkte im westlichen Europa. Entwurfsarbeiten hatten bereits 1946 begonnen. Ihr folgte die Ausarbeitung der Konstruktionsdetails zwei Jahre später, der Erstflug des Prototyps im November 1952 und der erste Auftrag 1953. Die zweisitzige Lansen wurde relativ groß ausgelegt, denn bei Saab musste jeder Zoll genutzt werden, um die Ausrüstung für drei verschiedene Einsatzprofile unterbringen zu können. Das Schlachtflugzeug A 32A war die erste Version, die bei der Truppe eingeführt werden konnte, und zwar 1956. 287 Stück davon wurden zwischen Dezember 1955 und Juni 1957 gebaut. Es folgten 44 Exemplare S 32C als Aufklärer. Sie besaßen anstelle der Maschinen-Kanone (MK) eine Anzahl Kameras und Radar-Einrichtungen. Vom dritten Modell, dem Nacht- und Allwetter-Jäger J 32B, kamen zwischen Juli 1958 und Mai 1960 120 Stück heraus. Diese Flugzeuge wurden drei Jagdflieger-Einheiten zugeteilt. 1970 erfolgte der Umbau von 24 Stück überschüssiger Lansen zu Scheibenschleppern (J 32D) und zu Trainern für elektronische Gegenmaßnahmen (J 32E). Dienstschluss war der Oktober 1997.

BESCHREIBUNG:

BESATZUNG:
Pilot und Navigator hintereinander

ABMESSUNGEN:
Länge: 14,94 m
Spannweite: 13,00 m
Höhe: 4,65 m

MASSEN:
Leermasse: 7438 kg
Max. Startmasse: 13.600 kg

LEISTUNGEN:
Höchstgeschwindigkeit: 1114 km/h
Reichweite: 3220 km
Antrieb: Svenska Flygmotor RM5A2
Motorleistung: 42,1 kN

DATUM DES ERSTFLUGS:
3. November 1952

BEWAFFNUNG:
Vier starre 20 mm Hispano Mk V-MK im Bug; Waffenzuladung (Bomben/Raketen/Flugkörper) 1361 kg an vier Unterflügel-Aufhängungen

BESONDERE MERKMALE:
Freitragender Tiefdecker mit Pfeilflügel; gepfeiltes Leitwerk; Dreirad-Fahrwerk; Lufteinläufe in den Rumpfseiten; Vollsicht-Abdeckhaube

Saab J/F 35 Draken SCHWEDEN

Einstrahliger einsitziger Jagdbommber

Für die 1949 von den schwedischen Luftstreitkräften veröffentlichte Herausforderung, einen fortschrittlichen Abfangjäger zu entwickeln, der 50% bessere Leistungen als jedes andere im Einsatz befindliche Jagdflugzeug aufweisen sollte, fand der schwedische Flugzeugbauer mit der J 35 Draken (Drachen) erneut eine innovative Lösung. Als Nachfolger der J 29 sollte sie allwettertauglich sein und von kleinen Plätzen aus operieren können. Mit dem gewählten Doppeldelta-Flügel war sie Mach 2 schnell und benötigte eine kürzere Startstrecke als Mirage III oder Starfighter. Der erste von drei Draken-Prototypen flog im Oktober 1955, und die ersten Serien-J 35A (angetrieben von unter Lizenz gebauten Avon 2000) kamen Anfang 1960 zu den Einsatzeinheiten. Die 1961 eingeführte J 35B besaß ein verlängertes Rumpfheck, während die Sk 35C eine Abwandlung als Trainer mit zwei Sitzen hintereinander war. Die leistungsstärkere Version J 35D wurde durch eine verbesserte Variante der unter Lizenz gebauten RM6C (Avon 300) angetrieben. Die letzte der neugebauten J 35 war das F-Modell mit verbesserter Ausrüstung. Insgesamt 606 Draken wurden gefertigt. 12 davon gingen nach Dänemark, 24 nach Östereich. Hier fliegt sie noch.

BESCHREIBUNG:

BESATZUNG:
Pilot oder zwei Piloten hintereinander (Sk 35)

ABMESSUNGEN:
Länge: 15,35 m
Spannweite: 9,40 m
Höhe: 3,89 m

MASSEN:
Leermasse: 8250 kg
Max. Startmasse: 16.000 kg

LEISTUNGEN:
Höchstgeschwindigkeit: 2125 km/h
Reichweite: 3250 km
Antrieb: Volvo Flygmotor RM6C
Motorleistung: 78,5 kN

DATUM DES ERSTFLUGS:
25. Oktober 1955

BEWAFFNUNG:
Zwei starre 30 mm Aden-MK im Flügel; maximale Waffenzuladung (Bomben/Raketen/Flugkörper) 4086 kg an neun Aufhängungen

BESONDERE MERKMALE:
Freitragender Mitteldecker mit Doppeldeltaflügel; gepfeiltes Seitenleitwerk; kein gesondertes Höhenleitwerk; Dreirad-Fahrwerk; Vollsicht-Abdeckhaube

Saab 91 Safir SCHWEDEN
Einmotoriges viersitziges Grundausbildungs-/Verbindungsflugzeug

Die Safir wurde 1944/45 als dreisitziges Reise- und Schulflugzeug für den zivilen und militärischen Gebrauch entwickelt. Der Serienbau lief im Frühjahr 1946 an, aber die Verkaufszahlen blieben hinter den Erwartungen zurück. Von der mit de Havilland Gipsy Major X-Reihenmotoren ausgestatteten Safir 91A konnten nur 24 Maschinen abgesetzt werden. Die meisten davon gingen bei einem Einkauf schwedischer Militärgüter durch Äthiopien an die Luftstreitkräfte dieses Landes. Zwei Jahre später lief die Fertigung der durch den Sechszylinder-Boxermotor Lycoming O-435A angetriebenen Safir 91B an. Die schwedischen Luftstreitkräfte erwählten sie 1951 zum neuen Einheits-Schulflugzeug und bestellten 74 Stück. Die meisten davon mussten wegen Fertigungsproblemen bei de Schelde in den Niederlanden unter Lizenz (Gesamtfertigung zwischen 1951 und 1955 150 Stück) hergestellt werden. Bei Saab rollten anschließend 323 Safir vom Band. Darunter befanden sich die viersitzige (durch Verlegung des Rumpf-Kraftstofftanks in den Flügel) Saab 91C und die Saab 91 D mit dem Vierzylinder-O-360. Die letzte Safir wurde 1966 an Äthiopien geliefert. Weitere militärische Anwender waren Finnland, Tunesien und Österreich.

BESCHREIBUNG:

BESATZUNG:
Zwei Piloten nebeneinander und zwei Passagiere

ABMESSUNGEN:
Länge: 8,03 m
Spannweite: 10,60 m
Höhe: 2,20 m

MASSEN:
Leermasse: 710 kg
Max. Startmasse: 1205 kg

LEISTUNGEN:
Höchstgeschwindigkeit: 265 km/h
Reichweite: 1962 km
Antrieb: Lycoming O-360-AIA
Motorleistung: 180 PS (134 kW)

DATUM DES ERSTFLUGS:
20. November 1945

BESONDERE MERKMALE:
Freitragender Tiefdecker; große Abdeckhaube; einziehbares Dreirad-Fahrwerk; verkleideter Boxermotor

Scottish Aviation Pioneer CC 1 GROSSBRITANNIEN

Einmotoriges fünfsitziges leichtes Mehrzweckflugzeug

Mit Pionier hatte die Scottish Aviation Ltd für ihr erstes Produkt einen passenden Namen gewählt. Enstanden war sie als leichtes Verbindungsflugzeug, von kleinen Plätzen einsetzbar, welches das britische Luftfahrtministerium unter A 4/45 ausgeschrieben hatte. Der ursprünglich fertig gestellte Dreisitzer Pioneer I mit einem de Havilland Gipsy Queen-Reihenmotor wurde allerdings nicht bestellt, wohl aber die als Fünfsitzer größer ausgelegte Pioneer II mit dem Alvis Leonides-Sternmotor, die im Juni 1950 erstmals flog. Das Muster zeigte bemerkenswerte Kurzstart- und Landeeigenschaften infolge seiner Ausstattung mit einem Vorflügel über die gesamte Spannweite und großflächigen Fowler-Landeklappen. Die Pioneer II kam mit einer Startbahnlänge von 70 m aus und konnte in ein Feld von nur 60 m Länge hineinlanden. Ihre Überziehgeschwindigkeit lag unter 60 km/h. Die beeindruckte *RAF* bestellte 40 Stück als Pioneer CC 1. Diese wurden ab August 1953 eingesetzt und leisteten mit der 267. Staffel bei der Evakuierung von Verwundeten aus dem malayischen Dschungel unschätzbare Dienste. Infolge der hohen Abnutzung durch strapaziöse Einsätze mussten sich noch vorhandene Pioneer 1970 zurückziehen.

BESCHREIBUNG:

BESATZUNG:
Pilot und vier Passagiere

ABMESSUNGEN:
Länge: 10,48 m
Spannweite: 15,20 m
Höhe: 3,13 m

MASSEN:
Leermasse: 1739 kg
Max. Startmasse: 2631 kg

LEISTUNGEN:
Höchstgeschwindigkeit: 259 km/h
Reichweite: 672 km
Antrieb: Alvis Leonides 502/4
Motorleistung: 520 PS (387 kW)

DATUM DES ERSTFLUGS:
Juni 1950

BESONDERE MERKMALE:
Abgestrebter Hochdecker; festes Fahrgestell mit Spornrad; Dreiblatt-Luftschraube; verkleideter Sternmotor; großes Seitenleitwerk

Scottish Aviation Twin Pioneer CC 1/2 GROSSBRITANNIEN
Zweimotoriges achtzehnsitziges Mehrzweck-Transportflugzeug

Die zweimotorige Twin Pioneer wurde vom STOL-Spezialisten Scottish Aviation Anfang der fünfziger Jahre als logische Weiterentwicklung der einmotorigen Pioneer CC 1 entwickelt. Sie konnte sich nach ihrem öffentlichen Auftreten 1955 über ständige Auftragseingänge freuen. Insgesamt wurden 87 Exemplare zwischen 1956 und 1964 gefertigt, die überwiegende Mehrzahl davon als Pioneer CC1/2 für die RAF. Die erste Bestellung der *Air Force* betraf 20 Maschinen, die 1958 an die 78. Staffel nach Aden gingen. Anschließend wurden 19 weitere erworben. Sie fanden überwiegend Verwendung bei Einheiten in Übersee, so in Bahrain, Singapur, Borneo und – erneut – in Aden. Entsprechend der Pioneer CC1 fanden die Twin Pioneer Verwendung in einer ganzen Reihe von Mehrzweck-Rollen: Beispielsweise das Absetzen von Fallschirmjägern (11 voll ausgerüstete Fallschirmjäger konnten transportiert werden) oder die Verwundeten-Rückführung (sechs Tragbahren fanden Platz, zusammen mit fünf Sitzplätzen für leichter Verwundete oder Personal). Ende 1968 wurden die Twin Pioneer wegen Budgetkürzungen der Übersee-Verbände ausgemustert. Einige Maschinen kauften die Streitkräfte von Malaysia.

BESCHREIBUNG:

BESATZUNG:
Zwei Piloten und sechzehn Passagiere

ABMESSUNGEN:
Länge: 13,80 m
Spannweite: 23,33 m
Höhe: 3,74 m

MASSEN:
Leermasse: 4630 kg
Max. Startmasse: 6628 kg

LEISTUNGEN:
Höchstgeschwindigkeit: 266 km/h
Reichweite: 1287 km
Antrieb: Zwei Alvis Leonides 531
Motorleistung: 1280 PS (950 kW)

DATUM DES ERSTFLUGS:
25. Juni 1955

BESONDERE MERKMALE:
Abgestrebter Hochdecker; festes Fahrgestell mit Spornrad; verkleideter Sternmotor; dreifaches Seitenleitwerk

Scottish Aviation Bulldog GROSSBRITANNIEN

Einmotoriges zweisitziges Schulflugzeug

Die Bulldog war eine militärische Abwandlung der zivilen B 121 Pub des Herstellers Beagle und flog erstmals am 10. April 1967. Obwohl die Pub bei Privatpiloten beliebt war, reichten die Verkaufszahlen nicht aus, Beagle über Wasser zu halten. Nach 152 gebauten Pub musste die Firma im Januar 1970 Bankrott anmelden. Sieben Monate vorher, am 19. Mai 1969, war bei Beagle die Abwandlung als militärisches Flugzeug für die Grundausbildung von Piloten erstmals geflogen. Im Prinzip unterschied sie sich wenig von der Zivilversion und besaß wie diese eine nach hinten schiebbare Abdeckhaube, einen Lycoming IO-360-Boxermotor und ein festes Dreirad-Fahrwerk. Nach dem Zusammenbruch von Beagle übernahm Scottish Aviation die Rechte für den Nachbau der Bulldog und baute 100 Maschinen der Serie 100 für den Export nach Kenia, Malaysia und Schweden. Die anschließenden Maschinen der Serie 120 waren auch bei erhöhter Flugmasse voll kunstflugtauglich. Die RAF erwarb 130 Maschinen unter der Bezeichnung Bulldog T 1. Bis zur Außerdienststellung 2001 dienten sie dazu, geförderte Studenten bei den Universitäts-Staffeln auszubilden. Bulldog 120 gingen an sieben Exportkunden. 328 Bulldog wurden insgesamt gebaut.

BESCHREIBUNG:

BESATZUNG:
Zwei Piloten nebeneinander

ABMESSUNGEN:
Länge: 7,09 m
Spannweite: 10,60 m
Höhe: 2,28 m

MASSEN:
Leermasse: 650 kg
Max. Startmasse: 1065 kg

LEISTUNGEN:
Höchstgeschwindigkeit: 240 km/h
Reichweite: 1000 km
Antrieb: Lycoming 10-360-A1B6
Motorleistung: 200 PS (150 kW)

DATUM DES ERSTFLUGS:
19. Mai 1969

BEWAFFNUNG:
Maximale Bomben-/Raketen-/MG-Behälter-, Flugkörper-Zuladung 290 kg an vier Unterflügel-Aufhängungen

BESONDERE MERKMALE:
Freitragender Tiefdecker; Flügel mit leichter V-Form; große Abdeckhaube; festes Dreirad-Fahrwerk; verkleideter Boxermotor

SEPECAT Jaguar FRANKREICH UND GROSSBRITANNIEN
Zweistrahliges ein-/zweisitziges Tiefangriffsflugzeug

Die Jaguar war das Resultat einer weltweit ersten Zusammenarbeit von zwei Nationen an einem Militärflugzeug. Ursprünglich hatten die Luftstreitkräfte von Frankreich und Großbritannien gemeinsam Forderungen für einen fortschrittlichen Überschall-Trainer herausgegeben, auf Grund dessen 1966 eilig die SEPECAT (*Société Européené de Production de l'Aviation de Ecole de Combat et Appui Tactique*), bestehend aus der französischen Firma Breguet und der British Aircraft Corporation, ins Leben gerufen wurde. Das erste Musterflugzeug von insgesamt acht Protypen flog am 8. September 1968, und als 1973 die ersten Serienexemplare an die französischen Luftstreitkräfte gingen, war aus dem Überschalltrainer ein reines Tiefangriffsflugzeug geworden. Insgesamt gingen 200 Jaguar (165 Stück einsitzige GR 1 und 35 zweistzige T 2) an die *RAF*. 160 einsitzige Jaguar AS und 40 zweisitzige ES erhielten die französischen Streitkräfte. In Großbritannien gebaute Exportmodelle gingen an Indien, Ekuador, Nigeria und Oman. Sowohl britische als auch französische Jaguar wurden im ersten Golfkrieg eingesetzt, britische kamen auch über dem Balkan zum Einsatz. Das Jahr 2005 war Ende der Jaguar-Dienstzeit.

BESCHREIBUNG:

BESATZUNG:
Pilot oder zwei Piloten hintereinander (T 2 und Jaguar E)

ABMESSUNGEN:
Länge: 16,83 m
Spannweite: 8,69 m
Höhe: 4,89 m

MASSEN:
Leermasse: 7700 kg
Max. Startmasse: 15700 kg

LEISTUNGEN:
Höchstgeschwindigkeit: 1700 km/h
Reichweite: 3525 km
Antrieb: Zwei Rolls-Royce/Turboméca Adour Mk 104
Motorleistung: 71,6 kN

DATUM DES ERSTFLUGS:
8. September 1968

BEWAFFNUNG:
Zwei starre 30 mm Aden-MK im unteren Rumpfbug; Waffenzuladung (Bomben/Raketen/Flugkörper) 4540 kg an 7 Aufhängungen (4 unter dem Flügel, 2 für Raketen auf dem Flügel und 1 unter dem Rumpf)

BESONDERE MERKMALE:
Freitragender Schulterdecker mit Pfeilflügel; gepfeiltes Leitwerk; Lufteinläufe an den Rumpfseitenwänden/Flügelwurzeln

Shorts Belfast C 1 GROSSBRITANNIEN

Viermotoroger fünfsitziger strategischer Transporter

Mit über 100 Tonnen Startmasse war die Belfast eine der schwersten Turboprop-Maschinen, die je gebaut wurden. Sie war die Antwort auf eine Anfrage der *RAF* für einen Schwergewichts-Transporter, der groß genug sein sollte, alle militärischen Güter wie Panzerwagen, Artilleriegeschütze, Flugkörper-Batterien, Hubschrauber oder sogar über 200 voll ausgerüstete Soldaten aufnehmen und über lange Strecken transportieren zu können. Nach der Prüfung verschiedener Tranporter-Entwürfe fiel die Wahl im Februar 1959 auf den Short-Entwurf SC 5/10. Die erste von nur zehn gebauten Belfast stieg am 5. Januar 1964 in den Himmel. Das Flugzeug, das von vier Rolls-Royce Tyne-Propellerturbinen angetrieben wird, besitzt ein Fahrgestell aus 18 Rädern und eine große biberschwanzähnliche Laderampe unter dem Heck. Als die Belfast C 1 bei der 53. Staffel in Fairford in Dienst gestellt wurde, war sie das größte Flugzeug der *Royal Air Force*. Die Belfast erwies sich bei Wartung und Überholung als sehr kostenaufwändig. Deswegen und wegen gestrichener Haushaltsmittel für Auslandseinsätze entließ sie das Militär im September 1976. Zwei der Maschinen befinden sich heute noch bei zivilen Betreibern im Einsatz.

BESCHREIBUNG:

BESATZUNG:
Pilot, Copilot, Navigator/Flugingenieur und Belade-Überwacher

ABMESSUNGEN:
Länge: 41,58 m
Spannweite: 48,41 m
Höhe: 14,33 m

MASSEN:
Leermasse: 34.685 kg
Max. Startmasse: 104.325 kg

LEISTUNGEN:
Höchstgeschwindigkeit: 566 km/h
Reichweite: 6200 km
Antrieb: Vier Rolls-Royce Tyne
Motorleistung: 22.920 Wellen-PS (17.100 kN)

DATUM DES ERSTFLUGS:
5. Januar 1965

BESONDERE MERKMALE:
Freitragender Schulterdecker; in Rumpfseitenwülste einziehbare Haupträder des Dreirad-Fahrwerks; vier verkleidete Propellerturbinen; Heckladerampe

Shorts Skyvan GROSSBRITANNIEN
Zweimotoriges vierundzwanzigsitziges Mehrzweck-Transportflugzeug

Im Jahr 1959 entschloss sich Shorts, einen geräumigen Mehrzweck-Transporter mit einfachem Kastenrumpf für die Beförderung auch sperriger Lasten zu schaffen. Von der Skyvan genannten Maschine wurde die erste als Series 1 durch zwei Continental GTSIO-520-Kolbenmotoren angetrieben. Die Boxermotoren wichen in der Serie 2 Astazou XII-Propellerturbinen. Schließlich aber wechselte Shorts, das war Mitte der sechziger Jahre, zu Garrett TWP331-Turboprops und nannte das Muster Skyvan 3M. Militärische Aufträge konnten bereits bei Beginn des Serienbaus eingefahren werden. Einer der ersten Kunden war das Scheichtum von Oman, das 16 Exemplare der 3M bestellte. Anschließend wählten, wenn auch in kleineren Stückzahlen, 11 weitere Länder Skyvan 3M. Die meisten der militärischen Versionen wurden entsprechend ihrer Auslegung als Mehrzweck-Transporter eingesetzt. Doch die sechs an Singapur gelieferten besaßen einen Radar-Bug und fanden Verwendung für Küstenüberwachung und Seenotrettung. Als die Skyvan-Produktion 1987 endete, hatte Short 150 Exemplare ausgeliefert, davon rund 60 Stück an militärische Abnehmer. Einzelne Maschinen fliegen heute noch militärisch und zivil.

BESCHREIBUNG:

BESATZUNG:
Pilot, Copilot und 22 Passagiere

ABMESSUNGEN:
Länge: 12,21 m
Spannweite: 19,79 m
Höhe: 4,60 m

MASSEN:
Leermasse: 3355 kg
Max. Startmasse: 6577 kg

LEISTUNGEN:
Höchstgeschwindigkeit: 327 km/h
Reichweite: 1115 km
Antrieb: Zwei Garrett TPE 331-2-201A
Motorleistung: 1430 Wellen-PS (1070 kW)

DATUM DES ERSTFLUGS:
17. Januar 1963

BESONDERE MERKMALE:
Abgestrebter Hochdecker; festes Dreirad-Fehrwerk; ebene Rumpfseitenwände; Rumpf hinten für die Heckladerampe hochgezogen; zwei verkleidete Propellerturbinen im Flügel; großes Leitwerk; doppeltes Seitenleitwerk

SIAI Marchetti S.211   ITALIEN
Einstrahliger zweisitziger Trainer

Das Muster wurde auf Firmenrisiko entwickelt und sollte als Übungsflugzeug von der Grundausbildung bis zur Umschulung dienen, Waffentraining ermöglichen und Tiefangriffe ausführen können. Modelle dieser S.211 genannten Konstruktion wurden bereits 1977 auf der zweijährlich stattfindenden Luftfahrtschau in Paris gezeigt. Doch es vergingen noch vier Jahre, bis am 10.April 1981 der Prototyp flog. Aber die Konstruktion fand nur drei Käufer: Vier S.211 erwarb Haiti, aber sie wurden schnell an Interessenten in den USA weiter vermittelt. Die Philippinen kauften 24 Exemplare und Singapur 30 Stück. In beiden Ländern fand für einen Großteil der erworbenen Maschinen die Montage bei eigenen Firmen statt. Der überwiegende Teil der Maschinen aus Singapur ist seit 1993 auf dem Stützpunkt der australischen Luftstreitkräfte RAAF Pearce im westlichen Territorium stationiert. Dort kann das Flugtraining der Piloten in einer verkehrsärmeren Luft stattfinden. Die Philippinen dagegen benutzen ihre S.211 wechselseitig für Übungsflüge und für Erdkampf-Einsätze gegen kommunistische Aufständische im Land. Für Kampfhandlungen lassen sich bei der S.211 an vier Unterflügelstationen Waffen mitführen.

BESCHREIBUNG:

BESATZUNG:
Zwei Piloten hintereinander

ABMESSUNGEN:
Länge: 9,50 m
Spannweite: 8,43 m
Höhe: 3,96 m

MASSEN:
Leermasse: 1850 kg
Max. Startmasse: 3150 kg

LEISTUNGEN:
Höchstgeschwindigkeit: 667 km/h
Reichweite: 1665 km
Antrieb: Pratt & Whitney JT15D-4C
Motorleistung: 14,2 kN

DATUM DES ERSTFLUGS:
10. April 1981

BEWAFFNUNG:
Bis zu 600 kg Bomben/Raketen/Waffenbehälter an vier Unterflügel-Aufhängungen

BESONDERE MERKMALE:
Freitragender Schulterdecker mit Pfeilflügel; Lufteinläufe an den Rumpfseiten; Vollsicht-Abdeckhaube; gepfeiltes Leitwerk

Soko G-2A/J-1 Galeb JUGOSLAWIEN

Einstrahliges ein-/zweisitziges Übungs-/leichtes Kampfflugzeug

Die Galeb (Seemöwe) wurde das erste in Jugoslawien entwickelte Strahlflugzeug, das in Serie ging. Ursprünglich war sie als zweisitziger Trainer konzipiert worden, erfuhr dann aber die Umkonstruktion auch als einsitziges Schlachtflugzeug. Das Muster, das der italienischen Macchi MB-326 nicht nur ähnlich sah, sondern von der Konfiguration bis hin zum Triebwerk entsprach, kam 1965 zu den jugoslawischen Luftstreitkräften. Dort wurden die mehr als 120 erworbenen Maschinen bei der Luftfahrtakademie und den Flug- und Waffenschulen eingesetzt. Exportaufträge gingen aus Sambia (20 Einsitzer J-1 und 6 Zweisitzer G-2) sowie aus Libyen (120 G-2 in zwei Schüben) ein. Die Galeb-Produktion endete 1985. Beim Auseinanderbrechen Jugoslawiens in Einzelstaaten Anfang der neunziger Jahre wurden Galeb von der 105. Jagdbomber-Abteilung der neugebildeten serbischen Luftstreitkräfte zwischen 1991 und 1995 gegen moslemische Einheiten in Bosnien-Herzegowina eingesetzt. Heute befinden sich noch Galeb bei den Einheiten der „neuen" jugoslawischen Luftstreitkräfte in Serbien und bei den Fliegerverbänden Kroatiens im Einsatz.

BESCHREIBUNG:

BESATZUNG:
Pilot (J-1) oder zwei Piloten hintereinander (G-2A)

ABMESSUNGEN:
Länge: 10,34 m
Spannweite: 10,47 m
Höhe: 3,28 m

MASSEN:
Leermasse: 2620 kg
Max. Startmasse: 3488 kg

LEISTUNGEN:
Höchstgeschwindigkeit: 756 km/h
Reichweite: 1240 km
Antrieb: Rolls-Royce Viper II Mk 22-6
Motorleistung: 11,12 kN

DATUM DES ERSTFLUGS:
Mai 1961

BEWAFFNUNG:
Zwei starre 12,7 mm-MG im Bug; Waffenzuladung (Bomben/Raketen) 200 kg an acht Unterflügel-Aufhängungen

BESONDERE MERKMALE:
Freitragender Tiefdecker mit ungepfeiltem Flügel; Dreirad-Fahrwerk; Lufteinlässe an den Rumpfseiten; Vollsicht-Abdeckhaube; Flügelendtanks

Soko J-20 Kraguj JUGOSLAWIEN
Einmotoriges einsitziges leichtes Nahkampfflugzeug

Die J-20 Kraguj (Sperlingsfalke) wurde speziell für den Kampf gegen Aufständische oder für den Einsatz bei begrenzten Konfliktherden konzipiert. Die Entwicklung erfolgte Mitte der sechziger Jahre im Belgrader Versuchsinstitut für Luftfahrt mit dem Ziel, für die jugoslawischen Luftstreitkräfte ein kleines, leicht zu fliegendes, einfach zu bauendes und kostengünstig zu wartendes Nahkampfflugzeug zu schaffen. Der Bau der Kraguj erfolgte in den staatlichen Soko-Werken in Mostar. Der Prototyp flog erstmals 1966. Zwei Jahre später wurde das Muster bei den Streitkäften eingeführt. Die simple Ganzmetall-Konstruktion mit ihrem amerikanischen Boxermotor konnte von grasbewachsenen oder unbefestigten Plätzen aus operieren und kam mit Bahnlängen unter 120 m aus. Der Serienbau der mit zwei starren MG bewaffneten und mit sechs Unterflügel-Waffen ausgestatteten Maschine lief 1968 an. Das Muster flog bei verschiedenen Waffenschulen der jugoslawischen Luftstreitkräfte. Übrig gebliebene Kraguj wurden 1991 aus dem Dienst entlassen – bis auf einen Rest, den slowenische Reserveeinheiten übernehmen sollten, aber die Serben setzten sie im Juni 1991 gegen moslemische und kroatische Kräfte ein.

BESCHREIBUNG:

BESATZUNG:
Pilot

ABMESSUNGEN:
Länge: 7,93 m
Spannweite: 10,64 m
Höhe: 3,00 m

MASSEN:
Leermasse: 1130 kg
Max. Startmasse: 1624 kg

LEISTUNGEN:
Höchstgeschwindigkeit: 295 km/h
Reichweite: 800 km
Antrieb: Lycoming GSO-480-B1A6
Motorleistung: 340 PS (253 kW)

DATUM DES ERSTFLUGS:
1966

BEWAFFNUNG:
Zwei starre 7,7 mm Colt-Browning-MG im Flügel; maximale Bomben/Raketen-Zuladung 300 kg an sechs Unterflügel-Aufhängungen

BESONDERE MERKMALE:
Freitragender Tiefdecker; große Vollsicht-Abdeckhaube; festes Fahrgestell mit Spornrad; verkleideter Boxermotor; Dreiblatt-Luftschraube

Sud-Ouest SO.4050 Vautour II Frankreich
Zweistrahliger ein-/zweisitziger Jagdbomber

Eines der erfolgreichsten Flugzeuge der frühen Nachkriegszeit, die die neu erstandene französische Luftfahrtindustrie herausbrachte, war die Vautour (Geier) der SNCASO (Gruppe Südwest) der verstaatlichten französischen Flugzeugwerke. Die Entwicklung erfolgte nach Anforderung der französischen Luftstreitkräfte für eine Grundkonstruktion, die als Allwetter-Tag- und Nachtjäger, als Erdschlächter und als Bomber eingesetzt werden konnte. Der erste von neun Prototypen flog im Oktober 1952. Nach drei Jahren der Erprobung gingen die ersten Maschinen an die französischen Streitkräfte. Dort erwies sich, dass sie eine bemerkenswerte Zuladung über eine bedeutsame Strecke transportieren konnten. Dreißig einsitzige Vautor IIA-Jagdbomber wurden gebaut. 25 davon gingen nach Israel. Dort wurden sie während der nächsten 15 Jahre intensiv eingesetzt, 1960 ergänzt durch eine Anzahl ehemals französischer IIB-Bomber mit zwei Sitzen. Vierzig Flugzeuge dieser Version waren für die strategischen Verbände angeschafft worden. Gekauft wurden auch 70 Vautour IIN Nachtjäger. Sie blieben bei den Einsatzeinheiten, bis sie zwischen 1973 und 1976 nach und nach durch Mirage F1C abgelöst wurden.

Beschreibung:

Besatzung:
Pilot (IIA) oder Pilot und Navigator (IIB/II.1N)

Abmessungen:
Länge: 15,84 m
Spannweite: 15,10 m
Höhe: 4,95 m

Massen:
Leermasse: 11.000 kg
Max. Startmasse: 20.700 kg

Leistungen:
Höchstgeschwindigkeit: 1100 km/h
Reichweite: 3200 km
Antrieb: Zwei SNECMA Atar 101E-3
Motorleistung: 68,1 kN

Datum des Erstflugs:
16. Oktober 1952

Bewaffnung:
Vier starre 30 mm DEFA 553-MK im Bug; Waffenzuladung (Bomben/Raketen/Flugkörper) 3854 kg im Bombenschacht oder an zwei Unterflügel-Aufhängungen (nur Raketen)

Besondere Merkmale:
Freitragender Mitteldecker mit Pfeilflügel; Tandem-Haupträder und Stützräder; Triebwerke an der Flügelunterseite; gepfeiltes Leitwerk, hochliegendes Höhenleitwerk, Kielflosse

Suchoj Su-7 SOWJETUNION
Einstrahliger einsitziger Jagdbomber

Die Entwicklung des Musters hatte begonnen, als Suchoj mit einem Teil seines Konstruktionskollektivs im Dezember 1949 auf Stalins Befehl dem Tupolew-Konstruktionsbüro unterstellt wurde, um dessen Strahljägerprogramm zu fördern. Nach Stalins Tod 1953 erhielt Suchoj ein eigenes Konstruktionsbüro. Das Muster gedieh zu einem Prototyp mit der Bezeichnung S-1, der am 8. September 1955 erstmals flog. Etwa 100 daraus entwickelte Abfangjäger sollen als Su-7 gebaut worden sein, bis 1958-59 die Entscheidung fiel, das mit dem Deltaflügel schnellere Konkurrenz-Modell MiG-21 als Standardjäger zu wählen. Suchoj konnte die Su-7 mit geringstem Aufwand zum Jagdbomber Su-7B (B für Bomberdirowschtschik gleich Bomber) umkonstruieren, denn der Pfeilflügel besaß genügend Auftrieb für die neuen Augaben im Unterschallbereich. In dieser Rolle wurde die Maschine zum Pilotenflugzeug, denn ihre Geschwindigkeit, die robuste Zelle und Wendigkeit waren sprichwörtlich. Die leistungsstärkere Su-7BM kam 1961 zur Truppe. Sie wurde Grundlage für das Exportmodell Su-7MBK, das schließlich an 11 Länder geliefert werden konnte. Bei den Sowjet-Einheiten verschwanden die letzten Su-7BM 1986.

BESCHREIBUNG:

BESATZUNG:
Pilot

ABMESSUNGEN:
Länge: 17,37 m
Spannweite: 8,93 m
Höhe: 4,70 m

MASSEN:
Leermasse: 8620 kg
Max. Startmasse: 13.500 kg

LEISTUNGEN:
Höchstgeschwindigkeit: 1700 km/h
Reichweite: 1450 km
Antrieb: Ljulka AL-7F
Motorleistung: 97,9 kN

DATUM DES ERSTFLUGS:
8. September 1955

BEWAFFNUNG:
Zwei starre 30 mm NR-30-MK in den Flügelwurzeln; Waffenzuladung (Bomben/Raketen/Flugkörper) 2500 kg an 5 Aufhängungen, vier unter dem Flügel und einer unter dem Rumpf

BESONDERE MERKMALE:
Freitragender Mitteldecker mit Pfeilflügel; Lufteinlauf im Bug; gepfeiltes Leitwerk; Vollsicht-Abdeckhaube

Suchoj Su-15 SOWJETUNION
Zweistrahliger Jagdeinsitzer

Die Su-15 mit ihren echten Mach-2-Leistungen baute auf der Su-11 auf, die ihrerseits eine Abwandlung der Su-7 mit Deltaflügel für ihre Rolle als Abfangjäger darstellte. Sie war größer als alle ihre Vorgänger und besaß Lufteinläufe an den Rumpfseiten, um im Bug Platz für die umfangreiche Radareinrichtung zu erhalten. Der Prototyp (von Suchoj noch T-58 bezeichnet) machte am 30. Mai 1962 seinen Jungfernflug. Er besaß, wie auch die ersten Serienmaschinen, einen einfachen Deltaflügel. Bei der Truppe trafen Su-15 1969 ein. Anfang der Siebziger kam die zweite Generation des Jägers zum Einsatz. Diese Su-17M besaß, wie alle nachfolgenden Muster, einen Doppeldeltaflügel größerer Spannweite, der zur Verbesserung der Langsamflug-Eigenschaften immer weiter entwickelt wurde. Die sowjetischen Luftstreitkräfte verteilten Su-15 als Standard-Abfangjäger über das Territorium der UdSSR. Es war auch eine Su-15, die im September 1983 ein koreanisches Boeing 747-Verkehrsflugzeug abschoss, das den sowjetischen Luftraum verletzte. Die Su-15TM war mit stärkeren Triebwerken, mehr Kraftstoff und mehr Unterflügelstationen jüngste Version. Sie kam 1974 zu den Einheiten. Mitte der Neunziger erfolgte die Ablösung.

BESCHREIBUNG:

BESATZUNG:
Pilot

ABMESSUNGEN:
Länge: 20,50 m
Spannweite: 10,53 m
Höhe: 5,00 m

MASSEN:
Leermasse: 12.250 kg
Max. Startmasse: 20.000 kg

LEISTUNGEN:
Höchstgeschwindigkeit: 2655 km/h
Reichweite: 2250 km
Antrieb: Zwei MNPK „Sojus" (Tumanskii) R-13F2-300
Motorleistung: 139,26 kN

DATUM DES ERSTFLUGS:
30. Mai 1962

BEWAFFNUNG:
Bis zu vier Luft-zu-Luft-Lenkwaffen an Unterflügel-Aufhängungen

BESONDERE MERKMALE:
Freitragender Tiefdecker mit Deltaflügel; gepfeiltes Leitwerk; Dreira-Fahrwerk; Lufteinläufe an den Rumpfseiten; Vollsicht-Abdeckhaube; große Radarnase

Suchoj Su-17/20/22 SOWJETUNION

Einstrahliger einsitziger Jagdbomber

Schlusspunkt einer Jagdbomber-Entwicklungsreihe, die mit der altehrwürdigen Su-7 begonnen hatte, wurde die Su-17, die für zwanzig Jahre das führende „Schlachtross" bei den Luftstreitkräften der Warschauer-Pakt-Staaten werden sollte. Obwohl sich die Su-7 als stabil und robust erwies, ließen neben zu geringer Flugdauer die Start- und Landeleistungen zu wünschen übrig. Suchoj sah eine Lösung des Problems darin, die Außenflügel der Grundkonstruktion schwenkbar zu gestalten. Der entsprechend eingerichtete Prototyp machte im August 1966 seinen ersten Flug. Serienflugzeuge Su-17 kamen in den frühen siebziger Jahren zu den sowjetischen Einheiten in Osteuropa. Die Exportversion, als Su-20 bezeichnet, ging an die Luftstreitkräfte eines Dutzends von Ländern. Den verbesserten kürzeren Su-17M-2/2D aus dem Jahr 1974 folgten die Su-17M-3 sowie schließlich 1980 die Su-17M-4. Die entsprechenden Exportversionen wurden Su-22M-3/4 genannt und gingen wiederum an Luftstreitkräfte in Osteuropa, Afrika, Asien und den Mittleren Osten. Jüngere der M-3/4-Varianten von Su-17/22 weisen bessere Tiefflugeigenschaften auf. Bei den russischen Streitkräften sind inzwischen alle Maschinen ausgemustert.

BESCHREIBUNG:

BESATZUNG:
Pilot

ABMESSUNGEN:
Länge: 15,87 m
Spannweite: 13,68 m
Höhe: 5,13 m

MASSEN:
Leermasse: 10.767 kg
Max. Startmasse: 19.400 kg

LEISTUNGEN:
Höchstgeschwindigkeit: 1850 km/h
Reichweite: 2550 km
Antrieb: Ljulka AL-21F-3
Motorleistung: 110,3 kN

DATUM DES ERSTFLUGS:
2. August 1966

BEWAFFNUNG:
zwei starre 30 mm NR-30-MK in den Flügelwurzeln; Waffenzuladung (Bomben/Raketen/Flugkörper) 4000 kg an vier Unterflügel- und fünf Unterrumpf-Aufhängungen

BESONDERE MERKMALE:
Freitragender Mitteldecker mit Schwenkflügel; Dreirad-Fahrwerk; Lufteinlauf im Bug; gepfeiltes Leitwerk; Vollsicht-Abdeckhaube; Grenzschichtzäune

Suchoj Su-24 SOWJETUNION

Zweistrahliges zweisitziges Erdkampf-/Aufklärungsflugzeug

Das Muster bildet immer noch einen wichtigen Bestandteil nicht nur innerhalb der heutigen russischen Luftstreitkräfte, sondern auch in denen von Algerien, Libyen, Syrien, des Iran und der Ukraine. Die unglaubliche Su-24 zählt zu den fähigsten Langstrecken-Kampfflugzeugen für den Erdeinsatz in der Welt und wurde zur Ablösung von Il-28 und Jak-28 entwickelt. Sie besitzt Faltflügel, um die strengen Forderungen nach kurzen Start- und Landestrecken erfüllen zu können, die die sowjetischen Militärs in den späten Sechzigern herausgaben, und flog in Prototyp-Form erstmals am 17. Januar 1970. Flugzeuge aus der Serienproduktion kamen 1974 zu den Einheiten auf dem Gebiet der UdSSR. Sie blieben ausschließlich innerhalb des Mutterlandes stationiert, bis 1979 eine Einheit in der ehemaligen DDR stationiert wurde. 1984, als Su-24 auch auf Stützpunkten in Ungarn und Polen auftauchten, kamen sie in Afghanistan zum Kampfeinsatz. Die verbesserte Su-24M wurde 1986 eingeführt. Sie besitzt Terrainfolgeradar, einen Luftbetankungsrüssel und eine verbesserte Avionik. Bis heute – die Fertigung läuft noch – wurden mehr als 950 Su-24 gebaut.

BESCHREIBUNG:

BESATZUNG:
Pilot und Waffensystem-Bediener nebeneinander

ABMESSUNGEN:
Länge: 24,60 m
Spannweite: 17,64 m
Höhe: 6,19 m

MASSEN:
Leermasse: 22.300 kg
Max. Startmasse: 39.570 kg

LEISTUNGEN:
Höchstgeschwindigkeit: 2320 km/h
Reichweite: 2500 km
Antrieb: Zwei Saturn/Ljulka AL-21F-3A
Motorleistung: 219,60 kN

DATUM DES ERSTFLUGS:
17. Januar 1970

BEWAFFNUNG:
Eine starre 23 mm GSch-6-MK im Rumpf; Waffenzuladung (Bomben/Raketen(Flugkörper) 8000 kg an vier Unterflügel- und drei Unterrumpf-Aufhängungen

BESONDERE MERKMALE:
Freitragender Schulterdecker mit Schwenkflügel; Lufteinläufe an den Rumpfseitenwänden; gepfeiltes Leitwerk; ungedämpftes Höhenruder; breite Kabine

Suchoj Su-25 SOWJETUNION

Zweistrahliges ein-/zweisitziges Schlachtflugzeug

Die Su-25 als russisches Gegenstück zur amerikanischen Thunderbolt II wurde speziell für die Nahkampf-Unterstützung von Bodentruppen entworfen. Die Konstruktionsarbeiten an dem Flugzeug begannen im Suchoj-Konstruktionsbüro 1968 und wurden durch die amerikanischen Erfahrungen im Vietnam-Krieg stark beeinflusst. Die Sowjets sahen in dem Muster einen modernen Nachfolger der legendären und erfolgreichen Iljuschin Il-2 Sturmowik. Das sollten Anfang der achtziger Jahre die nach dem Prototyp – der seinen Erstflug im Februar 1975 hatte – herausgekommenen Flugzeuge aus der Vorserie bei scharfen Einsätzen in Afghanistan beweisen. Das Ergebnis: Es mussten für die Serienflugzeuge eine Reihe von Verbesserungen vorgenommen werden, besonders die Wärmedämmung der Triebwerke gegen Infrarot-Entdeckung und deren Beschusssicherheit durch zusätzliche Titan-Panzerung. 1984 kamen die ein- und zweisitzigen Serienflugzeuge zu den Einheiten. Bis 1989 wurden rund 330 Su-24 gebaut. Zehn Staaten erwarben Su-25 neu. Daneben gingen überschüssige Maschinen aus dem Ostblock nach Afrika. Geringe Stückzahlen der modernisierten Su-25T baut Russland noch.

BESCHREIBUNG:

BESATZUNG:
Pilot

ABMESSUNGEN:
Länge: 15,53 m
Spannweite: 14,36 m
Höhe: 4,80 m

MASSEN:
Leermasse: 9800 kg
Max. Startmasse: 18.600 kg

LEISTUNGEN:
Höchstgeschwindigkeit: 950 km/h
Reichweite: 495 km
Antrieb: Zwei MNPK „Sojus"
Tumanskii R-195
Motorleistung: 88,26 kN

DATUM DES ERSTFLUGS:
22. Februar 1975

BEWAFFNUNG:
Eine starre 30 mm AO-17A-MK im Rumpf; Waffenzuladung (Bomben/Raketen/Flugkörper) 4400 kg an acht Unterflügel-Aufhängungen

BESONDERE MERKMALE:
Freitragender Schulterdecker mit Pfeilflügel; Lufteinläufe an den Rumpfseiten; Höhenleitwerk mit V-Form; Flügelend-ECM-Behälter

Supermarine Spitfire Mk XVIII/XIX GROSSBRITANNIEN

Einmotoriger Jagdeinsitzer/Fotoaufklärer

Die letzten der mit Griffon-Triebwerken ausgerüsteten Spitfire-Varianten ähnelten dem Interimsmodell Mk XIV, das Anfang 1944 zu den Kampfeinheiten der RAF gekommen war. Aber im Gegensatz zu diesem besaßen sie anstelle der Einheitsflügel früherer Modelle neue verstärkte Tragflügel, ein verstärktes Fahrgestell und eine Vollsicht-Abdeckhaube, die eine bessere Sicht nach hinten zuließ. Mit der Mk XVIII, die auch eine größere Kraftstoffmenge mitnehmen konnte, wurden die ersten Verbände ausgerüstet, als der Zweite Weltkrieg zu Ende ging. Das Muster kam als Jagdeinsitzer (F XVIII, 100 Stück gebaut) oder in einer unbewaffneten Ausführung mit Kameras (FR XVIII, 200 Stück gebaut) als Jäger/Aufklärer heraus. Sie dienten in der ersten Nachkriegszeit bei Einheiten im Mittleren und Fernen Osten und wurden 1952 ausgemustert. Die Spitfire XIX war ebenfalls ein unbewaffneter Fotoaufklärer, von dem 225 Exemplare nach dem Krieg aus der Fertigung kamen. Sie blieb einige Jahre länger als die XVIII bei den Verbänden und trug schließlich die Bezeichnung PR 19. Mit einer Spitfire PR 19 wurde am 1. April 1954 auf dem Malayischen Archipel der letzte Kampfeinsatz einer Maschine aus der großen Spitfire-Familie geflogen.

BESCHREIBUNG:

BESATZUNG:
Pilot

ABMESSUNGEN:
Länge: 9,99 m
Spannweite: 11,00 m
Höhe: 3,90 m

MASSEN:
Leermasse: 3016 kg
Max. Startmasse: 4740 kg

LEISTUNGEN:
Höchstgeschwindigkeit: 736 km/h
Reichweite: 800 km
Antrieb: Rolls-Royce Griffon 65/66
Motorleistung: 2050 PS (1528 kW)

DATUM DES ERSTFLUGS:
Frühjahr 1945

BEWAFFNUNG:
(Nur Mk XVIII) Zwei starre 20 mm Hispano-MK und zwei starre 12,7 mm Browning-MG in den Flügelwurzeln; maximale Bombenzuladung 454 kg an zwei Unterflügel-Aufhängungen

BESONDERE MERKMALE:
Freitragender Tiefdecker; Laminarflügel mit elliptischem Umriss; einziehbares Fahrgestell mit Spornrad; verkleideter Reihenmotor; Fünfblatt-Luftschraube; Vollsicht-Abdeckhaube (nur Mk XVIII)

Supermarine Attacker GROSSBRITANNIEN

Einstrahliger einsitziger Jagdbomber

Die Attacker war der erste einsatzfähige Strahljäger für die *Fleet Air Arm*. Sie war ursprünglich vom Air Ministry unter E 10/44 für die *Royal Air Force* als Tag-Jäger ausgeschrieben worden. Das Muster baute auf dem mit Laminarprofil modern ausgelegten aber ungepfeilten Flügel des Supermarine Spiteful-Kolbenmotor-Jägers auf und besaß als erstes britisches Flugzeug die fortschrittliche Rolls-Royce Nene-Strahlturbine. Der erste Prototyp flog am 27. Juli 1946. Alle Bemühungen, der *RAF* einen Auftrag zu entlocken, schlugen fehl. Dagegen zeigte die Royal Navy großes Interesse. Supermarine baute den zweiten und dritten Prototyp für Marinetauglichkeit und Trägereinsatz um, indem sie langhubige Federbeine, Fanghaken und Spoiler auf dem Flügel erhielten. Die ersten von 61 bestellten Attacker F 1/FB 1 wurden im August 1951 an die 800. Marineflieger-Staffel geliefert und leitete das Düsenzeitalter bei der *Fleet Air Arm* ein. Ende 1953, nach der Lieferung von 84 Stück Attacker FB 2, waren drei Einsatzeinheiten mit dem Muster ausgestattet. Die FB 2 besaß eine verbesserte Nene, neue Querruder, eine veränderte Haube und eine zusätzliche Rückenflosse. 1954 kamen die Muster zur Reserve, 1957 außer Dienst.

BESCHREIBUNG:

BESATZUNG:
Pilot

ABMESSUNGEN:
Länge: 11,43 m
Spannweite: 11,25 m
Höhe: 3,02 m

MASSEN:
Leermasse: 3825 kg
Max. Startmasse: 5216 kg

LEISTUNGEN:
Höchstgeschwindigkeit: 950 km/h
Reichweite: 1915 km
Antrieb: Rolls-Royce Nene 3
Motorleistung: 24,15 kN

DATUM DES ERSTFLUGS:
27. July 1946

BEWAFFNUNG:
Vier starre 20 mm Hispano Mk 5-MK im Flügel; maximale Zuladung an Bomben/Raketen 908 kg an vier Unterflügel-Aufhängungen

BESONDERE MERKMALE:
Freitragender Tiefdecker mit ungepfeiltem Flügel; Einziehfahrwerk mit Spornrad; Lufteinläufe an den Rumpfseitenwänden; Vollsicht-Abdeckhaube; Höhenleitwerk mit V-Form; Fanghaken

Supermarine Swift GROSSBRITANNIEN

Einstrahliger einsitziger Jagdbomber/Aufklärer

Die Swift war der erste britische Strahljäger mit Pfeilflügel, der zur Einsatzreife kam. Er war einige Jahre lang aus dem Attacker entwickelt worden. In einigen Belangen schwächer als vergleichbare Konstruktionen in Europa und den USA eingeschätzt, ging er 1950 trotzdem in Fertigung – als Faustpfand für ein mögliches Versagen seines Kontrahenten Hawker Hunter. Neben zwei Prototypen waren 150 Stück bestellt worden. Der erste Prototyp machte seinen Erstflug am 5. August 1951, und die erste Swift F 1 aus der Serie wurde Ende 1952 geliefert. Steuerprobleme begrenzten den Schnellflug und es kam zur hastig verbesserten F 2 mit einer sägezahnartigen Flügelvorderkante und vier MK (anstelle zwei in der F 1). Die 54. Staffel wurde die einzige Jagdflieger-Einheit, die im Februar 1954 Swift erhielt, und das auch nur für stark ein Jahr. Insgesamt wurden nur 20 F 1 und 16 F 2 gebaut. Die F 3 mit Nachbrenner und die mit einer steuerbaren Höhenflosse versehene F 4 blieben Einzelstücke. Der am 24. Mai 1955 eingeflogene und in 62 Exemplaren gebaute Fotoaufklärer Swift FR 5 wurde die erfolgreichste Version. Die mit Kameras bestückten Maschinen flogen bis 1960 bei der RAF Germany (2. und 79. Staffel).

BESCHREIBUNG:

BESATZUNG:
Pilot

ABMESSUNGEN:
Länge: 12,88 m
Spannweite: 9,85 m
Höhe: 3,80 m

MASSEN:
Leermasse: 5800 kg
Max. Startmasse: 9706 kg

LEISTUNGEN:
Höchstgeschwindigkeit: 1100 km/h
Reichweite: 772 km
Antrieb: Rolls-Royce Avon 114
Motorleistung: 41,4 kN

DATUM DES ERSTFLUGS:
5. August 1951

BEWAFFNUNG:
Zwei starre 30 mm Aden-MK im Rumpf; maximale Bomben-/Raketen-Zuladung 908 kg an vier Unterflügel-Aufhängungen

BESONDERE MERKMALE:
Freitragender Tiefdecker mit Pfeilflügel; Lufteinläufe an den Rumpfseiten; Vollsicht-Abdeckhaube; gepfeiltes Leitwerk; Höhenleitwerk mit V-Form

Supermarine Scimitar GROSSBRITANNIEN

Zweistrahliger einsitziger Jagdbomber

Die Scimitar war der erste Pfeilflügel-Jagdeinsitzer der britischen Marineflieger-Verbände, und sie war gleichzeitig das erste Strahlflugzeug der Marine, das im Überschallbereich fliegen konnte – wenn auch nur im Bahnneigungsflug. Entworfen worden war sie nach der Marine-Ausschreibung N 113D. Sie entwickelte sich aus den Erfahrungen mit verschiedenen Versuchsflugzeug-Prototypen. Da war zuerst die Supermarine 508 mit ungepfeiltem Flügel und V-Leitwerk, dann die daraus abgeleitete 525 mit Pfeilflügel und gepfeiltem Normalleitwerk und schließlich die 544, die dem späteren Serienmodell schon weitgehend entsprach. Im Januar 1956 war sie das erste Mal geflogen. Sie besaß angeblasene Klappen, einen Flügel mit Sägezahn-Vorderkanten, ein ungedämpftes Höhenruder und einen nach der Flächenregel eingeschnürten Rumpf. Nach erfolgreicher Trägererprobung bestellte die Royal Navy mehr als 100 Stück unter der Bezeichnung Scimitar F 1. Die ersten Flugzeuge aus der Produktion kamen im August 1957 zur Flotte. Wegen geringer Abfangeignung wurden nur 76 geliefert. Sie flogen mit ausgetauschter Bugspitze als Jagdaufklärer oder als Luftbetanker. 1969 wurden alle Scimitar F 1 abgelöst.

BESCHREIBUNG:

BESATZUNG:
Pilot

ABMESSUNGEN:
Länge: 16,87 m
Spannweite: 11,33 m
Höhe: 4,65 m

MASSEN:
Leermasse: 9525 kg
Max. Startmasse: 18.144 kg

LEISTUNGEN:
Höchstgeschwindigkeit: 1143 km/h
Reichweite: 966 km
Antrieb: Zwei Rolls-Royce Avon 202
Motorleistung: 100 kN

DATUM DES ERSTFLUGS:
19. Januar 1956

BEWAFFNUNG:
Vier starre 30 mm Aden-MK im unteren Rumpfbug; Waffenzuladung (Bomben/Raketen/Flugkörper) 1816 kg an vier Unterflügel-Aufhängungen

BESONDERE MERKMALE:
Freitragender Mitteldecker mit Pfeilflügel; Lufteinläufe an den Rumpfseiten; Vollsicht-Abdeckhaube; gepfeiltes Leitwerk; langgezogene Rückenflosse; Fanghaken

Tupolew Tu-4 SOWJETUNION
Viermotoriger mehrsitziger schwerer Bomber

Die Tu-4 wurde ab dem Zeitpunkt entwickelt, als die Sowjets drei intakte Boeing B-29 Superfortress „erwarben", die 1944 bei einem amerikanischen Angriff auf die Mandschurei verloren gegangen waren. Der neu erlangte technische Standard, der den seinerzeitigen bei den sowjetischen Luftstreitkräften weit übertraf, versetzte die Sowjets in die Lage, sich ein strategisches Bomberarsenal zuzulegen. Die mühsam rekonstruktiv konstruierte Tu-4 wurde bei der Luftparade über dem Flughafen von Tuschino am 3. August 1947 erstmals der Öffentlichkeit vorgestellt. Angetrieben wurde sie von Schwezow-Versionen der Wright Duplex Cyclone-Triebwerke (die die Bezeichnung ASch-73TK erhalten hatten). Ihr Bau erfolgte in zwei speziell erstellten Werken im Ural. Infolge einer Menge Kinderkrankheiten sowohl bei der Zelle als auch beim Triebwerk kamen die ersten Tu-4 nicht vor 1948 zu den strategischen Bomber-Verbänden. Ende 1949 war ihre Zahl auf 300 Exemplare gestiegen. Insgesamt wurden etwa 1200 Tu-4 gebaut. Von ihnen ging eine Anzahl nach China. Bei den sowjetischen Streitkräften verließen die Tu-4 in den früher sechziger Jahren die Einsatzeinheiten, bei den Chinesen verblieben sie bis in die Siebziger.

BESCHREIBUNG:

BESATZUNG:
Pilot, Copilot, Flugingenieur, Navigator, Bomben-/Bugschütze, Radar-Beobachter, Funker, Feuerleitoffizier und vier Schützen (Rumpfrücken, -seiten und -heck)

ABMESSUNGEN:
Länge: 30,18 m
Spannweite: 43,05 m
Höhe: 9,02 m

MASSEN:
Leermasse: 35.270 kg
Max. Startmasse: 65.999 kg

LEISTUNGEN:
Höchstgeschwindigkeit: 558 km/h
Reichweite: 5100 km
Antrieb: Vier Schwezow ASch-73TK
Motorleistung: 9600 PS (7159 kW)

DATUM DES ERSTFLUGS:
19. Mai 1947

BEWAFFNUNG:
Vier ferngesteuerte und zwei bemannte Waffentürme mit je zwei 12,7 mm B-20E-MG; 8000 kg Bomben im Bombenschacht

BESONDERE MERKMALE:
Freitragender Mitteldecker; vier Sternmotoren

Tupolew Tu-16 SOWJETUNION

Zweistrahliger viersitziger Bomber/Tanker/Aufklärer

Die Tu-16 war einer der erfolgreichsten und langlebigsten Strahlbomber der Sowjets. Entwickelt wurde sie als zweistrahliger mittlerer Bomber und sollte die strategische Flotte von Mjasischtschew M-4 und Tupolew Tu-95 ergänzen. Die Konstruktion des Bombers war erst durch die leistungsstarke Mikulin AM-3-Strahlturbine möglich geworden, und das bestimmende Mass für die Auslegung war der Bombenschacht, der die seinerzeit größte Bombe der UdSSR (die 9000 kg schwere FAB-9000) aufnehmen musste. Die restliche Rumpfaufteilung wurde noch sehr durch die der Tu-4 beeinflusst. Der Prototyp machte am 27. April 1952 seinen Jungfernflug. Die ersten Exemplare des Atombombers Tu-16A, die die Produktionsstätten auslieferten, begannen ihren Einsatz 1954. Während der Dauer des Kalten Krieges kamen immer neue Varianten zum Einsatz. Darunter waren Torpedobomber Tu-16T genauso wie Tanker Tu-16N. Die Flugzeuge wurden zum Tragen von Luft-zu-Boden-Flugkörpern ausgestattet, für elektronische Kriegsführung eingerichtet und zur Seeüberwachung mit den entsprechenden Einrichtungen versehen. In China lief die Fertigung als Xian H-6. Insgesamt wurden über 2000 Exemplare der Tu-95/H-6 produziert.

BESCHREIBUNG:

BESATZUNG:
Pilot, Copilot, Navigator/Bombenschütze und Heckschütze

ABMESSUNGEN:
Länge: 34,80 m
Spannweite: 32,99 m
Höhe: 10,36 m

MASSEN:
Leermasse: 37.200 kg
Max. Startmasse: 75.800 kg

LEISTUNGEN:
Höchstgeschwindigkeit: 1050 km/h
Reichweite: 7200 km
Antrieb: Zwei MNPK „Sojus"
(Mikulin) AM-3M-500
Motorleistung: 186,4 kN

DATUM DES ERSTFLUGS:
27. April 1952

BEWAFFNUNG:
Zwei ferngesteuerte (oben und unten) Waffentürme und ein bemannter (Heck) Stand mit je zwei 23 mm NR-23-MK; 9000 kg Bomben/Flugkörper-Zuladung im Bombenschacht oder an zwei Unterflügel-Aufhängungen

BESONDERE MERKMALE:
Freitragender Mitteldecker mit Pfeilflügel; Widerstandskörper an den Flügelhinterkanten; Triebwerke in den Flügelwurzeln

Tupolew Tu-95/142 SOWJETUNION
Viermotoriger siebensitziger Bomber/Seeüberwacher

Die Tu-95 ist eine Entwicklung aus den fünfziger Jahren, als starke Propellerturbinen verfügbar wurden. Sie wird von vier KKBM NK-12MW mit gegenläufigen Achtblatt-Luftschrauben angetrieben. Diese und die für ein Propellerflugzeug ungewöhnlichen gepfeilten Flächen geben der Maschine eine annehmbare Höchstgeschwindigkeit und eine beträchtliche Reichweite. Ähnlich der Tu-95 besitzt die Tu-95 einen Rumpf, der immer noch an den der Tu-4 erinnert. Der Prototyp flog am 12. November 1952 zum ersten Mal, und der Atombomber Tu-95M erreichte die strategischen Einheiten vier Jahre später. Ähnlich wie bei der Tu-16 wurden auch diese Flugzeuge zum Tragen von Marschflugkörpern umgerüstet, während andere von vorneherein als Seeüberwacher Tu-95MR/RT aus der Fertigung kamen. Die jüngste Bombervariante aus der Serie wurde die Tu-95MS, die 1983 den Truppendienst antrat. Die Tu-142 ist eine spezielle Abwandlung aus der Tu-95 als Plattform für die U-Boot-Bekämpfung, die Ende der sechziger Jahre herauskam. Sie besitzt Suchradar sowie einen MAD-Stachel und entsprechende Abwurfwaffen. Sie wurde auch nach Indien geliefert. Tu-95/142 fliegen noch heute in Indien, Russland und der Ukraine.

BESCHREIBUNG:

BESATZUNG:
Pilot, Copilot, Kontakt-Koordinator, Navigator, Abwehrsystem-Koordinator, Flugingenieur und Heckschütze

ABMESSUNGEN:
Länge: 49,13 m
Spannweite: 50,04 m
Höhe: 13,30 m

MASSEN:
Leermasse: 120.000 kg
Max. Startmasse: 187.000 kg

LEISTUNGEN:
Höchstgeschwindigkeit: 925 km/h
Reichweite: 14.800 km
Antrieb: Vier KKBM (Kusnezow) NK-12MV
Motorleistung: 59.180 Wellen PS (44.140 kW)

DATUM DES ERSTFLUGS:
12. November 1952

BEWAFFNUNG:
Eine bewegliche 23 mm-MK im bemannten Heckstand; Bis 11.000 kg Bomben/Flugkörper im Bombenschacht und an zwei Unterflügel-Aufhängungen

BESONDERE MERKMALE:
Freitragender Schulterdecker mit Pfeilflügel; vier Propellerturbinen mit gegenläufigen Luftschrauben im Flügel; gepfeiltes Leitwerk; bemannter Heckstand

Tupolew Tu-22 SOWJETUNION

Zweistrahliger dreisitziger Bomber/Aufklärer/Störer

Die Tu-22 war der erste sowjetische Überschall-Bomber. Er entstammte einer 1955 von Tupolew erstellten Studie für ein Flugzeug, das die Waffenzuladung der im Unterschallbereich fliegenden Tu-16 aufweisen sollte, sich aber durch hohe Geschwindigkeit modener gegnerischer Abwehr entziehen konnte. Der Prototyp flog zwar schon im September 1959, aber er blieb im Westen unbekannt, bis das Muster bei der Luftparade in Tuschino 1961 öffentlich gezeigt wurde. Die Tu-22 besaß einen wirkungsvollen Flügel, der von dem des Allwetterjägers Tu-28P abgeleitet war und starke Dobrjnin RD-7M-2-Triebwerke nebeneinander an der Wurzel des Seitenleitwerks besaß. Diese Anordnung war gewählt worden, um den Rumpf für Kraftstoff frei halten zu können und den Strahlturbinen einen ungestörten Zu- und Abstrom zu gewähren. Von den nur etwa 250 gebauten Tu-22 waren die ersten konventionelle Überschall-Atombomber. Die Mehrzahl diente jedoch als Tu-22M zum Tragen von Ch-22-Marschflugkörpern. 17 Stück davon gingen an Libyen. 60 weitere wurden als Aufklärer Tu-22P gebaut. Noch existierende Tu-22 erfuhren in den Achtzigern eine Umwandlung in elektronische Störflugzeuge, gingen aber inzwischen außer Dienst.

BESCHREIBUNG:

BESATZUNG:
Pilot, Copilot und Navigator/System-Überwacher

ABMESSUNGEN:
Länge: 42,60 m
Spannweite: 23,50 m
Höhe: 10,67 m

MASSEN:
Leermasse: 38.100 kg
Max. Startmasse: 94.000 kg

LEISTUNGEN:
Höchstgeschwindigkeit: 1480 km/h
Reichweite: 3100 km
Antrieb: Zweo Dobrjnin RD-7M-2
Motorleistung: 326 kN

DATUM DES ERSTFLUGS:
September 1959

BEWAFFNUNG:
Eine ferngesteuerte 23 mm NR-23-MK im Heck; 7983 kg Bomben/Flugkörper im Bombenschacht

BESONDERE MERKMALE:
Freitragender Tiefdecker mit Pfeilflügel; Widerstandskörper an den Flügelhinterkanten; Triebwerke an den Seitenleitwerkswurzeln; unbemannter Heckstand; gepfeiltes Leitwerk; Nachbetankungsrüssel am Bug

Vickers Valetta GROSSBRITANNIEN
Zweimotoriger mehrsitziger Transporter

Von dem Verkehrsflugzeug Vickers Viking erwarb die RAF 1947 für die *Kings Flight* vier Exemplare. Die Viking diente als Grundlage für die militärische Valetta. Für diesen Zweck hatte Vickers den Fußboden verstärkt, große Frachttüren auf der Backbordseite untergebracht, längere Fahrwerks-Federbeine eingebaut und ein neues Kraftstoffsystem entwickelt. Mit Bristol Hercules 230 besaß die Valetta gegenüber der Viking leistungsstärkere Triebwerks-Versionen. Der Valetta-Prototyp flog erstmals am 30. Juni 1947. Serienmaschinen kamen ab 1948 als Valetta C 1 zur Truppe. Die Flugzeuge waren für den Truppentransport, zum Schleppen von Lastenseglern, für das Absetzen von Nachschub, für den Verwundetentransport und für den allgemeinen Frachttransport eingerichtet. Die nachfolgende Valetta C 2 war dagegen ausschließlich für die Beförderung von wichtigen Personen (VIP) bestuhlt. Die Valetta T 3 wurde als „Fliegendes Klassenzimmer" für angehende Navigatoren benutzt. Sie war die letzte Version der insgesamt mehr als 250 gebauten Maschinen, von denen die allerletzte im September 1952 zur Auslieferung kam. Valettas flogen beim *Transport Command* zusammen mit Dakota und Hastings bis 1966-67.

BESCHREIBUNG:

BESATZUNG:
Pilot, Copilot, Navigator, Kommandant und bis zu 34 Passagiere

ABMESSUNGEN:
Länge: 18,93 m
Spannweite: 27,31 m
Höhe: 5,97 m

MASSEN:
Leermasse: 11.274 kg
Max. Startmasse: 16.556 kg

LEISTUNGEN:
Höchstgeschwindigkeit: 470 km/h
Reichweite: 2256 km
Antrieb: Zwei Bristol Hercules 230
Motorleistung: 3950 PS (2945 kW)

DATUM DES ERSTFLUGS:
30. Juni 1947

BESONDERE MERKMALE:
Freitragender Mitteldecker; zwei verkleidete Sternmotoren; ovaler Rumpfquerschnitt; einziehbares Fahrwerk mit Spornrad; hohes Seitenleitwerk

Vickers Varsity GROSSBRITANNIEN

Zweimotoriger neunsitziger Trainer

Die Varsity war nach der Ausschreibung T 13/48 des britischen Luftfahrtministeriums als Nachkriegs-Ablösemuster für den Wellington T 10-Besatzungstrainer der RAF entwickelt worden. Äußerlich der Valetta ähnlich besaß sie jedoch ein Fahrgestell mit Bugrad, um damit ihre Landecharakteristik mehr jener der modernen Bomber und Transporter innerhalb des *Flying Training Command* anzupassen. Um das Bugrad unterbringen zu können, musste der Rumpf nach vorne verlängert werden. Gleichzeitig wurde die Flügelspannweite um fast 2 m vergrößert. Eine Bodenwanne fand unter dem Rumpf zum Üben von Bombenwurfpraktiken Platz. Im vorderen Teil befanden sich die Bombenzieleinrichtungen, im hinteren 24 Aufhängungen für 11 kg-Übungsbomben. Installiert waren ebenfalls eine komplette Funk- und Radar-Einrichtung einschliesslich H2S und Rebecca. Der Varsity-Protyp machte am 19. Juli 1949 seinen Erstflug. Es folgte ein Serienauftrag über 62 Exemplare der T 1. Alle angehenden Piloten, Navigatoren und Bombenschützen, die für mehrmotorige Maschinen beim *Flying Training Command* ausgebildet wurden, lernten ab 1951 die Varsity kennen. Anfang der Siebziger gingen die letzten Varsity in den Ruhestand.

BESCHREIBUNG:

BESATZUNG:
Pilot, Copilot, Funker-Lehrer und -Schüler, Bombenschütze-Lehrer und -Schüler sowie Navigations-Lehrer und zwei -Schüler

ABMESSUNGEN:
Länge: 20,60 m
Spannweite: 29,16 m
Höhe: 7,04 m

MASSEN:
Leermasse: 12.265 kg
Max. Startmasse: 17.010 kg

LEISTUNGEN:
Höchstgeschwindigkeit: 461 km/h
Reichweite: 4237 km
Antrieb: Zwei Bristol Hercules 264
Motorleistung: 3900 PS (2908 kW)

DATUM DES ERSTFLUGS:
17. Juli 1949

BEWAFFNUNG:
Maximale Bombenzuladung 272 kg in einer Unterrumpfwanne

BESONDERE MERKMALE:
Freitragender Mitteldecker; zwei verkleidete Sternmotoren; ovaler Rumpfquerschnitt; einziehbares Dreirad-Fahrwerk; hohes Seitenleitwerk; Wanne unter dem Rumpf

Vickers Valiant GROSSBRITANNIEN
Vierstrahliger fünfsitziger Bomber/Tanker/strategischer Aufklärer

Als erster der drei nach der *Air-Ministry*-Ausschreibung B 9/48 entwickelten V-Bomber kam die Vickers Valiant in die Einsatzverbände der *RAF*. Nur durch ihr frühes Erscheinen hatte sie sich einen Serienauftrag gesichert, denn sie war weniger leistungsfähig und konventioneller aufgebaut als ihre nachfolgenden Konkurrenten Handley Page Victor und Avro Vulcan. Der Prototyp machte den Erstflug am 18. Mai 1951, und Valiant B 1 aus der Produktion wurden Anfang 1955 an das *Bomber Command* geliefert. Im darauffolgenden Jahr bombardierten Valiant während der Eröffnungsphase des Suez-Konflikts ägyptische Flugplätze. Passend zu ihrer V-Bomber-Rolle bestand die Valiant alle Erprobungskriterien für das luftgestützte britische Atombomben-Programm. In den Serienbau der B 1-Bomber-Ausführung konnte die Fertigung von 11 Stück B(PR) 1 Fotoaufklärern und 14 B(PR)K Tankern eingeschoben werden. Die letzten 48 gelieferten Valiant – die die Gesamtmenge der bis zum Produktionsschluss im August 1957 gebauten auf 107 Stück brachte – kamen als B(K) Bomber/Tanker heraus. Ab August 1963 traten gefährliche Ermüdungserscheinungen auf. Bis Dezember 1964 wurden alle Valiant verschrottet.

BESCHREIBUNG:

BESATZUNG:
Pilot, Copilot, taktischer Navigator, Radar-Überwacher und Elekronik-Überwacher

ABMESSUNGEN:
Länge: 33,00 m
Spannweite: 34,85 m
Höhe: 9,80 m

MASSEN:
Leermasse: 34.419 kg
Max. Startmasse: 79.378 kg

LEISTUNGEN:
Höchstgeschwindigkeit: 912 km/h
Reichweite: 7242 km
Antrieb: Vier Rolls-Royce Avon 204
Motorleistung: 180,5 kN

DATUM DES ERSTFLUGS:
18. Mai 1951

BEWAFFNUNG:
Bombenzuladung 9525 kg im Bombenschacht

BESONDERE MERKMALE:
Freitragender Schulterdecker mit Pfeilflügel; Triebwerke innerhalb der Flügelwurzeln; gepfeiltes Leitwerk; Zusatztanks am Flügel

Vought F7U Cutlass USA

Zweistrahliger einsitziger Jagdbomber

Seine Formgebung wurde massgeblich durch Untersuchungen beeinflusst, die die deutsche Firma Arado während des Zweiten Weltkriegs für ein fortschrittliches Muster anstellte. Als die US Navy ihre ungewöhnliche Ausschreibung für ein schnelles und steigfreudiges Träger-Jagdflugzeug in kleinstmöglicher Verpackung herausgab, konnte Vought mit dem richtigen Konzept aufwarten. Im Juni 1946 wurden drei XF7U-1-Prototypen bestellt. Westinghouse J34-Strahlturbinen trieben sie an. Der erste von ihnen flog am 29. September 1948. Es folgten ab 1950 14 Stück F7U-1. Ernsthafte Probleme mit den Strahlturbinen, die schließlich zu ihrer Absetzung führten, und Verunsicherungen wegen der Flugeigenschaften ließen Ende 1951 die F7U-3 entstehen. Diese Version besaß einen neugestalteten Bug, geänderte Seitenflossen und, endlich, zuverlässige Westinghouse J46-Triebwerke. Etwa 180 F7U-3 wurden gebaut. Sie kamen bei vier Staffeln der Flotte zum Einsatz. Letztes Produktionsmodell blieb die mit Raketen bestückte F7U-3M (98 Stück bis Dezember 1955). Cutlass, schwierig zu fliegen und für das Wartungspersonal ein Albtraum, wurden Ende der Fünfziger durch Crusader abgelöst.

BESCHREIBUNG:

BESATZUNG:
Pilot

ABMESSUNGEN:
Länge: 13,48 m
Spannweite: 11,78 m
Höhe: 4,48 m

MASSEN:
Leermasse: 7212 kg
Max. Startmasse: 14.353 kg

LEISTUNGEN:
Höchstgeschwindigkeit: 1120 km/h
Reichweite: 2250 km
Antrieb: Zwei Westinghouse J46-W-8B
Motorleistung: 54 kN

DATUM DES ERSTFLUGS:
29. September 1948

BEWAFFNUNG:
Vier starre 20 mm M-24-MK im Rumpf; maximale Waffenzuladung (Bomben/Raketen/Flugkörper) 2495 kg an vier Unterflügel-Aufhängungen

BESONDERE MERKMALE:
Freitragender Mitteldecker mit Pfeilflügel; Dreirad-Fahrwerk mit verlängertem Bugrad; Lufteinläufe seitlich am Rumpf; schwanzlos (ohne gesondertes Höhenleitwerk)

Vought F-8 Crusader USA

Einstrahliger einsitziger Jagdbomber/Aufklärer

Die Crusader war gleichzeitig der erste Überschall-Tag-Abfangjäger der *US Navy* und ihr letzter Jagdeinsitzer mit nur einer einzigen Strahlturbine. Entstanden war sie nach einer 1952 herausgegebenen Marine-Ausschreibung für ein Flugzeug mit herausragender Höchstgeschwindigkeit, dessen Landegeschwindigkeit aber 185 km/h nicht überschreiten durfte. Die Crusader hielt diesen Wert ein, denn sie besaß einen Flügel, dessen Einstellwinkel beim Landen zur Widerstands-Vermehrung vergrößert werden konnte (beim Starten auch zur Auftriebserhöhung angewandt). Der Prototyp flog zum ersten Mal am 25. März 1955. Im März 1957 begann die Auslieferung des Musters an die Flotte. Es wurde behauptet, die Crusader sei der beste Jäger seiner Zeit gewesen, und nicht weniger als 1259 Exemplare verließen die Werkhallen. Darunter befanden sich auch unbewaffnete Fotoaufklärer RF-8, die bis in die achtziger Jahre im Einsatz blieben. Im Vietnam-Krieg waren die von *Navy* und *Marines* geflogenen Crusader bereits Veteranen, aber sie waren so beliebt, das aufwändige Instandhaltungsprogramme stattfanden. Frankreich erwarb 42 F-8(FN), die bis zum Jahr 2000 von den Flugzeugträgern aus eingesetzt wurden.

BESCHREIBUNG:

BESATZUNG:
Pilot

ABMESSUNGEN:
Länge: 16,54 m
Spannweite: 10,87 m
Höhe: 4,80 m

MASSEN:
Leermasse: 8935 kg
Max. Startmasse: 14.420 kg

LEISTUNGEN:
Höchstgeschwindigkeit: 1780 km/h
Reichweite: 2250 km
Antrieb: Pratt & Whitney
J57-PW-20A
Motorleistung: 80,1 kN

DATUM DES ERSTFLUGS:
25. März 1955

BEWAFFNUNG:
Vier starre 20 mm Colt Mk 12-MK im Rumpf; maximale Waffenzuladung (Bomben/Raketen/Flugkörper) 2268 kg an zwei Unterflügel- und vier Rumpfseiten-Aufhängungen

BESONDERE MERKMALE:
Freitragender Schulterdecker mit Pfeilflügel, im Einstellwinkel verstellbar; Lufteinlauf unter dem Bug; Vollsicht-Abdeckhaube; ungedämpftes Höhenruder

Vought A-7 Corsair II USA

Einstrahliges einsitziges Schlachtflugzeug

Die Corsair II war der Gewinner einer Ausschreibung der *US Navy* für ein leichtes Schlachtflugzeug, in der ein Nachfolger für die Douglas A.4 Skyhawk gesucht worden war. Mit ihrer auf hohe Unterschallgeschwindigkeiten begrenzten Leistung war sie als bordgestützter „Bomben-Laster" sehr geeignet, denn sie trug fast die doppelte Last der Skyhawk über riesige Strecken. Der Prototyp Corsair II vollendete seinen ersten Flug am 27. September 1965, und zwei Jahre später hatte die A-7A ihr Einsatzdebüt über Vietnam. Zu dieser Zeit hatte sich in seltener Übereinkunft einer gemeinsamen Flottenpolitik auch die *USAF* für Corsair II als taktische Schlächter entschieden. Etwa 380 A-7D wurden angeschafft. Sie blieben bis Ende der Achtziger im Dienst. Diese Variante besaß das Allisib TF41-Fantriebwerk (die unter Lizenz gebaute d Havilland Spey) anstelle der Pratt & Whitney TF30 im Vorgängermodell. Die *Navy* erwarb dann allerdings auch noch 535 Stück der von T41 angetriebenen Version A-7E. Die Lieferung ging bis 1983. Bei den amerikanischen Marine-Verbänden gingen alle Corsair II 1991 in den Ruhestand. Eine Handvoll Maschinen fliegen noch bei den griechischen Luftstreitkräften und der Marine Thailands.

BESCHREIBUNG:

BESATZUNG:
Pilot

ABMESSUNGEN:
Länge: 14,06 m
Spannweite: 11,80 m
Höhe: 4,90 m

MASSEN:
Leermasse: 8972 kg
Max. Startmasse: 19.050 kg

LEISTUNGEN:
Höchstgeschwindigkeit: 1123 km/h
Reichweite: 4605 km
Antrieb: Allison TF41-A-1
Motorleistung: 66,7 kN

DATUM DES ERSTFLUGS:
27. September 1965

BEWAFFNUNG:
Eine starre 20 mm Vulcan-MK im Rumpf; maximale Waffenzuladung (Bomben/Raketen/Flugkörper) 9072 kg an sechs Unterflügel- und zwei Rumpfseiten-Aufhängungen

BESONDERE MERKMALE:
Freitragender Schulterdecker mit Pfeilflügel; Lufteinlass unter dem Bug; Vollsicht-Abdeckhaube; ungedämpftes Höhenruder

Westland Wyvern GROSSBRITANNIEN

Einmotoriges einsitziges Tiefangriffsflugzeug

Die Wyvern war eines der schwersten und komplexesten Einmot-Kampfflugzeuge, die es bis zur Einsatzreife brachten. Entstanden war sie nach der Ausschreibung N 11/44 der Royal Navy von 1944, in der die Forderung nach einem Jagdeinsitzer, der einen Torpedo tragen konnte, als verlockende Herausforderung erschien. Nach quälenden und ergebnislosen Entwicklungsjahren bei Westland mit dem für den Einbau vorgesehenen Rolls-Royce-Eagle-Kolbenmotor mit Schieberventilen wurden die Versuche abgebrochen und das Muster für dem Einbau der neuen Armstrong-Siddeley Phyton-Propellerturbine umgestaltet. Die ersten Maschinen der Einsatzversion Wyvern S 4 kamen Mitte 1953 zur Flotte. Zu diesem Zeitpunkt hatten Düsenflugzeuge die Jäger-Rolle übernommen, und deshalb wurden die etwas ungeschlacht aussehenden Wyvern ausschließlich in die Tiefangriffs-Rolle gedrängt. Die gegenläufigen Luftschrauben gaben dem Flugzeug, von dem 107 Serienflugzeuge gebaut wurden, ein typisches Aussehen. Den Höhepunkt ihrer Einsatzkarriere erlebten Wyvern von der 830. und der 831. Marine-Staffel, als sie vom Flugzeugträger HMS „Eagle" aus in den Suez-Konflikt eingebunden wurden.

BESCHREIBUNG:

BESATZUNG:
Pilot

ABMESSUNGEN:
Länge: 12,88 m
Spannweite: 13,41 m
Höhe: 4,80 m

MASSEN:
Leermasse: 7080 kg
Max. Startmasse: 11.115 kg

LEISTUNGEN:
Höchstgeschwindigkeit: 704 km/h
Reichweite: 1450 km
Antrieb: Armstrong-Siddeley Python 101
Motorleistung: 4110 Wellen-PS (3065 kW)

DATUM DES ERSTFLUGS:
12. Dezember 1946

BEWAFFNUNG:
Vier starre 20 mm Hispano Mk V-MK; Waffenzuladung (Bomben-/Raketen-Torpedos) 1361 kg an zwei Unterflügel-Aufhängungen und einer unter dem Rumpf

BESONDERE MERKMALE:
Freitragender Tiefdecker mit Faltflügel; verkleidete Propellerturbine; Fanghaken; Vollsicht-Abdeckhaube; hohes Seitenleitwerk; Höhenleitwerk mit V-Form und vertikalen Hilfsflächen

Aérospatiale Alouette II FRANKREICH UND INDIEN

Einmotoriger fünfsitziger leichter Mehrzweckhubschrauber

Die Alouette II wurde aus dem Dreisitzer SE 3120 der staatlichen französischen Sud-Est aus dem Jahr 1952 entwickelt, musste aber für die Aufnahme der wesentlich leistungsstärkeren Artouste I-Wellenturbine anstelle des Salmson 9NH-Sternmotors völlig neu konstruiert werden. Im März 1955 fand der Erstflug statt. Die Fertigung lief ein Jahr später an. Die Bezeichnung des Typs wechselte zu SE 313B nach dem Zusammengehen von SNCASE mit Sud-Aviation, blieb aber bis auf den Ersatz des SE durch ein SA erhalten, als das Unternehmen 1970 in der Aérospatiale aufging. Mit der Remotorisierung auf Astazou IIA wurde 1961 die SA 318C kreiert, mit der die Zahl der gefertigten Maschinen auf 1303 stieg. Jüngste Version war eine Ausführung für den Einsatz in großen Höhen und unter heißen Wetterbedingungen (hot and high) für Indien. In ihr wurden die verstärkte Zelle der Alouette II mit den dynamischen Teilen der Alouette III zur SA 315B Lama vereint. Aérospatiale baute 407 Stück bis 1989, während in Indien die Lizenproduktion auf kleiner Flamme läuft. Über 50 Länder halten Alouette II im miltärischen Einsatz. Mit dem Kauf von 226 SA 315B und 54 SA 318C waren die deutschen Heeresflieger größter Kunde.

BESCHREIBUNG:

BESATZUNG:
Pilot und vier Passagiere

ABMESSUNGEN:
Länge: 9,75 m
Rotordurchmesser: 10,20 m
Höhe: 2,75 m

MASSEN:
Leermasse: 890 kg
Max. Startmasse: 1650 kg

LEISTUNGEN:
Höchstgeschwindigkeit: 205 km/h
Reichweite: 720 km
Antrieb: Turboméca Artouste IIC6
Motorleistung: 360 Wellen-PS (270 kW)

DATUM DES ERSTFLUGS:
12. März 1955

BESONDERE MERKMALE:
Voll verglaste Kabine; Gitterschwanz; Kufengestell; freiliegendes Triebwerk

Aérospatiale Alouette III FRANKREICH, INDIEN UND RUMÄNIEN
Einmotoriger siebensitziger leichter Mehrzweckhubschrauber

Die Historie der Hubschrauberentwicklung bei den Sud-Est-Werken der staatlichen französischen Luftfahrtindustrie geht bis in die frühen fünfziger Jahre zurück, als die erste Eigenkonstruktion SE 3101 erschien (Vorher war mit einem Nachbau des deutschen Focke-Achgelis FA 223 der Einstieg in das Neuland Drehflügler erfolgt). In kontinuierlicher Fortentwicklung erschien die Alouette III als größtes und leistungsfähigstes Glied dieser Reihe, das in der Regel mit einem Fahrgestell anstelle der Kufen ausgestattet war. Der Prototyp SA 316 flog am 28. Februar 1959 erstmals. Obwohl schwerer und statt fünf-, siebensitzig besaß die Alouette III in ihrer ersten Ausführung SA 316B das gleiche Artouste-Triebwerk wie die leichtere Alouette II. Sie wurde 1969 in der Fertigung durch die SA 316B mit erhöhter Abflugmasse und verstärkten Wellen abgelöst: Im gleichen Jahr kam die Alouette III-Version SA 319 mit der stärkeren Astazou XIV-Wellenturbine anstelle der Artouste heraus. In Frankreich blieben SA 316B und SA 319 bis in die achtziger Jahre in der Fertigung. 230 Exemplare wurden in Rumänien unter Lizenz gebaut. In Indien läuft die Fertigung der SA 319 immer noch, wenn auch in einem sehr kleinen Rahmen.

BESCHREIBUNG:

BESATZUNG:
Pilot und sechs Passagiere

ABMESSUNGEN:
Länge: 10,03 m
Rotordurchmesser: 11,02 m
Höhe: 3 m

MASSEN:
Leermasse: 1140 kg
Max. Startmasse: 2250 kg

LEISTUNGEN:
Höchstgeschwindigkeit: 210 km/h
Reichweite: 480 km
Antrieb: Turboméca Astazou XIV
Motorleistung: 600 Wellen-PS (450 kW)

DATUM DES ERSTFLUGS:
28. Februar 1959

BEWAFFNUNG:
Ein auf einem Dreibein beweglich montiertes 7,62 mm-MG in der rechten Tür und eine starre 20 mm MK an der linken Rumpfseite; Aufhängungen für bis zu 4 AS.11-Panzer-Abwehr-Lenkkörper oder zwei Mk 44-Torpedos

BESONDERE MERKMALE:
Voll verglaste Kabine; geschlossenes Rumpfheck; Dreirad-Fahrwerk; freiliegendes Triebwerk

Aérospatiale SA 321 Super Frelon FRANKREICH UND CHINA

Dreimotoriger zweiunddreißigsitziger Mehrzweckhubschrauber

Der größte je in Europa entwickelte Hubschrauber wurde aus dem mittelschweren Modell SE 3200 Frelon (Hornisse), das im Juni 1959 erstmals flog, abgeleitet. Die Frelon war als Antwort auf eine Anfrage der französischen Militärbehörden für einen Transporthubschrauber gebaut worden, aber sie erhielt nie den Auftrag für einen Serienbau. Um die Entwicklungskosten nicht ganz abschreiben zu müssen, nahm die SNCASE ihn als Basis für die nennenswert größere Super Frelon. Das Muster entstand in Zusammenarbeit mit dem amerikanischen Hubschrauberhersteller Sikorsky, der verantwortlich für die Entwicklung des Haupt- und Ausgleichsrotor-Systems wurde. Weitere Unterstützung gab die italienische Fiat mit der Konstruktion von Getriebe und Hauptübertragungswelle. Der Prototyp SE 3210-01 flog zum ersten Mal am 7. Dezember 1962. Der Hubschrauber wurde anschließend in SA 321 umbenannt. Insgesamt 26 SA 321G erwarb die französische Marine und setzte sie im Kampf gegen U-Boote ein. Der Irak, Libyen, Istrael und Südafrika kauften ebenfalls eine kleinere Menge von Super Frelon. China erwarb die Lizenzrechte und baute die SA 321J als Changhe Z-8 ab 1989.

BESCHREIBUNG:

BESATZUNG:
Pilot, Copilot und drei System-Überwacher/Bediener (ASW) oder 2 Mann Besatzung und 30 Passagiere

ABMESSUNGEN:
Länge: 23,03 m
Rotordurchmesser: 18,90 m
Höhe: 6,66 m

MASSEN:
Leermasse: 6700 kg
Max. Startmasse: 13.000 kg

LEISTUNGEN:
Höchstgeschwindigkeit: 248 km/h
Reichweite: 1020 km
Antrieb: Drei Turboméca Turmo IIIC
Motorleistung: 4890 Wellen-PS (3645 kW)

DATUM DES ERSTFLUGS:
7. Dezember 1962

BEWAFFNUNG:
Möglichkeit für vier Torpedos oder zwei AM39 Exocet-Anti-Schiff-Lenkwaffen an Außen-Aufhängungen

BESONDERE MERKMALE:
Rumpfunterseite bootsartig gekielt; Dreirad-Fahrwerk; verdeckte Triebwerke

Bell Modell 47/H-13 Sioux USA, Grossbritannien, Japan und Italien
Einmotoriger dreisitziger Mehrzweckhubschrauber

Erster echter erfolgreicher Hubschrauber der Welt war das Modell 47 von Bell, das zwischen den späten vierziger bis zu den frühen siebziger Jahren in sage und schreibe mehr als 5000 Exemplaren herauskam. Die Produktion lief außer bei Bell in Italien bei Agusta, in Großbritannien bei Westland und in Japan bei Kawasaki. Die Entwicklung des Hubschraubers geht zurück auf das Modell 30 aus dem Jahr 1943, das von der US Army einer Bewertung unterzogen wurde. Die Verbesserungs-Vorschläge ließen das Modell 47 entstehen, das 1945 vorgestellt werden konnte. Es wurde der erste Hubschrauber, der von der amerikanischen Zivilluftfahrtbehörde eine Zulassung bekam. Militärische Aufträge gingen 1947 ein, und zwar von der USAAF als auch von der US Navy, bei denen das Muster unter den Bezeichnungen YR-13 respektive HTL-1 lief. Die US Army folgte dem Beispiel und bestellte ein Jahr später 65 Stück H-13B. Bei Bell wurde das Modell 47 ständig verbessert. 1953 kam schon die Variante 47G heraus. Bereits im Koreakrieg konnte die militärische H-13 universell eingesetzt werden. Und viele Streitkräfte machten ihre Erfahrungen mit der Vielseitigkeit eines Hubschraubers erstmals mit dem Bell Modell 47.

Beschreibung:

Besatzung:
Pilot und zwei Passagiere

Abmessungen:
Länge: 11,31 m
Rotordurchmesser: 11,31 m
Höhe: 2,82 m

Massen:
Leermasse: 877 kg
Max. Startmasse: 1293 kg

Leistungen:
Höchstgeschwindigkeit: 169 km/h
Reichweite: 521 km
Antrieb: Lycoming TVO-435-FIA
Motorleistung: 280 PS (210 kW)

Datum des Erstflugs:
8. Dezember 1945

Besondere Merkmale:
Geblasene Vollsichthaube; Gitterschwanz; Kufengestell; freiliegendes Triebwerk

Bell UH-1 Iroquois USA, Japan, Taiwan, Italien und Deutschland

Ein-/zweimotoriger fünfzehnsitziger Mehrzweckhubschrauber

Hubschrauber aus der UH-1-Familie wurden in größerer Anzahl als jedes andere Militärflugzeug seit Ende des Zweiten Welkriegs gebaut, und das Muster leistete Dienste in mehr Streitkräften als jedes andere. Die UH-1 wurde aus dem Prototyp XH-40 entwickelt, den Bell auf eine Anfrage der *US Army* für ein Mehrzweckmodell, das sich auch für Rettungs- und Evakuierungsaufgaben eignete, konstruiert und gebaut hatte. Die erste Serienausführung UH-1A (Modell 204) kam Ende der fünfziger Jahre zum Truppeneinsatz. 1961 entwickelte Bell das Muster zum Modell 205 weiter. Diese Ausführung mit verlängertem Rumpf und einer leistungsfähigeren Turbine wurde die populärste Variante im militärischen Einsatz. Sie bildete die Hauptstütze der mobilen Fliegereinheiten im Vietnam-Krieg und wurde mit Kanonen-Behältern, Raketenwerfern und handbedienten MG ausgerüstet. Weitere konstruktive Verbesserungen erfolgten für den Einsatz bei der Marine durch den Einbau einer zweiten Wellenturbine. Diese Ausführungen besaßen Suchradar zur Seeüberwachung und Kapazität für 17 Soldaten. Hubschrauber aus der UH-1-Familie befinden sich noch weltweit im Einsatz.

BESCHREIBUNG:

BESATZUNG:
Pilot und bis zu 14 Passagiere (UH-1H)

ABMESSUNGEN:
Länge: 12,77 m
Rotordurchmesser: 14,63 m
Höhe: 4,41 m

MASSEN:
Leermasse: 2363 kg
Max. Startmasse: 4309 kg

LEISTUNGEN:
Höchstgeschwindigkeit: 204 km/h
Reichweite: 511 km
Antrieb: Textron Lycoming T53-L-13
Motorleistung: 1400 Wellen-PS (1044 kW)

DATUM DES ERSTFLUGS:
22. Oktober 1956 (XH-40)

BEWAFFNUNG:
12,7 mm-MG auf Pivotlafetten in den Türen; 7,62 mm-MG, Granatwerfer oder Raketen können an Stummelflügeln mitgeführt werden

BESONDERE MERKMALE:
Flacher Rumpf; Kufengestell; verdecktes Triebwerk

Bell 206 JetRanger USA
Einmotoriger fünfsitziger Mehrzweck-/Übungshubschrauber

Ungeachtet der Tatsache, dass das Bell Modell 206 als OH-4 beim 1960 von der *US Army* ausgeschriebenen Wettbewerb für einen leichten Beobachtungshubschrauber leer ausging, entwickelte sich diese Konstruktion zum erfolgreichsten Leichtturbinen-Hubschrauber der Welt. Die Entscheidung des Heeres für die Hughes OH-6 Cayuse als Gewinner sah Bell gelassen und beschloss, das Modell 206 zu einem zivilen Fünfsitzer umzukonstruieren. Der OH-4-Prototyp war im Dezember 1962 geflogen. es dauerte drei Jahre, bis die zivile 206 genau so weit war, denn deren Prototyp machte am 10. Januar 1966 den Jungfernflug. Seit dieser Zeit befindet sich das Muster, JetRanger getauft, in ununterbrochener Fertigung. 1967 schrieb die *US Army* den Leichthubschrauber-Wettbewerb wegen steigender Kosten und verspäteter Lieferung der OH-6 neu aus. Diesmal bekam Bell Aufträge für die 206A als OH-58A Kiowa. Ab 1968 wurden nicht weniger als 2000 Stück an das Heer geliefert. Noch im gleichen Jahr bestellte die *US Navy* mehr als 200 TH-57 Sea Rangers als Übungs-Drehflügler. Kiowa fliegen noch in großer Zahl bei US Army und Navy. Als Vielzweckhubschrauber fliegen sie noch in 26 Ländern weltweit.

BESCHREIBUNG:

BESATZUNG:
Pilot und bis zu vier Passagiere

ABMESSUNGEN:
Länge: 9,84 m
Rotordurchmesser: 10,77 m
Höhe: 2,91 m

MASSEN:
Leermasse: 718 kg
Max. Startmasse: 1360 kg

LEISTUNGEN:
Höchstgeschwindigkeit: 196 km/h
Reichweite: 480 km
Antrieb: Allison T63-A-700
Motorleistung: 317 Wellen-PS (237 kW)

DATUM DES ERSTFLUGS:
10. Januar 1966

BESONDERE MERKMALE:
Kaulquappenartiger Rumpf; Kufengestell; verdecktes Triebwerk; stark verglaste Kabine

Bell AH-1 HueyCobra USA UND JAPAN

Ein-/zweimotoriger zweisitziger Kampfhubschrauber

Die HueyCobra als erster spezieller Kampfhubschrauber der Welt, der Einsatzreife erreichte, war eigentlich nur als Lückenbüßer bis zur Einführung der Lockheed AH-56 Cheyenne gedacht gewesen. Aber infolge der robusten, einfachen Konstruktion der AH-1 und des sich ausweitenden Vietnam-Konflikts wurde das verspätete Lockheed-Muster gestrichen und durch die Bell-Kreation ersetzt. Die UH-1 hatte ihr Leben 1965 auf Firmenrisiko als Modell 209 begonnen. Für den Antrieb sowie das Wellen- und das Rotor-System der UH-1 war ein neuer Rumpf entwickelt worden, der zwei hintereinander liegende Sitze, einen Waffenturm im Bug und kurze Stummelflügel besaß. Der Prototyp war am 7. September 1965 geflogen. Die US Army orderte den Hubschrauber als AH-1G für einen Einsatz in Vietnam, um HU-1-Truppentransporter eskortieren zu können. Das Heer übernahm 1078 Stück G-Modelle. Sie und verbesserte Varianten füllten in großer Anzahl die Heeresdepots bis in die neunziger Jahre, sind aber inzwischen ausgemustert. Dagegen befinden sich AH-1W SuperCobras noch bei den Einsatzeinheiten des Marine Corps. Und AH-1F/S gehören weiterhin zum Inventar sieben ausländischer Streikräfte.

BESCHREIBUNG:

BESATZUNG:
Pilot und Schütze hintereinander

ABMESSUNGEN:
Länge: 16,18 m
Rotordurchmesser: 13,41 m
Höhe: 4,09 m

MASSEN:
Leermasse: 2993 kg
Max. Startmasse: 4535 kg

LEISTUNGEN:
Höchstgeschwindigkeit: 227 km/h
Reichweite: 507 km
Antrieb: Textron Lycoming T53-L-703
Motorleistung: 1800 Wellen-PS (1340 kW)

DATUM DES ERSTFLUGS:
7. September 1965

BEWAFFNUNG:
Eine 20 mm M197-MK im Kinnturm; Granatenwerfer, Raketen und panzerbrechende Flugkörper an Stummelflügeln

BESONDERE MERKMALE:
Schlanker Rumpf; Lufteinläufe an den Rumpfseiten; Kufengestell; verdecktes Triebwerk; Kinnturm

Boeing (Vertol) H-46 Sea Knight   USA UND JAPAN
Zweimotoriger achtundzwanzigsitziger Mehrzweckhubschrauber

Die CH-46 war, einsatzerprobt, seit 1964 der an erster Stelle stehende Transporter des US Marine Corps für seine Sturmtruppen. Enwickelt wurde sie auf Firmenrisiko bei Vertol (später in Boeing aufgegangen) als Modell 107 und flog als Prototyp am 22. April 1958. Vertol hatte das Piaseck-System mit zwei hintereinander liegenden Hauptrotoren (machte einen Ausgleichsrotor am Heck überflüssig), übernommen. Anfänglich hatte die US Army damit geliebäugelt, das Modell 107 zu erwerben, entschied sich dann aber doch für die größere Schwester CH-47 Chinook. Die US Marineinfanterie jedoch fand die 107 passend und bestellte unter der Bezeichnung CH-46A 160 Stück als Ersatz für ihre US-34. Die Sea Knight kamen ab Juni 1964 zum Einsatz. Weitere 266 Exemplare wurden als CH-46D (stärkere Triebwerksvariante) und 174 als CH-46F (verbesserte Ausrüstung) erworben. Von 1977 an erfolgte die Umrüstung aller noch vorhandenen A- und D-Modelle zur CH-46E mit der definitiven Triebwerksversion. Die *US Navy* erwarb 24 Sea Knight. Exporte gingen als KV-107 an Kanada, Schweden, Saudi-Arabien und Japan.

BESCHREIBUNG:

BESATZUNG:
Pilot, Copilot, Kommandant und bis zu 25 Passagiere

ABMESSUNGEN:
Länge: 25,40 m
Rotordurchmesser: 15,24 m
Höhe: 5,09 m

MASSEN:
Leermasse: 5255 kg
Max. Startmasse: 11.022 kg

LEISTUNGEN:
Höchstgeschwindigkeit: 267 km/h
Reichweite: 1110 km
Antrieb: Zwei General Electric T58-GE-16
Motorleistung: 3740 Wellen-PS (2790 kW)

DATUM DES ERSTFLUGS:
22. April 1958

BESONDERE MERKMALE:
Tandem-Rotoren; festes Dreirad-Fahrwerk; verdeckte Triebwerke; Flossenstummel am Heck

Bristol Sycamore GROSSBRITANNIEN

Einmotoriger fünfsitziger leichter Mehrzweckhubschrauber

Die Bristol Sycamore, entstanden nach der Ausschreibung E 20/45 des britischen Luftfahrt-Ministeriums, war der erste britische Hubschrauber, der bei der *Royal Air Force* den Dienst aufnahm. Der Prototyp Bristol Type 171, aus dem die Sycamore Mk I hergeleitet wurde, machte seinen Erstflug am 24. Juli 1947. Die für den zivilen Gebrauch hergerichtete Sycamore ging 1949 in die Fertigung. Alle militärischen Versionen bauten darauf auf, so die *RAF*-Versionen HC 10 für Sanitätsdienste, die HR 12 für Such- und Rettungsaufgaben oder die HC 11 als Verbindungsmittel der *Army*. Das Heer erhielt seine ersten Sycamore im September 1951, gefolgt von den HR 12 des *RAF Coastal Command* im Februar 1952. Die HR 12 wurde einer besonders harten Einsatzerprobung unterworfen, was zur Beschaffung einer Anzahl von leicht verbesserten HR 13/14 führte. Die damit ausgestattete 275. Staffel des *Fighter Command* war die erste spezielle Such- und Rettungseinheit der *RAF*. Von den insgesamt 178 gebauten Sycamore gingen eine Anzahl an die Streitkräfte von Belgien und der Bundesrepublik Deutschland sowie nach Australien (*Air Force* und *Navy*). Die *RAF* verabschiedete ihre (vom *Support Command*) Anfang der Siebziger.

BESCHREIBUNG:

BESATZUNG:
Pilot, ein weiteres Besatzungsmitglied und bis zu drei Passagiere

ABMESSUNGEN:
Länge: 14,08 m
Rotordurchmesser: 14,84 m
Höhe: 3,71 m

MASSEN:
Leermasse: 1728 kg
Max. Startmasse: 2449 kg

LEISTUNGEN:
Höchstgeschwindigkeit: 203 km/h
Reichweite: 500 km
Antrieb: Alvis Leonides 73
Motorleistung: 550 PS (410 kW)

DATUM DES ERSTFLUGS:
24. Juli 1947

BESONDERE MERKMALE:
Kaulquappenähnlicher Rumpf; Dreirad-Fahrwerk; verdecktes Triebwerk; gewölbte Rumpfseitenscheiben

Bristol Belvedere GROSSBRITANNIEN

Zweimotoriger einundzwanzigsitziger taktischer Transporthubschrauber

Die Belvedere war der *RAF* erster mit zwei Triebwerken und mit zwei Rotoren ausgestatteter Drehflügler. Er war aus dem experimentellen Bristol Type 173, der am 3. Januar 1952 seinen Jungfernflug absolvierte, abgeleitet worden. Als das Muster Anfang der fünfziger Jahre zu einem lebensfähigen militärischen Gerät heranreifte, gab die *RAF* eine Ausschreibung für ein vielseitig einsetzbares senkrecht startendes Transportgerät heraus, das in der Lage sein musste, in seinem Innern 18 voll ausgerüstete Soldaten oder 2725 kg an Fracht zu tragen oder 2385 kg untergehängt. Die 173 schien für diese Aufgabe geeignet und Bristol verfeinerte sie zur Type 192, die ihrerseits Grundlage für die Belvedere HC 1 im *Royal Air Force*-Einsatz wurde. Sie besaß eine große Frachttür auf der Steuerbordseite. Obwohl das Vierrad-Fahrwerk des Hubschraubers fast komisch zerbrechlich wirkte, bewies es seine Standfestigkeit, als die Maschinen 1958 in Dienst gingen. Nur 24 Exemplare der Belvedere HC 1 wurden erworben. Das letzte kam im Juni 1962 aus der Fertigung. Drei Einheiten in Großbritannien, Aden und Singapur flogen mit Belvedere. Alle Maschinen wurden 1969 ausgemustert.

BESCHREIBUNG:

BESATZUNG:
Pilot, Copilot, Kommandant und bis zu 18 Passagiere

ABMESSUNGEN:
Länge: 16,56 m
Rotordurchmesser: 14,91 m
Höhe: 518 m

MASSEN:
Leermasse: 5028 kg
Max. Startmasse: 9072 kg

LEISTUNGEN:
Höchstgeschwindigkeit: 221 km/h
Reichweite: 712 km
Antrieb: Zwei Napier Gazelle NGa 2 Mk 101
Motorleistung: 3300 Wellen-PS (2460 kW)

DATUM DES ERSTFLUGS:
3. Januar 1952

BESONDERE MERKMALE:
Tandem-Rotoren; festes Vierrad-Fahrgestell; verdeckte Triebwerke; großes Leitwerk

Hiller UH-12 Raven USA

Einmotoriger dreisitziger leichter Mehrzweckhubschrauber

Die UH-12, die 1950 als der Standard-Beobachtungshubschrauber der *US Army* ausgewählt wurde, war das Endergebnis der Pionierarbeiten von Stanley Hiller Junior auf dem Hubschrauber-Sektor, der er sich seit 1944 widmete. Unter der Armeebezeichnung H-23 waren zuerst 100 Exemplare mit optionalem Doppelsteuer und mit der Möglichkeit zum Befördern von zwei Tragbahren außerhalb der Kabine erworben worden. Die *US Navy* entschied sich für 16 Stück des Modells unter der Bezeichnung HTE-1 als Hubschrauber-Trainer und erwarb eine größere Menge wahlweise mit Rad-Fahrwerk oder Kufengestell ausgestattete HTE-2. Mit dem Erscheinen der H-23B bestellte das Heer weitere 273 Stück. Diese Version besaß anstelle des Dreirad-Fahrwerks beim A-Modell ein Kufengestell. Von der dreisitzigen Variante mit einteiliger Haube, H-23C bezeichnet, bestellte das Heer erneut 145 Stück. Größter Erfolg allerdings wurde das D-Modell, von dem die *US Army* alleine 483 Stück abnahm. Sie blieben bis in die Siebziger im Dienst. Der Hubschrauber wurde auch an eine Anzahl anderer Länder geliefert. Über 2600 Exemplare kamen bisher aus der Fertigung, die als UH-12E noch bei der Hiller Aircraft läuft.

BESCHREIBUNG:

BESATZUNG:
Pilot und zwei Passagiere

ABMESSUNGEN:
Länge: 8,45 m
Rotordurchmesser: 10,67 m
Höhe: 2,98 m

MASSEN:
Leermasse: 824 kg
Max. Startmasse: 1225 kg

LEISTUNGEN:
Höchstgeschwindigkeit: 153 km/h
Reichweite: 330 km
Antrieb: Lycoming O-540-23B
Motorleistung: 250 PS (186 kW)

DATUM DES ERSTFLUGS:
Januar 1958

BESONDERE MERKMALE:
Geblasene Vollsichthaube; röhrenförmiger, geneigter Heckausleger; Kufengestell; freiliegendes Triebwerk

Hughes OH-6 Cayuse USA UND JAPAN

Einmotoriger sechssitziger leichter Mehrzweckhubschrauber

Die *US Army* arbeitete 1960 eine Ausschreibung aus, in der ein Nachfolger für die veralteten Bell- und Hiller-Modelle gesucht wurde. Forderung für die neue Hubschrauber-Auslegung waren hohe Leistung, der Einbau einer Wellenturbine, leichte Wartbarkeit und ein günstiger Anschaffungspreis. Alle bedeutenden US-Hubschrauber-Hersteller reichten Entwürfe ein, aber die Hughes OH-6H (basierend auf dem Modell 369 und am 27. Februar 1963 erstmals geflogen) wurde im Mai 1965 zum Sieger erklärt. Sie ging vier Monate später in den Dienst der *US Army*, die insgesamt 1415 Stück bestellt hatte. Von ihnen gingen 658 bei Kampfhandlungen in Vietnam verloren. Weitere 297 Stück mussten durch Unfälle abgeschrieben werden. Nachdem beschlossen worden war, ab 1967 die OH-6 durch OH-58 zu ersetzen, gingen überlebende Cayuse an Reserveeinheiten und die Nationalgardisten. Allerdings war eine Anzahl als MH/AH-6 für Spezialeinheiten umgebaut worden. Diese verblieben bis 1997 in den Heeresverbänden, bis sie neue MD500 mit T-Leitwerk ablösten. OH-6 gingen auch an Bahrain, Brasilien, Kolumbien, an die Dominikanische Republik, Honduras, Nicaragua und Taiwan.

BESCHREIBUNG:

BESATZUNG:
Pilot und vier Passagiere

ABMESSUNGEN:
Länge: 9,24 m
Rotordurchmesser: 8,03 m
Höhe: 2,48 m

MASSEN:
Leermasse: 557 kg
Max. Startmasse: 1225 kg

LEISTUNGEN:
Höchstgeschwindigkeit: 241 km/h
Reichweite: 2510 km
Antrieb: Allison T63-A-5A
Motorleistung: 317 Wellen-PS (236 kW)

DATUM DES ERSTFLUGS:
27. Februar 1963

BEWAFFNUNG:
7,62 mm XM27E1-MG oder Granatenwerfer an Stummelflügel links sowie eine bewegliche Maschinenwaffe in der rechten Tür

BESONDERE MERKMALE:
Eiförmige, geschlossene Kabine; dünner Heckausleger; Kufengestell

Kaman H-43 Huskie USA

Einmotoriger vier-/achtsitziger leichter Mehrzweck-/Such- und Rettungs-Hubschrauber

Die H-43 Huskie verdient es, wegen ihrer Such- und Rettungsaktionen in Vietnam berühmt zu sein. Obwohl sie mit ihren Einsätzen bei der *USAF* bekannter wurden, waren sie ursprünglich von der *US Navy* für den Einsatz von Schiffen aus angeschafft worden. Charakteristisch für das Muster war die Kaman-typische Art, die dicht nebeneinander liegenden Rotoren gegenläufig ineinander kämmen zu lassen. 29 dreisitzige Maschinen wurden in den frühen fünfziger Jahren als HTK für Übungszwecke angeschafft. Von der *US Navy* folgte ein Anschlussauftrag über 29 vergrößerte HUK-1 und 81 Stück HOK-1 für das *Marine Corps*. Sie kamen zwischen 1956 und 1958 zur Auslieferung. Zu dieser Zeit begann sich auch die *USAF* für das Muster zu interessieren und bestellte 175 durch Turbinen angetriebene (alle Marine-Versionen besaßen Kolbenmotor-Antrieb) HH-43B. Sie besaßen durch das nach oben verlegte Triebwerk mehr Kabinenraum und erhielten muschelartige Tore im Heck. Das machte die Hubschrauber ideal zum Retten von Besatzungen aus zu Bruch gegangenen Maschinen, Deswegen waren Exemplare auf allen US-Stützpunkten in der ganzen Welt zu finden. Mitte der Siebziger schieden Huskie bei *USAF* und *Navy* aus.

BESCHREIBUNG:

BESATZUNG:
Pilot, ein weiteres Besatzungsmitglied und zwei/vier Passagiere

ABMESSUNGEN:
Länge: 7,68 m
Rotordurchmesser: 14,32 m
Höhe: 4,73 m

MASSEN:
Leermasse: 2027 kg
Max. Startmasse: 2707 kg

LEISTUNGEN:
Höchstgeschwindigkeit: 192 km/h
Reichweite: 445 km
Antrieb: Lycoming T53-L-1B
Motorleistung: 1825 Wellen-PS (1361 kW)

DATUM DES ERSTFLUGS:
27. September 1956 (HH-43)

BESONDERE MERKMALE:
Stark verglaste Kabine mit runder Frontscheibe; gegenläufige, ineinander kämmende Rotorblätter; zwei Heckausleger; Vierrad-Fahrwerk; teilverdecktes Triebwerk

Kaman H-2 Seasprite USA

Zweimotoriger dreisitziger Mehrzweck-/ASW-Hubschrauber

Die Seasprite wurde von Kaman gebaut, um eine Nachfrage der *US Navy* für ein vielseitig einsetzbares Langstrecken-Allwetter-Mehrzweckgerät aus dem Jahr 1956 zu erfüllen. Kaman's Entwurf K-20 war ausgesucht worden, und er flog in Prototypform am 2. Juli 1959. Insgesamt 190 UH-2A/B wurden Anfang der sechziger Jahre gefertigt, und die ersten dieser Hubschrauber kamen im Dezember 1962 zur Flotte. Sie sahen ihren Einsatz bei Such- und Rettungsaufgaben und fanden als vielseitige Flottenversorger Verwendung, wenn Ergänzungsgüter senkrecht eingebracht werden mussten. Im Oktober 1970 wurde die UH-2 als Basis für das Light Airborne Multi Purpose System (LAMPS) im Rahmen der U-Boot-Bekämpfung (ASW) ausgewählt. 20 Seasprite erfuhren ihre Umrüstung zu SH-2D durch den Einbau von Such-Radar und ausgewählter ASW-Ausrüstung. Im Mai 1973 baute Kaman 88 Stück UH-2/SH-2D mit stärkeren Triebwerken und verbesserter ASW-Avionik für LAMPS 2 in SH-2F um. Ab 1981 lieferte es 52 neu gebaute und 1991 18 weitere Umbauten sowie sechs SH-2G mit anderen Triebwerken. Die *US Navy* musterte ihre Seasprite 2001 aus. Bei der Marine von vier anderen Staaten fliegen sie noch.

BESCHREIBUNG:

BESATZUNG:
Pilot und Sensor-Überwacher (SH-2D/F/G) oder Pilot und 11 Passagiere UH-2A/B)

ABMESSUNGEN:
Länge: 12,34 m
Rotordurchmesser: 13,41 m
Höhe: 4,62 m

MASSEN:
Leermasse: 4173 kg
Max. Startmasse: 6125 kg

LEISTUNGEN:
Höchstgeschwindigkeit: 256 km/h
Reichweite: 885 km
Antrieb: Zwei General Electric T700-GE-401
Motorleistung: 3446 Wellen-PS (2570 kW)

DATUM DES ERSTFLUGS:
2. Juli 1959

BEWAFFNUNG:
7,62 mm-MG auf Pivotlafetten in jeder Kabinentür; zwei Mk45/50-Torpedos an Außen-Aufhängungen

BESONDERE MERKMALE:
Einziehbares Fahrwerk; Triebwerke in Gondeln; Vierblatt-Hauptrotor; Radom unter dem Bug

Kamow Ka-25 SOWJETUNION

Zweimotoriger vierzehnsitziger Mehrzweck-/ASW-Hubschrauber

Die Ka-25 war über 30 Jahre ein treuer Diener bei der sowjetischen Marine. Sie entstand nach der 1957 herausgegebenen Ausschreibung für einen bordgestützten ASW-/Mehrzweck-Hubschrauber und füllte diese Rolle seit ihrem Erstflug im Jahr 1960 aus. Sechs Jahre Einsatzerprobung führten zur definitven Ka-25. Die herausfallendste Eigenart der Konstruktion – und damit teilt sie die Bauart mit allen Produkten von Kamow – sind die beiden gegenläufig arbeitenden Rotoren koaxial übereinander. Sie hat allerdings den Vorteil, dass der Heckrotor überflüssig wird. Das wiederum gestattet ein kürzeres Heck, was dem beschränkten Platz auf Schiffen zugute kommt. Zwischen 1966 und 1975 wurden etwa 460 Ka-25 für die sowjetischen Seestreitkräfte gebaut. Sie ersetzten Mil Mi-4 als bisheriges Standardmodell auf Schiffen. Etwa 25 verschiedene Versionen der Ka-25 sind herausgekommen, davon in größerer Anzahl die ASW-Variante Ka-25Bsch oder das Mehrzweckmodell Ka-25P. Die Russen haben inzwischen alle Ka-25 aus dem Dienst genommen. Aber eine Handvoll dürften noch in Syrien, Indien und Viernam fliegen.

BESCHREIBUNG:

BESATZUNG:
Pilot, Copilot und bis zu 12 Passagiere

ABMESSUNGEN:
Länge: 9,75 m
Rotordurchmesser: 15,74 m
Höhe: 5,37 m

MASSEN:
Leermasse: 4765 kg
Max. Startmasse: 7500 kg

LEISTUNGEN:
Höchstgeschwindigkeit: 209 km/h
Reichweite: 650 km
Antrieb: Zwei Gluschenkow (OMKB Mars) GTD-3F
Motorleistung: 1800 Wellen-PS (1340 kW)

DATUM DES ERSTFLUGS:
1960 (Ka-20)

BEWAFFNUNG:
Bombenschacht kann zwei Torpedos oder koventionelle-/Atomsprengkopf-Wasserbomben aufnehmen

BESONDERE MERKMALE:
Festes Vierrad-Fahrwerk; Triebwerke in Gondeln oberhalb der Kabine; koaxiale gegenläufige Rotoren; Radom unter dem Bug; dreifaches Seitenleitwerk

Kellet YG-1B Autogiro USA
Einmotoriger zweisitziger Artilleriebeobachtungs-Tragschrauber

Tragschrauber wurden lange vor den Hubschraubern betriebsreif. Im Gegensatz zu Letzteren besitzen sie keinen angetriebenen Rotor und können deshalb auch nicht senkrecht starten und landen, sondern besitzen eine kleine Mindestgeschwindigkeit. Die Arbeiten der Brüder Rod und Wallace Kellet mit Drehflüglern gehen auf die auslaufenden Zwanziger zurück, als ihr Modell K-1X erschien. Mitte der dreißiger Jahre waren sie mit ihren Tragschraubern bereits so weit, dass 20 Exemplare der K-2/-3 an zivile und militärische Käufer abgesetzt werden konnten. Ein neues Modell KD-1 fand Interesse innerhalb der USA, so dass sich das *USAAC* entschloss, 1936 eine Maschine unter der Bezeichnung YG-1 für eine Prüfung ihrer militärischen Verwendbarkeit zu kaufen. 1937 folgte der Kauf von sieben Erprobungsmodellen YG-1B mit erweiterter Funkausrüstung zu Lasten der Kraftstoffkapazität. Fünf davon wurden für ein Programm zur Einweisung von Besatzungen für Verbindungs- und Artilleriebeobachtungs-Aufgaben genützt. Zwei verblieben bei Kellet zur Weiterentwicklung. Da die *USAAC*-Piloten dem Autogiro kaum Vorteile gegenüber Starrflüglern einräumten, gingen die YG-1 an die Grenzschützer nach Texas.

BESCHREIBUNG:

BESATZUNG:
Pilot und Passagier hintereinander

ABMESSUNGEN:
Länge: 6,40 m
Rotordurchmesser: 12,19 m
Höhe: 3,13 m

MASSEN:
Leermasse: 596 kg
Max. Startmasse: 1020 kg

LEISTUNGEN:
Höchstgeschwindigkeit: 192 km/h
Reichweite: 320 km
Antrieb: Jacobs L-4MA
Motorleistung: 225 PS (167 kW)

DATUM DES ERSTFLUGS:
Mitte der dreißiger Jahre

BESONDERE MERKMALE:
Starrflügler-Rumpf; festes Fahrgestell mit Spornrad; unverkleideter Sternmotor; offene Sitze

Mil Mi-1 SOWJETUNION UND POLEN

Einmotoriger viersitziger leichter Mehrzweckhubschrauber

Michail L. Mil war ein bedeutender Hubschrauberkonstrukteur in Russland, und als solcher über ein halbes Jahrhundert tätig. Erstes Produkt seines Konstruktionsbüros, das die Serienreife erreichte, war die von der Auslegung her eher bescheidene Mi-1. Die Entwurfsarbeiten an dem ursprünglich GM-1 genannten Modell begannen im September 1947, und genau zwölf Monate später startete der Prototyp zu seinem Erstflug. Obwohl die beiden ersten GM-1 durch Abstürze verloren gingen, hielt Mil an seinem Konzept fest. Und 1951 stand die definitive Mi-1 im vollen Serienbau. Zivile und militärische Muster standen in der Sowjetunion nebeneinander bis 1954 in der Fertigung, dann wurde die gesamte Produktion zur WSK nach Polen verlagert. Um den Hersteller zu kennzeichnen, hießen diese Maschinen SM-1. Als der Serienbau 1965 zu Ende ging, waren mehrere Tausend Mi-1/SM-1 gebaut worden. Viele davon wurden in Länder rund um den Erdball exportiert. Die meisten von ihnen schieden bis 1983 aus dem Dienst, aber in der Sowjetunion, in China und auf Kuba flogen einige noch bis in die Neunziger. WSK entwickelte das Muster zur SM-2 mit einer nach vorne verlängerten Rumpfgondel mit fünf Sitzen weiter.

BESCHREIBUNG:

BESATZUNG:
Pilot und drei Passagiere

ABMESSUNGEN:
Länge: 12,11 m
Rotordurchmesser 14,35 m
Höhe: 3,30 m

MASSEN:
Leermasse: 1831 kg
Max. Startmasse: 2416 kg

LEISTUNGEN:
Höchstgeschwindigkeit: 180 km/h
Reichweite: 550 km
Antrieb: Iwtschenko A1-26V
Motorleistung: 575 Wellen-PS (429 kW)

DATUM DES ERSTFLUGS:
September 1948

BESONDERE MERKMALE:
Festes Dreirad-Fahrwerk; dünner Heckausleger; verdecktes Triebwerk

Mil (PZL) Mi-2   Sowjetunion und Polen

Zweimotoriger achtsitziger leichter Mehrzweckhubschrauber

Mil begann in den späten fünfziger Jahren mit der Entwicklung eines Nachfolgers für seine Mi-1. Aus diesen Bemühungen heraus entstand als Glanzstück die kompakte Mi-2, die im September 1961 zum ersten Mal vom Boden abhob. Aber Mil konnte den Erfolg des Musters nicht selbst auskosten, denn im Januar 1964 wurde mit der polnischen Regierung vereinbart, dass die Rechte für die weitere Entwicklung, die Fertigung, das Marketing und den Verkauf der Mi-2 nach Polen zur staatlichen PZL ging. Die in Swidnik beheimatete Firma hatte 1700 Mi-1 unter Lizenz gebaut und brachte die Mi-2-Serienausführung bis November 1965 in die Flugerprobung. PZL baute allerdings nicht nur die Standardmodelle – den Militärtransporter Mi-2T sowie die Marinevariante Mi-2RM, sonders entwickelte aus ihnen eine Reihe anderer militärischer Ableitungen: Der Mi-2U Kampfhubschrauber besaß eine 23 mm MK und Maschinenwaffen in den Türen; der Mi-2URN Gefechtsfeldaufklärer zusätzlich zu der Kanone zwei Mars 2-Raketenwerfer an kurzen Flügelstummeln und der Mi-2URP zur Panzerabwehr Maljutka-Lenkwaffen. Als die Produktion 1991 auslief, hatte PZL mehr als 5250 Mi-2 gebaut. Sie gingen an Abnehmer in 16 Ländern.

BESCHREIBUNG:

BESATZUNG:
Pilot und sieben Passagiere

ABMESSUNGEN:
Länge: 11,40 m
Rotordurchmesser: 14,50 m
Höhe: 3,75 m

MASSEN:
Leermasse: 2350 kg
Max. Startmasse: 3700 kg

LEISTUNGEN:
Höchstgeschwindigkeit: 210 km/h
Reichweite: 580 km
Antrieb: Zwei Isotow GTD-350
Motorleistung: 800 Wellen-PS (600 kW)

DATUM DES ERSTFLUGS:
September 1961

BEWAFFNUNG:
Starre 23 mm NS-23-MK in linker Rumpfseite und bewegliche 7,62 mm-MG auf Pivotlafetten in den Türen; Vier 9M14M Maljutka-Anti-Panzer-Lenkwaffen oder zwei 57 mm-Raketenwerfer an Rumpf-Aufhängungen

BESONDERE MERKMALE:
Festes Fahrwerk mit zwillingsbereiftem Bugrad; dünner Heckausleger

Mil Mi-4 SOWJETUNION UND CHINA

Einmotoriger vierzehnsitziger Mehrzweckhubschrauber

Die Mi-4 enstand nach einer persönlichen Forderung von Staatschef Josef Stalin vom September 1951 für einen Hubschrauber, der in der Lage sein sollte, eine möglichst große Anzahl Truppen schnell in eine Kampfzone befödern zu können. Obwohl Mil die Entwicklungsfrist von einem Jahr gegeben worden war, flog der Prototyp bereits im Mai 1952. Die Mi-4 ähnelte vom Aussehen her der Sikorsky S-55, entsprach aber von der Kapazität her mehr der S-58. Angetrieben wurde sie durch einen Sternmotor im Bug, der durch eine Welle zwischen hochgelegtem Besatzungsraum und der Kabine einen Vierblattrotor (ursprünglich aus Holz gebaut) antrieb. In der Kabine konnten 12 voll ausgerüstete Soldaten untergebracht werden. Durch muschelartige Tore an der Rückseite kamen sie schnell zum Einsatz. Von den bis zum Serienauslauf 1969 etwa 3500 in der UdSSR gebauten Mi-4 gingen viele in den Export. Die Grundausführung als Truppentransporter diente als Grundlage für eine Reihe von Abwandlungen. So kamen M-4 mit Radar zur U-Boot-Bekämpfung, mit Störgeräten versehene zur ECM und mit Maschinenwaffen armierte als Schlächter zum Einsatz. China baute zwischen 1965-79 545 Stück als Harbin Z-5.

BESCHREIBUNG:

BESATZUNG:
Pilot, Copilot und 12 Passagiere

ABMESSUNGEN:
Länge: 25,02 m
Rotordurchmesser: 21,00 m
Höhe: 4,40 m

MASSEN:
Leermasse: 4900 kg
Max. Startmasse: 7550 kg

LEISTUNGEN:
Höchstgeschwindigkeit: 210 km/h
Reichweite: 400 km
Antrieb: Schwezow Ash-82V
Motorleistung: 1700 Wellen-PS (1270 kW)

DATUM DES ERSTFLUGS:
Mai 1952

BEWAFFNUNG:
Starre 23 mm NS-23-MK und pivotmontierte bewegliche 7,62 mm-MG in der Kabine; Waffenbehälter oder Raketenwerfer an Außen-Aufhängungen

BESONDERE MERKMALE:
Festes Vierrad-Fahrgestell; Heckausleger; verdecktes Triebwerk im Bug; hochgelegte Kabine

Mil Mi-6 SOWJETUNION

Zweimotoriger mehrsitziger Schwerlast-Transporthubschrauber

Die Mi-6 wurde auf eine gemeinsame Forderung der sowjetischen Luftstreitkräfte und der staatlichen Fluggesellschaft Aeroflot vom Juni 1954 hin entwickelt. Der Prototyp machte seinen ersten Flug im September 1957. Zu diesem Zeitpunkt war er der größte und schnellste Hubschrauber der Welt. Er war auch der erste sowjetische Drehflügler, der durch Wellenturbinen angetrieben wurde. Das Standardmodell Mi-6T, das 90 voll ausgerüstete Soldaten mit einer Geschwindigkeit von über 290 km/h befördern konnte, kam in den späteren fünfziger Jahren zu den Streitkräften. Außer dem Truppentransporter gingen weitere Versionen in die Fertigung. Es wurden Stabsunterstützungsflugzeuge Mi-6WKP und Mi-22 gebaut, die – entsprechend mit Kommunikationsmitteln ausgerüstet – als fliegende Kommandozentralen dienten. Eine der Eigenarten des Musters sind die zusätzlichen Flügel, die im Reiseflug 20% des Auftriebs übernehmen. Von der Mil Mi-6 waren insgesamt etwa 800 Exemplare gefertigt worden, als die Produktion 1981 zugunsten der noch größeren Mi-26 auslief. Siebzehn Länder wurden mit Varianten der Mi-6 beliefert. Einzelne Exemplare befinden sich noch weltweit im Einsatz.

BESCHREIBUNG:

BESATZUNG:
Pilot, Copilot, Flugingenieur, Funker, Navigator/Schütze und 90 Passagiere

ABMESSUNGEN:
Länge: 41,74 m
Rotordurchmesser: 35,00 m
Höhe: 9,86 m

MASSEN:
Leermasse: 27.240 kg
Max. Startmasse: 42.500 kg

LEISTUNGEN:
Höchstgeschwindigkeit: 300 km/h
Reichweite: 1000 km
Antrieb: Zwei Soloview D-25V
Motorleistung: 10.850 Wellen-PS (8090 kW)

DATUM DES ERSTFLUGS:
September 1957

BEWAFFNUNG:
12,7 mm-MG im Bug

BESONDERE MERKMALE:
Langer Rumpf mit kurzem Heckausleger; festes Dreirad-Fahrgestell mit zwillingsbereiftem Bugrad; verdeckte Triebwerke mit Einläufen oberhalb des Cockpits; kleine Schulterdecker-Flügel

Mil Mi-8 SOWJETUNION

Zweimotoriger einunddreißigsitziger Mehrzweck-Transporthubschrauber

Die Mi-8/17-Familie von Mehrzweck-Hubschraubern wurden die meistproduzierten Drehflügler in Russland ingesamt, denn über 10.000 Stück konnten bis heute ausgeliefert werden. Die Entwicklung der Mi-8 begann 1960 als Nachfolgemodell für die Kolbenmotor-getriebene Mi-4. Von dem Vorgängermuster wurde das dynamische System übernommen, aber ein neuer Rumpf konstruiert, auf dem die als Antrieb verwendete Wellenturbine saß. Der Prototyp machte im Juni 1961 seinen Erstflug. Schnell stellte sich heraus, dass das Muster untermotorisiert war. So kamen zwei Isotow-TW2-Triebwerke anstelle der einzelnen Solowiew-Wellenturbine mit 2700 PS zum Einbau, die einen Fünfblatt-Rotor anstelle des vierblättrigen antrieben. Die verbesserte Mi-8 flog im August 1962. Seit dieser Zeit hat sich die Gesamtauslegung des Hubschraubers nicht mehr geändert. Aber es gibt unzählige Varianten. Basis aller militärischen Versionen sind der Transporthubschrauber Mi-8T und der Erdkämpfer Mi-8TB. Daneben gibt es viele Modelle, die in den verschiedensten Arten und unterschiedlich ausgerüstet als Plattform für elektronische Maßnahmen dienen. 1976 kam die durch TW3 angetriebene Mi-17 heraus. Sie wird noch gebaut.

BESCHREIBUNG:

BESATZUNG:
Pilot, Copilot, Belade-Überwacher und 28 Passagiere

ABMESSUNGEN:
Länge: 25,24 m
Rotordurchmesser: 21,29 m
Höhe: 5,65 m

MASSEN:
Leermasse: 7600 kg
Max. Startmasse: 12.000 kg

LEISTUNGEN:
Höchstgeschwindigkeit: 250 km/h
Reichweite: 465 km
Antrieb: Zwei Isotow TV2-117A
Motorleistung: 2962 Wellen-PS (2208 kW)

DATUM DES ERSTFLUGS:
Juni 1961

BEWAFFNUNG:
Ein bewegliches 12,7 mm Afanasjew-MG im Bug; sechs UV-32-57-Raketenwerfer oder vier 9M17 Falanga-Anti-Panzer Lenkwaffen an Rumpf-Auslegern

BESONDERE MERKMALE:
Festes Dreirad-Fahrwerk mit zwillingsbereiftem Bugrad; Heckausleger; muschelförmige Beladetore; verdeckte Triebwerke

Mil Mi-14 SOWJETUNION

Zweimotoriger viersitziger ASW/Such- und Rettungs-Hubschrauber

Die Mi-14 als marinetaugliche Variante der Mi-8 wurde von Mil entwickelt, damit bei den sowjetischen Seestreitkräften die veralteten Mi-4 abgelöst werden konnten. Die Konstruktionsarbeiten begannen 1968, und der M-14-Prototyp, angetrieben durch zwei TW2-Wellenturbinen, machte 1973 den Erstflug. Als Serienmodelle 1976 die Flotte erreichten, waren die TW2- durch TW3-Triebwerke wie bei der Mi-17 ersetzt worden. Auffallend beim Mi-14 sind der bootsähnliche Rumpfboden, die zusätzlichen Schwimmkörper und das einziehbare Fahrwerk. Es wurden drei Versionen gebaut. Mi-14PL ist der spezielle U-Boot-Bekämpfer (ASW) mit MAD, Sonar und Suchradar, Mi-14BT die Anti-Minen-Plattform mit einem Minenräumschlitten (nur 25 Stück dieser Version wurden gebaut. Sechs davon gingen an die Seestreitkräfte der DDR) und Mi-14P die spezielle Such- und Rettungs-Variante. Letztere kann bis zu 10 Gerettete aufnehmen. Sie besitzt eine verbreiterte Schiebetür, eine Winde und zusätzliche Suchlichter. Bulgarien, Kuba, Libyen und Syrien erwarben Mi-14PL, während Polen außer dieser Version noch Mi-14P abnahm.

BESCHREIBUNG:

BESATZUNG:
Pilot, Copilot und zwei Sensor-Überwacher (Mi-14PL/BT) oder Pilot, Copilot, ein weiteres Besatzungsmitglied und 10 Passagiere (Mi-14P)

ABMESSUNGEN:
Länge: 25,32 m
Rotordurchmesser: 21,29 m
Höhe: 6,93 m

MASSEN:
Leermasse: 8900 kg
Max. Startmasse: 14.000 kg

LEISTUNGEN:
Höchstgeschwindigkeit: 230 km/h
Reichweite: 925 km
Antrieb: Zwei Isotow TV3-117A
Motorleistung: 3400 Wellen-PS (2536 kW)

DATUM DES ERSTFLUGS:
1973

BEWAFFNUNG:
Der Bombenschacht kann zwei Torpedos, Bomben oder Wasserbomben aufnehmen

BESONDERE MERKMALE:
Rumpf mit Heckausleger; Rumpfboden bootsförmig; Stützschwimmer; einziehbares Vierrad-Fahrwerk; verdeckte Triebwerke

Mil Mi-24 SOWJETUNION
Zweimotoriger zehnsitziger Kampfzonenunterstützungshubschrauber

Die Mi-24 war von Mil ursprünglich als gepanzerter Hubschrauber für den Transport einer Infanterie-Einheit entwickelt worden. Mit der Fähigkeit zur Selbstverteidigung und seiner Feuerkraft sollte der Kampfzonentransporter prädestiniert sein, mobile Boden- oder Luftlandeverbände intensiv unterstützen zu können. Die Mi-12 basiert auf der Mi-8 und der als W-24 bezeichnete Prototyp machte seinen Erstflug Anfang 1970. Serienmodelle der Mi-24A erreichten die Truppe 1974. Einsatzerfahrungen ließen schnell erkennen, dass die Kombination Kampf-/Transport-Hubschrauber nicht sehr glücklich gewählt worden war, und so wurden die Transportaufgaben wieder an weniger agile Typen wie die Mi-8 zurückgegeben. Die Mi-24 dagegen erfuhr eine Umkonstruktion: Statt des verglasten Rumpfbugs der Mi-24A erhielt die neue Version einen Kampfkopf mit zwei separierten, hintereinander liegenden Sitzen und eine wesentlich verstärkte Bewaffnung (beispielsweise ein vierläufiges großkalibriges MG in einem Kinnturm), zusätzliche Zieleinrichtungen und einen auf die linke Seite verlegten Heckrotor. Mi-24 mussten in Afghanistan schwere Verluste hinnehmen. Über 1000 Stück von „Des Teufels Streitwagen" sind noch im Einsatz.

BESCHREIBUNG:

BESATZUNG:
Pilot, Waffenoffizier und acht Passagiere

ABMESSUNGEN:
Länge: 21,35 m
Rotordurchmesser: 17,30 m
Höhe: 3,97 m

MASSEN:
Leermasse: 8200 kg
Max. Startmasse: 12.500 kg

LEISTUNGEN:
Höchstgeschwindigkeit: 310 km/h
Reichweite: 750 km
Antrieb: Zwei Klimow TV3-117
Motorleistung: 4380 Wellen-PS (3270 kW)

DATUM DES ERSTFLUGS:
Anfang 1970

BEWAFFNUNG:
12,7 mm-MG oder 23/30 mm-MK in einem Kinnturm, oder Kanone starr montiert; Stummelflügel mit vier Aufhängungen für Raketenwerfer/Waffenbehälter und (an den Flügelenden) zwei Anti-Panzer-Lenkwaffen

BESONDERE MERKMALE:
Sitze hintereinander mit separaten Vollsicht-Abdeckhauben; Einziehfahrwerk; Stummelflügel

Piasecki HUP/H-25 Retriever USA
Einmotoriger siebensitziger Mehrzweck-/Rettungs-Hubschrauber

Die *US Navy* schrieb 1945 die Bedingungen für einen schiffsgestützen Hubschrauber aus, der von den Abmessungen her kompakt genug war, auf einer Reihe von Schiffen untergebracht werden zu können, und fähig, Versorgungs- und Rettungsaufgaben von oben her zu übernehmen. Piasecki fand mit seinem Konzept der zwei gegenläufigen Tandem-Rotoren in seiner HUP die richtige Lösung. Das Muster ging 1948 in den Serienbau, nachdem ein Auftrag über 32 HUP-1 Retriever eingegangen war. Das Muster mit einer Kabine für fünf Passagiere oder drei Tragbahren kam Anfang 1949 zur Marine. Die ständige Weiterentwicklung bei Piasecki führte zur HUP-2 mit einem Sperry-Autopiloten, von dem die Marine 165 Stück bestellte (einige davon mit ASW-Ausrüstung). Nachdem die *US Army* Interesse an der Konstruktion gezeigt hatte, kam die H-25A mit Servosteuerung und einem verstärkten Kabinenboden heraus. 70 Stück wurden mit einem Marine-Auftrag über 50 HUP-3 nebeneinander gefertigt. Noch existierende HUP-2/3 blieben lange genug im Dienst, um noch 1962 in UH-25B/C umbenannt zu werden. Doch kurze Zeit später wurden alle ausgemustert.

BESCHREIBUNG:

BESATZUNG:
Pilot, Copilot und fünf Passagiere

ABMESSUNGEN:
Länge: 9,70 m
Rotordurchmesser: 10,67 m
Höhe: 4,01 m

MASSEN:
Leermasse: 1782 kg
Max. Startmasse: 2767 kg

LEISTUNGEN:
Höchstgeschwindigkeit: 174 km/h
Reichweite: 547 km
Antrieb: Continental R-975-34
Motorleistung: 525 PS (391 kW)

DATUM DES ERSTFLUGS:
März 1948

BESONDERE MERKMALE:
Tandem-Rotoren; festes Fahrgestell mit Spornrad; verdecktes Triebwerk im Heck

Piasecki (Vertol) H-21 Shawnee USA

Einmoriger zweiundzwanzigsitziger Transport-/Unterstützungs-/Rettungs-Hubschauber

Die HRP-2 war das Endresultat für einen 1948 von der *US Navy* herausgegebenen Auftrag, einen Nachfolger für den Pionier-Hubschrauber HRP-1 „Fliegende Banane" aus den späten vierziger Jahren zu finden. Der neue Drehflügler erhielt einen längeren und geräumigeren Ganzmetallrumpf. Entsprechend dem glatten Aussehen gegenüber dem stoffbespannten Gerippe bei der HUP-1 stiegen die Leistungen erheblich. Trotzdem bestellte die Marine nur einige wenige. Es war die *USAF*, die 18 Stück als YH-21 für die Erprobung erwarb, aus der dann eine Bestellung von 38 H-21A Work Horse und 163 H-21B (mit leistungsstärkeren Triebwerken) hervorging. Die *US Army* schließlich wurde mit einer Bestellung über 334 H-21C Shawnee der größte Betreiber des Piasecki-Produkts. Die *Air Force* setzte eine Anzahl der Maschinen in der Mehrzweckrolle für die Überwachung von Stützpunkten und Radarstationen in Alaska ein, während die *Army* bereits im Dezember 1961 33 Stück nach Südvietnam entsandte. Die Shawnee gehörten somit zu den ersten amerikanischen Militärflugzeugen an diesem Schauplatz. Insgesamt wurden mehr als 90 H-21C in Vietnam eingesetzt. 1969 schieden alle verbliebenen Maschinen aus.

BESCHREIBUNG:

BESATZUNG:
Pilot, Copilot und 20 Passagiere

ABMESSUNGEN:
Länge: 15,98 m
Rotordurchmesser: 13,56 m
Höhe: 4,60 m

MASSEN:
Leermasse: 3946 kg
Max. Startmasse: 6124 kg

LEISTUNGEN:
Höchstgeschwindigkeit: 209 km/h
Reichweite: 482 km
Antrieb: Wright Cyclone R-1820-103
Motorleistung: 1425 PS (1062 kW)

DATUM DES ERSTFLUGS:
11. April 1952

BESONDERE MERKMALE:
Bananenförmiger Rumpf; Tandem-Rotoren; festes Fahrwerk mit Bugrad; verkleidetes Triebwerk im Heck; markantes Seitenleitwerk

Saro Skeeter GROSSBRITANNIEN

Einmotoriger zweisitziger leichter Mehrzweckhubschrauber

Die W 14 wurde als Skeeter 1 vom Tragschrauber-Spezialisten Cierva entwickelt und machte seine ersten Flüge mit einem JamesonFF-1-Triebwerk. Der zu schwache Motor wich schnell einem Gipsy Major 10-Reihenmotor, mit dem das Muster den Namen Skeeter 2 bekam. Als Saunders-Roe 1951 Cierva übernahmen, lief die Entwicklung in dieser Firma weiter. Nacheinander kamen die Skeeter Mk 3 bis 6 heraus, alle mit stärkeren Triebwerken. Von der weiterentwickelten Mk 6 bestellte die britische Armee vier Muster für eine Einsatzerprobung – drei Skeeter AOP 10 und ein T 11-Trainer mit Doppelsteuer. Ihr folgte die Bestellung von 64 Exemplaren der Serienversion Skeeter AOP 12. Einige von ihnen erhielt die *Royal Air Force* für Schulungszwecke. Nach ihrem Eintreffen beim *Army Air Corps* 1957 wurden die Skeeter für die unmittelbare Gefechtsfeldaufklärung anstelle der bisher verwendeten Auster AOP-9-Starrflügler eingesetzt. Durch die unzureichenden Leistungen der Hubschrauber jedoch mussten die Auster-Beobachtungsflugzeuge bis 1966 im Dienst bleiben. Die Skeeter wurden 1968 durch Westland Sioux ersetzt.

BESCHREIBUNG:

BESATZUNG:
Pilot und Passagier

ABMESSUNGEN:
Länge: 8,08 m
Rotordurchmesser: 9,75 m
Höhe: 2,31 m

MASSEN:
Leermasse: 1782 kg
Max. Startmasse: 998 kg

LEISTUNGEN:
Höchstgeschwindigkeit: 161 km/h
Reichweite: 344 km
Antrieb: De Havilland Gipsy Major 200 Mk 30
Motorleistung: 200 PS (149 kW)

DATUM DES ERSTFLUGS:
Oktober 1948

BESONDERE MERKMALE:
Kaulquappenartiger Rumpf mit Heckausleger; festes Dreirad-Fahrwerk; verdecktes Triebwerk; stark verglaste Kabine

Sikorsky R-4 Hoverfly USA

Einmotoriger zweisitziger leichter Mehrzweckhubschrauber

Der erste Hubschrauber der Welt, der Einsatzreife erreichte, war die Sikorsky R-4. Sie entstand aus dem Versuchsmodell Sikorsky VS-300, das am 14. September 1939 seinen ersten Senkrechtstart ausführte. 1941 konnten mit der VS-300 bereits Waagerechtgeschwindigkeiten bis zu 113 km/h erreicht werden. Das war der praktischen Brauchbarkeit eines brillanten Systems zu verdanken, das Sikorsky mit dem kleinen Rotor am Heck entwickelt hatte, der das durch den Hauptrotor erzeugte Drehmoment ausglich. Vought-Sikorsky wurde von der amerikanischen Regierung unter Vertrag genommen, aus der VS-300 eilig ein Gebrauchsgerät zu schaffen, das die Bezeichnung XR-4 erhielt. Es bekam eine Kabine für zwei nebeneinander sitzende Personen und einen Warner-Sternmotor, der sowohl Haupt- als auch Ausgleichs-Rotor über Getriebe und Wellen antrieb. Mit ihrem Erstflug am 14. Januar 1942 läutete die XR-4 das Hubschrauber-Zeitalter ein. Die *USAAF* bestellte 40 R-4. Sie bewiesen die Überlegenheit des Drehflüglers bei Landungen auf Schiffen und zum Retten von Flugzeugbesatzungen. Zwischen 1942 und 1944 orderten die US Navy 25 Stück. Schließlich bestellten die Briten (*RAF* und *Navy*) 45 als Hoverfly 1.

BESCHREIBUNG:

BESATZUNG:
Pilot und Passagier

ABMESSUNGEN:
Länge: 14,68 m
Rotordurchmesser: 11,58 m
Höhe: 3,78 m

MASSEN:
Leermasse: 916 kg
Max. Startmasse: 1150 kg

LEISTUNGEN:
Höchstgeschwindigkeit: 121 km/h
Reichweite: 209 km
Antrieb: Warner R-550-1
Motorleistung: 180 PS (134 kW)

DATUM DES ERSTFLUGS:
14. Januar 1942

BESONDERE MERKMALE:
Kastenrumpf mit Stoffbespannung; festes Fahrwerk mit Einzelrad hinten; stark verglaste Kabine

Sikorsky S-51/Westland Dragonfly USA UND GROSSBRITANNIEN

Einmotoriger viersitziger leichter Mehrzweckhubschrauber

Nach den Einsatzerfahrungen mit der noch recht simplen R-4 entschloss sich Sikorsky zur Entwicklung eines perfektionierteren Hubschraubers, der den Einsatz-Ansprüchen von *USAAF* und *US Navy* mehr entgegenkommen sollte. Im Werk erhielt die Neukonstruktion die Bezeichnung VS-337, die *Air Force* nannte sie R-5. Der Prototyp machte am 18. August 1943 seinen Erstflug, und die *USAAF* bestellte 65 Exemplare für die Erprobung und zum Sammeln von Einsatzerfahrungen. Im Gegensatz zur R-4 besaß der neue Drehflügler einen Ganzmetallrumpf und ein stärkeres Triebwerk. Eine Anzahl von R-5 erhielt Aufhängungen für den Transport von Tragbahren. Sie wurden dem *Air Rescue Service* der *USAAF* zugeteilt. 1946 erprobte Sikorsky ein viersitziges Modell im Flug. Es war für den zivilen Markt bestimmt und sollte als Sikorsky S-51 vermarktet werden. Das Militär fand an diesem Modell mehr Gefallen als an der R-5. Von den 379 insgesamt gebauten S-51 gingen 66 Stück als H-5 an die *USAAF*. Weitere 88 erwarb 1947/48 die *US Navy*. Sie nannte ihr Modell HOS3. Die britische Firma Westland erwarb die Lizenrechte für das Muster und baute 165 Stück als Dragonfly für *RAF* und *Fleet Air Arm*.

BESCHREIBUNG:

BESATZUNG:
Pilot und drei Passagiere

ABMESSUNGEN:
Länge: 12,45 m
Rotordurchmesser: 14,94 m
Höhe: 3,69 m

MASSEN:
Leermasse: 1993 kg
Max. Startmasse: 2495 kg

LEISTUNGEN:
Höchstgeschwindigkeit: 165 km/h
Reichweite: 480 km
Antrieb: Pratt & Whitney R-985-AN-5
Motorleistung: 450 PS (336 kW)

DATUM DES ERSTFLUGS:
18. August 1943

BESONDERE MERKMALE:
Ganzmetall-Rumpf; festes Dreirad-Fahrwerk; stark verglaste Kabine

Sikorsky HO5S USA

Einmotoriger viersitziger leichter Mehrzweckhubschrauber

Die HO5S wurde aus dem Sikorsky-Modell S-52 – dem ersten amerikanischen Hubschrauber mit Rotorblättern aus Metall – entwickelt. Die *US Navy* beschaffte sie, um ihre HO3S, die beim *Marine Corps* im Dienst standen, damit ablösen zu können. Sikorsky hatte die S-52 als zivilen Zweisitzer entwickelt, der durch einen 178 PS-Franklin-Motor angetrieben wurde. Nachdem die Marine Interesse bekundete, verdoppelte Sikorsky die Sitzzahl und baute einen 245 PS-Franklin ein. Der S-52-Prototyp war im Februar 1947 erstmals geflogen. Das viersitzige Modell folgte erst Jahre später. Die ersten HO5S aus der Serie erreichten das *Marine Corps* im März 1952. Die Hubschrauber wurden als Aufklärungs- und Beobachtungsplattformen intensiv in die Kampfhandlungen des Korea-Krieges eingebunden. Ähnlich der HO3S leistete auch die HO5S unschätzbare Dienste beim Abtransport von Verwundeten aus der Frontlinie bei Tag und Nacht. Von den 79 insgesamt gelieferten Maschinen gab die Marine acht Stück an die *US Coast Guard* ab, die sie ab September 1952 einsetzte. *USAF* und *US Army* testeten die S-52 unter der Bezeichnung YH-18. Das *Marine Corps* musterte die noch vorhandenen HO5S im Jahr 1958 aus.

BESCHREIBUNG:

BESATZUNG:
Pilot und drei Passagiere

ABMESSUNGEN:
Länge: 8,38 m
Rotordurchmesser: 10,05 m
Höhe: 3,16 m

MASSEN:
Leermasse: 907 kg
Max. Startmasse: 1256 kg

LEISTUNGEN:
Höchstgeschwindigkeit: 168 km/h
Reichweite: 304 km
Antrieb: Franklin O-245-1
Motorleistung: 245 PS (182 kW)

DATUM DES ERSTFLUGS:
12. Februar 1947 (S-52)

BESONDERE MERKMALE:
Rumpf und Heckausleger in Ganzmetall; festes Fahrgestell; stark verglaste Kabine

Sikorsky CH-37 Mojave USA
Zweimotoriger zweiundzwanzigsitziger Transporthubschrauber

Die CH-37 war der erste in einer Serie von großen Transporthubschraubern, die Sikorsky für das *US Marine Corps* baute. Sie war nach der Veröffentlichung einer entsprechenden Ausschreibung aus dem Jahr 1950 entstanden. Für mehr als ein Jahrzehnt nach ihrem Erstflug am 18. Dezember 1953 blieb die CH-37 Mojave der größte Hubschrauber der Welt – außer in der Sowjetunion. Sowohl das Heer als auch die Marine hatten einen Drehflügler gefordert, der 26 voll ausgerüstete Soldaten, leichte Fahrzeuge oder eine entsprechende Menge an Kriegsmaterial befördern konnte. Sikorsky fand auch dafür sein geniales System aus Hauptrotor und einem Ausgleichrotor im Heck als geeignet, verwendete aber zwei Triebwerke. Um den Frachtraum frei zu halten, wurden sie an Auslegern außerhalb des Rumpfes in Gondeln untergebracht, in die die Hauptfahrwerke eingefahren werden konnten. Muschelartige Tore im Bug erlaubten die Beladung mit sperrigen Gütern. Die erste von 55 bestellten HR2S-1 erhielt das *Marine Corps* im Juli 1956. Die *US Army* erwarb ebenfalls ein Anzahl Mojave. Heeres- und Marine-Maschinen kamen in Vietnam zum Einsatz. 1962 wurden alle in CH-37 umbenannt.

BESCHREIBUNG:

BESATZUNG:
Pilot, Copilot und 20 Passagiere

ABMESSUNGEN:
Länge: 19,50 m
Rotordurchmesser: 21,95 m
Höhe: 6,07 m

MASSEN:
Leermasse: 9753 kg
Max. Startmasse: 14.061 kg

LEISTUNGEN:
Höchstgeschwindigkeit: 195 km/h
Reichweite: 540 km
Antrieb: Zwei Pratt & Whitney R2800-PW-54
Motorleistung: 4200 PS (3132 kW)

DATUM DES ERSTFLUGS:
18. Dezember 1953

BESONDERE MERKMALE:
Zwei Triebwerke in separaten Gondeln an kurzen Auslegern; einziehbare Haupträder; festes Spornrad; muschelartige Beladetore im Bug

Sikorsky S-55/Westland Whirlwind USA UND GROSSBRITANNIEN

Einmotoriger zwölfsitziger Mehrzweckhubschrauber

Nur wenige Konstruktionen beeinflussten die Entwicklung des Drehflüglers so sehr wie die Sikorsky S-55. Und sie wurde in solchen Mengen produziert, wie vorher noch kein einziger Hubschrauber: Über 1700 Exemplare in den USA, in Großbrtannien und in Japan. In den USA wurde sie bei allen drei Waffengattungen und der *Coast Guard* geflogen. Die ersten Exemplare aus der Serie (HO4S-1) erreichten die *US Navy* im Dezember 1950. Die H-19B der *USAF* unterschied sich im Detail beim Heckausleger und den Stabilsisierungsflächen, verwendete aber leistungsstärkere Wright Cyclone-Sternmotoren anstelle der Wasp bei der HO4S-1. Die H-19D Chickasaw für die *Army* und die HO4S-3/HRS-3 machten den größten Anteil aller gebauten S-55 aus. Die in Großbritannien beheimatete Westland Helicopters fertigte die erste unter Lizenz gebaute S-55 als Whirlwind 1952. Anschließend lieferte sie mehr als 400 Stück an *RAF* und *Fleet Arm* in verschiedenen Versionen. Unzweifelhaft die beste davon waren die Wellenturbinengetriebenen HAR 9/10, die bis in die späten Siebziger ihren Dienst versahen. Sowohl mit der Sikorsky S-55 als auch mit der Westland Whirlwind konnten große Exporterfolge erzielt werden.

BESCHREIBUNG:

BESATZUNG:
Pilot, Copilot und zehn Passagiere

ABMESSUNGEN
Länge: 12,88 m
Rotordurchmesser: 16,16 m
Höhe: 4,07 m

MASSEN:
Leermasse: 2381 kg
Max. Startmasse: 3583 kg

LEISTUNGEN:
Höchstgeschwindigkeit: 180 km/h
Reichweite: 578 km
Antrieb: Wright R-1300-3 Cyclone
Motorleistung: 800 PS (596 kW)

DATUM DES ERSTFLUGS:
10. November 1949

BESONDERE MERKMALE:
Rumpf mit Heckausleger;
Kielflosse zwischen Rumpf und Heck; festes Vierrad-Fahrwerk;
Triebwerk im Bug; hochliegende Kabine

Sikorsky S-58/Westland Wessex USA, UK UND FRANKREICH

Einmotoriger achtzehnsitziger Mehrzweckhubschrauber

Die S-58 wurde von Sikorsky entwickelt, nachdem die *US Navy* 1951 ihre Forderungen für einen U-Boot-Bekämpfungs-Hubschrauber (ASW) – der die HO4S-1 ablösen sollte – auf den Tisch gelegt hatte. Infolge der Bedrohung, der sich die amerikanische Marine durch die ständig steigende sowjetische Unterwasserflotte ausgesetzt sah, erfolgte eine Bestellung auf das Muster „vom-Reissbrett-weg". Der Prototyp flog erstmals im März 1954. Die ersten von 350 bestellten HSS-1 Seabat erreichten die Flotteneinheiten im August 1955. Zu dieser Zeit hatte sich das *Marine Corps* für die S-53 in der HUS-1-Form als ihren neuen Truppentransporter entschieden. Unter den Namen Choctaw wurden 603 Exemplare für das *Corps* gebaut. Sie gingen ab Februar 1957 in Dienst. Als ab 1961 HHS-2 Sea King (S-61) die Seabat zu ersetzen begannen, wurden überschüssige Maschinen ihrer ASW-Ausrüstung beraubt und – seit 1962 in UH-34 umbenannt – als Mehrzweckmodell eingesetzt. In Großbritannien erwarb Westland Helicopters 1957 die Lizenzrechte an dem Muster und nannte es Wessex. Über 350 Stück wurden über einen Zeitraum von zehn Jahren in Mehrzweck- und ASW-Form für eigene und andere Streitkräfte gefertigt.

BESCHREIBUNG:

BESATZUNG:
Pilot, Copilot und 16 Passagiere

ABMESSUNGEN:
Länge: 20,04 m
Rotordurchmesser: 17,07 m
Höhe: 4,39 m

MASSEN:
Leermasse: 3767 kg
Max. Startmasse: 6123 kg

LEISTUNGEN:
Höchstgeschwindigkeit: 197 km/h
Reichweite: 300 km
Antrieb: Wright R-1820-84
Motorleistung: 1525 PS (1137 kW)

DATUM DES ERSTFLUGS:
8. März 1954

BEWAFFNUNG:
Zwei Torpedos, Bomben oder Wasserbomben an Rumpf-Aufhängungen

BESONDERE MERKMALE:
Triebwerk im Bug; hochliegender Führerraum oberhalb der Kabine; Vierblattrotor; feste Haupträder mit einziehbarem Sporn

Sikorsky S-62 Seaguard USA

Einmotoriger vierzehnsitziger Such- und Rettungshubschrauber

Die amerikanische Küstenwache, die *US Coast Guard*, erwählte 1962 eine Version der zivilen S-62 als Ersatz ihrer kleinen Flotte von HH-34-Such- und Rettungsgerät. Der Prototyp der S-62 hatte im Mai 1958 als erstes amphibisches Modell, das Sikorsky entwickelt hatte, seinen Erstflug. Er benutzte das gleiche durch eine einzelne Wellenturbine angetriebene Rotorsystem mit Haupt- und Heckrotor, das so charakteristisch für Sikorky-Konstruktionen geworden war, besaß jedoch einen wasserdichten Rumpf und zwei Stützschwimmer, in die die Haupträder des Fahrgestells eingezogen wurden. Am 9. Januar 1963 trafen die ersten der 99 bestellten Drehflügler bei der *Coast Guard* ein. Die Maschinen erhielten die Bezeichnung HH-52A und den Taufnamen Seaguard. Dank ihrer Fähigkeiten zu Wasser und auf dem Land zusammen mit ihrer großen Winde und einer faltbaren Rettungsplattform kommt den HH-52 die Ehre zu, jene Drehflügler zu sein, mit denen mehr Menschen gerettet wurden, als von jedem anderen Hubschraubermodell der Welt. HH-52A flogen von Stützpunkten entlang der gesamten Küsten, aber auch von Kuttern und Eisbrechern. In den Achtzigern wurden sie durch HH-65A Dolphin ersetzt.

BESCHREIBUNG:

BESATZUNG:
Pilot, Copilot und 12 Passagiere

ABMESSUNGEN:
Länge: 13,62 m
Rotordurchmesser: 18,44 m
Höhe: 4,88 m

MASSEN:
Leermasse: 2305 kg
Max. Startmasse: 3674 kg

LEISTUNGEN:
Höchstgeschwindigkeit: 174 km/h
Reichweite: 758 km
Antrieb: General Electric T58-GE-8B
Motorleistung: 1250 Wellen-PS (932 kW)

DATUM DES ERSTFLUGS:
24. Mai 1958 (S-62)

BESONDERE MERKMALE:
Einzeltriebwerk oberhalb des Führerraums; festes Fahrwerk in den Stützschwimmern mit Spornrad unter dem Rumpf; Rumpfboden bootsähnlich

Sikorsky S-61/Westland Sea King USA, UK, Japan und Italien
Zweimotoriger neunzehnsitziger ASW-/Mehrzweck-/Such- und Rettungs-Hubschrauber

Die Sea King war das Endergebnis, das aus einer Anfrage entstand, die die *US Navy* für einen Hubschrauber herausgegeben hatte, der fähig war, gegnerische U-Boote zu jagen und zu vernichten. Sikorsky hatte 1957 einen Entwicklungsvertrag für ein derartiges Muster erhalten, und der HSS-2-Prototyp flog erstmals im März 1959. Er basierte auf der zivilen S-62 und besaß zwei Wellenturbinen oberhalb der Kabine, die somit frei blieb für die ASW-Ausrüstung mit Sonar und Radar. Das Modell besaß einen Bootsrumpf, der für amphibische Aufgaben geeignet war. Lieferungen an die Flotte begannen 1961. Sie erhielt insgesamt 245 Stück des inzwischen (1962) in SH-3A umbenannten Musters. Weitere 73 Stück SH-3D mit stärkeren Motoren kamen ab 1966 dazu. 1970 wurden 105 Maschinen zur Langstrecken-Version SH-3G aufgerüstet. Abschließende Marine-Varianten wurden die SH-3H, die als Umbauten mit verbesserter Ausrüstung entstanden. Eine handvoll davon befindet sich noch heute im Einsatz. Die *USAF* erwarb gestreckte HH-3E mit Laderampe im Heck als Rettungsflugzeuge. Westland baute unter Lizenz über 150 Sea King für *Royal Navy* und RAF. Exportmodelle von Westland und Agusta gingen in 23 Länder.

BESCHREIBUNG:

BESATZUNG:
Pilot, Copilot, zwei Sensor-Überwacher und 15 Passagiere

ABMESSUNGEN:
Länge: 22,15 m
Rotordurchmesser: 18,90 m
Höhe: 5,13 m

MASSEN:
Leermasse: 5600 kg
Max. Startmasse: 9525 kg

LEISTUNGEN:
Höchstgeschwindigkeit: 266 km/h
Reichweite: 1005 km
Antrieb: Zwei General Electric T58-GE-10
Motorleistung: 2800 Wellen-PS (2090 kW)

DATUM DES ERSTFLUGS:
11. März 1959 (S-62)

BEWAFFNUNG:
Zwei Torpedos oder Wasserbomben bis 380 kg maximal an Rumpf-Aufhängungen

BESONDERE MERKMALE:
Zwei Triebwerke oberhalb des Führerraums; in die Stützschwimmer einziehbare Haupträder; Spornrad unter dem Rumpf; Rumpfboden bootsähnlich

Sikorsky CH-54 Tarhe USA

Zweimotoriger fünfsitziger schwerer Kranhubschrauber

Die speziell als Kranhubschrauber gebaute CH-54 hatte anstelle des Rumpfes einen flachen, hochliegenden Ladeträger, unter dem sperrige Last in unterschiedlicher Form transportiert werden konnte. Die Besatzung sass in einer kurzen Kanzel am Bug und sollte ursprünglich aus drei Mann bestehen, von denen einer mit dem Rücken zur Flugrichtung ständig die Fracht sowie Haken und Winden im Auge hatte. Die deutsche Bundeswehr interessierte sich für das Muster und zwei der Prototypen wurden bei Weserflug als WF-S64 montiert und anschließend erprobt. Sikorsky baute 1962/63 sechs Vorserienmuster YCH-54A, von denen fünf die US Army zur Beurteilung übernahm. Die bestellte dann kurzfristig 54 Stück als CH-54A, die ab 1964 zum Einsatz kamen. Weitere 37 übernahm sie als CH-54B mit stärkeren Turbinen und doppelt bereiftem Fahrgestell. Für die Tarhe wurde eine ganze Anzahl spezieller militärischer Lastbehälter entwickelt. Sie waren zum Transport von 46 Soldaten oder 24 Tragbahren eingerichtet oder als Kommandozentralen oder als Not-OP. CH-54 kamen in Vietnam zum Einsatz. Sie schleppten Geschütze, Panzer, Bulldozer und 380 beschädigte Flugzeuge. In den Neunzigern traten sie ab.

BESCHREIBUNG:

BESATZUNG:
Pilot, Copilot, Belade-Überwacher und zwei Winden-Führer

ABMESSUNGEN:
Länge: 21,41 m
Rotordurchmesser: 21,95 m
Höhe: 7,75 m

MASSEN:
Leermasse: 8724 kg
Max. Startmasse: 19.050 kg

LEISTUNGEN:
Höchstgeschwindigkeit: 203 km/h
Reichweite: 370 km
Antrieb: Zwei Pratt & Whitney T73-1
Motorleistung: 9000 Wellen-PS (6711 kW)

DATUM DES ERSTFLUGS:
9. Mai 1962

BESONDERE MERKMALE:
Kurze Führerkanzel vor langem Rumpf/Heckausleger; zwei freiliegende Triebwerke auf dem Rumpf; festes Dreibein-Fahrwerk; waagerechter Stabilisator rechts vom Heckrotor

Sikorsky S-65 USA UND DEUTSCHLAND
Zweimotoriger achtundfünfzigsitziger Transporthubschrauber

Die S-65 wurde von Sikorsky als Antwort auf eine 1960 vom *US Marine Corps* veröffentlichte Anfrage für ein Ersatzmodell der CH-37 Mojave entwickelt. Sie baute auf der CH-54 als Grundlage auf. Deren erprobtes dynamisches System wurde komplett übernommen und mit einem völlig neuen, wasserdichten Rumpf kombiniert, der im Heck eine Frachtrampe besaß. Das Muster ist ausgelegt für den Transport einer 105 mm Haubitze, eines Hawk-Flugkörper-Systems, 55 Soldaten oder (als Außenlast) eines Lastwagens mit Anhänger. Der erste von zwei Prototypen flog am 14. Oktober 1964. Die Lieferungen aus der Serie begannen 1966. Innerhalb von 12 Monaten musste die bei der Marine CH-53A Stallion genannte Maschine ihre Leistungsfähigkeit in Vietnam unter Beweis stellen. Von dem A-Modell waren 139 Stück gebaut, als die verbesserte CH-53D in die Produktion ging, von der bis 1972 174 Stück vom Band liefen. Die *USAF* bestellte 52 Stück der S-64 als Kampfzonen-Rettungshubschrauber HH-53B/C. In Deutschland wurden 112 CH-53G unter Lizenz hergestellt. Letztendlich kaufte Israel noch 45 Stück CH-53. Ein Teil der Maschinen aus frühen Baulosen ging sowohl bei den *Marines* als auch in Israel außer Dienst.

BESCHREIBUNG:

BESATZUNG:
Pilot, Copilot, ein weiteres Besatzungsmitglied und 55 Passagiere

ABMESSUNGEN:
Länge: 26,90 m
Rotordurchmesser: 22,02 m
Höhe: 5,22 m

MASSEN:
Leermasse: 10.653 kg
Max. Startmasse: 19.050 kg

LEISTUNGEN:
Höchstgeschwindigkeit: 315 km/h
Reichweite: 415 km
Antrieb: Zwei General Electric T64-GE-413
Motorleistung: 7850 Wellen-PS (5860 kW)

DATUM DES ERSTFLUGS:
14. Oktober 1964

BEWAFFNUNG:
Ein 12,7 mm-MG und 7,62 mm Miniguns auf Pivotlafetten in den Türen

BESONDERE MERKMALE:
Langgestreckter Rumpf mit Heckladerampe; Triebwerke in Gondeln an den oberen Rumpfseiten; einziehbares Fahrwerk; waagerechter Stabilisator rechts vom Heckrotor; Flossenstummeln an den unteren Rumpfseiten

Westland AH 1 Scout/Wasp GROSSBRITANNIEN

Einmotoriger fünfsitziger ASW-/Mehrzweck-Hubschrauber

Die AH 1 Scout startete 1956 ihr Leben als Leichthubschrauber-Entwurf P 531 der Firma Saunders-Roe, mit dessen Prototyp-Bau zwei Jahre später begonnen werden konnte. Nach der Übernahme der Firma durch Westland Helicopters schritt die Entwicklung weiter, bis das *British Army Air Corps* eine Anzahl Vorserienflugzeuge bestellte. Die ersten davon wurden im August 1960 geliefert. Einen Monat später gingen weitere Bestellungen ein. Unter der Bezeichnung Scout AH 1 kamen die ersten Maschinen 1963 zur Truppe. Insgesamt 150 Exemplare wurden anschließend geliefert und in den verschiedensten Rollen eingesetzt – vom Kampfzonenversorger bis zur Panzerabwehr. Scout-Hubschrauber fanden auch im Falkland-Krieg für Verbindungszwecke und in Medivac-Rollen Verwendung. Die letzten der Maschinen verließen 1994 die Einsatzverbände. Eine Marineversion des AH 1 wurde unter Bezeichnung Wasp in 133 Exemplaren von der *Royal Navy* angeschafft. Sie versah 25 Jahre Dienst an Bord von Schiffen der *Royal Navy*. Diese Version war mit drehbaren Rädern anstelle des Kufengestells bei der Scout versehen und kam ebenfalls im Falkland-Konflikt zum Einsatz.

BESCHREIBUNG:

BESATZUNG:
Pilot und vier Passagiere

ABMESSUNGEN:
Länge: 9,24 m
Rotordurchmesser: 9,83 m
Höhe: 3,56 m

MASSEN:
Leermasse: 1465 kg
Max. Startmasse: 2404 kg

LEISTUNGEN:
Höchstgeschwindigkeit: 211 km/h
Reichweite: 505 km
Antrieb: Rolls-Royce Nimbus Mk 101
Motorleistung: 1050 Wellen-PS (783 kW)

DATUM DES ERSTFLUGS:
20. Juli 1958

BEWAFFNUNG:
Zwei Mk 44-Torpedos (Wasp) oder zwei AS 12-Schiffsbekämpfungs-Lenkwaffen an Rumpf-Aufhängungen

BESONDERE MERKMALE:
Rumpf mit Heckausleger; freiliegendes Triebwerk hinter der Kabine; festes Rad-Fahrgestell (Wasp) oder Kufengestell (Scout); stark verglaste Kabine

Fotonachweis

Fotonachweis

Shlomo Aloni

Daniel Brackx

Rob Fox

Cory Graff

Tony Holmes

Mike Hooks

Phil Jarrett

Otger van der Kooij

Cliff Knox

Phil Makanna

Peter March

Wojtek Matusiak

George Mellinger

Paul Nann

Michael O'Leary

Juoko Ravantti

Ian Sayer

Mike Vines

Simon Watson